SMT 공학

-전자부품장착기술-

방 근 태 저

도서출판 상 학 당

欲爲大者 當爲人役

크고자 하거든 남을 섬기라

머 리 말

SMT(표면실장기술)는 휴대폰, 컴퓨터 등 일상적으로 사용하는 전자제품에 사용하는 기판을 생산하는 기술입니다. 이 기술은 정보통신은 물론 산업기기 분야와 반도체소자를 생산하는 분야 등에도 널리 적용되고 있습니다.

우수한 전자제품을 만들기 위해 전자부품을 기판표면에 장착하고 납땜 접합하는 SMT공정과 관련 기술 외에도 전반적인 생산기술과 품질관리 등의 지식도 필요합니다.

첨단기술을 지향하는 국내에는 많은 SMT 관련업체가 있으나, 전문기술 인력은 부족하고, 기술을 체계적으로 배우는 교육과정이 없어 대부분의 기술자는 산업현장에서 기술을 전수받거나 장비제작사에서 기본교육을 받고 있습니다.

이 교재는 전자, 정보통신을 전공하는 학생들이 표면실장 업체에 근무를 하기 전에 알아야 할 전반적인 지식을 배울 수 있는 실무교재를 만들고자 한 것입니다. 그러나 관련 내용이 방대하고 기술은 급속히 발전되고 있어, 본인의 미흡한 능력으로 그동안 경험하고 수집한 많은 자료를 체계적으로 정리할 수가 없는 것을 부끄럽게 생각하며, SMT공학을 강의하면서 중요하다고 생각한 자료를 선별하여 나열하는 수준의 교재를 만들게 되었습니다.

앞으로는 각종 관련 장비의 구조 및 동작원리 운용실기와 기판설계, 신소재 지식이 대폭 보완되어야 한다고 생각합니다.

이 교재에 수록된 대부분의 자료는 기존의 기술교육자료 외에도 본인이 운영한 영진 SMT 및 장비제작사, 인터넷 검색자료와 기술자격제도를 연구한 (주)미래산업 보고서에서 많은 참고를 하였습니다.

그동안 도움을 주신 많은 분의 기대에 미흡한 점을 크게 질책하여 주시고 충고를 바랍니다. 앞으로 이 교재의 기술범위와 수준을 보완하여 우수한 교재가 만들어지는 계기가 되기를 기대하면서 더욱 분발하여 기술인력을 양성하는 교육에 미력이나마 노력을 하겠습니다. 이 책이 나오기까지 많은 도움을 주신 도서출판 상학당 남승우 사장님께 감사의 말씀을 드립니다.

저자 씀

차 례

제 1 장 | 표면실장기술

제 2 장 | 표면실장부품

제 3 장 | SMT 공정설비

제 4 장 | 주요 장비(1)

제 5 장 | 주요 장비(2)

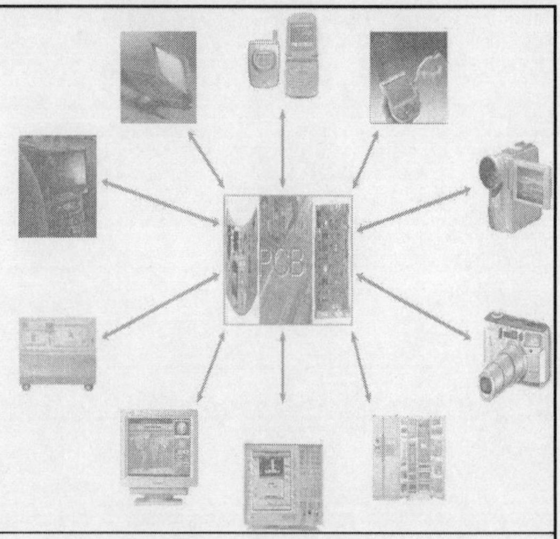

제 1 장

표면실장기술

1.1 실장기술

1. SMT

SMT(Surface Mount Technology / 표면실장기술)는 전자부품을 인쇄회로기판(PCB) 표면에 실장하는 기술이다. 전자부품은 PCB에 대체로 납땜(soldering)으로 접합하는 실장을 하고 있다(그림 1-1(a)).

* 국가기술자격에는 "전자부품장착(SMT)"으로 종목을 표시하고 있다.

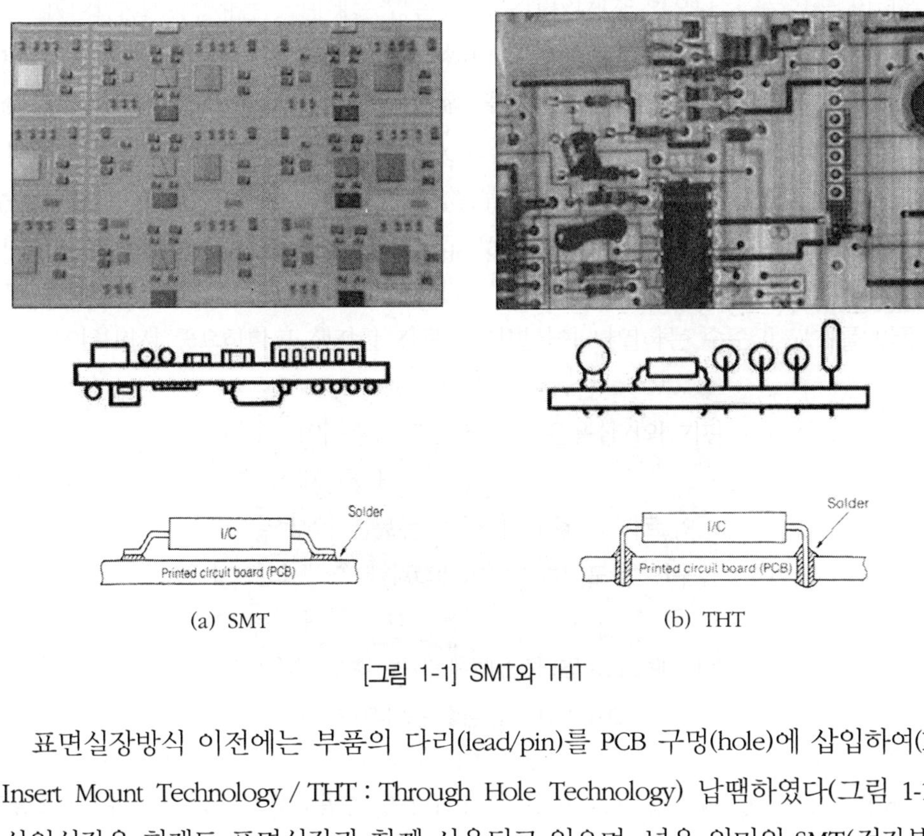

(a) SMT (b) THT

[그림 1-1] SMT와 THT

표면실장방식 이전에는 부품의 다리(lead/pin)를 PCB 구멍(hole)에 삽입하여(IMT : Insert Mount Technology / THT : Through Hole Technology) 납땜하였다(그림 1-1(b)). 삽입실장은 현재도 표면실장과 함께 사용되고 있으며, 넓은 의미의 SMT(전자부품장착)는 IMT와 반도체 packaging, 복합실장, 입체실장 등 전자부품을 실장하는 모든 기술을 대표하는 용어로 사용하고 있다. 인쇄회로기판은 PCB(Printed Circuit Board) 또는 PWB(Printed Wiring Board)라고 한다. PCB는 PWB에 전자부품을 접합하여 실장을 완료한 것이고, PWB는 부품을 부착하지 않은 상태의 기판으로 구별할 수 있다. 그러나 PWB도 일반적으로 PCB라고 한다.

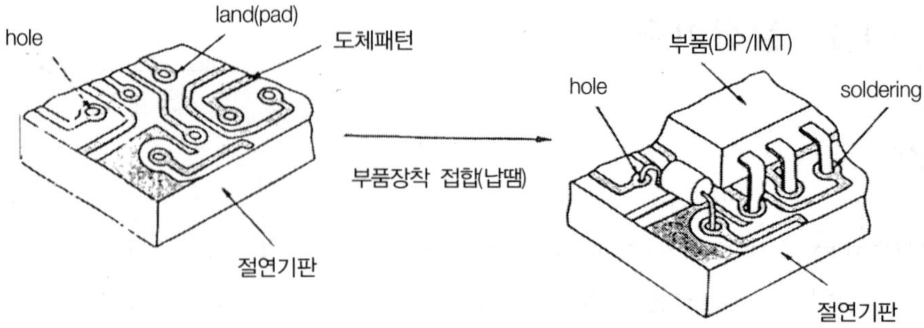

(a) 프린트 배선판(PWB) (b) 프린트 회로판(PCB)

[그림 1-2] PWB와 PCB

표면실장용 부품은 SMC(Surface Mount Component) 또는 SMD(Surface Mount Device)라 하며, SMT장비와 생산설비는 SMD 또는 SMA(Surface Mount Assembly) 라고 한다. SMD는 표면실장에 필요한 부품이나 SMT와 같은 의미로도 사용한다. 표면실장공정은 기판(PCB) 위에 크림납(cream solder, solder paste)을 인쇄(print) 도포하고, 그 위에 전자부품을 탑재(mount)하고 가열(reflow)하여 부품을 납땜(soldering)하는 공정이다.

[그림 1-3] 표면실장기판(SMT/PCB)

표면실장은 전자부품을 기판표면에 탑재하여 접합하므로 고밀도실장이 가능하고 다층기판 양면에 많은 부품을 고속으로 탑재할 수 있다. 실제로 사용되는 표면실장용 부품의 크기는 리드(삽입)형 부품의 1/10 이하로 소형화되어 부품실장밀도는 10배 이상 높아졌고 전기적 특성도 좋아졌다.

표면실장은 전자정보통신분야 제품생산에 필요한 완성된 기판을 제작할 뿐만 아니라 자동차, 항공기, 기계산업 등에 필요한 제어용 기판이나 초소형 복합부품을 생산하는 데 적용하고 있다(그림 1-4).

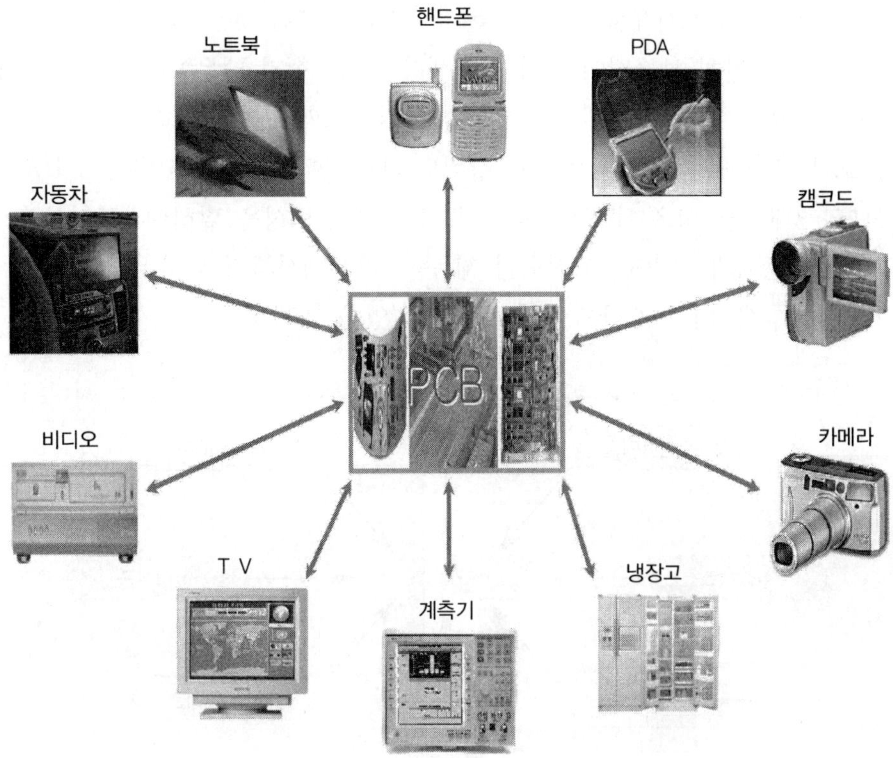

[그림 1-4] SMT 적용 생산제품

표면실장기술이 광범위한 분야에 적용이 확대된 것은 첨단 전자제품이 소형, 다기능화함에 따라 소형 부품이 단자수가 많은 미세피치(fine pitch)로 발전되어 종래의 리드형태 부품을 삽입하여 실장(IMT)하는 방식으로는 대응이 불가능하기 때문이다. 표면실장(SMT) 방식은 1990년대부터 급속하게 발전하였다.

2. 실장기술의 발전

소형의 첨단 전자제품은 표면실장기술을 적용하여 고속으로 대량 생산을 하고 있다. 종래의 리드형 전자부품은 소형화(downsizing)를 위해 미세피치, 극소 칩(chip)으로 발전되었고, 기판(PCB)도 미세피치에 대한 새로운 회로형성기술이 적용되었다.

부품장착기를 중심으로 하는 실장설비는 리드부품을 장착하는 자동삽입기(insert M/C) 설비에서 자동탑재기(mounter)를 위주로 하는 표면실장설비로 발전하였고, 부품과 기타 부자재를 포함하여 환경보호를 위한 무연(lead free)재료와 새로운 세정방법을 개발하여 적용하고 있다.

표면실장기술이 가전제품분야에서 본격적으로 적용된 것은 마운터를 위시한 표면실장 장비가 충분히 보급되어 대량 제품생산이 가능했기 때문이다. 표면실장제품을 적용하는 분야가 확대되고 제품 수요가 많아짐으로써 고가의 고속장비와 더불어 다품종 소량 생산에도 적합한 일반용 장비도 개발되어 사용되고 있다.

SMT의 3대 신뢰성은 내구성, 보전성, 설계의 신뢰성을 말하며, 표면실장기술은 다양한 생산품목과 고밀도, 고신뢰성 제품을 대량 생산하기 위하여 다음과 같은 다양한 주변기술에 의해 개발되었고 발전하고 있다(그림 1-5).

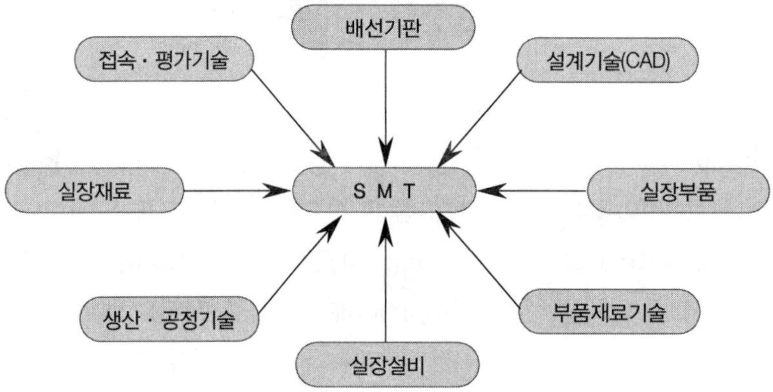

[그림 1-5] SMT 주변기술

■ SMT 주변기술

- **접속평가** : 기판에 부품을 접속(soldering)하는 기술과 검사, 평가하는 기술
- **설계** : PCB 패턴형상, 부품배치 등을 목적에 대응하여 설계하는 기술
- **부품재료** : 칩 부품, 기판과 접속 등의 부자재를 선택 개발하는 기술
- **생산 · 공정** : 고속양산, 품질향상, 생산비 절감 등의 목적을 달성하기 위한 기술

3. SMT 장단점

(1) 장 점

표면실장은 소형의 미세부품을 기판양면에 고밀도 실장을 하므로 부품장착 면적이 축소되어 기판크기가 절약되고, 빈 공간에 새로운 회로기능을 부가할 수 있어 제품을 소형화하고 부가가치를 높일 수 있다.

부품은 리드가 없는 구조로 되어 있기 때문에 결선회로의 단축이 가능하여 불필요한 인덕턴스와 커패시턴스가 감소하여 고주파특성이 향상되는 장점이 있으며, 납 내열성을 고려하여 설계하기 때문에 기존의 삽입실장에 비하여 열신뢰성이 우수하고 내진성이 높다.

표면실장 부품장착기(mounter)는 부품의 공급과 탑재가 고속, 자동화로 발전되었고, 부품형상, 패키지의 표준화가 되어 실장기 1대로 150종 이상의 많은 종류의 부품을 실장할 수 있는 생산능력으로 향상되었고 다품종 소량 생산에도 신속하게 적응할 수 있는 장점이 있다(그림 1-6).

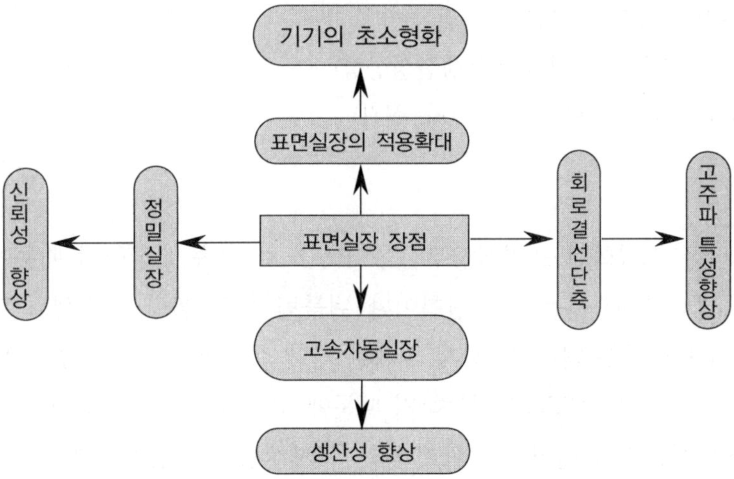

[그림 1-6] SMT 장점

표면실장제품의 생산성이 향상되고 생산비가 절감되는 것은 소형의 부품과 리드가 많은 미세피치 다핀 IC를 사용하여 제품크기가 감소되었고 고속장비가 개발되어 대량 생산할 수 있기 때문이다.

소형화된 표면실장부품을 기판의 양면실장에 적용하면 리드부품을 사용하는 삽입실장방식에 비교하여 용적은 30～70% 이상 감소가 가능하고, 기판면적은 10% 정도 사용으로도 가능하다. 소형(칩) 부품은 릴(reel)이나 테이프(tape)로 포장되어 대량 공급하므로 사용이 편리하고, 보관을 위한 공간을 절약할 수 있다. 또한 소형의 표면실장부품을 자동고속으로 기판에 실장함으로써 높은 생산성과 아울러 품질의 향상을 가져왔다.

전산자동화된 설비는 공정시간 단축과 생산품목 교체시간을 절약하였다. 자동장비는 공정관리가 쉽고 정밀한 규격을 적용할 수 있고 컴퓨터로 통합된 생산설비시스템을 운용할 수 있다.

현재 사용되는 표면실장용 장비의 작업효율은 대단히 높고, 표면실장제품을 검사(inspect) 수리(rework)하는 장비와 기술도 발전되어 불량률이 감소하고 생산비가 절감되고 있다. 이러한 장점을 충분히 발휘하기 위해서는 전반적인 제조, 검사공정에 적절한 생산설비를 구성하여야 한다.

SMT의 장점을 요약하면 다음과 같다.

① 고밀도 소형화 제품을 생산할 수 있다.

② 전기적 성능과 신뢰성이 향상된다.

③ 제품의 품질을 향상시킨다(고급제품생산).

④ 부품과 상품의 저장공간을 절약한다.

⑤ 제품을 고속자동 생산한다(생산성향상).

⑥ 제조원가를 절감한다(total cost 절감).

(2) 단 점

표면실장은 소형화된 표면실장부품을 고밀도로 고속 실장하기 때문에, 부품을 탑재하거나 납땜할 때 부품의 뒤집힘이나 뒤틀림 등의 불량이 발생될 수 있다.

극소형 표면실장부품을 세밀하게 설계된 기판 랜드에 정확하게 위치를 정하고 탑재하는 것은 인간의 능력으로 불가능하기 때문에 고가의 정밀한 자동탑재기를 사용한다.

또한 삽입실장과 표면실장을 함께 하는 혼재실장은 납땜공정에서 리플로우(reflow soldering)에 이어 플로우(flow soldering/wave soldering)를 한다. 그때, 먼저 기판에 탑재한 표면실장부품은 접합(납땜)이 완료되었기 때문에, 후 공정 삽입실장에 사용하는 리드부품 이상의 내열성이 요구된다.

표면실장은 기판의 부품실장 밀도(단위면적당의 부품점수)를 높일 수 있는 반면, 발열밀도(단위면적당의 발열량)도 높아져 온도상승이 불가피하다. 열설계가 적당하지 않으면, 부분과열(hot spot)을 일으켜 고장이 되기 때문에 주의가 필요하다. 전자기기의 성능과 신뢰성은 열설계와 열대책 기술이 불가결의 중요기술로 인식되고 있다.

표면실장장비와 생산방식은 관련설비와 설계분야에 첨단기술이 적용되어 크게 발전되었으나, 표면실장용 부품의 표준화와 발전은 상대적으로 늦다. 또한 모든 종류의 기존부품을 표면실장용으로 적용할 수 있는 것도 아니다. 기판의 검사(test)와 재작업(rework)이 어려워졌고, 기판이 조밀해짐에 따라 확대, 비전검사와 정밀한 수리(repair)작업장비가 요구된다.

표면실장기판용 기판은 정밀한 설계와 생산설비를 요구한다. 기존의 삽입실장제품을 표면실장 제품으로 변경하려면 제품설계와 공정기술을 적용해야 하는 어려운

점이 있다.

표면실장 제품생산 업체와 설비 및 부품 부자재 등의 관련업체는 급속히 발전하는 관련기술을 연구하고 설비를 보완하기 위한 지속적인 기술인력확보와 투자가 필요하다.

SMT의 단점을 요약하면 다음과 같다.

① 고가의 설비비용(SMT In-Line System)

② SMT관련 총합된 제조 생산기술이 요구

③ 수정 재작업 고장수리의 곤란

④ 새로운 생산공정 및 부품선택과 수급체계 적용

1.2 실장형태의 변천

1. 실장형태의 발전

전자제품의 소형화와 다기능 고성능을 실현하기 위하여 표면실장기술은 극소형 부품과 반도체 웨이퍼(chip)를 직접 기판에 실장하는 COB(Chip On Board) 형태로 발전되고 있다. 표면실장은 부품과 장비와 관련분야의 발전에 따라 실장형태는 갈수록 더욱 초소형 고밀도 고속실장으로 발전되고 있다(그림 1-7).

표면실장기술은 1950년대에 표면실장부품이 처음으로 군수용품에 적용되면서 시작되었다. 1960년대 표면실장부품은 제한된 하이브리드 회로 제품시장에서 벗어나 세라믹으로 재료표면에 부착했다.

1970년대 일본의 전자산업은 생산비를 절감하고 소비자가 선호하는 소형 휴대용 제품을 생산하기 시작하였으며, 소형 전자제품을 생산하기 위하여 먼저 만들어진 소형부품은 저항과 콘덴서이다.

리드가 없는 환형(cylinder type)이나 각형(square shape)의 부품을 만드는 것이 리드를 형성하고 자르고 구부리는 것보다 작업이 쉽다. 리드가 없는 칩(chip)부품들은 고가의 기판면적을 줄일 수 있고, 칩을 장착하는 마운터는 자동정밀 고속장비로 발전하였다.

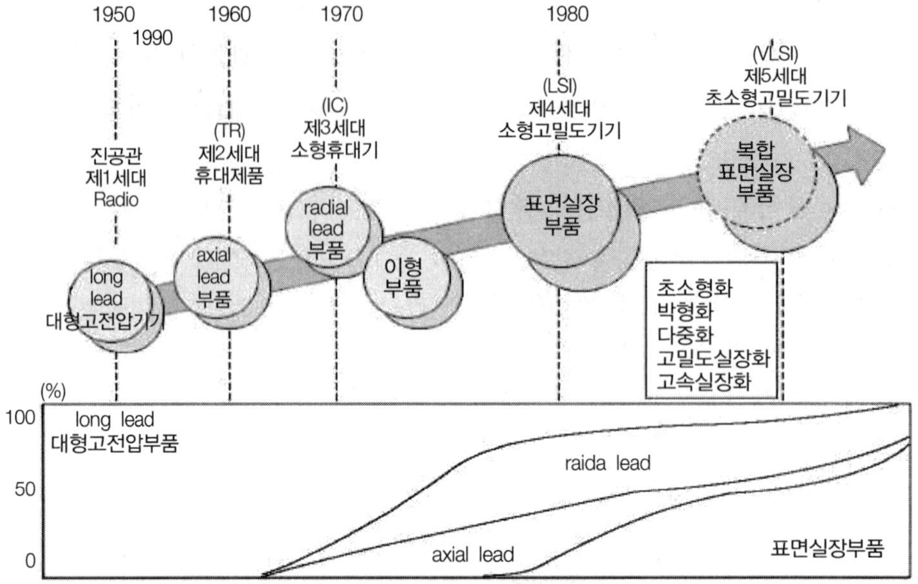

[그림 1-7] 실장형태변천

1970년대 후반에서 1980년대 초에 집적회로(IC)는 더욱 집적도가 높아지고 전자회로는 복잡해졌다. 이러한 변화로 리드의 수가 크게 증가하여 많은 경우 100개를 넘게 되었다. 삽입용 DIP IC는 리드가 없는 표면실장용 IC보다 많은 면적을 요구하기 때문에 점차 수요가 감소하기 시작했다. 1980년대 중반까지 표면실장부품은 소형의 하이브리드 회로에서 주로 사용되었다. 이유는 대량으로 제품을 생산할 수 있는 고속자동 장비가 부족했기 때문이었다.

근래에 와서 표면실장 관련기술의 발전으로 다양한 표면실장용 부품이 양산되고 다품종의 미세부품을 조밀한 기판에 적용할 수 있는 고속장비가 개발되어 표면실장 생산제품은 기존의 자사제품보다 저렴한 비용으로 생산이 가능하게 되었다.

비용절감은 기판비용절감, 단위기판당 용적률의 증가, 능률적인 생산, 불량제품 감소와 고성능 장비개발로 간편하고 빠른 수정작업과 검사작업 등에서 효과가 나타나게 되었다. 완성제품은 생산비용의 대략 65%가 부품크기와 관련되어 있다.

오늘날 표면실장 방식은 전자분야의 기판을 대량생산하고 반도체 소자와 디스플레이분야의 실장과 전력을 제어하는 분야 및 초소형 다기능소자 및 자동차 제어기판(CPU) 생산 등에도 적용하고 있다.

〈표 1-1〉 SMT와 IMT의 비교

	표면실장(SMT)	삽입실장(IMT)
경박단소화	용 이	곤 란
실장형태	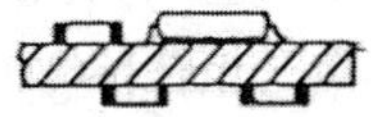	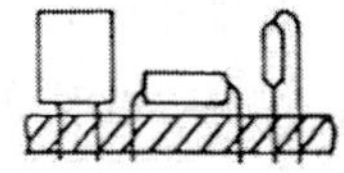
LAND 형상		
기판 · 형상	박형, 경량화 가능	곤란
through-hole	불필요	필요
pattern	단자 pitch 미세가능	단자 pitch 축소제약
부품 · 형상	lead-less형	lead(AX, RA)형
중량	가볍다	무겁다
취급	용이	곤란
공급	용이	약간 어려움, 부피가 커짐
실장 · 형상	한 면에서 부품탑재, 납땜	한 면 부품장착/다른 면 납땜
형태	양면실장	단면실장
장착	용이하고 빠르다	조금 어렵고 늦다
밀도	높다	낮다
납땜 · 방법	wave/reflow	wave/flow
납량	적다	많다
재료관리	용이	약간 곤란
품질	좋다	약간 나쁘다
특성 · 부유용량	극히 작게 고정	크다, 평균치에서 벗어난다
신호전송	pass 짧고, 빠름	pass 길고 늦다
EMI	저감화 용이	곤란
금후의 과제		
1. 부품의 열 stress	크다	작다
2. 부품의 표준화	진행중	완성
3. 기판과 부품 matching	필요	불필요
4. 부품의 SMT화	진행중	
5. bare IC 실장	진행중	

2. 실장형태의 구분

(1) 실장형태

인쇄배선기판(PWB)이 출현한 1950년대 후반 이후, 최근까지 약 30년 이상 전자기기 제품의 실장은 자삽기(자동삽입기)로 리드를 삽입하는 실장(IMT) 방법을 사용하여 왔다. 근래에 와서 IC의 제조기술이 급속히 발달하여 반도체의 집적도는 1년에 2배로 성장하고 있다.

IC의 고집적화는 패키지(package)의 다핀화가 요구되어 리드간격이 협소한 표면실장용 미세피치 IC가 개발 사용되어 제품의 실장밀도를 높이고 있다.

근래의 고밀도실장은 bare IC 실장(COB)의 형태로 발전되고 있다.

고밀도 실장은 제품의 고품질(고신뢰성), 소형화, 다기능화, 고속화(고주파대응), 내열화, 생산성 향상(total cost down)에 기여를 하고 있다.

(2) 실장형태구분

실장기판의 조립형태는 type 1(단면기판), type 2(양면기판) 두 가지 타입으로 분류되고, 이는 또한 3가지 클래스(class)로 분류된다.

실장형태		구 조	부품(예)	IPC-CM -770 분류	실장밀도(점/cm^2) 5 10 15 20 25 30 35 40
IMT (lead부품삽입실장)			lead DIP	type 1 class A	
표면실장(SMT)	① 단면 SMT		chip FP PLCC	type 1 class B	
	② 단면 SMT (lead부품 혼재장착)	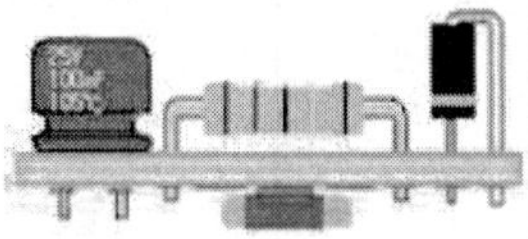	lead DIP chip	type 2 class C	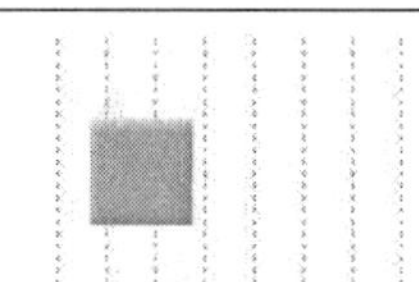
	③ 양면 SMT (lead부품 혼재장착)		lead DIP chip	type 2 class C	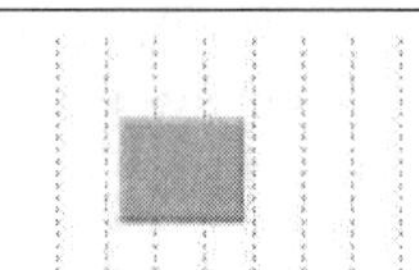
	④ 양면 SMT	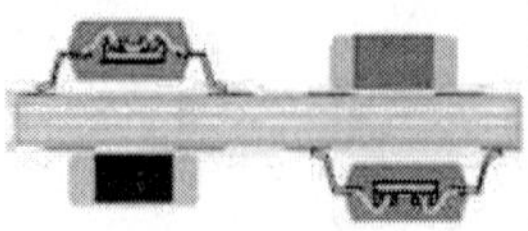	chip FP PLCC	type 2 class B	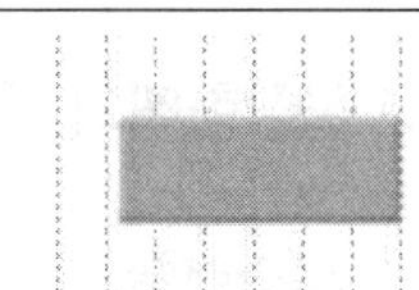

[그림 1-8] 실장방식과 실장밀도

type 1, type 2는 장착에 사용된 부품이 표면실장용 부품일 수도 있고 리드삽입 부품일 수도 있다.

class A, class B, class C는 단면 혹은 양면기판에 장착하는 부품을 구분하기 위함이다. class B와 class C는 제품이 단순한가 혹은 복잡한가로도 분류된다. 이는 IPC-CM-770 "Printed Board Component Mounting"으로 문서화되어 있다.

type 1 : 기판의 단면에 부품장착
type 2 : 기판의 양쪽면에 부품장착
class A : 삽입부품만 장착
class B : 표면실장부품만 장착
class C : 삽입부품과 표면실장부품 혼재장착

3. 부품과 실장방식

대부분의 부품은 표면실장에 적합한 형태인 소형 칩(chip)으로 발전되어 고밀도로 고속실장할 수 있다. 부품의 소형화는 실장장비와 공정기술의 발전으로 더욱 극소형으로 발전되고 있다.

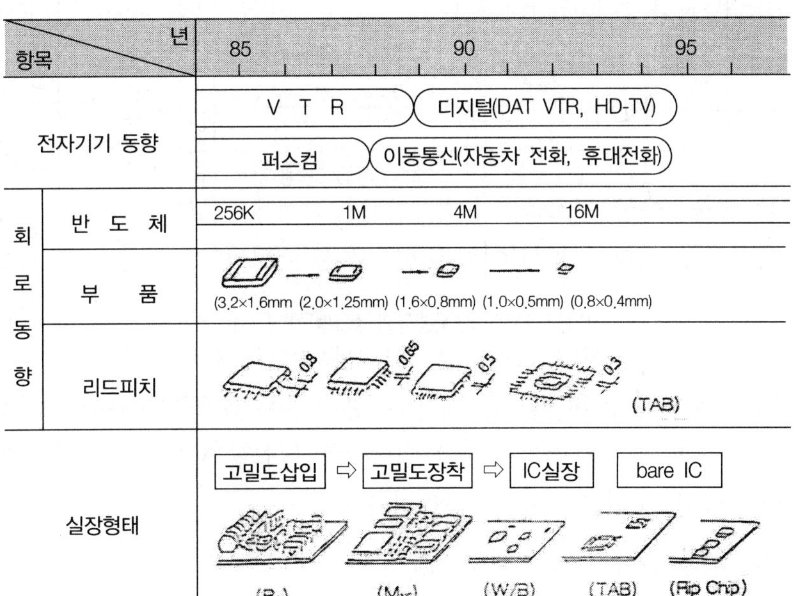

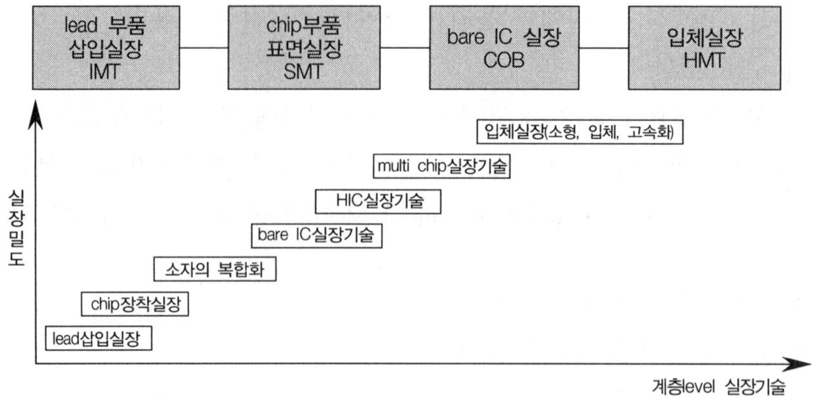

[그림 1-9] 고밀도실장의 발전

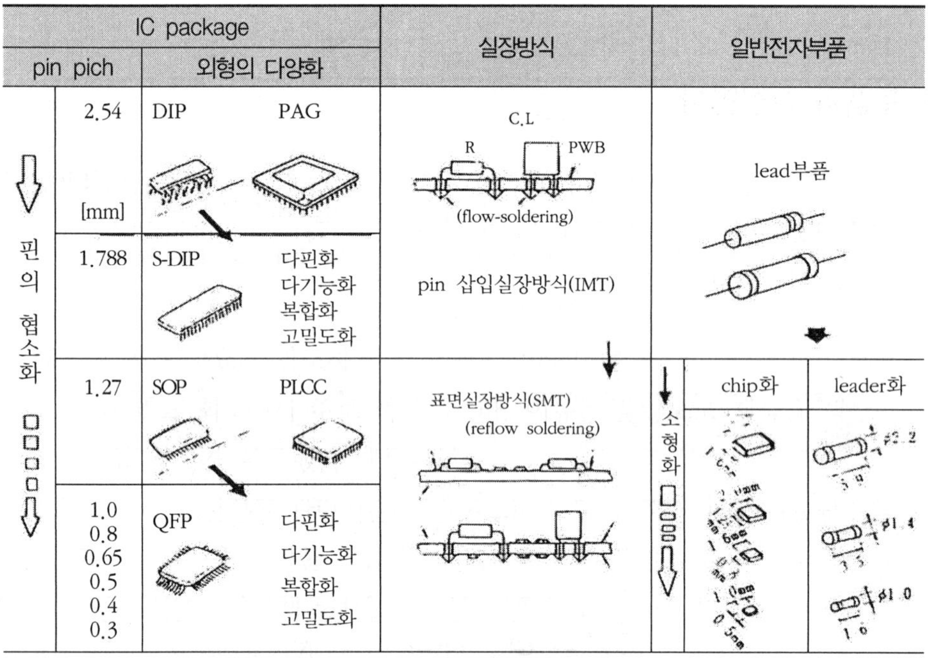

[그림 1-10] 부품종류와 실장방식의 변천

표면실장용 칩부품은 초기에 하이브리드 IC용으로 개발되어 그 사용량은 적었어나 첨차 가전제품에 적용되어 현재는 전자부품 생산량의 대부분을 차지하고 있다. 그 이유는 다음과 같다.

① 표면실장용 부품이 표준화가 되었다.

② 표면실장기술과 장비성능의 발전으로 생산성이 향상되었다.

③ 생산제품의 성능과 가치를 높일 수 있다.

④ 소요부품이 저가로 대량 생산 공급된다.

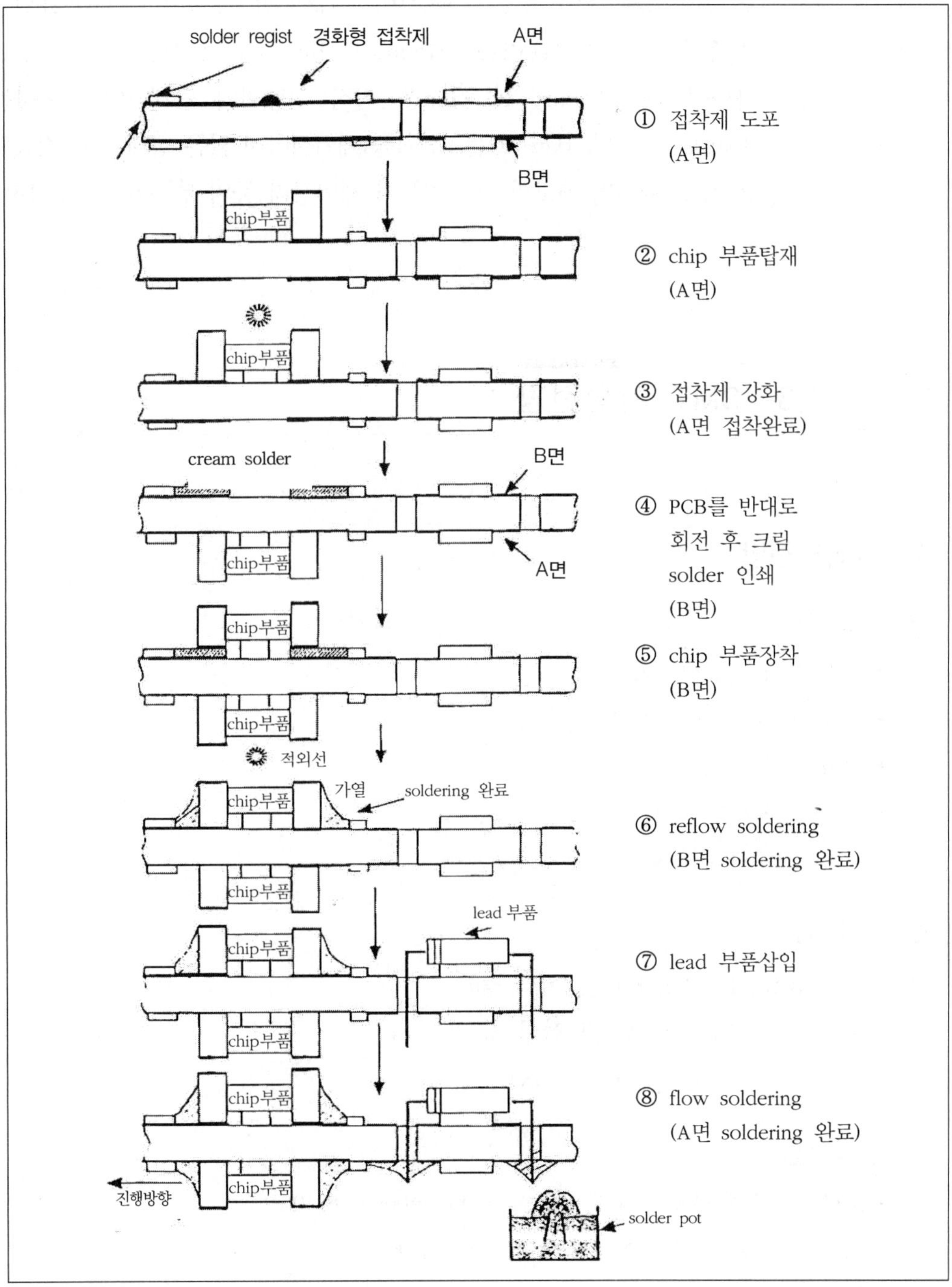

[그림 1-11] 혼재실장방식의 공정(양면실장의 경우)

혼재실장은 표면실장방식의 경우보다 공정수가 많고 생산효율이 낮다.

그러나 커넥터, 파워모듈, 대용량 전해콘덴서 및 LED표시용 부품 등 표면실장할 수 없거나 하지 않는 편이 좋은 부품도 있기 때문에, 종래의 삽입실장용 부품과 표면실장용 칩부품을 혼재탑재하는 MMT(Mixed Mount Technology)가 사용되고 있다.

표면실장의 차세대 기술로 bare IC chip을 직접 기판위에 탑재하여 접속하는 COB(Chip On Boards)가 있다. bare IC는 IC 칩을 패키지하지 않은 상태이다. 적용되는 제품으로는 휴대폰, 카메라, 메모리카드, 자동차 제어장치 등의 부분이다(그림 1-9).

1.3 SMT 기술전망

1. 분야별 전망

(1) 회로기판

- 배선의 fine-pattern화
- through-hole/via-hole의 미소화
- 박형화, 다층화
- 내열성, 치수안정성
- 고속, 고주파 특성화

(2) 도체재료

- 귀금속(Au, Pt, Ag, Pd 및 합금 등)
- 비금속(Cu, Ni, Zn, Al 및 합금 등)
- 고온초전도($Y\text{-}Sr_2\text{-}Cu_3\text{-}0_{8\text{-}9}$, 100K)

(3) 실장부품

- 소형 · 미소화(chip, 2125→1608→1005→0603→0402)
- IC lead의 fine pitch화(0.8→0.5→0.3mm)
- 복합부품화(R-R, C-C, C-R, L-C-R)
- lead 이형부품의 chip화

(4) 실장형태

- bare-IC 실장
- multi-chip 실장
- HMT(Hybrid Manufacturing Technology / LCR 내장기판 등)

(5) 접속방법

- cream solder 입자의 fine화
- Pb(납)을 사용하지 않는 접속
- 납땜(soldering)을 하지 않는 접속

(6) 실장기기

- 이형부품 장착기의 고속화
- 표준 이형부품 장착기의 일체화
- system의 무인화
- 외관검사 특성검사의 인라인(in-line)화

2. 생산공정

PCB 실장형태는 IMT(부품삽입실장), MMT(IMT, SMT혼재방식), SMT(표면실장), COB(Chip실장)으로 발전이 되고 있다. 부품은 극소형 고밀도화로 개량되고, PCB도 고밀도(fine pitch)에 대한 회로설계 기술이 적용되었다. SMT 제품생산 공정은 실장부품의 모양(lead, chip) 실장형태(단면, 양면) 및 접속방법(flow, reflow)과 제품의 성능, 크기, 가격 등에 따라 결정한다. 실장부품의 실장밀도 및 PCB설계의 자유도가 커지면 실장 공정(process)은 복잡화되는 경향이 있다. 단면기판과 양면기판의 실장공정은 다음과 같다.

(1) 단면기판

- lead 부품 삽입실장
- lead chip 부품 혼재실장
- chip 장착실장

(2) 양면기판

- lead chip 부품 혼재실장
- 양면 chip 장착실장
- 양면 chip 단면 bare IC 장착실장
- 양면 chip 단면 lead 부품 혼재실장

1.4 SMT 설비(보기)

1. 한주LST (http://www.hanjusmt.co.kr/smd_inlineprocess.htm)

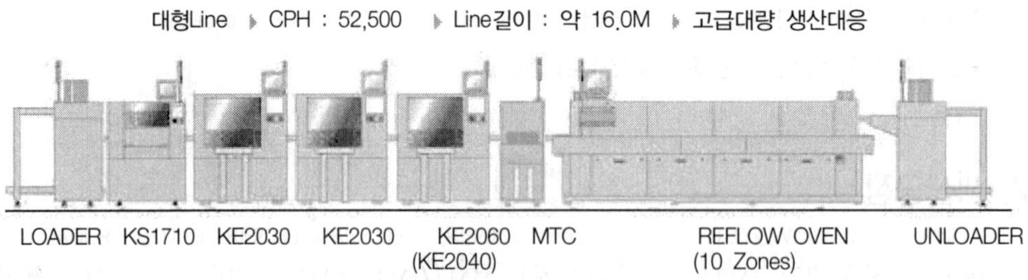

2. 미래산업 (http://www.mirae.co.kr/02prod/product.asp)

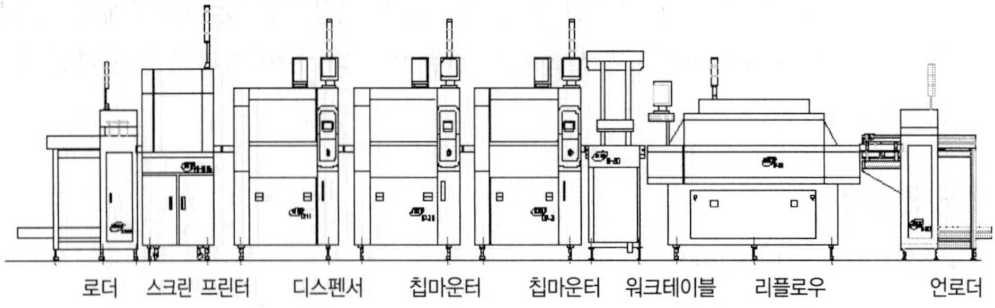

연습문제

1. 표면실장기술(SMT) 및 표면실장 장비나 설비를 함께 뜻하는 용어는?

① SMA ② SMC ③ SMD ④ THT

2. Chip-Mounter는 삽입실장기술(IMT)에서 어떤 장비에 해당하는가?

① 자동삽입기(inserting) ② 검사기(inspection system)
③ 디핑기(deeping/soldering) ④ 저항포밍기(forming)

3. SMT와 관련있는 기술분야가 아닌 것은?

① 회로설계 ② 통신방법 ③ 부품재료 ④ 생산공정

4. 표면실장기술에서 불리한 점은?

① 품질향상 ② 발열대책 ③ 자동고속생산 ④ 성능향상

5. 다음 사항 중 표면실장 생산공정에서 유리한 점은?

① Rework ② 시설투자비 ③ 제품검사 ④ 제품저장공간

6. 표면실장발전에 기여하는 장비가 아닌 것은?

① Screen Printer ② Dispencser ③ Mounter ④ Wave Soldering

7. SMT 적용분야와 가장 거리가 먼 것은?

① Connector ② IC ③ PDA ④ 자동차 CPU

8. IPC-CM-770에서 표면실장과 삽입실장 부품을 혼재실장하는 분류의 표시는?

① type 1 ② type 2 ③ class B ④ class C

9. 다음 중에서 표면실장 생산설비의 적용에 거리가 먼 것은?

① 프레온 ② 검사자동화 ③ 고속화 ④ 다품종대응

10. SMT부품과 재료의 발전방향과 거리가 먼 것은?

① 초소형화 ② 치수표준화 ③ DIP화 ④ Pb free

정답 | 1. ③ 2. ① 3. ② 4. ② 5. ④ 6. ④ 7. ① 8. ④ 9. ① 10. ③

11. PCB설계 분야와 해당 없는 것은?

① 무세정 ② 다층박형화 ③ Fine Patttern ④ 고주파대응

12. 차세대 실장기술에서 재료분야의 핵심기술은?

① 부품의 복합화 ② 모듈 실장가능 ③ 저온 solder ④ 총합설계(CAE)

13. 다음 중 가장 발전된 실장형태는?

① THT ② SMT ③ COB ④ MMT

14. 표면실장설비 구성에 없어도 무방한 것은?

① Forming M/C ② Printer ③ Reflow ④ Mounter

15. 실장부품이 리드가 없는 chip형으로 발전하게 된 요인이 아닌 것은?

① 리드부품보다 작업이 쉽다. ② 고속장착할 수 있다.
③ 기판면적을 줄인다. ④ 고속장착기가 먼저 개발되었다.

16. 다음 중 표면실장이 가장 유리한 분야는?

① 파워모듈 ② 대용량 전해콘덴서
③ 메모리카드 ④ LED display

17. IC Package의 발전추세와 거리 먼 것은?

① 단순화 ② 다핀화 ③ 다기능화 ④ 고밀도화

18. 다음 중 실장밀도가 가장 높은 방식은?

① type 1 class A ② type 1 class B
③ type 2 class A ④ type 2 class B

19. 표면실장제품 생산에서 가장 시급한 국제적인 과제는 무엇인가?

① 저가고성능장비 ② lead free
③ 제품불량률 감소 ④ 부품의 표준화

20. 표면실장제품이 대량 생산되고 생산비(total cost)가 저렴하게 된 주요 원인은 무엇인가?

① 신제품출시 ② 고속장비 ③ 총합설계 ④ 부품가격

정답 | 11. ① 12. ③ 13. ③ 14. ① 15. ④ 16. ③ 17. ① 18. ④ 19. ② 20. ②

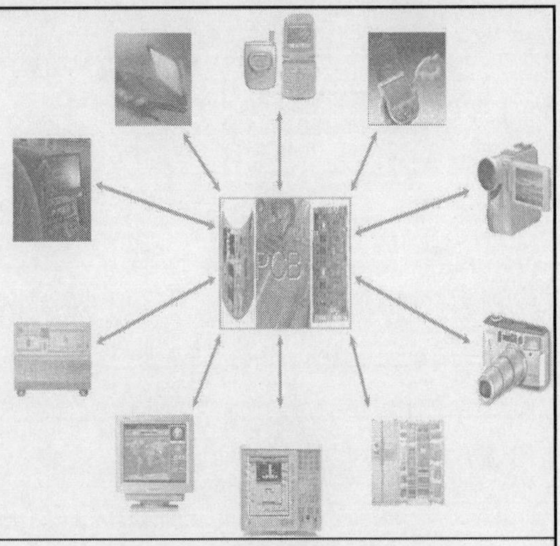

제 2장

표면실장부품

2.1 표면실장부품 형태

1. 부품의 종류

각종 전자제품은 소형 · 경량 · 박형과 고성능 다기능 형태로 발전되고 있다. 그러므로 제품을 구성하는 전자부품도 당연히 소형화가 추구되고 있다. 부품을 사용하는 수요자가 일반적으로 요망하는 사항은 다음과 같다.

- 고성능 · 고기능
- 고신뢰성 · 긴 수명
- 납기단축
- 가격저렴

컴퓨터와 인터넷의 발전, 또한 휴대전화와 이동통신 등의 발전으로 가전제품과 정보통신 분야의 제품만이 아니라 정보화로 발전되는 산업기기 분야도 더욱 집적도가 높은 제품이 요구되고 있다. 제품을 소용적화(小容積化)하는 표면실장기술은 부품의 소형화가 필수적이다.

표면실장용 부품은 수동부품(passive device)과 반도체부품(active device)으로 분류할 수 있다. 수동부품의 일반형(표준형)은 칩(chip)모양이며 칩형은 각형(角形)과 환형(環形)으로 되어 있고, 반도체부품은 패키지(package)형과 베어칩(bare chip)형으로 분류한다(그림 2-1).

이것에 따라 실장기술도 POB(Package On Board)와 COB(Chip On Board)의 기술로 나눈다. 칩부품은 종래의 삽입실장에서 사용한 부품의 리드를 없애고 몸체를 소형화하여 표면실장용 부품으로 개발한 것이다.

표면실장부품을 사용함에 따라 종래의 axial(저항, 배선 등) 부품과 radial(콘덴서, TR 등) 부품을 장착하는 자동삽입기의 역할을 대체하는 칩장착기(chip mounter)가 개발되었다.

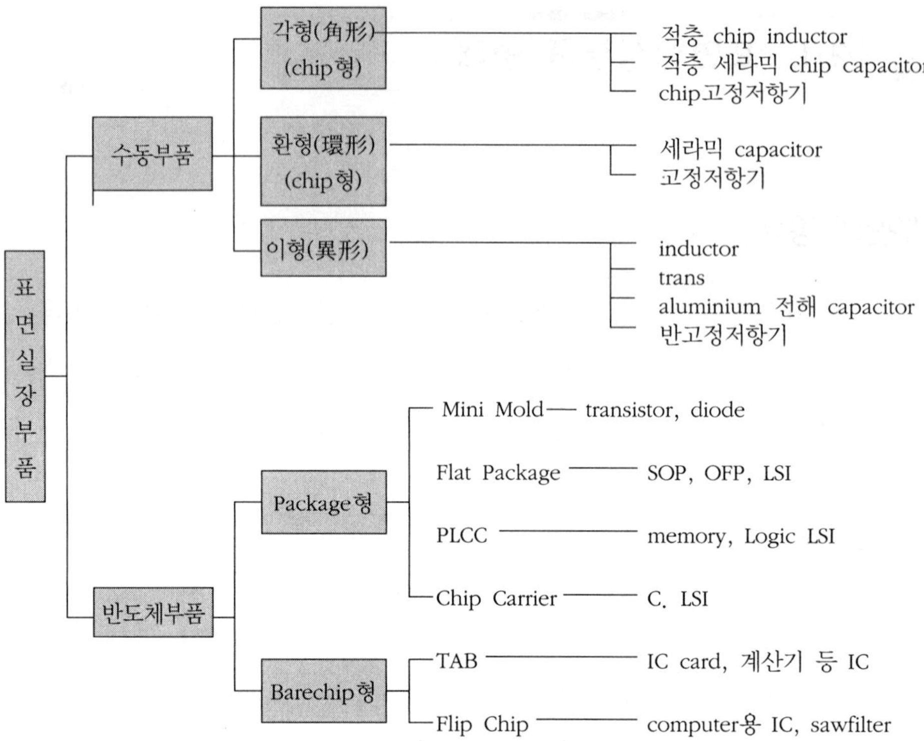

[그림 2-1] 표면실장용 부품

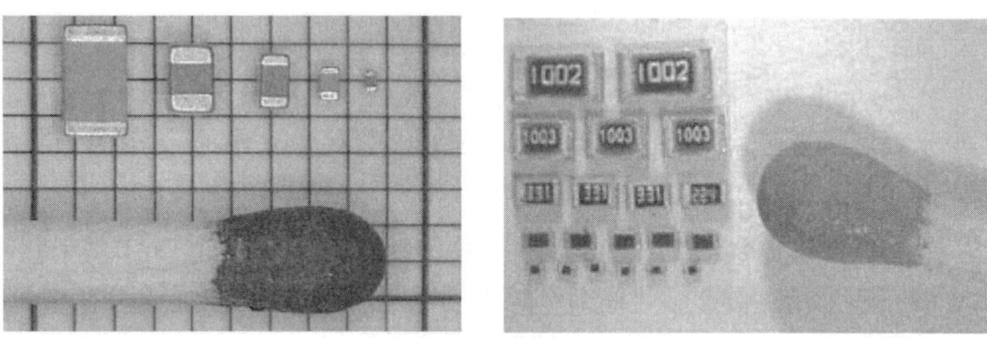

[그림 2-2] chip 크기(눈금 : mm)

2. 칩소자

칩소자(chip component)는 저항기(R) 커패시터(C) 인덕터(L) 등 표면실장용 수동부품의 일반(표준)형이다(그림 2-3).

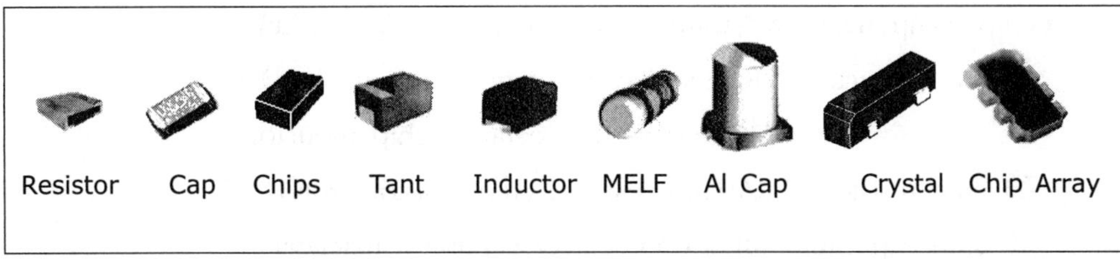

[그림 2-3] 칩부품(http://www.topline.tv/ChipComponents.html)

칩은 각형(rectangular, square), 환형(cylinder, 원통형)이 있고 칩모양이 아닌 것은 이형(異形)부품이라 한다. 각형 칩 크기는 일반적으로 가로(mm)×세로(mm)로 표시한 Metric size를 많이 사용하나, 인치(inch)단위로 표시한 EIA size 표시도 혼용하고 있다(그림 2-4).

- Metric size로 3216(가로 3.2mm × 세로 1.6mm)을 EIA size로 표시하면 1206(0.12"×0.06")이 된다.
- Metric size를 → EIA size로 표시하면 다음과 같다.
  3216 → 1206, 2012 → 0805, 1608 → 0603, 1005 → 0402, 0603 → 0201, 0403(0402) → 01005
- 1인치(")는 약 25.4mm이다. 1.0mm는 약 0.04"(40mil)이다. (1" = 1000mil)
- 칩소자 규격(metric) 표시 예 : R2012G1R2J1-8W150V
  chip resistor, 2012 Size, 저항값 1.2Ω, 오차 5%, 정격 1/8W, 전압 150V

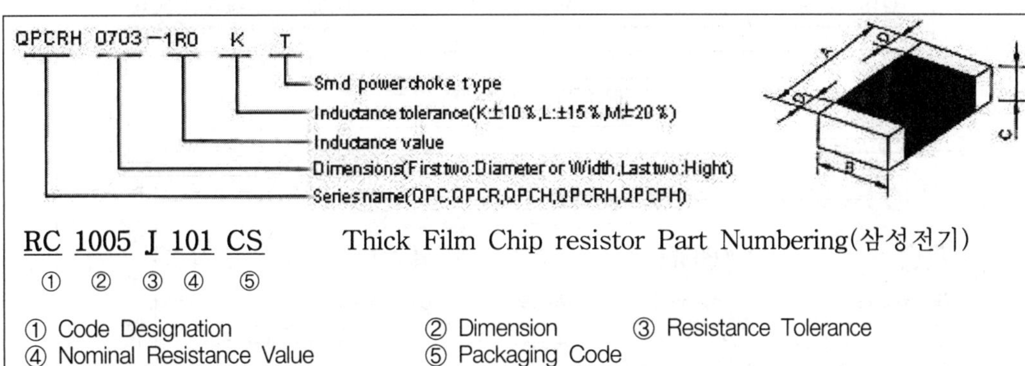

[그림 2-4] chip size 표시

1975년 3216사이즈가 생산된 칩부품은 계속하여 소형화되고 있다. 현재 1005칩이 많이 사용되고 있으며, 0603 및 0402 사이즈 MLCC 칩도 개발되어 적용되고 있다(그림 2-5).

- chip components 종류(http://www.pilkor.co.kr/prod4.html)
  ① chip inductor－MCI(multilayer ceramic chip inductor),
  　　　　　　　　WCI(wirewound ceramic chip inductor)
  ② chip resistor－CRA(chip resistor, chip resistor array)
  ③ chip capacitor－MLCC(multi layer ceramic capacitor)
  ④ ferrite inductor/ferrite beads－MFI(multilayer ferrite chip inductor),
  　　　　　　　　　　　　　　　　MFB(multilayer ferrite chip bead)

① MCI　① WCI　② CR　② CRA　③ MLCC　④ MFI　④ MFB

[그림 2-5] chip components

작은 칩 스케일을 선호하는 것은 기판 소요면적을 줄일 수 있기 때문이다. 크기가 0603(0201)인 저항기나 커패시터를 사용할 경우 3216(1206)컴포넌트에 필요한 접촉 면적의 2.8%정도가 소요된다(그림 2-6).

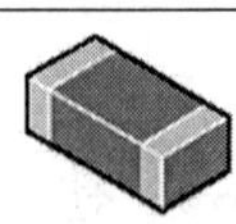				
3216 (1206) 3.2mm×1.6mm	2012 (0805) 2.0mm×1.2mm	1608 (0603) 1.6mm×0.8mm	1005 (0402) 1.0mm×0.5mm	0603 (0201) 0.6mm×0.3mm

[그림 2-6] 칩 스케일 비교

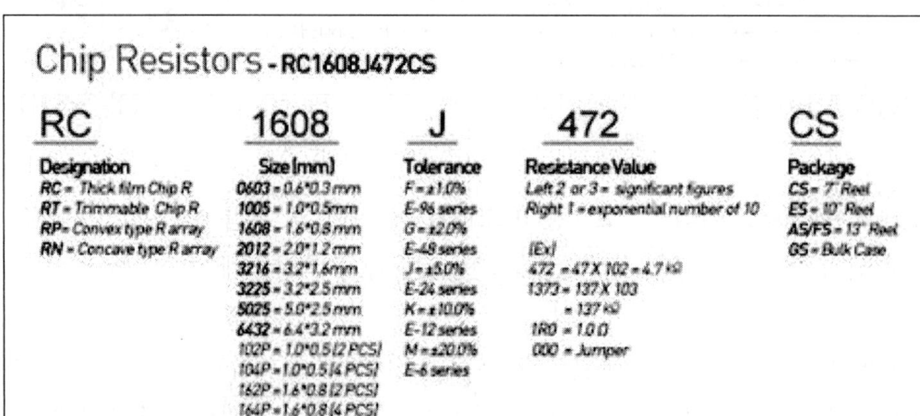

[그림 2-7] chip resistors(삼성전기 http://www.sem.samsung.co.kr/)

CODE : WR04 X 103 J T
(1) (2) (3) (4) (5)

(1) Size Code WR08 : 2012(0805) WR06 : 1608(0603) WR04 : 1005(0402)	(2) Tape Code X : Normal Y : Special order	(3) Resistance Code E24 : Two significant digits followed by no.of zeros 4.7Ω = 4R7 10Ω = 100 220Ω = 221 Jump = 000
(4) Tolerance F = ±1% G = ±2% J = ±5% P = Jumper	(5) Packaging Code No Code = Bulk T = Reel	E96 : Two significant digits followed by no.of zeros 102Ω = 1020 37.4kΩ = 3742 WR04 : No marking

[그림 2-8] chip resistors

CODE : **WCI** **1608** **T** **#N#** **G** **00**
(1) (2) (3) (4) (5) (6)

(1) WCI : Type
(2) 1608 : Series Dimensions
(3) T : Packing (T: Reel & Taping, B: Bulk)
(4) Inductance Value ex) 1N2 : 1.2nH
33N : 33nH
(5) Inductance Tolerance Code ex) G : ± 2%
J : ± 5%
K : ± 10%
(6) Internal Code

[그림 2-9] chip inductance

500	R15	N	101	J	V	4	T
VOLTAGE	CASE SIZE	DIELECTRIC	CAPACITANCE	TOLERANCE	TERMINATION	MARKING	PACKAGING
100 = 10 V 160 = 16 V 250 = 25 V 500 = 50 V 101 = 100 V 201 = 200 V 251 = 250 V 301 = 300 V 501 = 500 V 631 = 630 V 102 = 1000 V 202 = 2000 V 302 = 3000 V 402 = 4000 V 502 = 5000 V	R05=0201 R07=0402 A11=0405 R14=0603 R15=0805 A18=0612 R18=1206 S41=1210 R29=1808 S43=1812 S47=2220 S49=1825 S48=2225	N = NPO W = X7R X = X5R Z = Z5U Y = Y5V	1st two digits are significant; third digit denotes number of zeros, R = decimal. 1R0 = 1.0 pF 100 = 10 pF 102 = 1,000 pF 474 = 0.47 μF	*B = ± 0.10 pF *C = ± 0.25 pF *D = ± 0.50 pF F = ± 1 % G = ± 2% J = ± 5% K = ± 10% M = ± 20% Z = +80 -20% *Values < 10 pF only	V = Nickel Barrier with 100% Tin Plating (Matte)	4 = Unmarked 6 = EIA "J" Code* *Not available on sizes 0402	Tape Code / Tape Type / Reel Size U Embossed 13" R Punched 13" E Embossed 7" T Punched 7" None = Bulk Packaging Size 0201-1206 tape standard is Code "T" Tape specifications conform to EIA RS481

Part number written: 500R15N101JV4T

[그림 2-10] chip capacitance(http://www.johanson-caps.com/)

- MELF component

금속전기표면(Metal Electrode Leadless Faced)은 표면실장용 실린더형(cylindrical components)의 수동소자이다. 원통으로 된 몸체에 리드가 없고 원통 양 끝부분 단자는 금속 캡으로 만들어졌다.

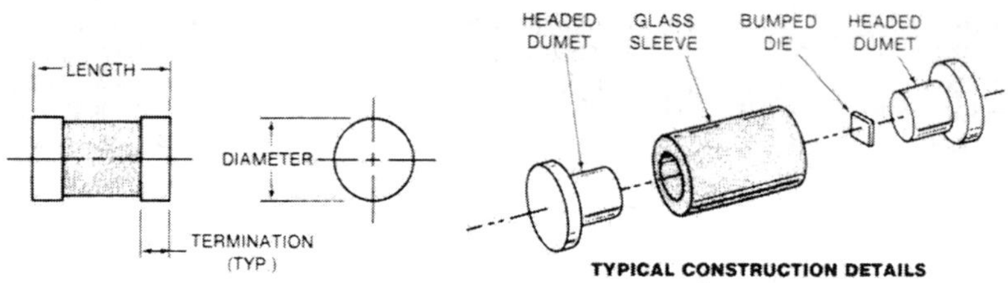

[그림 2-11] MELF 소자구조

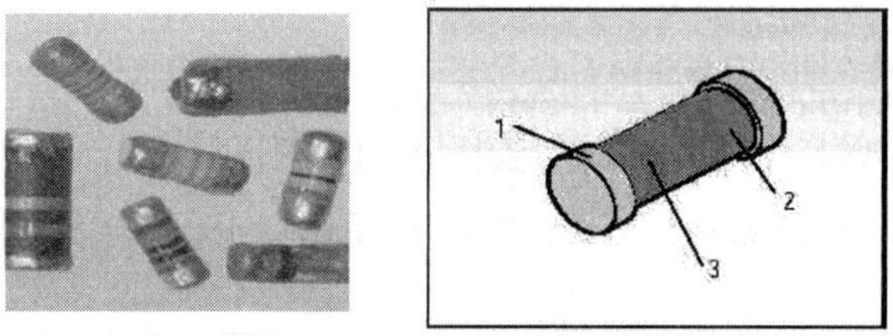

① 전극
② 레지시티브 보호코팅
③ 색상코드

[그림 2-12] MELF component

- Dimensions

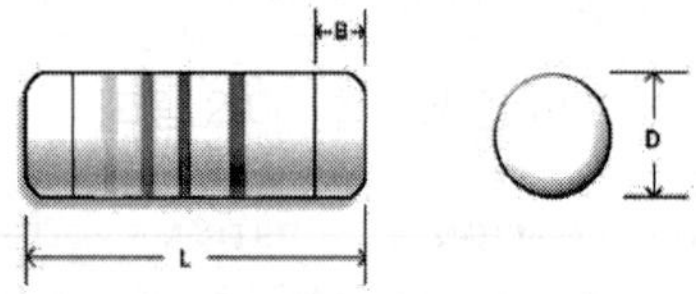

Type	Body Length (L)	Body Diameter (D)	Soldering Spot (B)	Net Weight Per 1000 pcs
CM16	3.45±0.1mm	1.35±0.1mm	0.6mm Min.	17 grams
CM204	3.45±0.1mm	1.35±0.1mm	0.6mm Min.	17 grams
CM207	5.9±0.2mm	2.2±0.1mm	1.0mm Min.	66 grams
CM52	5.9±0.2mm	2.2±0.1mm	1.0mm Min.	66 grams

〈표 2-1〉 MELF dimensions

Type	Power Rating (at 70℃)	Max. Working Voltage	Max Overload Voltage	Resistance Range Min.	Resistance Range Max.	Resistance Tolerance	Standard Resistance Value
CM16	1/6W	200V	300V	0.0.1Ω	1MΩ	±5%	E-24
CM204	1/4W	200V	300V	0.0.1Ω	1MΩ	±5%	E-24
CM207	1/3W	300V	600V	0.0.1Ω	10MΩ	±5%	E-24
CM52	1/2W	350V	600V	0.0.1Ω	10MΩ	±5%	E-24

	각형 chip 저항	원통형 chip 저항	적층 ceramic-C	원통형 chip-C
외관				
치수 (mm)	1.0×0.5×0.5 ~3.2×1.6×1.6	20×1.25ø ~ 3.5×1.4ø	1.0×0.5~ 4.5×3.2×1.9	2.0×1.25ø ~ 3.5×1.4ø
공급	• bulk • 8mm tape • magazine	• bulk • 8mm tape	• bulk • 8mm tape • magazine	• bulk • 8mm tape
개요	알루미나 기판 위에 R을 인쇄, 소성 Glass Coat	탄소피막 저항을 소체 lead less로 사용	ceramic 시트에 전극 인쇄, 적층소성한 ceramic-C	원통형 ceramic-C 음소체, leadless로 사용
정격	1/4W, 1/5W 1Ω~10MΩ △R±1~±10%	1/8W 1Ω~2.2MΩ △R±5%	25~100V 0.5PF~1.5㎌ △C±5%±10%±20%	25~50V 1PF~22000PF △C±5%±10%±20%

	각형 chip 저항	원통형 chip 저항	적층 ceramic-C	원통형 chip-C
외관				
치수 (mm)	2.2×1.6×1.6 ~7.3×4.3×2.8	4.3×4.3×5.7~ 6.6×6.6×5.7	3.2×2.5×2.2~ 4.5×3.2×3.2	3.2×1.6×1.1~ 3.2×2.5×2.5
공급	• bulk • 8~12mm tape	• 12~16mm tape	• 8~12mm tape	• 8mm tape
개요	탄탈소결체를 molding 한 솔리트형 금속판 lead	일반 AI전해 C의 개량, 밀판 부착	페라이트에 세권선 수지 Mold	자성체 시트에 전극 인쇄, 적층소성한 monotic 구조
정격	4~35V 0.1μ~68μF △C±10%,±20%	4~40V 3.3μ~220μF △C±20%	0.22µ~1mH △L±10%, ±20% O30~50	0.22μ~1μH △L±10%, ±20% O25~30

[그림 2-13] chip components

chip명	반고정 VR	트리머C	가변코일	적층 IFT	세라믹필터	세라믹필터
외관						
치수 (mm)	3×3×1.8	4.5×4×3.5	6.5×6.1×2.3	3×3×1.8	4.5×3.2×2.5	4.5×3.2×2.5
포장	12mm tape magazine	12mm tape	12mm tape	12mm tape	12mm tape	12mm tape
정격	1/20W 1/10W 500Ω ~1μΩ	100v 6~50pF	1~500μH	455kHz 10.7MHz	455kHz BPF	10.7MHz BPF

[그림 2-14] 가변, 기능 칩부품

칩부품은 다양한 용도로 사용할 수 있도록 소형, 박형화, 고기능화, 복합화로 발전되고 있으며 이형부품의 표준화가 진행되고 있다(그림 2-15).

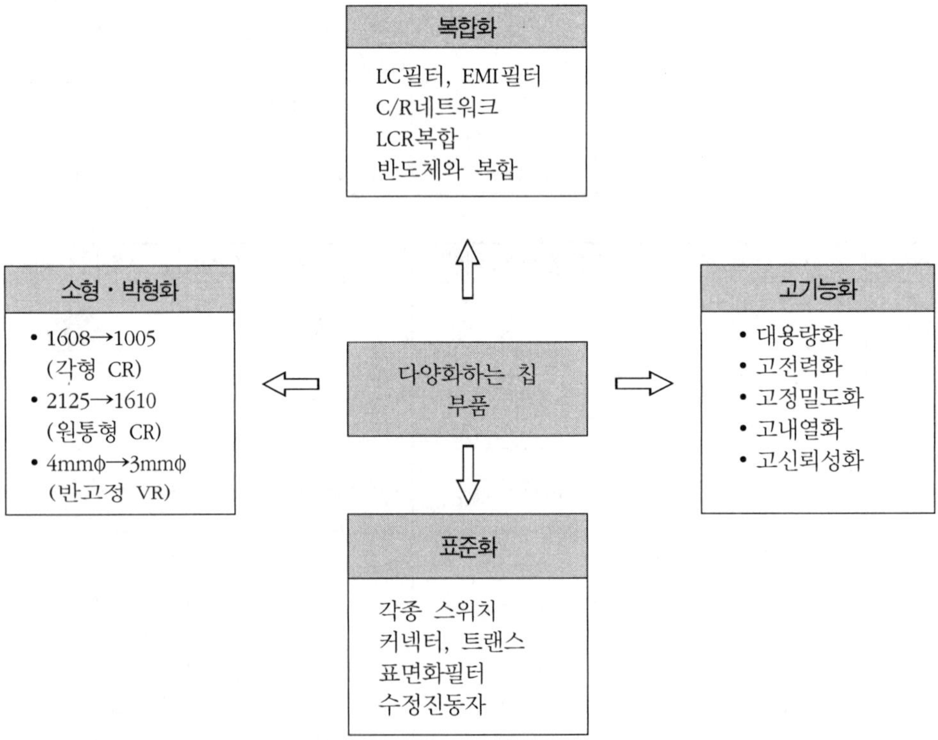

[그림 2-15] 칩부품의 다양화

표면실장용 부품은 테이프, 트레이, 스틱 등의 형태로 포장되어 부품장착기(mounter)에 공급되어 기판에 탑재된다(그림 2-16).

마운터에 부품을 공급하는 기구인 피더(feeder)는 표면실장용 칩 또는 이형부품을 릴, 스틱, 트레이, 벌크 형태로 공급한다(그림 2-17).

부품공급 포장형태는 부품생산회사의 자료(catalog 또는 data sheet)로 알 수 있고 생산공정에서는 사용부품에 적합한 feeder 등 부품공급기(PSM)를 준비한다.

저항기	Taping							stick (A1feeder)	stick rotary feeder	stick rotary feeder (입형)	linear tray	vibration feeder (bulk)	Bulk Feeder
	8mm	12mm	16mm	24mm	32π Emboss	44mm	32mm종이						
포장형태									단면치수 Max6×20		30×250 42×250	Max180 ×335	각칩 SOT
대상부품 예	각칩SOT23 SOT89 Cylinderical Chip 원통칩 Ceramic (φ4×3.5) Trimmor Capacitor Capacitor Chip Coil 코일반 고정 저항기		SOP (14-16P)	SOP (18-28P)	PLCC (44-52P)	PLCC (68-84P)	SOP (6-28P)	SOP (6-28P) PLCC (20-44P)	SOP (6-28P) SOP (6~28P)	MSP	QFP (Max36×35)	MSP (Max36×36)	각칩SOT
		SOP (6~10P)	PLCC (20~28P)	PLCC (18~28P)	LCC	LCC	QFP	LCC					원통칩

[그림 2-16] 부품공급형태

3. 부품공급형태

종 류	형 상	대 상 부 품
Tape Reel	 종이 테이프(폭 8mm)  플라스틱 테이프	가장 보편적으로 많이 사용한다. 칩종류와 소형 부품을 taping하는 종이와 플라스틱 2종류 테이프가 있다. 플라스틱 테이프는 종이 테이프로 수납할 수 없는 두꺼운 칩부품이나 치수가 큰 칩부품에 사용된다. (플라스틱 테이프폭 : 8, 12, 16, 24mm)
	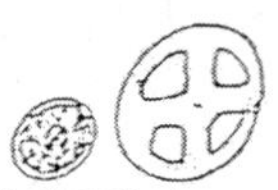 테이프릴 ϕ175mm ϕ320mm	릴은 외형ϕ175mm인 표준릴과 다양한 크기가 있다(큰 지름 외경ϕ320mm).
Stick		트리머 콘덴서, Sop IC, Connector 등과 특수한 경우와 reel 포장이 곤란할 경우 스틱포장을 한다 (주로 수작업에 사용).
Tray		일반적으로는 테이핑(reel)이나 stick 포장할 수 없는 부품에 사용된다. QFP, BGA
Bulk		벌크 포장은 통상 자루에 채워넣고, 벌크케이스는 벌크 실장기에 공급한다.

[그림 2-17] 부품공급기(feeder)에 공급되는 형태

〈표 2-2〉 표면실장부품 포장형태

실장부품	Magazin	Tape(종이) 8mm	Plastic(엠보스)Tape				Tape(점착) 32mm
			8mm	12mm	16mm	24/32mm	
각판형 칩 고정저항	◎	◎	◎				
리드레스형 고정저항			◎				
칩형 반고정저항기	◎						
미니플랫 저항 네트워크							◎
칩형 적층 세라믹콘덴서	◎	◎	◎				
리드레스형 세라믹콘덴서			◎				
칩형 탄탈전해콘덴서			◎	◎			
칩형 알루미늄 전해콘덴서				◎	◎		
칩형 트리머콘덴서				◎			
칩형 필름콘덴서				◎			
칩형 인덕터			◎	◎			
SOP 반도체소자	◎					◎	◎

4. 테이프 종류

테이프의 종류에는 종이 테이프와 플라스틱 테이프가 있다. tape reel에는 chip부품의 규격과 수량 등이 표기되어 있고 자재를 관리할 수 있는 바코드가 인쇄된 label이 부착되어 있다(그림 2-18).

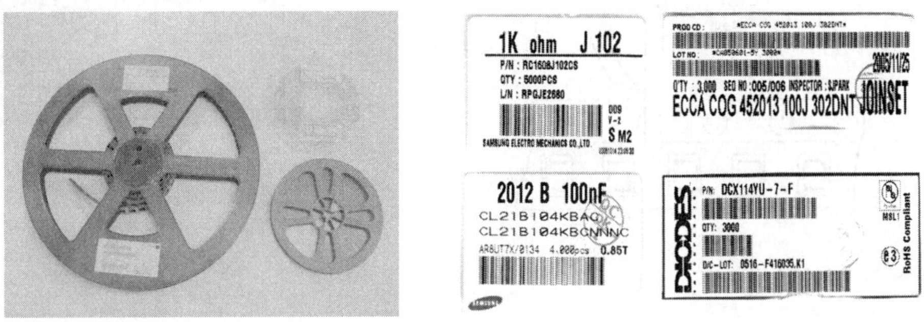

① Resistance Value
② Tolerance, Marking
③ Part Number
④ Quantity
⑤ LOT Number
⑥ Bar - Code
⑦ Serial Number
⑧ S : Pb Free
P : Polymer & Pb Free

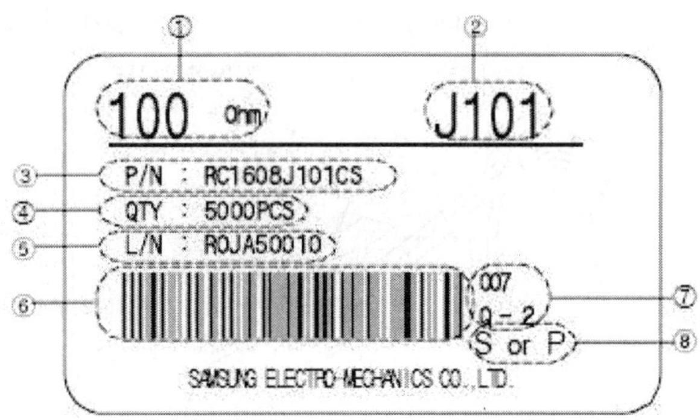

(a) Reel type label

① Part Number
② Resistance Value
③ LOT Number
④ Quantity
⑤ Bar - Code
⑥ Serial Number

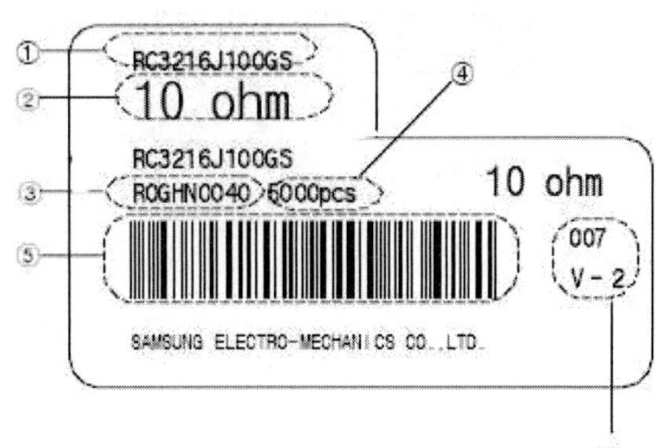

(b) Bulk type label

[그림 2-18] Labeling

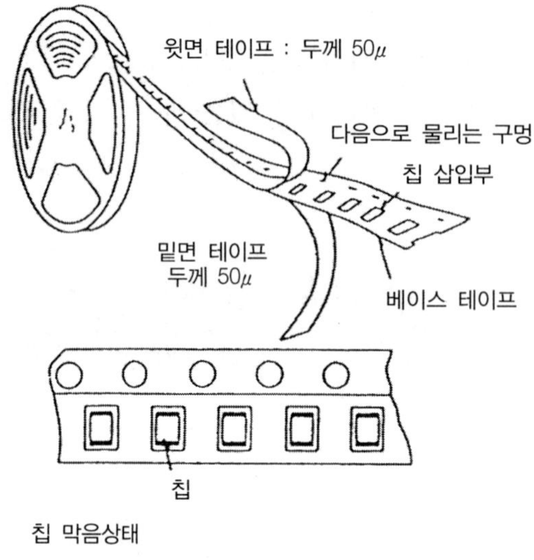

(a) 종이 테이프

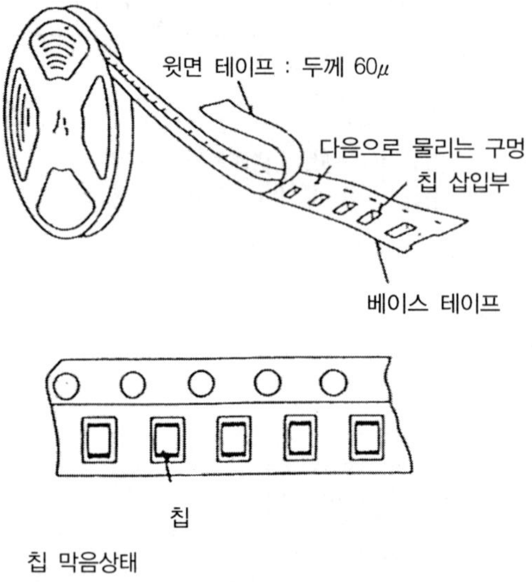

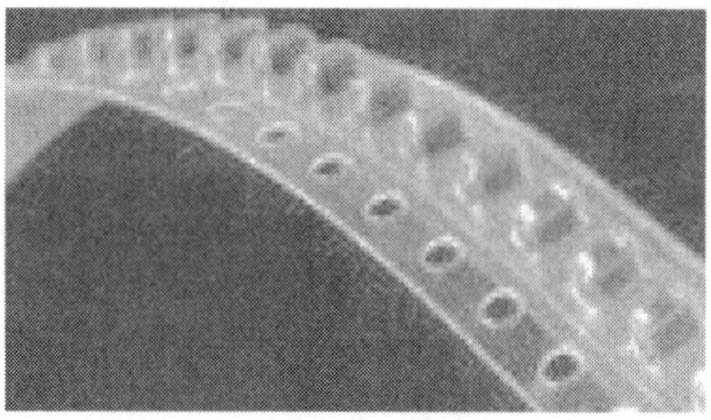

(b) 플라스틱 테이프

[그림 2-19] 테이프 종류

(1) tape(paper) 1

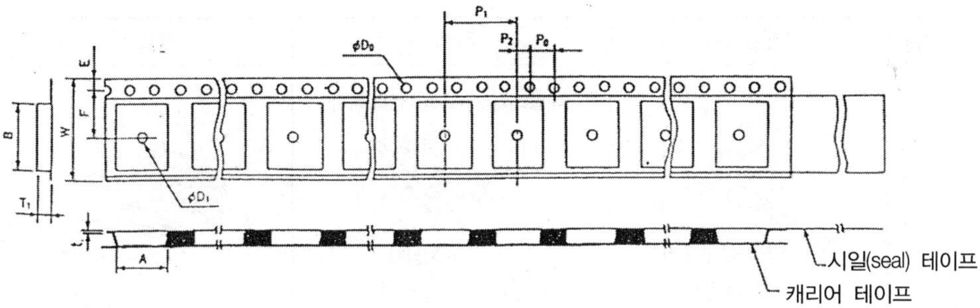

[그림 2-20] paper tape

(2) tape(embossed) 2

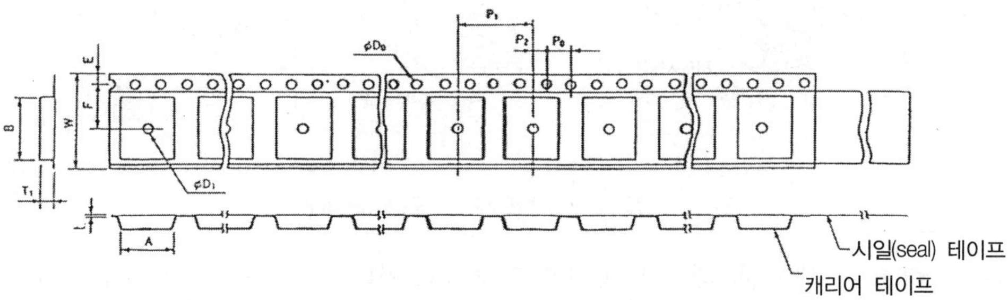

[그림 2-21] embossed tape

(3) tape(embossed) 3

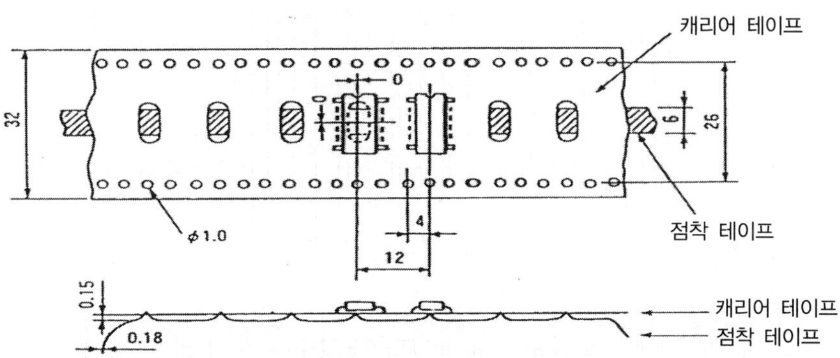

[그림 2-22] embossed tape

5. IC 공급형태

명칭	Magazin	Tray	Tape
모양	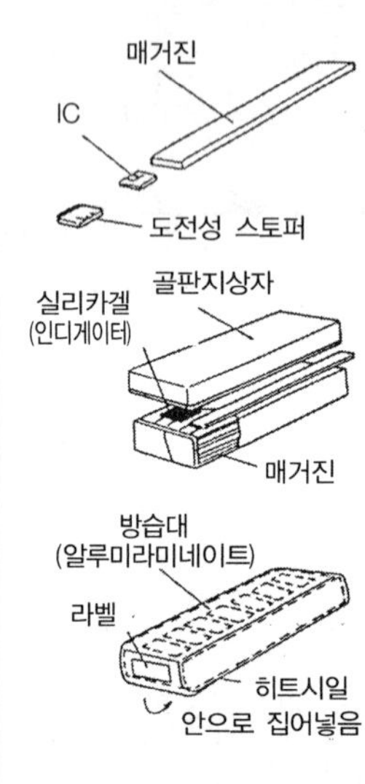	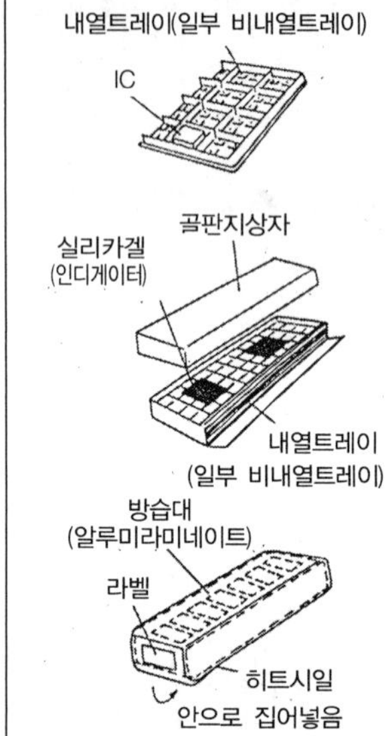	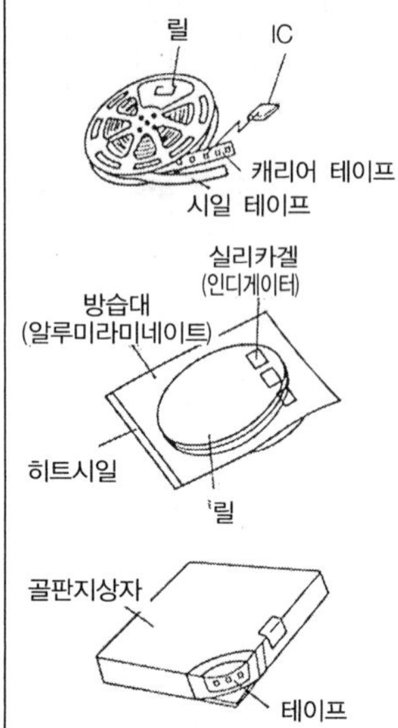

[그림 2-23] 반도체 IC 포장공급형태

소형 IC는 매거진, 테이프 형태로 포장되고 기타는 트레이에 포장되어 피더나 트레이 전용 부품공급기로 마운터에 부품을 공급한다.

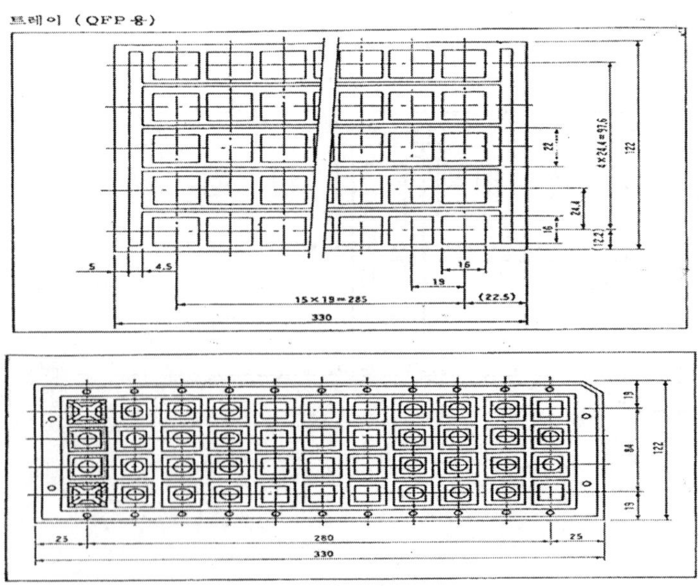

[그림 2-24] IC tray(QFP용)

6. 부품분류특성

(1) 부품특징

표면실장용 칩부품의 일반형은 리드가 없고 각형과 원통모양의 소형 부품이다. 칩모양이 아닌 스위치 커넥터 등과 리플로 납땜이 가능한 이형부품은 이형마운터로 부품을 장착한다. 부품장착 효율을 높이기 위하여 부품장착기는 칩마운터와 이형마운터를 구별하여 설치한다.

다양한 표면실장 부품종류와 용량값이나 저항값 등이 있어 표면실장 회로설계자의 부품 선택폭이 넓다. 칩부품은 각형이 주류를 이루고 있으며, 고정저항기(탄소계, 금속피막계, 금속박계 등), 콘덴서(적층 세라믹, 탄탈고체, 전해 등), 적층형 칩인덕터, 권선형 칩인덕터, 칩형 서미스터, 세라믹필터 등의 칩부품이 있다. 반도체 IC소자는 크기와 단자수와 형태에 따라 여러 가지 모양의 package로 만들어져 사용되고 있다. TR, Diode는 SOT(Small Outline Transistors), MELF(환형칩), chip(각형칩) 모양의 SMT 표준부품 형태로 package되어 사용되고 있다.

(2) 복합부품

복합부품을 사용하면 부품개수가 줄어들므로 부품관리가 용이하며 신뢰성이 향상된다. 아울러, 납땜과 배선접속 개소가 삭감되므로 실장면적을 감소하여 고밀도 초소형 제품을 생산할 수 있으며 생산비절감과 고부가가치제품을 생산할 수 있다.

(3) 발열과 소형 부품

PCB 생산공정에서는 모든 부품이 표면실장방법으로 탑재하기를 바라고, 많은 종류의 부품이 표면실장화를 지향하고 있으나 모두가 가능한 것은 아니다. 발열량이 많거나 중량, 형상이 큰 부품의 경우에는 표면실장을 할 수 없다. 즉, 발열부품의 경우에는 수지기판에서 어느 정도 거리를 두고 실장하지 않으면 기판이나 접합부를 파괴한다. 그리고 기판용 커넥터 등 접속단자부분의 납땜만으로는 기계적 강도를 유지하기 어려운 부품도 있으며, 파괴위험성이 높아 리드부품과 혼재기판의 비중도 무시할 수 없다. 실장밀도의 향상에 의한 소형화의 추구는 우수한 재료의 개발과 납땜, 실장하는 장착기 등 장비의 기술적인 문제와 원료에 대한 제품의 비율, 최적생산량과 가격 등 경제적인 측면에서의 문제점도 있다.

2.2 IC 부품

1. IC 부품의 발전

종래의 IC는 DIP(dual in-line package)라고 하는 표준화된 형태(package)로 수용되어 사용되고 있었다. 즉, DIP은 핀간격(pin pitch) 2.54mm(0.1인치)가 국제적으로 표준화되어 있어 기판(PWB)를 설계할 경우, 기본 리드 간격의 교점에 부품 리드 구멍(hole)을 설치하는 것이 설계기준이 되며, 이것에 의해 도체패턴 설계의 CAD화가 용이해져 기판의 설계 제조, 검사 및 부품탑재 등의 생산공정에 자동화가 촉진화되어 왔다.

IC package의 비약적인 발전은 집적도와 기능의 향상에서 리드수가 많아지는 다핀(fine)화 하는 경향에 대응을 위해 QFP(Quad Flat Package) 형태로 리드의 미세(fine)화가 진행되어 왔다(그림 2-25).

IC는 미세 가공기술의 발달과 함께 한 개의 실리콘 칩상의 소자 집적도는 3년마다 4배에서 현재는 1년에 2배의 비율로 높아지고 있다. 집적도가 커지면 IC의 입, 출력 핀 수는 당연히 증가한다. 그리고 입・출력 핀 수의 증가는 package의 대형화로 직결된다. package가 대형화하면 DIP의 내부배선이 길어지며, 고주파 성능이 저하된다.

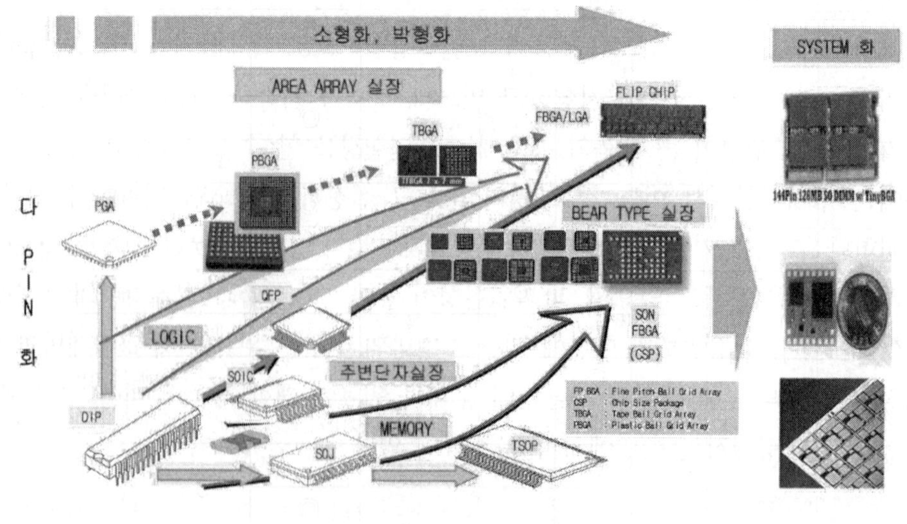

[그림 2-25] IC package fine화

그 대책으로는 SMT용 IC로서, pin pitch 1.27mm의 SOP, SOJ, SOI, PLCC, Pitch 1.0, 0.8, 0.65, 0.5mm의 SSOP 또는 pin pitch 1.0, 0.8, 0.65mm QFP 등의 fine pitch package가 연이어 개발되어 실용되고 있다. 최근에는 pitch 0.5, 0.4, 0.3mm의 QFP(FP)가 개발되어 사용된다.

[그림 2-26]은 대표적인 IC package의 내부구조를 나타낸 것이다.

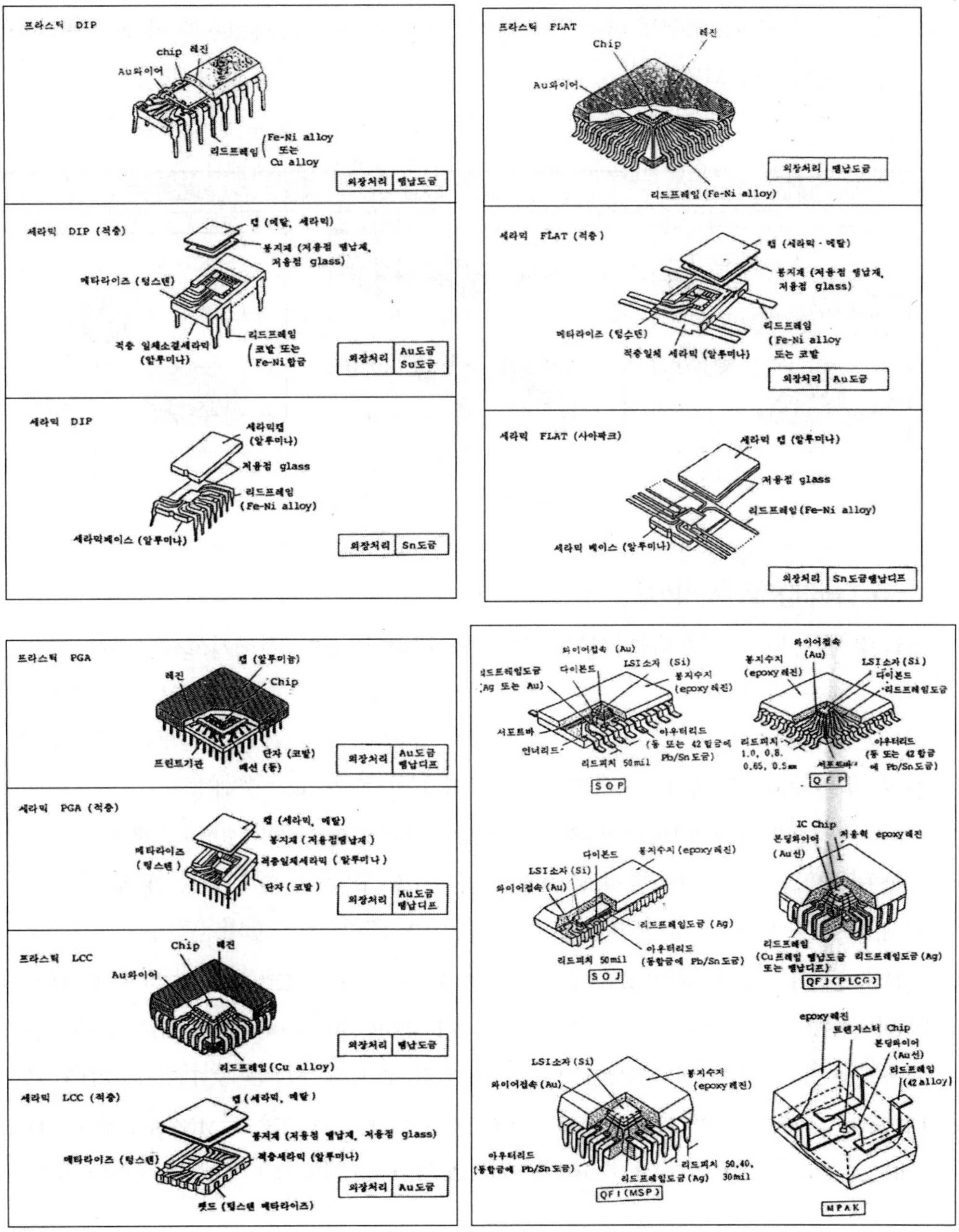

[그림 2-26] IC package의 내부구조

이들 QFP를 사용할 경우 soldering(reflow)시 접합불량(short/open) 대책으로 micro soldering 기술이 중요하다. 기기의 박형화에 대처하기 위해 package의 박형화도 진행되고 있으며, 종래의 SOP, QFP에서 보다 얇은 TSOP TQFP로 변해가고 있다. 또한 IC chip이 고집적화, 다기능화 함에 따라 chip 치수의 대형화도 진행되고 있다.

최근, 노트북컴퓨터나 카메라 휴대폰 등에 고밀도 고기능화가 요구되어 LSI package의 고밀도 탑재가 더욱 필요하게 되어 한 개의 package 내의 복수개의 chip 탑재를 시도하게 되었다.

SOT(Small Outline Transistors)	SO(Small Outline)	QFP/PLCC
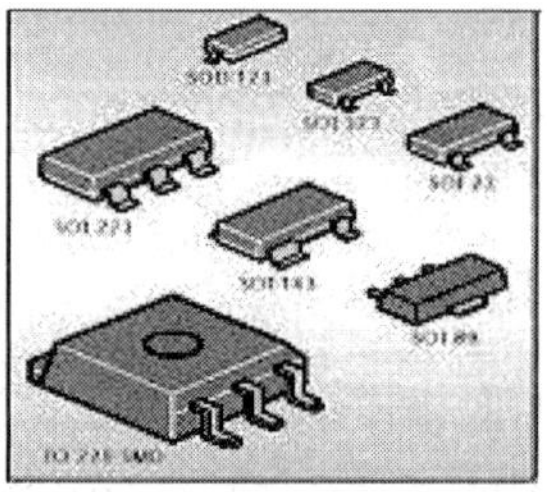	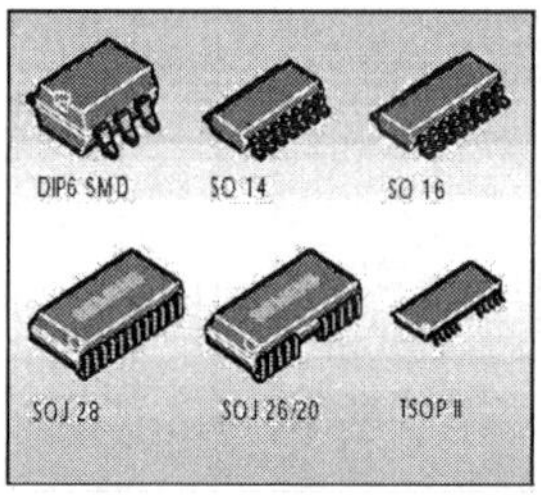	

[그림 2-27] TR, IC package 외형

2. IC pakage형태 명칭

IC명칭은 외형과 소재나 기능과 용도에 따라 명칭이 정해지고 분류된다.

반도체를 집적하여 만든 IC는 반도체내부와 외부회로를 연결하는 단자를 만드는 리드프레임 와이어본딩을 하고, 접촉, 충격 및 먼지나 습기 등으로부터 보호하기 위한 몰딩을 하거나 세라믹이나 금속을 이용하여 패키징을 한다.

패키지 형태는 용도와 기능에 따라 여러 형태로 만들어지고 반도체를 생산한 회사에서 명칭과 규격을 발표한다. 패키징 공정에 SMT를 도입하거나 대체하는 경향이 점차 많아지고 있다. 다음은 IC패키지의 다양한 명칭의 예이다.

DIP C-DIP P-DIP SDIP SK-DIP, ZIP(VDIP) SIP SSIP SOP SSOP SOJ SOI SHP SVP TSOP TSSOP UTSOP VSOP USO SON FP PFP QFP BQFP CQFP FQFP GQFP HQFP, PQFP TQFP LQFP MQFP QFI QFN QTP MQUAD PQ QFJ LCC PLCC CLCC J-LCC PCLP PGA PPGA CPGA LGA BGA SBGA PBGA CBGA MBGA u-BGA TBGA C2BGA LBGA MCM TAB TCP CSP FC COB, COG KGD LOC COL BLP u-SPRING

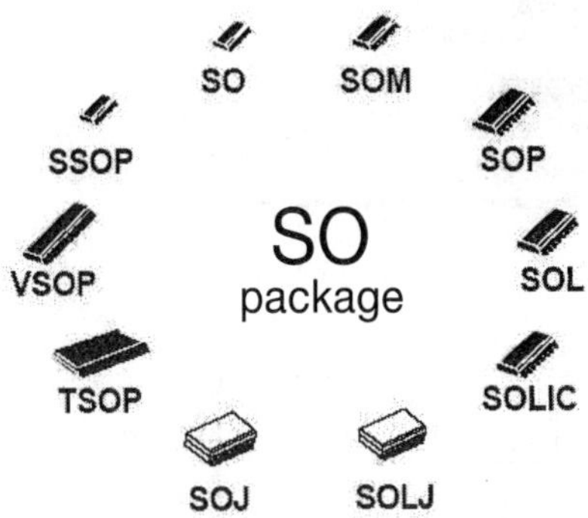

DRAWING	SO Nomenclature(명칭)	BODY WIDTH	LEAD TYPE
8 - 16 PIN	SO = Small Outline	156 mil	Gull 50 mil Pitch
8 - 16 PIN	SOM = Medium Outline	220 mil"	
16 - 32 PIN	SOL = "Large" Outline SOP = "Small" Outline Package	300 mil	
16 - 40 PIN	SOJ or SOL-J = "J" - Lead Large Outline	300 mil"	J-Lead 50 mil
32 - 56 PIN	VSOP = Very Small Outline Package	300 mil	Gull Wing 25 mil
8 - 30 PIN	SSOP = Shrink Small Outline Package	208 mil	Gull Wing 25 mil
20 - 56 PIN	QSOP = Quarter Small Outline Package	156 mil	Gull Wing 25 mil

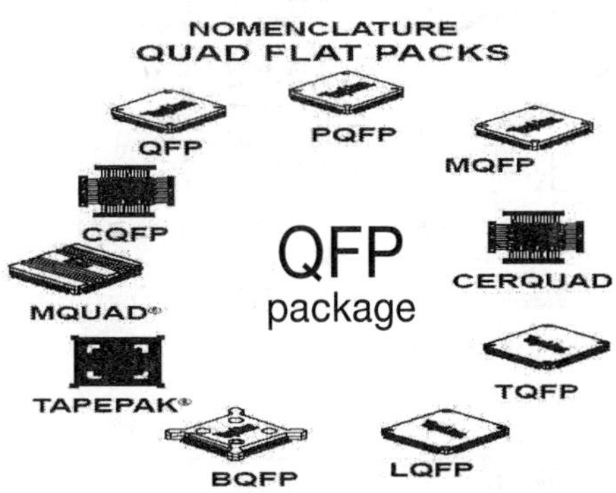

QFP Nomenclature(명칭)

- QFP - Quad Flat Pack
- PQFP - Plastic Quad Flat Pack(TQFP로 개량)
- CQFP - Ceramic Multilayer QFP
- CERQUAD - Ceramic Quad Flat Pack
- MQUAD® - Metal Quad Flat Pack
- MQFP - Metric Quad Flat Pack
- TQFP - Thin Quad Flat Pack
- TAPEPAK® - Molded Carrier Ring
- BQFP - Bumpered Quad Flat Pack
- LQFP - Low Quad Flat Pack

표면실장용 IC의 리드형태는 gull-wing, flat, J-lead 등이 있다.

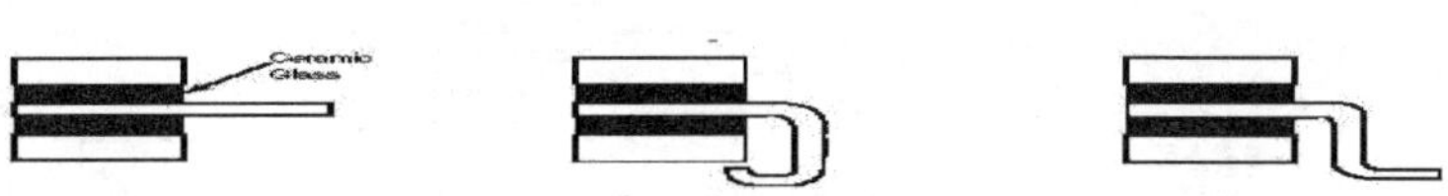

flat-lead (on lead frame) J-lead (CLCC) gull-wing (with tie-bar)

(a) 리드형태

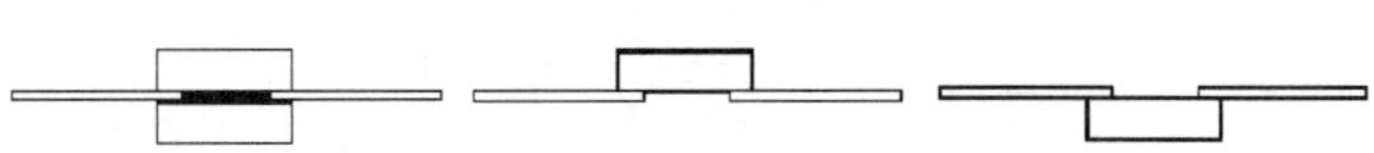

side/sandwich bottom brazed top brazed

(b) 리드위치

[그림 2-28] 리드형태와 리드위치

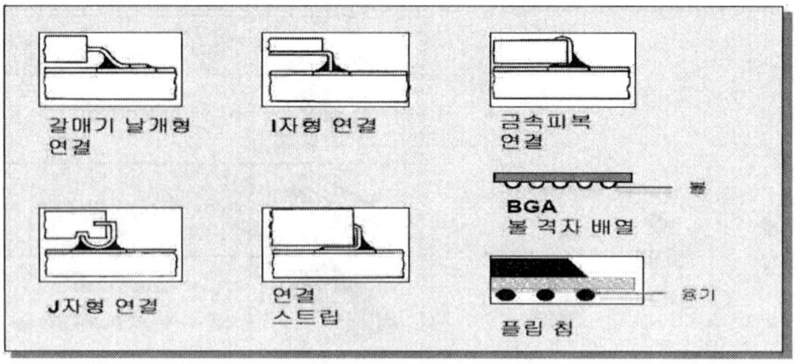

[그림 2-29] lead type

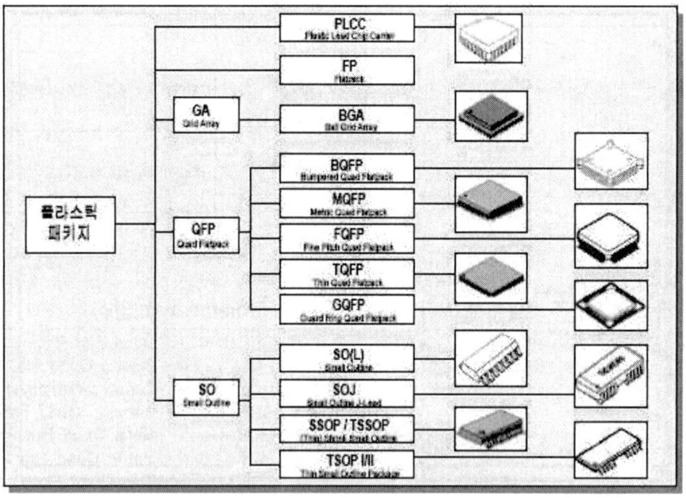

[그림 2-30] plastic package (SMT / SMD)

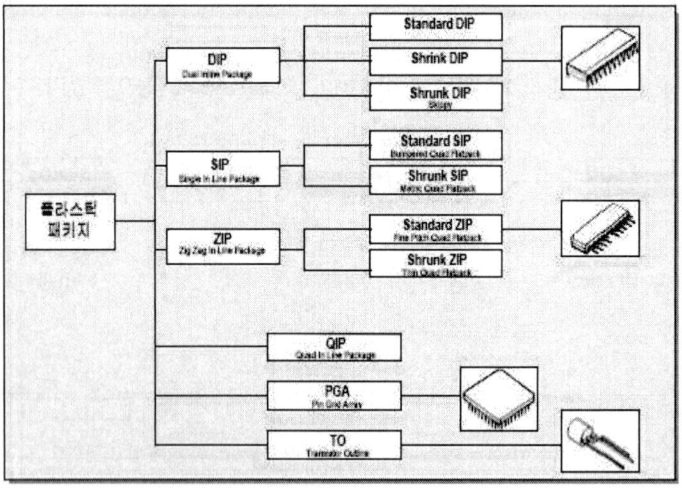

[그림 2-31] plastic package (IMT / THT)

[그림 2-27]~[그림 2-32]는 대표적인 IC의 내부구조 및 package별 분류와 외형을 나타낸 것이다.

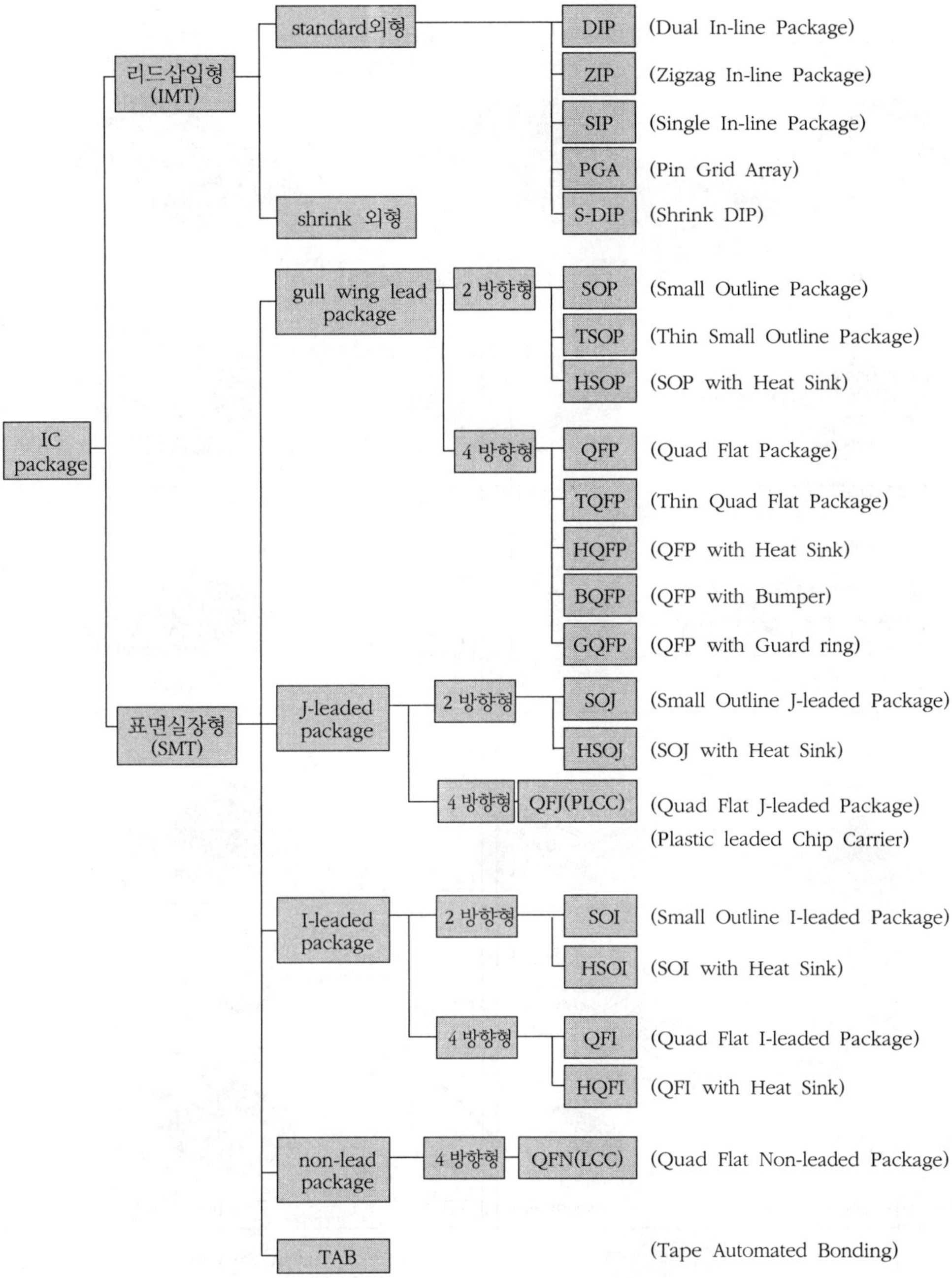

[그림 2-32] IC package별 분류

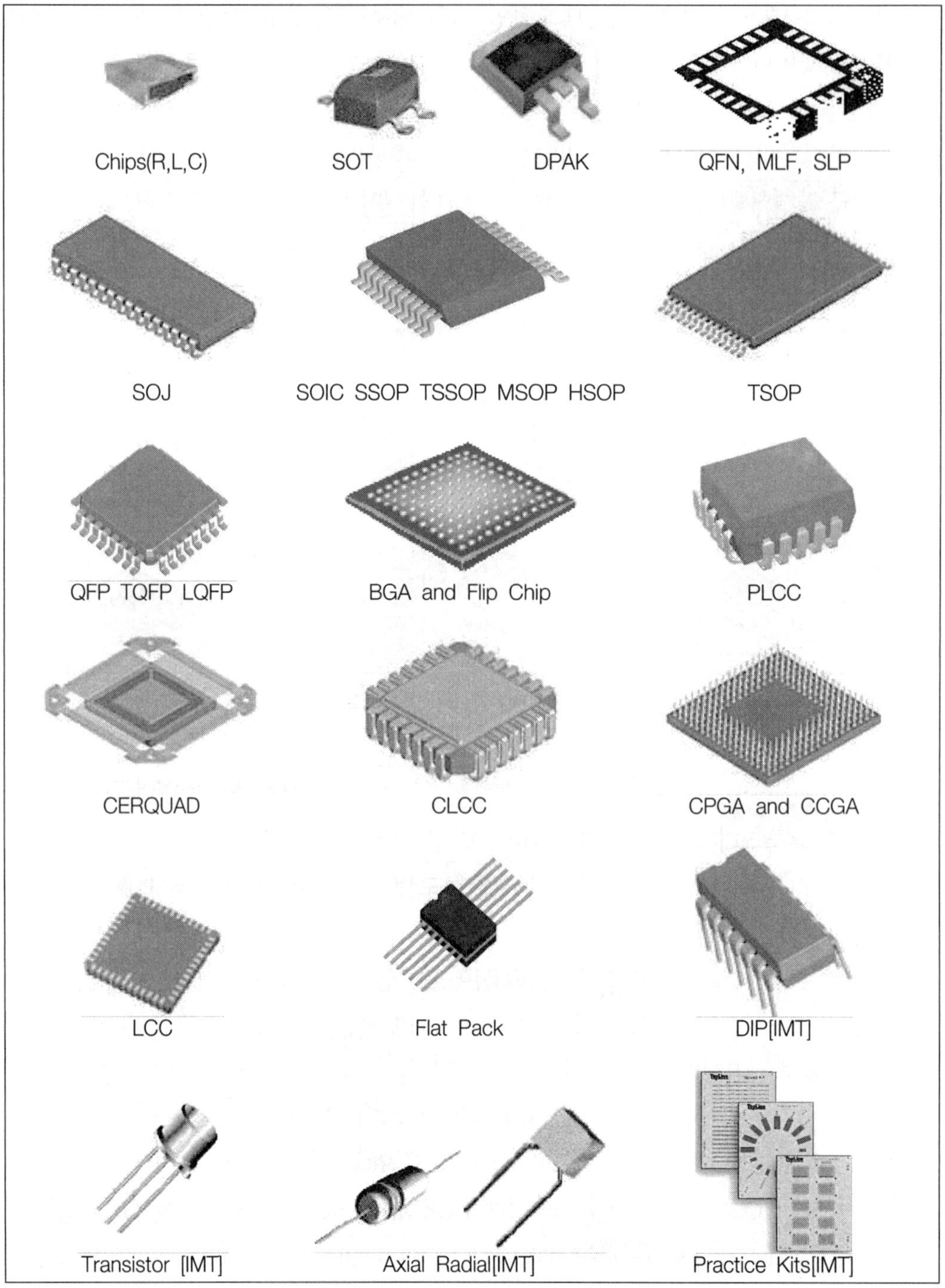

http://www.topline.tv/Products.cfm

[그림 2-33] IC package products

표면실장용 부품(SMC)은 처음에 하이브리드 IC용으로서 개발 도입되었기 때문에 그 사용량은 적었다. 최근에 와서 고밀도실장을 목적으로 가전기기를 중심으로 수요가 증대하여 왔다. 현재에는 산업용 전자제품의 대부분이 표면실장부품을 사용하고 있다.

FP(Flat Package) IC는 1960년대 중반 군용과 항공우주용 전자기기에 처음 사용되어 표면실장부품(SMC)의 시초라고 할 수 있다.

FP SMD부품은 평평한 리본형상의 리드(gull-wing lead)를 갖는 세라믹 패키지로 만들어졌다. 단순히 DIP IC를 치환한 것이지만 현재에도 군용기에 탑재되는 네비게이션 시스템 및 통신 시스템에서 폭넓게 이용되고 있는 고밀도 메모리카드에 쓰이고 있다. 그 당시 DIP 대신에 flat pack이 사용된 이유는 이 부품을 PCB의 양면에 탑재함으로써 전기적 성능을 증가시킬 수 있었기 때문이다. FP는 최근에 와서 군용, 항공우주산업에서 최고의 실장밀도를 성능을 달성하기 위해 QFP 등으로 발전되었다(그림 2-34).

QFP(Quad Flat Pack) LQFP(Low-QFP1.4mmthick) TQFP(Thin-QFP 1.0mmthick) BQFP(Bumpered-QFP)

[그림 2-34] QFP

표면실장용 부품은 일반용으로 소형, 박형, 경량화를 요구하는 휴대형 가전기기나 고밀도실장이 필수적인 컴퓨터 및 관련 주변기기를 중심으로 채택되어 왔으나, 현재는 SMT 부품의 수요가 증가하고 가격이 빠르게 하락됨에 따라 1970~1980년까지 주류를 이루었던 DIP 타입의 삽입실장형 패키지 대신 SOP나 QFP 등의 표면실장형 패키지가 주류를 이루고 있으며, 특별히 고밀도실장이 필요 없는 제품에도 적용되고 있다.

FP IC류의 다핀화는 미세피치(fine pitch)가 필수적이다. 부품핀이 4면으로 나있는 QFP(Quad Flat Package)는 300핀, 리드간격(lead pitch) 0.3mm피치까지 실용되고, 펜티엄 노트북 PC에 주로 사용되는 TCP(Tape Carrier Package)기술은 리드간격이 0.2mm피치까지 사용되고 있다. 미세피치는 최소 50mil 보통 25mil(0.025") 이하의 소자리드간격을 가진 표면실장용 부품을 말한다(1mm=40mil, 1mil=0.001"=0.0254mm, 50mil=1.27mm, 25mil=0.635mm).

IC package는 그 집적도와 기능의 향상에서 리드수가 많은 다핀화하는 경향이 있다. 그래서 등장한 것이 BGA(Ball Grid Array), CSP(Chip Scale Package 또는 Chip Size Package)이다. BGA, CSP를 사용하면 QFP에서는 실현하기 어려웠던 400pin 이상의 실현이 가능해지고 면적에서 QFP의 1/16 이하로 소형화할 수가 있다.

SMT실장은 QFP, SOP(Small Outline Package)부품을 중심으로 발달하였으나, 현재 전자제품들이 요구하고 있는 고밀도실장을 위해서는 새로운 package(BGA/CSP) 및 bare IC(wire bond/flip chip) 혼재실장으로 전환되고 있는 실정이다(그림 2-35).

BGA와 CSP는 1.27mm 피치에서 0.8, 0.5, 0.4mm 피치로 발전해 휴대전화나 디지털 캠코더, DVD에 실용화되고 있다. BGA, CSP는 전극의 Pitch가 QFP 등에 비교적 넓다는 점에서 실장불량 발생을 저감할 수 있다는 특징도 있다.

복합 칩부품을 비롯해 세라믹 관련 부품은 신제품 및 기존제품의 적용확대로 사용비율이 증가하고 있다. 이와 함께 SMT의 다음 시대를 예상할 수 있는 TAB, COB, BGA 등을 개량 사용하는 초고밀도화된 기술들이 점차 실용화 되어가고 있는 추세다.

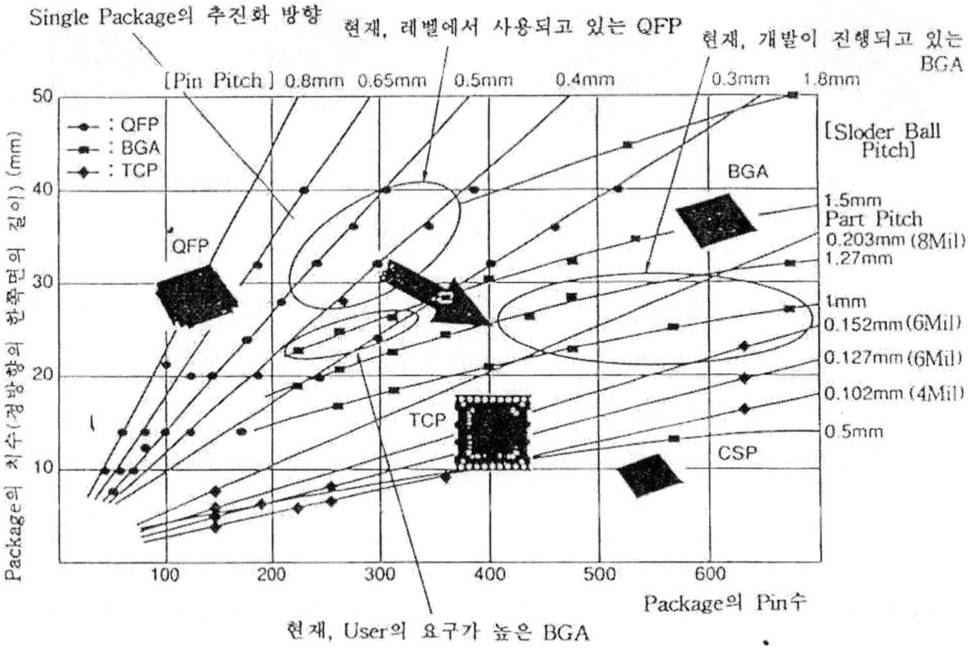

[그림 2-35] IC package의 발전

수동소자에 적용하는 칩형태 부품은 복합 칩부품을 비롯해 세라믹 관련 칩부품 등과 함께 BGA의 사용이 보편화되었으며 COB 등의 초고밀도화된 기술과 부품들이 실용되고 있다.

또한, 이들 칩부품과 IC package뿐만 아니라 커넥터 등 다른 형태의 부품들도 표면실장에 적합한 형태로 발전되고 있다. 종래, 하이브리드 IC에서 많이 사용되고 있는 기술을 기반으로 우선 복수개의 칩을 한 개의 package 내에 평면적으로 배치하여 탑재한 부품이 개발되어 실용되었다.

이 부품은 MCMs(Multi Chip Modules)라고 불리며, 컴퓨터를 대표로 하는 고속기술 분야에서 주목받고 있다. 다른 종류의 칩을 package한 전형적인 구조인 MCMs과 또한, MCMs의 고밀도 탑재화를 목표로 하여 복수개의 칩을 한 개의 package 내에 입체적으로 배치・탑재하는 방법도 제안되고 있다([그림 2-36](a)). 칩 2개를 입체적으로 탑재한 구조인 TSOP가 있다([그림 2-36](b)). 치수 상은 기존의 통상 TSOP와 완전히 같기 때문에 package에 점유하는 칩의 체적점유율은 2배로 향상된다.

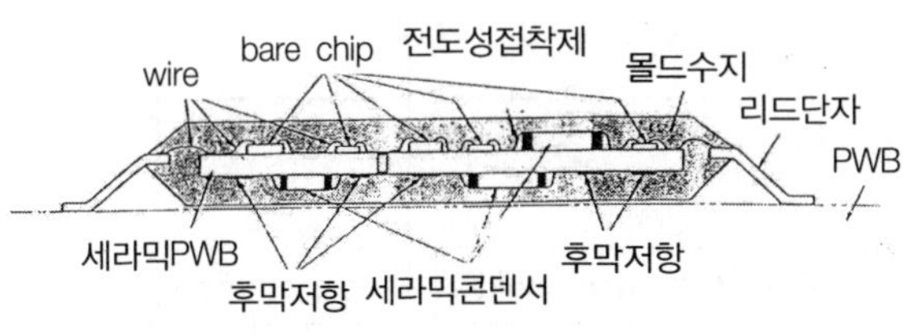

(a) MCM

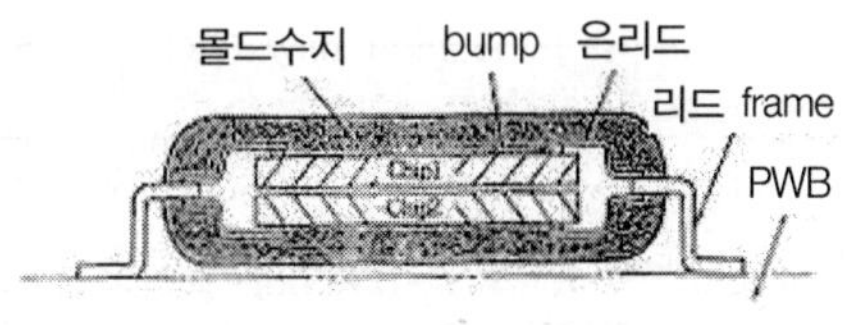

(b) TSOP

[그림 2-36] 복합소자

3. 부품의 발전전망

저항, 콘덴서, 코일 등 기존의 일반 전자부품은 소형화, lead less화(원통형 부품), chip화(각진형태 부품), 복합화로 되었다. 이들 부품의 소형화는 하이브리드 IC 분야에서의 사용을 목적으로 개발되어 사용되어지고 있으나 칩부품의 초소형화에는 한계가 있다. 부품 자동장착기의 흡착능력 또는 soldering 시의 단락불량 등 부품의 초소형화에 장애가 된다. 이와 같이 부품의 초소형에 대한 제약을 제거하기 위한 복합형 칩부품이 개발되었다.

복합형 칩부품이라 함은 지금까지 다수의 칩부품을 사용해서 PWB 상에 구성되어 있던 특정의 회로망을 단일 칩부품 내에 집약한 것이다. 복수개의 초소형 부품보다

도 한 개의 복수형 칩은 부품의 점유면적을 작게 하여 PCB의 고밀도실장화에 크게 기여할 수 있다. 또한 조립공정과 검사공정을 간소화할 수 있다는 이점도 있다.

표면실장 칩패키지(chip package)기술은 고밀도화, 고기능화, 고열처리화, 고전도성화 등의 시장기술요구에 부응하는 것으로 칩부품 패키지 시장은 집적회로의 급속한 신장에 상응한 성장을 보이고 있으며, 특히 수량성장은 최근 급성장하고 있으며 반도체 시장이 가격 및 수요대비 탄력성이 큰 점에 비해 칩부품 패키지 시장은 가격 및 탄력성이 비교적 적어 성장이 지속될 것으로 예상된다.

반도체 집적회로 제품의 고기능화, 고밀도화 그리고 각종 기기의 고기능화, 고밀도화 추세에 따라 조립 패키지의 기술 및 시장수요도 미세피치 패키지 및 thin 패키지, high pin count 패키지 등의 고기능, 고밀도 패키지의 요구가 높아지고 있다. 표면실장형 첨단 패키지의 주수요처는 고밀도화, 소형화, 박형화가 주도하는 휴대형 컴퓨터, 통신기기, 첨단 AV기기, 산업용 기기로서 장착되는 칩의 특성에 맞게 특정 패키지가 사용되고 있다(표 2-3).

〈표 2-3〉 package 용도

구 분	주 요 부 문
COB(Chip On Board)	hibird IC module, smart card, memory card 등
TAB(Tape Automated Bonding)	LCD driver, 계산기, 시계, notebook, 기타 박형화 제품군
BGA(Ball Gird Array)	high I/O deivce, ASIC, chip set, micro logic 등
thermal enhanced package (power package)	high performance/thermal device, CPU/MPU, DSP, high I/O controller 등
MCM(Multi Chip Module)	workstation, server, 멀티미디어, 전장용, 통신용, mainframe, 군사용

표면실장형 첨단 패키지는 다양한 부분에서 사용될 것으로 예상되며, 특히 high I/O 및 열특성치를 강화시킨 BGA의 시장수요가 크게 신장될 것으로 예상되며 또한 점증하는 고기능, 고발열성 반도체 회로의 채택 증대로 power package의 수요가 증대할 것으로 예상된다.

특정부분에서 주로 사용되는 TAB은 안정적인 시장점유를 지속할 것으로 보이며 차세대 모듈 패키지의 출현을 촉발하는 MCM의 적용과 부품수요 증대가 예상된다.

4. 주요 부품기술

(1) COB(Chip On Board)

기존의 개별 패키지가 갖는 제반 문제점(size, 전도성, 열방출성 등)을 피하고자 기판에 직접 bare chip을 부착시키는 방법이다. 이 방식은 개별 패키지 대비 고밀도성, 고기능성, 저가격 및 고생산성 등의 특장점이 있으며, 또한 capacitance 및 conductance가 향상된다. COB는 리드 프레임이 없으므로 mold 패키지보다 신호전송거리가 대폭 감소한다. 그러나 rework 및 test의 어려움이 문제점으로 대두되고 있다.

COB 방식의 기판과의 interconnection 방법은 여러 가지 방법이 있으나 칩 및 wire를 보호하기 위한 package 방법은 기존의 transfer mold와는 다른 특성과 외양을 가지므로 기술적 검토가 요구된다(그림 2-37). glop top encapsulation material은 IC 칩과 fine wire bond를 보호하기 위해서 기계적, 환경적 특성을 보유하여야 하며 또한 효율적인 열처리를 할 수 있어야 한다.

적어지는 line width, 점증하는 die size 및 고기능성, 다양한 기판재료는 lower expansion encapsulant material의 수요를 증대시킨다. 주요 package 재료는 silicon, polyimide, epoxy 등이다.

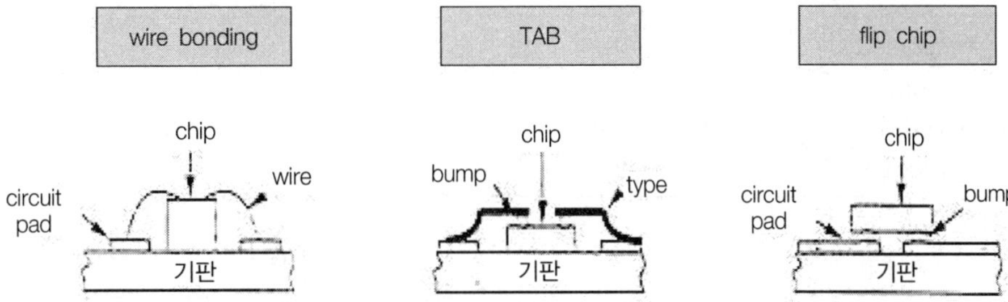

[그림 2-37] COB 방식 기판 interconnection

(2) TAB(Tape Automated Bonding)

1968년 미국 General Electric사의 mini board 방식에서 시작되었으며, 기존의 wire 대신 칩과 외부 lead 또는 PCB의 circuit를 테이프로 연결하는 방식이다.

smaller bonding pad size(통상 2mil) 및 narrow pad size(통상 3~4mil) 추세에 적합한 interconnection 기술로서 기존 패키지의 wire bonding보다 많은 I/O 수가 가

능하다. 또한 lower wire loop가 가능하므로 thin 패키지 및 고밀도실장이 쉬우며 pretestability가 가능하므로 품질 및 신뢰성 제고가 가능하다. inductance 및 resistance, crosstalk 감소가 가능하기 때문에 전기적 특성이 좋아진다.

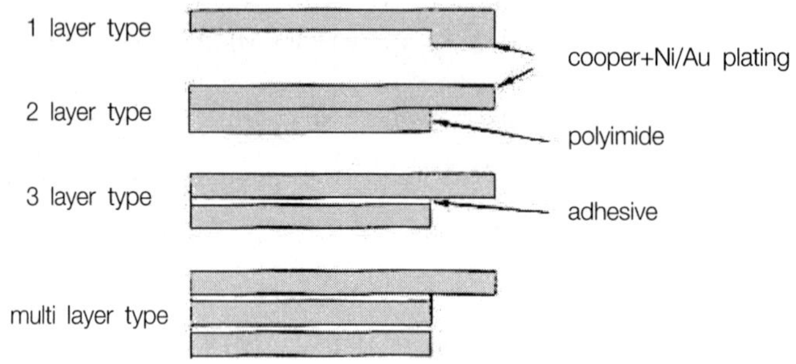

[그림 2-38] TAB type bonding-type

〈표 2-4〉 Wire bonding과 TAB bonding 비교

구 분	Wire Bonding		TAB	
Minimum of Pins (Plastic Package)	200~300		〉 1000	
Lead Frame Thichness	4~10mils		1~7mils	
Electical Properties	(132 Lead OFP)		(132 Lead Tape Pack)	
Lead Length(inchs)	0.38	0.15	0.11	0.08
Resistance(mΩ)	102	72	5.7	5.1
Inductance(nH)	10	101	11	8.2
Capacitance(pF)	0.21	0.25	0.31	0.23
Bonding Time 300 Leads(sec/Chip)	45~60		1~2	
Bonding Strength	7~12 Grans		40~100 Grans	
Heat Dissipation (68 Lead CLCC)				
• Natural Convection	45.4		46.4	
• Force Air	16.43		19.9	
• Conduction(Θ ja)	3		3.9	

TAB의 주유자재인 테이프는 multilayer로 구성되며 각 layer는 copper, polyimide로 구성되어 있고 bump 형성은 여러가지 방식이 있는데 conventional bump, transferred bump, mesa bump, ball bump 등이 있다. bonding 방법으로는 thermo compression을 이용한 gang bond와 single point bond가 있다(그림 2-38).

기존 wire bonding의 대체 방법으로서의 TAB은 wire bonding과 같은 특성을 보유하고 있다(표 2-4). 사용 테이프는 통상 35, 48, 70mm의 width를 가지며 75μm, 100μm, 125μm의 두께를 보유하고 크기에 따라 standard, wide, super 등으로 구분된다. 테이프 재질은 polyimide, glass epoxy, polyester, BT resin 등이며 lead plating 재질은 Su, Au, Pb 등이다.

bump 형성의 주요 요소는 bump의 수평도가 일정하게 유지되어야 하며 chip bonding pad의 산화막이 제거되어야 한다. 또한 bump의 shear strength가 높아야 하며 접촉부의 접촉저항이 낮아야 한다. TAB 방식은 flexible 패키지, thin/small 패키지 등에 적용하고 있으며, 규격화되지 않은 package에 응용이 가능하여 소량 및 다품종에 적용이 가능하다.

(3) BGA(Ball Grid Array)

1) BGA 특징

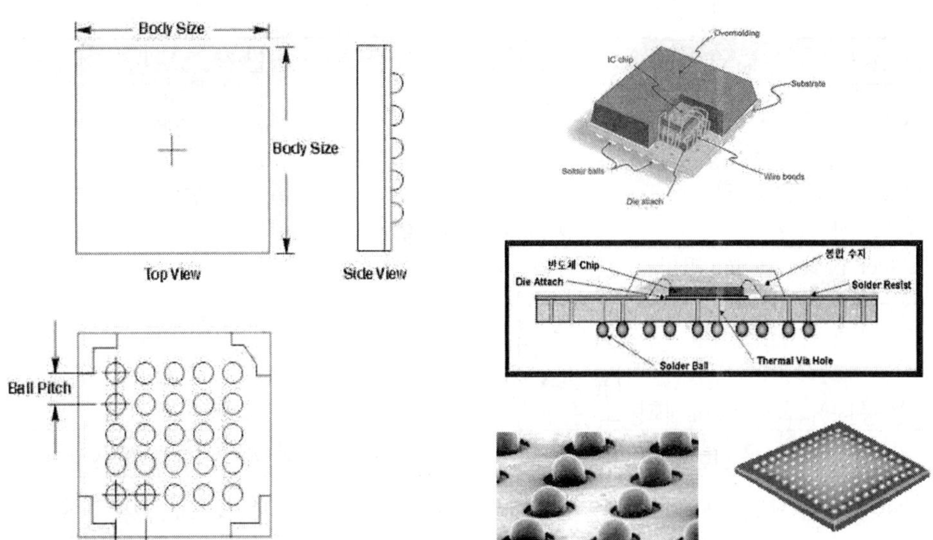

[그림 2-39] BGA 구조

BGA는 반도체 실장기술상에서 기판(PCB)에 작은 구형의 납(solder ball)을 접합하는 방식으로 기존의 array형상으로 줄지어 리드를 배열하는 PGA(Pin Grid Array)

를 개량한 표면실장형 패키지이다. 주로 high pin 패키지의 대체용으로 사용된다(그림 2-39]). BGA는 프린트 기판의 표면에 고집적회로(LSI)칩을 탑재해 몰드수지 또는 포팅(potting)으로 밀봉(seal)하는 반도체칩으로 일반적으로 200핀을 넘는 다핀 LSI용 패키지에 활용된다.

BGA 종류는 PBGA(Plastic BGA), CBGA(Ceramic BGA), SBGA(Super BGA), TBGA(Tape BGA), μBGA(Micro BGA) 등과 TFBGA(Thin Fine Pitch BGA), LFBGA(Low Profile Fine Pitch BGA), TF-BGA(Tape substrate-Thin Fine Pitch BGA), CABGA, CTBGA, CVBGA, VFBGA, EBGA, HSBGA, LBGA, TSBGA이 있다. 최근 플립칩(FC)BGA, 고집적 모바일용 SIP(System In Package)용 BGA가 사용되고 있다.

BGA는 solder ball을 사용함으로써 QFP(Quad Flat Package)보다도 소형이며 Ass'y Test와 PCB 실장시 damage를 입지 않으며, solder ball이 칩의 열을 PCB에 쉽게 전달하는 pipe의 역할을 하는 장점을 가진다. Motorola사가 처음으로 개발하여 사용되었다.

〈표 2-5〉 BGA의 장단점

장 점	단 점
소형(다핀화), 저임피던스	검사의 어려움
우수한 열방출(열특성)	수분침투취약(popcorn)
실장가공도 향상	soldering 온도상승, 시간증가
리드손상 없음	rework/repair 곤란
solder paste printing 용이	가격(cost)상승

〈표 2-6〉 열적/전기적 특성 비교

구 분	169BGA	160QFP	169B/160Q
Theta Ja(℃/W)	23.0	38.0	39% 감소
Signal Capacitance(pF)	1.1	1.6	31% 감소
Mutual Inductance(mH)	5.4	10.0	45% 감소
Time Delay(pS)	70.0	130.0	46% 감소

팝콘(popcorn)현상-리플로우 납땜시 부품(IC/BGA)과 기판에 침투된 수분이 급격하게 팽창하면서 부품이 부풀어 오르거나 터지는 파손현상이다.

〈표 2-7〉 BGA 특성

구 분	225BGA	208QFP	225B/208Q
pin 순	225	208	−
패키지 크기	729mm/sq	973mm/sq	25% 감소
패키지 두께	75mil	120mil	40% 감소
coplanarity 요구도	최대 10mil	최대 3mil	3배 정도 여유있음
MCM Capa	가능	불가능	−
soldering 결합	0~50PPM	500~2000PPM	90~97% 감소
패키지 장착속도	2ch	4ch	2배 상승
placement 여유율	=20mil	=3mil	−

현재 BGA에는 기저판의 종류에 따라 ceramic BGA와 plastic BGA의 두 가지가 있으나 향후 plastic type이 보다 선호될 것으로 예상된다. BGA의 형태와 전기적 특성은 기존의 QFP와 비교할 때 우수한 점이 많다(표 2-7, 표 2-8, 그림 2-40).

2) BGA package 특징

종 류	형 상	특 징
PBGA : Plastic Ball Grid Array	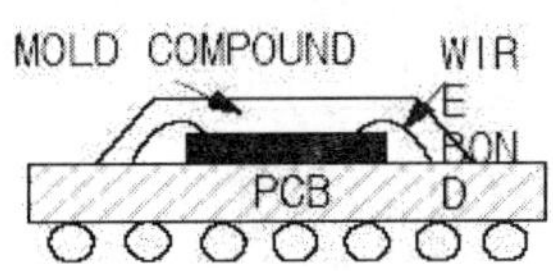	• 전기특성이 우수 • 실장성 용이 • 흡습시 약함(max 1주일 대기방치 가능 재사용시 backing 후 사용) • 일반적으로 많이 검토
TBGA : Tape Ball Grid Array	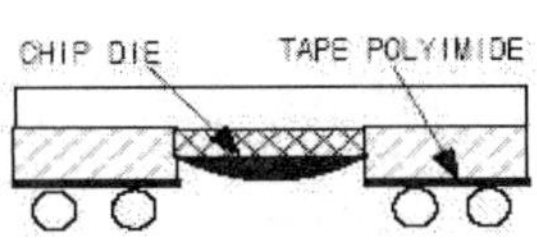	• 실장 후 검사가 용이하다(반투명 film) • 저 cost화(연속생산에 의함) • 실장 후 휨에 대한 대응력이 가장 우수(재료의 유연성)
CBGA : Ceramic Ball Grid Array	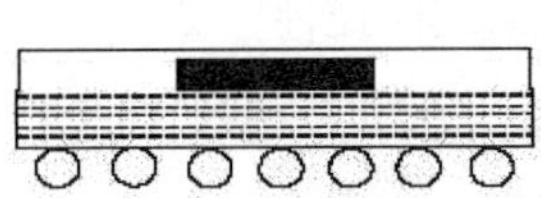	• 미세피치(fine pitch)의 대응가능(package 소형화) • 방열성 우수 • 외부 충격에 약함 • 실장 후 PCB휨에 상당히 약함
CCGA : Ceramic Column Grid Array	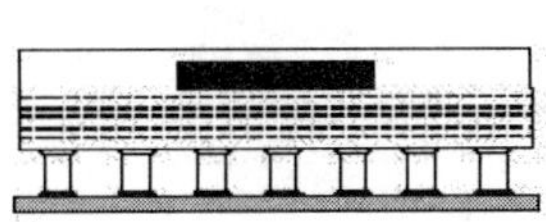	• 방열성 우수 • column의 길이가 길어 방열효과 우수 • 대형 package 가능, 600pin 이상(IBM) • 미세피치의 대응가능 • 외부 충격에 약함

http://www.smtkorea.co.kr/data/BGA 실장기술(1)1.pdf

[그림 2-40] BGA package 특징

3) BGA, QFP의 비교

〈표 2-8〉 BGA/QFP의 비교

NO	항 목	BGA(플라스틱)	QFP
1	Package Size	13.8×21.7=299.46mm^2 (119BALL, 1.279피치) 27.0×27.0=0.729.00mm^2 (324BALL, 1.27PITCH)	• 32mm=1024mm^2(240핀, 0.5피치) • 32mm=1024mm^2(392핀, 0.3피치)
2	Package 높이	2.0~2.3mm	1.5~4.4mm
3	단자 피치	1.5mm, 1.27mm, 1.0mm	1.0, 0.8, 0.65, 0.5, 0.4, 0.3mm
4	단자 배치구조	전면격자 방식	주변격자 방식
5	Package Cost	현재까지는 약간 높은 수준 100핀 이하는 약 1.5~2배 100핀 이상은 약 1.25~1.5배	
6	Lead들뜸 허용	ϕ0.7PAD 사용시 약 170㎛	0.5mm피치=100㎛ 0.3mm피치=40㎛
7	인쇄 작업성	용이	0.3mm의 경우 SOLDER COATING
8	실장성	용이	0.3mm의 경우 위치정밀도, 장착압력 등을 고려
9	위치 틀어짐 허용	±0.35mm	0.3mm의 경우 ±0.05mm 관리
평 가		QFP에 비해 모든 조건 우수	–

http://www.smtkorea.co.kr/data/BGA실장기술(7).pdf

5. MCM(Multi Chip Module)

2개 이상의 칩을 1개의 모듈 패키지에 실장시키는 것으로써 경박단소형 및 고기능 전자기기를 위한 고밀도화, 소형화, 고기능화 추세에 대응키 위한 칩부품 기술이다. 특히 고기능화(higher performance) 및 소형화(smaller size)의 장점이 있는데 특징은 다음과 같다.

① 고기능화

- 도체거리 축소로 신속전달 향상
- 개별 칩의 추가외부단자 불필요
- 저유전계수의 물질이용 가능
- 다층배선 가능

- 열방출 관리기능

② smaller size(소형화)

- 고밀도 다층구조 기판 사용
- PCB의 복잡성 감소

MCM에는 다양한 interconnection 기술이 포함되어 있으며 모듈 패키지도 다양한 형태가 가능하다.

① interconnect 기술 : COB, wird bond, TAB, flip chip, BIP(Bonded Interconnect Pin) 등

② module package 형태 : PCB이용 type, BGA, 기존 plastic package type, ceramic/alumina package type 등

MCM package 방식에는 3가지 기본 type이 있다(그림 2-41).

① MCM-L : Laminated Board Approach

② MCM-C : Cofired Ceramic Approach

③ MCM-D : Thin Film Approach(Organic or Inorganic Dielectric)

MCM의 2가지의 기본응용 type

① CM-D/C : Thin Film On Cofired

② MCM-D/L : Thin Film On Laminate

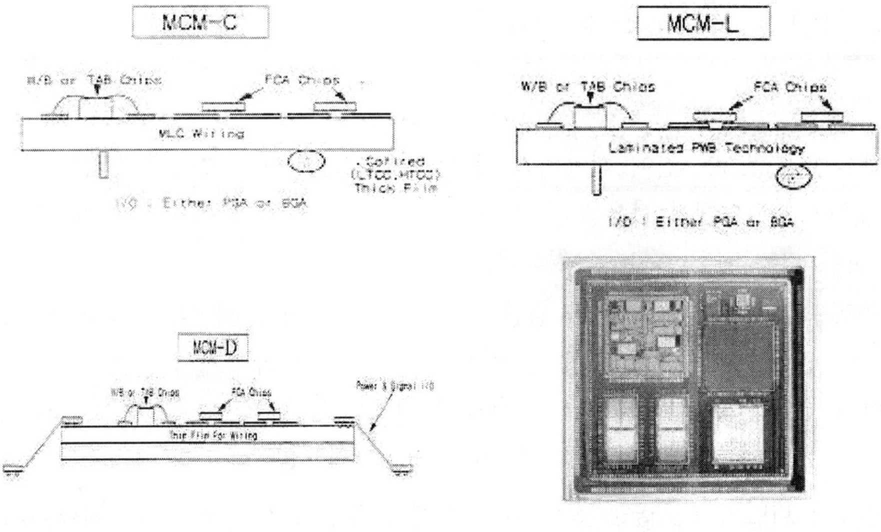

[그림 2-41] MCM 3가지 유형

다양한 MCM type 중 각 device별 선정기준은 pad density, clock frequency, thickness, size 등이다.

MCM은 PC board, ceramic substrate, lead frame 등의 다양한 형태로 가능하다. 상기 기술한 COB, TAB, BGA, MCM 외에 칩의 열방산성을 강화시킨 thermal enhanced 패키지가 주목받는 패키지로서 시장이 성장되고 있는데, 이에는 기존 plastic 패키지에 heat preader/SLUG를 내장시킨 type와 heat sink를 표면에 부착시킨 type이 있으며 이와는 별도로 열방산성이 좋은 재료를 활용한 metal quad 등이 있다.

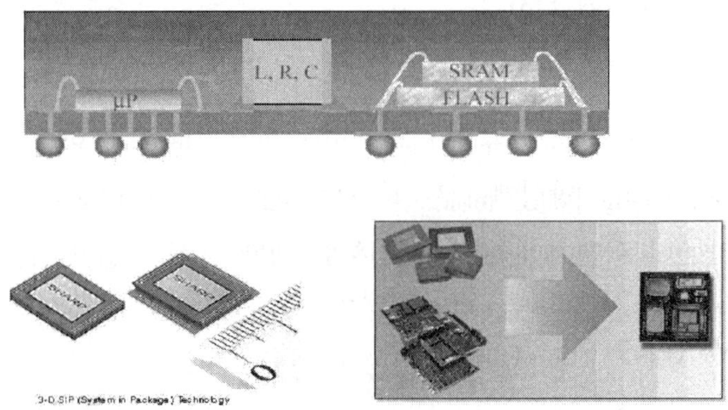

[그림 2-42]

2.3 IC package 동향

패키징의 역할은 칩에 전기적인 연결을 해주고, 외부의 충격에 견디도록 밀봉 포장해주어 실생활에서 사용할 수 있게 물리적인 기능과 형상을 갖게 해주는 것으로서 칩을 최종 제품화하는 공정이다.

1980년대 반도체 디바이스 생산업체에서는 기존에는 웨이퍼 가공(fabrication)만을 강조했으나, 이제는 반도체 칩 자체의 한계보다는 패키지의 물리적 특성에 따른 제약이 많아져, 칩의 크기 축소, 열방출 능력 및 전기적 수행능력 향상, 신뢰성 향상, 그리고 가격저하 등이 패키징 기술에 좌우되고 있다.

반도체 디바이스는 공통적으로 패키지에서 많은 수의 리드가 요구되나 일정 면적에 리드 수를 무한정 늘릴 수 없으므로 변형판 패키지 구조를 고안 개발한다. 패키지는 리드 수(모양)에 따라 패키지 이름이 바뀌어 왔다. 전기인출단자의 수를 늘

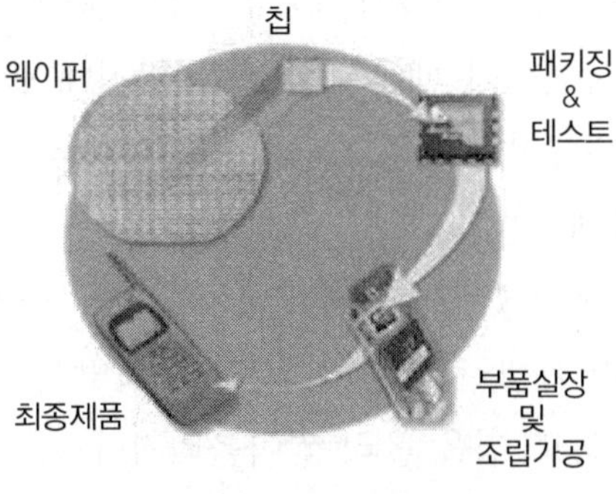

〈반도체가 웨이퍼에서 최종제품에 이르기까지〉

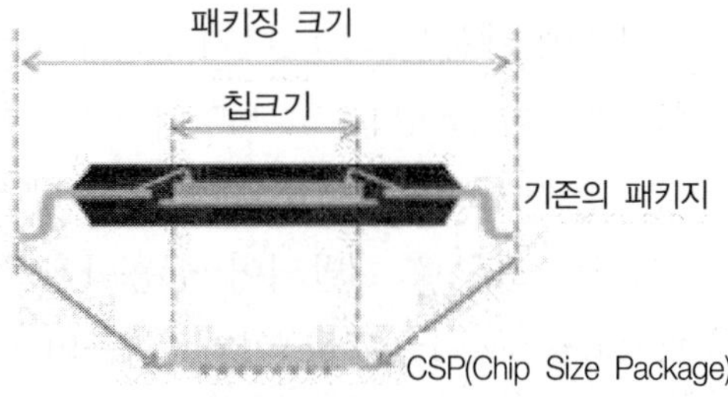

〈실장면적의 축소〉

[그림 2-43]

리기 위해 리드를 패키지 옆면 모서리에 달았는데, 한쪽에만 리드가 있는 것을 SIP (Single Inline Package), 양쪽에 모두 있는 것을 DIP(Dual Inline Package), 사방의 네 군데에 모두 리드를 단 것을 QFP(Quad Flat Package)라 불렀다. 이제는 QFP와 같이 패키지의 모든 모서리 부분을 사용하여 리드 수를 늘리는 것도 한계에 달하여, 패키지 바닥면에 바둑판에 바둑알 놓듯이 둥근 볼(ball) 형태의 리드를 배열하는 BGA 패키지가 보편화되고 있다.

반도체 디바이스 생산업체는 회로 선폭을 줄여 칩의 면적이 줄어들게 되면 웨이퍼 한 장에서 보다 많은 칩을 얻을 수 있게 되므로 수익성이 대폭 향상되고, 칩의 크기가 축소되면 패키징에서도 또한 칩 위의 전기인출단자(pad) 간의 간격을 보다 좁힐 수 있도록 패키지 설계기술, 장비, 재료, 공정을 개발해야 한다. 최종 반도체 제품의 크기와 무게는 바로 패키지에 의해 결정된다. 만일 의료용 전자장치처럼 매우 작은 공간에 맞는 칩이 요구된다면 제품의 성공 여부는 패키지의 크기에 따라 결정된다.

〈표 2-9〉

package 역할추세	과거	현재	미래
외부환경에 대한 보호	○○○	○	
기계적/물리적 요소	○○○	○○	
공간적 요소	○○○	○○	○
전기적 요소		○○	○○○○
열방출 능력		○○	○○○○
패키지 통합화		○	○○○

휴대용 전자제품이 소형화하면서 이에 반도체가 실장될 공간은 더욱 줄어들고 있는 반면에 제품은 더욱 다기능화하고 고성능화되기 때문에 이를 뒷받침해 줄 반도체의 개수는 늘어나는 추세이다. 따라서 단위체적당 실장효율을 높이기 위해서 패키지는 경박단소(輕薄短小)화에 부응할 수밖에 없다.

이러한 요구로 개발되어 상용화된 것이 칩 크기와 거의 같은 크기의 패키지인 CSP(Chip Size Package)이다. 최근의 패키지 개발 추세는 칩의 크기에 맞게 줄이는 것을 넘어서 SCSP(Stacked CSP)처럼 칩 위에 또 칩을 올려 쌓아올리거나 기능이 다른 여러 개의 반도체 칩을 하나의 패키지 안에 배열하는 MCM(Multi Chip Module) 패키지 등이 급부상하고 있다.

패키징은 반도체 디바이스의 요구사항을 만족시키는 것은 물론, 그와 더불어 부품을 PCB에 실장하는 조건에도 적합한 패키지 성능을 갖춰야 한다. 부품실장 단계에서는 솔더 납땜을 하기 때문에 200도 이상의 고온에 노출되면 패키지의 균열이 일어날 수 있어 패키지의 소재나 구조 그리고 생산 단계의 복합적인 대책이 필요하게 된다. 패키지 개발에 있어 이러한 고도의 신뢰성은 매우 중요하다. 자동차의 에어백을 동작 제어하는 데에도 반도체가 사용되고 있고, 비행기나 의료용 기기에도 수많은 반도체가 사용되어 인명에 관계가 있으므로 패키지 개발에 고도의 신뢰성은 매우 중요하다.

〈표 2-10〉

Family	Package
BGA Family	HPBGA MCM-PBGA PBGA SuperBGAⒶ Tape Super BGAⒶ
Chip Scale Family	ChipArrayⒶ etCSP™ leX BGAⒶ fleX BGAⒶ μBGAⒶ MLF™ Stacked CSP TapeArray™
DUAL Family	ePad™ SOIC/SSOP ePad™ TSSOP SOIC/SOJ SSOP TSOP TSSOP
QUAD Family	ePad™ L/TQFP LQFP LQFP PQ2 MQFP MQFP PQ2 MQFP PQ4 PLCC TQFP

▶▶▶ CSP(Chip Scale Package, Chip Size Package)

반도체부품의 실장면적을 가능한 한 칩크기로 소형화하려는 기술이다. BGA, 플립칩, 본딩 및 몰딩기술의 장점을 사용한 반도체로 칩면적의 1.2배보다 작은 패키지로 정의하고 있다.(칩/패키지 면적 비율 80%). CSP 기술은 기존 단일 칩 패키지 기술 중에서는 가장 작고, 가벼우며, 뛰어난 전기적 성능과 일반 표면실장기술을 이용할 수 있는 장점을 갖고 있다. 단점은 경박단소화에 따른 신뢰성 문제 및 CSP 규격화와 구조문제, 높은 제조가격 등이다. 현재 여러 형태의 CSP 기술이 개발되고 제품화가 되어 PC cards와 GPS(Global Position System), 캠코더, PDA(Personal Digital Assistants), 노트북컴퓨터, 휴대폰 등 소형 가전제품에 사용되고 있다.

FC(Flip Chip)

플립칩은 일반 전자부품의 패키지 크기를 줄이고 전기적인 특성을 최대로 살리기 위해 개발된 접합기술이다. 종래의 통상적인 칩과 기판을 연결하는 와이어 본딩(wire bonding) 방식과는 다르게 다이(Die)표면에 형성된 솔더(solder)나 접착제로 만들어진 도체 범프(bump)로 연결하며, FCIP(Flip Chip In Package)와 FCOB(Flip Chip On Board)로 분류할 수 있다. 와이어 본딩과 TAB 방법에 비하여 다음과 같은 장점이 있다.

① 신호 전기저항 감소(high electrical performance)
② 입출력 신호단자 집적(high I/O counts)
③ 고밀도 집적(high packing density)
④ 열방출 우수(high thermal performance)

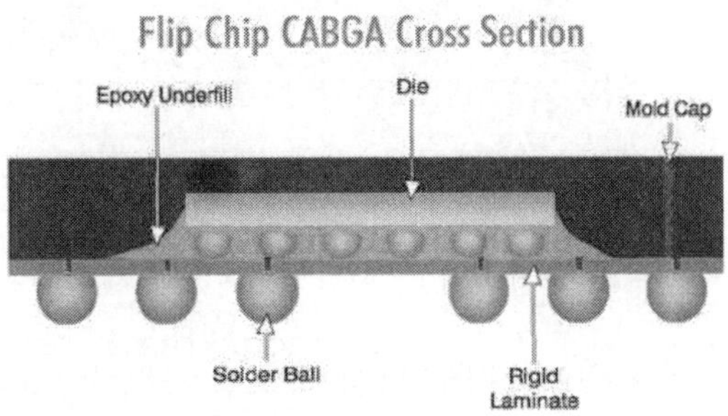

[그림 2-44]

2.4 전자부품 실장동향

표면실장은 패키지를 실장하는 POB와 반도체칩을 실장하는 COB의 기술로 나누고 package는 BGA, CSP의 신장이 우세하고 SIP, SOC의 발전이 가속되고 있다.

(1) POB(Package On Board)

각형(角型) 칩인 저항과 콘덴서 종류는 1975년 3216(가로 3.2mm×세로 1.6mm)부터 최근 2125, 1608, 1005, 0603 소형 칩을 사용되고 있으며, 2004년 현재 가장 많이 사용되고 있는 1005(가로 1.0mm×세로 0.5mm)칩 부피의 1/15인 초정밀 0402 MLCC 칩부품을 삼성전기에서 개발하였다. QFP류는 lead 간격이 1.0mm피치에서 0.3mm까지 미세피치가 실용화되었고, 노트북 PC에 사용되는 TCP(Tape Carrier Package) 기술은 lead 간격이 0.2mm피치까지 실용화되었다. BGA와 CSP는 1.27mm피치에서 0.5mm, 0.4mm피치로 발전해 실용되고 있다.

(2) COB(Chip On Board)

와이어 본더(wire bonder)는 혼재실장(250μm 이상)과 flip chip 혼재실장(250μm 이상에서 150μm, 85μm, 50μm으로 발전)으로 구분되며, 이 기술은 현재 휴대폰, 노트북 PC, 메모리 모듈 등에서 사용되고 있다.

(3) SIP(System In Package)

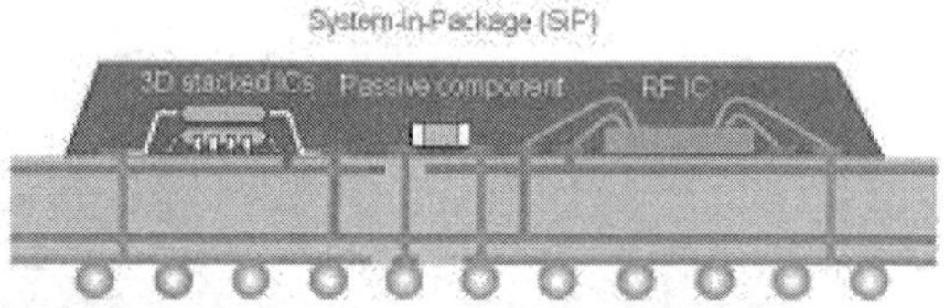

[그림 2-45]

SIP 기술은 MCM 기술의 연장으로서 극소형, 고성능, 고기능, 저가격 등의 특성을 실현시키는 패키징 기술이다. SIP 기술은 하나 이상의 와이어 접속 또는 플립칩이 접속된 소수의 반도체와 수동소자 등으로 구성되며, 특정한 기능을 갖는 블록 또는 모듈의 기능을 갖는다. 또한 일정한 규격화된 BGA 패키지 등과 같이 제작된다. SIP는 궁극적으로 모든 기능을 하나의 반도체 칩에 구현하는 SOC기술을 구현하는 중간 단계라고 할 수 있다.

SOC는 최소의 크기, 무게, 전력소비 등 휴대용 전자통신제품이 요구하는 이상적인 특성을 갖고 있지만, 현재의 SIP는 SOC에 비해 다음과 같은 장점이 있다. ① 짧은 개발시간, ② 시스템 설계의 설계시간 단축, ③ 개발손실 위험감소, ④ 저렴한 가격, ⑤ 다양한 반도체소자(Si, GaAs, SiGe, SOI, MEMS, 광소자 등) 집적 가능, ⑥ SIP기판에 내장형 수동소자 기술활용이 용이하다.

(4) SOC(System On Chip)

SOC는 하나의 반도체(칩)안에 제품의 모든 기능(시스템)이 다 들어가는 것이다. PC나 휴대폰 내에 쓰이는 여러 종류의 많은 반도체 부품들을 하나의 반도체로 집약하면, 각종 시스템을 통폐합하여 크기를 줄일 수 있고 조립과정을 단순화시킬 수 있으며, 제조비용을 절감할 수 있는 등의 이점이 있다. 정보통신기기의 기능, 성능과 가격경쟁이 심해짐에 따라 많은 비메모리 반도체들이 SOC로 통합될 것이라고 본다. SIP와 SOC를 비교한 특성은 다음과 같다.

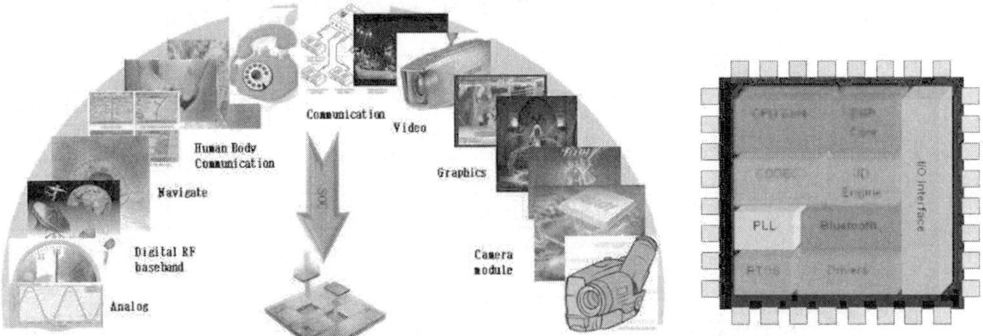

[그림 2-46]

① SOC는 다양한 기능을 가진 시스템 반도체들을 하나의 칩으로 통합하는 기술이다. 이와 달리 SIP는 각각의 칩들을 하나의 패키지 안에 집적하는 기술로 SOC와 비교하면 비용이 적게 들고, 더 안정적으로 다품종 소량 생산이 가능하다는 장점을 지닌다.

② 각종 세트 제품의 고기능화, 고집적화 SOC의 역사와도 같다. 그러나 세트의 고도화에 SOC가 따라가지 못하는 부분을 SIP 기술이 보완하게 되었다.

③ SIP는 반도체, 수동부품, 상호 접속부품을 여러 가지 모양으로 조합해 하나의 패키지에 집적한 것이다(ITRS 2003)라 정의하고, SIP는 SOC를 보완하는 기술 또는 SOC의 중계기술이라고 지칭하고 있다.

(5) 반도체 Package 동향

대표적 전자정보제품의 능동소자와 수동소자 비율				
제품	전체 부품수	수동소자	능동소자	수동/능동소자비
노트북	900	820	53	6 / 1
데스크탑 PC	1,285	1,066	182	15 / 1
PCS	380	322	15	21 / 1

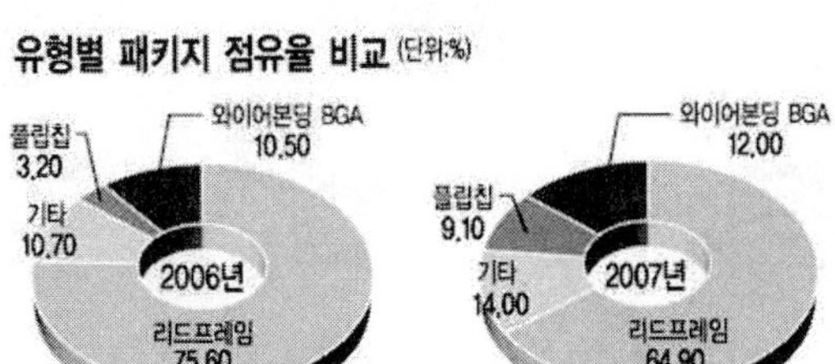

Key need	1995~2000	2000~2005	2005~2010
cost/pin(₵)	0.8~5.4	0.6~4.1	0.4~2.7
power(W)	2~60	2~120	2~160
Die Size(mm^2)	240~300	340~430	460~620
Performance(MHz)	100~200	200~400	400~625
Voltage(V)	1.8~3.3	0.9~2.0	0.9~1.2
Pin Count	300~675	675~1300	1140~2200

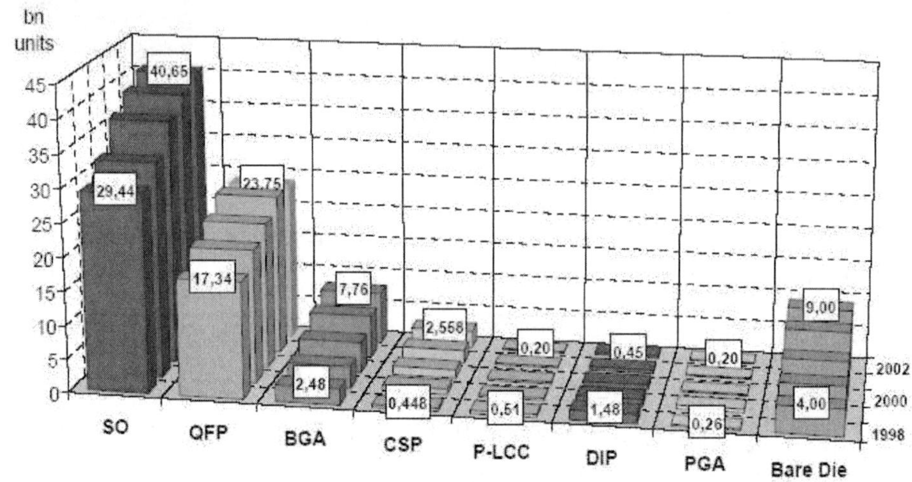

[그림 2-47]

(6) SMD trend(전자부품 및 실장기술발전)

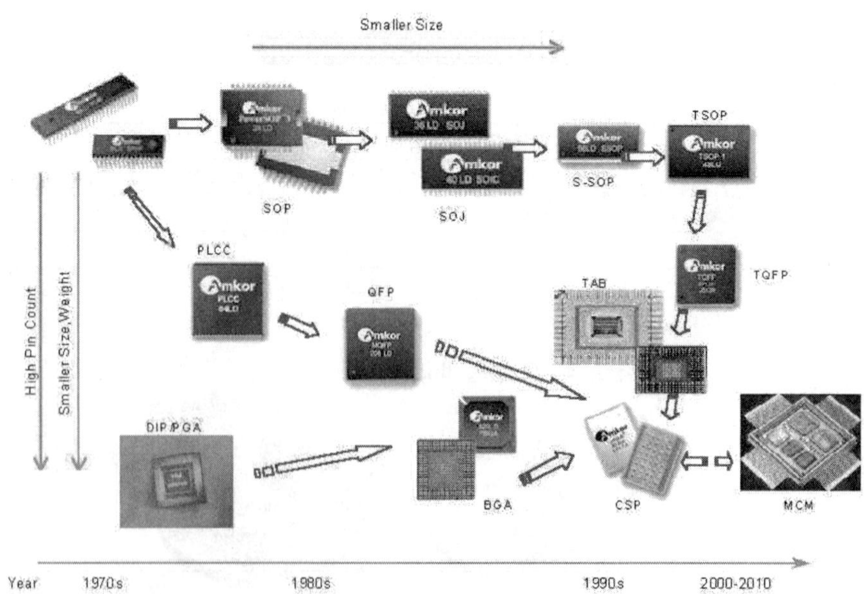

[그림 2-48]

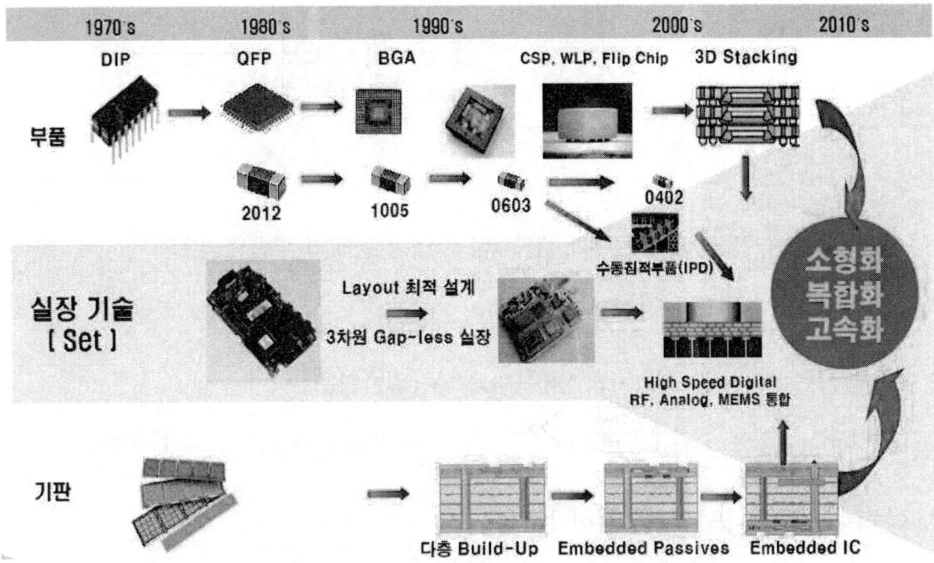

[그림 2-49]

(7) 차세대 실장기술의 핵심

〈표 2-11〉

설 계	통합설계, CAE
접속기술	저온 reflow 기술
반도체	흡습 적고 thin, small form factor 반도체 패키지
PCB	박형 PCB 휨감소, 고밀도 pattern
부 품	부품의 복합화(모듈화)
재 료	차세대 도전성 접착제, 저온 solder, repairable underfill
공정(설비)	실시간 공정관리 system 모듈 실장 가능(반도체 후공정 도입) 다품종 소량 생산 대응 : cell 생산공정, mini line, 부품, 기판 산포에 대응 가능한 공정

삼성전자/생산기술연구소

연습문제

1. 리드 삽입형 부품 중에서 콘덴서, TR처럼 서있는 형태의 부품명칭은?

① Axial ② Radial ③ SIP ④ DIP

2. 표면실장용 수동부품으로 가장 많이 사용하는 일반형은?

① Chip ② MELF ③ Flat Package ④ TAB

3. 칩부품 1005을 EIA size로 표시하면?

① 0805 ② 0603 ③ 0402 ④ 0201

4. 칩라벨 표시 R2012G1R2J1-8W150V에서 틀린 설명은?

① 저항소자(R)이다. ② 크기는 2.0mm×1.2mm
③ 저항값은 120Ω±5% ④ 정격은 1/8W 150V이다.

5. 다음 소자 중 칩형태로 만들어진 것이 아닌 것은?

① 고정저항기(resistor) ② 적층 세라믹콘덴서(MLCC)
③ DPAK ④ Ferite Inductor

6. 표면실장용 부품을 공급하는 방법으로 사용하지 않는 것은?

① 릴테이프(reel/tape) ② 배관(pipe line)
③ 트레이(tray) ④ 스틱튜브(stick/tube)

7. 트리머콘덴서, SOP IC, 소형 Connector 등을 포장 공급하는 형태는?

① Reel ② Stick ③ Tray ④ Bulk

8. 표면실장공정에 사용할 IC의 공급형태가 아닌 것은?

① Magazin ② Tray ③ Tape ④ Bulk

정답 | 1. ② 2. ① 3. ③ 4. ③ 5. ③ 6. ② 7. ② 8. ④

9. 표면실장 부품단자(리드)의 형태가 아닌 것은?

① Flat ② Gull-wing ③ Axial ④ J-lead

10. 다음 중 표면실장용 부품이 아닌 것을 골라라.

① PGA ② QFP ③ SOJ ④ SOP

11. 다음 IC소자의 명칭이 틀린 것을 찾아라.

① HSOI : SOI with Heat Sink ② GQFP : QFP with Guard Ring
③ BQFP : QFP with Bumper ④ SIP : Single I-Lead Package

12. 미세피치(fine pitch)는 보통 어느 정도 미세한 리드간격을 말하는가?

① 250mil 이하 ② 25mil 이하 ③ 0.25mil 이하 ④ 0.025mil 이하

13. 리드수가 많은 다핀화 및 고밀도실장에 불리한 IC 패키지는?

① BGA ② CSP ③ Flip Chip ④ SOP

14. COB(Chip On Board)와 실장접합 방식이 다른 것은?

① POB ② Wire Bonding ③ TAB ④ Flip Chip

15. TAB 설명이 잘못된 것은?

① 기존 Tape 대신 wire로 회로를 연결한다.
② Thin Package, 고밀도실장이 가능하다.
③ Inductance, Reaistance, Crosstalk가 감소된다.
④ 미국 GE사에서 시작되었다.

16. 다음 중 BGA를 실장한 후 불리한 점에 해당하는 것은?

① 검사 ② 열방출 ③ 리드손상 ④ 저임피던스

17. 다음 BGA family 중 방열성이 가장 우수하나 외부충격에 약한 것은?

① CBGA(Ceramic Ball Grid Array) ② CCGA(Ceramic Column Grid Array)
③ TBGA(Tape Ball Grid Array) ④ PBGA(Plastic Ball Grid Array)

정답 | 9. ③ 10. ① 11. ④ 12. ② 13. ④ 14. ① 15. ① 16.① 17. ②

18. BGA가 QFP에 비교하여 불리한 부분은?

① 단자수 ② 크기(package size)
③ Package Cost ④ 인쇄작업 및 실장성

19. CSP의 설명과 거리가 먼 것은?

① 칩사이즈 패키지(chip size package)
② 부품실장면적을 반도체칩 크기로 소형화한다.
③ bare chip기술이 적용된다.
④ 신뢰성이 향상된다.

20. 다음 반도체 IC 중에서 현재 생산량은 적으나 신장률이 가장 큰 것은?

① SO ② QFP ③ BGA ④ CSPt

21. 다음 중 가장 발전된 IC Package는?

① MCM ② CSP
③ PLCC ④ BGA

22. SIP(System In Package)의 특징 설명이 잘못된 것은?

① 다양한 시스템을 혼합실장 ② SOC(System On Chip)보다 집적도가 높다
③ 반도체소자의 전기적 성능향상 ④ 패키지 저가구현

정답 | 18. ③ 19. ④ 20. ④ 21. ① 22. ②

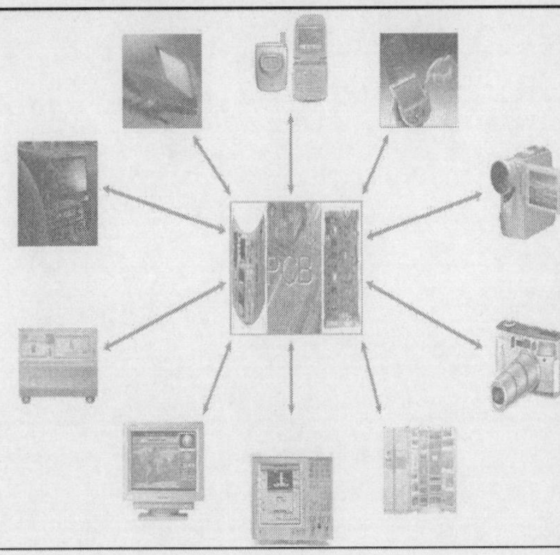

제 3 장

SMT 공정설비

3.1 SMT 생산공정

SMT IN LINE은 표면실장 기판을 생산하는 일련의 공정설비이다. 완성된 기판을 생산하는 주요 공정은 다음과 같다.

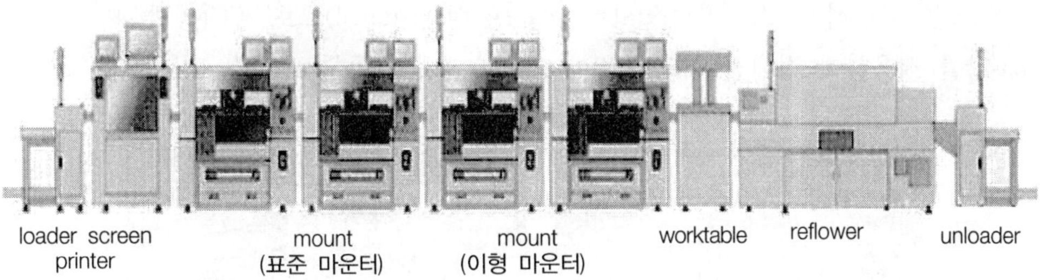

1. Reflow 공법

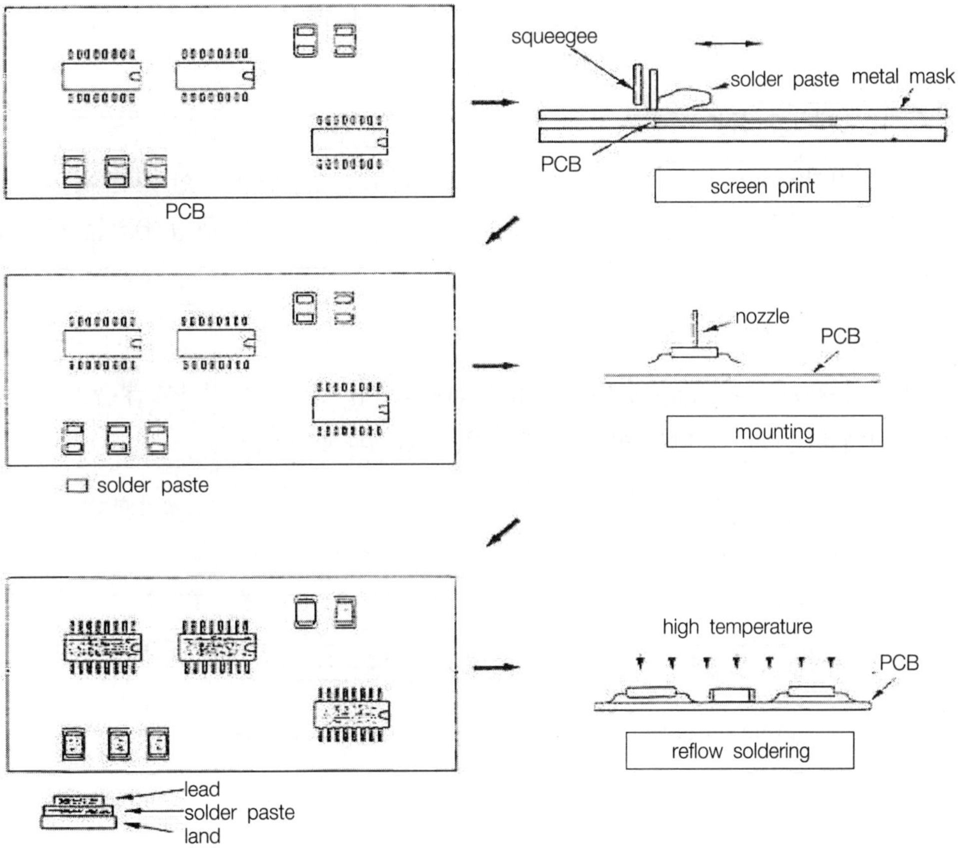

[그림 3-1] reflow 공법 *

reflow 공법은 기존의 웨이브 솔더링(wave soldering)과는 달리 기판(PCB)에 솔더페이스트를 인쇄하고 부품을 탑재(장착)하고 가열하여 납땜한다(그림 3-1).

① printing 공정

기판(PCB)에 표면실장부품을 납땜하는데 필요한 크림솔더(cream solder / solder paste)를 프린터(screen printer)를 사용하여 인쇄한다.

스크린 프린터는 스테인리스(SUS Plate) 형판(stencil)으로 된 메탈 마스크(metal mask)를 사용하여 정해진 패드(pad)에 크림솔더를 자동으로 인쇄 도포한다(그림 3-2).

[그림 3-2] 크림솔더 인쇄도포

② mounting 공정

부품장착기(mounter)를 사용하여 스크린 프린터로 크림납을 인쇄한 기판 위 각종 칩, IC, 콘덴서, 다이오드(diode) 등 표면실장용 소자를 자동으로 탑재(장착)하는 공정이다(그림 3-3).

③ reflow soldering 공정

가열기(reflow soldering)로 부품을 탑재(mounter)한 기판을 가열하여 부품과 기판 패드 사이에 있는 크림솔더를 녹여 납땜을 완성하는 과정이다.

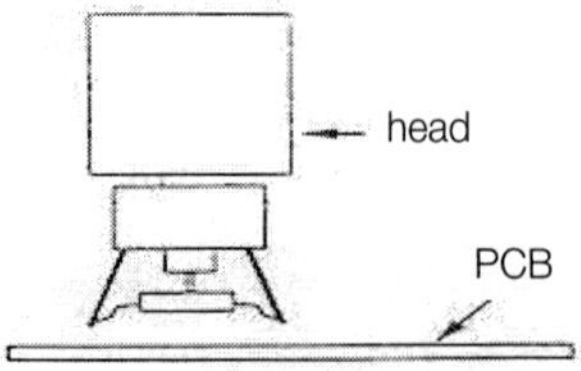

[그림 3-3] 부품탑재

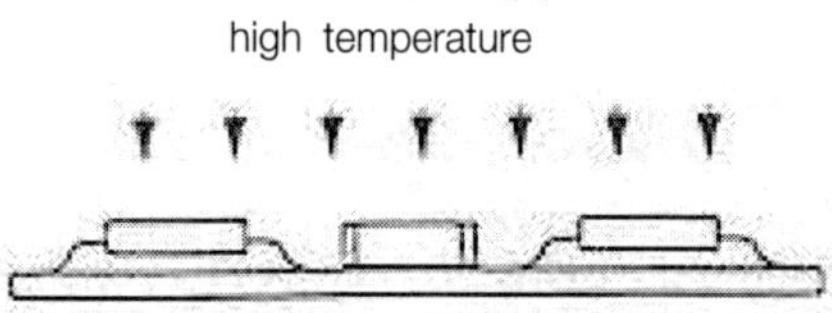

[그림 3-4] reflow

2. Flow 공법

기판에 SMT부품을 먼저 장착 경화한 후 리드(IMT)부품을 삽입하여 납조(wave soldering)를 사용하여 납땜하는 공법이다(그림 3-6).

① dispencing(접착제 도포) 공정

접착제(adhesive)를 chip land 사이에 찍는 공정이다. 디스펜서(dispenser)로 부품을 고정시키는 접착제를 도포하여 표면실장부품이 탑재된 기판을 반전할 때 부품이 탈락되지 않도록 한다.

② mounting(칩부품 탑재) 공정

혼재실장일 경우 표면실장부품을 기판에 탑재하는 공정으로 reflow 공법과 같은 마운터를 사용한다.

③ curing(경화) 공정

접착제를 경화시켜 탑재된 부품을 고정하는 공정으로 reflow soldering machine으로 가열하여 경화시킨다(그림 3-5).

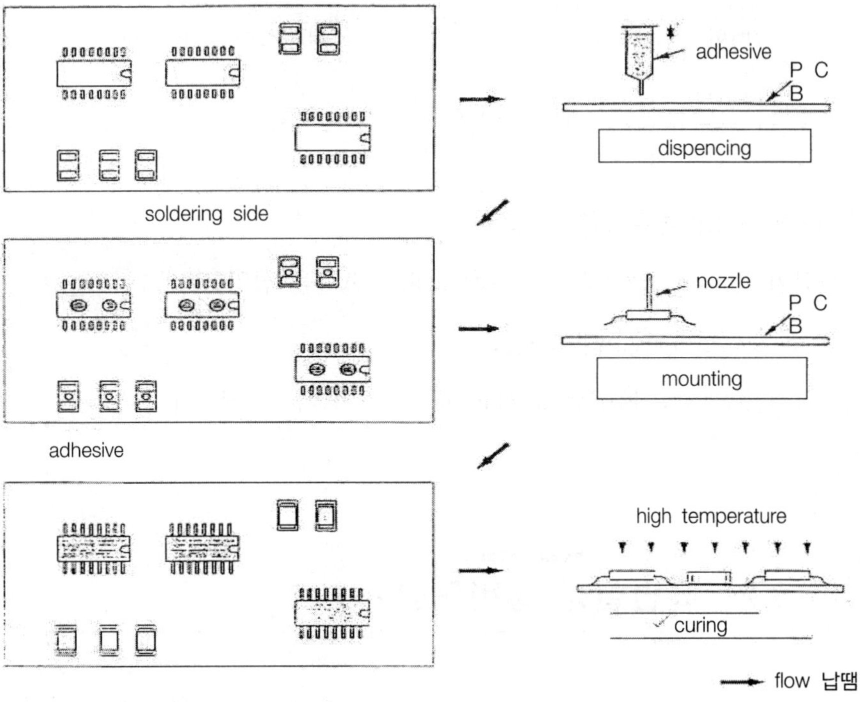

[그림 3-5] flow(1)

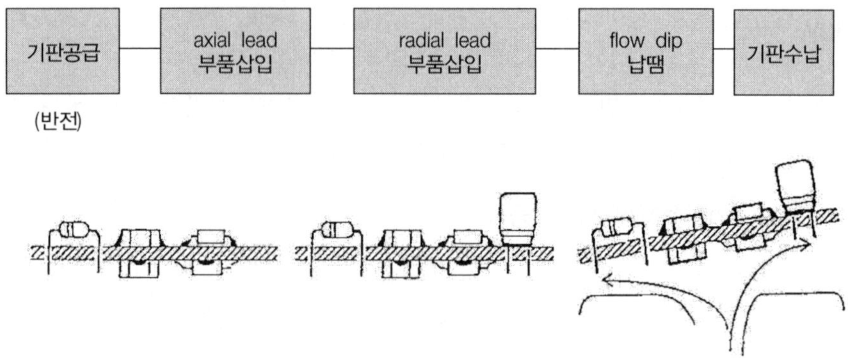

[그림 3-6] flow(2) 공법

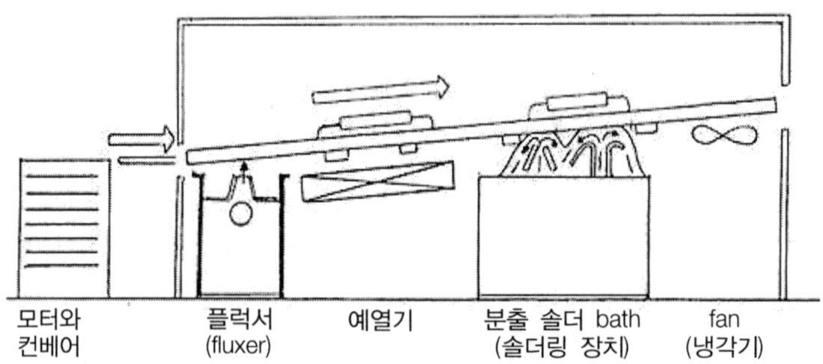

[그림 3-7] wave soldering M/C

④ inserting(리드부품 삽입) 공정

자동삽입기(insert M/C)로 리드부품(axial, radial)을 삽입한다.

⑤ flow soldering(납조납땜) 공정

납조납땜기(wave soldering machine)로 리드부품을 납땜한다(그림 3-6, 그림 3-7).

3.2 표면실장 설비구성

표면실장기술(SMT)의 발전은 극소형 표면실장용 부품을 탑재하고 가열하여 접합하는 장비가 발전했기 때문에 가능했다. 표면실장설비 생산라인 구성과 공정을 알아본다.

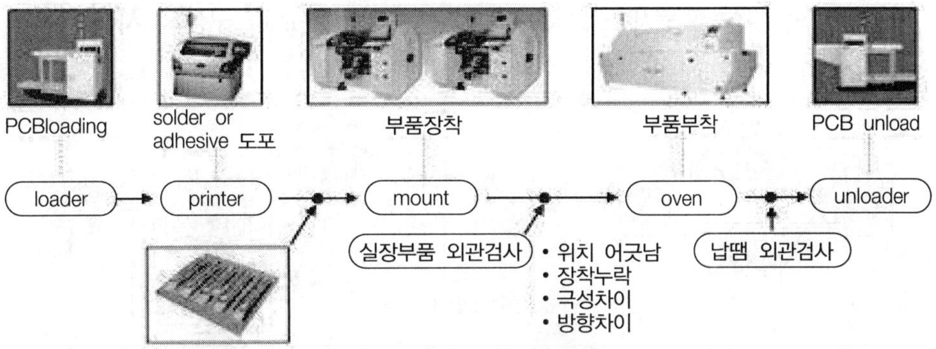

[그림 3-8] SMT In-line 구성

표면실장설비를 구성하는 주요 장비는 납인쇄기(printer), 접착제도포기(dispenser), 자동장착기(mounter), 납땜가열기(reflow), 세정장치, 검사기(AOI) 등이다. 공정설비는 생산제품 특성과 필요에 따라 장비를 가감·증설하거나 보조장비를 추가하여 구성한다. 예를 들면 접착제 도포가 필요 없을 경우 디스펜스를 생략하거나, 부품의 종류와 탑재부품의 수량이 많을 경우 칩마운터 또는 이형마운터를 추가하여 증설한다(그림 3-8). 칩마운터는 표준형(chip) 부품을 장착하는 고속장비이다. 이형마운터는 여러 종류의 부품을 장착할 수 있는 다용도 마운터이나 장착속도가 느리다(그림 3-9).

(a) 칩마운터용 부품　　(b) 이형마운터용 부품

[그림 3-9] 표면실장부품

고밀도실장을 실현하는 새로운 SMT 생산설비는 크린룸에서 웨이퍼 칩을 가공하여 적층실장하고 패키징할 수 있는 장비들이 추가된다.

1. SMT 장비 발전방향

① 인쇄기 : 정밀도향상 인쇄대체공법개발 기종변환용이

② 칩마운터 : 고속화, 정밀화, 저가격화

③ 리플로우 : 무연솔더대응, Zone 확대, 친환경, 절전, 기종변환용이

2. 제조공정의 실장 프로세스(process) 및 생산라인(in-line) 구성의 사례

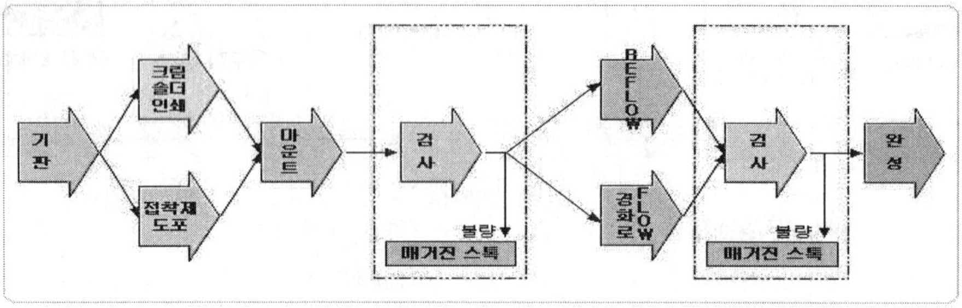

[그림 3-10] 표면실장공정

(1) 단면기판 : 리드부품 삽입실장

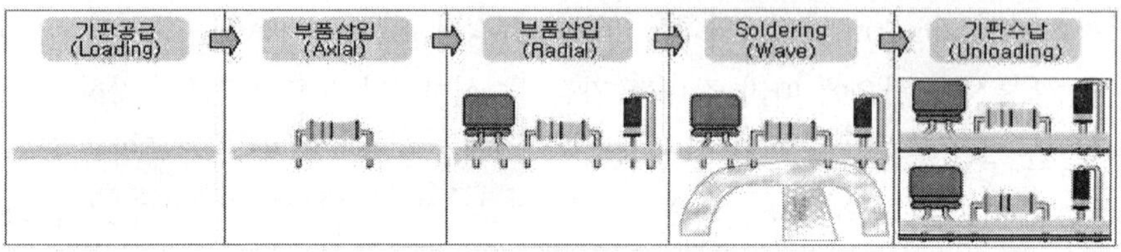

[그림 3-11] PCB 실장(type 1, class A)

(2) 단면기판 : 칩부품 장착실장

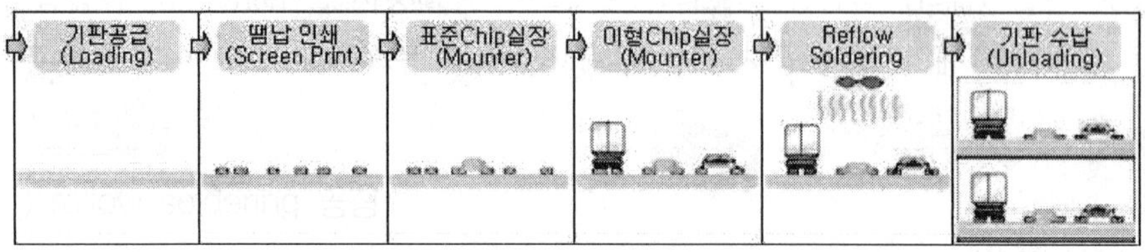

[그림 3-12] PCB 실장(type 1, class B)

(3) 단면기판 : 리드, 칩부품 혼재실장

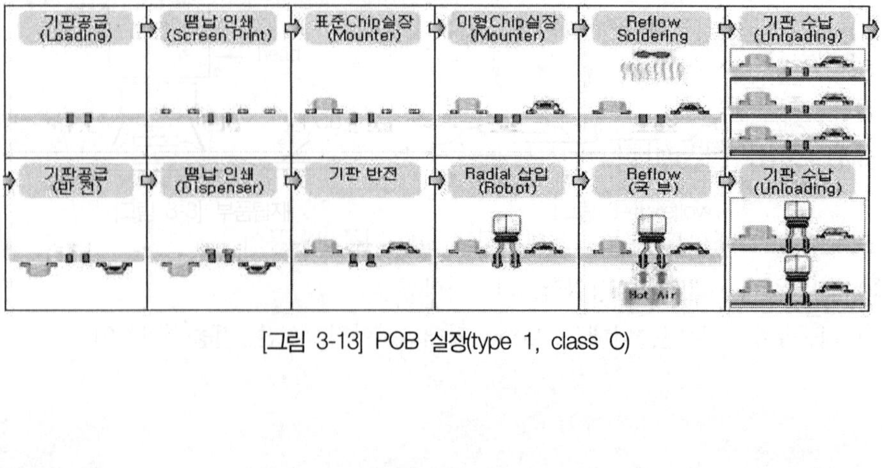

[그림 3-13] PCB 실장(type 1, class C)

(4) 양면기판 : 리드, 칩부품 혼재실장

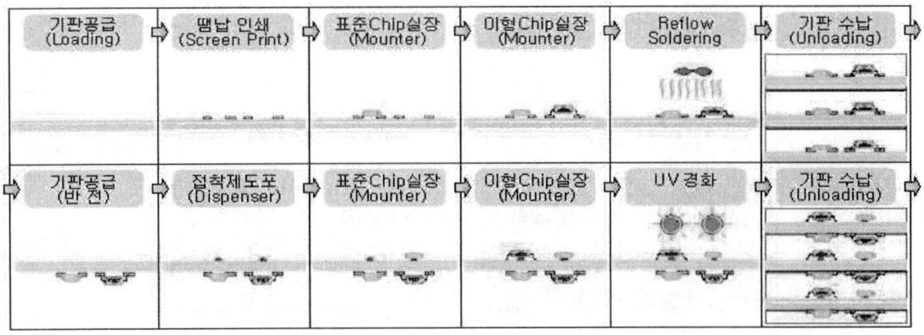

[그림 3-14] PCB 실장(type 2, class C)

(5) 양면기판 : 양면 칩장착 실장

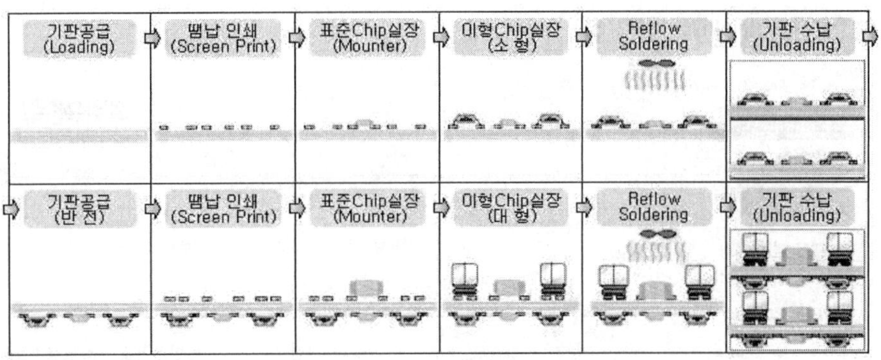

[그림 3-15] PCB 실장(type 2, class B)

(6) 양면기판 : 양면 칩, 단면 bare IC장착 실장

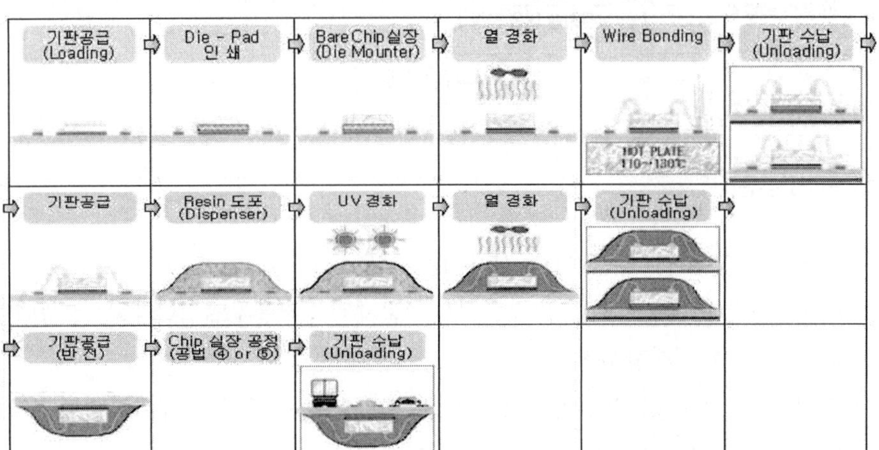

[그림 3-16] PCB 실장(type 2, class B)

(7) 양면기판 : 양면 칩, 단면 리드부품 혼재실장

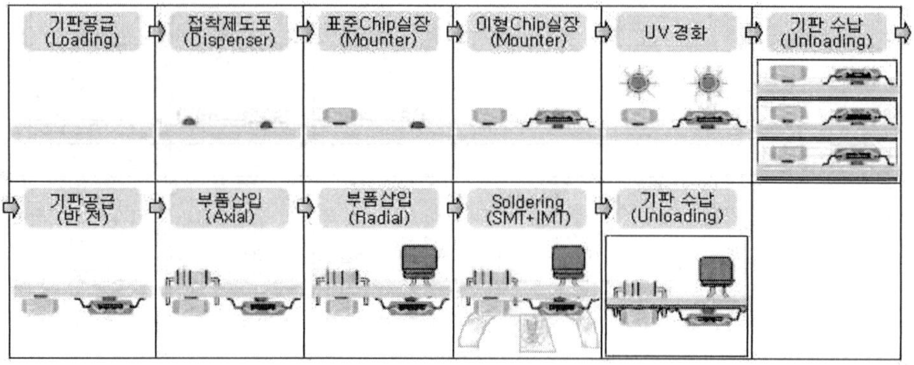

[그림 3-17] PCB 실장(type 2, class C)

3. 생산설비(in-line system)

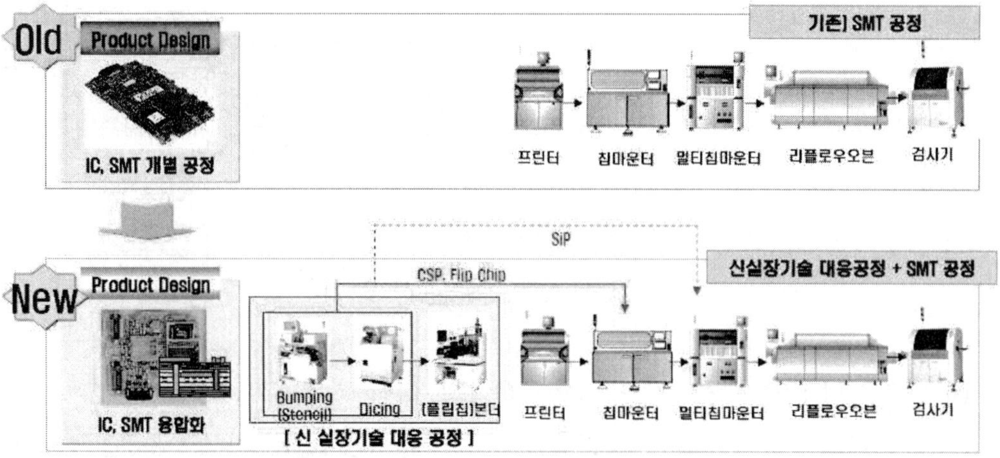

[그림 3-18]

4. 실장공법동향

1) Flow 공법 : 리드삽입(IMT) 실장에만 사용
2) Reflow 공법 : SMT 주공법(95% 이상) *문제점 : 저온무연접합재료, 부품내열성, 기판휨, 미세피치실장품질 등
3) 열압착공법 : 특징 ①열압착 설비필요 ②Repair 곤란 ③미세피치대응 ④접합시간 단축 ⑤저가격 ⑥플렉시블 기판 및 박형화에 효과
4) 도전성접합공법 : 저온사용적합. *문제점 : 부품재질, Repair, 저저항 접속, 내충격성

연습문제

1. 표면실장 생산라인(in–line)설비의 설명이 맞는 것은?

① IMT 부품은 이형마운터가 필요하다.
② Work table은 꼭 필요한 것이 아니다.
③ 칩장착을 다용도장착기로 하면 효율이 높아진다.
④ 부품수가 많은 경우 가열기(reflow oven)를 추가 설치한다.

2. 표면실장 설비에서 납인쇄(printing)하는 공정의 설명이 틀린 것은?

① 금속으로 만든 형판(stencil)을 사용한다.
② 납을 인쇄회로기판에 인쇄한다.
③ 인쇄하는 납은 크림형태로 되어 있다.
④ 부품을 장착(mounter)한 후 하는 작업이다.

3. 플로우(flow) 공법에서 공정 설명이 틀린 것은?

① wave soldering M/C이 필요하다.
② 접착제로 칩부품을 고정하고 기판을 반전시킨다.
③ curing은 접착제를 경화하는 작업이다.
④ reflow 방식을 사용하면 flow 공법은 생략할 수 있다.

4. 전자제품을 실장하는 인라인 설비의 설명 중에서 틀린 것은?

① insert M/C은 리드부품을 장착할 수 있다.
② 칩부품을 insert M/C으로 장착하면 효율이 떨어진다.
③ 리드부품이 없을 경우 insert M/C과 flow 공정은 필요없다.
④ 실장부품검사기(AOI)는 in-line 구성에 없어도 된다.

정답 | 1. ② 2. ④ 3. ④ 4. ②

5. 다음 실장공정(in-line process)으로 생산할 수 있는 실장방식은?

> Loder(기판공급) → Screen Printer(땜납인쇄) → Mounter(부품장착) → → Reflow(가열기) → 기판수납(Uloading)

① 단면기판 칩부품실장 ② 단면기판 리드부품실장
③ 단면기판 리드칩 혼재실장 ④ 양면기판 칩부품실장

6. CSP, flip칩 공정에서 silicon wafer를 짜르는 톱(saw)역할을 하는 장비명칭은?

① Dicing ② Die bonder
③ F/C bonder ④ bumping

7. 차세대 실장방식인 Embedded PCB 설명이 잘못된 것은?

① 기판표면의 부품을 기판 내에 삽입실장한다.
② PCB를 고집적화할 수 있다.
③ 신뢰성이 향상된다.
④ 전기적 기능이 향상된다.

8. 삼차원(3D) 표면실장구조의 설명으로 맞지 않는 것은?

① BGA on Flip Chip, BGA on Passive, POP 등이 있다.
② POP는 Package on Package이다.
③ 실장면적 축소효과는 없다.
④ 위(top)부품은 Memory MCP이고 아래(bottom) 부품은 주로 LSI이다.

9. 다음의 표면실장부품에서 이형(다용도)마운트용 부품은 어느 것인가?

① BGA ② Array Resistor ③ Chip Resistor ④ SOT

10. 비전검사기(AOI)로 알 수 없는 불량은 어느 것인가?

① 위치어긋남 ② 장착누락 ③ 극성착오 ④ 전파장애

정답 | 5. ① 6. ① 7. ③ 8. ③ 9. ① 10. ④

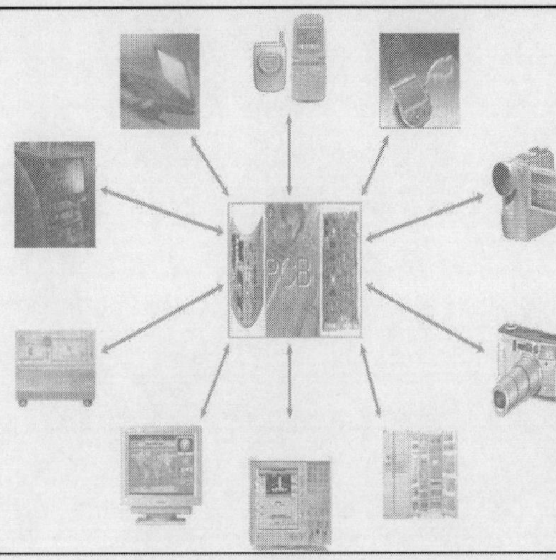

제 4 장

주요 장비(1)

4.1 스크린 프린터

1. 종류 및 기능

스크린 프린터(screen printer)는 표면실장기판 랜드(land, pad)에 솔더페이스트(solder paste, solder cream)를 인쇄 도포하는 장비로 solder paste를 인쇄 도포하는 방법은 dispense방식과 pin전사(轉寫)방식도 있으나, 메탈 마스크(metal mask)를 형판(stencil)으로 사용하는 인쇄방식이 보편적으로 사용되고 있다. 소량 생산에는 수동인쇄기(manual printer)도 사용한다. 사용하는 stencil이 screen mask가 아닌 경우도 스크린 프린터라 하고 있다(그림 4-1).

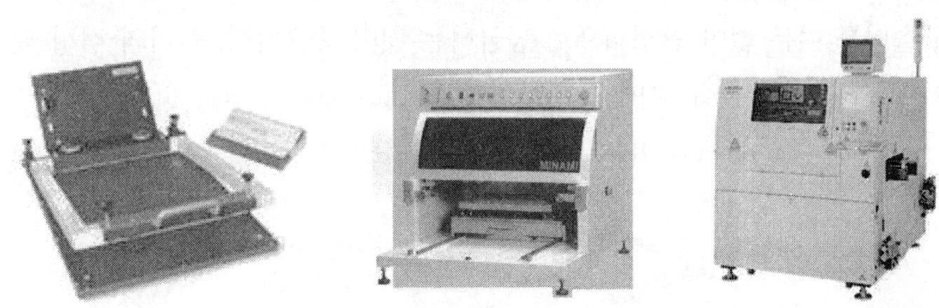

(a) 수동 (b) 반자동 (c) 자동(JUKI/KS1710)

[그림 4-1] 스크린 프린터

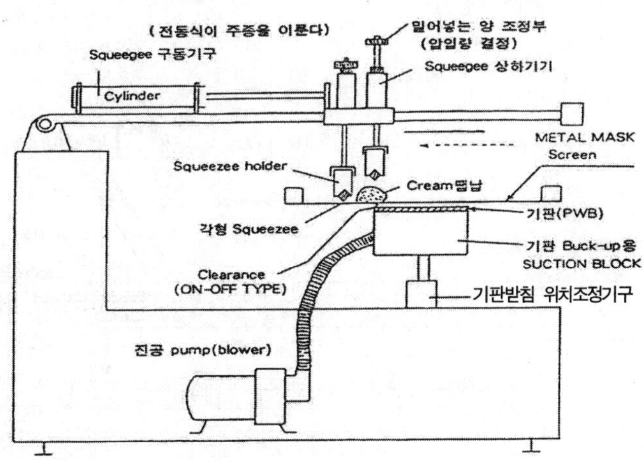

[그림 4-2] 스크린 프린터의 구조

자동인쇄기는 화상인식(vision)장치가 있어 폭조정, 인쇄검사, cleaning을 자동으로 하며 범용 흡착 핀 베이스 기구와 항온 항습기능이 있고, 기판 및 메탈 마스크를 자동 보정하여 정밀인쇄가 가능하며, 각 생산조건별 메모리가 되어 프로그램에 의한 신속한 작업변경이 가능하다(그림 4-2).

스크린 프린터는 표면실장에서 가장 중요한 공정의 한 부분으로 솔더링 결함원인의 약 60%로 가장 큰 비중을 차지하고 있다. 스텐실을 사용하는 프린터의 반복정도는 전체 인쇄공정에서 대단히 중요하고 솔더페이스트를 인쇄하는 공정에는 품질에 영향을 미칠 수 있는 많은 요인들이 있다.

인쇄방법은 기판위에 있는 메탈 마스크에 솔더페이스트를 부어 놓고 밀대(squeegee)를 움직여 메탈 마스크 개구부(구멍) 속으로 밀어 넣어 기판랜드에 솔더페이스트를 인쇄 도포한다(그림 4-3).

스텐실로 사용하는 메탈 마스크는 내마모성, 내약품성, 경제성 등을 고려하여 스테인리스가 많이 사용된다. 솔더페이스트 인쇄 도포는 전극 패드(랜드) 위에 균일한 양의 솔더를 여분 없이 안정적으로 공급하는 것이 중요하며, 솔더의 점성 및 인쇄환경과 메탈 마스크 품질 등에 유의하여야 한다.

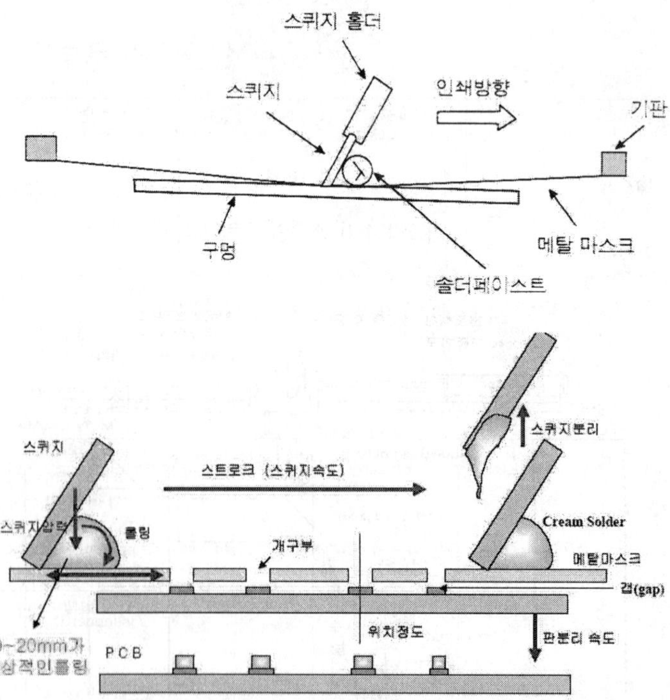

[그림 4-3] 스크린 프린터의 인쇄방법

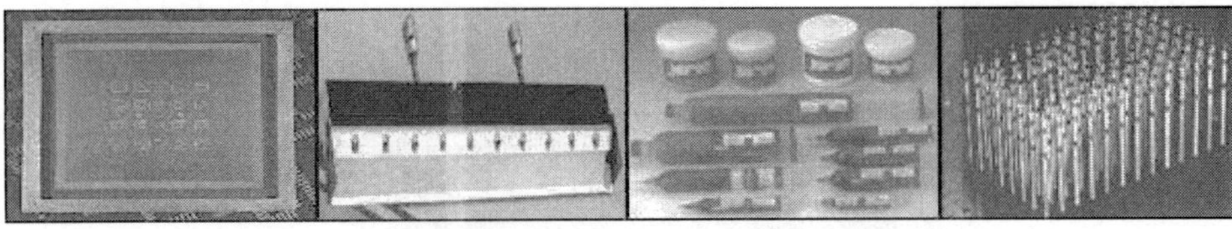

(1) metal mask (2) squeegee (3) solder paste (4) suction block

[그림 4-4] 주요 기자재

스크린 프린터 작업에 중요한 3요소는 메탈 마스크, 스퀴지, 솔더페이스트이다. suction block는 솔더페이스트를 기판에 인쇄할 때 기판이 유동하지 않도록 기판 밑면을 흡착하여 받쳐주는 받침대(base block)이고 백업 핀(backup pin)을 이용하기도 한다(그림 4-4).

2. 메탈 마스크

스크린 프린터에 장착하여 기판랜드에 솔더크림을 도포하는 스텐실(stencil)이다. 주로 스테인리스강(SUS) 재질과 알루미늄 틀(frame)로 만든다. 스텐실 두께는 대략 0.12～0.2mm이다. 메탈마스크의 개구부(hole)의 폭(w)은 솔더크림이 잘 빠질 수 있도록 SUS 두께(t)의 1.5배 이상 크기로 한다.

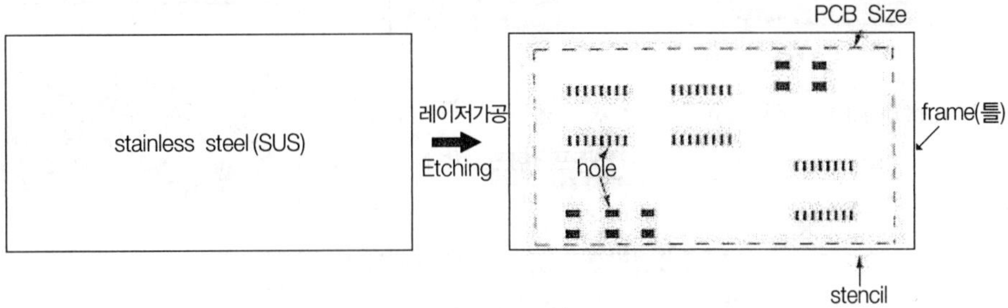

[그림 4-5] Metal mask

(1) 메탈 마스크 사용시 유의사항

① 사용 전 개구부의 cleaning 상태를 확인하여 사용한다.

② 사용 중 스퀴지나 솔더 공급용 주걱에 의하여 손상되지 않도록 한다.

③ 생산이 종료된 메탈 마스크는 즉시 개구부내의 솔더를 용제 IPA, cleaning paper, air gun을 사용하여 깨끗이 제거한다.

④ cleaning이 완료된 메탈 마스크는 개구부의 전, 후면에 보호 비닐을 붙여 보관한다.

[그림 4-6] metal mask & squeegee

(2) 메탈 마스크 종류와 특징(영진아스텍)

메탈 마스크는 SUS304 또는 기타 재질과 알루미늄 프레임으로 구성되며, PCB의 부품 랜드와 동일한 개구부를 형성하고 있으며, 스크린 프린터에 장착하여 사용되는 장치로 납땜입자의 미세화, 소형 부품의 탑재, 고밀도 실장화를 필요로 하는 전 산업 분야에 응용 가능하다.

Laser Mask	Photo Etching	Screen Mask
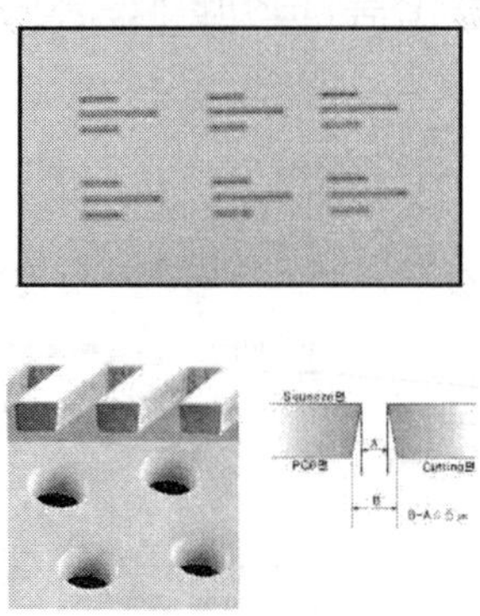	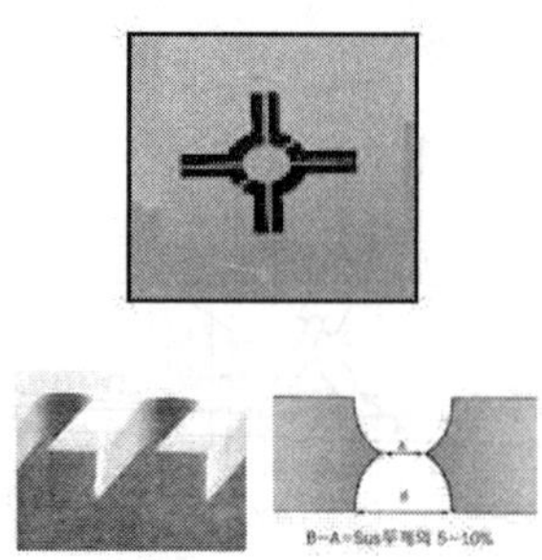	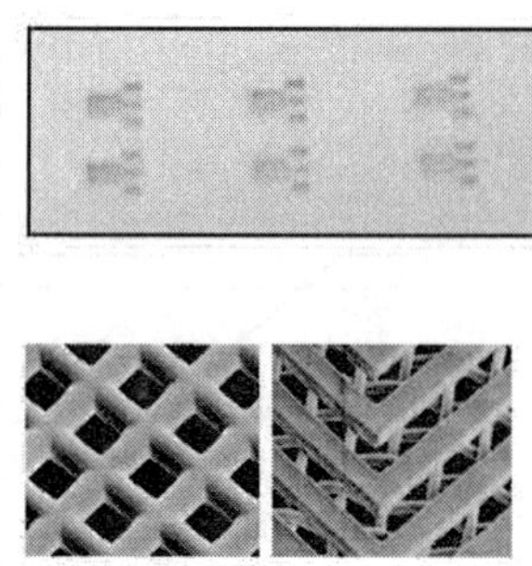

[그림 4-7] 메탈 마스크

메탈 마스크 종류는 laser mask, photo etching, half etching mask, screen mask, additive mask, PH mask, COB mask, excimer mask로 다음과 같다.

① 레이저 마스크(laser mask)

pitch폭이 0.3mm～0.5mm의 fine pitch QFP와 BGA, CSP 또는 1005 등의 작은 chip의 실장에 대응 가능한 mask로 정확하고 정밀한 치수가공을 위해 gerber data를 이용한 laser의 직접 가공으로 치수가 정밀, 정확하며 우수한 인쇄품질, 솔더크림

의 빠짐성과 신속가공, 단납기 대응이 가능하다. 즉,

- 치수정밀, 0.3mm fine pitch 가공
- data 설계에 의한 직접 가공으로 단납기 가능
- data에 의한 정확한 위치, 정밀한 cutting으로 개구부 단면이 sharp함
- etching에 비해 개구부 형성이 우수
- 대형 size 가공이 가능
- turbo-cut을 채용한 new yag laser로 BGA 등 hole 개구부 탁월

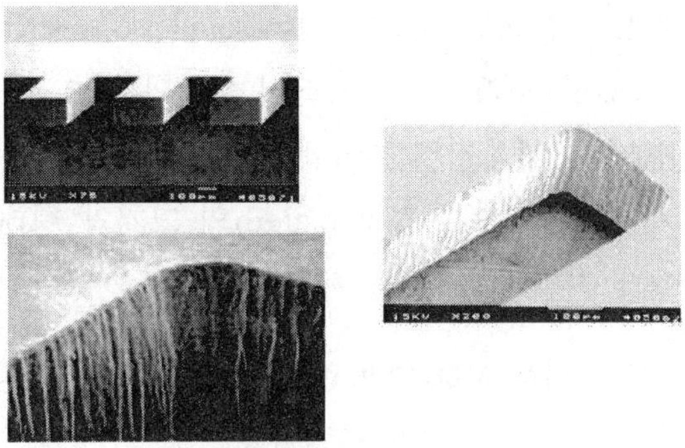

[그림 4-8] laser metal mask

② 포토 에칭 마스크(photo etching mask)

photo etching은 일반적으로 반도체 집적회로, CRT용 shadow mask, lead frame, metal mask, 초정밀 부품 등을 만들 때 사용되는 기술로 photo 현상기술과 etching 기술이 접목된 기술이다. photo 현상기술은 pattern을 형성하기 위하여 SUS에 감광액을 도포하고, 노광 및 현상 후 etching 공정에서 원하는 부분만 선택적으로 가공한다. 0.05mm~0.3mm까지 다양한 두께와 양면부식으로 metal mask pattern의 양면 공차를 현저히 줄일 수 있고, 레이저보다 상대적으로 가격이 저렴하다.

- PCB와 film만으로 제작 가능
- PCB나 COB type의 메탈 마스크도 제작 가능
- burr 현상이 발생하지 않으므로 개구부의 정밀도가 우수
- 깊이와 크기를 자유롭게 변화시키는 half etching 가능

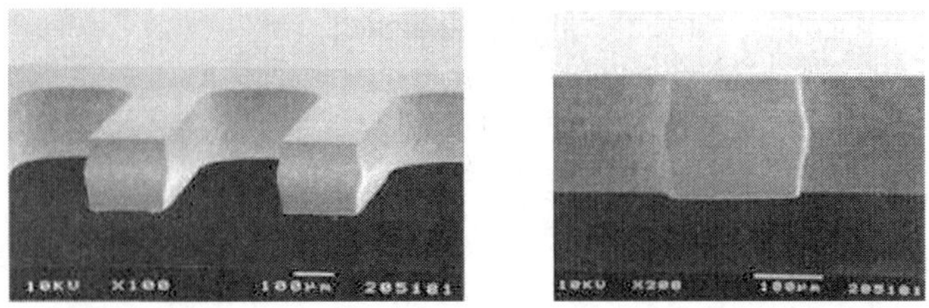

[그림 4-9] etching metal mask

③ 스크린 마스크(screen mask)

screen mask의 가장 기본적인 재료가 되는 stainless mesh는 주로 전자부품 인쇄에 많이 쓰이며 polyester mesh는 디스플레이 분야와 PCB, BGA, MLB, filter 등 일반인쇄에서 정밀인쇄까지 여러 산업분야에 널리 쓰인다.

screen mask는 사용자의 인쇄환경과 pattern의 크기와 형태, 인쇄두께, 용도, 그 밖의 특이사항에 따라 적절한 mesh를 사용한다.

- 전자부품, PCB, BGA, MLB, filter 등 여러 산업에 적용
- 유제 두께의 조정으로 인쇄막 조절가능
- 각종 잉크, 전도력 있는 paste, solder paste, 접착제 등 다양하게 사용
- 화상막의 평활성이 매우 우수
- 금속막의 내수성이 우수해 특수용제를 사용하여 인쇄가능
- 치수정밀도가 뛰어나 고밀도 미세패턴 인쇄가능

④ Half Etching Mask

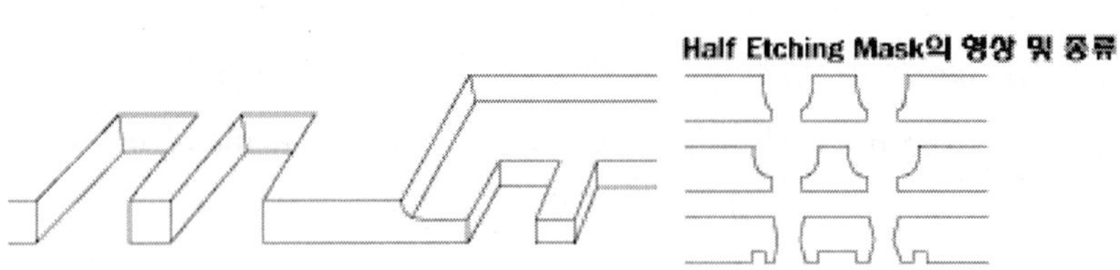

[그림 4-10] half etching mask

- etching 작업시, 레이저가공(laser cutting) 후 부분적으로 etching 가능
- 3차원 가공 가능
- 동일 PCB상에 film 보정차의 다변화 가공

⑤ Additive Mask

pitch 폭이 0.3mm～0.5mm의 fine pitch QFP와 BGA, CSP 또는 1005 등 작은 칩의 실장에 대응 가능한 mask로 etching과는 달리 증착에 의한 독특한 제조방식에 의해 개발된 것으로 고밀도화, solder paste의 빠짐성을 좋게 하고 개구부의 단면이 깨끗하다.

- 0.3mm 이하 pitch의 초정밀 부품에도 사용이 가능
- side etching 및 내벽의 거칠음이 없게 함
- 빠짐성이 매우 좋아 hole의 빠짐체적이 95% 이상 가능
- 빠짐성이 좋은 관계로 pattern폭을 줄일 수 있음
- bridge 발생을 상당히 줄일 수 있음
- COB, COF mask 제작이 용이함
- 제작기간이 길어 단납기 대응이 어렵고 가격이 높음

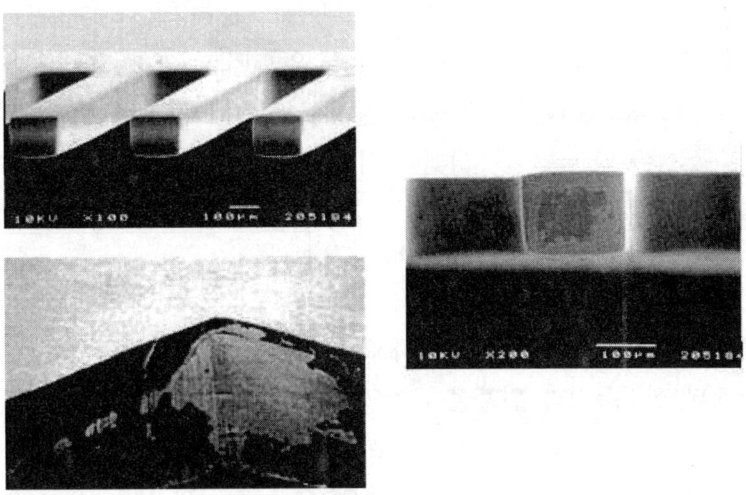

[그림 4-11] additive metal mask

⑥ PH Mask

pitch 폭이 0.3mm 이하의 fine pitch QFP와 BGA, CSP 또는 0603 등의 미세칩 실장에도 대응 가능한 초정밀 실장용 마스크로 높은 가공정밀도, 우수한 PCB와의 밀착성, solder paste의 빠짐성이 아주 양호하다.

- 0.3mm fine pitch QFP 대응이 가능

- 기판두께와 개구부 측정정밀도 ±0.07mm
- 평평하면서도 매끄러운 단면 형성
- solder paste의 통과성이 양호

⑦ COB Mask

부품이 이미 실장되어 있거나 표면에 굴곡이 있는 기판에 대응하기 위해 개발된 mask로 COB mask를 통해 기존과 동일한 인쇄방법으로 SMT 실장을 할 수 있으며 additive 방식 특유의 우수한 인쇄성이 보장된다.

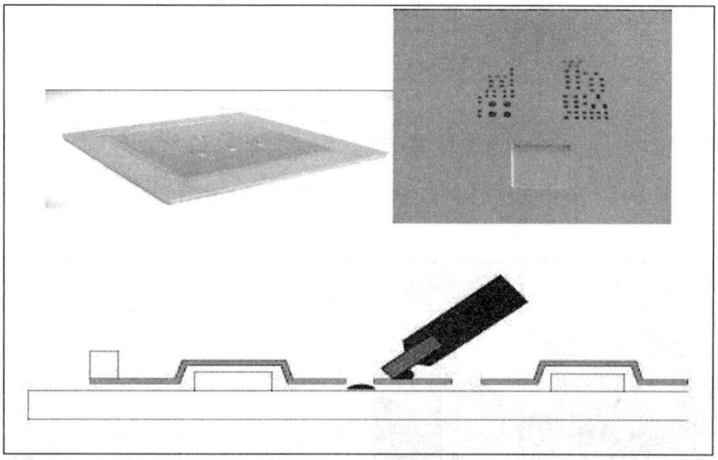

[그림 4-12] COB mask

- 기존 SMT의 설비, 기술이 그대로 적용가능
- 안정된 실장품질과 원가절감 효과
- additive 공법에 의한 일체형으로 제작해 내구성, 인쇄성이 우수
- 통신기기 분야의 경박단소화로 COF(Chip On Flexible Board), COG(Chip On Glass)와 같은 새로운 형태의 package가 등장하면서 보다 정밀한 mask가 필요함

3. 스퀴지

기판랜드에 메탈 마스크의 개구부를 통하여 솔더페이스트를 밀어 넣어주는 밀대이다. 재질은 우레탄(urethane rubber)과 금속(metal)이 있는데 메탈 스퀴지(squeegee)를 주로 사용한다.

[그림 4-13] squeegee blade

(1) 스퀴지 종류

스퀴지는 일반적으로 3가지 형태가 사용된다. 평스퀴지는 마스크 위에 공급하는 크림 솔더량을 많게 할 수 있고 스퀴지 탄성에 의한 인압조정이 용이하기 때문에 보편적으로 사용하고 있다.

종 류	형태별 구분	규 격			경도	Type
		Thickness	Width	Length		
평스퀴지	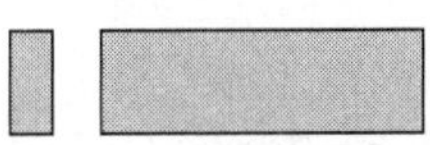	6 7 9 9.5	30 40 45 50	600 1000 1200 3100	50* 60 70 80 90	A B
평스퀴지	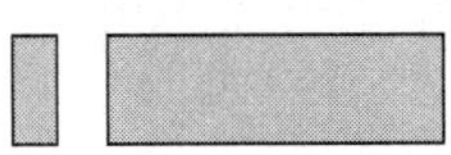	6 7 9 9.5	30 40 40 50	1000 2000	60 70 80	U
검스퀴지	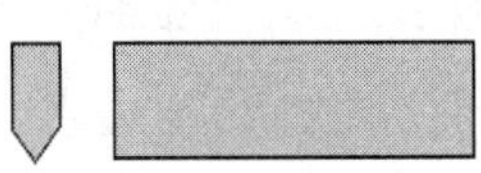	5 5 6 9	18 20 24 32	300 500 500 500	60 70 80 90**	A B
각스퀴지	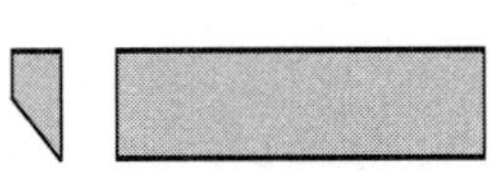	9.6 10	9.6 10	500 500	60 70 80 90**	A B

[그림 4-14] squeegee(반도화학)

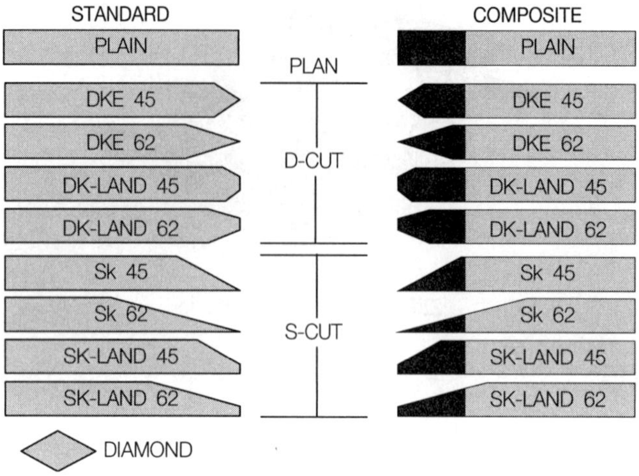

[그림 4-15] squeegee rubber(UNITEX)

- PLAIN : 일반 그래픽과 직물인쇄에 가장 보편적으로 사용되는 스퀴지로 다양한 종류의 기판과 광범위한 종류의 잉크에 사용된다.
- DKE : 원통형의 기판이나 고속인쇄 또는 고해상도가 요구될 때 사용된다.
- SK : Container 인쇄에 널리 사용되며 불규칙적인 단면의 기판과 고점도 잉크 사용시 적용한다.
- COMPOSITE(합성형) : 중간 mesh count와 중간 tension 이상의 스크린을 사용하는 고속자동 인쇄에 있어서 진동이나 떨림제거에 유용하다.
- DIAMOND : 높은 스퀴지압에서도 스퀴지의 휨이 없으며 스퀴지의 각도가 정확하다.

(2) 스퀴지의 작업조건

인압은 메탈 마스크를 기판에 누르기 위해 스퀴지를 위에서부터 누르는 압력을 말한다. 특히 기판의 표면의 요철과 휨이 큰 기판의 경우는 인압을 인가하는 정도에 따라 메탈 마스크를 기판에서 간격을 둘 필요가 있다. 스퀴지 스피드는 일반적으로 20~75mm/s로 사용한다. 스퀴지 스피드가 빨라지면 크림솔더를 기판위에 누르는 힘이 커지게 된다.

그러나 스피드가 과대하게 되면 롤링이 부족하여 크림솔더가 충분히 개구부에 충진되지 않은 상태에서 스퀴지가 통과하여 솔더 부족현상이 발생한다. 인쇄속도가 느릴 경우는 충진은 좋으나 번지기 쉽고 크림솔더 빠짐성은 나빠진다.

스퀴지 경도는 일반적으로 60~90°가 사용되고 있다. 스퀴지 경도에 따라 나타나는 인쇄공정의 특성은 〈표 4-1〉과 같다.

〈표 4-1〉

인쇄특성 / 스퀴지 경도	경질(금속) 스퀴지	연질(우레탄) 스퀴지
solder paste 소모량	작다	많다
요철, 휨기판 인쇄	부적합	양호
solder번짐	번지기 어려움	인쇄번짐 쉬움
수명, 용도	고가, 반영구적 사용 빠짐성 우수, 미세피치적용	스퀴지 수명이 짧다. 메탈 마스크 손상적다.

(3) 스퀴지 사용시 유의사항

① 사용 전 스퀴지의 인쇄면을 확인하여 손상(마모, 긁힘)여부를 확인하여 이상이 있을시 교체한다.

② 인쇄조건 설정시에는 메탈 마스크와 스퀴지가 마찰에 의하여 손상되지 않도록 설정한다.

③ 사용중 스퀴지의 인쇄면은 손상(마모, 긁힘)이 발생하지 않도록 주의한다.

④ 작업이 완료 후 스퀴지의 솔더페이스트가 응고되지 않도록 즉시 제거한다.

4. 솔더페이스트

표면실장용 기판에 납을 인쇄하기 사용되는 크림 모양의 납으로, 솔더 파우더와 플럭스를 혼합하여 만든다. 스크린 프린터로 인쇄된 솔더페이스트(solder paste / solder cream)는 가열기(reflow)에서 용융되어 기판에 부품을 접합시킨다. 성분은 70 ~92wt%의 솔더합금 분말(powder)과 나머지는 플럭스(flux)로 되어 있고, 플럭스 중의 80~90wt%는 수지와 용제이며 칙소제와 활성제가 미량 함유되어 있다.

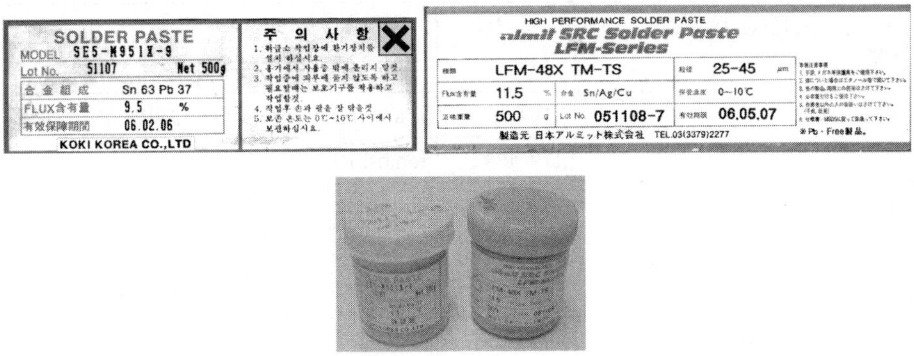

[그림 4-16] solder paste

(1) 솔더페이스트 성분

구 성	역 할	재 료 명
납(solder)	접합제	Sn-Pb 합금분말
플럭스(flux)	접합제	resin, rosin epoxy, 폴리브텐
	활성제	rosin, 스테아린산, 토리에탄올아민, 염산히드라진
	칙소제	카스타우크스, 카르나바로우
	용제	글리세린, 에칠렌, 글리코루

(2) 각 성분의 사용목적

재 료 명	사용 목적
주석-납 합금분말	접합모재
점착부여제 수지	금속표면 청정화 작용, 장착에 필요한 점착(tackness) 작용, 바인더(binder)
칙소제	분리방지, 늘어나는 성질방지
용제	양호한 paste를 얻기 위함
활성제	금속표면의 청정화 작용

(3) 솔더페이스트 성분종류의 특징

공정 솔더에서 고상선 온도의 변화는 거의 없으나, 액상선 온도는 주석(Sn)이 적어지면 용융점이 상승한다. 비스무스(Bi)를 첨가한 솔더크림은 용융점을 낮추어 신뢰성은 높이나 접합강도가 떨어진다. 합금으로 가장 많이 사용하는 은(Ag)은 전도성을 높이고, 기계강도가 우수하며, 금속이온이 이동하는 마이그레이션(migration)을 방지할 수 있으나, 연신율이 낮아 비틀림이나 횡성 등에 약한 단점이 있다.

주성분(합금상태)	용융점	특 징
Sn63%, Pb37%	183℃	일반적인 유연 solder
Sn62%, Pb36%, Ag2%	179℃	solder leaching(침식)방지[일반적인 솔더합금]
Sn62.8%, Pb36.8%, Ag0.4%	179~183℃	tombstone 방지
Sn96.5%, Pb3.5%	221℃	
Sn95%, Ag5%	221~245℃	고온 솔더
Sn10%, Pb88%, Ag2%	268~299℃	
Sn43%, Pb43%, Bi14%	144~163℃	저온 솔더
Sn46%, Pb46%, Bi8%	135~192℃	

4) 크림솔더 선택시 유의사항

① 입자크기의 균일
② 입자표면의 산화정도
③ 납땜성
④ 빠짐성
⑤ 입자와 rosin 분리현상
⑥ 점성의 유지
⑦ 기술적 지원 및 A/S
⑧ 납기, 단가
⑨ 납땜 후 잔사, 외관, 안전성, 세척성

5) 솔더페이스트의 주요 특성

① 크림솔더의 점도

크림솔더의 메탈 함유량은 일반적으로 89~91%이며 점도는 malcom점도계로 180~340cps(brookfield 700~1400Kcps)이다.

점도에 영향을 주는 3요소는 플럭스 함유량, 입자의 크기 및 온도이다.

② 솔더파우더(solder powder)의 입자형상

- **부정형** : 일정치 못한 분말형태. 0.8mm피치 이하의 IC에서의 사용은 메탈 마스크의 납 빠짐성이 나쁘다.
- **구형** : 형태가 구형. 메탈 마스크 홀 빠짐성이 부정형에 비해 우수하다.

③ 솔더파우더 입자크기

입자크기는 빠짐성, 납볼(solder ball), 점착성, 무너짐성과 관계가 있다.

- **빠짐성** : 입자의 적당한 크기는 메탈 마스크 두께의 1/3이하의 크기, 개구폭의 1/5 이하의 크기가 가장 빠짐성이 좋다.
- **납볼** : 미세피치(fine pitch)일수록 입자의 크기는 작아야 하지만 너무 작으면 산화량, 미세납볼의 발생이 증가할 수 있다.
- **점착성** : 입자가 작을수록 점착력은 커진다.
- **무너짐성** : 입자가 작을수록 무너짐 발생이 쉽다.

(6) 솔더페이스트의 특성요인

요 인	용어 설명	특 징
점 도 (viscosity)	유체가 고체면에 부착하는 정도인 유체 점성도 크기를 나타내는 상수 유체마찰 발생의 성질	①점도가 낮다 : 흐름성이 좋아 롤링성은 양호하고 번짐 발생이 쉽고, 인쇄 후 무너짐이 쉽다. ②점도가 높다 : 롤링성이 나빠지고, 개구부에 충분히 충진되지 않으며, 인쇄 후 무너짐이 적다. ③점도는 온도가 상승하면 낮아지고, 내려가면 높아진다. ④플럭스 함유량이 많아지면 점도는 낮아진다.
칙소성 (thixotropic)	솔더크림을 교반하면 점도는 낮아지고 교반을 중지하면 점도는 원상태로 회복하려는 성질을 말한다.	①칙소성이 낮다 : 점도가 낮은 상태를 말하며, 번짐 발생이 쉽고, 인쇄 후 무너짐이 쉽다. ②칙소성이 높다 : 점도가 높은 상태를 말하며, 롤링성이 나빠지고, 개구부에 충분히 충진되지 않으며, 인쇄 후 무너짐이 적다 ③일반적으로 칙소성이 높은 편이 인쇄성이 양호하다.
입자 및 입자 형상	솔더크림을 이루는 알맹이 [크기는 25~30μm가 좋으며, 균일한 크기로 이루어져 있어야 함]	부정형보다 구형의 입자가 무너짐이 적고, 납빠짐성이 좋고 산화가 발생되지 않는다. 입자 크기가 작을수록 솔더볼, 무너짐, 산화가 많이 발생된다.
응집력 (tacking)	당기는 힘, 점착력	응집력이 좋아야 마스크로부터 인쇄할 때 끌어당기는 힘이 좋고, 기판 위의 부품 탈락이 방지된다.
점착성 (adhesion)	기판위에 장착된 부품의 탈락을 방지하는 힘을 말한다.	입자 크기가 작을수록 점착력이 좋다.

(7) 솔더페이스트 제품(동아 다무라 RMA-010FP)

용 도	주성분	입자크기	플럭스(flux) 함유량	용융점	특 징
부품접합	Sn 63%, Pb 37%	25~40μm	9.5+1.0%	183℃	인쇄성 양호

① 특 징

- 0.3mm~1.0mm pitch 인쇄에 양호하다.
- QPF의 리드 단면에 안정된 납땜연결 필렛(fillet)이 형성된다.
- 젖음성이 나쁜 부품에 대해서도 충분한 필렛이 형성된다.
- 납볼이 거의 발생하지 않는다.
- 솔더 빠짐성이 좋아서 미세패턴의 인쇄에 최적이다.

② 사 양

항 목	특 징
합금조성	Sn63 Pb37
융 점	183℃
납 분말의 입도	22~45μm
납 분말의 형태	구형
Flux 함유량	9.5 ± 0.3wt%
염소 함유량	0.13±0.01wt%
점 도	210Pas

(Pas : [N · sec/m^2]점성계수단위)

③ 일반 특성

항 목	특 성	시험 방법
인쇄 해상성	0.15mm	메탈 마스크에 의해 연속 5매 인쇄 후 bridge가 발생하지 않는 최소 패턴 간격
부품실장성	3시간 이내	페이스트 인쇄 후 30℃, 60% RH로 방치한다.
페이스트 흐름성	0.1mm 이하	세라믹기판 사용, 페이스트 인쇄 후 150℃로 60초 가열 후, 가열 전후의 흐름폭을 측정한다.
납볼시험	납볼발생이 거의 없음	세라믹기판 사용, 페이스트 인쇄 후 72시간 상온방치 후 reflow하고 50배 현미경으로 관찰한다.
동판 부식시험	합 격	JIS Z 3197 6.61
절연저항	1×1012Ω 이상	JIS Z 3197 6.8
퍼짐성	93% 이상	JIX Z 3197 6.8 2형

④ **품질 보증기간** : 20℃ 이하의 밀봉보관에서 3개월

⑤ **제품 포장단위** : 넓은 입구 폴리에틸렌 용기. 포장단위 : 500g, 1kg

⑥ **사용할 때의 주의사항**

- 페이스트의 도포는 메탈 마스크 인쇄 또는 메쉬스크린 인쇄를 한다. 메탈 마스크의 판두께는 일반용 0.15~0.25mm가 적합하다.
- 부품의 실장은 인쇄 후 3시간 이내에 행해야 한다.
- reflow는 preheat 온도를 145~155℃로 약 60초, 용융을 200℃ 이상에서

20sec 이상한다. 또 reflow는 부품과 기판 등의 상태에 의하여 변하기 때문에 미리 충분한 시험하에 결정해야 한다.

- 본 페이스트는 특정 화학물질을 함유하고 있지 않다. 또 유기용제 중독예방 규칙에 규정되어 있는 유기용제도 함유하고 있지 않지만, 페이스트의 용융시에 발생하는 가스의 흡입 및 페이스트의 피부접촉은 피해야 한다. 만일 접촉한 경우는 에탄올(ethanol/에틸알콜)로 닦고, 비누로 닦아야 한다.
- 본 페이스트의 점도조정이 필요한 경우는 전용 희석제 TF-200을 사용해야 한다.
- 인쇄작업 전에는 반드시 상온(25℃)에서 2시간 이상 방치 후 1~5분 정도 교반을 실시해야 한다(페이스트 온도를 30℃ 이하로 억제되는 조건으로 할 것).

(8) 솔더크림 관리기준

① 보관시

구 분	관리기준	비 고
사용기간	제조일부터 3개월 이내	• 기간이 경과한 것은 반드시 폐기한다.
온 도	5℃~10℃ 유지가 가능한 냉장보관	• 0℃ 이하에서는 솔더 내의 로진 성분이 결정체가 된다. • 20℃ 이상에서는 솔더 분말과 플럭스가 분리되는 현상이 발생되고 납의 점성이 증대된다.
선입선출	반드시 입고된 순서대로 사용한다.	

② 사용 전

구 분	관리기준	비 고
개봉	상온(25℃)에서 2시간 이상 보관, 교반실시 후 개봉	차가운 밀봉상태에서 용기를 개봉하면 수분의 흡수가 생긴다.
교반	상온에서 중속(1000rpm)으로 30~60초 교반	교반시간이 길면 점성이 변하고 납의 온도가 올라간다. 교반시간이 짧을 경우 냉납, Non-wetting, 납부족 등 불량이 발생할 수 있다.

③ 사용시

구 분	관리기준	비 고
인쇄 작업환경	온도 : 24℃ ~ 26℃ 습도 : 45% ~ 55%	• 습도가 55% 이상이면 spatter(흩어짐) 현상을 유발한다. • 습도가 45% 이하이면 플럭스(flux) 내부의 솔벤트(solvent) 성분의 증발로 점도가 증가한다.
작업 납량	스텐실면에서 롤링되는 높이가 1.5 ~ 2cm	• 납량이 많으면 롤링이 제대로 이루어지지 않는다.
사용시 주의사항	• 인쇄중 앞・뒤, 좌・우에 번진 납은 1시간 주기로 가운데로 모아준다. • 생산이 중단된 이후 30분 이상 경과했을 경우는 반드시 2~3회 공회전 롤링을 실시한다. • 생산이 중단된 후 6시간 이상 방치한 납은 반드시 제거 후 폐기한다. • 작업시작 후 12시간 이상 사용한 납은 교체를 한다. (인쇄작업 시간 동안 기화현상 발생)	

④ 사용 후

구 분	관리기준	비 고
인쇄 후	인쇄 후 3시간이 경과한 납은 사용하지 말 것	• 솔벤트 증발과 수분의 흡수로 솔더볼(solder ball) 원인이 된다. • 납표면이 건조되어 칩부품 장착시 날림현상이 발생된다.
남은 납 관리	• 인쇄작업 종료 후 metal mask 및 squeegee에 묻어 있는 납은 반드시 폐기한다(단 2시간 미만 사용한 납은 수거하여 냉장 보관한다). • 개봉 후 납통에 남아 있는 납은 뚜껑을 잘 닫은 후 냉장고에 2일 이상 보관 후 다시 사용한다. • 개봉 후 상온에서 48시간 이상 방치한 납은 반드시 폐기한다. • 개봉 후 48시간이 경과하지 않는 납을 다시 사용할 경우는 새 것과 50% 정도 섞어서 사용한다.	

5. 인쇄품질

스크린 프린터의 인쇄품질은 솔더페이스트의 상태, 스크린 재질, 두께, 인쇄될 기판의 휨, 비틀림, 인쇄기의 정도, 인쇄시 속도, 인쇄압 등의 요인에 영향을 받는다. 주요 인쇄불량 현상은 인쇄의 번짐, 양 부족, 어긋남, 무너짐 등이 있다. 이들의 불량은 납땜시 솔더의 과소납, 들뜸, 쇼트(bridge), 칩 일어섬(manhathan), 위치 틀어짐 등으로 나타난다. 솔더페이스트는 인쇄방식과 패턴 정도에 합당한 제품을 선택한다(그림 4-17).

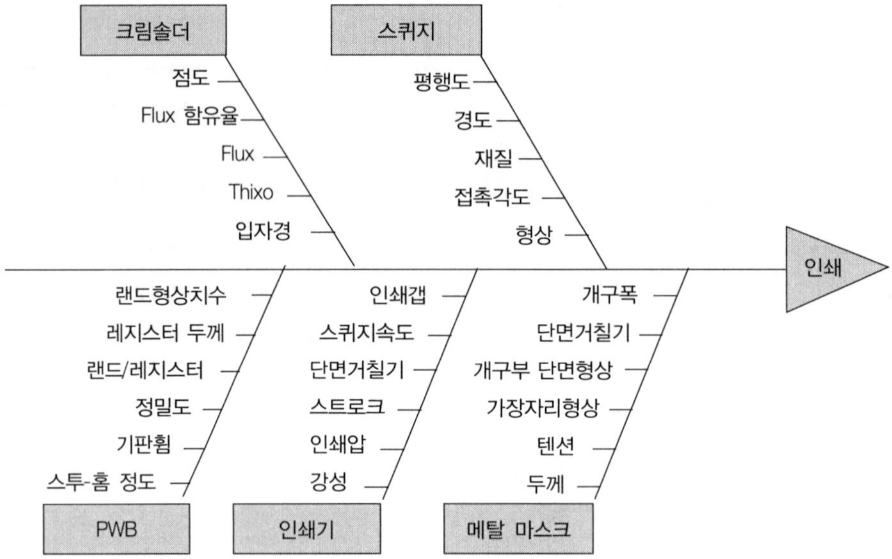

[그림 4-17] 인쇄품질의 요인

(1) 인쇄품질의 솔더요인

① 솔더 입자크기

빠짐성, 솔더볼, 점착성, 무너짐성과 관계가 있다. 적당한 크기는 메탈 마스크 두께의 1/3 이하의 크기, 개구폭의 1/5 이하의 크기가 가장 빠짐성이 좋다.

② 솔더볼

파인 피치(fine pitch)일수록 입자의 크기는 작아야 하지만 너무 작으면 산화량, 솔더볼의 발생이 증가할 수 있다.

③ 점착성

입자가 작을수록 부품과 입자의 접점이 증가하여 점착력은 커진다.

④ 무너짐성

입자가 작을수록 무너짐 발생이 쉽다.

⑤ 플럭스 역할

- 표면세정 작용
- 재산화 방지작용
- 표면장력 저감작용. 플럭스 성분을 줄이게 되면 점성(점착성)이 낮아져서 작업하기 힘들다. 성분은 수지, 활성성분, 보조성분, Thixo제, 용제 등이다.

⑥ 산화현상

플럭스 성분과 솔더가 분리되어 있는 상태, 교반해도 점도가 변하지 않고, 고르지 못한 상태, 비정상 형태로 굳어 있는 상태의 현상이다.

⑦ 교반(mixer)

솔더크림을 스크린 프린터에 사용하기 전에 교반기(mexer) 고속회전(1000rpm/1~3min)으로 납성분을 골고루 혼합하여 기포 및 층 발생을 제거하고 점도 및 칙소성을 좋게 하는 작업이다. 교반은 reflow 후에 냉땜 및 틀어짐 방지하고 브리지 발생을 줄인다. 교반시간이 길면 점성이 변하고 납의 온도상승으로 점도가 낮아진다.

(2) 스크린 프린터 작업조건

① 스퀴지 인가압력

스퀴지 길이 5cm당 1kg의 압력을 설정한다.

② 솔더크림량

메탈 마스크에서 롤링시 스텐실에서 솔더 높이가 1.5～2.0cm 정도이다.

③ 작업속도

스퀴지의 진행속도가 0.5피치 이상은 30～40mm/s 미세피치는 20～25mm/s가 가장 적당하다.

④ 스퀴지 각도

60°가 적당(45°작업도 무방함)

⑤ 메탈 마스크 세척조건

기판 10～50장당 1번씩 20mm/s 속도로 세척(정밀작업시=1회/PCB5매당)
[1Wet(솔벤트 분사)+1Vac(vacuum흡착)+1Dry(paper세척)]

- 스텐실(metal mask) 수명은 재질, 두께, 용도, 사용방법에 따라 달라진다. 대체로 10만매 이상 작업가능하나 보통 5000～10,000매 정도 사용 후 교체한다.
- 스크린 프린터 작업시 내부온도 관리기준은 22～27℃정도로 한다.
- 스퀴지로 밀 때 솔더 도포가 잘 되게 하는 중요 요인은 롤링성이다.

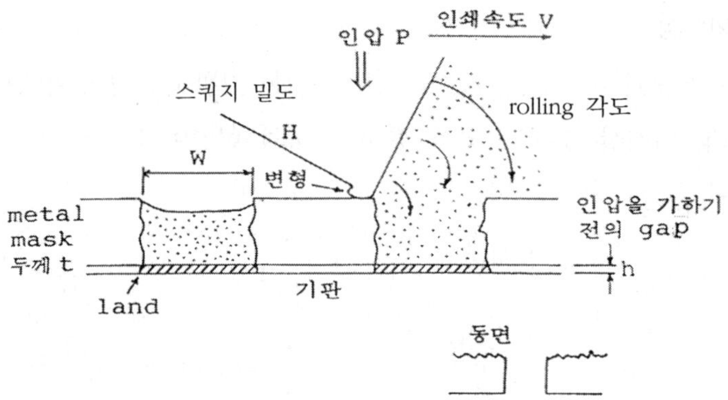

※ 인쇄 양호조건

- 인쇄속도(V) : 20~75mm/초
- 인압(P) : 1~1.5kg/cm^2
- 스퀴지 각도(θ) : (평스퀴지) 60~70°(각스퀴지) 45°
- 스퀴지 경도(H) : 70~90°
- gap(h) : 0.2~1mm
- Mask 두께(t) : 0.2t → w0.3mm 이상, 0.15t → w0.25mm 이상

[그림 4-18] 스크린 프린터 작업조건

⑥ 인쇄작업 환경조건

온도 24～26℃, 습도 45～65% 습도가 65% 이상이면 스패터(튐/spatter)를 유발하며, 45% 이하이면 플럭스 내부의 솔벤트(용매/solvent) 성분의 증발로 점도는 증가한다.

(3) 인쇄불량과 원인

솔더페이스트 인쇄불량 항목		원 인
빠짐불량	마스크 구멍막힘 땜납적음, 긁힘	솔더페이스트 인쇄성불량, 인쇄마스크 etching불량, 마스크 구멍 협소, 스퀴지 stroke부족, 스퀴지 속도빠름, 스퀴지 압력부족
퍼짐	변형 납량많음 마스크 표면오염	솔더페이스트 인쇄성불량, 인쇄마스크 etching불량, 스퀴지 변형 마모, 스퀴지 인압부적, PCB 평면도 구멍, vacuum plate 높이불량, 스퀴지 속도느림
늘어짐	변형	솔더페이스트 칙소성부족
도려낸 듯해짐	땜납적음	스퀴지 경도부족, 스퀴지 stroke과대, vacuum plate 높이불량

(4) 솔더페이스트 불량현상

① 마스크 구멍에 들어가 빠짐불량, 솔더 적음, 긁힘(그림 4-19)

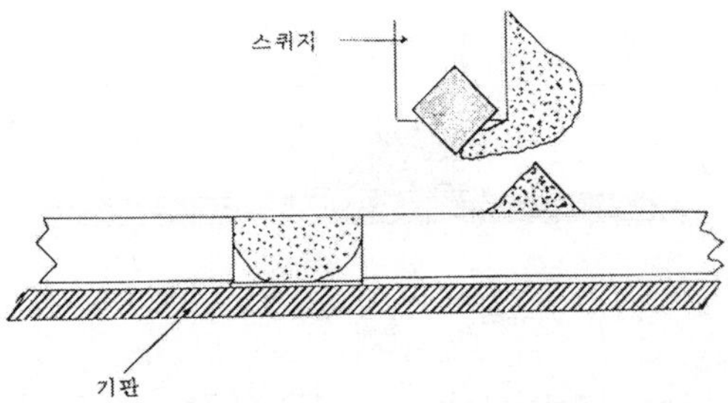

[그림 4-19] solder paste 불량 1

② 스퀴지에 솔더 부착, 솔더 적음, 긁힘(그림 4-20)

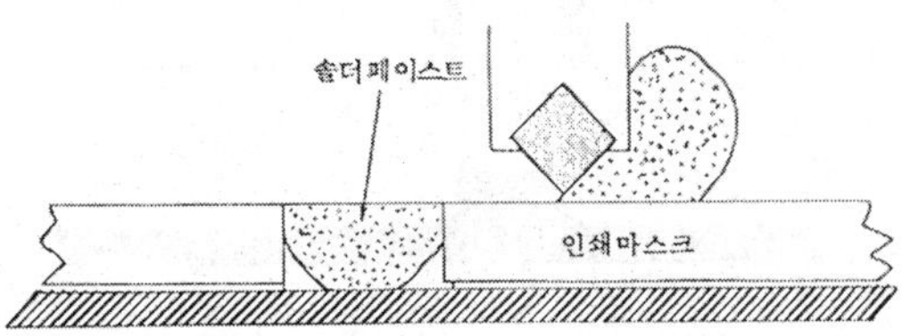

[그림 4-20] solder paste 불량 2

③ 판떨어짐 불량, 판구멍 막힘, 납적음, 긁힘(그림 4-21)

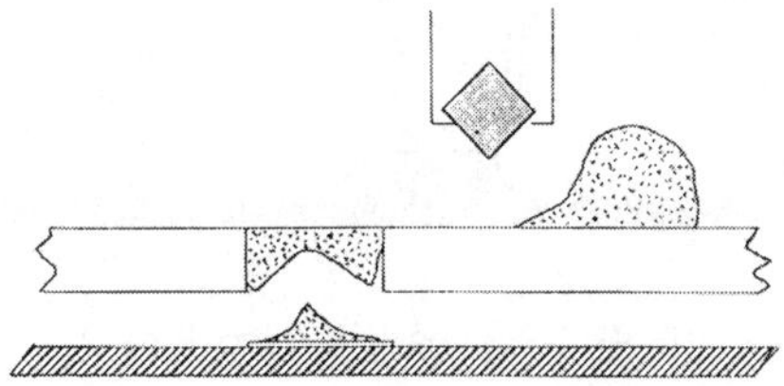

[그림 4-21] solder paste 불량 3

④ 판떨어짐 불량, 퍼짐, 마스크 표면오염, 솔더량 많음, 변형(그림 4-22)

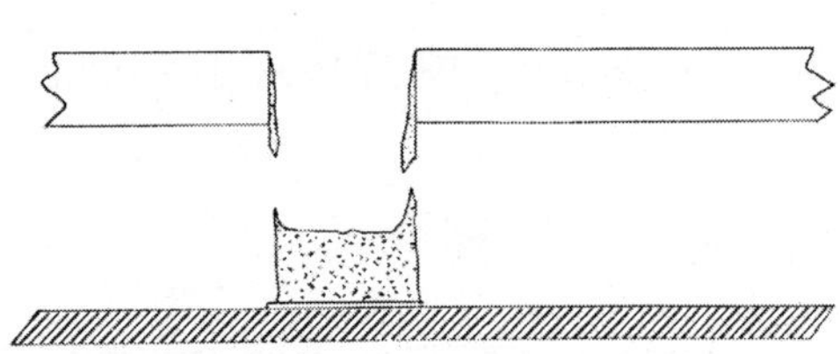

[그림 4-22] solder paste 불량 4

(5) 솔더페이스트 칙소성(thixotropy) 불량

느슨해짐(늘어짐), 퍼짐 변형(그림 4-23)

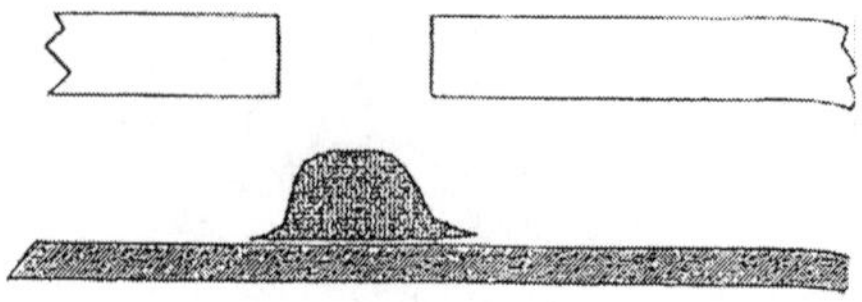

[그림 4-23] thixotropy 불량

(6) 인쇄마스크 etching 불량(etching 단면불량)

① 빠짐, 불완전, 납량 적음(그림 4-24)

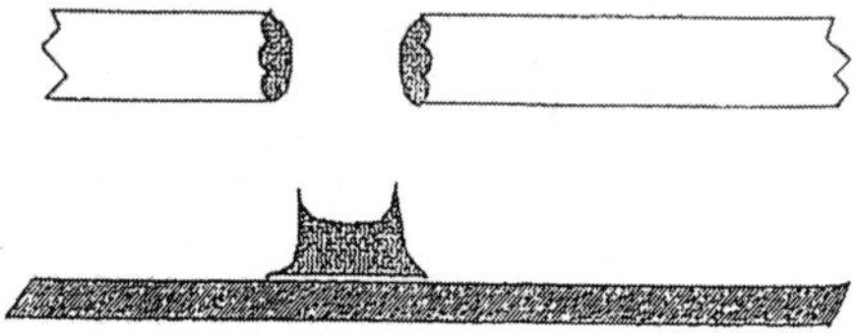

[그림 4-24] mask etching 불량 1

② 퍼짐, 빠짐, 불완전, 납적음, 납많음, 마스크이면 오염(그림 4-25)

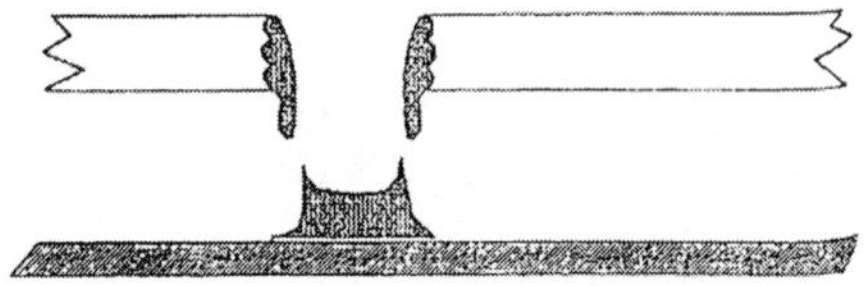

[그림 4-25] mask etching 불량 2

(7) 인쇄마스크 구멍불량

① 안빠짐, 판구멍 막힘, 솔더페이스트에 크게 영향 받음

② mask hole size : 마스크판 두께×2 〈 최소구멍크기(그림 4-26)
(예 : 마스크판 두께가 0.2mm일 때 구멍크기는 0.4mm 이상)

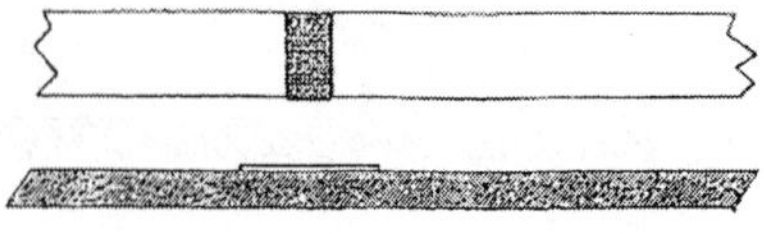

[그림 4-26] mask etching(구멍) 불량

(8) 스퀴지 변형, 마모 불량

① 안빠짐, 판구멍 막힘, 납적음, 납많음, 긁힘, 마스크이면 오염, 퍼짐

② 스퀴지를 바르게 설치, 마모된 스퀴지는 교환(그림 4-27)

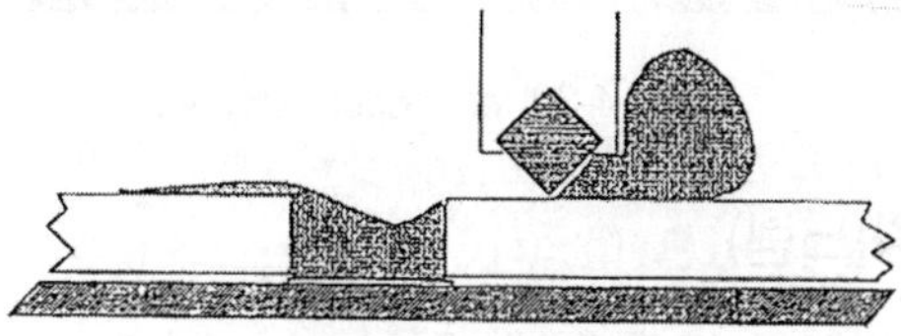

[그림 4-27] squeegee 불량 1(마모)

(9) 스퀴지 stroke, 압력과소 불량

안빠짐, 판구멍 막힘, 납적음, 납많음, 긁힘, 마스크 표면오염, 퍼짐(그림 4-28)

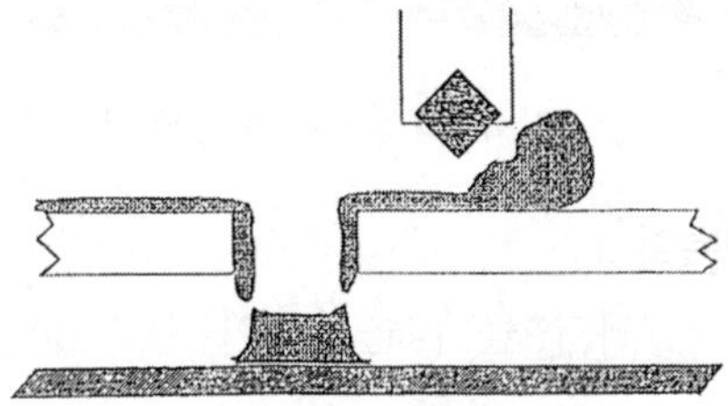

[그림 4-28] squeegee 불량 2(압력과소)

(10) 스퀴지 stroke 압력과대, 스퀴지 경도부족

납적음, 긁힘, 마스크이면 오염(그림 4-29)

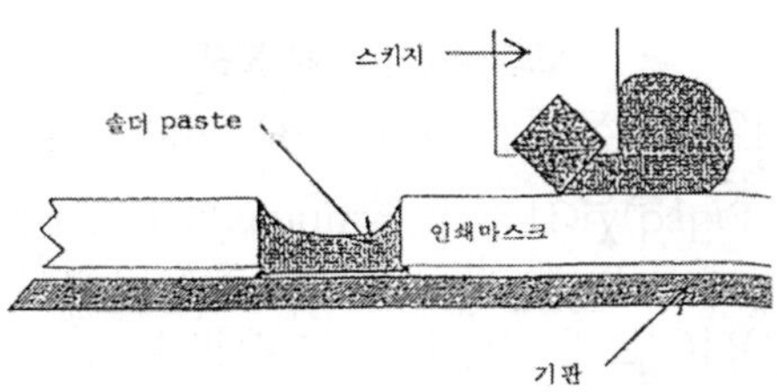

[그림 4-29] squeegee 불량 3(압력과대)

(11) 스퀴지 속도불량(빠름)

안빠짐, 빠짐불완전, 구멍막힘, 납량 적음, 긁힘(그림 4-30)

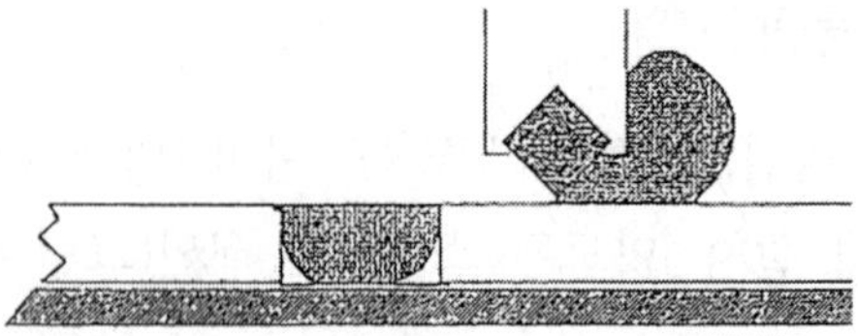

[그림 4-30] squeegee 불량 4

(12) 스퀴지 속도불량(느림)

퍼짐, 납량 많음, 마스크이면 오염(그림 4-31)

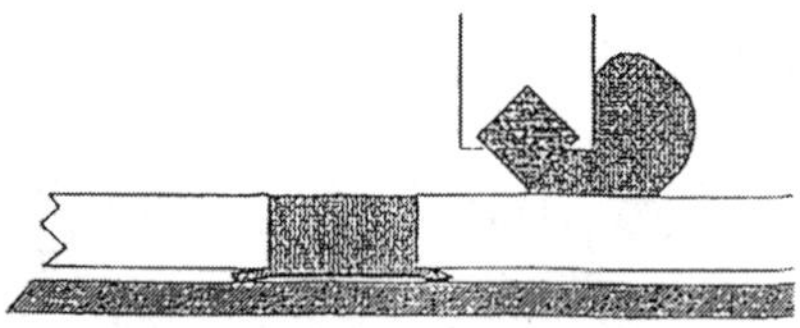

[그림 4-31] squeegee 불량 5

(13) PCB 평면도, 구멍불량

① 퍼짐, 납많음, 마스크이면 오염

② 흡착력을 낮춘다. 흡착구멍을 기판구멍에서 거리를 둔다(그림 4-32).

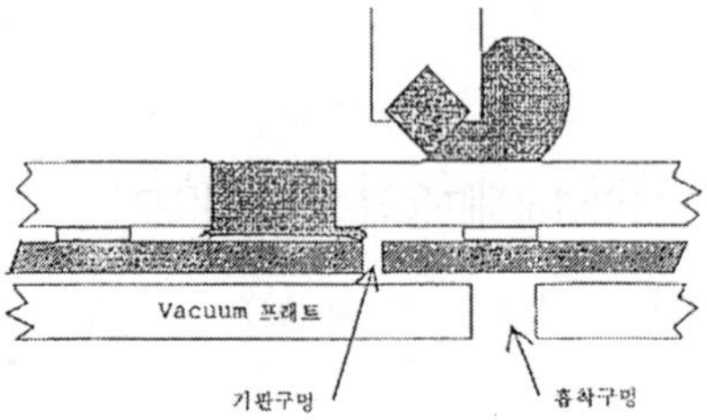

[그림 4-32] PCB 불량

(14) Vacuum Plate 높이불량

① 높음 : 납적음, 긁힘, 마스크이면 오염, 퍼짐(그림 4-33)

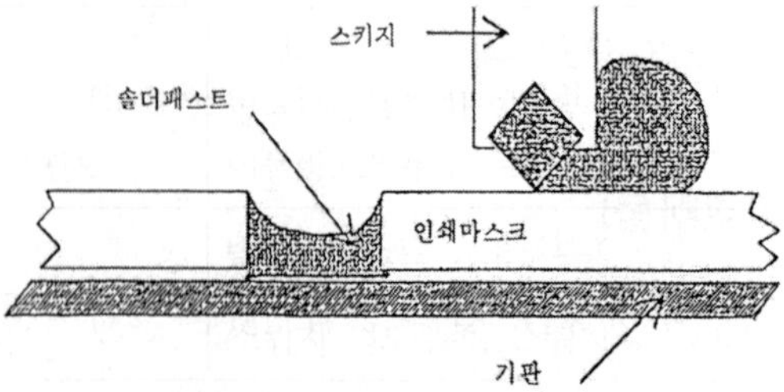

[그림 4-33] vacuum plate 불량 1

② 낮음 : 안빠짐, 구멍막힘, 마스크이면 오염, 퍼짐(그림 4-34)

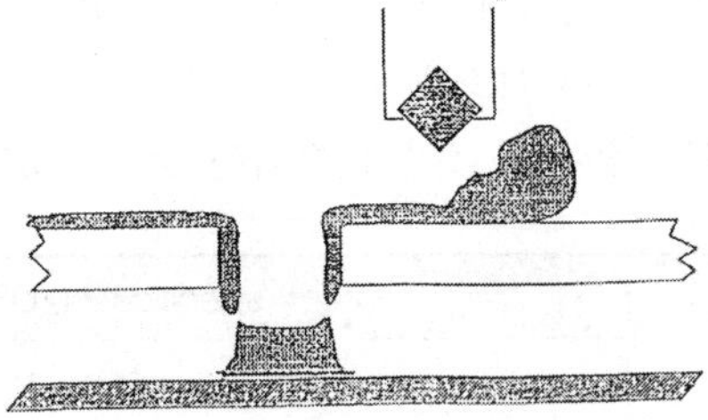

[그림 4-34] vacuum plate 불량 2

(15) 기타 불량유형 및 조치사항

불량 유형	불량 원인	조치 방법
솔더 볼 발생	솔더의 도포한 후 방치시간 과다	8시간 이내에 reflow시킴
	메탈 마스크 세척 미실시	PCB 20~30장당 한번 청소진행
	인쇄시 번짐 발생, 무너짐 발생	
무너짐 발생 및 short 발생	점도가 낮다.	새 것과 혼합하여 사용
	솔더 형상이 일정하지 않다.	
	인쇄두께가 두껍다.	
	스퀴지 진행속도가 너무 빠르다.	

6. 장비사양

■ 대성미크론 DSSP-3300V

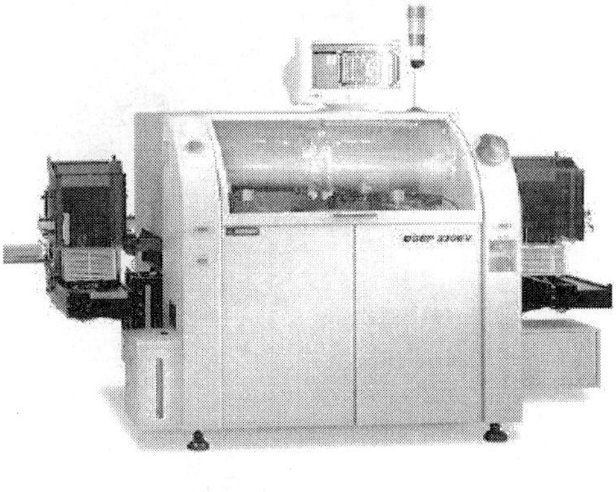

[그림 4-35] DSSP-3300V

① DSSP 3300V는 최고의 인쇄위치 보정을 통한 정도(±0.02mm 이하)

② ball size 0.2mm와 0.3피치까지 하나의 카메라를 이용하여 보드와 스크린의 거리변화를 수정하고 동상적인 비전 시스템에서 발생할 수 있는 위치오류를 제거하여 BGA 및 PCB의 어떤 부분이든 정확히 프린터 작업을 할 수 있다.

sector	specification(DSSP-3300V)
screen frame	500×500mm stencil position : front(center는 option)
기판 size	300×200mm(max) 35×35mm(min)
스퀴지 작동	전 ↔ 후
conveyor direction	left－right / right－left
print speed	2～200mm/sec
tact time	10sec(인쇄시간 제외)
반복정도	±0.02mm
power	200V～240V, 1PH, 1.5kW
dimension(L×W×H)mm	0.5Mpa, 30Nℓ/min
maker	대성 미크론
국내 공급원	대성 미크론

■ JUKI SCREEN PRINTER(KS1710)

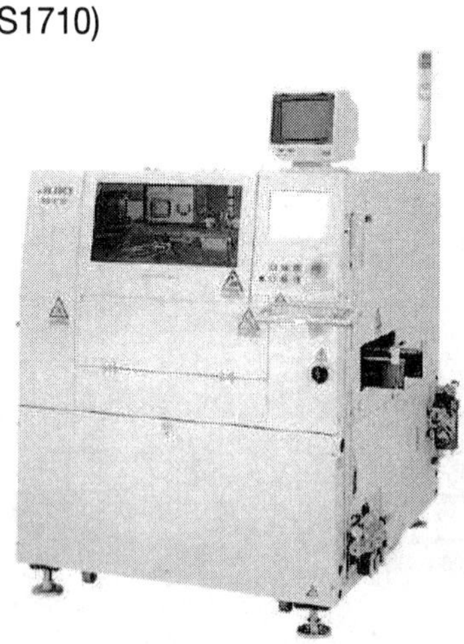

[그림 4-36] KS1710

• 고정도의 인쇄품질

－우수한 정밀도(반복도) : 새롭게 설계된 고강도의 frame과 고정밀도로 조합된 X, Y,

Theta테이블에 따라 훨씬 우수한 반복동작 정밀도를 실현, 탁월한 인쇄품질을 실현한다.

- 자동 압력조절 unit : 스퀴지의 입력을 자동으로 조절해 고른 인쇄품질을 실현한다.
- 안정된 분리성(stable separation from stencil)

• **고생산성 및 사용 편이성**

- 구간별 속도 조정 : 인쇄 구간별로 속도조절이 가능하여 생산시 불필요한 시간을 없애 주므로 생산성이 향상된다.
- 간단한 데이터 작성과 티칭(teaching) : 윈도우 형식의 화면을 이용하여 데이터 작성을 간단히 할 수 있다. 또한, 외부 티칭 박스(HOD)로 간단하게 티칭 작업을 할 수 있다.
- 선택사항
  · 기판지지 Pin의 일괄 교환장치
  · conveyor 자동 폭조절
  · 최적의 인쇄환경을 설정할 수 있는 온도조절기
  · paste 자동 공급장치 등으로 다양한 option을 제공하여 고품질 및 효율적인 생산을 지원한다.

sector	specifications
frame size(L×W)mm	660×550mm, 650×550mm, 750×650mm
기판 size(L×W)mm	50×30mm(min) 410×360mm(max)
기판두께	0.4～4.0mm
cycle time	9.5 Sec.(Print Time 제외)
squeegee speed	1～200mm/sec
Squeegee 인쇄 모드	싱글·더블 인쇄 호환
clearance 조정범위	−1.5～2mm
기판반복정도	±0.025mm
사용공기	0.5±0.05Mpa, 소비량 200Nℓ/min
전 원	단상 AC200V(220, 230, 240)V
중 량	1,500kg
외형수치(L×W×H)mm	1550×1550×1835 Singal Light 포함 2,000mm
maker	JUKI
국내공급원	한주 SLT

■ MINAMI(MK-878SV)

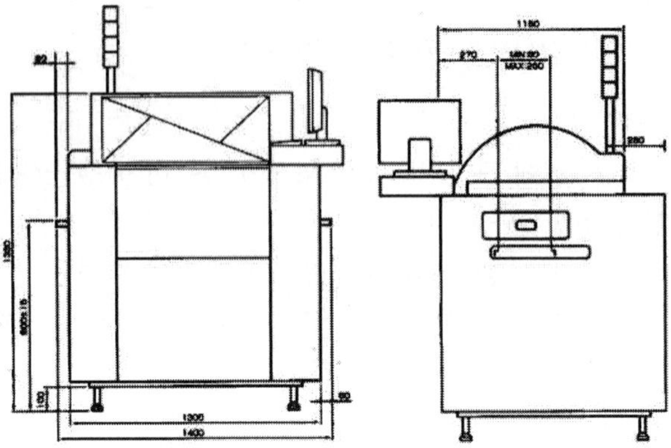

[그림 4-37] automatic precision printing machine(MK878)

• specifications

	M type	L type
printing position repetition accuracy	±0.020mm ±0.020mm on using image recognition	
frame size	(X)650mm and 600mm × (Y)550mm (T)25～30mm	(X)750 or (Y)650mm or (X)29″× (Y)29″
board size	minimum (X)50mm × (Y)50mm thickness from 0.4mm maximum (X)330mm × (Y)250mm thickness to 2.5mm	minimum (X)50mm × (Y)50mm thickness from 0.4mm maximum (X)460mm × (Y)360mm thickness to 2.5mm
basic cycle time	8 sec level excluding the time required for SQ movement and plate separation	11 sec level excluding the time required for SQ movement and plate separation
dimension, weight	(D)1150mm × (W)1300mm × (H)130mm(mainbody)700kg	(D)1045mm × (W)1400mm × (H)1470mm(mainbody) 900kg
power used	AC200V 2kVA 50/60Hz 200VAC, single-phase, 2kVA, 50Hz/60Hz	
Image function method	multivalue control system	
board fixing	combined use of vacuum sticking (air ejecter) and "Y" side clamping.	
option	1. rotary squeegee unit 2. servo printing pressure control system 3. auto printing pressure control system 4. SUS-squeegee 5. conveyor width auto adjustment system 6. conveyor system suitable for ceramic PWBs 7. universal table 8. laminate type paste automatic supply system 9. special back-up Jig for kind 10. screen frame adapter & squeegee	

• 개 요

이 장비는 SMT 라인의 인쇄공정을 자동으로 처리하며 각종 paste에 대응 가능한 인쇄기이다. 패턴의 정렬은 CCD 카메라의 이동축과 자동 조정(X, Y, θ 이동)장치를 통해 마크(mark)의 화상을 처리하여 보정함으로써 반복된 정밀도를 확보한다. 또한, 이 장비 단독으로 오프-라인을 구성하여 사용할 수도 있다.

• 특 징

- 각 주요 구동부는 서보 모터와 펄스 모터로 제어되어 고성능, 고정도로 인쇄가 가능하다.
- 파라미터 설정과 운영은 키보드로 가능하다. 또한, 설정 변경을 순조롭게 할 수 있다.
- 마스크 분리속도는 디지털로 설정이 가능하다.
- X와 Y방향의 외형 클램프(clamp)는 PWB 고정을 위해 사용되며 인쇄시 PWB의 위치 틀어짐을 방지한다.
- 플로팅 타입 스퀴지의 적용에 의해 항상 안정된 인쇄공급이 가능하다.
- universal support jig의 적용으로 다양한 형태와 PWB 크기에 대응이 가능하다.
- 클리닝 시스템(cleaning system)은 기본으로 장착된다.

7. 기술자료

■ 프린터 인쇄기술 -RAY P. PRASAD-

프린터와 스퀴지, 스텐실은 솔더페이스트 인쇄공정의 주요 변수다. 프린터 및 스퀴지의 종류와 종류별 장단점, 그리고 스텐실 개구가 만들어지는 방법을 알고 있다면 이들 변수를 통제하여 인쇄수율을 높일 수 있을 것이다. 표면실장 어셈블리 리플로우의 솔더링에서 솔더페이스트는 표면실장 부품 리드와 랜드, 또는 단자(termination)와 랜드를 연결할 때 사용한다.

이 과정에는 페이스트, 스크린 프린터, 페이스트 도포방법, 인쇄공정 등 수많은 변수들이 개입한다. 솔더페이스트 도포에는 스크린이나 스텐실을 사용한다. 이 글은 스텐실 설계, 인쇄공정에 관련된 인쇄상의 핵심적인 문제를 다룬다.

■ 프린터의 종류

현재 사용되는 스크린 프린터는 크게 실험용과 생산용으로 나눈다. 두 종류는 다시 세분화된다. 사용자들은 실험용 프린터와 생산용 프린터에서 다양한 수준의 성능을 원하기 때문이다. 예를 들어 한 업체에서 연구개발에 사용하는 실험용 프린터를 다른 업체에서는 시제품 생산이나 제품생산에 사용한다.

생산요건은 대부분 물량에 따라 변한다. 프린터를 명확하게 분류하는 것이 불가능하기 때문에, 가장 좋은 방법은 원하는 애플리케이션에 부합하는 스크린 프린터를 선택하는 것이다. 수동 또는 반자동식 프린터의 경우, 스텐실 한 쪽 끝의 프린트 스퀴지를 이용, 솔더페이스트를 스텐실 스크린 위에 수동으로 올려놓는다.

자동 프린터에서는 페이스트가 자동으로 도포된다. 인쇄공정에서 프린트 스퀴지는 스텐실 밑면이 보드의 윗면에 닿도록 스텐실 위를 누른다. 스퀴지가 금속 마스크의 에칭된 영역 전체를 한 방향으로 가로지를 때 스텐실스크린의 구멍을 통해 솔더페이스트가 랜드 위에 인쇄된다.

페이스트가 디포지트되면 스퀴지 바로 뒤에서 스크린을 벗겨내거나 떼어버린다. 이 간격, 즉 스퀴지가 지나간 후 스크린이 분리되기까지의 스냅 오프(snap-off) 간격은 장비설계 함수로 약 0.020~0.040"이다. 스냅 오프와 스퀴지 압력은 인쇄품질을 좌우하는 중요한 장비 종속변수다. 만약 분리(snap-off)되지 않을 경우 이것을 접촉(on-contact) 인쇄라고 한다. 이 방식은 스텐실이 모두 금속이거나 스퀴지 날(blade)을 사용할 때에 쓰인다. 분리될 경우는 비접촉(off-contact) 인쇄라고 한다. 비접촉 인쇄방식은 유연한 금속 마스크와 스크린을 사용할 때 적용한다.

■ 스퀴지 유형

스퀴지의 마모・압력, 그리고 강도에 의해 인쇄품질이 결정되므로 이 세 가지를 조심스럽게 살펴야 한다. 합격 수준의 인쇄품질을 보장하기 위해서는 스퀴지 날이 날카롭고 곧아야 한다. 스퀴지 압력이 낮을 경우에는 건너뛰는 부분이 발생하고 가장자리가 깨끗하지 않게 된다.

또 스퀴지의 압력이 너무 크거나 부드러운 스퀴지를 사용하면 인쇄가 번지거나 스퀴지와 스텐실 또는 스크린이 손상을 입을 수 있다. 또한 압력이 지나치게 크면 넓은 개구(aperture)를 통해 솔더 페이스트가 올라오기 때문에 솔더 필렛이 불충분하게 형성된다. 스퀴지 유형은 보통 고무, 또는 폴리우레탄(polyurethane) 스퀴지와 금속 스퀴지로 나눈다.

고무 스퀴지를 사용할 때는 70~90듀로미터(durometer)의 단단한 스퀴지를 쓴다. 과도한 압력을 가하면 스텐실 밑으로 페이스트가 퍼져 브리지가 생길 수 있으므로 밑면을 자주 닦아야 할 것이다. 밑으로 번지는 현상을 방지하려면 인쇄시 패드 오프닝이 개스켓 효과를 제공해야 한다. 이 효과는 스텐실 개구벽의 거친 정도에 따라 다르다.

금속 스퀴지도 많이 사용된다. 이 스퀴지는 미세피치 부품이 사용되면서 인기가 올라갔다. 이것은 스테인리스 강철이나 놋쇠를 사용해서 납작한 칼날 형태로 만든 것으로, 30~45°의 인쇄 각도로 사용한다. 일부 금속 스퀴지는 윤활 재료로 코팅되어 있다. 이들은 낮은 압력에서 사용되기 때문에 스퀴지가 개구에서 페이스트를 퍼올리지 않는다. 그리고 금속이기 때문에 고무 스퀴지처럼 쉽게 마모되지 않는다. 따라서 날을 날카롭게 갈 필요가 없다. 그러나 고무 스퀴지보다 훨씬 비싸고, 스텐실을 마모시킬 수 있다.

표준 부품과 미세피치 부품을 모두 사용하는 PCA(Printed Circuit Assembly)의 유형에 따라 사용되는 스퀴지도 다르다. 필요한 솔더페이스트량도 부품유형별로 매우 다르다. 미세 피치 부품은 표준 표면실장부품보다 필요한 페이스트량이 훨씬 더 적다. 페이스트량은 패드 면적과 두께로 결정된다. 일부 기술자들은 이중 두께(dual-thickness) 스텐실을 사용해서 미세피치와 표준 표면실장 패드에 알맞은 분량의 페이스트를 도포한다. 일부는 또다른 방법을 사용한다. 그들은 날을 자주 갈 필요가 없는 비싼 금속 스퀴지를 사용한다.

금속 스퀴지를 사용하면 페이스트량 디포지션이 변하는 것을 쉽게 방지할 수 있다. 그러나 미세피치 패드 위의 과도한 페이스트 디포지션을 방지하기 위해 스텐실 개구의 설계를 변경해야 한다.

■ 스텐실 유형

스텐실 개구 측벽의 정확성과 매끄러움도 중요한 인쇄품질 변수들 중 하나다. 스텐실 폭과 두께 사이의 적절한 가로세로 비(aspect ratio)를 유지하는 것이 중요하며, 1.5가 권장된다. 이 비율은 스텐실이 막히는 것을 방지하기 때문에 중요하다. 일반적으로 가로세로 비가 1.5 이하일 경우 솔더페이스트는 개구에 그대로 남는다. 가로세로 비 외에도, IPC-7525 스텐실 설계 가이드라인대로 면적비(area ratio)를 0.66 이상으로 크게 잡는 것이 좋다.

면적비는 패드의 면적을 개구 벽면의 면적으로 나눈 것이다(IPC-7525 스텐실 설계 가이드라인은 스텐실 설계의 출발점으로 사용할 수 있는 좋은 자료다). 개구를 만드는 공정에서 개구 벽의 매끄러움과 정확성이 결정된다. 스텐실은 보통 화학적 에칭, 레이저 컷 그리고 도금 공정을 거쳐 만들어진다.

■ 화학적으로 에칭한 스텐실

금속 마스크 스텐실과 연성 금속 마스크 스텐실은 양면을 두 개의 양화(positive image)를 사용해 화학적으로 에칭한다. 이 과정에서 수직 방향뿐 아니라 옆 방향으로도 에칭이 진행된다. 이것을 언더커팅(undercutting)이라 부른다. 언더커팅이 되면 개구가 원래 의도한 크기보다 커지고, 더 많은 양의 솔더 디포지트가 필요하게 된다.

두 면으로부터 50/50 에칭이 진행되기 때문에 벽은 거의 직선이지만 중심에서 약간 좁아져 모래시계 모양을 띤다. 전기적으로 에칭된 스텐실 벽은 매끄럽지 않을 수도 있기 때문에 마이크로 에칭이라 불리는 전해연마를 통해서 벽면을 매끄럽게 한다.

개구의 벽면을 이보다 더 매끄럽게 할 수 있는 방법은 니켈 도금이다. 개구의 벽표면이 도금되어 있거나 매끄러우면 페이스트가 쉽게 방출되지만, 페이스트가 스퀴지 앞에서 개구 속으로 들어가는 대신 스텐실 표면으로 밀려나오는 경우가 있다. 스텐실 표면을 매끄럽지 않게 하고 개구 벽면만 선택적으로 매끄럽게 하면 이런 문제는 피할 수 있다. 니켈 도금은 매끄러움과 인쇄성능을 한층 향상시킨다. 그러나 니켈 도금은 개구를 감소시키며, 아트워크를 조정해야 한다.

■ 레이저 컷 스텐실

레이저 컷 역시 스텐실의 일부를 깎아내는 에칭형 공정(subtractive process)이지만 언더커팅 문제는 없다. 스텐실은 거버 데이터로 직접 생산하기 때문에 개구 정확성이 개선된다. 데이터는 원하는 크기에 맞게 수치를 조정할 수 있다. 공정제어도 더 용이하기 때문에 개구 정확성이 향상된다.

레이저 컷의 또 다른 장점은 벽을 경사지게 만들 수 있다는 점이다. 화학적 에칭 방법을 사용할 때도 한 면만 에칭할 경우 벽을 경사지게 할 수 있지만 개구가 너무 커질 위험이 있다. 보드 쪽 개구가 스퀴지 쪽 개구보다 약간 더 큰 경사진 개구는 페이스트를 쉽게 방출할 수 있기 때문에 바람직하다(0.001~0.002"로서 각도는 약 2°). 레이저 컷을 이용하면 0.0005"의 정확도에 폭이 0.004" 정도로 작은 개구를 만들 수 있다.

따라서 레이저 컷은 초미세 피치 부품 인쇄에 매우 적합하다. 레이저 컷 스텐실도 가장자리가 거칠다. 절단과정에 기화한 금속이 금속 찌꺼기로 변해 잔류하기 때문이다. 이 때문에 개구가 막혀 페이스트가 나오지 못할 수도 있다.

마이크로 에칭으로 좀더 매끄러운 벽면을 만들 수 있다. 그러나 얇게 만들어야 할 영역을 화학적으로 미리 에칭하지 않고서는 레이저 컷 공정만으로 계단처럼 생긴 다층 구조 스텐실을 만들 수 없다. 레이저는 각 개구를 개별적으로 절단하기 때문에 스텐실 비용은 절단할 개구의 수에 좌우된다.

■ **전해주조 스텐실**

스텐실을 생산하는 세번째 방법은 에칭형 공정과 대조되는 도금형 공정으로서 대개 전해주조(electroforming)라고 부른다. 이 공정은 니켈을 동(copper) 축에 디포지트함으로써 개구를 만든다. 감광성 드라이 필름을 동박(약 0.25" 두께) 위에 라미네이트한다. 그리고 이 필름을 스텐실 패턴의 포토마스크를 통해 자외선으로 중합시킨다.

인화된 후에는 동 축에 음화(negative image)가 형성된다. 동축에서 스텐실 개구만 포토레지스트로 덮여 있는 상태다. 따라서 포토 레지스트 주위로 니켈이 도금되면서 스텐실은 점점 커진다. 스텐실이 적절한 두께에 도달하면 포토 레지스트를 개구로부터 제거한다.

다음, 전해 주조한 니켈 박막을 플렉싱(flexing) 공정을 이용, 동 축으로부터 분리한다. 그리고 그 박막을 다른 스텐실 공정에서 하는 것처럼 프레임으로 사용한다.

비용을 더 들이면 스텝 스텐실을 전해 주조할 수 있다. 전해 주조한 스텐실의 경우, 허용차를 최대한 좁힐 수 있기 때문에 가스켓 효과가 개선되고, 페이스트가 스텐실 밑으로 누출되는 것도 최소화할 수 있다. 따라서 스텐실 밑을 닦아내는 빈도가 크게 감소하며 브리지 가능성도 줄어든다.

화학적 에칭 및 레이저 컷은 스텐실의 일부를 제거함으로써 스텐실을 생산하는 공정이다. 화학적 에칭 공정은 가장 오랜 역사를 갖고 있으며, 가장 보편적으로 사용되고 있다.

레이저 컷은 비교적 새로운 방법이며, 스텐실을 전해 주조하는 방법은 최근에 크게 유행하고 있다. 점도, 금속 함량, 최대 분말 크기, 최저 플럭스 활성도 등을 고려해 페이스트 재료를 정확하게 선택하고, 프린터, 스텐실, 스퀴지 날 등 도구 역시 제대로 골라야 한다. 그리고 양호한 레지스트레이션과 청결한 도포작업 등 공정을 올바르게 수행해야 한다. 이들 요소를 모두 결합해야 우수한 인쇄결과를 얻을 수 있다.

4.2 디스펜서

(a) JUKI(KD-775) (b) Panasonic HDPG3(M)

[그림 4-38] 디스펜서

1. 기능과 용도

접착제 도포기(glue dispenser)는 기판양면을 실장하거나, 리드부품과 칩부품을 혼재실장할 때 부품을 기판에 임시 고정하기 위해 접착제(adhesive/chip bond)를 도포하는 장비이다. 디스펜싱 장비는 표면실장공정 외 기타 액체를 도포하거나 주입용으로 사용되고 있다(그림 4-39).

(1) Dispenser와 Flowing Soldering

flow(wave, dip) soldering은 기판(PCB)에 접착제로 칩부품을 고정 Lead 부품과 일괄하여 접합하는 방법으로 표면실장기술 적용범위를 확대하게 된다. flow soldering에서 사용하는 칩부품이 초소형화하고 자동장착기(mounter)의 속도가 증가함에 따라 고밀도, 고속장착에 적합한 접착제의 개발되었다. 접착제는 flow(dip) soldering에 있어서 회로기판 위의 소정의 위치에 장착된 부품을 soldering 종료까지 고정시키기 위한 것으로, 접착제의 도포에는 pin 전사방식과 screen 인쇄방식이 있으나 일반적으로 dispenser법을 사용한다.

접착제의 특성과 도포량은 부품의 크기, 무게 등에 적합해야 한다. 양이 작으면 부품 고정의 역할을 못하게 되고, 과량일 경우는 기판의 랜드(land)위에까지 접착제가 흘러 soldering에 장애가 되며 전기접속 불량의 원인이 된다. 이 접착제는 온도에 의해 점도가 변화하고, 그 결과 도포량이 변한다. 따라서 정확한 접착제 도포를 할 경우는 온도를 제어해야 한다. 고정도 dispenser에는 온도제어 기능이 있고, 도포량과 부품크기에 따라 도포 노즐(nozzle)을 바꾸어 사용하며 고정도 시각인식 기능도 있다.

접착제의 도포방법으로서는 부품의 밑에 한쪽 편에 도포해서는 안되고, 일반적으로 복수개의 작은 도트상으로 접착제를 도포하고, 부품을 장착하는 방법이 이용된다. 각 도트를 작게 하면 도포량이 다소 편차가 있어도 그 영향은 적게 된다. 부품의 크기가 클 경우는 도트의 수를 증가시킨다. 접착제의 경화는 적외선 또는 자외선으로 하는데 이것은 접착제의 종류에 의해 결정된다.

디스펜스 노즐(니들)의 접착제 도포량 다음과 같다.

$$Q = \frac{\pi r 4 p}{8 \eta l}$$

(Q : 도포량 π : 3.14 r : 노즐내경 p : 공기압력 η : 접착제점도 l : 노즐길이)

(2) 용 도

- 부품이 높거나 무거워서 고정시켜야 하는 경우 사용
- 양면기판인 경우로 기판을 뒤집힐 때 부품을 고정시킨다.
- 플립칩, COB, CSP를 위한 언더필(underfill), 댐(dam)과 필(fill)
- 접착제가 아닌 솔더페이스트를 디스펜싱하는 경우

※ underfill dispenser M/C : BGA, CSP, 플립 칩(flip chip) 등이 탑재되는 카메라폰, 모바일폰(mobile phone) 조립공정에 수지를 도포하는 장비

(3) 디스펜싱 SMT 공정

① Wave Soldering

접착제도포(디스펜싱) → 표면실장부품장착 → 열경화 → 리드부품삽입 → 웨이브솔더링 → 세척

② Reflow Soldering

솔더인쇄 → 접착제도포(디스펜싱) → 표면실장부품장착(양면) → 열경화 → 리플로우 → 세척

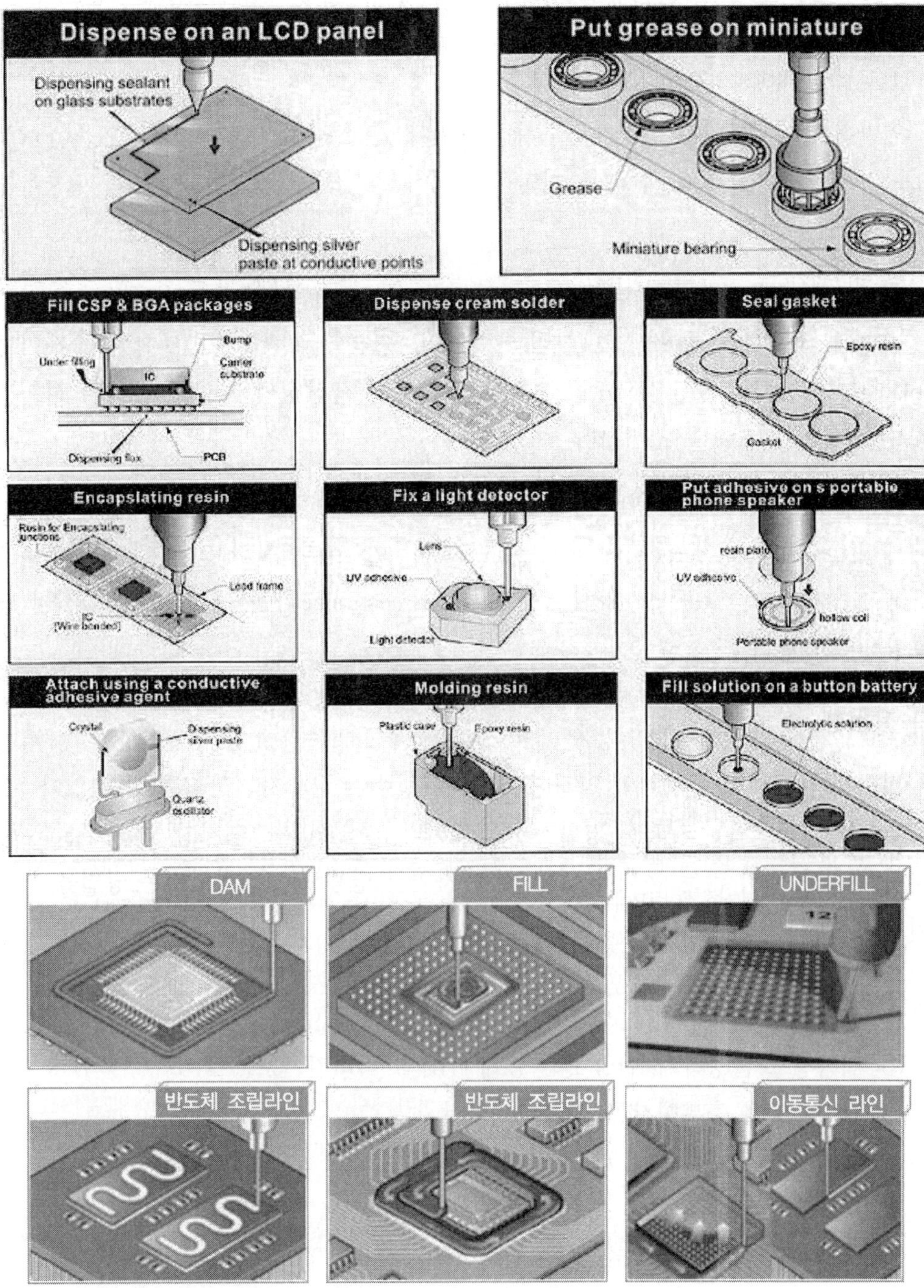

[그림 4-39] 디스펜싱(dispensing)

(4) 접착제 도포방식분류

① 디스펜서(dispense) 방식

일반적으로 사용하는 접착제도포기 방식이다. 칩 부품에 따라 노즐 사이즈(nozzle size)와 토출시간, 온도, 압력을 변화시켜 접착제의 양을 조절한다. 주로 사용하는 방식이다.

② 핀 전사(pin transfer) 방식

기판에 접착제(bond)를 도포해야 할 포인트만큼의 핀(pin)이 부착된 플레이트(plate)를 이용하여 일괄적으로 도포하는 장치로서 생산성이 양호하며 핀의 사이즈를 변화시켜 도포량을 조절한다.

③ 스크린인쇄(screen printer) 방식

메쉬스크린(mesh screen)에 본드를 도포해야 할 부분만을 제외한 나머지 부분을 유제로 코팅하고 본드를 인쇄하는 방식으로써 mesh size나 인쇄조건을 변화시켜 도포량을 조절한다.

(5) 접착제 종류

접착제는 에폭시 수지계의 열경화형과 아크릴수지계의 자외선 경화형이 있다. 부품에의 영향면으로는 자외선 경화가 바람직하나, 자외선의 그림자가 되는 부분은 충분히 경화가 되지 않는 문제가 있어 열과 자외선 병용으로 경화시키는 방법을 사용한다.

(6) 접착제 선택조건

① 접착강도가 강하여 실장 공정중에 부품의 낙하가 없을 것
② 납땜온도에 충분히 강도를 유지할 것
③ 경화시간이 짧을 것
④ 도포성능이 좋을 것
⑤ 도포 후 보형성이 좋을 것
⑥ 일액성으로 포트수명(pot life)이 길 것
⑦ 부식성, 절연성의 저하가 없을 것
⑧ 인체에 무해할 것

2. 칩 본드(chip bond/glue)

(1) 성분(loctite 3609)

용 도	주성분	색상	경화방식	경화조건	비중	보관방법	특 징
고속도포용	에폭시	적색	열경화	90sec/140도	1.2	냉장보관	저온경화

(2) 보 관

① 패키지 라벨(package label)에 유효기간이 표시되어 있다. 일반적으로 제조일로부터 6개월 이내이다.

② 칩 본더(chip bonder)를 냉장고에 보관하였을 경우 사용하기 30분 전에 상온 방치 후 사용함.

③ 냉장고 보관온도 : 5~10℃

④ 보관시 및 사용시 주의사항 : 직사광선을 피할 것, 수분흡입을 금지할 것, 화기에 가까이 두지 말 것

(3) 작업 전 글루(glue) 점검사항

① 장비내 히터(heater)상태를 확인할 것(loctite의 기준은 35℃)

② 장비의 공기압력, 도포시간, 도포압력, 도포량, 도포상태를 확인한다.

③ 사용 전 상온(25℃)에서 30분 이상 방치한다.

④ 사용 전 탈포를 반드시 실시한다(1500rpm, 10min).

⑤ PCB 백업(back up) pin위치를 확인한다.

⑥ 노즐(nozzle) 또는 니들(needle)의 크기 상태를 확인한다.

※ 작업조건(AIR 압력, 도포시간, 도포압력, 니들 사이즈)은 일률적으로 지정할 수 없으므로 해당 장비의 매뉴얼을 참조한다.

(4) 불량유형 및 조치사항

불량 유형	불량 원인	조치 방법
테일링 현상	에어량 및 데이터값의 불량	에어량 및 프로그램 수정
	PCB 높이가 맞지 않음	백업 핀을 사용
도팅량 변함	글루(glue) 내부에 기포가 발생됨	글루 탈포실시
	니들 홀(needle hole)의 막힘 발생	드릴 팁(drill tip)으로 청소
	에어 공급량의 변함	솔레노이드 전원/동작 확인
	비정상인 글루의 사용여부	제조일로부터 6개월 이내
	니들 내벽부분이 깨끗하지 않다	니들 청소 및 교체
좌표가 변함	피듀셜마크(fidiucial mark) 사용 여부	피듀셜마크 사용
	니들 고정불량	니들 재고정

① 테일링(tailing) 현상 : 글루가 PCB에 도팅(dotting)된 후 모양이 꼬리처럼 생겼거나 도팅된 상태가 무너지는 현상

② 탈포(脫泡) : 접착제(glue)를 사용하기 전에 고속회전(1500rpm/10min)하여 기포 및 층 발생을 제거하는 작업

(5) 칩 본드 관리기준

① 칩 본드는 사용기간(제조일부터 6개월 이내)이 경과한 것은 폐기한다.

② 50℃ 이상 열을 받은 칩 본드는 사용하지 않아야 한다.

③ 정상적인 글루는 유리판 위에 글루를 놓아 손으로 밀었을 때 부드러워야 한다.

④ 제조회사에 맞는 온도조건으로 경화(flow)를 해야 한다(100∼180℃).

⑤ 제조회사에 맞는 장비 내부 온도조건을 세팅해야 한다(loctite 3609는 35℃).

⑥ 원심분리기(탈포) 작업을 반드시 실시 후 사용해야 한다(1500rpm / 10min).

⑦ 글루는 탈포 후 상온에서 48시간 내에 작업을 실시해야 한다.

⑧ 글루는 한번 사용한 것을 원재료에 섞으면 안 된다.

3. 디스펜스 장비사양

(1) JUKI DISPENSER(KD-775 : 그림 4-38(a) 참조)

① 극소형, 손쉬운 운용

디스펜서는 표준으로 3개의 헤더를 장착하여 0.1초/dot의 고속으로 접착제를 도포할 수 있다.

② 안정된 도포품질

시린저(syringe) 내의 접착제 양의 변화에 따라 자동보정하여 항상 안정된 도포량을 확보한다. 또한, 접착제 온도 컨트롤이나 접착제 잔량 감지기능을 표준구비해서 안정된 도포품질을 실현하고 있다.

③ 선택사양

접착제의 도포 직경 확인. 유닛(unit), 니들 내에 남아 있는 접착제를 장비 외부에서 제거하는 유닛, 컨베이어 자동 폭조절 등이다.

④ HLC 제어에 의한 최적화 생산

JUKI Mounter KE 시리즈와 KD-775을 조합해 라인을 구성해서 옵션인 HLC(Host Line Computer)로 제어함으로써 생산기능을 더욱 향상시킬 수 있다.

⑤ 설명서

- PWB dimensions : 410×360mm(Max.) 50×30mm(Min.)
- dispensing tact time : 0.1sec/dot(at optimum)
- dispensing accuracy : ±0.15mm
- syringe type : 30cc
- preset dispensing angle : 0~360°(by 1°increment)
- external dimensions : 1500×1240×1550mm(2000mm including patrol light tower)
- weight : 830kg

(2) 삼성테크윈 DP-50V

SMT 제조공정 중 반도체제품, 이형전자부품을 표면실장하는 칩마운터 공정 앞(전)에 적용되는 장비로서 PCB상의 부품 이탈방지 및 충격보호를 위한 에폭시 용재를 사용하여 디스펜싱하는 작업을 수행한다.

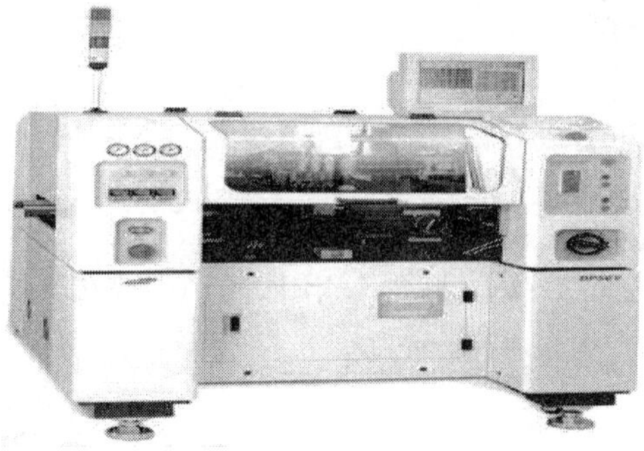

[그림 4-40] 모델(DP-50V)

〈표 4-2〉 glue dispenser(Samsung Techwin)

sector	general specification(DP-50V)
head 수량	3 heads
기판 size (L×W×T)mm	max. 510×460×4mm min. 50×50×0.38mm
tact time	40,000DPH(최적조건시)
도포 정도	±0.1mm
conveyor transfer	left → right(right → left : option)
conveyor 기준축	front fix(rear fix : option)
conveyor height	900±20mm
power	AC110/220V 1PH, 50/60Hz, 2.5kW
air	5kgf/cm^2, 20L/min
dimension, weight	1520(L)×1385(W)×1300mm(H), 1300kg
software	windows
standard 품목	온도조절용 heater, 30cc 실린저
option	Z축 높이측정 laser sensor, conveyor 자동 폭조절
maker	protec.
공급원	Samsung Techwin Co.,LTD.

4. 기술자료[1] : 디스펜서

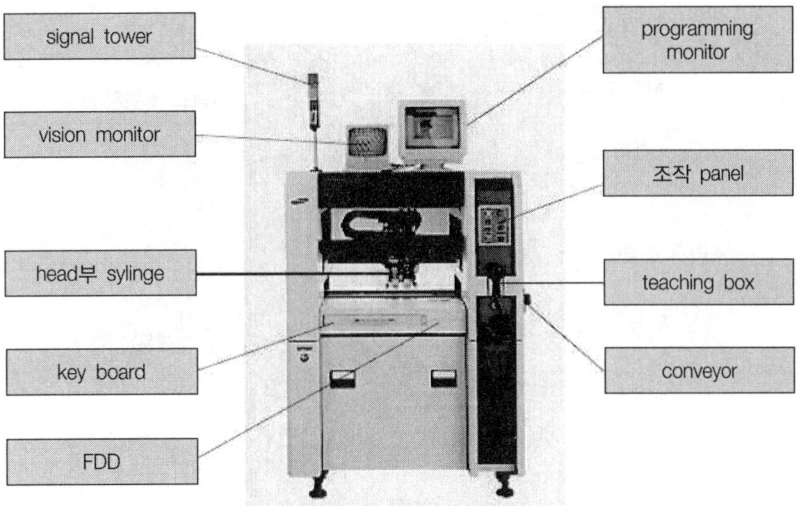

[그림 4-41] 디스펜서(dispenser)

■ 본체 외형도

① conveyor부 주요 구성도

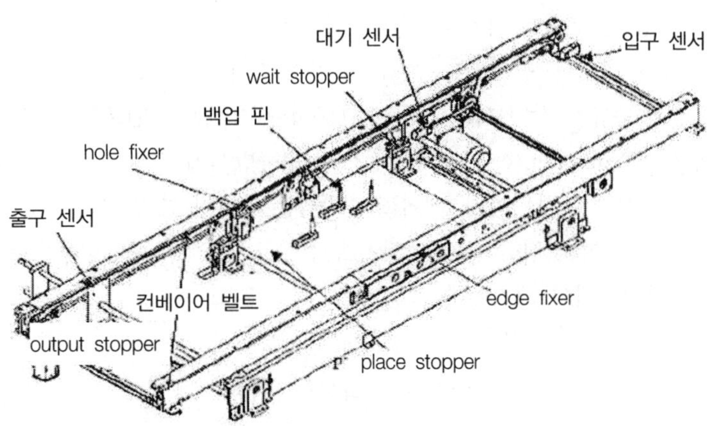

[그림 4-42] 디스펜서 컨베이어 구조

② head부 구성도

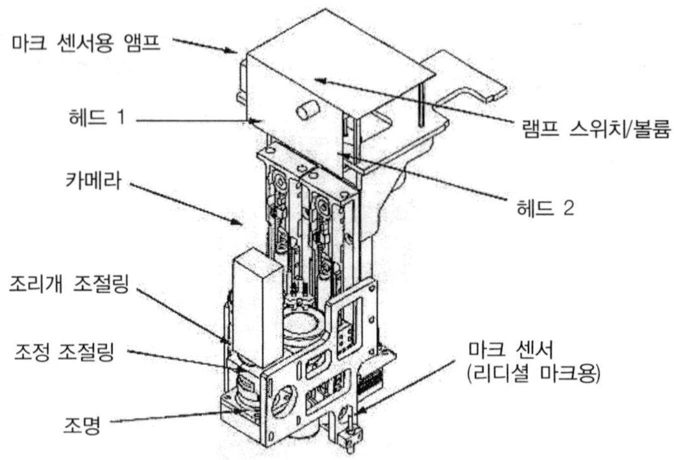

[그림 4-43] 디스펜서 헤드 구조

■ 디스펜서 개요

일정량의 크림솔더의 도포가 어려운 부분에 대한 크림솔더 도포작업을 실행하며 주로 본드(bond)를 도포하는 장비이다. 본드의 도포방식에는 디스펜스(dispense) 도포방식, 인쇄방식, 핀 전사방식 등이 있으나, 디스펜서에서 사용하는 방식은 디스펜스 도포방식이다.

이 방식의 가장 큰 특징은 각기 다른 종류의 기판에 대한 자유도가 크다는 것이며, 대부분의 실장 라인에서 생산되는 기판의 종류는 여러 가지가 있으며, 기판에 사용되는 부품의 종류, 기판의 상태, 종류가 각기 다른 생산에 대응하여 적절한 작업조건을 설정하는 것이 필요하다. 디스펜서 헤드(dispenser head)는 본드의 토출방식에 따라 에어(air) 토출방식과 스크류(screw) 토출방식으로 나뉘는데, 에어 토출방식은 가격이 싼 반면에 형상이 꼬리가 발생할 소지가 있고, 토출량이 일정하지 않은 것이 단점이고, 스크류 토출방식은 두 가지의 단점은 해결되었으나 장비가격이 고가이다.

〈표 4-3〉 디스펜서 구분

구 분	디스펜스	핀 전사방식	스크린 전사방식
구 조	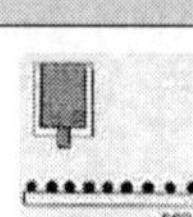	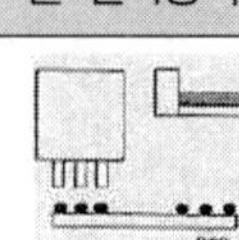	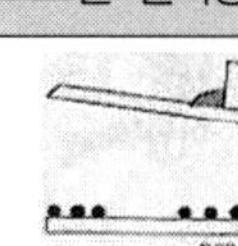
도포 정도	△	×	○

구 분	디스펜스	핀 전사방식	스크린 전사방식
고밀도 실장대응 (리드부품 삽입 후 작업가능 여부)	○	○	×
본드 점도(위치 차이 대응)	○(高)	△(底)	×(底)
점도관리	○	△	△
사용량	○	×	×
작업성	○	×	△
기종변경	○	△	×
종합평가	○	△	△
범례	○(좋음) △(보통) ×(나쁨, 불리함)		

〈표 4-4〉 접착제 재료종류

구 분	종 류
각종 접착제	UV경화성 접착제, 시아노계 접착제(순간 접착제), 혐기성 접착제, 고무계 접착제, 1액성 에폭시계 접착제, 2액성 에폭시계 접착제, 핫멜트계 접착제, 감압 접착제 등
용제/휘발성재료	알콜, MEK, 암모니아, 신나, 톨루엔, 토리크엔, 아세톤, 프레온 등
반도체/프린트 기판실장 관련 액체재료	크림솔더, 플럭스, 전도성 접착제(은 페이스트), 우레탄계 접착제, 점쿠션 코팅용 에폭시수지, 점쿠션 코팅용 레진, 레지스트 등
각종 윤활제	실리콘 오일, 실리콘 글라스, 공업용 오일, 공업용 실리콘 글라스, 엔진오일, 모터오일, 정밀기기용 오일 등
각종 수지	UV레진, 필라가 들어간 에폭시수지, 파라핀(가열시), 왁스, 핫멘트수지, 섬유용 에멀젼수지 등

• 접착제

접착제(bond)에는 열경화형과 자외선 경화형이 있다. 일반적으로 열경화형은 에폭시 수지, 자외선 경화형은 아크릴계 수지이다. 부품에의 영향면으로는 자외선 경화가 바람직하나 자외선의 그림자가 되는 부분은 충분히 경화가 되지 않는 문제점이 있어 열과 자외선 병용으로 경화시키는 방법이 주목을 받고 있다.

• 본드의 특성

본드의 도포에 있어서 가장 중요한 것은 초기 점도와 유동특성이다. 초기 점도는 도포 직후의 점도로서 가능한 한 높은 쪽이 도포 직후의 형상유지에 유리하다. 유동특성은 도포온도

(30~40℃)에 있어서도 도포압력이 가해졌을 때만 점도가 낮아지는 것이 요구된다. 아래의 내용은 본드의 특성이다.

- 칙소성(형상 유지성)
- 저장에 대한 안정성(실온 및 저온에서의 보존)
- 초기 점도의 안정
- 유동특성
- 입도분포
- 퍼짐성
- 기포특성
- 온도안정성(도포시, 도포 후)
- 기타 : 부품 실장시의 점착성(tacking), 색상

• **디스펜서의 설정조건**
  - 노즐의 내경
  - 도포압력
  - 도포시간
  - 도포온도
  - 노즐의 높이

디스펜서의 설정조건은 본드의 선택에 따라 달라질 수 있는 조건으로 본드 특성에 따라 적절한 설정이 필요하다.

① 도포 노즐의 선택

- **노즐의 단면적과 도포량** : 도포조건의 설정에 있어서 노즐의 내경은 도포량 변경의 기본 요소이며 미세한 조정은 도포압력과 시간 등으로 한다.
- **노즐의 내경과 높이의 비** : 최적으로 조정된 노즐의 높이이면 시간・압력의 조정에 의해 도트(dot)의 경(도포량)을 작은 오차로 도포가 가능하다.

② 도포압력

도포압력에 대한 도포량의 관계는 일정 범위 내에서 비례한다. 본드의 점도, 도포시간 및 노즐 내경에 따라 비례에 대한 계수 및 범위는 차이가 발생한다. 도포압력이 커지면 기판에 퍼지는 본드량이 많아지고(도포경이 커짐) 이러한 도포량과의 관계에 의해 실끌림의 발생 여부가 결정되기도 한다.

③ 도포시간

도포시간에 대한 도포량의 관계는 일정 범위 내에서 비례한다.

④ 도포온도

도포온도와 도포량의 관계는 일정 범위 내에서 비례한다. 이것은 온도상승에 따른 점도의 저하에 의한 것으로 변화의 폭은 그다지 크지 않다. 도포온도의 설정시 중요한 것은 도포량 및 도포형상, 끌림 등과의 관계이다. 따라서 도포상태가 안정이 되는 점을 찾아 적절한 범위를 설정하는 것이 필요하다(보통 30~40℃).

■ 본드 사용상의 기본지식

• 용 기

① 실린지(syringe)형

근래에 많이 사용하고 있는 것으로 탈포 처리된 상태에서 충전(주입)되어 있어 본드(bond) 도포기에 그대로 설치하여 사용할 수 있다. 본드 도포기의 사양에 따라 알맞은 용기를 사용(10cc, 30cc)해야 한다.

② 튜브(tube)형

폴리에틸렌 튜브에 담겨 있어 사용시 실린지에 옮겨 담아야 한다.

• 보 존

냉암소 또는 냉장고 등에 5~10℃ 정도의 온도에서 밀봉한 상태로 보존해야 하며, 보존기간은 5~10℃에서 보존시는 6개월, 25℃에서 보존시는 3개월이다.

※ 본드의 제작사별, 포장형태별로 차이가 있을 수 있음. 실린지형의 경우는 노즐부분이 아래로 향하도록 세워서 보관함.

• 특성의 저하

개봉 사용 전에 실온으로 돌아온 후에 차가운 상태에서 개봉(보통 1시간 이상)하면 결로현상에 의해 노출부에 이슬이 맺히는 등으로 해서 특성의 저하가 발생한다.

• 튜브에서 실린지로 충전 및 탈포

- 튜브 캡의 끝을 자르고 실린지의 상부에서부터 필요량을 채워 넣는다.
- 실린지 마개(노즐 부착부), 플랜셔 또는 잔량검출기, 위 덮개를 부착한다.
- 원심분리기로 탈포(1,500~3,000rpm 5분 정도)
- 실린지 마개, 윗덮개를 빼내고 노즐을 끼운다.

• 세정(세척)

본드가 묻은 노즐과 용기 등의 세정에는 적합한 용제를 사용하여야 한다. 용제로는 트리클로로에탄, 트리클로로에칠렌, 염화메칠렌, 방향족계 탄화수소용제 등이 있으며, 접착제 제조업체에서 해당 접착제에 적합한 용제를 판매하고 있는 경우도 있다.

※ **주의사항** : 알코올류, 케톤류, 에테르류, 에스테르류, 세로솔-튜브 등은 사용하지 말 것. 이와 같은 용제는 접착제를 고화하는 경우가 있음. 세정은 용제와 헝겊, 노즐 청소용 핀 등을 사용하지만 노즐의 내부 또는 홈이 있는 부분은 잘 닦이지 않는다. 이와 같은 경우에는 용제에 침적해두는 것으로도 세정되지만 초음파와 병용하여 세정하면 효과적이다. 플라스틱제인 실린지는 금속과 같은 강한 재질로 문지르거나 긁으면 이물이 발생하여 노즐 막힘의 원인이 된다.

• SMT용 접착제의 필요조건

- 접착강도를 강하게 하여 실장 공정중에 부품의 낙하가 없을 것
- 납땜 온도에 충분히 강도를 유지할 것
- 경화시간이 짧을 것
- 도포성능이 좋을 것
- 도포 후 보형성이 좋을 것
- 일액성으로 포트 수명이 길 것
- 부식성 · 절연성의 저하가 없을 것
- 인체에 무해할 것

■ 접착제 도포량의 체크 기준

정해진 형태의 접착결합을 위하여 필요한 접착제의 도포량은 여러 가지 요인에 의해 결정되어진다.

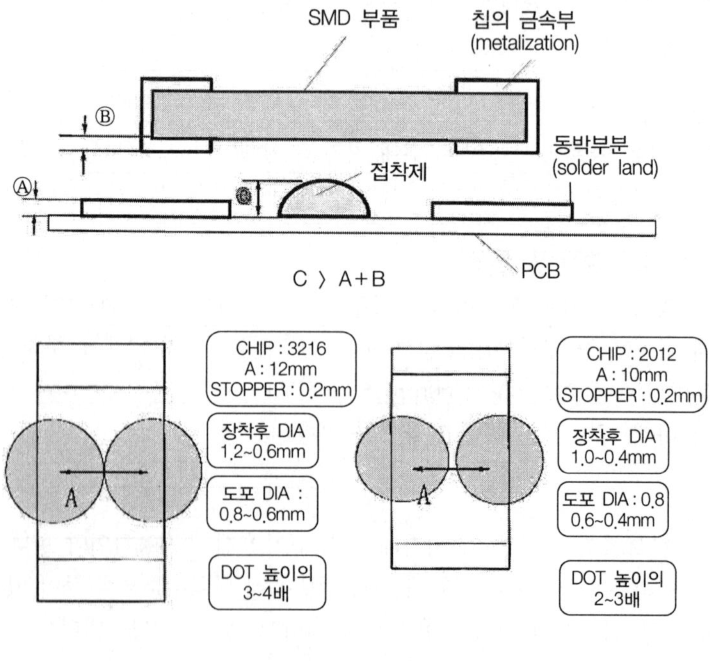

[그림 4-44] 접착제 도포량

따라서 가장 바람직한 것은 사용자가 오랜 경험에 의해 자체적인 기준을 만들어 사용하는 것이다. 도포량에 대한 일반적인 가이드 라인은 최상의 도포량을 찾기 위한 참고자료일 뿐이지 절대치를 그대로 적용해서는 안 된다.

결국 최종적인 접착력은 웨이브 솔더(wave solder)에 견딜 수 있는 저항력이 있어야 하며, 그것은 접착제 자체의 접착력뿐만 아니라 접착면적에도 연관되어 비례한다. 따라서 접착면적은 가능한 한 최대로 하는 것이 유리하다. 일반적으로 칩면적의 80%가 이상적이다.

■ 접착제의 접착강도 측정

접착강도의 측정은 경화 후 1~5kg의 강도의 변형을 갖는다. 이 접착강도는 경화시에 인쇄(soldering)까지 외부적인 충격에 견딜 수 있어야 하며, 이 접착력은 인쇄중이나 예열(pre-heating)시 약간은 줄어들 수가 있으나 200g의 강도만 되어도 충분히 인쇄에 견딜 수 있다는 보고가 있다.

푸시풀 게이지(push pull gauge)로 강도변형(share strength)을 측정하며, 단위는 (N), (kg)을 사용하는데 방법의 단점은 미는 방향, 실험자 등의 요인에 의하여 측정치가 변할 수 있으며, 실험시 주위 부품에 손상을 미칠 수 있다는 점이다.

토크 게이지(torque gauge)를 이용하여 힘의 비틀어짐(torque strength)을 재는 방법이 널리 사용하는 칩부품에 맞는 지그(jig)를 게이지 끝에 부착하여 사용할 수 있으며, 주위의 부품을 다칠 염려가 없다는 이점이 있다. 단위는 (Nmm), (gcm)를 사용한다.

■ 정밀도포 기술

최근에는 디바이스의 보급, 광픽업을 비롯한 정밀한 광학부품의 양산화, 광통신의 보급에 의한 정밀광부품, 커넥터 등에서 정밀도포 기술의 중요성이 강조되고 있다.

- 도포기술의 핵심
  - 도포량의 미소화
  - 도포형상의 정밀화
  - 도포위치 정도향상
  - 도포량의 자동보정
  - 자동화와 연속가동
  - 재현성과 높은 신뢰성

5. 기술자료[2]

■ Adhesives/Epoxies & Dispensing -Dr. Ann Van Den Bosch & Tony De Barros

지난 15년간 저온에서의 빠른 경화 및 개별 부품에 대한 에폭시 기술은 표면실장 접착을 발전시켜왔다. 그때 이후로 표면실장 접착의 적용기술 및 접착제 그 자체는 발전되었다.

재작업 감소와 신뢰성을 향상시키면서 보드 조립속도를 증가시키는 일반적인 목표에 의해 주도되어 발전되었다.

제품품질의 유지 및 접착제 적용은 이러한 목표를 실현시키는 핵심적인 방법이다. 이런 혁신을 통하여 개별 부품의 에폭시 적용은 모든 종류의 생산공정에서 성능적인 요구를 만족시키는 주도적인 고분자기술로 남았다(표 4-5).

〈표 4-5〉 표면실장에 요구되는 접착제공정

생산 전	도포공정	생산 후
저장, 보관수명, packing	스크린 print나 dispensing 전사	curing(경화)

표면실장 접착제의 특성은 고객의 생산공정에 영향을 미치며, 높은 품질을 얻기 위해서는 공정 시작 전에 결정되어야만 한다. 높은 생산성과 제품신뢰성은 여러 가지 생산환경에서 표면실장 접착제의 성능특성에 의해서 직접적으로 영향을 받는다.

• **보관 및 보관기간**

표면실장 접착제는 시간이 경과함에 따라 유동특성도 변한다. 점도를 측정하는 것은 공정을 관리하기 위해 사용되는 하나의 기술이다. 냉동 환경하에서 시간에 대한 점도변화는 최소화되고, 선반에서의 보관기간(shelf life)도 증가한다. 일반적으로 더 낮은 온도에서 보관(storage)함으로써 더욱 장기간 보관할 수 있다.

[그림 4-45] 접착제도포(dispensing)

• **포장(packaging)**

각 포인트별 디스펜싱(dispensing), 스텐실(stencil)과 스크린 프린팅(screen printing) 적용기술에서 10갤런이나 12oz.카트리지를 가장 많이 사용한다. 접착제를 이런 식으로 포장함으로써 장비에 더욱 쉽게 적용할 수 있다. 실린지 디스펜스 장비는 일반적으로 장비에 따라 여러 종류의 30CC 실린지를 사용한다. 실린지로 공급되는 접착제에 공기가 포함되지 않도록 하는 것이 매우 중요하다. 실린지 안의 공기는 디스펜싱시 도트가 발생하지 않거나 이상형상의 도트를 유발시킨다.

• 이송(transport)

접착제는 전 세계에 공급되며 때때로 특별히 이송과 취급에 있어서 고객의 요구에 맞추어야 한다. 이송거리는 역시 온도나 이송환경과 같이 하나의 중요한 요소이다.

실린지 벽의 플라스틱이 접착제 속으로 스며드는 것을 방지하고, 녹은 드라이아이스로부터 탄소산화물이 스며드는 것을 방지하기 위해서 드라이아이스, 특별포장(접착제 방지백 등)의 선적환경을 요구한다.

• 조립(assembly)적용기술

접착제 도트를 적용하기 위해 사용되는 기술은 생산자 요구에 따라 변할 수 있다. 같은 보드를 장기간 생산하는 경우, 접착제는 주로 디스펜싱이나 스크린 프린팅을 사용하여 대량생산에 이용한다. 이 경우 프린팅 기술은 일반적으로 자삽 부품이 삽입되지 않은 기판면을 필요로 한다. 적용시 접착제는 심한 온도변화와 높은 습도 등과 같은 환경에 노출될 수 있다. 개발하면서부터 접착제에 있어서 심각한 성능문제를 방지하기 위해 이러한 환경을 고려해야 한다. 작업장의 대기환경 역시 관리되어야 한다.

접착제를 대량 도포하기 위한 세 가지 기술 모두 접착제 도포를 돕도록 스쿠버를 사용한다. 이런 계속적인 스퀴지(squeegee) 움직임으로 공기가 유입될 수 있다. 만약 많은 공기유입이 발생한다면, 접착제의 강도는 감소될 것이다. 극단적인 경우에 솔더는 연결부에 공기가 스며들어 부품에 쇼트(short)가 생길 수 있다. 이러한 일이 발생하는 것을 방지하기 위해서 지속적으로 오래된 접착제를 제거하여 새로운 접착제를 공급하는 것이 필수적이다. 더욱 유연성을 요구하는 소량 생산을 위해서는 실린지 디스펜싱 기술이 사용된다. 실린지 디스펜싱은 디스펜싱 노즐로부터 접착제의 흐름을 돕기 위하여 공압을 사용한다.

공압식 실린지 디스펜싱의 경우 공압의 강도와 발사시간이 디스펜싱된 접착제의 양에 직접적으로 영향을 미친다. 능동 변위 실린지 디스펜서는 특정한 양의 공동(空洞)을 채우기 위해서 공압을 사용한다. 기계적인 전사방법은 기판 위에 정확한 양의 접착제를 도포한다.

• 디스펜싱

최고의 성능을 위해서 접착제는 적용될 기술에 맞추어 특별히 조성되어야만 한다. 실린지 디스펜싱에서 접착제는 접착제 도트를 형성하는 노즐을 통하여 쉽게 흘릴 수 있어야 한다. 하지만 기판 위에 한 번 놓여지면 접착제는 쉽게 흘러서는 안 된다. 액체접착제의 흐름과 접착력의 복잡한 움직임은 접착제의 유동학적인 특성으로 불린다. 디스펜싱에 의한 유지력이 제거된 후 구조를 유지하거나 회복하기 위한 접착제의 활동은 전도성 패드가 오염되거나 디스펜스된 접착제 도트가 퍼지는 것을 막기 위해서 재빨리 일어나야 한다.

표면실장 접착제는 약한 화학적인 결속를 형성하는 특성을 가진 물질을 포함한다. 한번 힘이 가해지면 이러한 약한 결합이 파괴되어 점도의 큰 감도와 유동성의 증가를 가져온다.

힘이 제거된 후 접착제는 재구성되고 유동성(흐름)을 감소시킨다. 온도도 역시 분자의 동적인 에너지에 영향을 미친다. 높은 적용온도는 분자의 움직임을 향상시키고 분자간 결합력을 감소시킨다. 이것은 디스펜스된 접착제의 볼륨을 크게 하고, 접착제의 분리거리를 짧게 하기 때문에 디스펜싱시 접착제 찌꺼기를 적게 한다.

• 부품장착(component placement)

단순 접착력(green strength)은 굳지 않은 상태에서 부품을 제자리에 유지할 수 있는 능력이다. 갑작스런 움직임이나 부품장착기 및 보드 이송장비의 가속도 변화는 부품에 관성력으로 작용하게 된다. 이 때문에 표면실장 접착제는 뛰어난 단순 접착력을 요구한다. 부품에 작용되는 힘과 부품의 관련된 변위가 적어서 접착제는 탄력성있는 상태가 되어 부품을 그 위치에서 유지할 수 있을 것이다. 만약, 작용되는 힘이 접착제의 약한 분자간 결합을 깨기에 충분히 세면 부품은 움직일 것이다. 이런 이유 때문에 큰 부품을 고정하기 위해서는 높은 단순 접착력을 가진 접착제가 요구되는 것이다.

• 도트 형상(dot profile)

높은 부품이 증가함에 따라 접착제의 도트 높이도 올려야 한다. 접착제 도트의 최소 높이는 보드 위의 패드 높이에 부품의 떠 있는 높이를 더한 것과 같다. 접착제와 부품이 더욱 밀착할수록 단순 접착력과 굳어진 상태의 접착력이 높아진다. 접착제는 부품에 더욱 밀착해야 하며, 약한 힘과 굳어진 보드힘은 높아야 한다.

• 경화(cure)

경화특성(curing characteristics)이란 모든 에폭시를 기반으로 한 표면실장 접착제가 한 가지 요소를 가진 시스템을 말한다. 접착제는 낮은 점도의 에폭시로 처리된 레진을 사용하고, 고형물은 레진 안에 퍼진 미세 고체 분말이다.

응고시 일반적으로 100°에서 150℃의 온도에서 고형물이 녹고, 응고가 촉진된다. 에폭시 계열의 중합반응은 발열반응으로 열이 발생한다는 것을 의미한다. 적절한 응고온도 프로파일은 몇 가지 요소들에 의해서 결정된다.

- 오븐 타입(oven type)(적외선 또는 열풍)
- 접착제의 온도상승률에 영향을 미치는 오븐 안의 기판이나 부품의 수
- 접착제의 반응속도

하지만 경험적으로 일반적인 응고는 IR 오븐에서 130℃로 2분에서 3분 정도이다.

• 접착제(adhesion)

제품의 접착력은 표면실장 접착제의 의심할 수 없는 가장 중요한 특징 중 하나이다. 응고작업 후 부품이 없어지는 것은 보통 접착제에 가해지는 물리적인 스트레스에 의해서 발생한다. 접착력이 커질수록 본드 균열없이 접착제에 의해서 더 많은 기계적인 스트레스를 흡수할 수 있다.

접착제의 강한 힘은 자동납땜 공정 동안에 접착력을 유지하는 중요한 요소로 양면실장 기판을 가능하게 해준다. 강한 힘은 중요한 요소이기는 하지만 온도상승하에서 강한 힘을 가진 부품을 수리하는 것은 더욱 힘들 것이다. 그래서 이 두 가지 특성이 적절히 균형을 이루어야 한다.

접착에 영향을 미치는 다른 요소는 본드 표면의 오염이다. SOIC나 PLCC의 경우 전체 몰딩을 위해서 파라핀이나 실리콘 방출제를 사용하는 것이 일반적이다. 방출제의 종류와 양은 접착제 특성에 큰 영향을 미칠 수 있다. 이러한 문제들은 같은 부품이 계속 사라지는 경우에 쉽게 발견된다.

• 조립 후(post assembly)

프레온가스의 사용으로 지구온난화와 오존층 파괴의 문제는 새로운 시각에서 접착제의 제거와 청소에 사용되는 CFC-113에 대한 세계적인 감소를 요구한다. 문제에 대한 해결책은 아직 발견되지 않았지만 대안은 존재한다.

클로리드와 암모니아와 같은 많은 이온을 내는 물질은 기판 사용중에 부식을 가져 올 수 있다. 높은 결합밀도를 가진 접착제는 물의 침투에 민감하지 않아서 이온이 쉽게 떨어지거나 접착제로부터 추출되지 않을 것이다.

■ 결 론

기판조립 시간은 단축하면서 생산성을 향상시킨다는 전자산업의 일반적인 요구를 만족시키기 위해서 표면실장 접착제는 아주 복잡해졌다. 디스펜스 장비의 생산자와 고객이 함께 일하고 의견을 들음으로써 이런 목표에 도달할 수 있다. 접착제와 디스펜싱 장비 사이의 관계는 유기적인 것이 되어야 한다. 공정에 각 단계에 관심을 가짐으로써 이것을 가능하게 할 것이다.

연습문제

1. 스크린 프린터(screen printer)에 사용하는 형판(stencil)의 설명이 틀린 것은?
   ① 솔더크림을 기판에 인쇄한다.
   ② 격자(screen)된 금속판(metal mask)을 사용한다.
   ③ 알루미늄 강판과 스테인리스 틀(frame)로 되어 있다.
   ④ 격자형태가 아닌 경우도 스크린 프린트라 한다.

2. 표면실장 공정에서 크림납(solder paste)을 기판에 인쇄하는 방법이 아닌 것은?
   ① Dispenser ② Solder Jet ③ Pin전사 ④ Screen Printer

3. 스크린 프린터 작업에 필요한 중요한 요소가 아닌 것은?
   ① 메탈 마스크(metal mask) ② 스퀴지(squeegee)
   ③ 매거진(magazine) ④ 솔더페이스트(solder paste)

4. 메탈 마스크(metal mask) 사용법이 옳게 설명된 것은?
   ① 사용전 가열하여 적정온도를 유지한다.
   ② 사용 중 주걱이나 밀대에 의해 손상되지 않도록 한다.
   ③ 사용이 끝난 마스크는 즉시 Wire Brush로 납찌꺼기를 제거한다.
   ④ Cleaning이 끝난 마스크는 냉장고에 보관한다.

5. 다음 중 레이저(laser)로 가공한 마스크의 불리한 점에 해당하는 것은?
   ① 신속가공납품 ② 미세피치, 대형가공
   ③ Hole 개구부 형성양호 ④ Burr(hole거침) 발생

6. CSP, FlipChip 실장공정에 필요 없는 장비는 무엇인가?
   ① Bumping ② Dicing ③ FC Bonder ④ ICT

7. 일반적으로 가장 많이 사용하는 스퀴지(squeegee) 형태는 어느 것인가?
   ① 검스퀴지 ② 펑스퀴지 ③ 각스퀴지 ④ S-cut 스퀴지

8. 프린터의 스퀴지(squeegee) 특성과 동작에 관한 설명이 잘못된 것은?
   ① 스피드는 20~70mm/sec
   ② 경도는 60~90도
   ③ 스피드가 빠르면 롤링이 부족하여 솔더가 부족해진다.
   ④ 경질 스퀴지는 납소모량이 많다.

9. 크림솔더(cream solder) 선택시 유의할 사항이 아닌 것은?
   ① 입자크기 균일 ② 중량(무게) ③ 납빠짐성 ④ 입자표면 산화

정답 | 1. ③ 2. ② 3. ③ 4. ② 5. ④ 6. ④ 7. ② 8. ④ 9. ②

10. 솔더페이스트(solder paste) 특성과 인쇄불량 설명이 잘못된 것은?

① 점도가 낮으면 롤링성은 우수하나 무너짐이 쉽다.
② 칙소성이 낮으면 점도가 낮은 상태와 같다.
③ 입자는 구형이 좋고 너무 작으면 솔더볼, 무너짐이 발생된다.
④ 입자가 작을수록 점착력이 불량하여 부품탈락이 많다.

11. 솔더페이스트(solder paste) 사용관리 방법이 잘못된 것은?

① 제조일로부터 3개월 이내, 입고된 순서로 사용한다.
② 상온(25℃)에서서 2시간 이상보관, 교반 실시후 개봉한다.
③ 교반은 최소 10분이상, 많이 할수록 좋다.
④ 인쇄작업환경은 온도 24～26℃, 습도 45～55%이다.

12. 인쇄품질에 영향을 주는 기판(PWB)의 요인이 아닌 것은?

① 기판의 휨　② 레지스터의 두께
③ 랜드의 형상, 치수　④ PWB의 텐션

13. 스크린 프린터의 메탈 마스크에서 솔더크림이 롤링(rolling)될 때 알맞은 스텐실에서 솔더의 높이는?

① 1cm　② 1.5cm　③ 3cm　④ 4.5cm

14. 솔더페이스트(solder paste)가 메탈 마스크에서 납빠짐 불량일 경우 원인이라 볼 수 없는 것은?

① 메탈 마스크 etching 불량　② mask 구멍협소
③ 스퀴지 속도느림　④ 스퀴지 stroke 부족

15. 다음은 솔더크림을 인쇄할 때 기판을 받쳐주는 vacuum plate 높이가 불량할 때 나타나는 현상이다. 높이가 높을 때 나타나는 납 인쇄불량 현상은?

① 안빠지고 구멍막힘　② 납긁힘
③ mask이면 오염　④ 납적음

16. 솔더크림인쇄기(screen printer) 장비의 반복정도(repeatability)가 대략 어느 정도인가?

① ±0.2mm　② ±0.02mm　③ ±2μm　④ ±0.2μm

17. 우레탄(urethane) 스퀴지가 금속 스퀴지(metal squeegee)보다 유리한 점은?

① 스텐실 손상방지　② 미세피치 적용용이
③ 스퀴지 마모가 적음　④ 인쇄번짐이 적음

18. 스텐실 구멍이 막히는 것을 방지하기 위하여 mask의 두께(t)가 0.2mm일 때 개구부의 폭은 최소 얼마로 하는가?

① 0.1mm 이상　② 0.2mm 이상　③ 0.4mm 이상　④ 0.5mm 이상

정답 | 10. ④　11. ③　12. ④　13. ②　14. ③　15. ①　16. ②　17. ①　18. ③

19. 인쇄공정에 관한 사항중 적당하지 않은 것은?

① 메탈 마스크와 솔더의 점착력이 강하다.
② 기판과 솔더의 점착력이 강하다.
③ 기판과 메탈 마스크 사이에 부압이 형성된다.
④ 메탈 마스크 표면에 대기압력이 작용한다.

19. 다음 중 디스펜서(dispenser) 장비의 용도로 잘못 기록된 것은?

① 실장부품 고정 ② COB, FC, CSP의 언더필(underfill)
③ 솔더페이스트 디스펜싱 ④ NG Marking

20. 디스펜서(dispenser)에 사용하는 접착제 선택조건과 해당 없는 것은?

① 내습성이 좋을 것 ② 경화시간이 짧을 것
③ 접착강도가 강할 것 ④ 부식성 절연성의 저하가 없을 것

21. 디스펜서의 도팅(doting)량이 변하는 원인과 거리가 먼 것은?

① 구멍(needle hole)이 막힘 ② 에어(air)공급량 변함
③ 니들(needle) 고정불량 ④ 접착제(glue)내부에 기포가 발생

22. 칩 본드(chip bond) 관리기준에 맞는 사항은?

① 열손상(50℃ 이상)재료는 폐기한다.
② 납땜 최고온도 이하에서 경화한다.
③ 탈포 후 일주일내 작업하면 된다.
④ 한번 사용한 것은 원재료에 혼합하여 사용한다.

23. 디스펜서(dispenser) 장비에 공급하는 공기압력으로 적당한 것은?

① $2kg/cm^2$ ② $3kg/cm^2$ ③ $4kg/cm^2$ ④ $5kg/cm^2$

24. 디스펜서(dispenser)에서 스크류(screw) 방식 헤드의 단점은 무엇인가?
(에어(air)방식의 접착제 토출에 비교하여)

① 가격고가 ② 형상꼬리 발생 ③ 토출량 변화 ④ 온도조절 불량

25. 디스펜서(dispenser) 작업환경 설정조건과 관계없는 것은?

① 도포압력 ② 도포노즐 ③ 도포시간 ④ 도포온도

26. 다음 중 접착제도포를 가장 정밀하게 도포할 수 있는 장비의 방식은?

① 디스펜스 ② 핀전사 ③ 스크린전사 ④ 레이저방식

27. 접착제도포기(dispenser)에서 테일링(tailing) 불량현상의 원인과 관련 없는 것은?

① 실린저(syringe) ② 에어량(air)
③ 입력 데이터(setting) ④ 기판높이(PCB)

정답 | 19. ④ 20. ① 21. ③ 22. ① 23. ④ 24. ① 25. ② 26.③ 27. ①

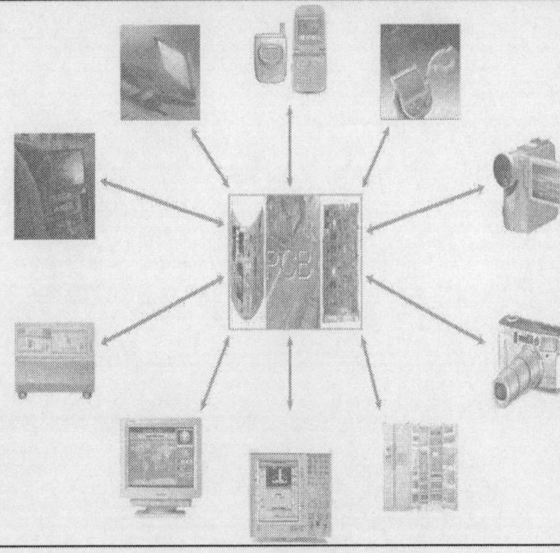

제 5 장

주요 장비(2)

5.1 칩마운터

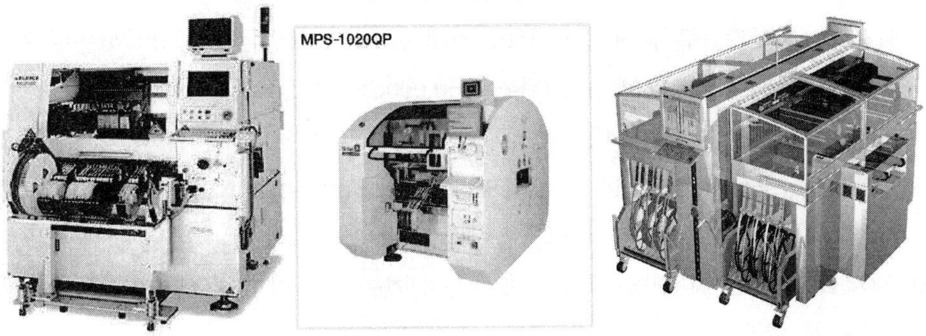

(a) JUKI(KE-2020) (b) 미래산업(MPS-1020QP) (c) Siemnes(Siplace HF)

[그림 5-1] Mounter

1. 개 요

표면실장부품을 기판에 탑재(장착)하는 마운터(mounter)는 표면실장기술 설비에서 가장 큰 비중을 가지고 있다. 칩 장착기술은 표면실장부품의 규격통일과 기판 표준화에 기반을 두고 많은 발전을 하였고 이형부품은 규격 표준화가 계속되고 있다. 마운터는 생산효율이 높은 고속 정밀장비로 발전되었고 생산운용은 전산화한 프로그램을 적용하여 편리하고 신속하게 작업을 할 수 있다.

마운터의 분류는 작업속도에 따라서 저속기, 중속기, 고속기로 구분하고, 소형 각형 칩부품을 주로 고속탑재하는 칩(표준/고속)마운터, 표준화되지 않은 부품, 커넥터, IC 등과 대형부품(3216chip 이상)을 장착하는 이형(다기능/다용도)마운터로 나누며, 고속기(35,000~42,000CPH 이상)는 로터리방식을 많이 사용하였으나, 정밀도 소음 가격 등의 단점이 있어 다양한 고속 멀티 방식으로 발전되고 있다.

최근에는 다품종과 이형부품과 장비가격의 장점이 있는 갠트리(gantry)타입 모듈러(moduler/multi) 방식을 선호하고 있으며 생산효율도 높은 편이다. 16개의 고속헤드와 트윈 컨베이어를 사용하는 모듈러마운터(Mx310)의 경우 칩부품 장착시간(tact time) 0.1sec/chip, 시간당 부품장착수 36,000CPH를 실현하고 있다.

표면실장설비를 구성할 때는 먼저 실장할 부품특성과 제품생산량에 합당한 마운터 기종을 선정하고, 작업내용과 목적에 따라 관련 장비를 선택하고 추가한다.

그러나, 최근의 마운터는 파인피치, 첨단기판, 플립 칩 등의 작업이 가능한 다용도 고속 정밀장비로 발전되고 있다. 예를 들면 Qualmax(A-series 플랫폼) 경우 시간당 150,000개 부품장착 속도와 0101칩과 특수 이형부품에 이르는 300종류의 부품을 장착할 수 있어 속도와 용도에 따라 장비를 구분하기 어렵다.

1시간에 장착하는 부품(칩)수가 150,000개(점)이면 칩부품 1점 장착하는데 걸리는 시간 tact time은 0.024초이다(3,600sec/150,000CPH＝0.024sec/chip).

대표적인 국내 마운터 장비제작업체는 삼성테크윈과 미래산업이 있고 Siemens, Juki, Yamaha, Panasonic, Fuji, Casio, Universal, Philips, Sanyo 등 많은 해외업체가 있다. 마운터를 위시한 표면실장과 관련되는 장비와 기자재는 매년 봄에 개최하는 SMT전시회(NEPCON/COEX)에서 신제품과 신기술을 파악할 수 있고 인터넷 검색에서도 손쉽게 많은 기술정보를 접할 수 있다.

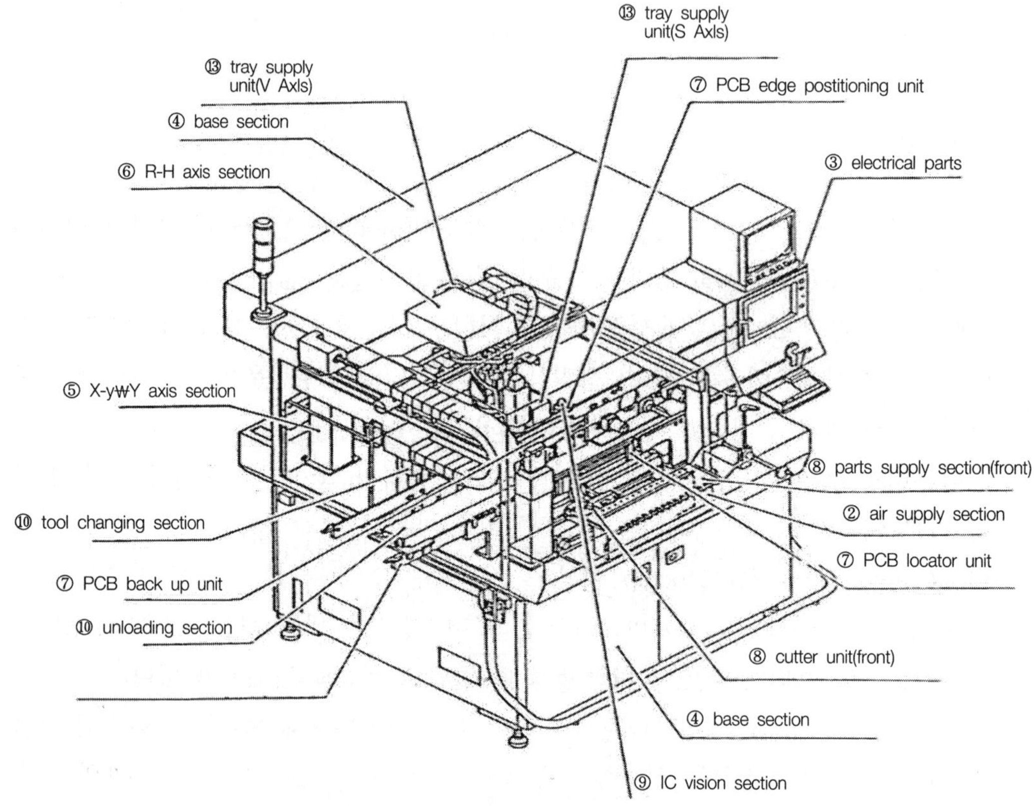

[그림 5-2] 다용도 마운터(gantry)

2. 마운터 기계구조

마운터의 기계적인 구조는 기판과 헤드(head)가 움직일 수 있는 구조로 되어 있고, 공급기판을 로딩(loading), 언로딩(unloading)하기 위한 컨베이어부와 탑재부품을 운반하는 갠트리(gantry)축과 부품을 공급하는 피더(feeder)부, 부품을 흡착하는 헤더 등으로 구성된다(그림 5-2).

로터리 방식 마운터의 기계 unit 부분과 기능은 다음과 같다.

① Rotary : nozzle block

② Main 구동 : cam link 기구, nozzle stroke(stepping motor), 수동 handle

③ Station 기능 : parts feeder, parts 올림, 흡착 nozzle 하강, 흡착메카 valve 교환, nozzle θ회전, 부품높이측정(CCD camera), 부품인식 nozzle 하강, 부품인식광학계(CCD camera), nozzle $\Delta\theta$회전, 장착 nozzle 하강, 장착메카 valve 교환, nozzle lock 해제, nozzle select, nozzle 원점돌림, nozzle check

④ 기판반송 : 기판인식(CCD camera), 기판위치결정(X-Y table), loader(speed control motor), unloader, 기판반송, option(외형기준)

⑤ 부품공급 : Z축 flame, Z축 캐리지(부품 카세트), tape cutter, dust box

⑥ Frame : base frame(조작 monitor), main frame(조작 panel, 조작 monitor)

⑦ 공압제어(air unit)

⑧ 전기제어

⑨ 기타

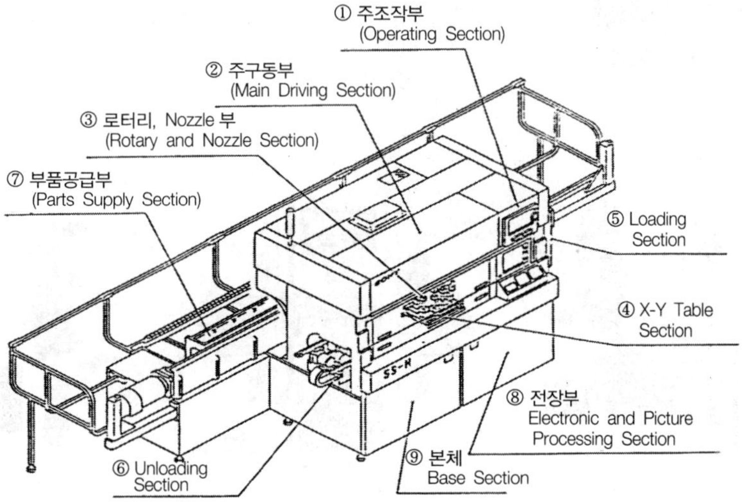

[그림 5-3] 고속 마운터(rotary)

3. 부품장착방식

실장부품을 장착하는 방식으로 마운터를 구분한 특징은 다음과 같다.

(1) Gantry 방식(one by one)

갠트리는 헤드를 가로 세로로 움직여 부품(칩)을 1개씩 장착하는 방식으로 다품종과 정밀작업에 가장 많이 사용하는 방식이다. 부품공급 방식에 따라 2가지 방식으로 대별할 수 있다.

1) Random Access 방식

부품공급부 또는 장착 헤드가 이동하고 임의의 부품을 필요에 따라서 선택한다. 대부분 칩마운터가 사용하는 방식이다.

2) Sequence 방식

부품공급을 공급하는 반송 팔레트(pallete) 등에서 부품을 장착하는 순서로 헤드에 공급한다. 부품공급을 팔레트 등의 지그(jig)를 이용하므로 대응가능한 부품형상에 제약이 있다.

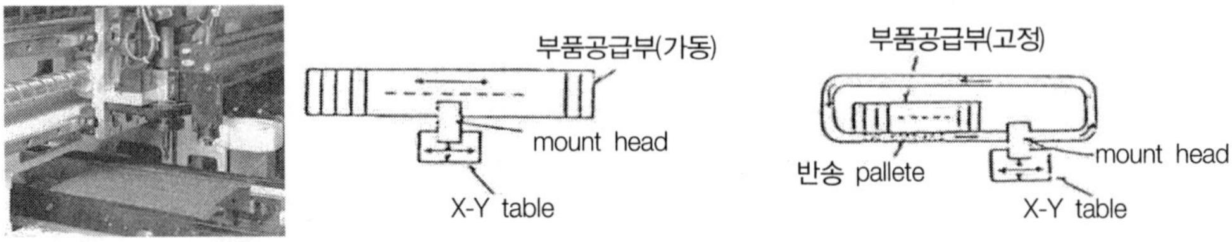

gantry(FUJI)

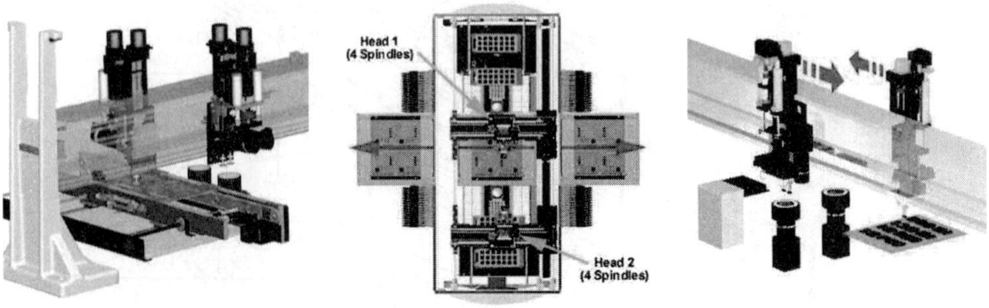

[그림 5-4] gantry 마운터

(2) Rotary 방식(In line/turret)

다수의 장착 헤드를 사용해서 순차로 칩을 장착하는 방식으로 각각의 기판에 1개 또는 복수의 칩을 장착한다. 다수의 헤드로 동시에 장착하므로 장착속도(tack time)가 빠르다. 고속 대량생산용으로 사용하나 다품종, 이형부품 및 소음, 장비수명, 가격 등에 불리하다.

rotary(yamaha)

turret(FUJI(XP-141E))

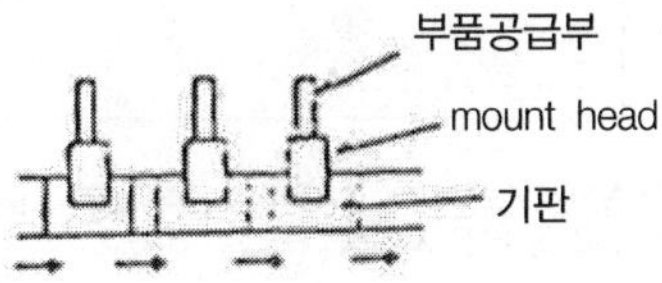

[그림 5-5] rotary 마운터

(3) Multi 방식(moduler)

다수 노즐이나 헤드를 사용하여 다양한 방식으로 칩부품을 동시에 일괄해서 기판에 장착하는 방식이다. 중속, 다품종 생산에 알맞으며 전용 지그(jig)가 필요하고 장착가능 부품의 한계가 있을 수 있다.

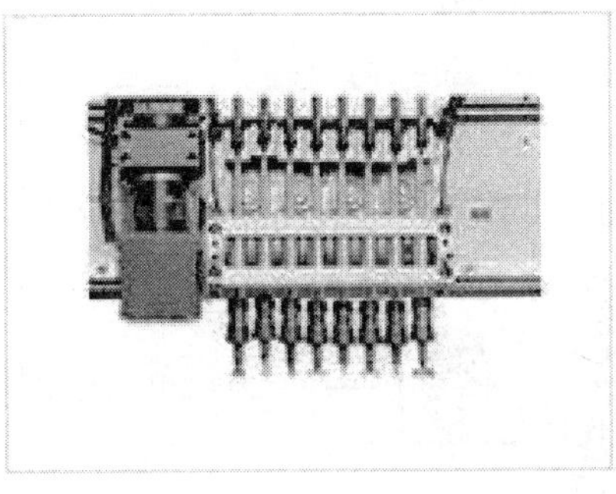

moduler(미래산업)

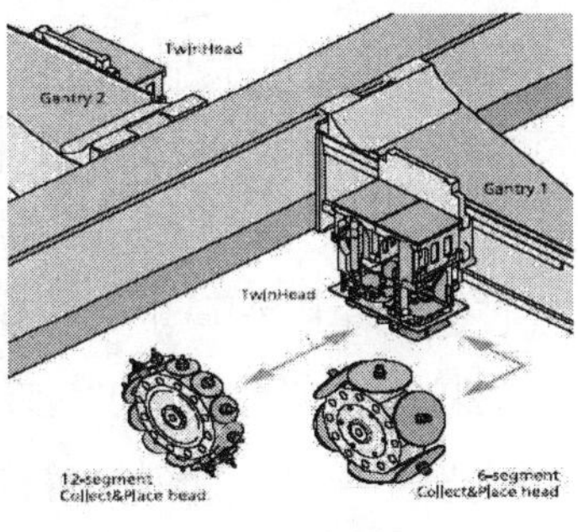

siplace(SIMENSE)

[그림 5-6] multi 마운터

- 기종별 사양 및 사용법은 규격(specification)과 사용설명서(manual)를 참조한다.
- 전원접지, 컴프레서(air compressor) : 전원접지의 목적은 생명의 안전과 전기, 전자, 통신 및 각종의 제어기기의 손상방지와 안정적 운용에 있다. 접지분류 대상기기, 접지공사 등은 전기법규로 규정되어 있으나, 생산현장에서 누전사고방지, 정전기방지, 전자파저감 통신과 전자 컴퓨터 제어오류를 방지하기 위해 접지에 유의할 필요가 있다. 컴프레서는 하절기 과열과 소음진동에 유의해 관리한다.

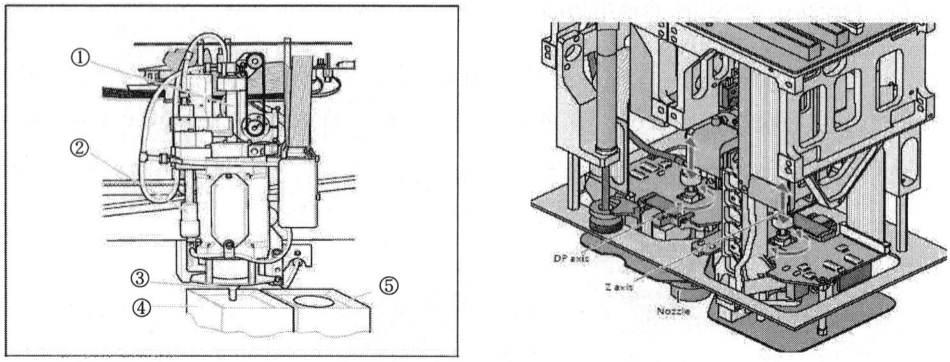

① 슬리브 ② 진공 노즐 ③ 컴포넌트 비전 시스템 ④ 노즐 체인지 본체
⑤ 플립칩 비전 시스템

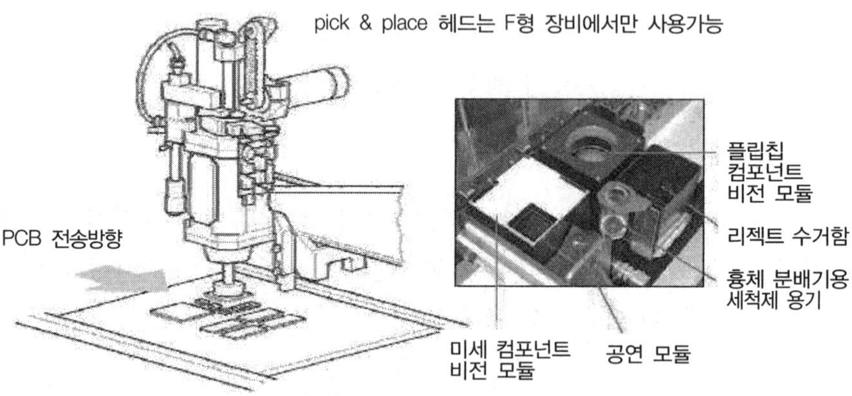

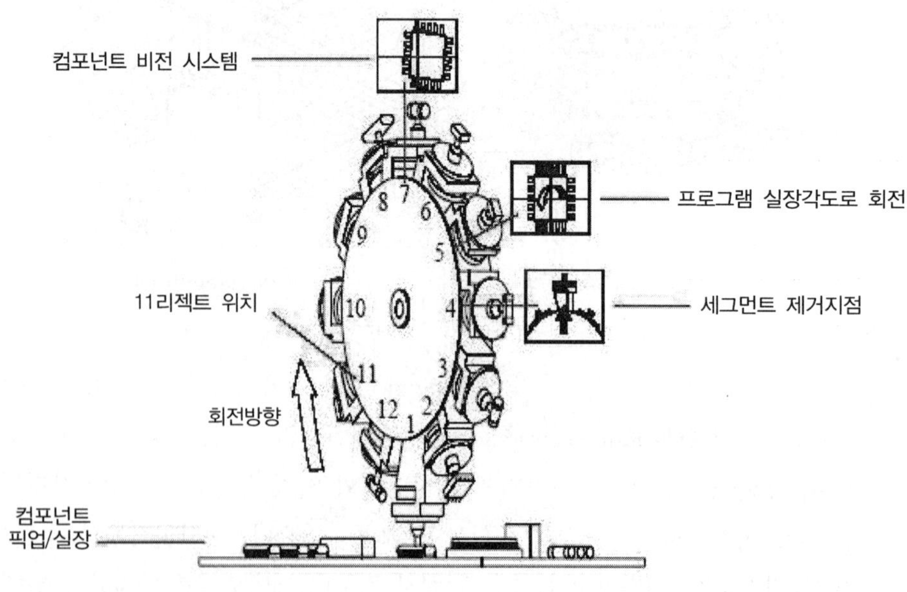

[그림 5-7] siplace(pick & place/collect & place)

헤드수와 장착률

다수의 헤드는 한 번에 많은 부품을 흡착하여 흡착시간과 X-Y 이동시간을 줄이지만 장착시간은 증가된다. 흡착시간이 장착시간과 비교해 상대적으로 짧기 때문에 많은 헤드추가보다 장착시간이 긴 부품을 줄이는 것이 생산량을 높인다. 각각 네 개의 노즐을 가진 두 개의 헤드를 가진 장비는 8개를 동시에 흡착하고 2개를 동시에 장착할 수 있다. 한 개의 헤드에 4개의 노즐까지는 장비의 거의 2배의 실질적인 생산량을 가진다. 유사한 트윈 빔 장비는 장착률이 1.5배가 된다.

4. 마운터 동작

마운터의 헤드가 부품을 공급받아 기판에 장착하는 기본동작은 다음과 같다.

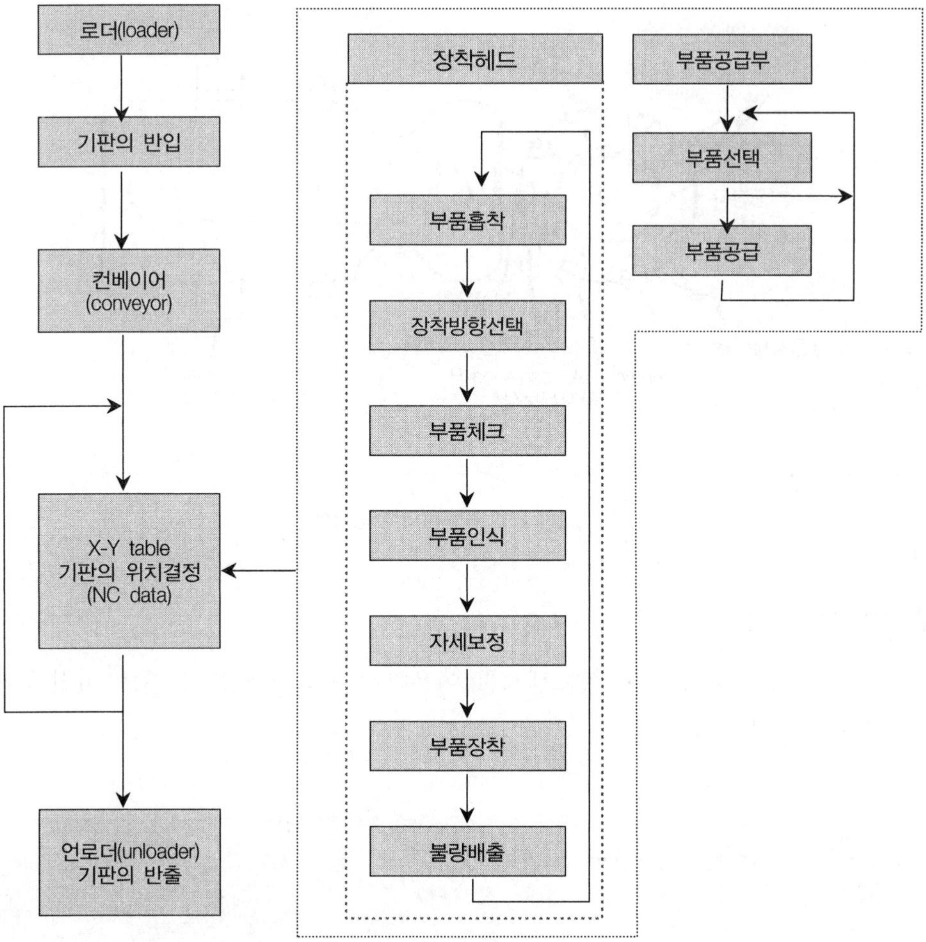

[그림 5-8] 마운터의 기본동작

(1) 부품장착 구조

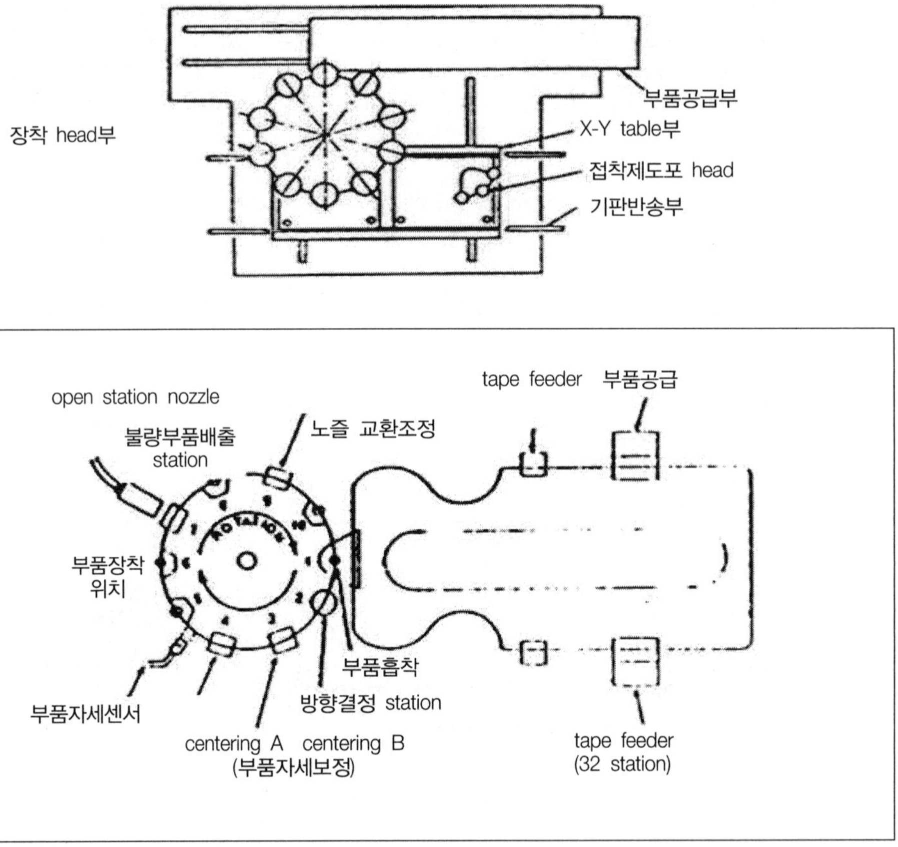

[그림 5-9] 미운터의 부품장착

(2) 부품인식장치

비전, 레이저 방식과 프리즘 센서를 이용하는 방식이 있으나 주로 비전을 사용하여 centering한다.

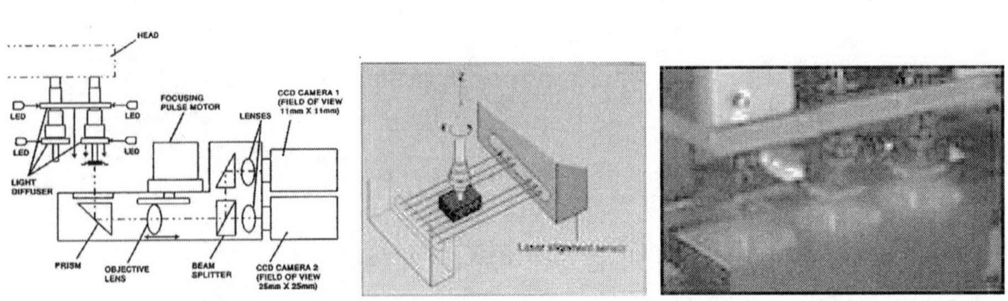

(a) prism (b) laser (c) vision

[그림 5-10] 부품인식장치

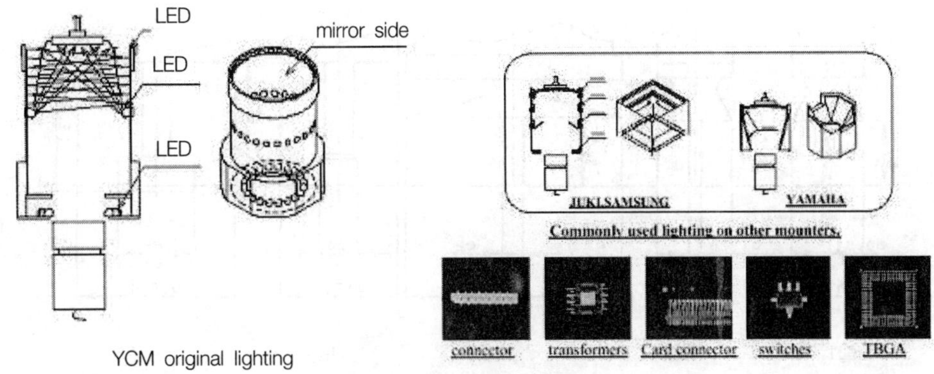

[그림 5-11] vision 구조

(3) 노 즐

노즐은 마운터의 헤드 끝부분에서 부품을 피더(feeder 또는 cassette)에서 흡착하여 기판에 탑재하는 역할을 한다. 노즐로 흡착한 부품은 비전 카메라 상단으로 이동하여 인식되고, 장착할 상태와 현재의 상태를 확인 보정하고 이와 동시에 부품의 형상과 비교 확인하여 양호, 불량을 판정한 후 장착위치로 이동한 후 기판 위에 올려놓는다.

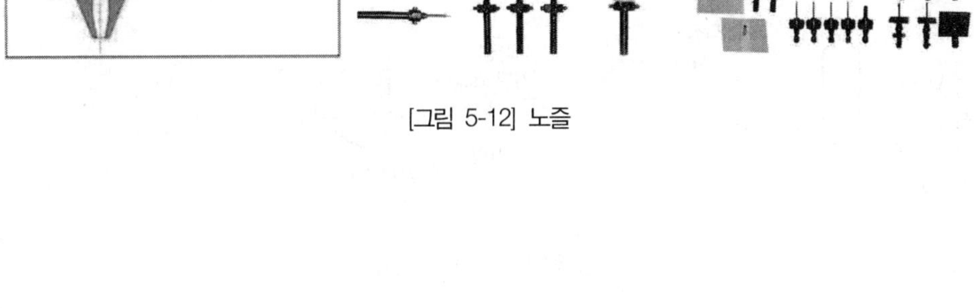

[그림 5-12] 노즐

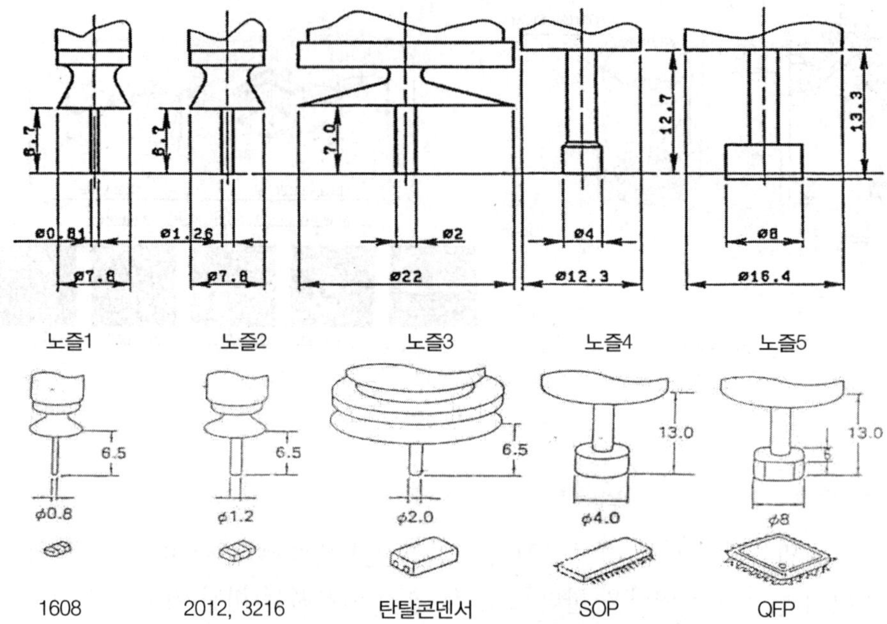

[그림 5-13] 노즐 형태

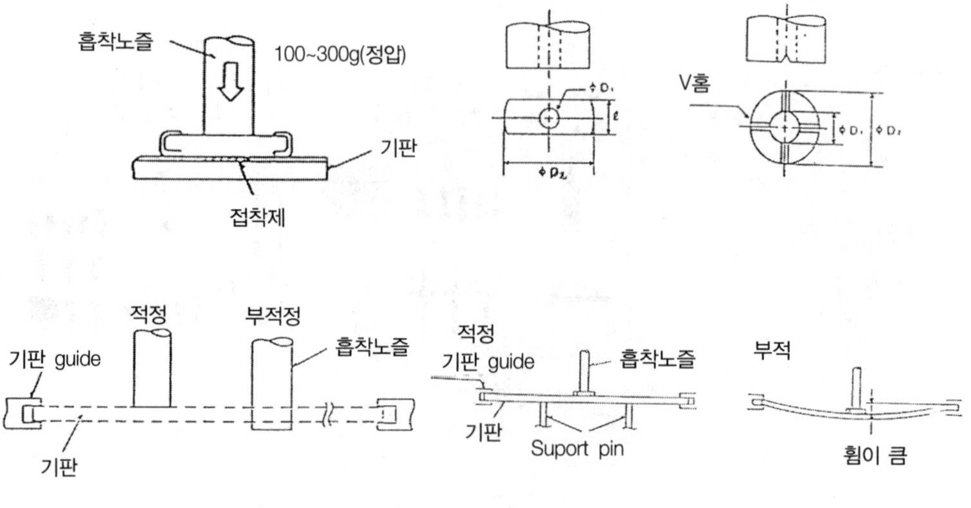

[그림 5-14] 노즐 위치

(4) 마운터의 부품장착

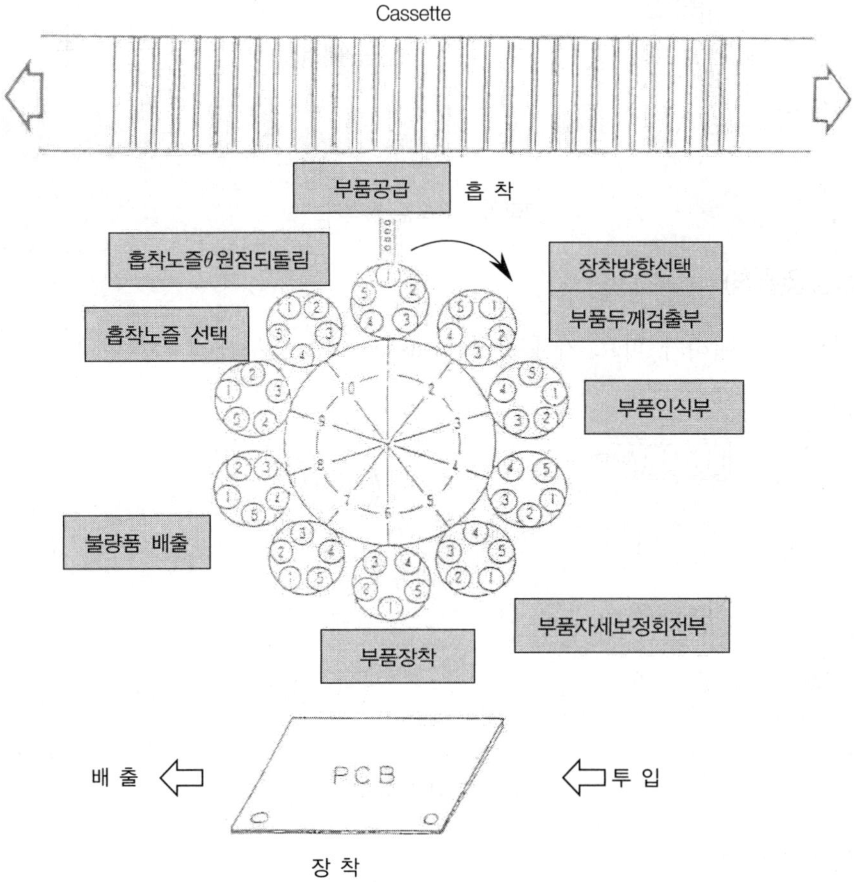

[그림 5-15] 마운터 장착동작(machine 전면)

1) 흡착노즐 선택

사용하는 흡착노즐을 해제하고 노즐 종류를 다시 선택한다(notch lever).

2) 노즐 원점돌리기

노즐의 회전각을 원점위치로 돌린다. 선택된 진공 척(chuck)은 헤드가 다음 스테이션(station)으로 돌아갈 때 원점돌리기 롤러(roller)로 노즐을 원점으로 회전시킨다.

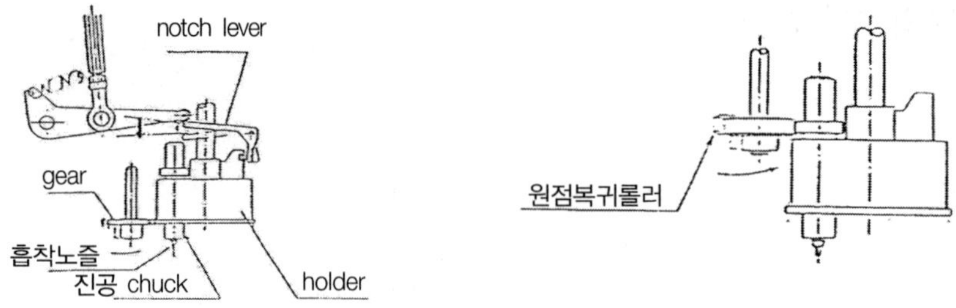

[그림 5-16] 노즐 돌리기

3) 부품공급(흡착)

흡착노즐이 내려가 파트 카세트(part cassette)의 칩부품을 흡착한다.

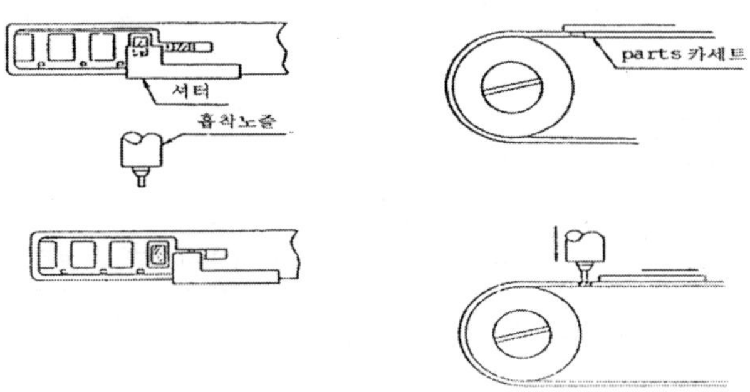

[그림 5-17] 부품흡착

4) 장착 방향선택

부품장착 방향에 유사한 각도(0°, 90°, 180°, 270°)로 노즐을 회전한다.

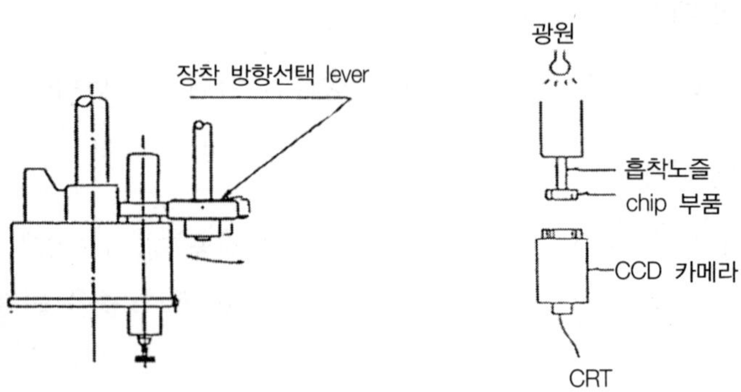

[그림 5-18] 방향선택 / 부품인식

5) 부품두께 검출부

부품높이(두께)를 라인센서로 체크하여 흡착자세와 다른 부품이 아닌지 확인한다.

6) 부품인식부

부품인식 카메라에 의해 부품 흡착위치 형상치수 등을 확인하여 장착할 X-Y 테이블 위의 기판 장착위치와 오차를 연산한다.

7) 부품 자세보정 회전부

부품이 실제로 장착되어야 각도와 인식값을 연산하여 보정 회전한다.

8) 부품장착

노즐 유닛을 장착위치까지 내려 부품을 기판에 장착한다.

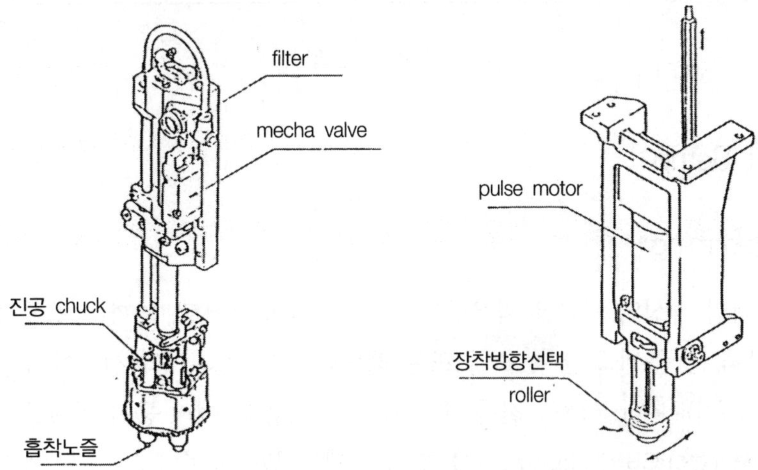

[그림 5-19] 부품장착 유닛

9) 불량배출

부품높이 검출에서 불량판정(NG)으로 인식된 부품을 배출한다.

	표 시	내 용	흡착상태도
양품	*GO*	Chip 부품이 노즐에 바르게 흡착되어 있다.	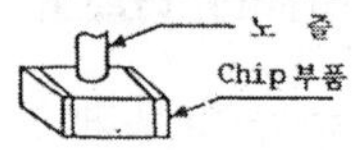
불량	*NG*	Chip 부품이 노즐에 흡착되어 있지 않다.	
	NG	Chip 부품이 노즐에 서서 흡착되고 있다.	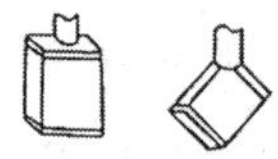
	NG	Chip 부품이 회전한 상태로 노즐에 흡착되고 있다.	
	NG	Chip 부품이 90° 회전한 상태로 흡착되고 있다.	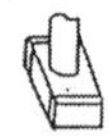
	NG	Chip 부품이 정해진 위치에서 틀어져서 흡착되고 있다.	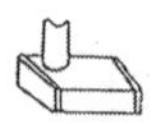
	NG	미리 설정한 Chip 부품의 외경치수에 대해서 측정치가 작은 경우	

[그림 5-20] 불량흡착

5. Mount Setup

(1) Programming

프로그램의 작성의 기본은 작은 부품에서 큰 부품순서로, 가까운 곳에서 먼 곳, 빠른 것에서 늦은 순서로 한다. 노즐 또는 헤드와 장착 스피드의 선정이 부품과 일치하지 않는 경우 pick-up error, 결품, 위치차이, 부품없음 에러 등이 발생할 수 있다. 부품 alignment는 PCB의 alignment를 한 경우에는 생략할 수 있다. 부분적으로 부품의 장착을 생략할 때에는 자재 아이템(item)별, 스텝(step)별로 스킵(skip)을 할 수 있다.

부품의 실장순서는 임의로 설정할 수 있기 때문에 실장순서에 따라서 이동거리가 길어지며, 결과적으로 장착동작으로 옮겨지기까지 테이블 또는 헤드가 프로그램위치로 도착하기를 기다리는 가동손실이 발생한다.

실장속도는 부품에 따라 다르며, 높은 부품을 실장한 후 근접한 곳에 부품을 실장하면 노즐이 간섭하는 등의 제약조건을 포함하여 최적의 실장순서를 정하기가 어렵다. 각 메이커는 자사설비의 동작조건, 치수관계에 적합한 기판상의 부품위치, 탑재하는 부품의 종류, 형상을 줌으로써 자동적으로 최적의 순서로 실장을 행하는 프로그램을 작성할 수 있는 소프트웨어를 지원하고 있다.

(2) 메뉴 구성의 예

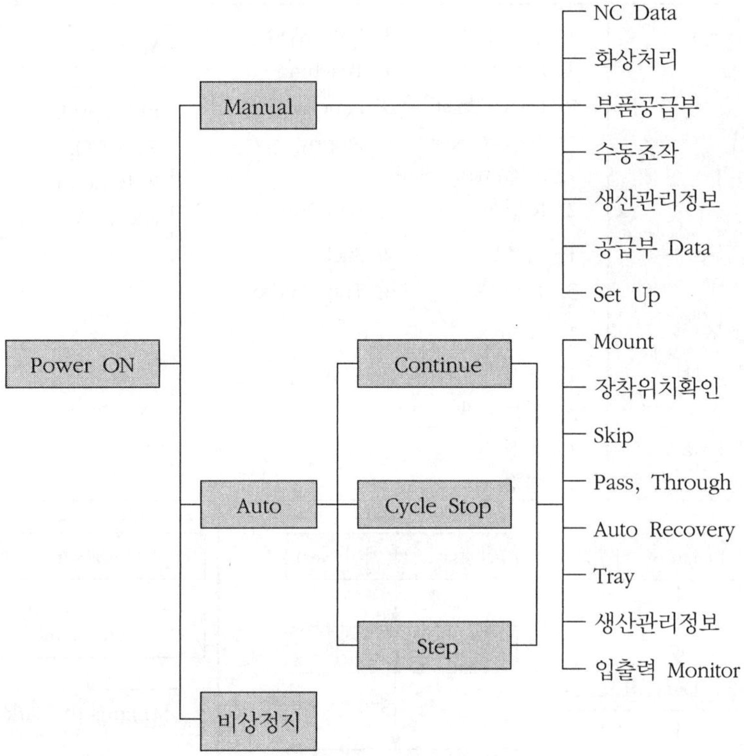

[그림 5-21] 프로그램 메뉴

(3) 마운터 작업순서

1) 장비조정(mount set-up)

기판크기에 맞도록 마운터의 컨베이어 폭을 조정하고 기판을 투입하여 받침대(back-up pin)를 조정하여 기판을 고정시킨 후 기계원점을 조정하고 피듀셜마크(fiducial mark) 인식, 부품의 좌표(위치)정보(placement data), 부품(형태)정보(component data)를 입력하여 실장 프로그램(pick & place data)을 작성하고, 부품공급기(feeder)를 선택장착하고, 프로그램의 최적화(optimize)를 한다.

2) 실장검사(production test)

마운터를 가동시켜서 기판에 부품을 탑재하고, 부품탑재가 완료된 실장기판은 검사하여, 탑재불량이 있을 경우 원인을 분석하여 프로그램을 수정 또는 장비를 조정하는 재작업을 한다.

(4) 프로그램 작성요약

Main Menu	1. 읽어내기	2. Data 출력
NC data	3. Key 입력	4. Teaching
	5. Data Offset	6. Function
	7. Setp Repeat	8. Floppy 조작
화상처리	1. Alignment Mark	
	2. IC인식	3. Bad Mark
부품공급부	1. 카셋트	2. Stick
	3. Tray 품종	4. Tray Address
수동조작	1. Menu	
생산관리정보	1. 표시	2. 인쇄
	3. 정보소거	
공급부 Data	1. 설정	
Set Up	1. 설정	

Manual	
Block NO.	0
Step NO.	0
PCB Count	0
File SS-V	

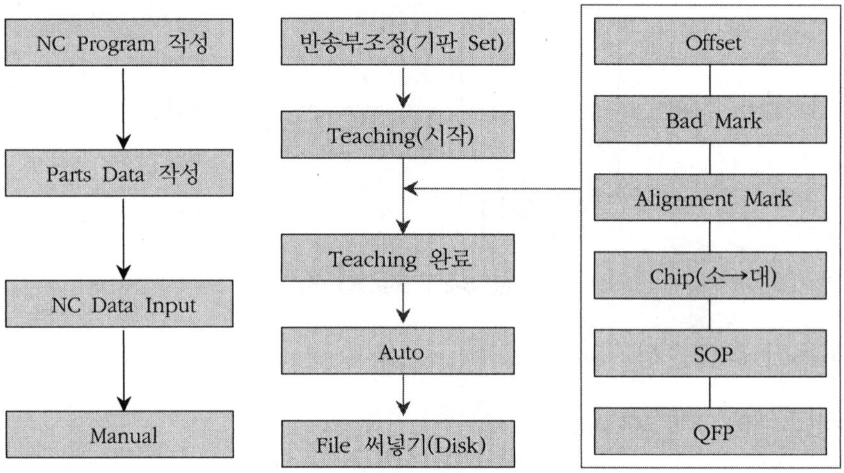

[그림 5-22] 프로그램 순서

(5) Mounter Setting 유의사항

• 입력정보 오입력(setting data error)	• 장착 speed의 오입력(setting 불량)
• M/C 초기 setting값 오입력(흡, 장착위치)	• 부품 원자재의 불량
• parts cassette의 불량	• 부품간 이격거리(설계불량)
• parts cassette의 setting 불량	• solder land 설정(설계불량)
• backup pin의 setting 불량	• silk 위치선정(설계불량)
• nozzle의 불량	• 부자재의 물성불량
• nozzle의 선택의 오류	• PCB 원판의 불량

※ 입력정보(setting data) : 기계원점, 기판원점(fiducial mark), parts data(placement, component)

(6) Mount 주요 불량유형

마운터 공정불량은 부품의 미장착, 틀어짐, 일어섬 등이 있는데 주요 불량요인과 조치할 사항은 다음과 같다.

불량유형	불량요인	개선조치
• 미장착 • 틀어짐 • 부품일어섬	chip mount의 정도	• 기판위치의 고정 • 흡착 노즐의 심원도 • 흡착 노즐의 끝단의 형상 • centering unit의 관리
	parts cassette의 정도	• vacuum error의 개선
	bare PCB의 정도	• pattern 위치정도 • pattern 표면처리형태 • 외형의 정도
	부품(parts)의 정도	• 단자(lead)부분의 정도

(7) 흡착불량 분석

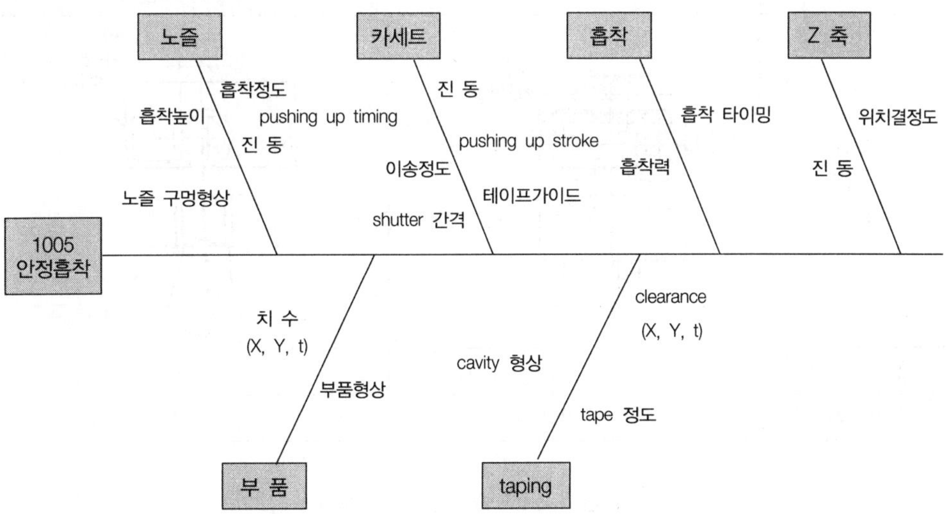

[그림 5-23] mount 불량요인

1) 부품흡착력

부품을 기판에 장착하는 마운터의 동작은 카세트(cassette)나 트레이(tray) 등으로 공급된 부품을 노즐(nozzle)로 흡착하고, 부품의 흡착상태와 장착해야 하는 위치의 차이를 인식하고 보정한 후 기판 위의 설정된 위치에 장착한다. 이때의 노즐의 흡착력은 다음과 같다.

$$W = \frac{P \times C}{76}$$

W : 흡착력(g), P : 진공압(mmHg), C : 노즐면적(mm^2)

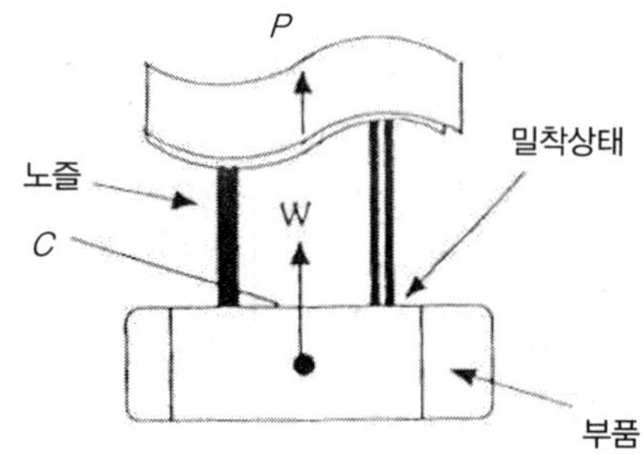

[그림 5-24] 노즐의 흡착력

	각(角) 노즐	원형 노즐
흡착위치 틀어짐 0.2	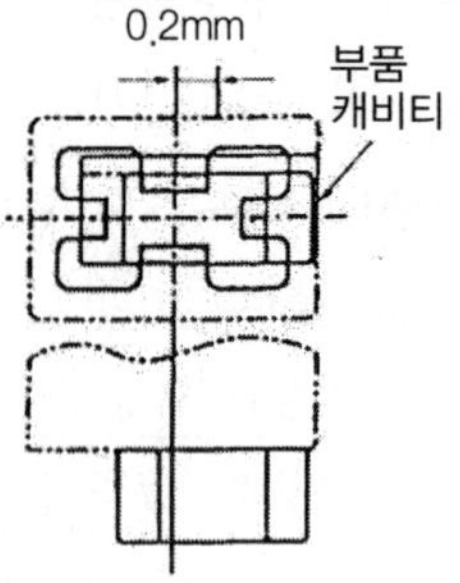	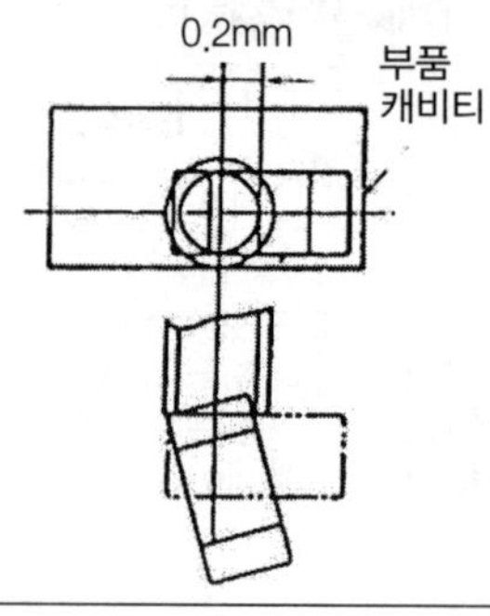
흡착 안정성	○	×
흡착위치보정	불필요	필요

[그림 5-25] 노즐 형상과 실장품질

2) 노즐 관리

노즐에 이상이 발생하면 흡착 에러, 부품누락이 발생된다. 정기적으로 흡착 노즐에 막힘 · 빠짐 · 변형 등이 없는지 또한 필터에 막힘은 없는지 점검 · 청소 · 관리를 한다. 노즐의 세척제는 알콜류(메칠알콜, IPA 등)를 사용한다.

3) 최적 노즐

표면이 평탄하지 못한 전자부품은 흡착력이 저하되므로 특수한 흡착구멍 형상의 노즐을 사용한다.

4) 헤드 속도

헤드의 회전속도가 빠른 경우 원심력으로 인해 부품이 빠져버리는 경우가 발생한다. 헤드속도를 낮추면 장착속도가 약간 낮아지지만, 부품에 걸리는 원심력을 절감하여 복구시간, 부품손실을 삭감, 실장을 계속해갈 수 있다.

5) 흡착높이

흡착높이 정도도 흡착 에러에 크게 관계하고 있다. 노즐의 하사점을 실제 부품높이보다 높게 설정해버린 경우 부품꺼내기 위치에서 노즐이 부품과 밀착하지 않기 때문에 흡착력이 저하하고, 반대로 하사점을 낮게 설정한 경우 부품에 노즐을 눌러 붙이게 되어 부품과 노즐이 파손되는 경우가 있다. 칩마운터일 때 칩부품으로 가해지는 하중은 보통 100～300g(정압)이다. 이러한 흡착 에러를 방지하기 위해 실장 데이터 프로그램을 입력할 때 입력한 부품형상 데이터와 실제로 사용하는 부품치수가 일치하고 있는지의 확인이 필요하다.

6) 카세트(cassette) 부품관리

마운터의 기본 유닛(unit)인 카세트 부품은 장치에서 꺼내기 위치에 이상이 있으면 흡착실패의 원인이 된다. 부품흡착 위치를 관리하고 카세트 부품 및 장치부, 준비대를 관리하여 흡착실패, 부품분실, 측면흡착 등의 불량을 없앤다.

카세트는 부품기준면의 흠집과 부품이 맞물려 들어감에 따라 외형의 변형에 의해 카세트 흡착면이 올라갔다 내려갔다 한다. 이 때문에 본체의 이동 테이블의 청결과 카세트의 밑면의 청결이 중요하다.

또 카세트 고정 레버를 잠글 때에 흔들거림이 없도록 조정(adjust)나사로 조정하는 등의 관리가 필요하게 되며, 정기적으로 카세트의 교정기에 의해 점검을 하여야 한다.

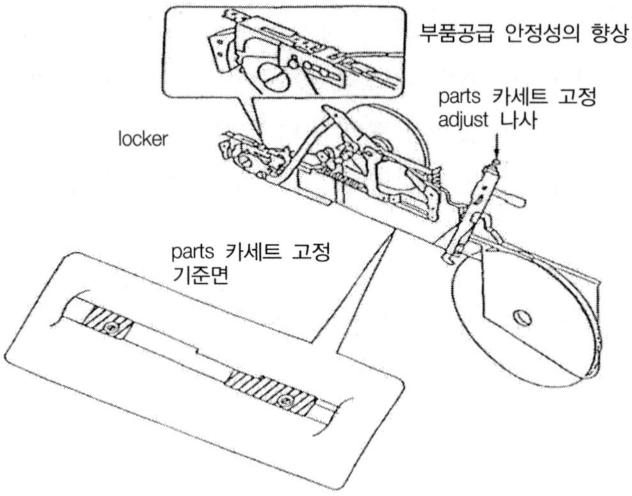

[그림 5-26] parts 카세트의 관리

7) 부품요인

마운터의 요인이 아닌 부품표면 상태 등에 기인하는 실장불량이 있다. 칩부품이 들어가는 테이프의 두께, 또는 캐비티라고 하는 부분의 형상 등에 의해 흡착동작에 영향이 나타난다. 이 외에도 클리어런스에 의한 흡착 에러가 있는데 픽업(pick-up)부에 설치한 밀어올리기 핀으로 노즐에 강제 흡착시킴에 따라 클리어런스가 큰 경우라도 99.95% 이상의 흡착신뢰성을 확보할 수 있게 된다.

(8) 장착 에러 분석

흡착동작이 양호하더라도 장착이 프로그램의 위치에 정확하게 장착되지 않을 경우가 있다. 1005칩 경우에 일반적인 실장기의 장착정도인 0.1mm 정도의 차이로도 부품크기가 작기 때문에 장착위치의 어긋남이 생긴다.

1) 장착높이 정도

노즐의 하사점에 따라 부품이 이탈, 장착의 어긋남 또는 솔더 인쇄를 망가뜨림으로 인한 솔더볼, 쇼트의 발생원인이 된다. 이 때문에 실제의 부품의 높이, 크림솔더의 인쇄두께를 고려하여 장착높이를 설정할 필요가 있다. 크림솔더가 눌려 밖으로 빠져나오는 불량이 반복되면 부품장착 높이를 재조정한다.

2) 부품인식

1005칩 부품은 통상의 인식방법으로는 정확하게 흡착위치와 형태를 인식하는 것이 곤란하다. 특히 투과인식방법으로는 부품의 외형을 그림자로 확인하기 때문에 1005칩 부품보다 큰 지름의 노즐로 부품을 흡착하면 노즐의 그림자의 영향으로 정확한 부품인식이 곤란해진다. 이와 반대로 노즐구멍이 작으면 부품흡착력을 확보할 수 없기 때문에 부품인식에는 반사인식을 사용함으로써 노즐의 흡착력과 내구성을 확보할 수 있다.

3) 기판의 휨

프린트 기판이 휘어 있는 상태로 장착하면 장착불량의 원인이 된다. 그림처럼 기판이 위나 아래로 휘어 있는 경우 노즐 하사점의 경우와 마찬가지로 장착의 어긋남이 발생하거나, 솔더 인쇄를 망가뜨리게 되어 솔더볼과 쇼트 발생원인이 된다. 이에 대해 공급되는 기판휨이 최대 0.5mm 이하가 되도록 관리가 필요하다.

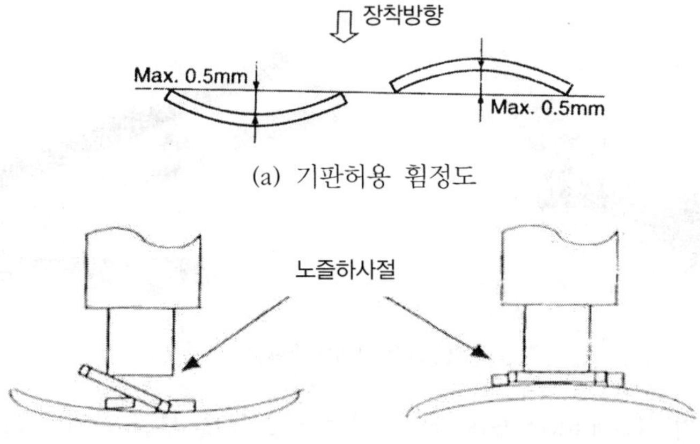

(a) 기판허용 휨정도

(b) 기판이 밑으로 휜 상태 (c) 기판이 위로 휜 상태

[그림 5-27] 기판의 휨영향

4) 기판의 받침

기판받침이 올바르지 않으면 장착불량의 원인이 된다. 기판의 받침이 낮은 상태로 장착하면 부품이 기판에 접촉하지 않아 장착 어긋남이 발생하고, 높은 상태로 장착하면 노즐의 하사점이 낮은 경우와 같은 여러가지 에러가 발생한다.

실장기 테이블 위의 기판누름과 기판을 지탱하는 서포트 핀(또는 backup pin) 높이의 위치조정도 필요하며, 기판이 실장기 테이블 위에 안착되었을 경우에 최적의 평탄도를 유지하여야 한다.

6. 부품공급기(PSM)

(1) 개 요

PSM(Part Supplying Machine)은 마운터에 부품을 공급하는 기구이다. 많이 사용되는 부품공급기구는 feeder와 tray류이다.

* Tape Feeder, Stick Feeder(vibration, belt, stack), Bulk Feeder, Tray(single, multi)
* DDF(direct die feeder)는 flip chip에 사용하는 feeder이다.

1) 피더(feeder)는 마운터에 탈부착할 수 있는 구조로 되어 있다. 실장할 부품을 전달 공급하는 형태로 보면 중력, 진동 및 테이프릴, 트레이, 리드포밍 형태가 있다.

① 중력을 이용하는 튜브피더(스틱피더)는 경사지게 설치하며, 간단한 구조로 공간을 적게 차지한다. 피딩에러 발생을 자주 확인하여야 한다. 스틱피더(stick feeder)는 소용량 공정에 적용된다.

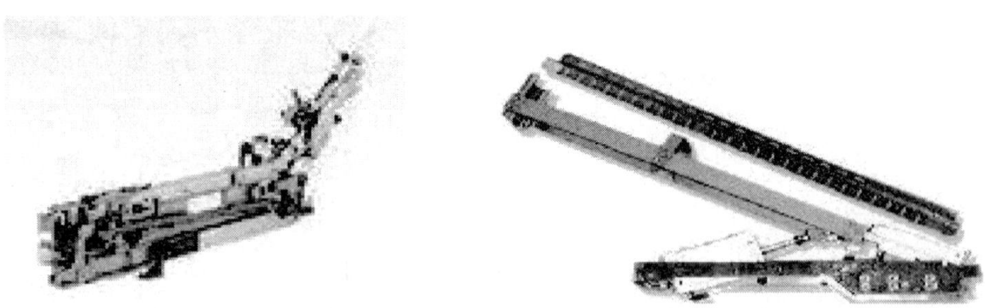

[그림 5-28] stick feeder

② 진동피더(vibration feeder)는 진동으로 튜브 부품을 이송한다. 테이프릴보다 공간을 적게 차지하지만 진동이 지나치면 부품흡착이 어렵다.

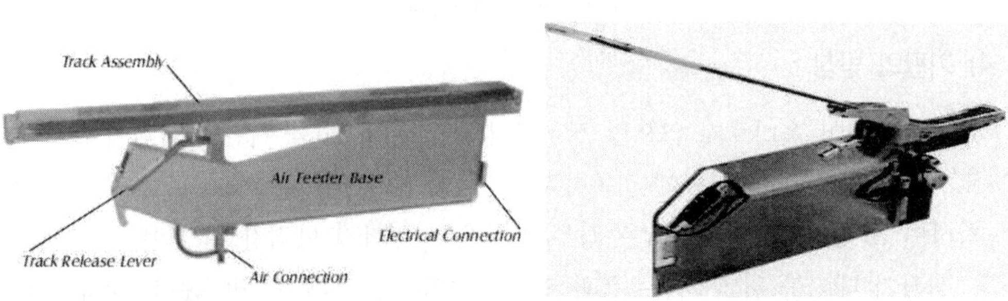

[그림 5-29] vibration feeder

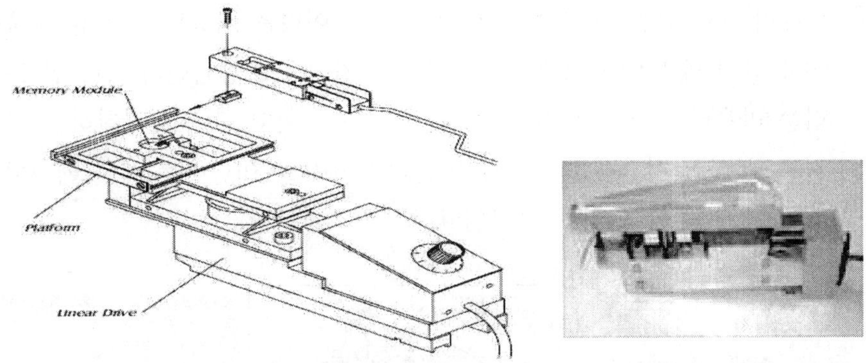

[그림 5-30] vibration feeder

③ 테이프 피더는 많은 양의 칩부품을 안정되게 공급할 수 있으므로 가장 일반적으로 많이 사용한다. 릴(reel)에 감긴 테이프(tape)의 부품을 피더를 통하여 픽업(pickup) 위치에 일정한 간격으로 이송하며 부품을 보호한다. 대부분의 테이프 피더는 릴홀더, 테이프 이송 메커니즘, 커버테이프를 벗기는 메커니즘으로 구성된다. 테이프의 폭, 포켓의 크기, 부품의 방향, 벗겨지는 힘 등을 포함한 캐리어나 커버형태 테이프의 사양이 EIA-481에 규정되어 있다. 표준 캐리어 테이프의 폭은 8, 12, 16, 24, 32, 44, 56, 72mm이다.

캐리어 테이프는 테이프 폭에 맞춰서 부품 포켓 및 양면의 스프로켓 구멍이 있다. 8mm 테이프는 천공된 종이이거나 엠보싱된 플라스틱이며, 12mm에서 56mm까지 테이프는 보통 엠보싱된 플라스틱이다. 커버테이프에는 양쪽으로 천공되어 있고 위에만 엠보싱되어 있다. 종이테이프는 기계적인 메커니즘의 오동작이나 진공노즐의 오동작을 일으킬 수 있는 먼지가 발생되지만 매우 작은 저항이나 커패시터에 사용되고, 포켓이 곡선으로 되지 않기 때문에 효율적이다.

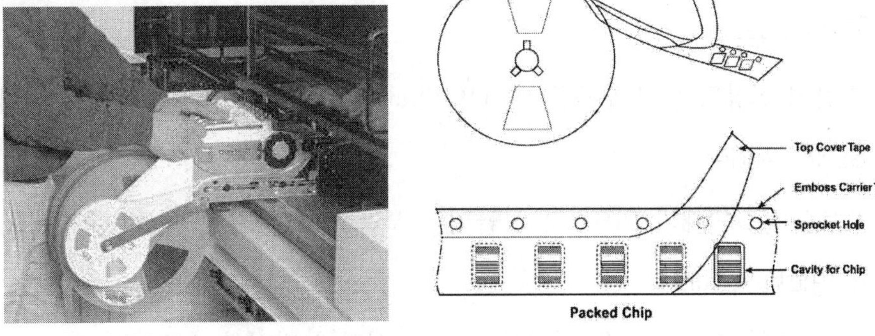

[그림 5-31] tape reel feeder

④ 트레이(tray)피더는 테이프 피더로 공급이 어려운 이형부품, IC류 부품을 트레이에 담아 매거진에 적재하여 마운터에 자동으로 공급한다. 단순한 트레이 피더는 마운터의 헤드가 직접 닿을 수 있도록 피더 블록에 장착하는 구조를 가지고, 복잡한 시스템은 부품을 마운터의 헤드로 이송하는 셔틀 메커니즘을 가진 다중 트레이 피더로 구성된다.

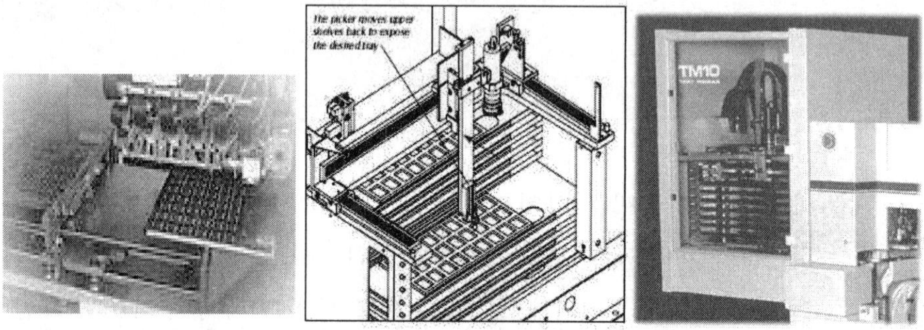

[그림 5-32] tray handling

2) 좋은 피더의 성능은 다음과 같다.

① 마운터에서 최소한의 자리를 차지한다.
② 부드럽고 연속적이며 에러없는 동작을 제공한다.
③ 피더에 부품을 쉽게 걸 수 있도록 해준다.
③ 부품 픽업시 정밀한 부품위치 결정이 이루어진다.
④ 부품에 기계적 전기적 손상을 주지 않는다.
⑤ 최대의 신뢰성과 최소의 유지보수를 한다.
⑥ 합리적인 가격이다.

(2) PSM Option, Accessories

1) Tape Feeder

기판에 실장되는 칩 부품을 테이프 릴(tape reel)에 담아 마운터에 공급하는 장치

2) Stick Feeder

스틱(tube, 막대기모양)으로 공급되는 부품을 마운터에 공급하는 장치

① 멀티 스틱피더

여러 개의 스틱 부품을 처리하기 위한 실린더 방식의 스틱피더

② 바이브레이션 스틱피더

여러 개의 스틱 부품을 처리하기 위한 바이브레이션 방식의 스틱피더

③ 고속 싱글 스틱피더

한 가지 스틱 부품만을 고속으로 처리하는 벨트 방식의 스틱피더

④ 고속 싱글 적층 스틱피더

한 가지 스틱부품을 10단 이상 적재하여 처리하는 벨트 방식의 스틱피더

⑤ 적층 스틱피더

동종의 스틱 부품을 10단 이상 적재하여 처리하는 바이브레이션 방식의 스틱피더로 부품에 따라 가변 가능

3) Tray Feeder

트레이(tray)로 공급되는 부품을 처리하는 피더

4) 매뉴얼 트레이 피더(manual tray feeder)

보유하고 있는 장비에 TFU나 TSU가 없을 경우 피더 베이스에 장착하여 QFP 등의 팔렛(pallet)형 부품을 공급할 수 있는 장치

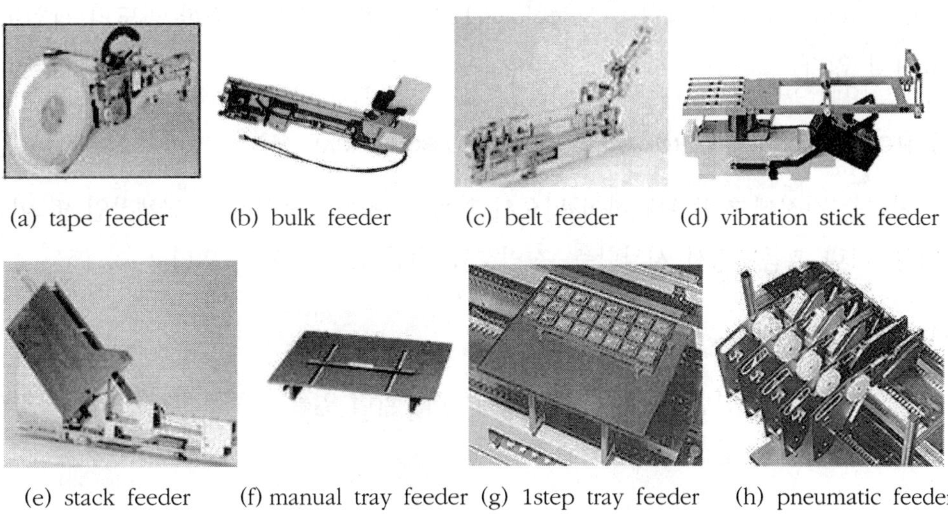

(a) tape feeder (b) bulk feeder (c) belt feeder (d) vibration stick feeder

(e) stack feeder (f) manual tray feeder (g) 1step tray feeder (h) pneumatic feeder

[그림 5-33] feeder

[그림 5-34] stick feeder

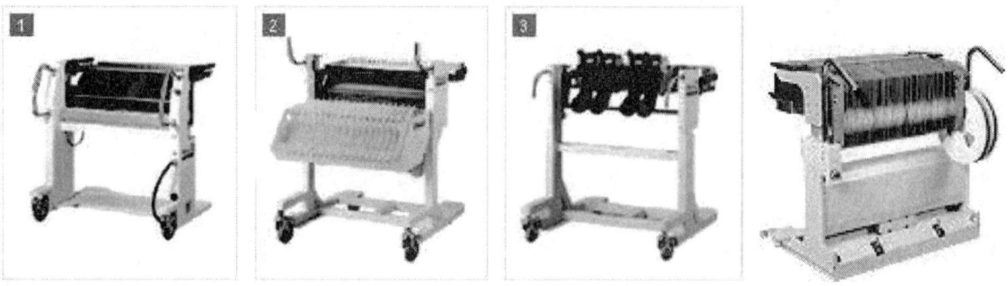

trolley(1) trolley(2) trolley(3) docking cart

[그림 5-35] 트롤리(trolly)

5) 1스텝 Tray Feeder

2종류의 트레이 패키지를 공급할 수 있다. 피더 베이스(feeder base) 위에 원터치(one touch) 설치 및 착탈이 가능하다. 트레이 피더 부착을 위한 별도의 작업이 필요하지 않다.

6) Trolley(exchanger trolley, feeder sotorage rack)

피더를 사전에 착탈 보관하여 필요시 일괄 교체하는 장치이다. 교체작업 및 이동편의성, 다량 부품변경시 시간단축, 작업효율 개선 등의 효과가 있다.

7) Docking Cart

작업 PCB 기종변경이 잦은 경우 용이하다. 피더 일괄 교체로 작업 PCB 변경시간을 단축, 생산성 향상에 효과적이다.

(a) TSU (b) TFU (c) auto tray (d) shuttle tray feeder

[그림 5-36] tray unit

8) TSU(Tray Supply Unit)

장비 후면을 테이프 피더가 장착될 수 있도록 개방되어 많은 양의 테이프 피더 사용이 가능하며 장비본체 측면에 부착되며, dual shuttle을 이용하여 신속하게 특수·대형 부품공급이 이루어진다.

9) TFU(Tray Feeder Unit)

이형·대형 QFP 등의 부품을 공급하는 유닛이며 한꺼번에 Pallet를 공급하므로 효율적인 작업이 가능하다. 장착시에는 후면에 테이프 피더 장착은 불가하며, 통상 array board일 경우 효율이 높다.

10) SU(Shuttle Unit)

pallet에 칩을 공급할 경우 사용하는 장치이다. 컨베이어(conveyor) 측면에 부착되어 shuttle transfer로 칩을 마운터에 공급한다.

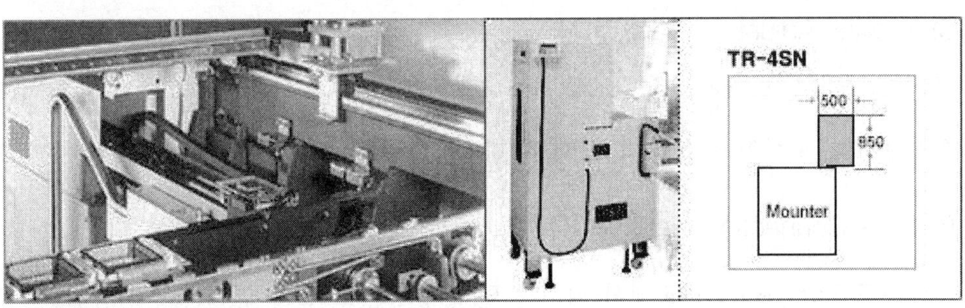

[그림 5-37] MTC(TR-4SN)

11) MTC(Matrix Tray Changer)

shuttle 공급 타입으로 전송 컨베이어가 부착된 트레이 체인지(tray changer). 2개의 부품을 동시에 공급하여 생산성을 향상한다.

12) MTS(Matrix Tray Server)

본체 헤드가 직접 트레이에서 부품을 흡착하는 트레이 서버, 커넥터 등의 이형부품이나 BGA나 CSP와 같이 아래 표면에 단자가 있는 부품을 안정적으로 공급한다.

13) Feeder Stacker

사용하지 않는 피더를 보관할 수 있는 적치용 장치이다. 피더의 손상을 방지하고 보관을 용이하게 할 수 있다.

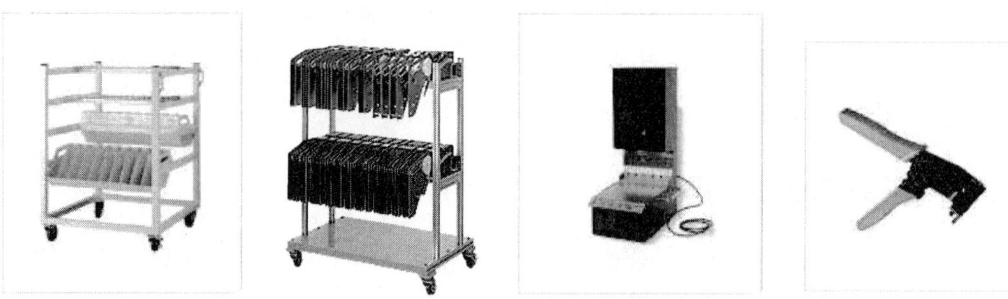

(a) feeder stacker (b) feeder storage rack (c) feeder adjust (d) reel connection

[그림 5-38] PSM 옵션

14) Feeder Storage Rack

피더를 파손없이 운반하며 보관이 용이하다. 한 개의 storage rack에 100개의 피더 적재가 가능하다.

15) Feeder Adjust

피더는 장기간 사용하게 될 때 구동부의 마찰에 의한 미세한 틀어짐이 발생된다. 정기적으로 교정이 필요하며 이때 위치조정을 할 수 있는 장치이다.

16) Reel Connection Jig

테이프 릴(tape reel) 교체시 피더를 탈착하지 않고 릴을 연결하여 사용할 수 있는 장치이다.

(a) JIG outlet conveyor (b) extension conveyor (c) reel exchanger (d) off-line trolley

[그림 5-39] mounter option accessories

17) Outlet Conveyor

부품공급장치로부터 추출한 부품검사 후 불량 판정일 경우 부품을 손상시키지 않고 외부로 인출하는 장치이다.

18) Extension Conveyor

장비 편측 또는 양측에 TSU가 장착될 시 전단 또는 후단 장비와 연결되는 전달용 컨베이어(Mx240)이다.

19) Reel Exchanger

c-type feeder에 릴 장착시, 장착이 용이하도록 피더를 거치시키는 장치이다. 또한 자유로운 이동이 가능하며, 동시 2개까지 장착이 가능하다.

20) Off-line Trolley Setup Kit

모델 변경시 미리 피더를 피더 베이스(base)에 장착하여 피더 장착에 소요되는 시간을 줄임으로써 JOB change를 최소화할 수 있는 장치이다.

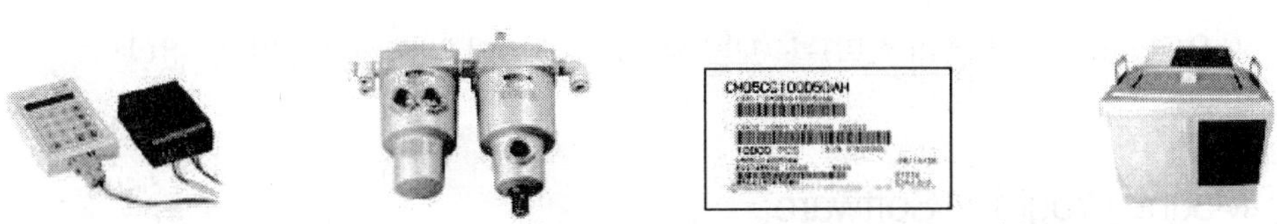

(a) network JIG (b) mist seperator (c) bar-code (d) nozzle clean package

[그림 5-40] mounter option accessories

21) Network Jig

전동식 피더 내의 일련의 데이터를 수정 및 간단한 rest를 할 수 있는 장치이다.

22) Mist Seperator

공장의 공기 중 이물질 유입이 많을 경우 장비의 보호를 위한 장치이다.

23) Bar-code System

피더에 장착된 릴의 내용을 일일이 손으로 기록하는 번거로움을 없애며, 릴 장착 시에 발생할 수 있는 오장착을 미연에 방지할 수 있는 식별장치이다.

24) Nozzle Clean Package

노즐을 장기간 사용시 이물의 흡착으로 인하여 흡착률이 떨어지며 불량장착의 요인이 되기도 한다. 이때 노즐을 청결하게 세척하는 장치이다.

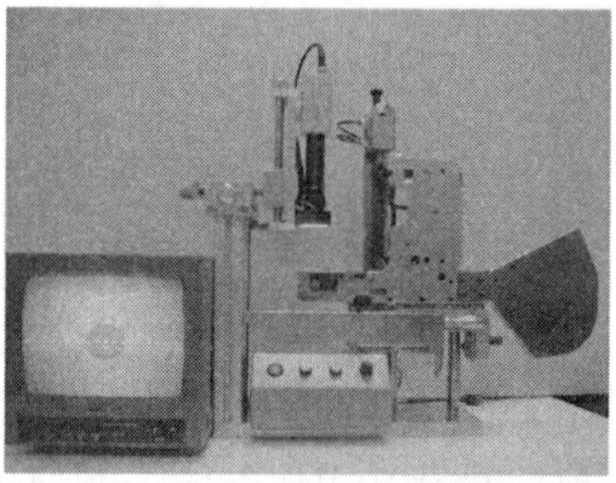

[그림 5-41] feeder adjuster

25) Feeder Precision Adjusting Station

피더를 비전 시스템으로 불량위치 부분을 측정하고 보정할 수 있는 장치이다.

26) Tape Cutter

사용한 tape종이(플라스틱)를 모으는 통, 마운터 내장형은 필요 없다.

7. Mount Program Software

(1) JUKI(http://www.hanjusmt.co.kr/smd_accessory_06.htm)

HLC(Host Line Computer), CAD 변환 Software

1. 프로그램이 분할 작성된 프로그램을 각 장비에 균등 분할한다.
2. Feeder 배치 Head 흡착이 최적이 되는 위치에 Feeder를 배치한다.
3. 장착순서 최적화와 노즐 교환을 최소로 하며 흡착과 장착 에러를 최소화한다.

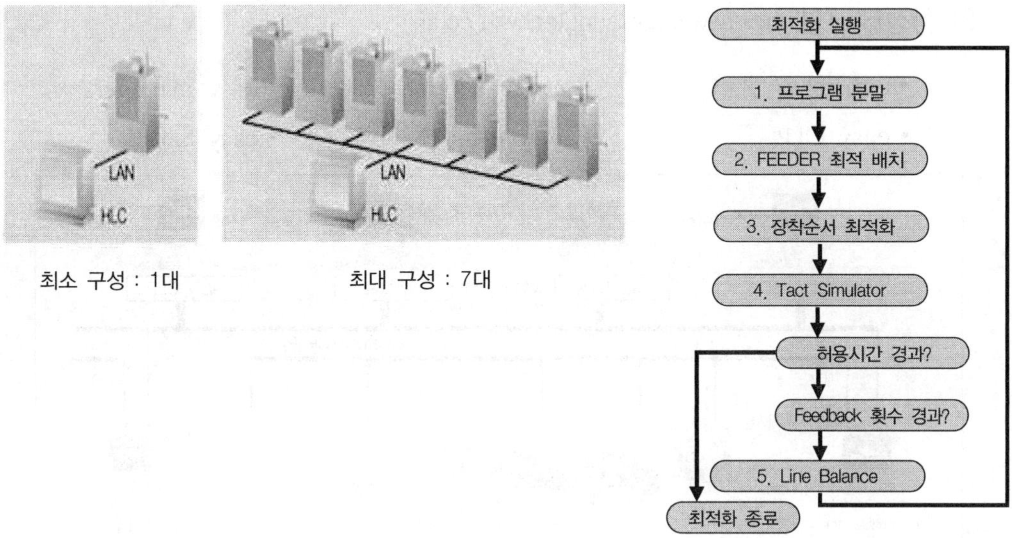

[그림 5-42] HLC(JUKI)

(2) SMT KOREA NC master(http://www.smtkorea.co.kr/)

- CAD 데이터를 사용한 NC프로그래밍 자동화로 작업능률 극대화 실현
- 서로 다른 마운터(mounter) 또는 (line 구성)간의 NC 프로그램 컨벤션 (program conversion)(호환)
- BOM ↔ NC, PGM ↔ 작업지시서 비교분석으로 휴먼 에러(human error)제거
- 마운터 데이터와 라인 밸런스 최적화로 생산성 극대화
- 장착 시뮬레이션, 오프 라인 티칭(teaching)으로 장착 error 예방

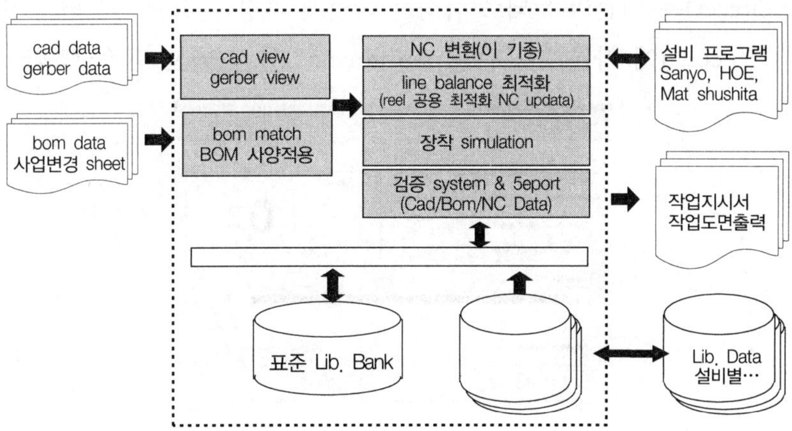

[그림 5-43]

(3) 삼성테크윈(http://www.samsungtechwin.co.kr/)

- enhanced MMI
- gerber mount
- easy manager
- easy OLP
- remote service
- easy SMT

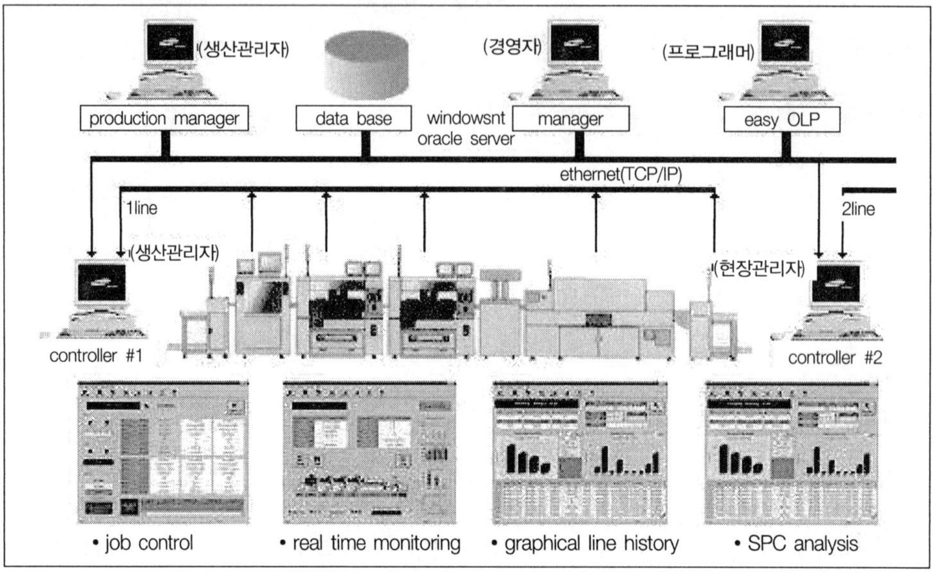

[그림 5-44] easy manager system

(4) 미래산업(http://www.mirae.co.kr/)

SMP(Single Machine Programming and production)는 장비의 조작과 운영 등의 전반적인 기본 기능들이 하나로 묶여진 통합 표준 패키지이다. 특히, 프로그램 및 피더 장착시 최적 상태의 배치가 가능하며 수정도 간단하다. 당사의 자랑인 옵티마이저(optimizer)는 인간의 두뇌로 작성한 작업에 가장 근접한 데이터를 생성하여 고객의 니즈(needs)에 따른 퍼포먼스(performance)를 최대한 만족시킨다.

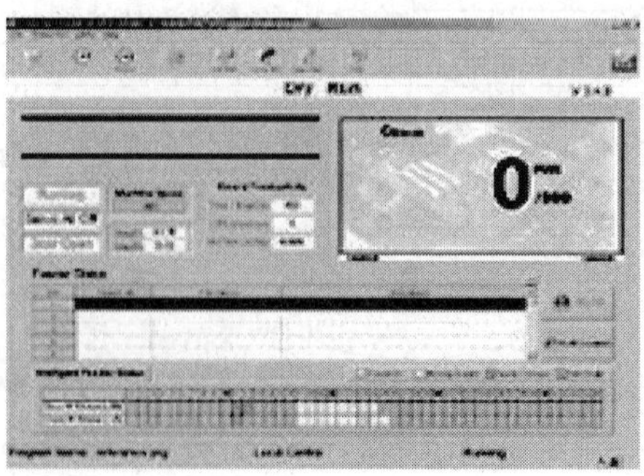

[그림 5-45] SMP(미래산업)

8. 제품사양

(1) JUKI(KE2060)

- MODEL명 : KE-2030M/L/L

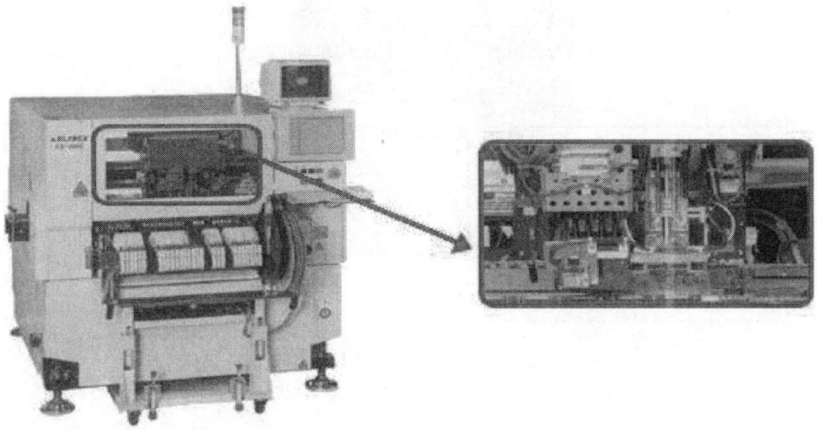

[그림 5-46] KE2030(JUKI)

Sector		KE-2030M	KE-2030L	KE-2030E
기판수치	Max	330×250mm	410×360mm	510×460mm
	Min	50×30mm(자동 기판폭 조정기능이 있는 경우 50×50mm)		
부품높이		6mm		
부품탑재속도		20,000CPH		
부품장착정도		±0.08mm		
부품포장형태		Tape(8, 12, 16, 24, 32, 32mm점착)/Stick/Bulk		
질량		약 1900kg		
전원		3Phase 200~415VAC, 5kVA		
Dimension		1900×1476×1550mm	2150×1476×1550mm	2550×1600×1550mm
사용공기압		0.49MPa±10%		
공기소비량(표준상태)		400ℓ/min		
Maker		JUK1		
국내공급원		한주 SLT		

(2) 삼성테크윈(CP63HP)

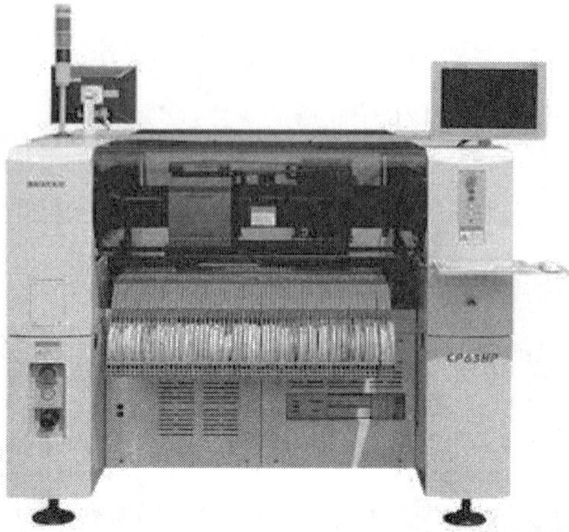

[그림 5-47] CP63HP(삼성)

Sector	Specifications(CP63)	Specification(CP63HP)
Type	Double Gantry	
Centering 방식	Full Vision(Option : LSO	
Head 수량	2Heads × 12Nozzles	
기판 크기(L×W×T)mm	MAX. 500×400×4.2 MIN. 50×50×0.38	MAX. 500×320×4.2 MAX. 500×160×4.2(2 PCB) MIN. 50×50×0.38
Tact Time	0.1sec/chip	0.1sec/chip 30000cph
장착정도	± 0.08mm/chip	± 0.08mm/chip
Feeder 장착수량	116EA(8mm기준)	
Feeder 종류	8～56 Tape, Stick, Tray(1, 20단), Bulk Feeder	
대응부품	0603～□24mm(0.65pitch), BGA : (1.0pitch)	
Power	AC 100～240 (50～60Hz) 8.9kW	
Air	0.5MPa, 500Nℓ/min	
Dimension(L×W×H)mm	1795×1870×1470	
Weight(kg)	2100kg	
Maker	Samsung Techwin Co., LTD.	
국내공급원	Samsung Techwin Co., LTD.	

(3) 미래산업(PS-1050M)

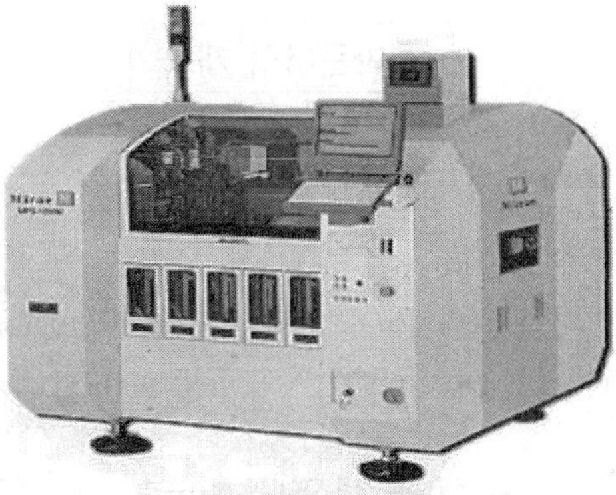

[그림 5-48] MPS1050(Mirae)

Sector	specification(MPS-1050M)
Centering 방식	full vision
Head 수량	4nozzles×1head
기판 Size	max.350×250×5mm, min.50×50×0.4mm
Tact Time	chip : 0.36sec/chip IC류 : 0.487sec/QFP
대응부품	1005∼32mm
Feeder 장착수량	45ea, 30tray×4banks
장착정도	chip : ±0.1mm cFP : ±0.1mm
Conveyor Transfer	left → right(right → left : option)
Conveyor 기준측	front fix(rear fix : option)
Conveyor Height	910±20mm
Power	AC20, 208, 220, 230, 240, 380, 400V 3PH, 50/60Hz, 2.5kW
Air	5kgf/cm^2, 300NI/mm
Dimension	1690(L)×2005(W)×1785mm(H), 1500kg
Software	windows
Maker	Mirae Co.,Ltd.
공급원	Mirae Co.,Ltd.

9. 기술자료[1]

칩마운터의 개요

솔더(solder) 및 본드(bond)가 도포된 PCB위에 부품들을 탑재하는 장비이다. 성능상의 구분은 저속기 · 중속기 · 중고속기(upper middle) · 고속기 · 범용기 등으로 분류되어 있으며, 헤드(head) 구동방법에 따라 로터리(rotary) 방식과 갠트리(gantry) 방식으로 나눌 수 있다. 각종 액세서리(accessory)류는 tape feeder, tray feeder, stick feeder, bulk feeder 등이 있다.

마운터 속도에 의한 구분

구 분	속 도
low speed(저속)	5,000CPH 이하(0.7sec/chip 이상)
midium speed(중속)	5,000～20,000CPH(0.7sec/chip～0.2sec/chip)
upper middle speed(중고속)	20,000～35,000CPH(0.2sec/chip～0.1sec/chip)
high speed(고속)	35,000～42,000CPH(0.1sec/chip～0.085sec/chip)
very high speed(초고속)	42,000CPH 이상(0.085sec/chip 이하)

■ 외형도(각 부의 명칭)

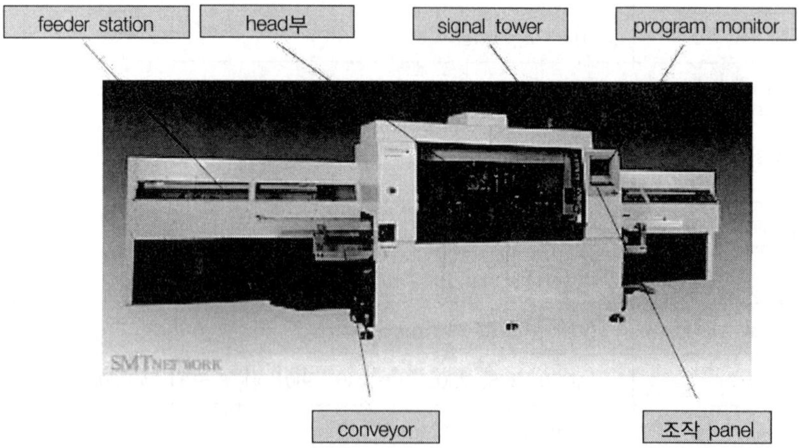

[그림 5-49] 칩마운터 외관도(로터리 타입)

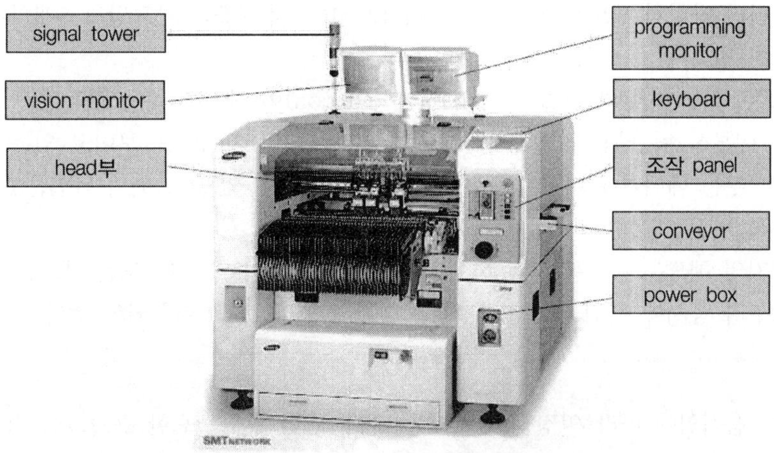

[그림 5-50] 칩마운터의 외관도(갠트리 타입)

• Head부의 구성도

[그림 5-51] rotary type의 head 외관도(Sanyo)

[그림 5-52] gantry type의 head 외관도(삼성)

① 로터리 타입의 헤드는 메이커에 따라 12～16개의 헤드와 헤드당 2~5개의 노즐로 구성되어 있다.

② 또한 부품인식부와 노즐 선택 스테이션(station)이 헤드의 운동궤도 안에 위치하고 있어 이론상 탁 타입과 실제 탁 타입에 20%이내의 차이만을 보이고 있는 방식이다.

③ 헤드부는 메이커에 따라 2~6개의 헤드로 구성되어 있으며, 위의 타입은 6헤드로 비접촉식 비전 센터링(vision centering) 방식이다.

④ 상기의 헤드는 비접촉식 부품정렬 방식이 채택되어 있으며, 모든 헤드는 테이프 피더로부터 동시에 픽업을 하기 위해 일정한 간격을 두고 배치되어 있다.

• **좌표계**

장비의 움직임에 따라 일정한 좌표값을 가지며, 탑재에 필요한 프로그램 작성시 기본이 되는 내용이다. 장비의 제조 메이커에 따라 기준좌표가 다른 경우도 있으나, [그림 5-53]의 좌표계는 삼성테크윈 칩마운트를 기준으로 한 그림이다.

① X, Y축

head, ANC(Auto Nozzle Changer), 장착위치, 기판의 fiducial mark의 위치를 표시한다.

② Z축

Z축은 헤드에서 노즐의 위치를 표시하며 고정된 기판의 상면의 위치를 '0'으로 표시한다.

③ theta(R)축

헤드가 부품을 센터링하는 각도를 표시한다. 반시계 방향의 회전을 (+), 시계방향의 회전을 (−)로 한다.

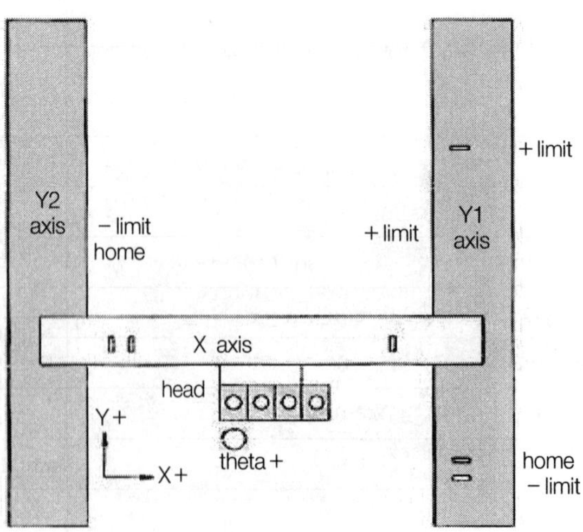

[그림 5-53] chip mounter의 좌표계

• X-Y 프레임부의 구성

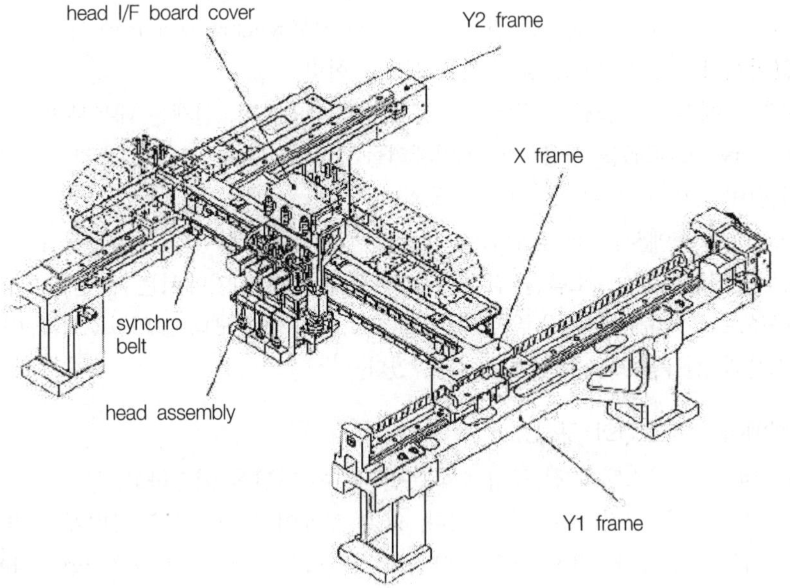

[그림 5-54] gantry 타입 X-Y 프레임(삼성CP-40)

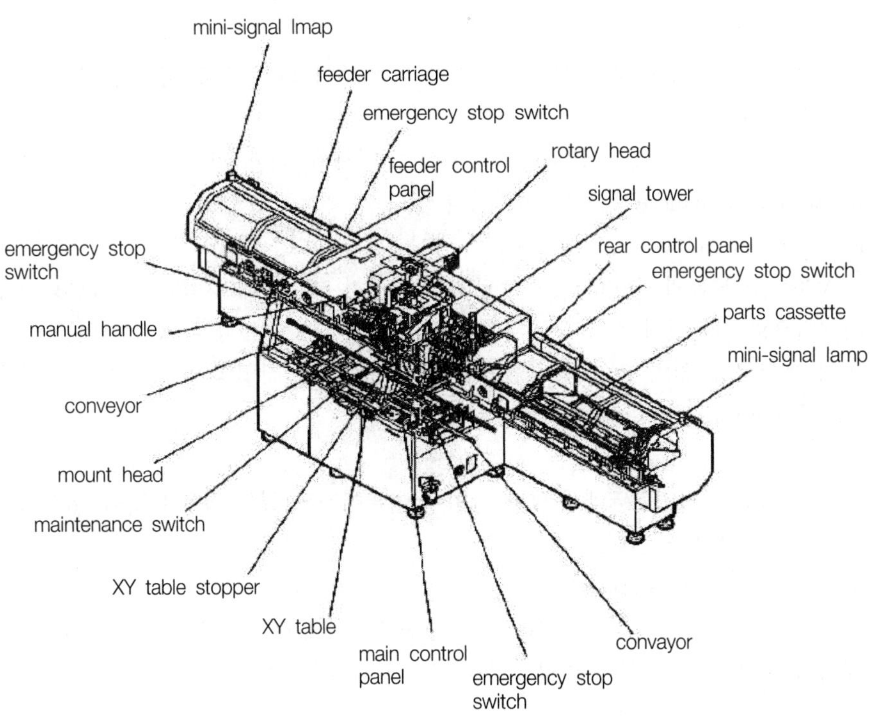

[그림 5-55] gantry 타입의 프레임 구성도(삼성CP-40)

① 갠트리 타입(gantry type)에서도 속도가 빨라지면서 장비의 메이커에서는 진동을 감소시키기 위해 여러 가지 설계를 보강하고 있다. 그 중 가장 기초적인 설계는 듀얼 프레임이고, 그보다 더 진보한 것은 싱크로 시스템(synchro system)이다. 그것도 완벽하지 않아서 트윈 서보(twin servo)를 쓰기도 한다.

② Z축은 예전에는 공압 실린더를 사용하기도 하였으나, 현재는 대부분의 장비는 서보 모터(servo motor)를 사용하여 높이제어를 한다. 이유는 부품에 충격을 주지 않게 하기 위함이다.

③ rotary type에서는 캠 타입(cam type)을 채택하여 장비의 메이커에서는 소음이 가장 큰 문제점이었다. 소음을 감소시키기 위해 각 메이커에서는 유선형 타입의 캠(cam) 구조로 설계하여 장착을 위한 높이를 최소화시키고 모터에 의한 Z축 높이제어를 구현 소음과 진동을 최소화시켜 나가고 있다.

• PCB 컨베이어 시스템의 구성요소

PCB 컨베이어 시스템은 전 공정에서 운반되어온 기판을 이송하고, 부품을 정착하기 위한 위치결정과 기판을 고정하는 시스템이다. PCB 컨베이어 시스템은 장비에 따라서 1단 또는 3단으로 나누어져 있다. 기존 갠트리 타입의 장비들은 1단 컨베이어를 많이 사용하였고, 로터리 타입의 장비는 3단을 많이 사용하였으나, 최근 들어 갠트리 타입의 장비들도 3단 컨베이어를 사용하여 PCB 밑면 고정방식의 PCB 고정으로 PCB 편평도를 향상시켰다. PCB 컨베이어 시스템의 구성은 다음과 같이 나눌 수 있다.

① main frame

폭조절 파트 위에 부착되어 PCB 흐름의 기본이 되며 각종 파트가 부착된다.

② 폭조절 part

PCB 사이즈에 따른 레일(rail)의 폭을 조절하기 위한 파트로 LM 가이드와 lead screw, chain, handle 등으로 이루어져 있다.

③ PCB belt assembly

AC(step) 모터와 평(timing)벨트로 이루어지며 3단 컨베이어의 경우 PCB 이송벨트가 3단으로 나누어져 각각 구동된다. 3단으로 나누어졌을 때는 PCB 작업중에 작업영역의 벨트구동 없이 PCB의 반입·반출이 가능하여 작업영역에서 벨트를 이용하여 PCB를 clamping할 수 있다.

④ 대기 스토퍼(wait stopper)

PCB 반입시 작업영역에서 PCB 작업이 이루어지고 있을 경우 PCB를 대기포지션에 정지시키는 역할을 한다.

⑤ 장착 스토퍼(place stopper)

PCB를 작업위치에 정지시키는 역할과 반출위치에 PCB가 있을 경우 PCB가 배출될 때까지 PCB를 잡고 있는 역할을 한다.

⑥ 반출 스토퍼(out stopper)

PCB를 다음 장비로 배출할 때 다음 장비에서 PCB를 받을 준비가 되어 있지 않을 경우 PCB를 받을 수 있는 상태가 될 때까지 PCB를 잡고 있는 역할을 한다.

⑦ PCB 감지 센서

컨베이어상에 PCB의 위치를 체크하는 역할을 한다.

⑧ edge fixer

PCB가 작업위치에 도달하여 작업을 하기 전에 벨트 위에 닿아 있는 PCB를 잡아주는 역할을 하며 백업 테이블과 연동하여 동작한다.

⑨ hole fixer

PCB가 작업위치에 도달하여 작업을 하기 전에 PCB 위치를 보정하는 방법 중 하나로 PCB에 있는 홀의 핀을 삽입시켜 홀을 기준으로 보정을 한다. 홀 픽서는 백업 테이블에 연동하여 동작한다.

⑩ backup table (BUT)

PCB가 작업위치에 도달하여 작업을 하기 전에 PCB의 평탄도를 유지하기 위한 백업 핀 등을 설치시키고 PCB 클램프(clamp), 홀 픽서(hole fixer) 등을 동작시킨다.

• feeder station부

피드 베이스에 부품공급장치를 올려놓음으로써 공정 중에 부품을 공급할 수 있다. ANC, tape feeder, stick feeder, stack stick feeder 등을 설치하여 사용할 수 있으며, 후면의 경우 single tray feeder, multi-tray feeder를 설치하여 사용할 수 있다.

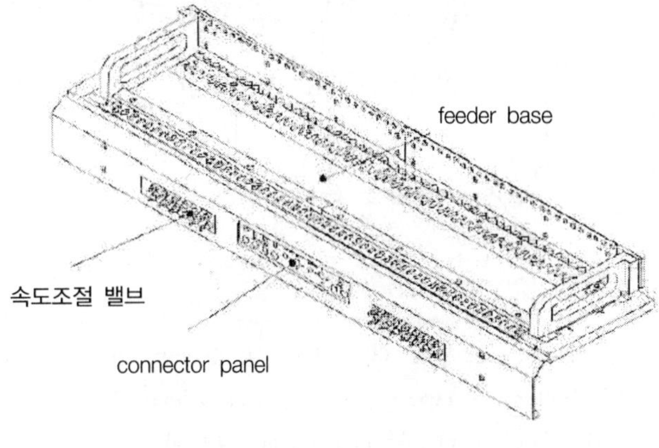

[그림 5-56] feeder station(삼성CP-40)

• 부품공급 피더

공정중인 장비에 부품을 공급하는 장치로서 tape feeder, stick feeder, vibration feeder, multitray feeder, single tray feeder, bulk feeder 등이 있다.

① 테이프 피더

테이프 피더에는 기계식 피더(피더의 봉을 눌러 구동시키는 방식)와 전동식 피더(전기로 동작시키는 방식), 공압식 피더(공압 실린더에 의해 구동하는 방식) 등이 있다.

(a) 기계식 피더 (b) 전동식 피더 (c) 공압식 피더

[그림 5-57] tape feeder

칩 테이프의 폭의 넓이에 따라 8mm, 12mm, 16mm, 24mm, 32mm, 44mm, 56mm, 72mm 등이 있고, 모든 테이프 피더에는 emboss, paper용이 있다. [그림 5-58]은 feeder의 구성도를 나타낸다.

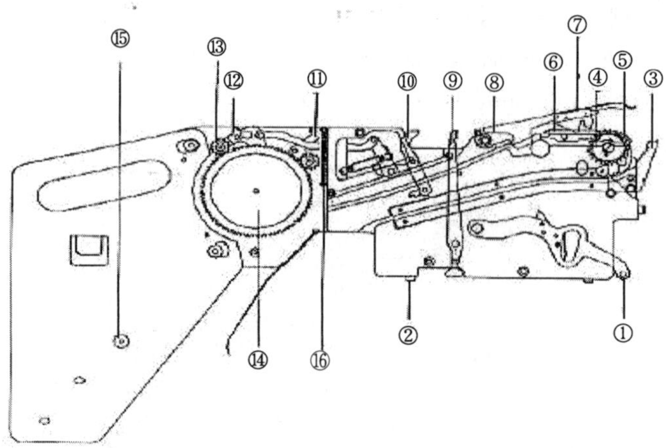

① pusher lever ② location pin ③ locker ④ ratchet ⑤ sprocket
⑥ buck up ⑦ shutter ⑧ tape guide ⑨ clamp lever ⑩ manual lever
⑪ pawl lever ⑫ planet lever ⑬ planet gear ⑭ take up reel
⑮ planet lever spring ⑯ planet lever spring

[그림 5-58] 공압식 tape feeder의 구조(삼성 feeder)

② 스틱피더(stick feeder)

스틱에 공급되는 부품을 공급하는 피더를 스틱피더라 하는데 기능에 따라 멀티 스틱피더와 stack stick feeder로 나눈다. multi stick feeder는 여러 종류의 부품을 공급

하는 장치이고, stack stick feeder는 한 종류의 부품을 여러 단 쌓아 공급하는 장치이다.

보통 스틱피더는 바이브레이터(vibrator)를 장착 부품을 전진시켜 공급하는 것이 보편화되어 있었으나, 현재는 부품의 파손을 방지하기 위하여 벨트에 의한 이송방식이나 실린더에 의한 이송방식을 사용한다.

ⓐ stack stick feeder의 종류와 특징을 열거해보면 다음과 같다.

구 분	장 점	단 점
기계식	• 사용이 간편하다. • maintenance가 편하다. • 경제적이다.	• 조정을 자주 해야 한다. • 헤드가 눌러 주면서 공급을 하기 때문에 헤드에 무리를 유발시킬 수 있다.
전동식	• 부품을 안정적으로 공급할 수 있다. • 피치 조정을 one-touch로 할 수 있다.	• 미소 칩의 경우 공급정도가 떨어진다. • 조정을 하려면 전원이 필요하다. • 가격이 비싸다. • 공급속도가 느리다.
공압식	• 공급정도가 가장 좋다. • 공급속도가 빠르다.	• 공압이 셀 경우 부품이 튈 가능성이 있다.

stack stick feeder는 stick으로 공급되는 SOP, SOJ, PLCC 등의 패키지를 바이브레이터의 진동에 의해 직진 이송시키는 장치이다. stack stick feeder를 세로로 적재할 경우 계속적인 stick의 공급이 가능하며 최대 10개까지 가능하다.

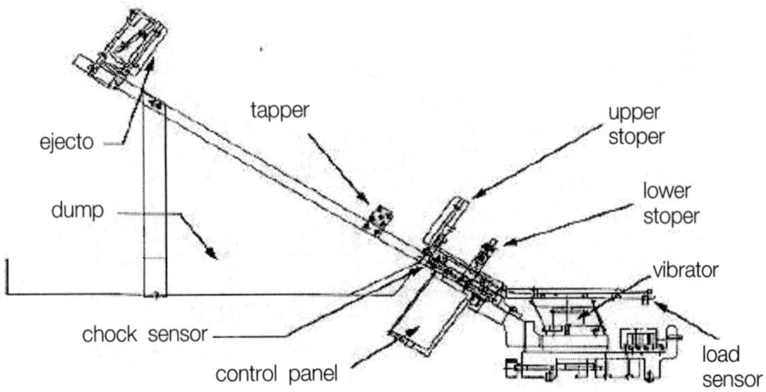

[그림 5-59] vibrator 방식의 stack stick feeder

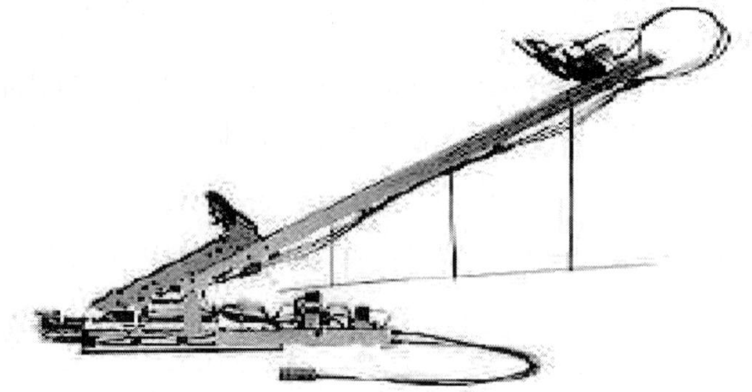

[그림 5-60] cylinder 이송방식에 의한 stack stick feeder

ⓑ multi-stick feeder

multi-stick feeder는 stick으로 공급되는 SOP, SOJ, PLCC 등의 부품을 바이브레이터의 진동에 의해 경사진 stick을 따라 직진 이송시키는 장치이다.

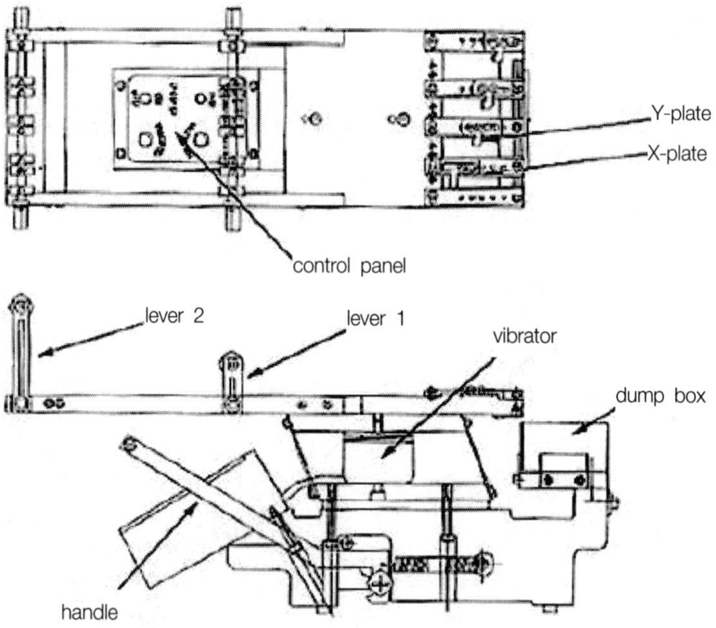

[그림 5-61] vibrator 방식의 multi-stick feeder

③ tray feeder

tray feeder는 기능에 따라 single tray feeder, multi-tray feeder와 shuttle방식의 tray feeder로 나눌 수 있다.

ⓐ single tray feeder

single tray feeder는 tray로 공급되는 자재가 극히 적고 생산량이 많지 않은 아이템에 적당하다. manual tray로 칩마운터의 신호와 관계없는 단독설비이다. tray 교환주기가 10분 이하일 경우에는 multi-tray feeder를 권장한다.

[그림 5-62] single tray feeder

ⓑ multi-tray feeder

multi-tray feeder는 칩마운터의 부속장비로서 magazine rack에 여러 가지의 tray용 부품을 적재할 수 있으며, 적재수량은 장비의 Pallet 단수와 비례한다. 칩마운터에서 요구하는 tray를 요구신호에 따라 자동으로 공급해주는 장치이다.

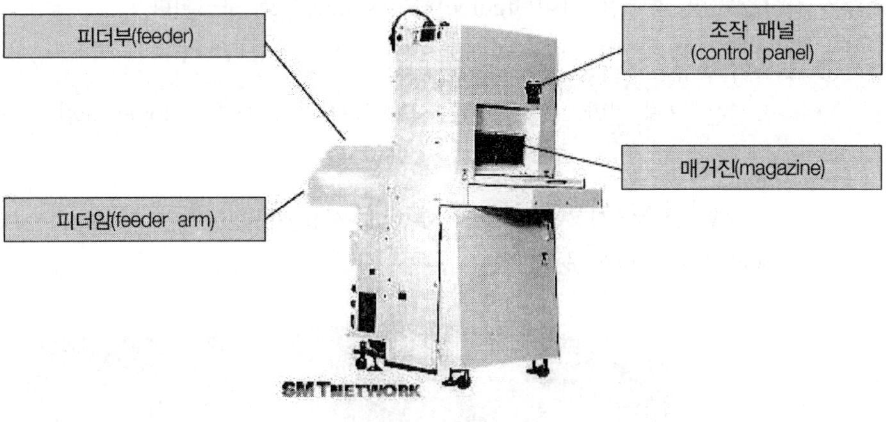

[그림 5-63] multi-tray feeder

ⓒ shuttle-tray feeder

shuttle-tray feeder는 부품을 순서대로 정렬하여 공급함으로써 트레이 체인지(tray change)시간을 제로(0)화시킨 타입이다. 요즈음은 work table과 겸용으로 쓸 수 있게 설계됨으로써 효율적인 공간을 연출할 수 있다.

[그림 5-64] shuttle tray feeder

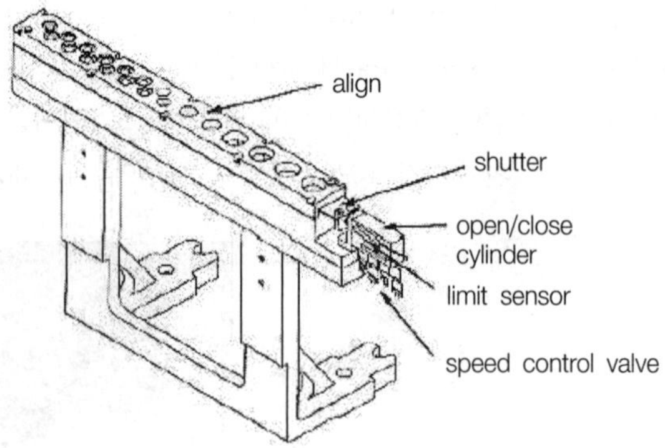

[그림 5-65] ANC(장비 고정형)

• ANC

ANC(Auto Nozzle Changer)는 장비에 고정되는 형태와 피더 베이스(feeder base)에 사용자가 임의로 설치할 수 있는 장·탈착이 가능한 형태가 있다. ANC는 다양한 부품장착에 대응하기 위하여 필요한 부분으로 예전에는 한 개씩의 노즐을 교체하였으나, 헤드 수만큼 동시에 노즐을 교체할 수 있도록 설계가 바뀌어가고 있다. ANC는 노즐을 정렬하는 align부와 노즐을 잡아주고 또 노즐을 가이드(guide)하는 shutter부로 구성된다.

① 노즐의 종류

노즐은 크게 일반 노즐, 특수 노즐(이형부품용 노즐, gripper 노즐)로 구분된다.

ⓐ 일반 노즐

보편적으로 사용되는 모든 부품에 사용된다. 이러한 부품들로는 CHIP, SOJ, SOP, PLCC, QFP 등이 있다.

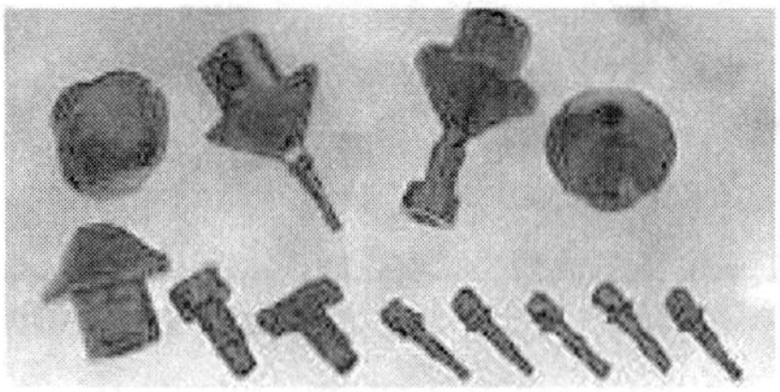

[그림 5-66] 일반 노즐

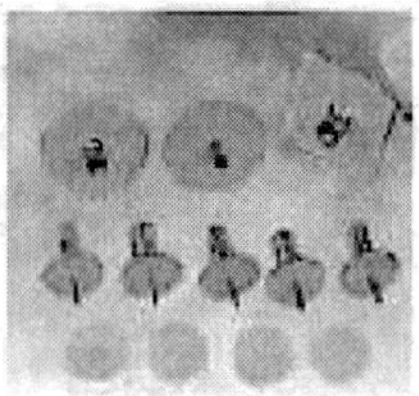

[그림 5-67] 특수 노즐

ⓑ 특수 노즐

이형부품용 노즐 : 커넥터, 소켓 등 각종 형태의 이형부품에 대응하기 위한 것으로 특이한 형태의 부품도 제작·적용이 가능하다. 이형부품용 노즐 중 디퓨저(diffuser)형 노즐(D30, D50)은 비전(vision) 처리가 필요한 부품의 형상을 더욱 선명하게 확보하기 위한 노즐이다.

ⓒ 그리퍼(gripper) 노즐

흡착이 불가능한 부품과 대형 connector 등에 대응하기 위한 것으로 vacuum에 의한 gripping 구동장치로 되어 있다.

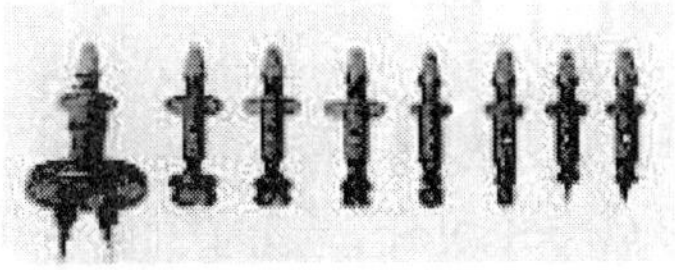

[그림 5-68] gripper nozzle

[그림 5-69] through hole 형상

• PCB 좌표보정 기능(fiducial 마크 인식)

이 기능은 기본적으로 제공되는 무빙 카메라(moving camera)가 PCB에 표시되어 있는 fiducial 마크를 읽어들인 후 입력되어 있는 fiducial 마크 위치와 비교하여 장착 포인트를 보정하는 것이다. 보정하는 방법에는 글로벌 보정과 로컬(local) 보정의 2가지 방법이 있다.

① 글로벌 보정

PCB 내의 한 점 또는 두 점을 기준으로 각 포인트를 보정하는 것이다. array PCB의 경우 array된 PCB 각각에 대해 보정할 수 있다.

② local 보정

PCB 내의 중요한 포인트(QFP 등)에 fiducial 보정을 하는 것으로 보정을 원하는 부품에 한해서 보정을 할 수 있다.

③ fiducial 마크 유형

fiducial 마크는 여러 종류가 있으나 기판설계 단계에서 marking하는 것이 가장 정확하다. 그러나 때에 따라서 mark가 없을 경우 through hole이나 land를 대신 사용할 수 있다.

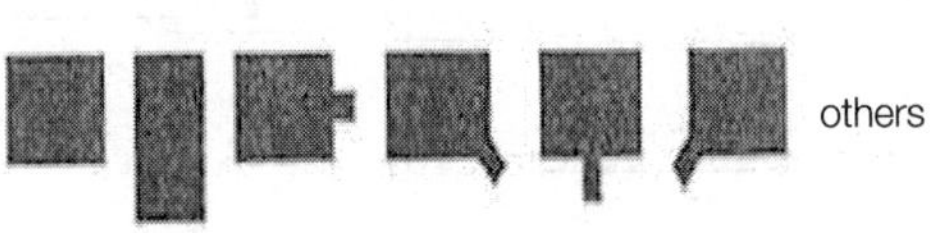

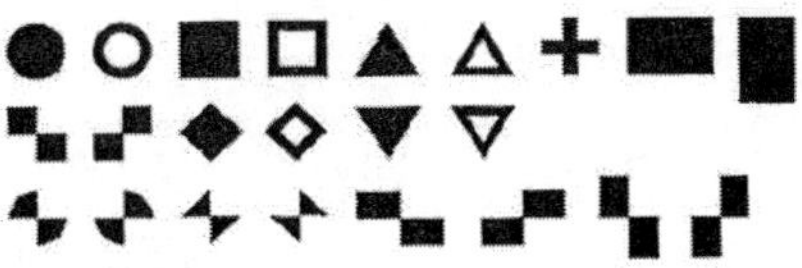

[그림 5-70] 일반적인 fiducial mark

[그림 5-71] land 형상

• 센터링(centering) 방식

부품을 정확하게 실장하기 위해서 fiducial 마크를 인식하여 기판을 보정한 후 부품도 보정해야 하는데 보정하는 것을 센터링이라 한다. 센터링 방법은 여러 가지가 있는데 초창기에는 메커니컬 센터링 방식을 주로 사용하였고, 이후 레이저를 이용한 센터링, 라인 CCD를 이용한 센터링, 비전을 이용한 센터링 등으로 발전하였다. 이외에도 프리즘을 이용한 센터링 방식, 센서를 이용한 센터링 방식 등도 선보인 적이 있었지만 지금은 대부분이 비전을 이용한 센터링 방식을 사용한다.

① 메커니컬 센터링

메커니컬 센터링(mechanical centering) 방식은 스윙(swing)형을 많이 사용하였으나 스윙형은 부품의 손상이 많이 발생한다는 단점이 있어 parallel 센터링 방식으로 발전되었다.

② 레이저(line CCD) align 방식

이 두 방식은 원리는 발광부에서 빛을 쏘고 수광부에서 그림자를 인식하여 크기로 센터링하는 방식인데 광원이 레이저와 빛에 따라 나뉜다. 광원이 레이저일 경우 퍼짐성이 없고 직진성이 강한 반면 진동에 민감하다. 반대로 광원이 빛일 경우에는 진동에는 강하지만 일정거리를 벗어나면 퍼져버려 그림자 생성이 되지 않아 사용이 불가능하다.

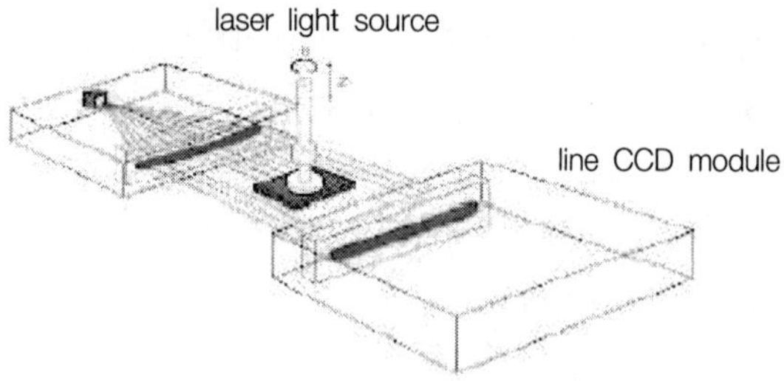

[그림 5-72] laser(line CCD) align 방식

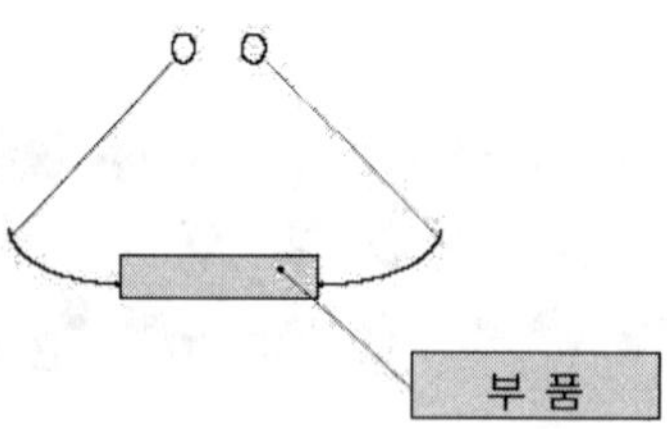

[그림 5-73] swing type centering

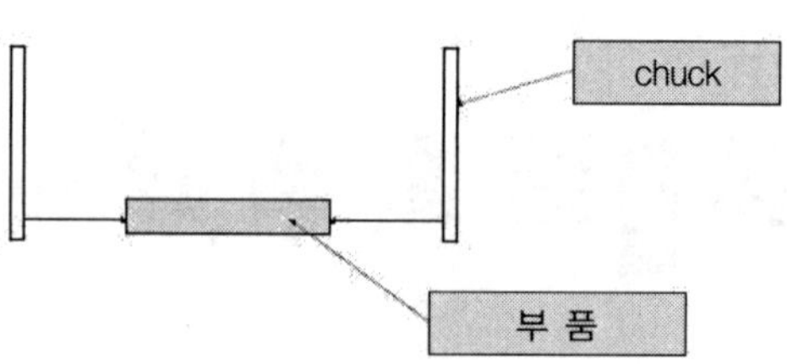

[그림 5-74] parallel type centering

③ 비전 인식

비전 인식방법에는 투과형과 반사형 인식방법이 있다. 투과형 인식방법은 조명을 카메라 반대편에서 투광하여 그림자를 인식하는 방법이고, 커넥터나 칩 종류를 센터링

할 경우 사용하는 방법이다. 반사형 인식방법은 QFP나 BGA 등 아래면의 형상을 인식해야 할 필요성이 있을 때 사용한다.

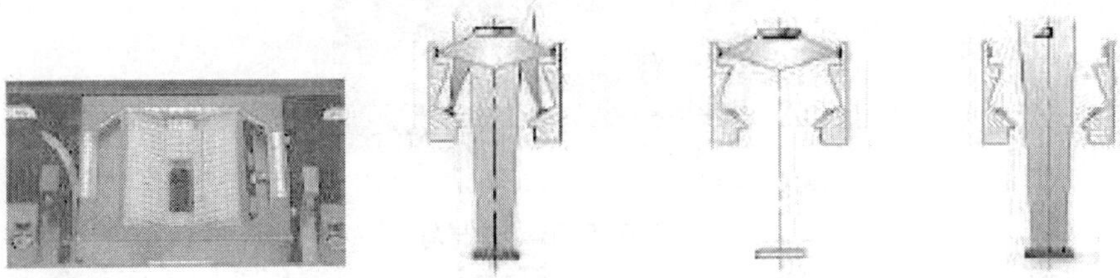

[그림 5-75] upward vision　　일반부품용　　BGA, CSP용　　connector용

10. 기술자료[2]

부품장착(component placement) —by Leo Van de Vall—

병렬장비나 동시구동 혹은 구동중 비전 처리 등과 같은 강력한 방법은 최적의 상태에서 최소 장착시간이 구현된다. 1980년대 중반, 표면실장부품에 대한 고속장착기는 중소량 생산자 사이에서 받아들여졌다.

대량 칩장착기와 구별되어 중소형 장비는 모든 것을 해야 한다. 미세피치 부품이 더욱 일반화됨에 따라 보통 느리긴 하지만 장비는 더욱더 정도를 요구한다.

칩장착기는 부품을 다루는 데 있어서 제한이 있어 미세피치 장비는 자연스럽게 그들의 파트너가 되었다. 동시에 그런 장비의 갠트리(gantry) 설계는 증가하는 다양한 표면실장부품을 다루는데 적합하며, 중형장비도 또한 미세피치에 대한 처리능력을 가진다.

현재 중형기기와 미세피치 장비는 장착장비에서 0.012"피치 부품과 대형 QFP, 소형 칩(0402) 등 어떤 표면실장부품도 장착할 수 있는 장비로 하나의 영역으로 성장하고 있다.

■ 부품동향(component trends)

표면실장부품은 크기나 복잡성만이 증가한 것이 아니라 핀수나 0.75" 등의 높이와 이형부품이 증가하였다(그림 5-76). 그리고 기판 connector가 자삽형태를 유지하고 있지만 더욱 많은 이러한 부품(4"길이)이 표면실장형태로 나오고 있다. 유사하게 수적으로 증가하는 것은 능동소자의 입출력 리드이다.

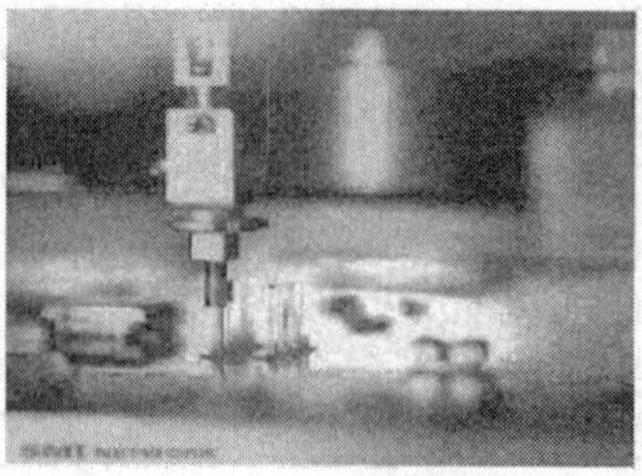

[그림 5-76] 이형부품

처음에 입출력 리드는 디바이스를 통해서 평면적으로 퍼졌다. 하지만 아주 좁은 리드 피치(lead pitch)는 특히 스크린 프린팅에서 일반적으로 문제를 일으킨다. 그래서 범프(bump)를 형성하는 면적 지향적인 디바이스의 사용이 증가하는 경향을 가져왔다. 접합을 위해서 전체 바닥면을 사용하는 BGA의 사용은 부품 크기의 증가없이 입출력 단자(0.05")의 수를 증가시킬 수 있게 했다.

이 기술의 부가적인 이득은 대부분의 경우 현재의 장비로 다룰 수 있다는 것이다. 유일한 단점은 장착 후 숨겨진 연결부위에 있다. X-ray 장비와 최적의 공정관리가 이러한 단점을 줄일 수 있게 해준다.

플립 칩(flip chip)의 범프들은 실리콘이나 다이(die)에 직접 부착되는데 반해 BGA는 세라믹이나 FR-4와 같은 재료에 부착된다. 더욱이 마더보드가 차가워지거나 뜨거워지면 BGA의 외곽재질은 보드와 같은 열팽창계수를 가짐으로써 같은 정도로 늘어나거나 줄어들게 되어서, 일반적으로 BGA 연결의 신뢰성에 대한 온도 사이클의 영향을 중화시킨다. 반면에 FR-4 재질의 플립 칩의 경우 이야기가 다르다. 열팽창계수의 차이가 납땜 부위의 신뢰성을 저하시킨다. 또한, 플립 칩은 추가적인 underfill 공정을 요구한다.

접착제가 디바이스의 가장자리를 따라서 디스펜싱(dispensing)되어 실리콘 다이와 보드사이에 접착제가 스며드는 모세관현상으로 범프 사이에 기밀이 유지되는 구조물을 형성한다. 비록 효과적이긴 하지만 이 공정은 느리고 보통의 경우 SMT 라인에서 높은 생산성을 내는데 어려움이 있다. 다른 떠오르는 기술은 플립칩의 단점이 없이 소형화를 이루는 CSP이다. 비록 칩 그 자체 크기보다는 20% 가량 크지만, 보드와 실리콘 사이의 직접적인 접착을 방지하여 온도 차이를 중화시킬 수 있다. 두 개의 CSP 형태가 우세한 것으로 보인다.

▶▶▶ micro-BGA, SON(Single Outline Network)

마이크로 BGA는 상대적으로 작은 bump에 0.02"피치를 가진 BGA이고, SON은 이전의 리드 없는 칩의 작은 형태와 같은 류의 것으로 이야기한다. 마이크로 BGA는 몇몇 주요한 부품 메이커에 의해서 사용되고 있으며, 현재의 장착장치에 의해서도 신뢰성 있게 장착할 수 있기 때문에 곧 새로운 표준이 될 것이다. 하지만 BGA 검사시 단점은 마이크로 BGA나 flip chip에서도 똑같이 나타난다.

■ 보드메트리얼(board materials)과 핸들링 시스템(handling systems)

가장 대중적인 PCB 재료는 유리섬유 재질의 FR-4이다. 전형적인 PCB 크기는 2.0×2.0"에서 16×18" 사이이다. 하지만 더 큰 기판들이 컴퓨터 등과 같이 유사한 경우에 사용되기도 한다.

FR-4 기판의 약점은 굽힘으로 인해 전체 기판의 크기가 커지는 경우 미세 장착정도에 영향을 발생한다는 것이다. 기계설계와 기판강도에 따라 기판지지 메커니즘으로 기판의 평탄도를 유지하며 장착시 신뢰를 높이는 데 공헌한다. 작업을 하기 전에 FR-4 기판은 다음 3가지 중 하나의 방법으로 장비의 작업영역에 고정된다.

- 위치결정 핀
- 기판가장자리 사용
- 샌드위칭(sandwitching)

두 개의 위치결정 구멍에 맞춰서 정렬하는 위치결정 핀을 이용한 방법이 가장 정확하다. 단점은 다른 기판들이 일정한 위치결정 홀간 거리를 사용하지 않는다면 교체시 시간지연이 발생한다. 이러한 문제를 없애기 위해서는 위치결정 핀을 사용하지 않고 가장자리를 이용한 방법이 개발되었다.

대신에 정렬로 기판의 가장자리를 밀거나 누르게 된다. 하지만 어느 방법이든 보드 고정시 정도는 보장할 수 없어서 잘못 정렬된 보드에 대한 보상을 위해 피듀셜(fiducial)을 이용하여 정렬할 필요가 있다.

피듀셜 보정은 미소한 기판의 오차를 보상하기 위해서 장착시 소프트웨어를 사용한다. 사용된 피듀셜의 숫자에 따라서 기판의 늘어짐이나 줄어짐에 대해서도 보정할 수 있다. 만약 두 개의 피듀셜을 사용한다면 단지 선형적인 수축이나 평창에 대해서만 보정할 수 있다. 또 4개의 피듀셜을 사용한다면 비선형적인 수축이나 평창을 또한 다룰 수 있다(네 개의 피듀셜을 사용하는 것은 국부적이거나 부품에 대한 것으로 기판 피듀셜에 부가적으로 사용되고 중요한 fine pitch 부품에 대한 보정을 하기 위한 것이다). 기판조립은 요구되는 환경에서 이루어져야 하고, 가끔 세라믹이 재료로 사용된다.

세라믹 기판(2~6인치 사각형)은 보통 FR-4 기판보다는 작다. 위치결정 핀은 없고 기판 휨의 문제도 없어서 세라믹 기판은 가장자리를 이용하거나 클램핑(clamping)을 이용하여 정렬한다.

하지만 몇 가지 근본적인 문제가 있다. 재질은 날카로운 모서리를 가지고 매우 단단하기 때문에 대부분의 컨베이어 시스템은 시간이 지남에 따라 손상될 것이다. 따라서 사용되는 컨베이어 레일은 영구적인 장비손상 및 보드 이송의 문제들을 막기 위해서 특별히 견고한 재질을 사용해야만 한다. 대안은 별도 캐리어(carrier)로 세라믹 보드를 이송하는 것이다.

제품설계 관점에서는 플렉서블 보드(flexible board)는 아주 작게 만들거나 특수한 제품설계에 이상적인 기판재료다. 플렉서블 보드의 유연함은 최상의 장점이자 단점이다. 너무 얇기 때문에 이 재질은 생산시 고정이나 지지에 문제를 일으킨다.

보통 단단하며 비싼 고정 캐리어를 장비에서 플렉서블 보드를 이송하기 위해서 사용해야 한다. 또 플렉서블 보드는 작업자가 캐리어에서 기판을 로딩(loading) 혹은 언로딩(unloading)하는 공정을 추가해야 한다.

하지만, 단점을 극복하는 한 가지 방법은 플렉서블 보드를 한 개씩 공급하는 것이 아니라 커다란 릴(reel) 형식으로 계속적으로 공급하는 것이다. 리플로우 솔더링(reflow soldering) 후에 다른 릴에 감겨서 납품준비를 한다. 거의 혹은 전혀 작업자를 필요로 하지 않는다. 인라인 컨베이어 시스템은 모든 SMT 장착장비에 필요하다.

이것은 자동으로 기판을 로딩 혹은 언로딩할 수 있도록 해주어서 작업자의 부주의 혹은 부재에 의해서 발생하는 생산중단이나 대기상태를 없앨 수 있다. 반대로 솔더페이스트(solder paste)나 접착제에 고정되지 않은 상태로 부품이 올려진 기판을 매뉴얼로 다룬다는 것은 품질의 관점에서 바람직하지 않다. 다중기판의 경우에 한 개나 혹은 그 이상의 기판에 가끔 결점을 포함한다. 대부분의 기판 제작공정에서 발생하기 쉬우며, 기판 제작자들이 극복해야 할 문제이다. 다행스럽게 조립공정에서 대부분의 경우 결점이 있는 기판을 "배드 마크(bad mark)"를 통하여 구별할 수 있다.

장착을 시작하기 전에 장비는 배드 마크의 존재를 확인하여 오류가 있는 기판을 빼낼 수 있다. 이런 방법으로 부품들이 잘못된 기판에 사용되지 않도록 해주고 생산성을 유지한다.

■ 장착기 컨셉(placement machine concepts)

수년에 걸쳐서 세 가지 다른 장비개념이 대두되었다. X-Y 갠트리 로봇(gantry robot)이 가장 단순한 장착장비의 개념이다. 구동시 부품은 한 개나 그 이상의 헤드를 가진 장비에서 고정된 피더로부터 부품을 집어서 고정된 기판에 장착한다. 이러한 강하지만 엘레강스한 설계의 초기 표면실장기는 일반적으로 느리긴 하지만 상대적으로 적은 투자로 다양한 부품을 장착할 수 있기 때문에 아직도 널리 사용하고 있다(갠트리 설계는 두 개의 평행한 트랙을 따라서 움직일 수 있는 크로스 빔을 가진 하역시 사용되는 크레인과 비교될 수 있다. Y축 모터가 평행한 축을 따라서 크로스 빔을 구동하는 동안 X축은 크로스 빔에 달린 장착 헤드의 움직임을 조정한다).

추가적으로 갠트리 로봇의 속도는 전체적인 비용의 증가없이 수년 동안 다양한 개선을 통하여 향상되었다. 말 그대로 여러 개의 헤드로 전체적인 이동시간이 감소되고 동시장착을 이루었다.

또한 '온 더 플라이(on-the-fly)' 방식은 헤드가 이동하는 동안에 정렬을 완료하여 별도의 추가적인 시간을 요구하지 않는다. 최종적으로 더욱 정확하고 강력한 서보 시스템(servo system)과 복잡한 프레임 디자인(frame design)으로 다양한 요구에 대하여 증가된 가감속을 제공한다. 또한 단순히 기계적인 align에서 비접촉식 정렬 시스템이나 비전 시스템(vision system)으로 교체함으로써 이러한 장비가 다룰 수 있는 부품의 범위가 확대되었다.

오늘날 정교한 비전 알고리즘은 0402칩에서 대형 미세피치 QFP, 플립칩, 마이크로-BGA까지 어떤 부품이든 정렬할 수 있게 해준다.

사실 비전 시스템의 현재까지 알려지지 않은 미래의 부품에 대해서도 유연하게 대응할 수 있다. 비록 갠트리 장비가 다른 종류 장비보다 많긴 하지만 점차 확대되어 주요한 위치를 점할 것으로 보인다. 다른 장착장비의 개념으로 터릿은 많은 헤드와 노즐을 가진 회전축이 대부분의 X-Y 갠트리 시스템보다 훨씬 더 빠른 속도로 움직인다.

대부분의 전통적인 칩장착기는 X-Y 평면에서 회전하는 터릿이다. 터릿이 회전함에 따라 각각의 헤드는 터릿의 경로를 따라 원형으로 배치된 각각의 위치를 따라서 움직인다. 헤드는 부품의 흡착, 장착, 유무확인, 정렬 등과 같은 각각의 기능을 수행한다. 실제 작업은 동시에 단지 한 개의 부품을 흡착하고 장착할 수 있고, 각 위치에서 항상 동시에 일어난다.

따라서, 부품 피더는 흡착위치로 움직여야 하고 기판은 헤드의 장착위치로 이동해야 한다. 수년에 걸쳐 터릿 형태의 칩장착기는 단순히 터릿 속도를 증가시켜 더 빠르게 되었다. 하지만 모든 것이 기계적으로 연결되어 있고, 모든 동작이 집중의 개념에 따라서 똑같이 가속되어야 하기 때문에 특정한 부분은 거의 한계에 도달하게 된다(하이브리드 장비는 X-Y 갠트리 시스템에 소형 터릿을 측면에 연결된 것으로 X-Y 로봇에 소형 휠(wheel)이 부착된 것과 유사하다).

전통적인 터릿에서는 휠이 노즐의 부품이 움직이지 않는 속도까지 회전하며, 한 번에 한 개의 부품을 흡착할 수 있다. 병렬 장비는 상대적으로 느린 X-Y 갠트리 로봇에 비하여 여러 개의 모듈을 사용하여 훨씬 더 높은 장착률을 얻는다. 병렬장비는 개별 구동장비가 다중으로 설치된 라인에 비교할 수 있다.

각각의 구동기 다시 말해서 장착 모듈은 자체 보관함이나 테이프 피더(tape feeder)의 부품을 흡착해서 움직이는 기판 위에 장착한다.

[그림 5-77] X-Y 갠트리 로봇에서 여러 개의 헤드가 동시흡착을 하여 부품 이송시간이 감소된다.

[그림 5-78] 병렬장비에서 각각의 모듈은 요구된 패턴에 의해 부품을 장착한다.

기판은 모든 모듈이 해당 영역에서 작업을 끝낸 후 전진한다. 각각의 모듈이 정해진 형태로 부품을 장착한 후, 기판을 다음 인덱스(index) 위치로 움직이도록 신호를 보낸다. 기판은 모든 모듈이 지정된 위치에 부품장착을 끝낸 후에 전진한다. 상대적으로 느리지만 다수의 모듈이 동시에 작업할 때 높은 생산성을 얻을 수 있다.

1개의 기판이 장비를 통과하는 터릿 장비와 비교해서 병렬 시스템은 연속적인 기판의 흐름을 가져와서 기판의 로딩·언로딩 시간을 획기적으로 줄일 수 있다.

터릿 장비와 병렬장비를 비교하는 것은 메인 프레임과 PC 네트워킹을 비교하는 것과 같다. 중앙집중의 개념과 분산의 개념 만약 역사가 반복된다면 터릿 장비가 사라지지는 않겠지만 컴퓨터에서처럼 병렬처리 장비로 그 중점은 이동할 것이다.

■ 정렬 시스템(alignment systems)

비록 기계적인 정렬이 오랫동안 증명된 기술이긴 하지만, 실제로 대부분의 현대적인 장비는 SMD를 정렬하기 위해서 비접촉식 정렬을 이용한다. 주요한 두 가지 방법은 카메라 비전과 레이저 정렬이다.

레이저 정렬은 일련의 레이저면에서 부품을 회전시켜서 작동한다. 나타난 그림자의 외형으로 노즐의 부품방향 및 위치, 전체 외형 크기를 알아낸다. 레이저 정렬의 장점은 '온더 플라이(on-the-fly)' 동작으로 시간을 절약하는 것이 가능하다. 다른 강력한 장점은 이형부품을 취급하는 능력이다. 트랜스포머, 핀커넥터 등의 이형부품의 경우에는 부품높이 방향의 수평단면을 확인하는 레이저 정렬이 매우 유용하다.

레이저 정렬의 단점은 궁극적으로 리드폭, 피치, 핀수를 측정할 수 없다. 레이저와 대조적으로 카메라는 실제로 부품을 보고 모든 리드와 리드 간격을 측정할 수 있다.

따라서 카메라 정렬은 다른 어떤 방법보다 더 나은 측정정도를 제공한다. 두 종류의 카메라 정렬이 있다. 480×512 area CCD 카메라는 초당 60번 비우는 480×512 빈 홀의 배열에 비교할 수 있다.

짧은 기간에 빈 홀을 채우는 빛은 실제 광밀도의 반영이다. 또, area CCD 카메라는 한 번의 촬상으로 SMD 이미지를 얻는다. 하지만, 부품을 집은 장착 헤드는 이미지를 얻기 위해 정지해야 하므로 부품장착 시간이 늘어지게 된다.

또 다른 대안은 라인 배열 CCD 카메라이다. area 버전과 다르게 라인 배열 카메라는 매 1/60초마다 단지 한 개의 라인을 얻는다. 이 방법은 부품 이미지를 라인 배열 카메라 위로 부품을 움직여서 얻는다. 중요한 장점은 '온더플라이(on-the-fly)' 비전을 제공한다는 것이다. 헤드가 비전 동작을 위해서 정지하지 않기 때문에 그 결과 리드 검사를 하면서도 더 짧은 부품장착 시간을 가지게 된다. 물론, 카메라는 적절한 조명에서만 부품을 볼 수 있다. 두 종류의 조명방법이 있다.

⋙ 투과형 조명과 반사형 조명

BGA와 같은 부품을 정렬할 때 적절한 조명은 반사조명으로 빛을 아래에서 비춰서 밑면에 있는 볼 패턴(ball pattern)을 비친다. QFP나 TSOP같은 gull-wing 형태의 부품의 경우에는 투과형 조명이 좋다. 이 방법은 분명하고 깨끗한 이미지를 주어서 최적의 측정정도를 얻을 수 있다. 모든 파인 피치 장착장비는 정렬하고자 하는 부품에 나은 방법을 선택할 수 있도록 두 가지 조명을 다 설치해야 한다.

■ **결 론**

더 효과적인 '피드앤플레이스(feed-and-place)' 개념이 없다면 부품은 전통적인 '피크 앤 플레이스(pick and place)' 장비에 의해 테이프나 스틱(stick), 트레이(tray), 벌크 피더(bulk feeder)로 다루게 될 것이다. 더욱 짧은 부품교체 시간이 더욱 중요해짐에 따라 피더 전체를 교체하도록 하는 시스템이 증가하고 있다. 부품설치 및 검증이 기판생산과 동시에 일어날 수 있기 때문에 병렬개념의 또 다른 예를 나타낸다. SMT 생산의 미래는 병렬개념의 확장으로 비용과 품질에 지속적으로 개선해갈 것이다.

11. 기술자료[3]

부품탑재 (표면실장기술/첨단)

– Jeffrey L Timms, Siemens Dematic Electronics Assembly Systems Inc –

부품탑재와 관련된 항목들의 예를 들면 자산활용, 제품수율, 교체시간, 작업현장 공간요건, 총운영비, 새로 출현하는 기술 등이 있다. 이 글에서는 부품탑재에 영향을 미치는 다양한 장비들의 특성을 탐구해본다.

지난 10년에 걸쳐 SMT 탑재 솔루션은 다음 4가지 부문으로 나누어져 왔다. 기존 튜렛 유형으로 크기가 크고 신뢰성은 있지만 유연성이 매우 적은 칩 탑재장치, 큰 볼륨의 유연성 없는 복수의 스핀 피펫 기계. 정확하지만 느린 갠트리(gantry) 유형의 유연성 있는 기계(SMC 및 기형 부품), 대량 탑재 솔루션 볼륨이 크다는 것은 반드시 유연성이 없다는 것을 의미하지 않는다.

작고 유연성 있는 작업 셀(cell)이 반드시 작은 볼륨은 아니다. 혼합 공급업체의 최상급 라인이 사업면에서 최상의 관행과 결과를 가져다준다고 볼 수는 없다. 오늘날 최신 플립 칩 기술과 CSP 기술은 주류 기술로 변하고 있다. 이 같은 현상으로 전문화된 솔루션을 업체들에게 제공하던 특수분야의 전문 공급업체들은 불필요한 존재로 전락하고 있다.

장비 최종 사용자들은 어셈블리 라인의 구성을 변경할 필요가 없다. 왜냐하면 어셈블리 라인을 구입할 때부터 구성변경은 고려대상이 아니고 구성을 바꾸는 일이 어려워 비용이 많이 소요되기 때문이다. 정확성이 높다는 것은 '택 타임(tact time)'이 느리다는 것을 의미하지 않는다.

합격수준의 수율을 달성하기 위해 어느 정도까지 정확하게 부품을 다루어야 할 필요가 있는가?

사용자는 고급 패키지 기술, 제조운영 전략(제조운영 전략은 지원 로지스틱스 및 기반시설 요구사항에 영향을 미친다), 그리고 일반적인 경제적 요소들(예를 들어 전체 운영비, 초기 합격수율 불량으로 인한 재작업비용, 신제품의 시장출시 소요기간과 관련된 사업기회비용)

에 의해서 등이 떠밀리고 있다. 생산능력 기획은 거의 존재하지 않으며, 생산능력 활용도는 보통 40% 미만이라는 사실까지 겹쳐질 경우 어떠한 변화가 요구되는 시점이다.

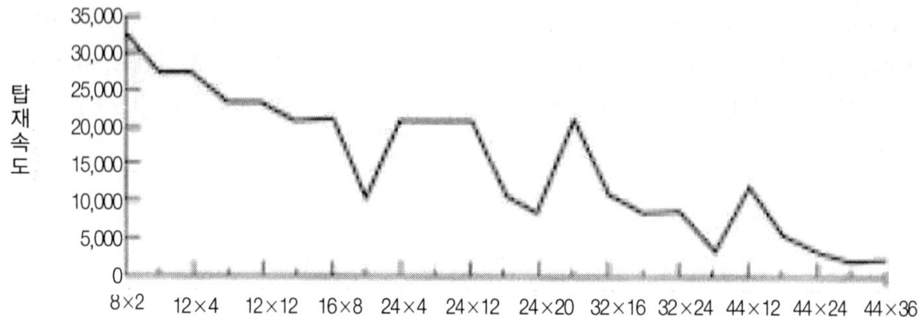

튜렛 유형의 칩발사기 피더의 크기가 증가하면 칩 발사속도가 감소한다

[그림 5-79]

■ 처리속도 및 품질효과

튜렛 유형의 칩발사기는 발사장치의 설계원리에 의해 결정되는 속도, 정확성과 관련된 자체적인 문제점을 안고 있다. 부품 크기의 함수로서 튜렛 속도는 탑재속도의 부품과 피더 구성이 다양해질수록 느려진다. 비록 그림이 혼란스럽게 만들지만 실제상황은 그림보다 더 나쁠 수도 있다. 하나의 큰 부품이 튜렛에 존재한다면 다른 모든 부품들의 속도도 이에 따라 느려진다는 사실 때문에 이 그림을 잘못 해석할 수도 있다.

속도를 늦추지 않으면 부품탑재 신뢰성이 피해를 입게 된다. 근본적으로 튜렛에서 처리되는 부품의 속도는 가장 느린 부품의 처리속도에 의해 결정된다. 이 같은 현상은 큰 피치와 기계적으로 시동되는 테이프 피더 등의 여러 요인에 의해서 한층 더 심화되며, 이것은 그림에서 깊이 패인 계곡이 말해주고 있다.

그리고 기존의 칩발사기는 테이프 입력 및 벌크 부품 입력으로만 제한된다는 점과 유연성 면에서 심각하다는 점을 기억해야 한다. '어떤 피치에서든 적용되는 솔루션'을 선택했을 경우 이런 솔루션에서 발생하는 특이성까지 설상가상으로 겹쳐진다면 라인 균형은 심각한 문제에 직면하게 된다.

어느 부품을 어느 기계에 올려놓을 것인가를 결정하는 일은 라인을 최적화하고 균형을 잡으려 할 때에 부딪치게 되는 어려운 문제이다. 또한 제품유형까지 다양하다면 문제는 급격히 악화된다. 간단히 말해 탑재속도는 부품크기에 종속적이다. 부품크기와 탑재속도 사이의 관계에서 성능특성은 비선형적으로 표현된다.

이 같은 현상은 라인 균형과 최적화 면에서 큰 복잡성을 제기한다. 튜렛 유형의 칩발사기도 장기적으로 볼 때 부품 픽업과 탑재의 정확성 문제를 제기할 수 있다. 왜냐하면 어셈블리의 마모가 시작되기 때문이다. 리드 스크루 및 캠 표면이 닳기 시작함에 따라 X-Y 테이블, 튜렛 헤드, 시타(theta) 회전장치, 캐리지 리드 스크루, 피듀셜 인식능력 사이 허용차의 상관관계가 누적되므로 목표 탑재 지점과 픽업 지점의 명확성이 점차 떨어진다. 그 결과 픽업 및 탑재 정확성이 하락한다.

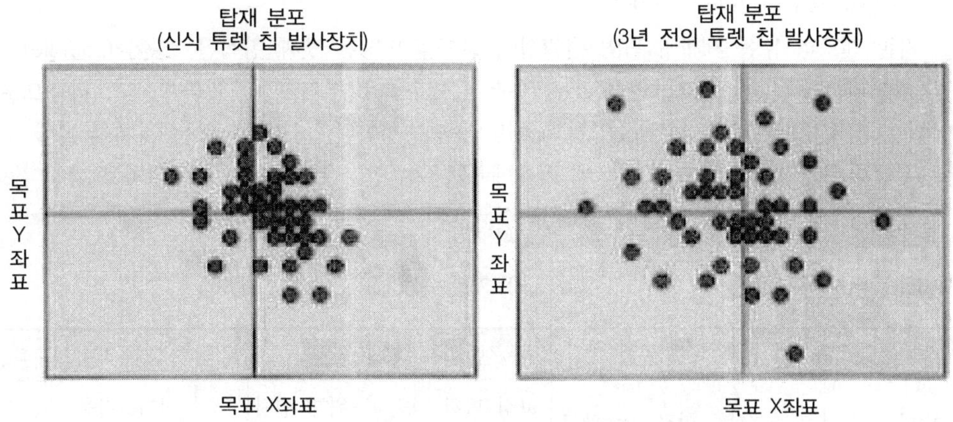

[그림 5-80] 구식 칩발사기와 신식 칩발사기의 정확성 비교

부품이 클 경우 이것이 반드시 문제가 되지는 않지만 0402, 0201, 1005 수동 부품의 탑재를 다룰 경우 상관관계가 중요한 고려사항으로 부각된다.

다른 한편으로 갠트리 탑재 솔루션은 독특한 문제점을 제기한다. 튜렛 기계의 경우와 상황이 다르긴 하지만 갠트리 탑재기계도 나름대로의 단점을 갖고 있다. 가능한 한 최상의 '택타임'을 달성하기 위해 '집단 픽업(gang pickup)'이 가능하도록 장치를 구성해야 한다. 바꿔 말해, 픽업 노즐 간격이 피더 간격과 정확히 일치되도록 피더와 부품위치를 설정해야 한다.

이런 특성은 최적화 프로세스에 영향을 미칠 뿐 아니라 단 한 번의 기계설정으로 여러 개의 제품을 다루는 능력에도 큰 영향을 미친다. 헤드와 노즐의 수가 증가할수록 최적화 및 라인 균형 프로세스에 한층 더 큰 어려움을 제기한다.

마지막으로 피더 성능 및 광학장치에 요구되는 카메라 시야의 수는 위에서 언급한 프로세스에 또 다른 영향을 미친다. 이 같은 시나리오에서 최적의 성능을 실현하기 위해서는 동일한 부품번호에 복수의 피더가 요구되는 경우가 많다. 이것은 고유부품 입력 수를 감소시키며 최종 사용자 비용을 크게 증가시킨다. 픽(pick) 정확성은 갠트리 유형 기계의 역학에 의해 영향을 받는다.

저속 단일 픽 모드에서는 좋은 결과를 얻을지 몰라도 제조현장에서는 전통적인 갠트리 피펫(pipette) 유형 기계의 본질적인 한계가 명백히 드러난다. 픽 정확성은 누적 허용차의 함수로 표시되며 피더의 위치와 직접적인 관련이 있다. 전통적인 튜렛 기계에서 픽 정확성은 피더 캐리지의 움직임과 허용차에 의해 영향을 받는다.

갠트리 기계에서 픽 정확성은(생산속도가 '집단 픽' 모드일 때) 테이프 위치의 반복성과 피더 위치의 반복성에 직접적인 관련이 있으며, 여섯 가지 핵심요인에 의해서 영향을 받는다.

픽 정확성면에서 고려해야 할 핵심사항은 테이프 포켓 내에서의 부품위치이다. 왜냐하면 0603 유형의 부품처럼 큰 부품에서는 그다지 문제가 되지 않지만 0402, 0201, 1005 부품에서는 허용차가 부품 몸체 폭의 50%에 접근할 수 있으므로 적절한 픽업을 보장하기 위해서 다른 기법이 요구되기 때문이다.

기존 갠트리 유형 기계의 픽업 신뢰성에 영향을 미치는 넷째 항목은 스핀들(spindle) 자체의 마모다. 이 문제는 헤드 안의 스핀 수가 많을수록 다루기가 더 힘들어진다. 다음으로 고려해야 할 사항은 피더 픽업 중앙선과 헤드의 평행성이다. 마지막으로는 기계에 올릴 수 있는 부품유형의 제약이다. 이 때문에 기계에 올릴 수 있는 부품의 수가 최고 60%까지 감소되는 등 기계의 유연성에 제한이 가해질 수 있다.

〈표 5-1〉 기계 속성비교

	기존 튜렛 유형	기존 갠트리 유형 픽 앤 플레이스	컬렉트 앤 플레이스의 대안
픽 방법	이동 셔틀, 회전 튜렛헤드	고정 피더, 속도를 위해 집단 픽 요구. 제한적 픽 위치갱신	고정 피더, 자동 픽, 위치갱신, 집단 픽 요구 안함
탑재 면적	이동 PCB	고정 PCB	고정 PCB
잠재적 속도 저하 요인	부품크기, 튜렛 속도, 테이블 위치, 카메라 시간	부품크기, 집단 픽, 카메라 시간	없음
탑재력 제어	제한적 비선형	프로그램 가능하나 개발 루프 및 배선형	완전 반복적, 폐쇄루프센싱, 프로그램 가능
시각능력	제한적 조명 및 검사 옵션 조명강도 프로그램 가능	조명강도 프로그램 가능 제한적 조명각도 선택(대부분 수동식). 그레이스케일 프로그램 가능	조명각도 및 강도 프로그램 가능, 조명원 선택, 그레이스케일 또는 컬러
기형 처리능력	없음	양호	양호
칩 탑재	0603 및 그 이상 : 양호 0402 : 기계따라 다름 01005 및 0201 : 불량	0603 및 그 이상 : 양호 0402 : 양호(집단픽 없음) 01005 및 0201 : 매우 느림	0603 및 그 이상 : 양호 0402 : 양호 01005 및 0201 : 양호
능동부품 탑재	25mil 피치 및 그 이상의 작은 능동부품에서 양호, 많은 속도저하 요구됨. 테이프 입력방식 부품으로 제한됨	양호하지만 큰 부품에서 속도저하, 제한적 집단 픽, 테이프. 수동식 트레이 또는 자동식 트레이 입력	양호한 테이프, 수동식 또는 자동식 트레이 지원됨

이와 같은 단점이 있음에도 불구하고 갠트리 유형 기계는 융통성 및 탑재 정확성면에서는 착실한 성능을 제공할 수 있다. 탑재 도중에 회로 보드가 X축과 Y축 방향으로 움직이지 않는다는 사실은 탑재 주기 도중에 미세피치의 큰 부품과 베어다이(bare die), 마이크로 BGA 또는 CSP 유형의 부품들이 제 위치에서 벗어날 가능성을 최소화해준다.

갠트리 유형의 픽 앤 플레이스(pick and place : 탑재) 기계에서 이 같은 문제는 최적화 및 라인 균형면에서 집단 픽 시나리오, 여러 개의 카메라 옵션, 헤드 옵션, 피더 유형 등에 의해서 초래되는 제약사항들 때문에 중요성이 경시될 수도 있다. 이 같은 모든 요소들을 고려해야 최적 처리속도를 얻을 수 있다.

시나리오의 복잡성은 업라인과 다운라인 기계의 소프트웨어 패키지 사이의 비호환성으로 초래되는 복잡성 때문에 더욱 가중된다. 컬렉트 앤 플레이스(collect and place) 기계 유형은 튜렛 유형과 갠트리 유형 기계의 장점을 합친 것이다. 만약 정확하게 사용한다면 컬렉트 앤 플레이스 기계 유형은 튜렛 유형과 갠트리 유형 기계의 장점을 합친 것이다. 만약 정확하게 사용한다면 컬렉트 앤 플레이스 유형 기계는 [그림 5-81]에서 보여주듯이 부정적인 성능특성을 나타내지 않을 것이다.

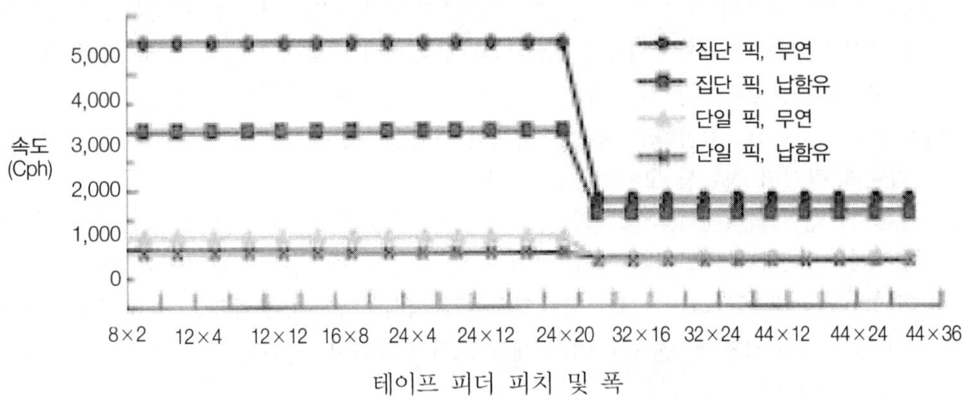

[그림 5-81] 전형적인 갠트리 유형 탑재장치의 성능

동시에 픽업 정확성, 고유한 부품입력, 탑재 정확성 및 제어, 기형 · 라인 종단 유연성, 선적제품 품질 등에서 가능한 한 최고 수준을 제공한다. 이밖에도 컬렉트 앤 플레이스 기계는 생산용량을 '단위분량' 만큼씩 단계적으로 증가시킬 수 있으며 부품유형 전 범위에 걸쳐 성능저하를 보이지 않는다는 장점이 있다. 오늘날 모듈 단위로 구성된 극히 정확한 컬렉트 앤 플레이스 솔루션의 경우 '택 타임'은 한 개의 장치에서 10～60KCPH 범위이다.

더욱이 모듈 단위로 구성되는 솔루션은 일반적으로 경량이며, 공장 내부에서 이동이 빈번히 일어나면서도 보정작업은 이루어지지 않는다는 사실과 함께 위에서 언급한 택 타임의 범위까지 겹쳐질 때 공장의 생산능력 구성의 필요성은 현실로서 나타난다.

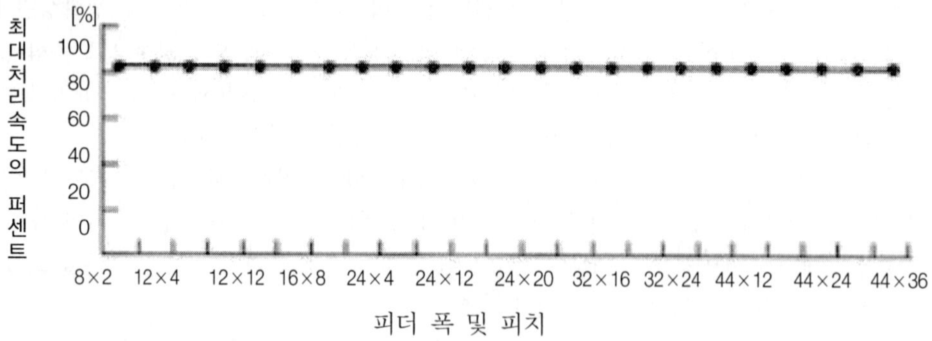

[그림 5-82] 전형적인 컬렉트 앤 플레이스 성능특성

온라인 유연성은 다기능 피더를 설치함으로써 더욱 개선될 수 있다. 다기능 피더는 기계 설정작업에서 요구되는 피더의 전체 수를 최소화시켜주며 그 결과 최종 사용자에게 비용감소를 가져다준다(그림 5-82).

회전 헤드라고도 하는 컬렉트 앤 플레이스 헤드의 경우 부품탑재 속도에 영향을 미치는 중요한 요소는 튜렛의 직경 및 탑재되는 부품에 가해지는 원심력이다. 직경이 클수록 원심력의 부정적 영향을 방지하기 위해서 헤드가 더욱 천천히 회전해야 한다. 바로 이런 이유 때문에 큰 부품의 무게가 기존 대형칩 발사장치 튜렛 헤드를 사용하는 기계에 부정적인 영향을 미치게 된다. 크기의 최적화도 허용차 문제의 기계적인 증폭을 감소시켜야 한다. 결과적으로는 픽업과 탑재의 정확성 모두가 개선된다.

또한 한 개의 피더에서 부품들의 속도저하를 초래하지 않으며 픽업할 수 있는 능력이 겹쳐질 경우 속도저하를 염려할 필요 없이 많은 유형의 부품들을 탑재할 수 있다.

미세피치 탑재 애플리케이션과 첨단기술 애플리케이션에서도 컬렉트 앤 플레이스 헤드의 반대편에 장착된 보조 픽 앤 플레이스 헤드 그리고 그리퍼, 맞춤식 픽업 노즐 등을 효과적으로 활용하고 있다.

따라서 컬렉트 앤 플레이스의 원리를 이용한 기계의 장점을 살리면서 극단적인 탑재도 제어할 수 있다. 요구되는 부품탑재 용량을 기계에 설정할 수 있다는 점과 다양한 부품을 탑재할 수 있는 장치들을 확보할 수 있다는 점이 중요하다.

(2) 결 론

부품을 어떻게 다루는가의 문제는 자산활용, 생산수율, 교체시간, 작업현장 공간요건, 총운영, 신기술에 영향을 미친다. 첨단 기술 컬렉트 앤 플레이스 솔루션은 고려해볼 가치가 있는 대체 솔루션이 될 수 있다.

5.2 리플로우

(a) 외형

(b) 내부

[그림 5-83] 리플로우

1. 개 요

리플로우(reflow soldering M/C)는 마운터 다음 공정에 설치되어 스크린 프린터로 인쇄도포한 솔더페이스트가 녹아서 부품과 랜드(패드)가 접합(납땜)되도록 가열한다. 구조는 기본적으로 히터의 배열과 기판을 이송하는 컨베이어로 구성되어 있다. 부수적으로 적정온도를 유지하며 솔더링이 잘 되도록 하고 편리하게 조정하고 사용할 수 있는 자동장치와 무연솔더(lead free), 무세정, 질소(N_2) 분위기를 적용하는 기술이 사용되고 있다.

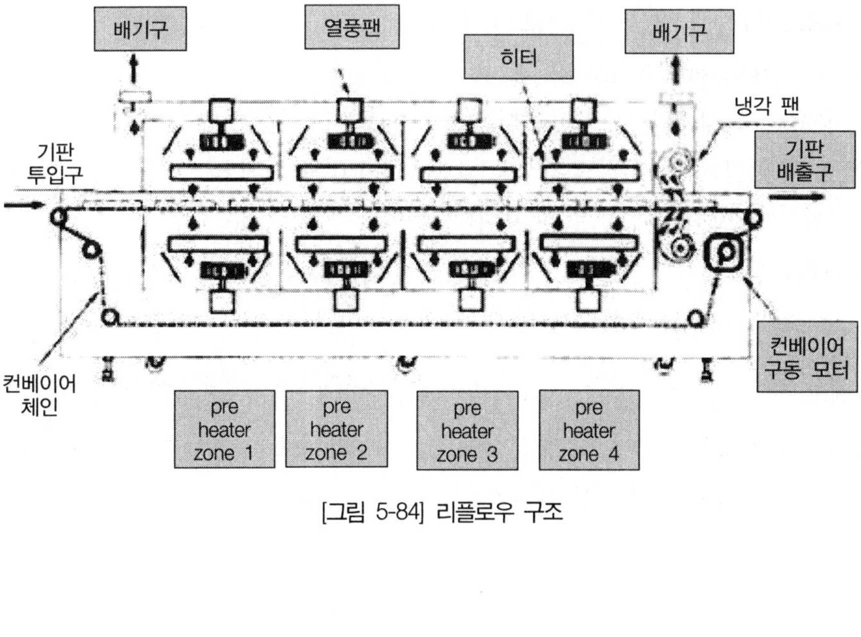

[그림 5-84] 리플로우 구조

리플로우 내부로 이송되는 기판과 부품에는 히터와 가열된 공기에 의해 전도(conduction), 대류(convection), 복사(radiation)의 형태로 열에너지가 전달된다. 완벽한 솔더링은 솔더와 기판, 부품의 특성에 적합한 온도 프로파일(profile)이 적용되어야 된다.

2. 리플로우 납땜의 특징

납땜(soldering)은 용융된 납과 접합하려는 금속의 계면에 합금층을 형성하고 그 사이를 접합한다. 부품의 납땜은 전기적인 확실한 접촉을 행하고 기계적인 접속을 하여 전자부품을 소정의 위치에 고정하며, 동시에 방청 역할을 하는 목적이 있다.

리플로우(reflow) 납땜하는 표면실장용 부품은 플로우(wave/dip) 납땜하는 리드부품과 비교하여 부품 본체에 열충격이 크고 접속의 미세화가 요구되며, 전극, 리드의 형상, 구조, 재료 등이 다르다. 또한 기판상 패턴과의 접합강도, 접합의 신뢰성이 요구되는 등 리드 실장보다 고도의 실장기술이 요구된다.

■ **리플로우의 특성**

① 부품의 열충격이 크다.
flow soldering 비교, 가열방법에 따라 크게 열스트레스를 받을 수 있다.

② 솔더를 적정량 공급할 수 있다.
필요한 장소에 적합한 solder 양을 공급하는 것이 가능하다.

③ soldering 불량이 감소된다.
solder의 공급량을 규제하므로 bridge 등의 불량이 감소된다.

④ self alignment(자기보정) 효과가 있다.
용융한 solder의 표면장력에 의하여 부품이 정위치한다.

⑤ 동일 기판에서 다른 조건으로 soldering이 가능하다.
국부가열방식 가열원을 이용한다.

⑥ solder의 정확한 성분조성과 불순물 혼입이 적다.
solder Paste를 조성 사용한다.

납땜은 가열방법과 솔더(solder)의 공급방법에 따라 플로우(flow)와 리플로우(reflow) 방식으로 나눈다. 표면실장에는 주로 리플로우 방식을 사용하고 리드부품이 있을 경우 플로우 방식을 혼용한다.

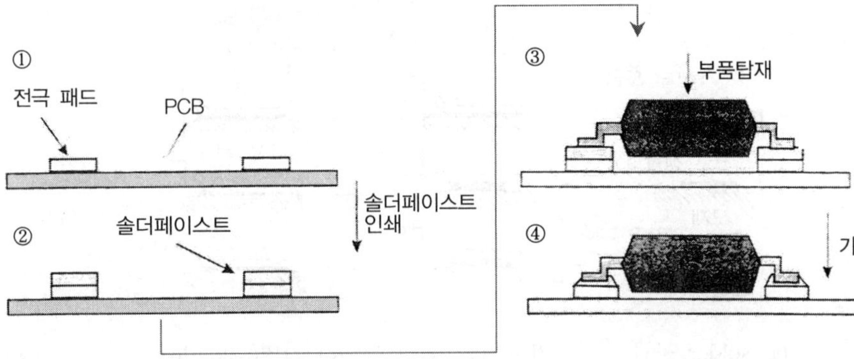

[그림 5-85] 리플로우 납땜

전자제품에 사용하는 납땜방법은 [그림 5-86]과 같다.

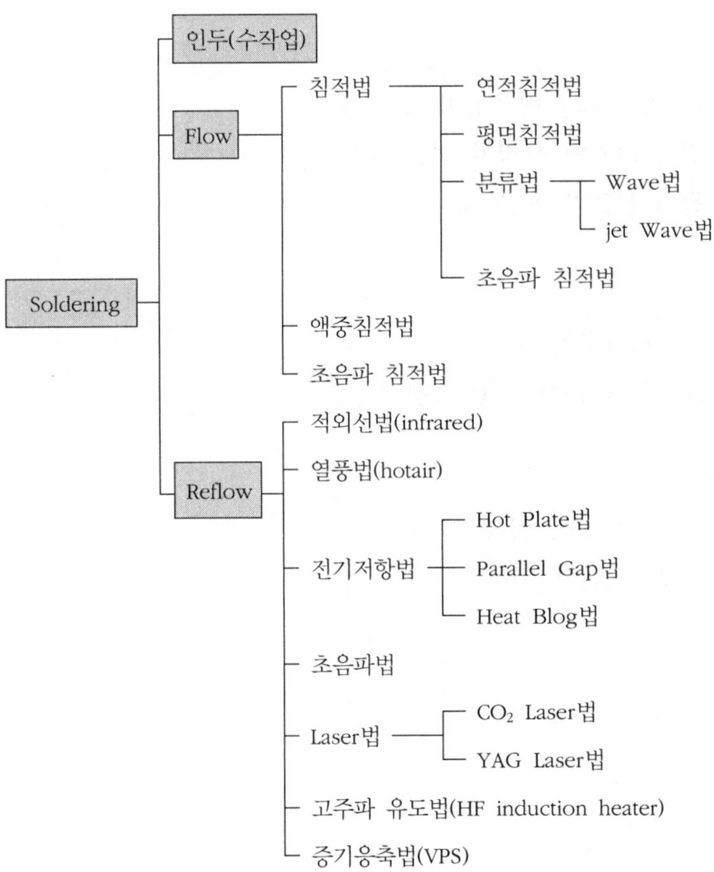

[그림 5-86] 납땜방법

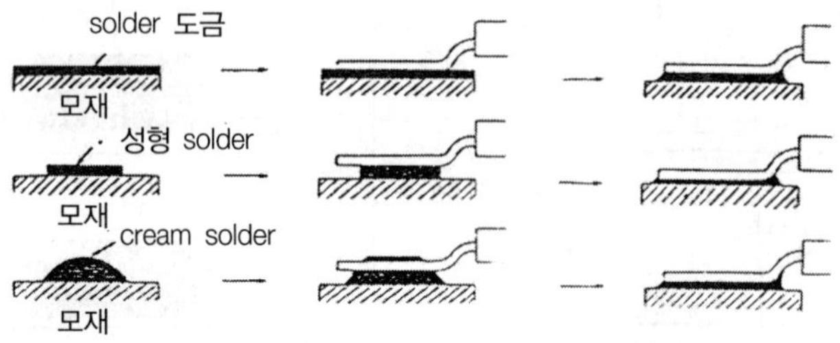

(a) solder 공급 (b) 부품 set (c) 가열(soldering)

[그림 5-87] 납땜방법 분류

3. 리플로우 공정의 유의점

1) 부 품

① 전극단자의 solder 젖음성이 좋을 것
② 단자 전극 크기의 오착가 적을 것
③ 단자 뜸의 분포가 적을 것

2) 기 판

① 기판정도가 양호할 것
② land 표면의 젖음성이 좋을 것

3) Land 크기

① 필요 이상 큰 것이 없을 것
② 리드 단자간격과 일치하는 랜드간격

4) Mounter

mount 정도가 높을 것

5) Cream Solder

① 인쇄 무너짐, 가열용융 무너짐이 적을 것
② solder 입자의 산화가 적고 미세입자가 혼입되어 있지 않을 것
③ 입도분포의 분포오차가 적을 것
④ 판 뽑힘성이 좋을 것
⑤ 양호한 thixotropy성을 가질 것

6) Cream Solder 인쇄

① 인쇄정도(위치, 공급량)가 높을 것
② 인쇄조건이 안정되어 있을 것
③ metal mask 치수 정도가 좋고 개구부 단면이 일직선에 가깝고, 미끄러짐성이 좋을 것

7) 온도 프로파일

① 충분한 예열(온도, 시간)이 될 수 있을 것
② 기판 내 온도오차가 작을 것
③ reflow 온도가 부품내열 고려 용융시간이 길게 되지 않을 것

8) Reflow Oven

기판과 탑재부품 가열에 적합한 reflow 장비선정

4. 가열방식의 특징

리플로우 방식은 가열방법에 따라서 여러 가지로 나눌 수 있으나, 대부분 장비는 적외선(IR)과 열풍(hot air)을 강제 대류하는 방식을 함께 사용하고 있다. 고급장비의 분류는 히팅 존의 길이, 무연, 질소적용 가능, 온도제어방법, 중간 지지대 적용, 플럭스 관리, 사용편의성 등의 복합적인 요인으로 결정된다. 증기(VPS) 방식은 산업기기용의 저레벨에 사용하고 SMT 공정에서는 사용하지 않는다. 적외선 램프빔과 레이저 방식은 급속가열 납땜에 대응된다. 질소분위기를 적용하려면 질소공급장치를 별도 설비하여야 한다.

가열방식	원 리	특 징
VPS (Vapor Phase Soldering)	불소계 불활성 액체의 기화잠열에 의한 가열, 균일한 가열, 대형 다층 두꺼운 기판가능	• 납땜온도를 정확하게 제어할 수 있다. • 납땜분위기가 불활성이므로 산화를 방지할 수 있다. • 불활성액체의 cost가 비싸다. • 소형 부품의 맨하탄 불량발생이 쉽다.
적외선 (infrared)	IR 복사열에 의한 가열	• 일반적으로 간편한 리플로우 방식이다. • 부품의 재질, 색상에 따라 열흡수가 다르므로 이상 가열이 발생한다. • 큰 부품에 의해 그림자가 생긴 곳은 가열이 어렵다.

가열 방식	원 리	특 징
열풍 (hot air)	히터에 의해 뜨거워진 열풍으로 대류 가열하는 방식	• 부품과 기판과의 온도차가 적다. • 비교적 온도제어가 용이하다. • 재료의 산화 및 솔더볼 발생이 많다. • 열풍에 의한 부품의 움직임이 일어나기 쉽다.
적외선+열풍	적외선의 복사열과 열풍을 병용한 가열방식	• 적외선 방식의 발전타입으로 현재 널리 보급되어 있다. • 부품의 열스트레스가 비교적 적게 된다. • 재료의 산화가 적고, 부품과 기판의 온도차가 적다.

5. 리플로우 공정

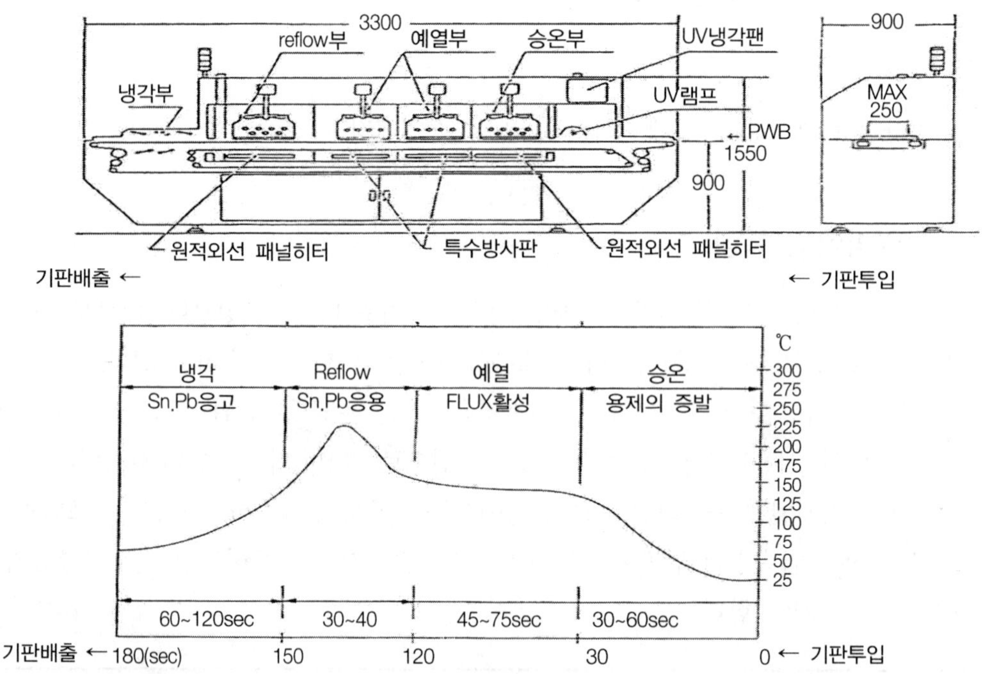

[그림 5-88] 리플로우 납땜과정

- **리플로우 솔더링 과정[그림 5-89]**

① 솔더페이스트에 솔벤트를 증발(승온구간/preheat, 3℃/sec)

② 플럭스를 활성화 작용시작(예열건조구간/preheat, thermal-soak)

③ PCB와 부품을 예열(예열승온구간/thermal-soak)

- 예열(건조, 승온)구간 시간은 대략 60~120sec정도로 한다.

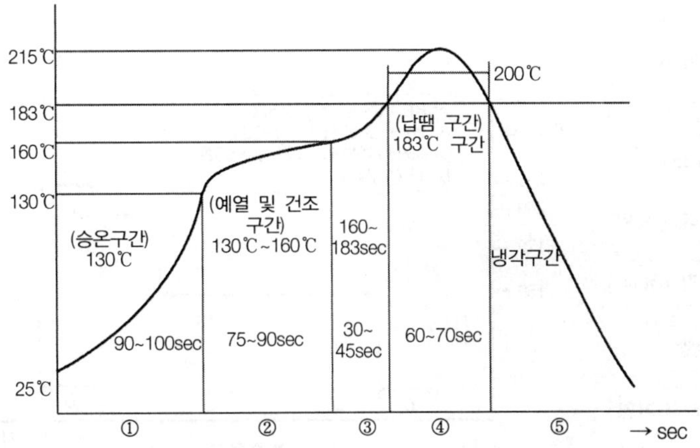

[그림 5-89] 리플로우 공정과 온도 프로파일(BGA 솔더링)

④ 납이 녹고 PCB의 랜드 위를 적신다(용융구간/reflow, 30~60sec).

⑤ 적절한 온도까지 일정한 비율로 냉각시킨다(냉각구간/cooling).

6. 리플로우 프로파일

기판에 솔더페이스트를 인쇄한 후 부품을 실장하여 리플로우 내에서 이송될 때 리플로우의 각 존에서 공급하는 열원에 의해 기판표면의 온도가 시간이 경과함에 따라 어떻게 변화하는지를 나타내는 온도그래프이다.

리플로우의 세팅 온도가 일정하더라도 기판과 부품의 형태 및 특성에 따라 프로파일 형태가 다르게 나타난다. 기판과 부품의 온도특성에 적합한 프로파일 형태를 형성하여야 접합품질의 신뢰성을 향상시킬 수 있다.

Profile Topic	Temperature Range	Time Range
Flux Activation	100～110℃ Not to exceed 120℃	
Flux Activation	120℃ to 150℃	30 to 120seconds
Component Ramp Rate	2℃ to 4℃ per second	
Reflow welding time	Above 183℃	30 to 90seconds
Solder joint Temp. Reak	200℃ to 220℃	
Component Max Temp.	230℃	60seconds
Board Temperature	Above 150℃	Not to exceed four minutes

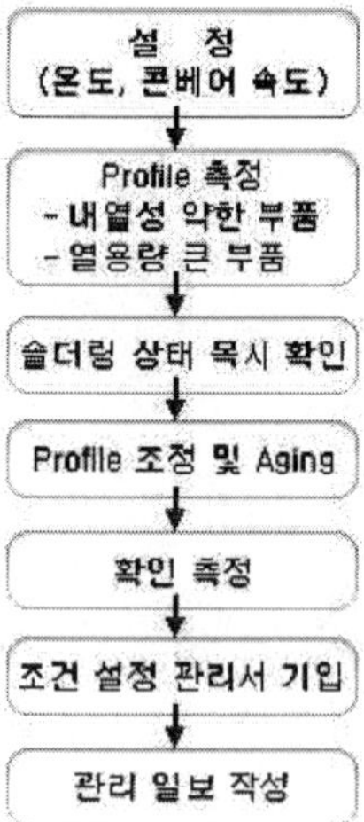

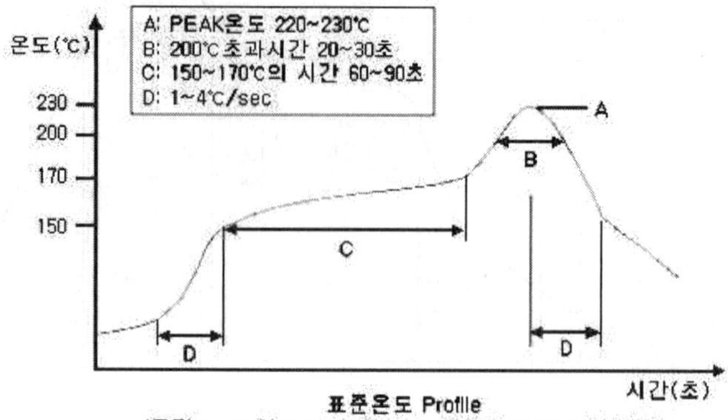

표준온도 Profile
(공정Solder인 Sn63%/Pb37%, 용융온도 183℃일 경우)

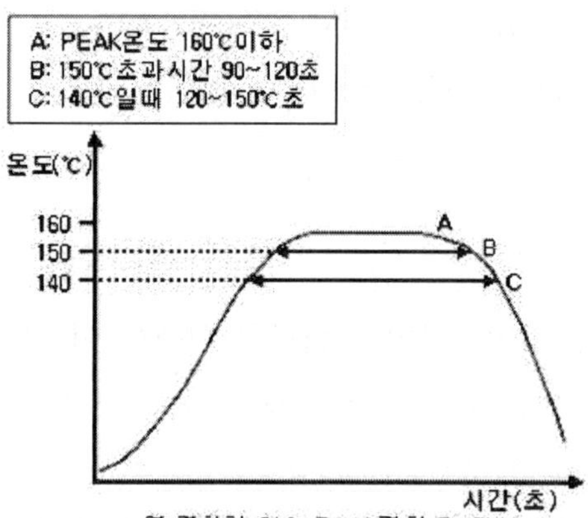

열 경화형 Chip Bond 경화 Profile

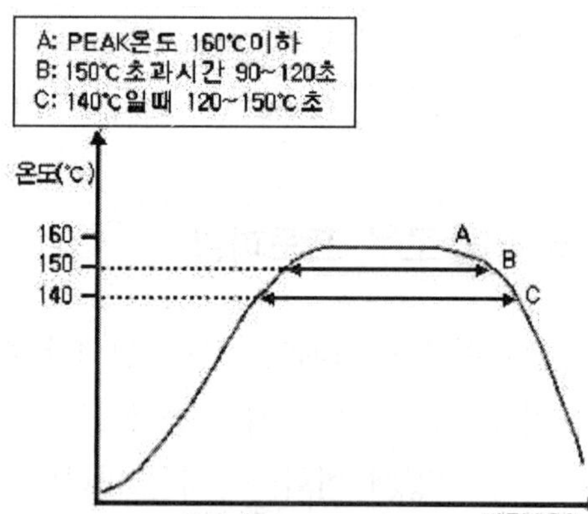

UV 경화형 Chip Bond Profile

Pb-free paste & Reflow 온도 요구조건

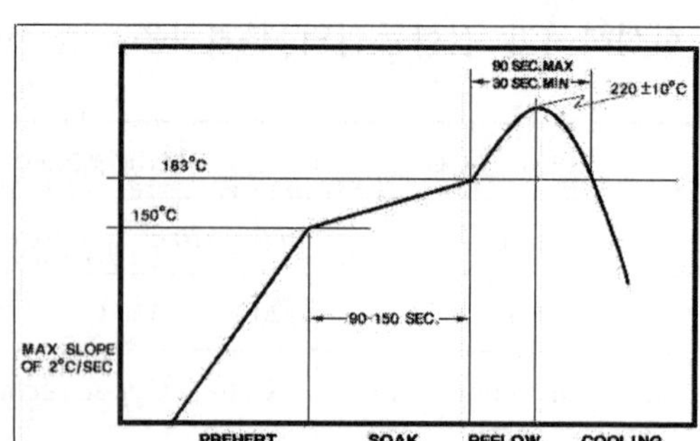

Figure 41 Example of Reflow Temperature Profile

[그림 5-90]

기판온도에 변화요소는 기판종류, 탑재부품 및 실장밀도, 컨베이어 속도, 노내의 배기풍속, 실내외 온도변화 기판의 투입조건 등이다.

리플로우의 존수와 길이에 따라 온도 프로파일 특성이 다르게 나타난다. 리플로우의 온도설정은 다음 순서에 따라 한다.

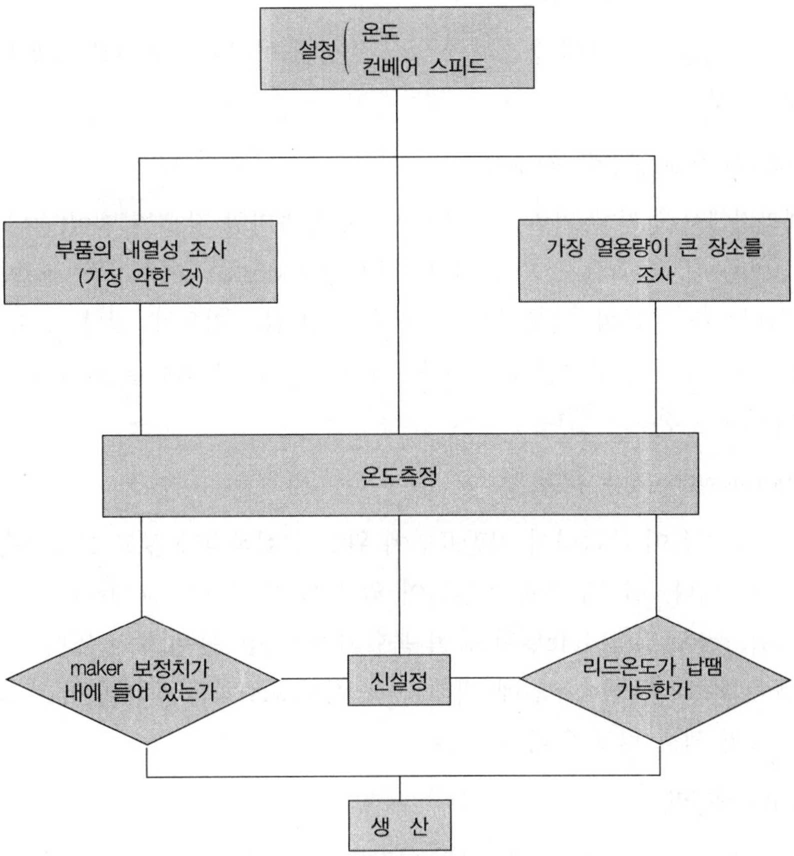

[그림 5-91]

7. 솔더링 불량현상

솔더링 불량요인 점유율		
불량요인	불량현상	점유율
장착 불량	미삽, 역삽, 틀어짐	12～30%
솔더링 불량	과납, 미납, 오픈, 쇼트	50～65%
기타 불량	리드뜸, 부품파손 등	5～10%

① Excessive Solder(과납)

솔더과잉, 솔더공급량이 많아 랜드 주변의 불필요한 곳에 솔더가 있는 것

② Insufficient Solder(미납)

솔더부족, 솔더공급량이 충분하지 않아 접합이 미비하거나 바른 필렛(fillet)형상이 되지 않는 것

③ Solder Ball(솔더볼, 솔더비산)

납땜과정에서 급격한 가열 등 원인으로 용융솔더의 작은 알맹이(솔더볼)가 납땜 개소 주변에 응고부착한 것을 말한다. 원인은 solder paste의 산화, 흡습 등에 기인되어 플럭스가 충분히 작용하지 못하여 발생되는 경우가 많다. solder print와 reflow의 작업조건이 부적절하기 때문에 solder paste가 접합부 이외의 부분에 유출되어 발생하는 경우도 있다.

④ Non-wetting(젖음 불량)

용융납의 젖음이 부족하여 기판표면에 완전히 접착되지 않고 모재금속이 드러나 보이는 상태이다. 접착부분에 이물질이 있을 때 발생되며, soldering시의 가열조건의 부적합, solder열화, flux열화 등이 복합되어 일어나는 경우가 많다. dewetting과 달리 용융 solder가 금속표면에 대해 전혀 젖지(wet)않은 상태이며, fillet형성 없이 원래 금속의 색을 띠고 있다.

⑤ Bridge(단락)

솔더가 회로를 단락(short)한 상태, 인접한 랜드 사이에 납이 연결된 상태이다. 부품의 미소화, 고밀도에 따라 발생빈도가 높다.

⑥ Dewetting(퇴)

용융 solder가 금속표면에 도포된 후에 발생하는 현상으로 모재에 젖은 솔더가 반발하여 용융방울로 분산 응집하는 현상, 다시 젖음이 나타나지 않는다. 원인은 금속표면의 오염, 산화물에 기인하는 경우가 많지만, solder 사용관리의 부적성, 부품, 기판열화 등이 동기가 되어 일어나는 경우도 많다.

⑦ Tombstone(manhattan)

부품일어섬. 칩부품의 양단자의 납이 용융시간차가 있는 경우 표면장력 차이가 발생하여 칩이 일어나는 현상이다. 발생요인은 칩단자 온도차와 솔더인쇄량, 기판랜드 형상, 장착정도 등이 있다.

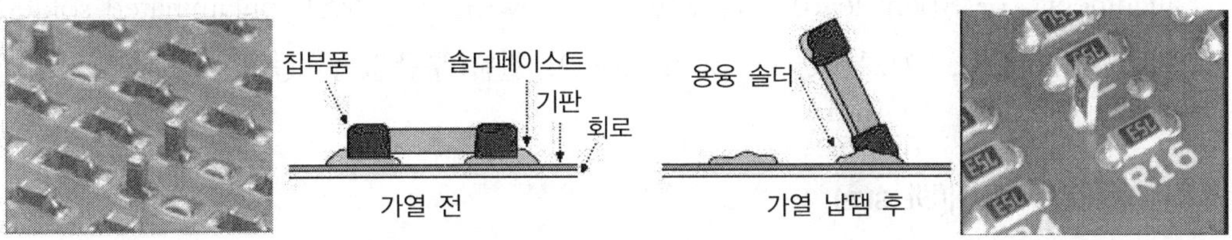

[그림 5-92] tombstone

⑧ Void(기포, 공공, 공동)

솔더 접합부 내부에 생성된 빈 구멍이다. solder paste 중에 용제 또는 수지의 휘발성분이 충분히 빠져나가기 전에 납이 응고하면 fillet속에 void가 발생된다. 대책으로는 충분한 예비가열과 적정한 reflow시간(프로파일)의 설정이 필요하다.

⑨ Cold Joint(냉납)

solder fillet 표면이 요철 또는 꺼칠꺼칠한 상태, 혹은 다중의 주름상태로 보이는 것은 접합이 불완전하여 기계적으로 약하다. 원인은 soldering시에 용융 solder가 완전히 응고되기 전에 접합부분이 움직인다든지, 휜 기판 등이 주로 원인이 된다. 특히 육안(비젼)검사가 어렵고 양면 실장의 밑면에 있어서 실장부품의 재용융개소에 발생되기 쉽다.

⑩ Solder Crack(납크랙)

solder fillet에서 생기는 경우와 기판 랜드와 부품단자, 전극의 접합계면에 발생하는 crack이 있다. 원인은 solder가 응고할 때의 접합 부재 사이의 온도차나 열팽창계수의 상이에 기인하는 경우가 많고, 기계적 진동이나 충격, 기판의 휨, solder의 wet 부족, solder 과소 등에 의하여 발생한다.

⑪ Wicking(위킹)

모재의 좁은 장소에 용융한 솔더가 모세관현상으로 끌려가서 접합 솔더량이 부족한 것. 리플로우 공정 때 부품단자의 온도가 랜드의 온도보다 높고 빨리 상승하기 때문에 납이 온도가 높은 쪽으로 이동하여 위킹이 발생한다. 대책은 정밀한 예비가열에 의하여 납의 용융단계 이전에 단자와 랜드의 온도평형을 얻는다.

⑫ 기타 솔더링 불량

납없음(no solder), 미삽(미장착 non mounting), 오삽(오장착 wrong mounting), 역삽(역장착 reverse mounting), 부품크랙(component crack), 부품위치틀어짐(missing alignment), 들뜸(bent lead), 뒤집힘(upside down), 이물(오염 contaminated solder), 핀홀(pin holes), 고드름(icicles/protrusions), 결품(부품없음) 등

8. 리플로우 체커(UI sys)

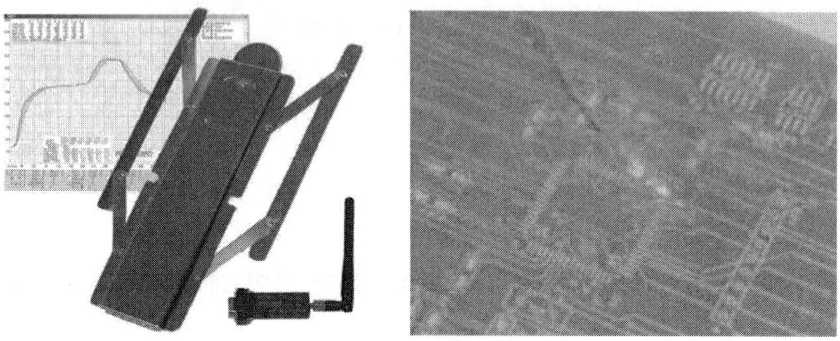

[그림 5-93] 리플로우 체커

reflow공정시 oven 내에서 시간에 따른 기판과 부품의 온도를 감지하여 부품 열 손상과 납땜상태를 판정할 수 있는 프로파일을 측정하고 분석한다.

▶▶ UI-302(무선) 특징

실시간 측정 및 디스플레이, 리플로우 온도측정, 예열 온도측정, 60ms의 빠른 측정간격 및 측정 데이터 필터링 기능, 저전력 설계, 간단한 사용방법, 빠른 A/S, 저가이다.

〈표 5-2〉 reflow checker UI301, UI302 제원(측정정보)

항 목	측정범위		
	UI-301(유선)	UI-302(무선)	
온도측정	0~300℃	0~300℃	오차 ± 2℃ 센서 k형 열전대
샘플링 시간	0.3, 0.6, 1.2, 2.4초	50ms필터링 300ms저장	
측정시간	0.3일 때 10분, 최대 40분	10분	
측정회수	5회	bluetooth/100m	

9. 기술자료[1]

납땜불량

－SMTKOREA－

■ 맨하탄 현상

• 발생요인

리플로우 가열 때 패드(pad) 중 한쪽의 납땜이 다른 쪽의 납땜 부분보다 빨리 용융되었기 때문에 용융된 한쪽 단자가 땜납의 표면장력에 의해 빨려들고 다른 쪽은 위로 솟아올랐을 때 일어난다. 꼭 뉴욕의 맨하탄의 빌딩과 유사하여 맨하탄(manhattan) 현상이라고 한다. 일명 비석(tombstone)현상이라고도 한다.

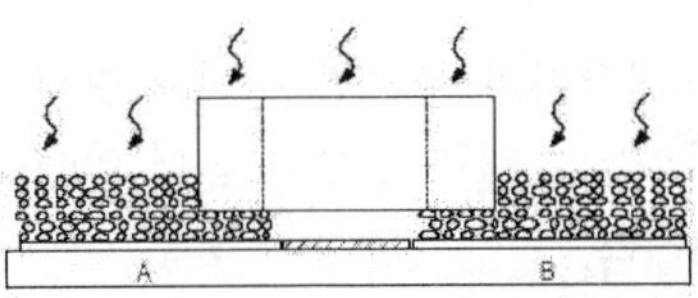

부품장착 상태

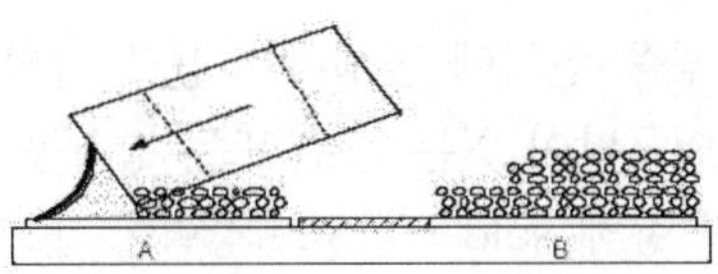

젖음(wetting)시작

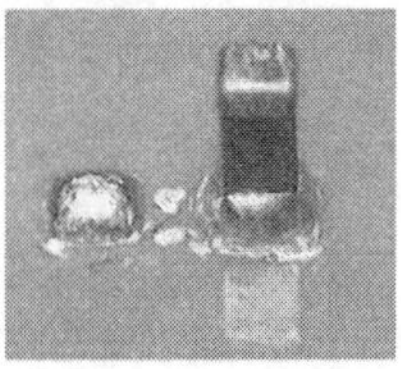

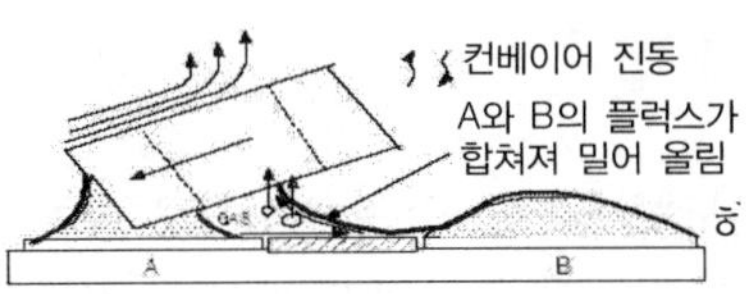

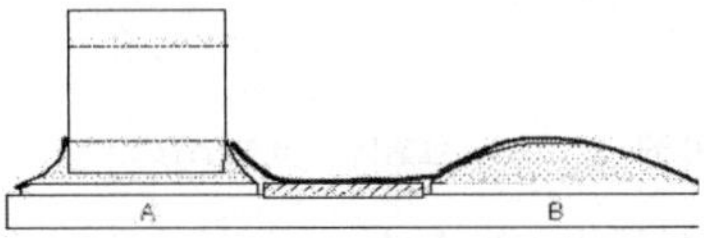

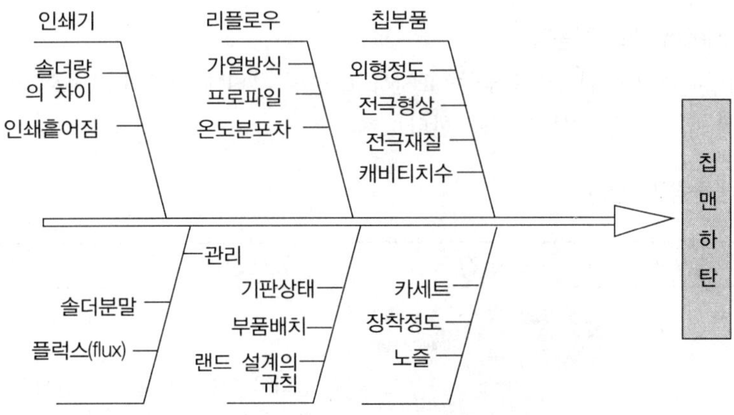

[그림 5-94] Chip 맨하탄 요인도

① 칩단자 온도차 ② 솔더 인쇄량의 불균형 ③ 기판랜드 형상, 간격 ④ 칩부품의 장착정도 ⑤ 페이스트의 점착력 저하 ⑥ 리플로우 내의 기류상승 ⑦ 부품무게 등의 관련 요인이 있다(3216, 2012은 발생이 없음).

• 맨하탄 불량대책

① Land 설계

부품 land에 작용하는 표면장력 힘을 맨하탄 현상 억지력으로 설계. 랜드형상을 둥근형으로 바꾼 것만으로도 칩들뜸을 많이 줄일 수 있다.

② 온도 프로파일 최적화

• 승온 구간에서 급격한 온도 상승이 되지 않게 한다.
• 2개의 전극이 동시에 용융되도록 하면 맨하탄 불량은 발생하지 않는다.

③ 장착 정도의 향상

칩 들뜸은 부품의 양쪽 전극에 발생하는 용해 솔더의 표면장력의 불균형에 의해 발생한다. 따라서 장착위치 어긋남이 있는 경우 또는 장착높이, 기판누름 불량 등으로 솔더 인쇄형상이 무너지고 점착력 용해 solder의 표면장력이 변화해버린다.

④ 전극도금의 재질

전극재료를 바꾸면 솔더 납땜성의 젖는 양이 변하며 용해 솔더에 의한 표면장력 모멘트도 변한다.

⑤ 솔더재료

크림솔더의 물성변경(Ag성분포함), 부품의 전극간의 온도차가 1°C 있는 것만으로 한쪽이 먼저 용해한다. 비스무트(Bi)와 Ag를 첨가물로 더한 솔더가 있는데 공정 솔더에 비해 칩들뜸의 불량발생률이 1/10 이하로 떨어진다.

⑥ Reflow내의 진동억제

bear PCB에 원형의 눈금을 표시하고, 중앙 부위에 원형의 가벼운 와셔를 놓고 리플로우에 통과 후 틀어짐 정도를 체크한다.

■ 납땜불량과 원인

	불량명	사 진	상 태	원 인
1	미납 (납없음)		납땜되어 있는 부품의 한쪽 전극에 땜납이 전혀 없는 상태	인쇄공정에서 솔더페이스트의 미 인쇄 및 소량 인쇄, 메탈 마스크 개구부 오염

	불량명	사 진	상 태	원 인
2	소납 (납량 적음)		납땜되어 있는 부품의 한쪽 전극은 원하는 만큼의 솔더 fillet이 형성되어 있으나, 다른 한쪽 부위는 필렛이 전혀 형성되어 있지 않고 땜납이 거의 없는 상태	• 인쇄공정에서의 인쇄조건 불량 • 메탈 마스크의 개구부 오염
3	과납 (납량 많음)		납땜되어 있는 부분이 전극의 두께 이상으로 땜납이 올라타서 납이 부품 전극을 완전히 뒤덮은 상태	인쇄공정에서의 솔더페이스트 과다 인쇄
4	미용융		솔더 랜드에 도포되어 있는 솔더페이스트가 리플로우 진행 후에도 부품의 전극에 젖지 않고 솔더페이스트 그 자체의 상태로 존재하고 있음	솔더페이스트의 열화(인쇄 후 장시간 방치) 리플로우 온도분포의 불균일(주변이나 이면에 대형부품이 존재)
5	냉납		솔더 랜드와 부품의 전극에 형성되어 있는 솔더 필렛이 부품의 전극에 완전히 젖지 않은 채 뭉쳐져 있으며 전극과 랜드와의 결합이 불완전한 상태	솔더페이스트 열화 리플로우 조건불량(예열구간이 길다, 피크온도가 낮다) 부품의 전극 및 솔더 랜드의 산화
6	들뜸		납땜되어 있는 부품의 전체가 lead로부터 들뜨면서 비스듬하게 경사져 접합된 상태	인쇄공정에서 솔더페이스트의 과다, 인쇄부품 전극부의 산화, 부품 밑면에 이물질 침투
7	쇼트 (bridge)		브리지, QFP 0.5mm 피치의 서로 연결되지 않아야 할 랜드간에 땜납에 의하여 단락된 상태	인쇄공정에서 크림솔더의 과다도포. 부품 리드의 틀어짐. 인쇄위치의 틀어짐. 부품장착 위치 틀어짐

	불량명	사 진	상 태	원 인
8	고드름 (icicle)		근접되어 있는 부품과 부품간에 형성되어 있는 솔더 필렛의 표면에 원추형의 돌출이 발생된 상태	• 부품과 부품의 이격거리 불량 • 땜납 내에 이물질(금속성분)이 침투되어 땜납이 이물질에 젖어 있음(이물질이 고드름의 뼈대를 이루고 있음)
9	솔더 볼 (solder ball)		납땜되어 있는 근접 부품과 부품 사이에 작은 솔더 알갱이가 여기저기 흩어져 있는 상태	• 인쇄공정에서 메탈 마스크의 이면 오염에 의한 크림솔더의 번짐. 솔더페이스트의 열화 • 리플로우 조건불량(예열부족) • 솔더페이스트의 점도가 낮다. 랜드 면적 기준으로 메탈 마스크의 개구부 면적이 넓음
10	솔더 크랙 (crack)		납땜되어 있는 부품의 전극과 솔더 랜드 사이에 금이 발생되어 불안전한 접합이 된 상태	• 리플로우 냉각구간(짧음) 충격(대책-냉각시간 길게)
11	부품 크랙		납땜되어 있는 부품의 중심부에 균열이 발생되고 절단된 부품이 일어서서 납땜된 상태	• 리플로우 온도(높음)불량 • 외부의 충격. 부품 밑면에 이물질 침투
12	핀 홀		부품의 전극과 솔더 랜드 사이에 형성되어 있는 필렛의 표면에 원추형의 홀이 존재하는 것	크림솔더의 열화 • 리플로우시 크림솔더에 포함되어 있던 flux gas의 폭발 및 분출

	불량명	사 진	상 태	원 인
13	결품 (부품 없음)	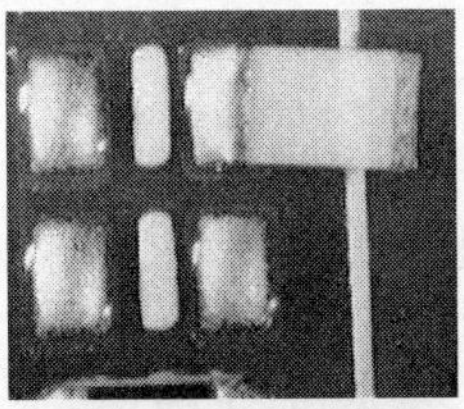	목적하는 위치에 해당 부품이 없이 크림솔더만 용융된 상태로 있는 것	• mounter 공정에서의 미장착 • 리플로우 공정에서 열풍에 의한 위치이탈. 크림솔더 점착성 부족에 위한 위치이탈 • 크림솔더 인쇄 후 장시간 방치로 인한 점착성 부족
14	위치 치우침		솔더 랜드의 수평, 수직선을 기준으로 하여 부품이 수평 또는 수직방향으로 치우처져 납땜 접속이 불안전한 상태	• 마운터 공정에서 장착불량 • 리플로우 공정에서 열풍에 의한 위치 치우침 • 솔더 랜드의 좌·우 납량이 서로 다름
15	위치 틀어짐		솔더 랜드의 수평, 수직선을 기준으로 하여 부품이 X축과 Y축이 동시에 이동되어 불안전한 납땜이 된 상태	• 마운터 공정에서 장착불량 • 리플로우 공정에서 열풍에 의한 위치 틀어짐 • 솔더 랜드의 면적이 서로 다름
16	부품 뒤집힘		솔더 랜드에 납땜되어 있는 부품이 정상적으로 장착되지 않고 부품의 상면과 하면이 바뀌어 납땜된 상태	부품흡착 불량(카세트 불량, 오프셋 값의 틀어짐, 노즐의 불량)
17	오삽 (오장착)		VR 부품이 장착되어야 할 위치에 TR이 납땜되어 있는 상태	마운터 공정에서 부품 카세트의 장착 미스. 마운터 공정에서 부품장착 프로그램의 미스
18	역삽 (역장착)		탄탈콘덴서가 PCB 회로상의 극성과 일치하지 않고 180°수평 회전하여 납땜된 상태	마운터 공정에서 장착 프로그램의 회전각도 데이터 이상
19	맨하탄 (일어섬· 톰스톤)		납땜되어 있는 부품의 한쪽 전극은 랜드에 접속되어 있고 반대편 전극은 랜드로부터 떨어져 벌떡 일어선 형태를 하고 있음 맨하탄, 톰스톤	솔더 랜드에 도포되어 있는 솔더 양의 차이 리플로우의 냉각온도 불균일성

	불량명	사 진	상 태	원 인
20	모로섬		납땜이 되어 있는 부품이 정상적으로 안착되지 못하고 측면으로 서서 납땜이 된 상태	마운터 공정에서의 흡착 혹은 장착불량

10. 기술자료[2]

리플로우 온도 프로파일 작성기준

■ **목 적**

이 기준은 리플로우 공정에서 PCB 온도측정시 작업자가 표준작업을 수행하게 함으로써 납땜불량을 줄이고 리플로우 오븐의 온도관리가 정확하게 이루어질 수 있도록 하기 위하여 온도측정 방법 및 온도 프로파일 설정방법을 규정화 하는 것을 목적으로 한다.

■ **온도측정 방법**

• 온도측정시 필요한 도구

① 온도기록계(profiler)

열전대(thermocouple)에서 감지한 미세 전압을 온도로 환산하는 장치이며 두 종류가 있다.

- mole 타입(무선) : 온도기록계와 열전대간에 송수신기를 이용하여 무선통신으로 PC 모니터로 보거나 프린터로 직접 출력하여 보는 형태로 작업성이 좋아 많이 사용되는 타입이다.
- 펜 타입(유선) : 온도기록계와 열전대가 바로 붙어 있으며 열전대에서 발생한 열기전력을 바로 온도로 환산하여 펜(pen)으로 그려 주는 형태로 작업성은 좋지 않으나, 즉석에서 온도를 확인할 수 있는 장점이 있다.

② 열전대(thermocouple)

- 측정원리 : 서로 다른 두 금속을 접속하여 양쪽 접점에 발생하는 온도차에 의하여 전자가 이동함으로써 발생하는 미세전압(수mV~수십mV)을 측정한 후 그 전압을 온도로 환산해준다. 즉 열기전력의 원리를 이용하는 것이다.
- 재질 : 크로멜-알루멜, 구리-콘스탄탄, 백금-백금로듐 등이 있으며, 피복선은 얇고 가벼운 것이 좋다.

• 종 류

	재 질	일반 측정 온도	Max 측정 온도	수명 (Max에서)
R	+ : 백금로듐(30%), − : 백금로듐(6%)	1500℃ ↓	1700℃	50시간
B	+ : 백금로듐(13%), − : 백금	1400℃ ↓	1600℃	50시간
S	+ : 백금로듐(10%), − : 백금	1400℃ ↓	1600℃	50시간
N	+ : Ni14.2Cr1.4Si, − : Ni4.4Si	1200℃ ↓	1250℃	250시간
K	+ : Ni10Cr, − : Ni5A1Mn	1000℃ ↓	1200℃	250시간
E	+ : Ni10Cr, − : Cu55Ni45	700℃ ↓	800℃	250시간
J	+ : Fe, − : Cu55Ni45	600℃ ↓	750℃	250시간
T	+ : Cu, − : Cu55Ni45	300℃ ↓	350℃	250시간

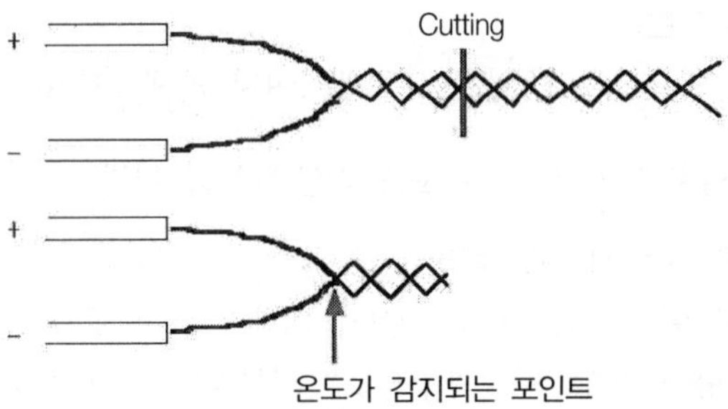

[그림 5-95]

• 접속방법 : (+)선과 (−)선의 피복을 벗겨 내고 용접을 하는 것이 가장 좋으나, 현실적으로 용접기를 가지고 있지 않은 회사가 많으므로 두 선을 촘촘하게 10회 정도 꼰 다음 칼로 끝을 잘라내어 꼬아진 부분이 3회 정도 되도록 하는 것이 좋다(너무 길게 꼬면 온도측정 부위에 부착될 때 세밀하게 부착하기 어려우므로 잘못된 온도가 기록될 수 있다).

③ 고온 Solder

온도측정부위가 금속일 경우(부품 리드 등) 열전대를 고정시키기 위하여 사용한다. 리플로우 오븐 내부에서 녹지 않을 정도의 융점(250℃ 이상)을 가지는 솔더이어야 한다{Pb70/Sn30(융점 255℃), Pb80/Sn20(융점 280℃), Pb90/Sn10(융점 300℃) 등이 사용 가능하다}.

■ 대표적인 접속방법

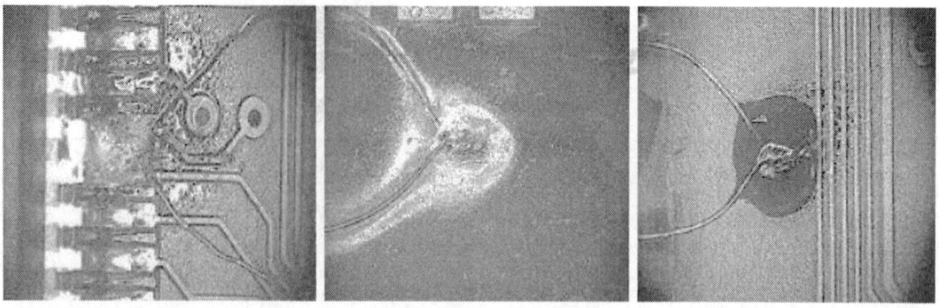

① 고온 솔도 접속법 QFP의 리드와 히드 사이에 열전대를 끼우고 고온 솔더를 이용하여 납땜을 한 예를 나타내고 있음	② 재열 테이프 접속법 PCB 표면의 온도를 측정할 때 간편하게 이용하는 방법으로서, 금속 이외의 부분에 쉽게 이용할 수 있는 장점이 있음	③ 열경화 본드 접속법 PCB 표면의 온도 또는 부품 리드의 온도를 측정할 때 사용되는 방법으로서 열경화성 본드를 도포/경화시킴

[그림 5-96]

④ 내열형, 열경화형 본드

금속이 아닌 온도측정부위, 열전대를 움직이지 않게 고정하는 데 사용한다.

• 측정부위 선정(리플로우 솔더링시 온도를 측정해야 할 부분)

① 열전도가 3채널 밖에 안 되는 경우

- 1채널 : 열용량이 큰 부품(IC류 ; QFP, PLCC, BGA 등)의 납땜부
- 2채널 : 열용량이 가장 작은 부품(표준 칩부품) → PCB 표면을 측정해도 무방함
- 3채널 : 열에 취약하여 주의를 요하는 부품(고온에서 변색·파괴될 우려가 있는 부품)

② 열전대가 6채널 이상인 경우

- 1, 2채널 : 열용량이 큰 부품(IC류 ; QFP, PLCC, BGA 등)의 납땜부
- 3, 4채널 : 열용량이 가장 작은 부품(표준 칩부품) → PCB 상, 하면을 측정해도 무방함.
- 5, 6채널 : 열에 취약하여 주의를 요하는 부품(고온에서 변색·파괴될 우려가 있는 부품)

• 측정방법

① 선정된 온도측정부위에 열전대를 접속하기 위하여 비금속 부분인 PCB 표면, IC류의 표면은 접착제를 사용하고, 금속 부분인 부품의 리드 등은 고온 솔더를 사용하여 접속한다(접속시에는 열전대의 온도감지부위를 측정표면에 정확히 밀착시켜 접속한다).
② 접속된 열전대가 떨어지지 않도록 내열 테이프를 사용하여 PCB에 고정시킨다.
③ 열전대가 접속된 PCB상의 접속부위에 본체와의 채널을 나타내는 번호 레벨을 붙인다.
④ 준비가 완료된 샘플 PCB와 온도측정기를 리플로우의 컨베이어에 올려놓고 측정을 시작한다.
⑤ 측정이 완료된 온도 프로파일을 확인한다(표준 온도 프로파일 참조).
⑥ 측정된 온도 프로파일이 표준과 맞지 않을 경우에는 리플로우 존의 온도를 조정하여 온도 프로파일을 재측정하며 측정 모델에 적합한 온도 프로파일을 설정한다.

- 온도 프로파일의 측정주기

① 온도 프로파일의 측정주기는 1회/일 및 생산모델 변경시 측정한다.
② 측정된 온도 프로파일은 설비(리플로우 오브)의 전면에 부착 게시한다.
③ 온도 프로파일은 전 모델에 대하여 각각 측정 및 관리한다.
④ 온도 프로파일 측정용 샘플(열전대가 접속된 PCB)은 모델별로 관리 보관한다.

■ 온도 프로파일 설정방법

- 온도 프로파일과 불량과의 상관도

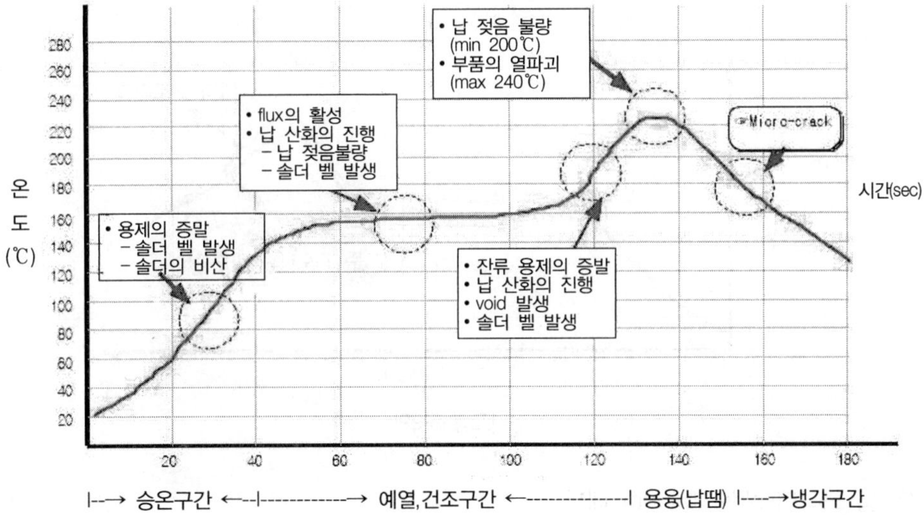

[그림 5-97]

- 표준 온도 프로파일(공정 solder[Sn63%/Pb37%], 용융온도 183℃일 경우)

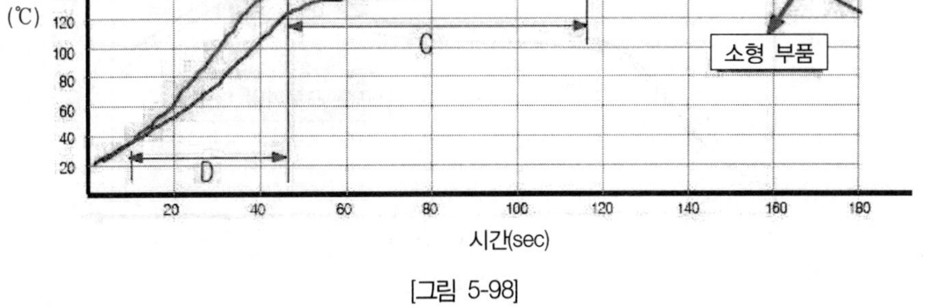

[그림 5-98]

3) 불량 유형별 온도 프로파일 대책방법

다음의 불량유형 대책은 온도 외 다른 원인을 제외하고, 최적의 온도 프로파일을 벗어나는 경우를 가정한 대책이다.

① 냉납(cold soldering) 대책

냉납의 원인	대 책
• 리플로우의 피크 온도가 너무 낮다. • 예열온도가 너무 높고 길다.	• 예열온도를 낮추고, 리플로우 존의 피크 온도를 높인다.

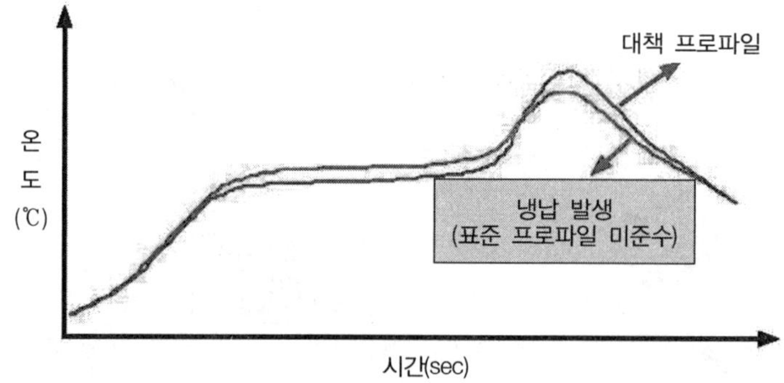

[그림 5-99]

② 납 브리지(solder bridge) 대책

납 브리지의 원인	대 책
• 리플로우시 용융납의 점도가 높다. • 예열시 솔더페이스트의 무너진다.	• 예열온도를 약간 낮게 하고 피크 온도를 높인다.

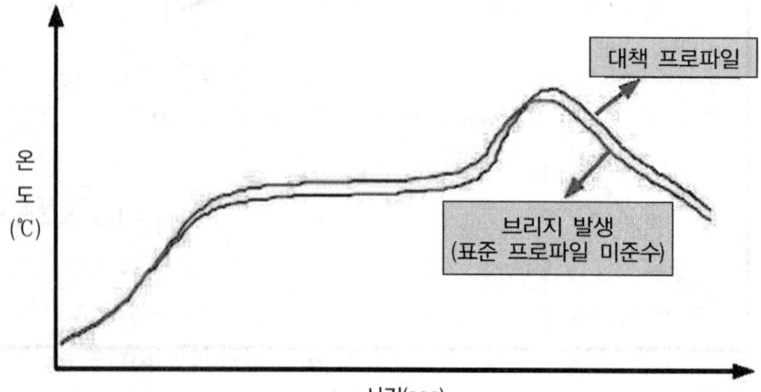

[그림 5-100]

③ 솔더 볼(solder ball) 대책

솔더 볼의 원인	대 책
• 예열이 충분히 이루어지지 못한다.	• 예열시간을 길게 한다.

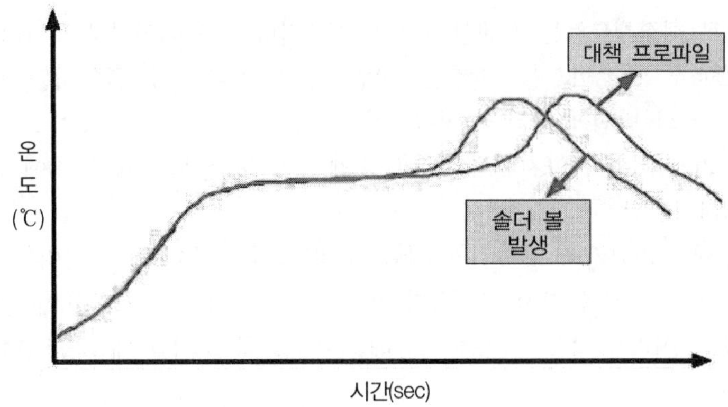

[그림 5-101]

④ 맨하탄(manhattan) 대책

맨하탄의 원인	대 책
• 예열과 리플로우 존의 피크 온도와의 격차가 심하다.	• 온도 프로파일을 조정하여 온도 격차를 줄인다.

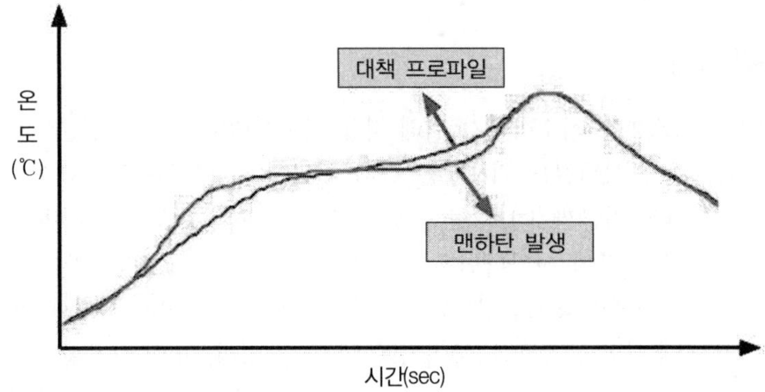

[그림 5-102]

11. 기술자료[3]

소형 Chip 부품의 Tombstone 결함 최소화 방안

톰스톤은 반대쪽 끝부분이 회로 보드에 붙은 채로 다른 쪽이 들어올려져서 PCB에서 분리되는 현상으로 해결책으로는 스텐실 두께를 맞추거나 PCB 레이아웃 및 패드 설계를 최적화하거나 리플로우 프로파일을 맞추는 방법 등이 있다. 이 글에서는 이 같은 다양한 tombstone 최소화 방법에 대해 설명하고자 한다.

제품의 크기가 계속 작아지면서 수동부품의 크기 또한 2012 & 1608에서 1005 & 0603으로 줄어들었다.

이러한 추세는 PWB(printed wiring board)의 크기를 줄여 작고 가벼우면서도 보다 많은 성능을 가진 제품 출시를 가져오고 있다. 하지만 조립과정에서 결함률이 높아지는 부작용도 더욱 심해졌다. 이러한 작은 부품을 이용해 디바이스를 조립할 때 가장 흔히 발생하는 결함이 톰스톤이다.

톰스톤은 반대 끝부분이 회로 보드에 붙은 채로 다른 쪽이 들어올려져서 PCB에서 분리되는 현상이다. 톰스톤은 부품 양쪽의 표면장력이 같지 않기 때문에 발생하는데 고르지 않은 냉각이나 열, 패드 설계에서 발생될 수 있는 과도한 접착물질, 프린트 두께, 부품이나 패드의 접합도, 화학물질이나 합금의 습기, 배치정확도 때문에 발생할 수 있다.

0603이나 보다 큰 부품의 톰스톤은 몇 가지 방법으로 최소화하거나 제거할 수 있다. 해결책으로 스텐실 두께를 맞추거나 PCB 레이아웃 및 패드 설계를 최적화하거나 프린팅, 부품 배치과정의 정확도를 높이거나 다른 solder 합금을 사용하거나 reflow profile을 맞추는 방법 등이 있다. 또한 변형된 stencil 구경설계를 이용하면 상당히 효율적으로 tombstone을 줄일 수 있다.

■ 스텐실 구경 설계

솔더 작업시 톰스톤을 최소화하기 위해 사용되는 신뢰도 높은 방법은 스텐실 구경을 바꾸는 것이다. 톰스톤 문제해결을 위해서는 솔더 처리에 사용되는 홈 플레이트 설계 대신 U자형 구경을 사용한다. 지금까지 U자형 구경은 간혹 사용되어 오긴 했지만 실린더형 MELF와 다이오드 패키지가 시장에 나타나면서 본격적으로 사용되기 시작하였다.

U자형으로 접합물질을 놓으면 부품간의 차이와 이러한 디바이스에서 일반적으로 나타나는 결함인 리플로우시의 플로팅을 줄이거나 없앨 수 있다. 또한 U자형 구경은 패키지 스타일과 관련된 솔더 문제해결에서도 그 효율성이 입증되었다. U자형 구경을 설계하는 데 필요한 일반적인 법칙은 패드의 너비를 3개로 길이를 반으로 나누어 3등분한 것 중 가운데 반대 패드의 안쪽을 제거하는 것이다.

코너 부분이 0.005에서 0.010의 반지름을 갖는 제품들이 출시되고 있는데 이렇게 하면 U

자형 구경의 미러 이미지가 생긴다. 1005와 보다 큰 부품을 위한 패드를 설계할 때는 톰스톤을 줄이기 위해 같은 패드 설계 비율을 사용할 수 있다.

스텐실 두께에 직접적으로 영향을 받는 솔더페이스트의 두께는 다른 SMT 관련 결함뿐만 아니라 톰스톤에도 영향을 미친다. 작은 부품을 처리할 때 가장 일반적으로 사용하는 스텐실 두께는 4에서 6mil이다. 0603 부품 처리시에는 6mil에 비해 5mil 스텐실이 좋다. 일반적인 방법은 0603과 큰 부품을 조립할 때 페이스트를 같은 높이로 바르는 것이다(이 경우 6mil). 하지만 종종 간과되는 문제는 비교적 큰 높이 때문에 부품의 한쪽 면이 내려가 톰스톤이 발생할 확률이 더 높아질 수 있다는 것이다.

불행히도 패드 설계는 보통 제품이 조립될 때 이미 결정된다. 일반적으로 패드의 크기가 크면 작을 때보다 톰스톤이 많이 발생한다. 또한 패드 간격도 톰스톤에 영향을 미친다. 패드 간격이 멀면 멀수록 부품의 톰스톤이 발생할 확률이 높아진다. 가능하면 엔지니어들은 보드 설계자와 함께 놓여질 지지 패드 형태에 맞게 부품을 최적화해야 한다. 연구에 의하면 0603 부품을 다룰 때 14×15mil 패드를 9mil 간격으로 놓으면 톰스톤이 최소가 된다고 한다.

PWB 설계에서 톰스톤에 결정적인 영향을 미치는 요소는 제대로 되지 않았거나 불충분한 구리 계층을 통해 온도관리가 부적절하게 수행되는 것이다. 이것은 오래된 문제이긴 하지만 디바이스의 크기가 작을 경우 설계 단계에서 훨씬 심각한 문제가 된다.

온도 망상선으로 부분적 구리 계층을 마치거나 잘못된 계층을 첨가하게 되면 온도에 변화가 발생할 수 있다. 각 부품 양단의 온도가 균일하지 않을 때 온도의 불일치 때문에 톰스톤이 발생할 수 있다.

■ 인쇄 및 배치의 정확도

배치의 정확도는 톰스톤에 많은 영향을 미친다. 특히 부품의 몸체가 겹치거나 다른 패드에 비해 한 패드를 더 많이 덮게 되는 경우 오프셋은 톰스톤을 일으키는 가장 큰 원인이 된다. 하지만 톰스톤은 배치의 정확도보다는 인쇄 정합에 더 많은 영향을 받는다. paste를 바르는 경우 부품 패드에 대한 paste의 정합은 매우 중요하다. 작은 개별 부품들은 그 연결 부분도 매우 작기 때문에 부품의 배치나 paste의 정합이 반대방향으로 약간만 벗어나도 톰스톤 발생에 영향을 미치게 된다.

업계표준인 Sn63/Pb37 용융 합금 솔더페이스트는 특히 톰스톤을 쉽게 발생시킨다. Sn63/Pb37은 다른 솔더페이스트 합금과는 달리 액체상태와 고체상태 사이의 온도에 '페이스티' 단계가 없고 전이가 매우 빠른 순간에 이루어진다. 따라서 부품의 한쪽 끝에서 발생한 표면장력이 다른 쪽 끝에 충분히 동일하게 가해지지 못할 수 있다.

이 문제를 해결하여 톰스톤을 줄이기 위해서 페이스티 범위의 솔더페이스트를 사용해야 한다. 페이스티 범위의 솔더페이스트에는 2개의 서로 다른 솔더 함금이 포함되어 있어 리플로우 과정에서 페이스티가 액체상태인 시간을 늘린다. 그렇게 하면 부품의 양단이 젖어 있는 시간을 늘려 부품이 양단이 굳기 전에 온도 측면에서 안정화될 수 있는 시간을 길게 한다. 온도안정화 시간이 길어지면 부품의 한쪽 끝 부분이 다른 쪽에 비해 먼저 굳는 시간을 줄여 톰스톤을 예방할 수 있다.

이러한 합금은 이미 시장에서 쉽게 구할 수 있다.이 합금의 가장 효율적인 측면은 최고 녹는점의 범위를 10℃ 안팎으로 하여 표준 Sn63/Pb37 솔더페이스트와 같은 온도 프로파일로 처리할 수 있다는 것이다. 리플로우 프로파일을 수정하지 않으면 시간을 절약하고 리플로우 과정을 보다 안정적으로 처리할 수 있다. 업계의 테스트에서는 페이스트 범위의 합금을 이용하여 형성된 솔더 결합부위가 Sn63/Pb37을 이용하여 제작된 경우와 같은 강도를 갖는 것으로 입증되었다.

■ 리플로우 프로파일

톰스톤 해결에 고심하는 또다른 부분은 리플로우 프로파일(reflow profile)이다. 고밀도 PWB를 처리할 때는 서로 다른 온도특성을 갖는 부품을 인접하여 배치함으로써 발생하는 효과를 줄이기가 쉽지 않기 때문에 톰스톤 문제가 발생할 확률이 높아진다. 이 문제를 해결할 수 있는 한 가지 방법은 솔더를 천천히 녹여 솔더의 액체상태와 고체상태 사이의 온도를 맞추어서 부품 양단의 표면장력이 점차적으로 똑같이 높아지도록 하는 것이다. 이를 위해서는 170℃에서 215℃까지 초당 1℃에서 1.5℃ 사이의 값으로 일정하게 온도를 높이는 방법이 추천된다. 215℃에서 183℃로 온도를 내릴 때도 똑같이 천천히 해야 한다.

선형 프로파일은 이 프로파일을 이용할 경우 온도가 높아지는 속도가 초당 0.6℃에서 1.8℃이기 때문에 여기에 이용할 수 있는 가장 간단한 방법이다. 톰스톤과 관련된 다른 프로파일 문제는 제품 프로파일이 조립공정에 비해 너무 짧거나 리플로우로 전이할 때 온도가 높아지는 속도가 너무 빠른 경우에 발생할 수 있다.

이 두 경우에 부품 패드 사이의 ΔT가 커져서 톰스톤이 발생한다. 간과되기 쉬운 또 다른 리플로우 관련 문제는 특히 온도를 낮출 때 질소를 사용하는 경우이다.

리플로우에서 온도를 낮출 때 N_2를 사용하면 부품의 한쪽에서 액체에서 고체로의 전이가 이루어져 다른 쪽에 비해 과정을 빠르게 전개시켜 톰스톤이 발생된다. 부품의 크기가 작아지면 톰스톤 문제는 더욱 커지게 된다. 앞에서 설명한 방법들을 이용하면 톰스톤을 줄이거나 없앨 수 있지만 그 중에서도 스텐실 구경 설계가 톰스톤에 가장 큰 영향을 미치는 방법이다.

12. 기술자료[4]

무연 리플로우 —SMTShare—

■ 무연 리플로우 준비

세계시장에서 전자제조산업 및 사용되는 재료에 대하여 여러 가지 요구가 있다. 산업 일반에서 환경파괴를 줄이는 새로운 조립기술을 장비공급자에게 요구하고 있다. 이러한 요구들 중 주요한 두 가지는 무연공정과 ISO14000 인증이다. 이러한 요구에 대응하는 리플로우 기술의 진보로 전자조립업체는 새로운 환경적인 요구를 예측하고 대처할 수 있게 되었다. 몇몇 경우에 이러한 요구는 법제화 되어 2004년 1월 이후로 유럽에서 납을 함유한 전자제품의 판매를 금지하는 유럽의정서가 채택되었다. 일본에서 납을 제거하기 위한 자발적인 프로그램이 소니, 마쯔시다, 히타치, 도시바 등을 포함하는 메이저 제조업체사이에서 힘을 모으고 있다. 동시에 많은 회사 및 여타 산업계의 선두에 선 기업들은 보다 환경친화적인 생산기술을 규정하는 ISO 14000 국제인증을 준비하고 있다. 더욱이 납이나 할로겐 화합물의 사용을 중지함과 아울러 ISO 14000 인증된 회사는 대기 중으로 방출되는 배기물의 양을 최소화 해야만 한다. 두 가지 경우에 있어서 전자제조업체는 새로운 환경요구에 대응할 수 있는 장비와 재료를 제공할 수 있는 공급자를 선택해야만 한다.

■ 솔더페이스트

재료의 경우 여러 종류의 새로운 무연 솔더페이스트가 시장에 출시되었다. 그들 중 어떤 것도 주석/납 솔더에 대한 정확한 대체물이 되지 못하기 때문에 모두 공정상의 약간의 조정을 요구한다. 기존의 솔더와 대부분의 새로운 솔더간의 가장 큰 차이는 더 높아진 녹는점이다. 주석/납처럼 183℃에서 녹는점에 도달하는 대신에 무연솔더는 그 조성에 따라서 195℃에서 227℃ 사이에서 녹는다.

■ 프로파일

높아진 녹는점은 공정상에서 허용범위를 극적으로 줄인다. 주석/납의 공정솔더는 205℃에서 215℃사이에서 완전 용해되고 PCB의 최대온도는 230℃에서 240℃사이이다. 공정상에서 허용범위는 15℃에서 35℃사이에 존재한다. 하지만 많은 무연 솔더의 녹는점은 216℃에서 220℃의 범위에 있으며, 완전히 용해되는 온도는 225℃에서 235℃ 사이이다. PCB가 허용하는 최고온도는 일정하기 때문에 공정상에서 허용치는 거의 5℃에서 15℃ 사이로 줄어들

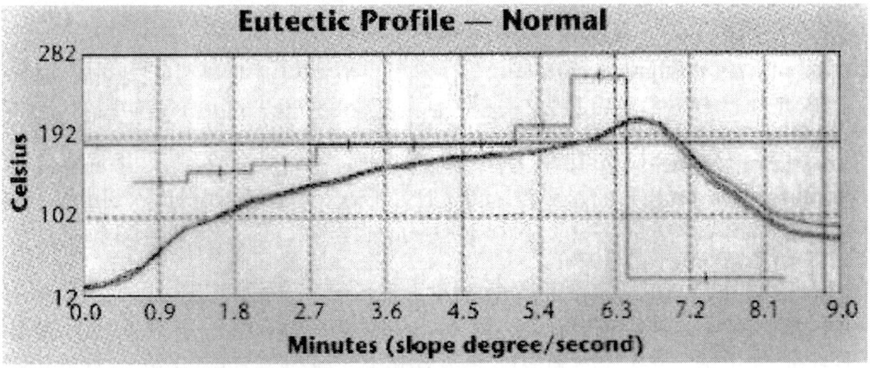

[그림 5-103] 40초에서 60초의 전통적인 리플로우 프로파일에서 납온도는 빠르게 오른 다음 떨어진다.

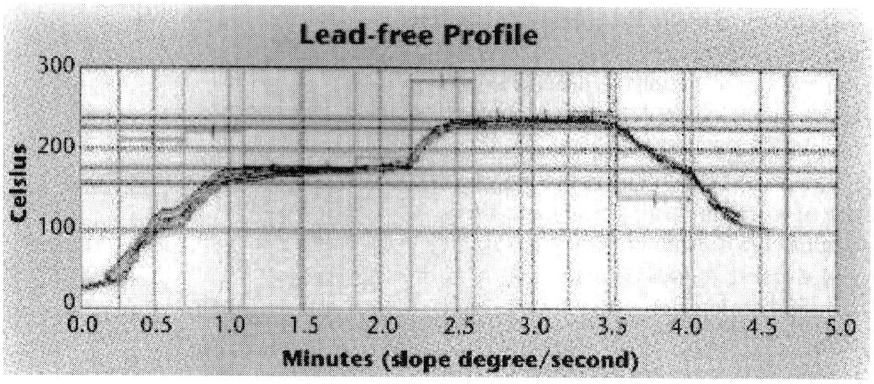

[그림 5-104] 무연 솔더에서 사용되는 프로파일은 보통 60초에서 90초까지 리플로우되고, 기존 납솔더 보다 더 높은 수준으로 열기가 올라가고 더 오랜시간동안 상승상태에서 머무르게 된다.

게 된다. 좁은 허용온도의 범위는 매우 작은 범위의 기판상의 온도차뿐만 아니라 높은 수준의 온도의 정확도의 반복정도를 오븐이 가지도록 요구한다. 예를 들어 허용온도차이가 10℃이고, PCB상의 온도차이가 10℃이면 공정은 거의 여유없는 상태로 운용되는 것이다.

추가적으로 리플로우 온도에 있어 대부분의 무연 솔더페이스트는 액화상태에서 기존 솔더의 40초에서 60초보다는 60초에서 90초로 더 긴 시간이 요구된다. 결과적으로 무연 리플로우의 프로파일은 기존 솔더페이스트와 다르게 된다(그림 5-103, 그림 5-104).

비교적 날카로운 봉우리와 큰 하락 대신에 온도는 더 높게 오르고 더 긴 시간동안 액체상태로 남아있게 된다.

■ 리플로우 오븐

솔더 및 공정상의 차이를 감안할 때, 무연 솔더를 사용하는 강제 대류방식 오븐의 핵심은 더 높은 온도에서 공정온도를 유지하고 제어하는 것이다. 넓은 공정허용값을 가지는 질소는 많은 무연 솔더페이스트를 공급하는 회사가 필수적인 것은 아니지만 권장한다. 질소의 공정상의 이점은 더 낮은 녹는점(195℃)을 사용하고 솔더의 흐름 및 젖음성이 향상된다는 것이다. 또한 질소는 무연 솔더의 높은 온도와 더 긴 리플로우 시간에 의해서 발생하는 퇴색을 감소시킨다. 추가적으로 무연 솔더의 연결부위가 주석/납 솔더의 연결부보다 더욱 무뎌 보이는 경향이 있기 때문에 질소는 외관을 향상시킬 수 있다. 하지만 시장에 따라서 질소생성의 비용이 이러한 형태의 무연 솔더 사용을 전자조립업체들이 멀리하도록 한다. 최신의 강제대류방식의 오븐으로 무연 리플로우 개발을 하면서 이러한 오븐 설계가 가져오는 이점은 무연 솔더를 이용한 전자조립을 증진시킬 수 있다는 것이다. 이러한 오븐의 혁신은 증가된 리플로우존, 존구성의 변화, 전체 오븐길이의 감소, 새로운 기판중간지지 옵션 등을 포함한다. 플럭스 회수 등은 오븐의 배기 배출량을 최소화하는 환경적인 요구에 부응하는 것이다. 무연공정을 위해 설계된 오븐에서 리플로우존의 수는 증가했지만 각각의 존의 크기는 감소했다(그림 5-105).

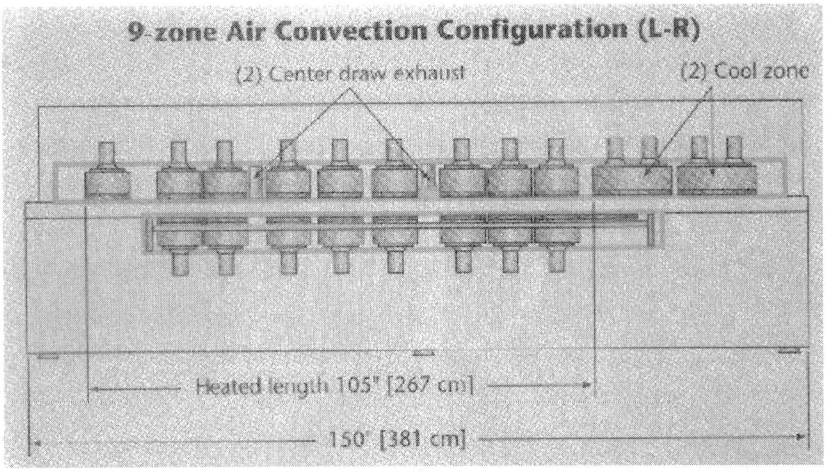

[그림 5-105] 그림의 리플로우는 9개 존을 가진 무연공정을 위해서 설계되었다.

새로운 구성은 일정하게 더욱 높은 온도를 잘 제어할 수 있도록 해준다. 예열존, 리플로우존, 냉각부를 포함한 이러한 구성은 길이 3810mm 안에서 이루어지고, 기준의 4640mm 리플로우 오븐과 유사한 생산량 및 성능을 제공한다. 기판지지부를 다시 설계하여 PCB에 가해지는 높은 공정온도의 충격에 대비했다. 온도가 150℃ 이상 올라갈 때 기판은 전이온도가 되어서 중앙에 처짐이 발생할 수 있다. 온도가 더욱 높아질수록 기판은 더욱 많이 휘게 되고 결국에는 평평한 상태로 돌아오지 않을 가능성이 있다. 이는 양면기판의 리플로우시 극히 중요한 부분으로 배면의 인쇄시 불량으로 연결될 수 있는 것이다. 중앙지지 장치의 최근의 설계에서 오븐내에서 필요로 하는 리플로우존과 냉각부에서만 기계적으로 이용되도록 되어 있다. 일반적으로 전체 구간에서 지지하는 레일은 기판으로의 공기의 흐름을 막아서 보드의 온

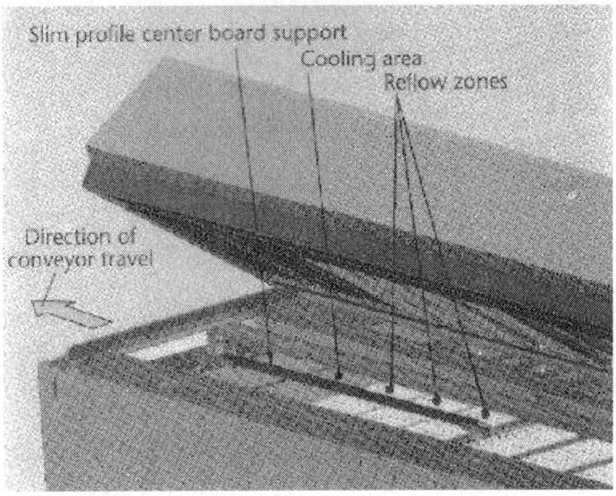

[그림 5-106] 중간지지대의 폭과 길이를 줄이고 예열존에서 제거하여 기판지지 여부에 따라서 다르게 프로파일을 설정해야 할 필요를 제거했다.

도차를 증가시키게 된다. 추가적으로 지지 메카니즘은 전체 기판온도를 낮출 수 있으며 기판 지지를 하는 경우와 하지 않는 경우에 대해서 다른 프로파일을 필요하게 된다. 전이온도(150℃) 이하일 때는 기판의 휨이 발생하지 않기 때문에 기판 중간지지대의 길이를 줄이고 오븐의 예열존에서는 지지를 하지 않고 필요로 하는 부분에서 만 지지한다. 결과적으로 더 짧아진 레일은 기존의 레일보다 더욱 얇아지고 기판에 대해서 더욱 명료해졌다(그림 5-106).

실험을 통하여 기판지지를 하든 하지 않든 기판 내에서 온도차가 변하지 않고 전체기판온도는 0.5℃내에서 반복된다는 것을 보여준다. 리플로우 오븐으로부터 플럭스를 모으고 제거하는 것은 질소공정에 대하여 항상 요구되어진다. ISO14000을 적용함에 있어서 많은 회사들 이 대기 중으로 휘발성 물질이 배출되는 것을 방지하기 위해서 공기 리플로우 시스템에서도 비슷한 시스템이 요구된다.

자동 플럭스 제거 시스템은 역시 오븐 내부를 깨끗이 유지되도록 해주며, 유지보수를 위해서 장비를 정지하는 일을 최소화한다. 어떤 플럭스 분리 및 수집 시스템은 오븐 내부의 플럭스의 95%를 제거할 수 있으며, 대규모 양산라인에서 유지 보수기간을 30일에서 90일 간격으로 늘여준다. 이러한 시스템은 내부에 냉각기술를 복합하였고, 기계적으로 플럭스를 활성화하고, 플럭스 잔사 및 입자를 모으기 위해서 증가된 표면적을 가지고 있다. 인입 리플로우에 대하여 클로즈 루프 시스템은 질소를 분리된 모듈을 통하여 질소를 통과시킬 수 있으며 다시 냉각존으로 돌려보낸다(그림 5-107).

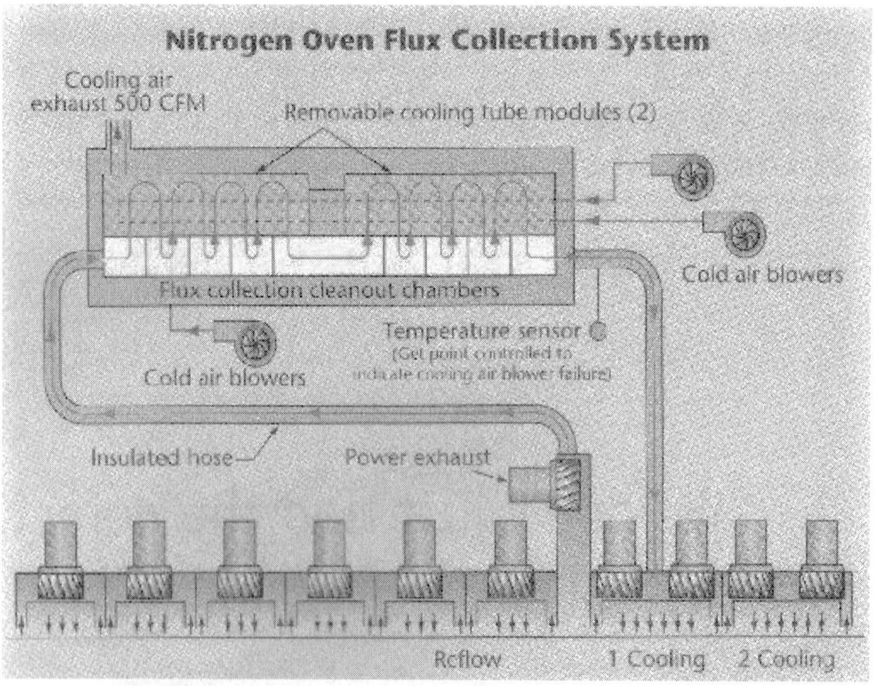

[그림 5-107] 클로즈 루프 플럭스 분리시스템은 질소를 분리모듈로 통과시키고 그것을 냉각존으로 돌려보내어 순환을 시킬 수 있었다.

깨끗해진 가스는 순환되질 수 있고 질소소비에 대한 비용을 줄여준다. 어떤 시스템은 지역의 EPA 혹은 ISO 기준을 적용하기 위해서 “Hepa” 필터의 추가를 준비해서 배기시스템을 통하여 외부로 배출되는 입자의 양을 최소화한다.

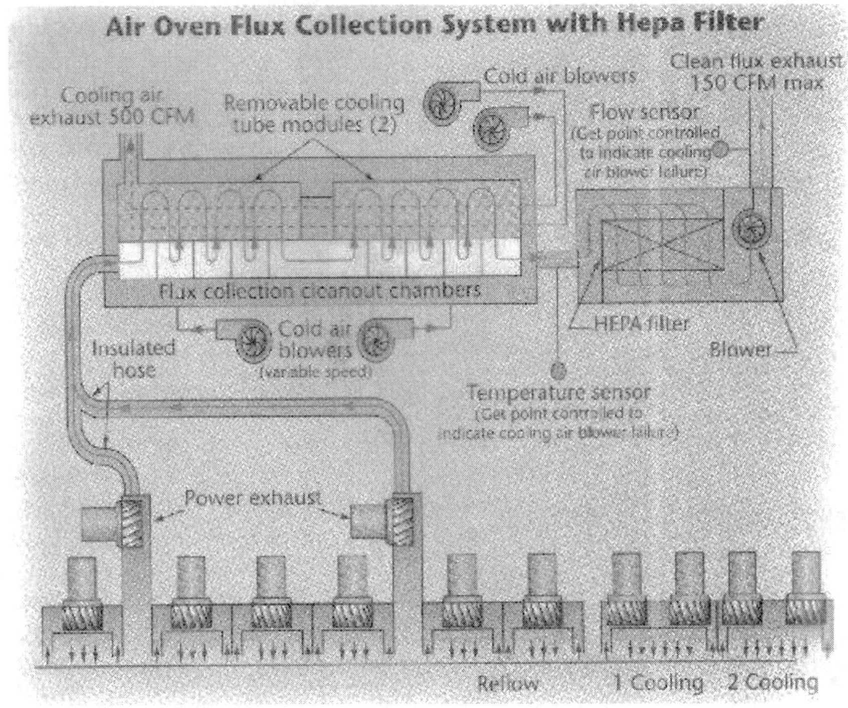

[그림 5-108] 공기를 사용하는 리플로우 오븐은 건물의 배기시스템을 통하여 외부로 배출되는 입자의 양을 최소화하기 위해서 Hepa 필터를 추가하였다.

■ 결 론

무연공정이나 ISO 14000 인증에 대한 요구는 아직은 미미하지만 점차적으로 전자산업에 영향을 미친다. 하지만 시작단계의 개발이 빠르게 진행되고 있다. 무연 페이스터에 대한 대안은 있으며 몇몇 회사는 주 생산라인에서 성공적으로 적용을 하고 있다. 현재의 강제 대류 리플로우 시스템은 많은 새로운 무연 솔더페이스터를 다룰 수 있지만 최근 새로운 오븐은 페이스터 전체영역과 프로파일에 대하여 리플로우를 최적화할 수 있다. 생산자의 필요를 예측하여 오븐 공급자는 플럭스 분리시스템이나 중간지지대와 같은 새로운 시스템을 개발했다. 오븐의 확장 및 선택을 통하여 오늘날의 리플로우 시스템은 무연공정이나 ISO 14000 인증에 대하여 준비되어질 수 있다. 그러한 시스템은 다수의 주요한 전자조립회사에 의해서 이미 사용중이며, 다른 모든 회사에서 이용가능하다. 다양한 경로를 통하여 정보를 수집하고 적용을 준비해야 한다. 관련된 이슈를 이해하고 세계시장에서 경쟁력을 유지하기 위해서 요구되는 각 단계들을 준비해야 한다.

5.3 질소발생설비

1. 질소 발생장치

대기(공기) 중에 포함되어 있는 질소가스(N_2 gas)만을 추출 발생시키는 장치로서 현재 사용되고 있는 방식은 다음과 같다.

- 냉각방식(액화질소)
- PSA방식(활성탄방식)
- Membrane 방식(기체분리막방식)

2. 대기(공기)의 구성성분

(단위 : 체적 백분비)

구 분	기 호	분자량	구성비(건조대기)
질소	N_2	28	78.10%(무게 75.5%)
산소	O_2	32	20.93%
아르곤	Ar	40	0.93%
이산화탄소	CO_2	44	0.04%(탄산가스)

* 공기의 평균분자량 28.84(분자량 크면 무겁다)

3. 질소(N_2) 가스 특성

(1) 질소의 성질(융점 : −209.86℃, 비점 : −195.82℃)

① 무색, 무미, 무취 공기 중에 부피로 78%이다.

② 불활성이므로 화학적 합성이 곤란하다.

③ 산소보다 조금 가볍다.

④ 인체에 무해하다(밀폐공간에서는 질식가능).

(2) 질소의 용도

업 종	목 적	순 도(%)	비 고
식품	• 선도유지 • 균의 증식방지 • 포장용기 훼손방지	99～99.9%	
금속 가공	• 산화방지(특정 분위기 유지) • 철강의 용접, 금속열처리	99～99.9%	
화학약품	• 약품효능 유지 • 용기와 화학반응 억제	99～99.9%	
보관	• 공업용품 장기보관 • 식품류 장기보관	97～99%	

* 기타 용도 : 납땜. 부품저장, 열처리, 건조, 방폭, 사출, 이송, 포장, 음료, 저온창고, 성형, 레이저, 타이어, 전자 반도체공정이다.

4. 질소발생 장치비교

방 식	액화질소	PSA 방식	membrane 방식
발생원리	• 저온(－200℃) 냉각 층간 분리	• 특수 활성탄의 선택적 기체 흡착성 이용	• membrane관 통과시의 속도차로 분리
장점	• 순도가 높다 99.999%	• 중규모에 경제적	• 소규모에 적합 : 2~10m^3/HR • 압축공기 사용 : 제어 불필요 • 장치가 간단함 • 가격이 저렴
단점	• 초기 투자비 과다 • 공정 대응 문제 • 장치 관리가 별도로 필요	• 순도가 낮다 : 99.9% • 옥외에 설치 • 공정 대응 문제	• 순도가 낮다 : 99.9% • 발생량이 제한적
형태	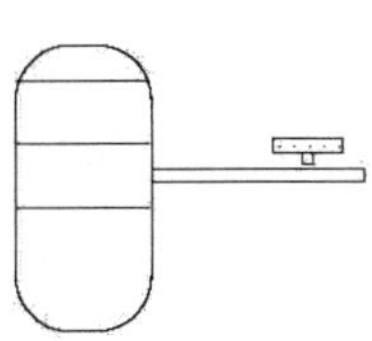	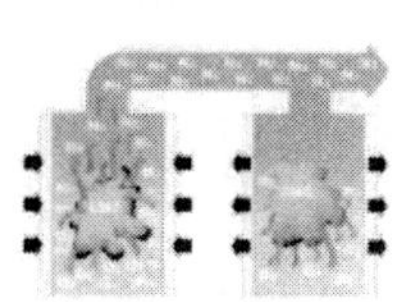	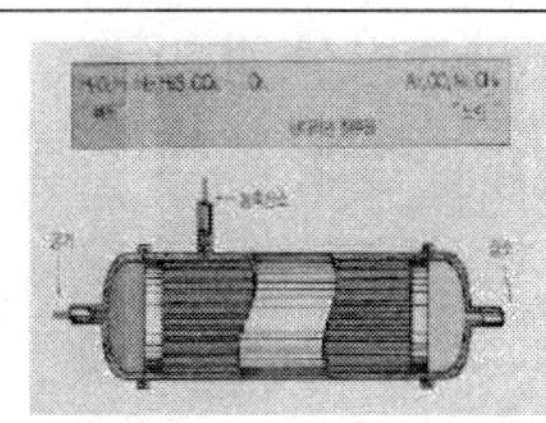
중소기업 적용성	×	◎	○

비교항목	액화질소	PSA 방식	membrane 방식
비용	• 초기투자비는 낮으나 cost up(1ℓ 180원) **비싸다.** • 공급회사 공사비용 부담	• **초기설비 투자비** 소요 • 100m^3/HR : 생산가능	• **저렴하다** • 초기설비투자비 소요
Air 압력	–	min : 7kg/cm^2	min : 7kg/cm^2
공정대응 능력	• 공정변화 대응무리 (pipe line 변경)	• 공정변화 대응무리 (옥외 tank 이동)	• 공정변화 대응쉽다
장치관리	• 별도관리 필요	• 별도관리 필요 (옥외 tank 관리)	• 별도관리 필요없다
수명	–	• 10년(흡착조 수명)	• 10년(membrane모듈)
기술난이도	• 가장 많이 사용되며 쉽다.	• 보편화되고 쉽다. (국내업체 다수)	• mebrane 모듈 기술이 어렵다.
장단점 – 장점	• **대량사용시 경제적**(공급회사와 pipe 직통연결) • 순도가 좋은 N_2 gas 사용 가능(99.999%)	• **중규모에서는 경제적** • 무인 운전 가능 • 고압가스 적용받지 않음 • 폭발의 위험이 없다.	• **소용량에 적합** • 장치가 단순 • 무인 운전 가능 • 고압가스법 적용받지 않음 • 폭발의 위험이 없다.
장단점 – 단점	• **대규모용량**이 아니면 적용이 곤란	• 순도가 낮다(99.99%. • **옥외 tank 설치**	• **발생용량 작다.** • 순도가 낮다(99.9%). • 10m^3/HR 이상 경우 비경제적
판정 상대비교	△	◎	◎
비 고	대기업에 사용	대부분 사용	초기에 일부 사용

5. 질소가스 발생원리

(1) 냉각방식(액화질소)

저온(－200℃)으로 기체를 압축 · 냉각시키면 기체의 성질에 따라 층간 분리가 발생되는 현상을 이용한 방법이다.

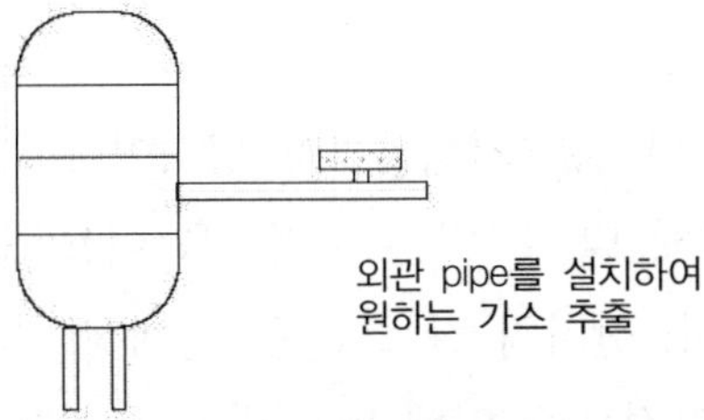

[그림 5-109]

(2) PSA(Pressure Swing Adsorption) 방식

① 특수 활성탄은 미크로 공(孔)이라 불리는 세공(細孔)에서의 선택 흡착성의 차, 즉 평형 흡착량의 차로 인해 분리가 되는 것(흡착제/Carbon Molecular Sieve).

② 같은 시간일 경우 산소가 보다 많이 흡착된다. 이때 흡착되지 않은 질소가 분리되어 제품 질소로 얻어지는 것(이때 분리된 질소가스는 탑 상부로 배출)

③ 한 탑에서는 이와 같이 흡착공정이 진행되고 있는 동안 다른 한 탑에서는 산소가스로 흡착 포화되어 있는 상태에서 N_2 가스를 재생하기 위하여 진공 펌프로 감압하여 탈착한다(탑높이 최소 : 2.5m 이상).

④ 이와 같이 탑내 변화공정을 반복하여 연속적으로 N_2 가스를 생산하는 시스템(50sec마다 반복 동작)

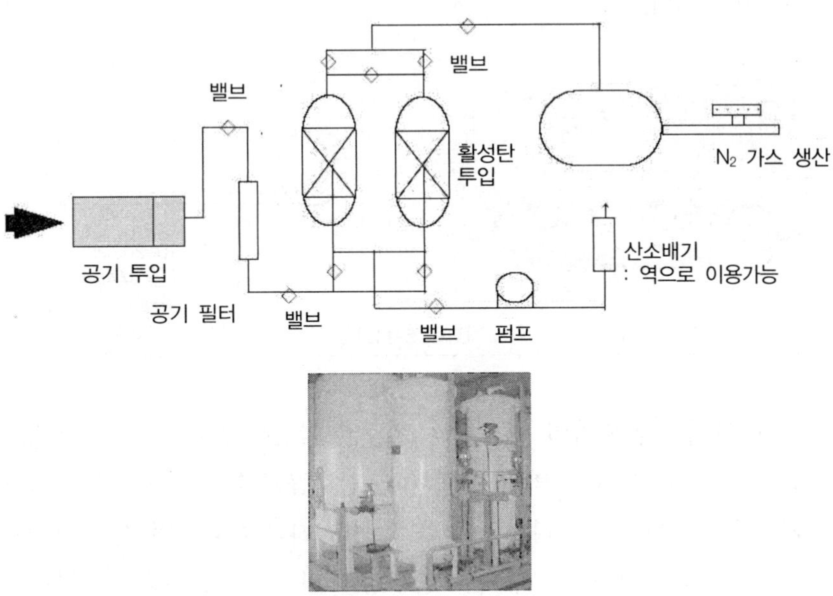

[그림 5-110]

(3) 멤브레인 방식

멤브레인(membrane) 방식은 기체분리막 방식이라고도 하는데, 기체 혼합물 중 특정 기체성분만을 분리해 낼 수 있는 분리막을 이용하여 질소와 산소를 생산하는 것으로 낮은 에너지 소비, 장치의 간소화, 큰 선택성, 가공의 용이성, 낮은 투자 및 운용비용 등 여러가지 장점으로 인해 PSA 방식과 함께 많이 사용한다.

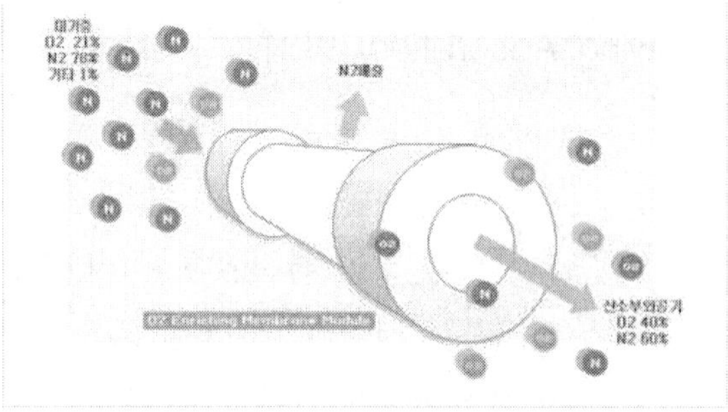

[그림 5-111]

① 컴프레서를 이용하여 압축공기를 생성한 뒤 멤브레인이라는 모듈 공정을 거치면서 기체의 분자 크기에 따른 통과속도(침투율) 차이를 이용 N_2 가스를 생산하는 방식이다.

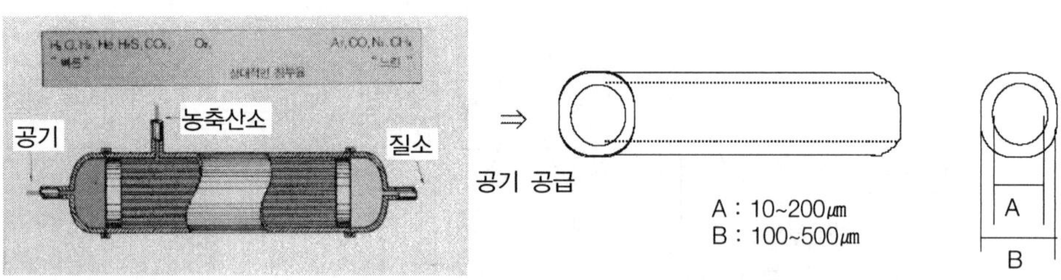

[그림 5-112]

② 멤브레인 질소발생기의 질소분리 모듈은 외경이 0.5mm 정도의 얇은 플라스틱 막으로 된 섬유대롱의 집합체이다. 압축공기를 구성하는 각각의 가스 성분들은 상대적으로 서로 다른 침투율 특성을 지니고 있으며, 압축된 공기가 섬유대롱 안으로 밀려들어오면 빠른 침투성을 지닌 산소, 수증기, 이산화탄소 등은 섬유벽을 통과하여 대기로 배출되고 나머지 침투성이 느린 질소 및 기타 불활성 가스가 모여져서 높은 순도로 되어 모듈 출구로 나오게 된다. 이러한 각 가

스류의 선택적인 침투성의 원리를 이용하여 침투율이 빠른 가스(O_2)를 침투율이 느린 가스로부터 분리시키는 것이 멤브레인 질소발생기의 원리이다.

③ 산소분자 : 3.9Å×2.8Å (1Å$=10^{-8}$㎝), 질소분자 : 4.3Å×3.0Å

④ 멤브레인 모듈은 N_2가스 발생장치의 핵심 부분으로서 장비의 우수성을 판단하는 기준이 된다.

5.4 기타 장비

1. 웨이브 솔더링

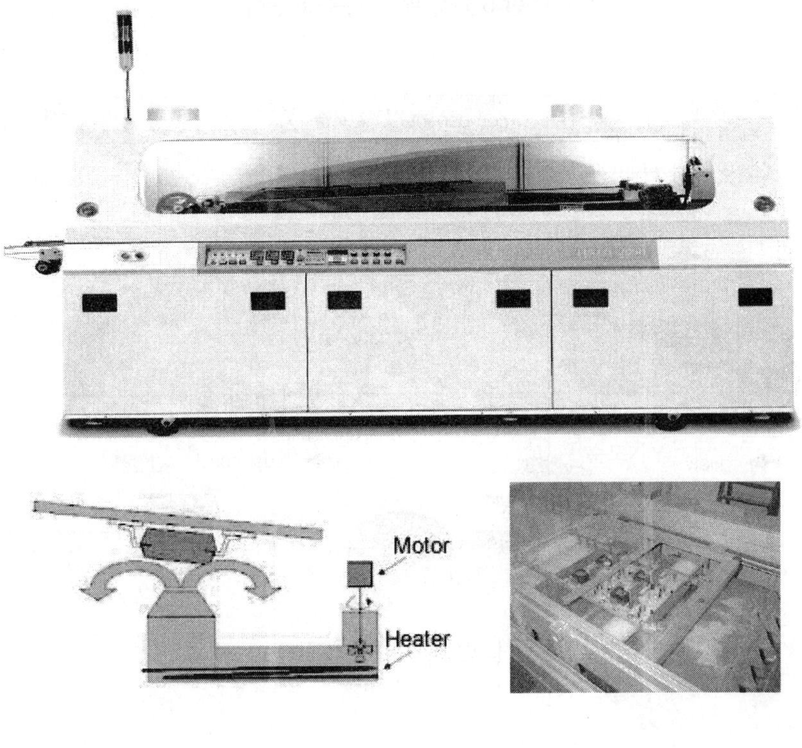

[그림 5-113] 웨이브 솔더링 장비

녹은 납을 순환(flow/wave)시켜 기판의 표면부품에 접촉하여 납땜하는 장비. 리드 부품을 삽입한 후 납땜작업 전용으로 사용하였으나, SMT 공정에서 표면실장부품(chip)과 함께 리드(Dip)부품의 리드를 납땜할 때 사용한다. 플로우 방식은 웨이브 솔더링(wave soldering) 방식을 지칭한다.

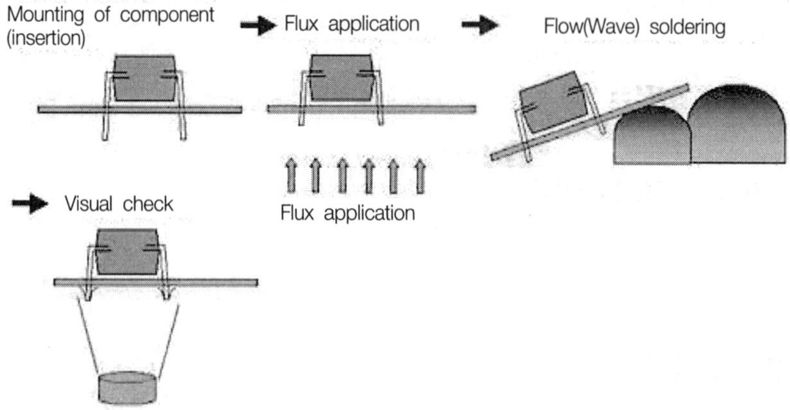

[그림 5-114] 웨이브 솔더링 방식

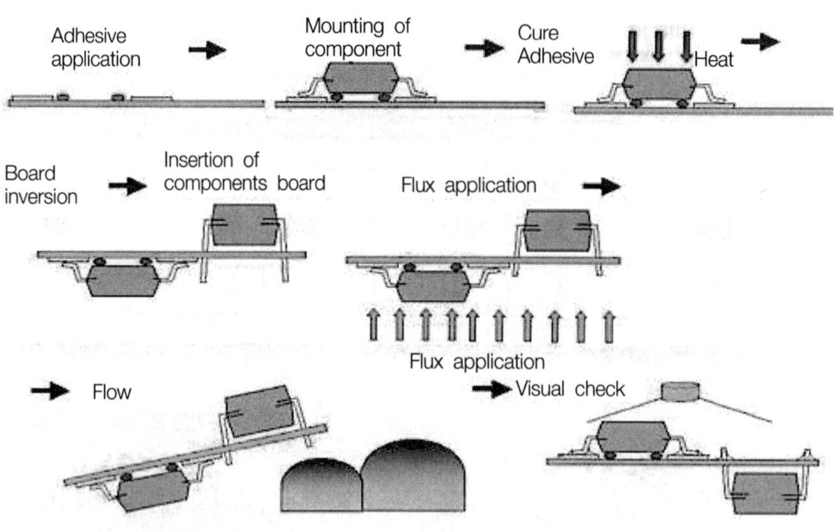

[그림 5-115] 혼재실장

제품사양

1. Auto Wave Soldering M/C(신명기전)

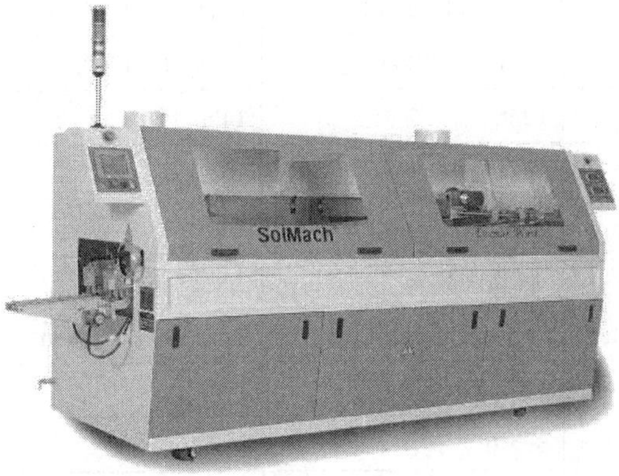

[그림 5-116]

자동 웨이브 솔더링 머신은 PCB에 장착된 전자부품의 리드와 PCB 랜드 사이를 납땜하는 기계이다. 솔더링 과정은 부품이 실장된 PCB를 컨베이어에 올려 일정 속도로 이동시키면서 플럭스 도포, 예비가열, 솔더링, 냉각으로 이루어져 있다.

웨이브 솔더링 머신에는 여러 가지 모델이 있지만 기본적으로는 모두 유사한 구조를 갖고 있다. 즉 웨이브 솔더링 머신은 보통 다음과 같이 5부분으로 구성되어 있다.

- 플럭스(fluxer)
- 프리히터(pre-heater)
- 솔더포트(solder-pot)
- 컨베이어(conveyor)
- 제어장치

이외에 부대장치로 인서트 체인 컨베이어(insert chain conveyor), 독립형(spray flux) M/C, 후작업용(belt conveyor) 등이 있다.

■ 장비사양

Model	SAS-620TP	SAS-680TP	SAS-680TPL
Overall Dimensions	1020W×3000L×1600H	1250W×3300L×1600H	1400W×3600L×1600H
Weight of Machine	Approx×1200kg	Approx×1500kg	Approx×1700kg
Applicable Size of Boaerd	30～300mm	30～400mm	30～500mm
Applicable Length of Lead	10mm	10mm	10mm
Soldering Capacity	2400Board	2800Board	3200Board
Solder Temperature	Normal～300℃	Normal～300℃	Normal～300℃

Model	SAS-620TP	SAS-680TP	SAS-680TPL
Solder Capacity	430kg	550kg	700kg
Solder Wave Height	Max 12mm	Max 12mm	Max 12mm
Solder Wave Control	TPL Display	TPL Display	TPL Display
Pre - Heater(Length)	B1100(L)/1300(L)	B1300(L)/1500(L)	B1500(L)/1700(L)
Pre Heater Temperature	Normal ~ 120℃	Normal ~ 120℃	Normal ~ 120℃
Flux Capacity	12lit	14lit	16lit
Pre Heater	9kW	10.8kW	12.6kW
Solder Heater	12kW	14kW	15kW
Power Source	3p 20kW	3p 23kW	3p 27kW
Air Pressure	$2kg/cm^2 \sim 5kg/cm^2$	$2kg/cm^2 \sim 5kg/cm^2$	$2kg/cm^2 \sim 5kg/cm^2$
Air Consumption	12lit/min	15lit/min	15lit/min
Inclined Angle of Conveyor	$3^\circ \sim 6^\circ$	$3^\circ \sim 6^\circ$	$3^\circ \sim 6^\circ$
Conveyor speed	Max 2500mm/min	Max 2500mm/min	Max 2500mm/min
Auto-Pullout of Solder Pot	Option	Option	Basic
Pot-Cleaning Tools	Option	Option	Basic
Signal Lamp	Option	Basic	Basic
Flux Controller	Option	Option	Option
Spray Flux Unit	Option	Option	Option
One Cable Profilling System	Basic	Basic	Basic

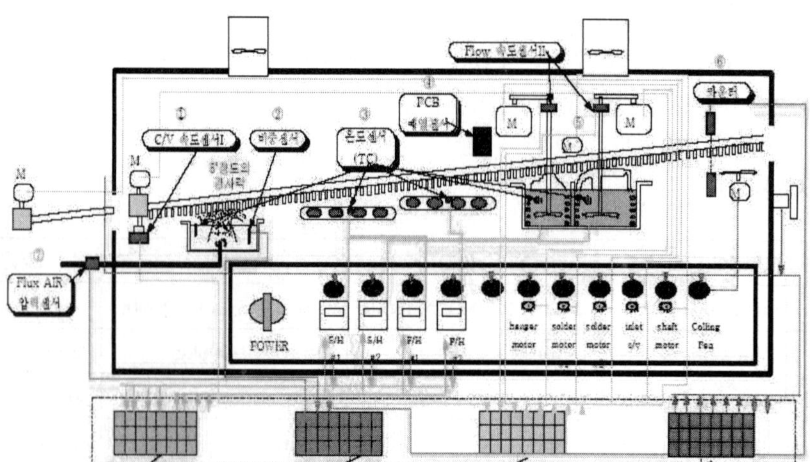

[그림 5-117]

2. 로 더

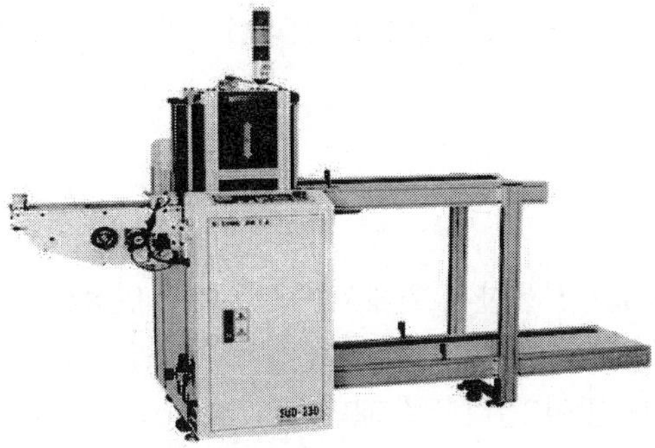

[그림 5-118] 로더

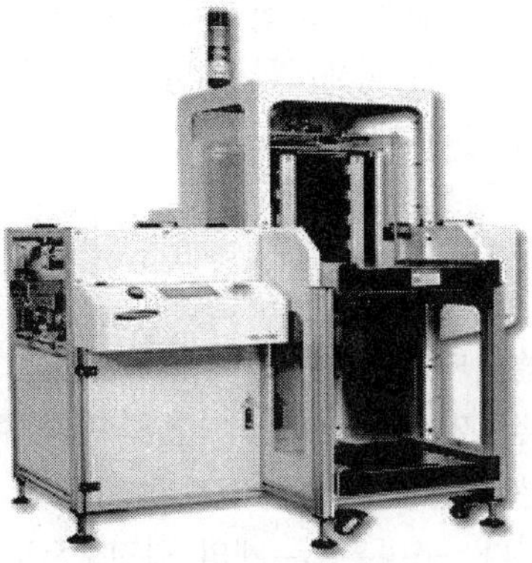

[그림 5-119] 언로더

기판공급 적재장치 로더(loader)는 기판(PCB)을 연속적으로 스크린 프린터에 공급하며 언로더(unloader)는 가공이 끝난 기판을 reflow에서 받아 자동으로 매거진(magazine)에 적재한다. 자동공급시 높이간격 조정은 1pitch로 한다.

① Magazine Loader

PCB 한 면에 부품이 실장 또는 삽입되어 있는 상태의 기판을 사용할 때 많이 사용되며, 매거진랙(magazine rack)에는 max 50매의 기판을 저장할 수 있다.

② Vacuum Loader

PCB 양면에 부품이 없는 베어 보드(bare board) 상태의 PWB를 사용할 때 많이 사용되며 베어 보드를 50~100매 적층하고 베이큠(vacuum) 패드를 이용하여 1장씩 분리 공급하는 유닛이다.

3. 초음파 세척기

스텐실(stencil)의 개구부에 끼여 있는 솔더를 제거하기 위하여 초음파 · 공압 등을 이용하여 청소해주는 장비이다. 고신뢰성 및 고품질이 요구되는 PCB의 제조공정에서 PCB의 플럭스(flux) 잔사를 세척하는 데 사용된다.

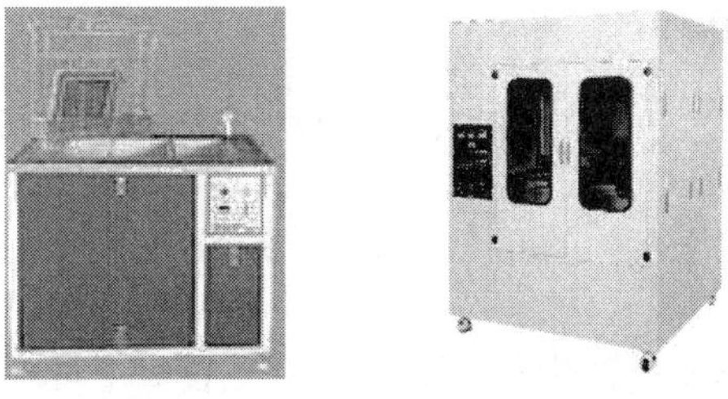

[그림 5-120] 초음파 세척기

강력한 초음파 진동을 세척액에 가하게 되면 초음파의 큰 압력변화로 세척액 중에는 무수히 많은 cavitation(진공에 가까운 공동화현상)이 연속적으로 반복됨에 따라 세척액이 격렬히 부딪치면서 피세척물 메탈 마스크(스텐실) 또는 PCB 표면에 있는 납 · 먼지 · 이물질과 Oil 등이 분리 제거된다.

4. 교반기

솔더페이스터는 주로 냉장고에서 보관하고 사용하기 위해서는 상온에서 일정시간 방치한 후 잘 저어서 사용해야 한다. 이때 주걱으로 약 30분 저어주어야 하는데 이를 작업자가 하는 것은 균일한 품질을 얻기도 힘들고 시간도 많이 걸리므로 교반기(solder paste mixer)를 사용한다. 구성은 두 개의 회전축으로 구성되어 고속으로 회전하게 된다.

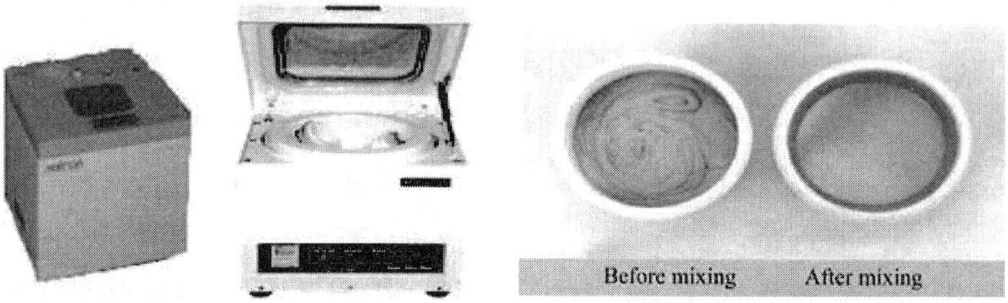

[그림 5-121] 교반기

5. ICT(In Circuit Test)

픽처(지그)를 이용하여 기판상의 테스트 포인트에 직접 접촉하여 전기적인 회로동작 특성의 양, 불량을 테스트하는 검사기이다. 기판실장 공정에서 발생하는 부품누락, 리드칩, 역삽, 브리지 및 저항, 코일, 커패시터, 다이오드 등의 정수측정과 쇼트, 오픈 테스트 등을 검사한다.

6. 칩카운터(chip counter)

chip componets와 axial radial chip 부품을 counter하는 디지털 계수기이다.

7. 테이프 커터(tape cutter)

부품 reel의 폐테이프를 자동 절단하여 모으는 장치이다.

8. 제습함(dry-pot)

IC(패키지), 패턴필름, 다층기판 등의 제습 및 저습 보관하고 전자부품의 산화를 방지한다.

(a) ICT

(b) 칩카운터

(c) 테이프 커터

(d) 제습함(dry-port)

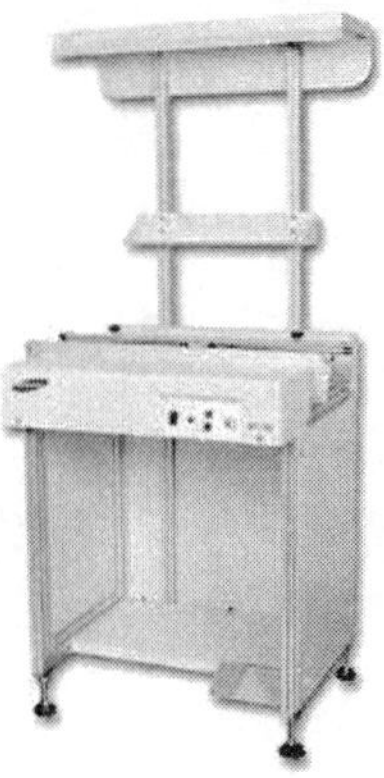

(e) 인버터

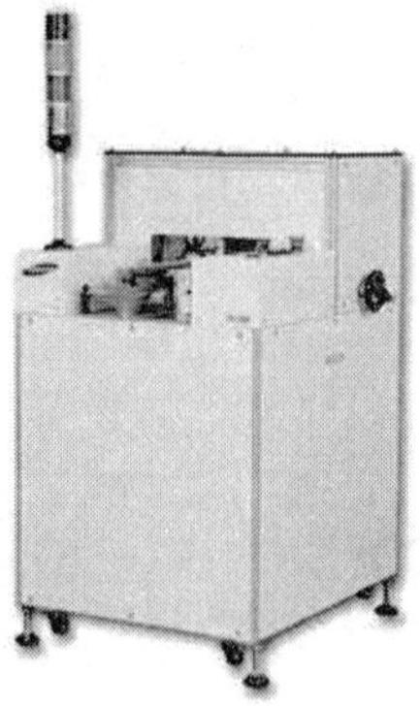

(f) TC

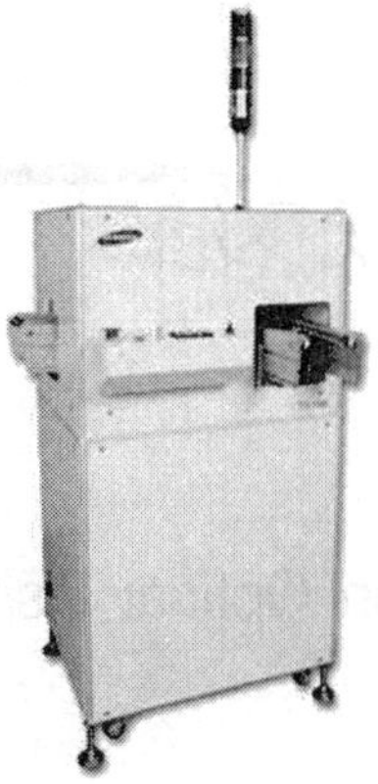

(g) 버퍼(buffer)

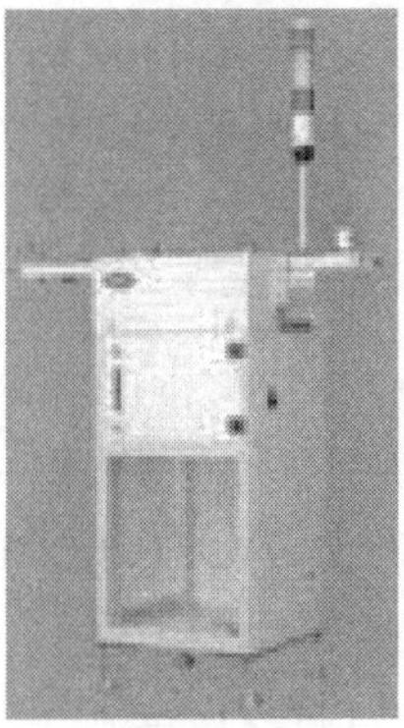

(h) 워크 테이블(work table)

[그림 5-122] 기타 장비

9. 인버터(PCB 반전기)

invert flip station. PCB를 양면 작업을 위해 180°반전하는 장비이다.

10. TC(Turning Conveyor)

협소한 line을 90° 전환하여 생산 라인을 연결해주는 장비이다.

11. 버퍼(buffer)

인라인 시스템에서 장비간의 간격을 메우거나 대기 필요에 의해 배치한 컨베이어이다.

12. 워크 테이블(work table)

작업대로 PCB를 검사하기 위한 장비이다. SMT 라인에서 리플로우 앞에 주로 기판의 부품이 놓여진 상태를 육안으로 검사한다. 컨베이어와 조정을 위한 패달로 구조로 되어 있다.

13. 자동 습도조절장치

[그림 5-123] 자동 습도조절장치(정전기 방지효과)

5.5 검사 장비

1. AOI(Automation Optical Inspection)

(1) 기 능

비전을 이용하여 인쇄 후 인쇄상태의 검사 또는 부품장착 후에 장착상태의 검사, 리플로우 후에 납땜상태의 검사 등을 라인상에서 자동으로 비전검사를 한다.

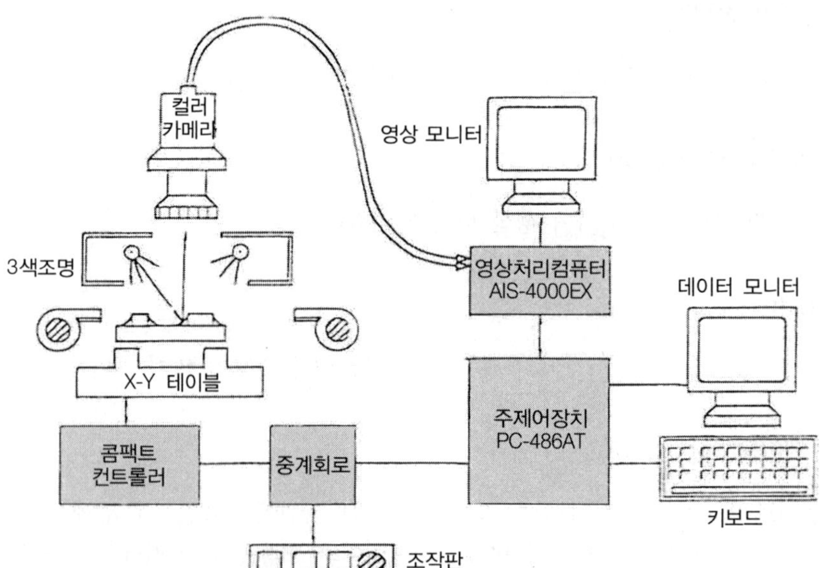

[그림 5-124] AOI

(2) 구 성

컨베이어와 광학계 및 비전 메커니즘 등의 요소로 구성되어 있다. 일반적으로 중요한 것은 이미지를 획득하는 부분으로 조명과 카메라의 배치 등이 중요하며, 가장 핵심적인 부분은 얻어진 이미지를 다루는 알고리즘과 프로그램 등이다.

(3) 장비의 분류

검사대상에 따라서 인쇄검사기, 장착검사기, 납땜검사기로 나뉜다.

(4) 제품사양[1] : HANEOL(http://haneolfa.co.kr/)

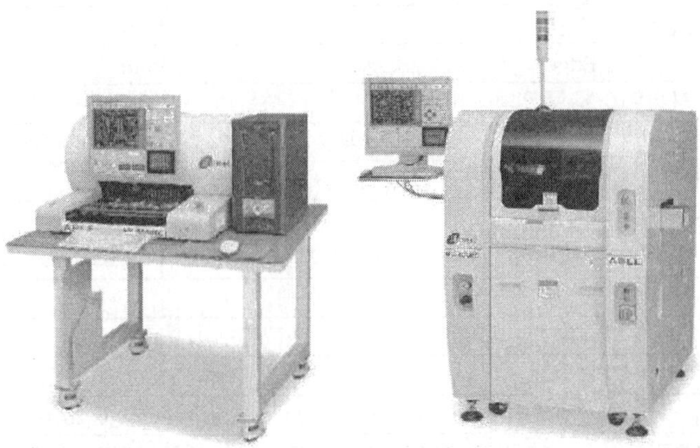

HV-5000TC HV-5000C

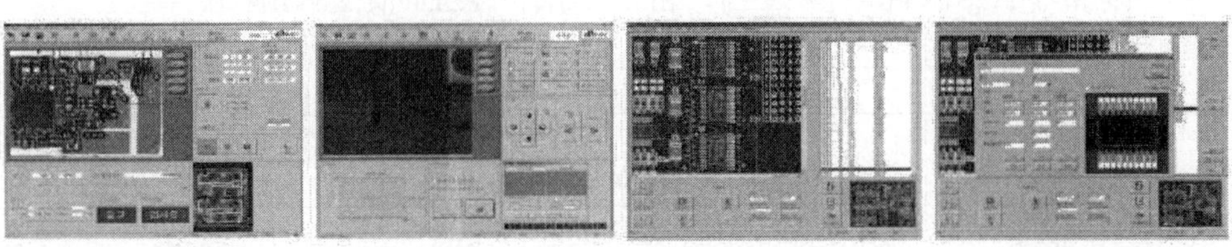

Auto Mode TEACH Mode OLP Function OLP Library

[그림 5-125]

■ **제품특징(검사용도)**

칩 이형부품 장착상태 검사. post reflow 납땜상태 검사

CAD, 마운터 데이터(mounter data)를 이용한 자동 티칭(teaching), WYSIWYG(What you see is what you get) PROGRAM 방식

<table>
<tr><th>구 분</th><th colspan="2">항 목</th><th>HV-5000(L)C</th><th>HV-5000T(L)C</th></tr>
<tr><td rowspan="6">인식부</td><td colspan="2">검사방식</td><td colspan="2">256Gray Level & RGB Color Inspection</td></tr>
<tr><td colspan="2">조명</td><td colspan="2">3단 제어, LED 조명</td></tr>
<tr><td colspan="2">카메라</td><td colspan="2">컬러 CCD 카메라</td></tr>
<tr><td colspan="2">FOV(Field of View) 크기</td><td colspan="2">20.0mm×15.0mm</td></tr>
<tr><td colspan="2">분해능</td><td colspan="2">15㎛/Pixel(Option 10㎛)</td></tr>
<tr><td colspan="2">검사시간</td><td colspan="2">0.23ch/FOV</td></tr>
<tr><td rowspan="15">가구부</td><td rowspan="4">PCB 크기</td><td rowspan="2">최소</td><td>50mm×50mm</td><td>50mm×50mm</td></tr>
<tr><td>(L)50mm×50mm</td><td>(L)50mm×50mm</td></tr>
<tr><td rowspan="2">최대</td><td>330mm×330mm</td><td>330mm×250mm</td></tr>
<tr><td>(L)460mm×400mm</td><td>(L)460mm×400mm</td></tr>
<tr><td colspan="2">PCB 두께</td><td>0.4mm~4.0mm</td><td>0.4mm~3.0mm</td></tr>
<tr><td rowspan="3">PCB 허용범위</td><td>윗면</td><td colspan="2">25mm</td></tr>
<tr><td>밑면</td><td colspan="2">25mm</td></tr>
<tr><td>Edge</td><td colspan="2">3mm</td></tr>
<tr><td colspan="2">PCB 휨 허용오차</td><td colspan="2">±2mm 이내</td></tr>
<tr><td rowspan="4">컨베이어/
반송기구</td><td>이송방향</td><td>좌 → 우 / 좌 ← 우</td><td>–</td></tr>
<tr><td>높이</td><td>900mm±20mm</td><td>–</td></tr>
<tr><td>폭조정</td><td>자동</td><td>–</td></tr>
<tr><td>기준면</td><td>전면기준/후면기준</td><td>–</td></tr>
<tr><td colspan="2">PCB 로딩시간</td><td>5초 이내</td><td>–</td></tr>
<tr><td rowspan="2">검사항목</td><td colspan="2">R/C 칩류</td><td colspan="2">0603mm(0201 in) Packages and up</td></tr>
<tr><td colspan="2">IC류</td><td colspan="2">0.3mm Pitch and Up</td></tr>
<tr><td rowspan="3">소프트
웨어</td><td colspan="2">운영체제</td><td colspan="2">Microsoft Windows 2000, XP</td></tr>
<tr><td colspan="2">최대저장능력</td><td colspan="2">1,000모델 이상(하드디스크 제한용량 이내)</td></tr>
<tr><td colspan="2">최대검사용량</td><td colspan="2">10,000FOV/모델별</td></tr>
<tr><td rowspan="3">컨트롤러</td><td colspan="2">메인 컨트롤러(CPU)</td><td colspan="2">Pentium4 2.66GHz</td></tr>
<tr><td colspan="2">하드디스크</td><td colspan="2">80GB</td></tr>
<tr><td colspan="2">모니터</td><td colspan="2">17inch TFT LCD</td></tr>
<tr><td rowspan="7">외관</td><td colspan="2">전원공급</td><td>AC220V, ±10%, Single Phase(50/60Hz)</td><td>AC220V, ±10%, Single Phase(50/60Hz)</td></tr>
<tr><td colspan="2">공기압력</td><td>5kgf/cm²±1kgf/cm²(71PSI, 4.9 bar)</td><td>–</td></tr>
<tr><td rowspan="2">장비크기(길이×폭×높이)</td><td>Standard</td><td>1,200×1,200×1,300mm</td><td>720×1,050×1,150mm</td></tr>
<tr><td>Large type</td><td>1,440×1,200×1,300mm</td><td>840×1,310×1,150mm</td></tr>
<tr><td rowspan="2">무게</td><td>Standard</td><td>900kg</td><td>120kg</td></tr>
<tr><td>Large type</td><td>950kg</td><td>130kg</td></tr>
<tr><td colspan="2">색상</td><td colspan="2">아이보리(PANTONE 1C)</td></tr>
<tr><td rowspan="3">옵션</td><td colspan="2">오프라인 프로그램(OLP)</td><td colspan="2">○</td></tr>
<tr><td colspan="2">N/G 버퍼</td><td>○</td><td>–</td></tr>
<tr><td colspan="2">N/G 마킹</td><td>Pen/Dispenser</td><td>–</td></tr>
</table>

(5) 제품사양[2] : MIRTEC

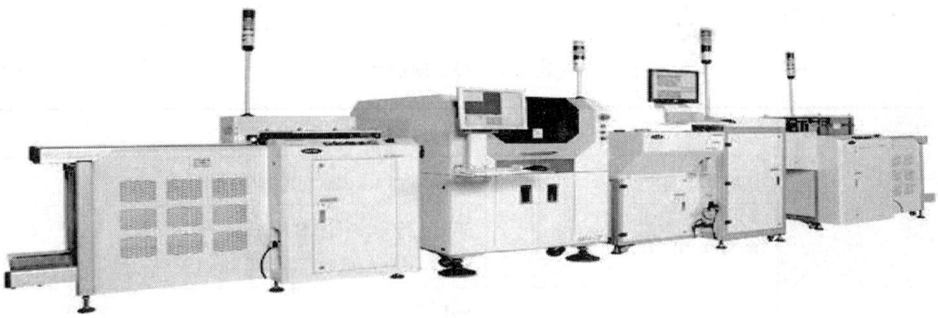

[그림 5-126]

〈표 5-3〉 Inspection Item

	missing component	misalignment	polarity	insufficient solder	bridge	manhattan	turn over	incorrect component
Standard chip	O	O	X	O	X	O	O	O
Transistor	O	O	O	O	O	O	O	O
Tantalum Capacitor/ Diode	O	O	O	O	X	O	O	O
MELF	O	O	O	O	X	O	O	O
Array resistor	O	O	O	O	O	O	O	O
Electrolytic Capacitor	O	O	O	O	X	O	O	O
Switch	O	O	O	O	O	O	O	O
SOP	O	O	O	O	O	O	O	O
QFP	O	O	O	O	O	O	O	O

■ **검사특징(성능)**

- 초소형 부품검사 대응(0603 칩, 0.4mm피치 IC 장착/납땜검사 등)
- 고속 고해상도 컬러 카메라를 이용한 고성능 검사
- 세계적으로 편리성이 입증된 자동 티칭(auto teaching) 툴(tool)
- 더욱 편리해진 부가기능[장착 · 브리지 · 납땜일체형 검사 윈도우, 디지털 줌(digital zoom) 등]
- 하나의 카메라로 2 FOV를 능가하는 검사속도와 정확성

- 네트워크를 통한 SPC/리페어 통합관리 지원
- 장비 그룹간의 자료 공유
- 부품 라이브러리 지원

〈표 5-4〉 NG Marker

NG Marker	operation	air cylinder
	marking speed	0.5sec/point(except cap movement)
	maximum marking area	350×250mm(13.8×9.8inch) 500×400mm(19.7×15.7inch)
Marking Pen	color	red
	point size	2mm

〈표 5-5〉 Specifications

	standard type (MV-7)	large type (MV-7L)
Dimension(W×D×H)	912×1,100×1,350mm (35.9×43.3×53.1inch)	1,050×1,250×1,350mm (41.3×49.2×53.1inch)
Weight	(700kg(1,544lbs)	800kg(1,764 lbs.)
PCB Size	50×50~350×250V (2.0×2.0~13.8×9.8inch)	50×50~500×400mm (2.0×2.0~19.7×15.7inch)
Camera	1,280×960, high resolution digital color camera	
FOV	section 1 : 15.0×11.3mm(0.49×0.37 inch), 11.7㎛ /pixel section 2 : 20.4×15.3mm(0.80×0.60 inch), 15.9㎛ /pixel	
Inspection Item	selection 1 : 0603Solder(0201inch) / 0.3 Pitch IC(12mil) selection 2 : 1005Solder(0402inch) / 0.4 Pitch IC(16mil)	
Inspection Speed	selection 1 : 0.23sec/frame(728mm^2/sec) selection 2 : 0.23sec/frame(1342mm^2/sec)	
Light	3 layer LED(horizontal, vertical, coaxial)	
Operation	servo motor, resolution : 1μm, repeatability : ±110μm	
PC	pentium IV, 17" LCD monitor, windows XP professional	
Option	NG buffer, loader, unloader, in-line repair system • Remote repair system, *remote SPC system • remote management system	
Power	AC 220V single phase or 208V 3 phase, 50/60Hz	
Environment	temperature : 10~40℃, humidity : 30~80% RH	

2. X-ray 검사기

(1) 구 조

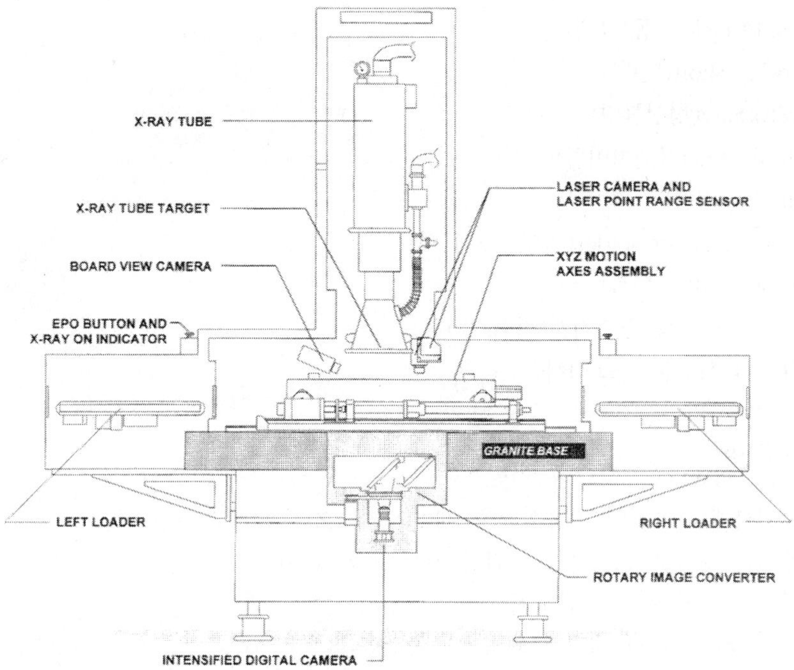

[그림 5-127]

〈표 5-6〉 X-ray 장비로 검사 가능한 불량유형

불량유형	open tube 장비	closed tube 장비	초저가형 장비
Solder Weak	○	○	○
Insufficient Solder	△	△	×
Short	○	○	○
Double Ball	○	○	○
Solder Rest	○	○	△
Tilt Component	△	△	×
Wetting Problem	△	△	×
Mis-alignement	○	○	○
Excessive Voiding	○	○	○
Missing Ball	○	○	○
Non Circular Sharpe	○	○	○
Shifted Solder	○	○	○
Crack	○	○	×

(2) 제품사양(TECHVALLEY)

■ Applications

- BGA 전용검사
  - Void/Crack(공동/크랙)
  - Bridge/Short(단락)
  - Deformity(형상불량)
  - Misalignment(위치이탈)
  - Missing(결품)
  - excess/lack of solder(과납/소납)
  - Solder Ball(솔더볼)
- 전기, 전자 부품 결함검사(접점 등)
- 플라스틱 사출물 기포검사

■ Features(특징)

- 부품검사에 효율적인 전동식 3축 제어(X, Y, Z)
- 자유로운 배율조절로 다양한 검사 가능(Max. x50)
- 강력한 이미지 프로세서 장착
- 챔버(chamber형)의 세련된 외관 디자인(PC분리형)
- 조이스틱(joy stick) 컨트롤의 손쉬운 스테이지(stage) 이동
- 핵심부품 교체비용의 파격적 절감효과
- 경제적인 가격과 놀라운 성능의 순수 국산 독자모델
- 거리 · 면적 · 각도 등 다양한 기능의 소프트웨어 지원

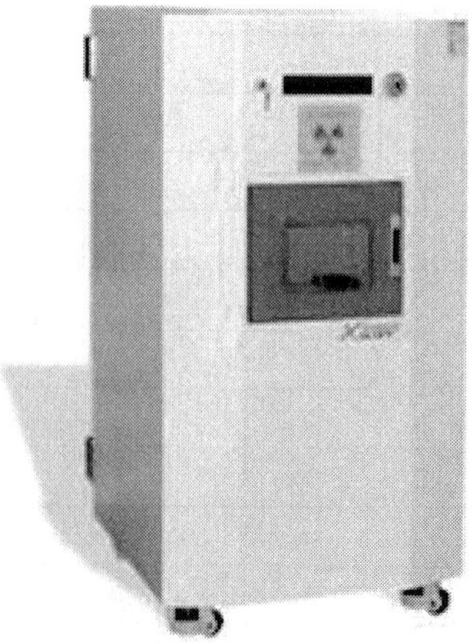

[그림 5-128]

■ Specifications(규격)

Tube Voltage	max. 80kV
Focal Spot Size	⟨5㎛
Max. Field of View	4"/2" I.I
System Magnification	max. 110X (adjustable)
Measurements (W×D×H)	820*940*1540 (mm)
Table Size	250*250 (mm)
Axis	5 axis(X, Y, Z, tilt & rotation)

Gross Weight	approx. 600kg
Power Supply	220VAC, 50/60Hz
Control	PC control (joystick dual control option)
Monitor	19" LCD
CCD Camera	786,432pixel
Safety	0.5 ㎶Sv/hor less

• X-ray 촬영사진

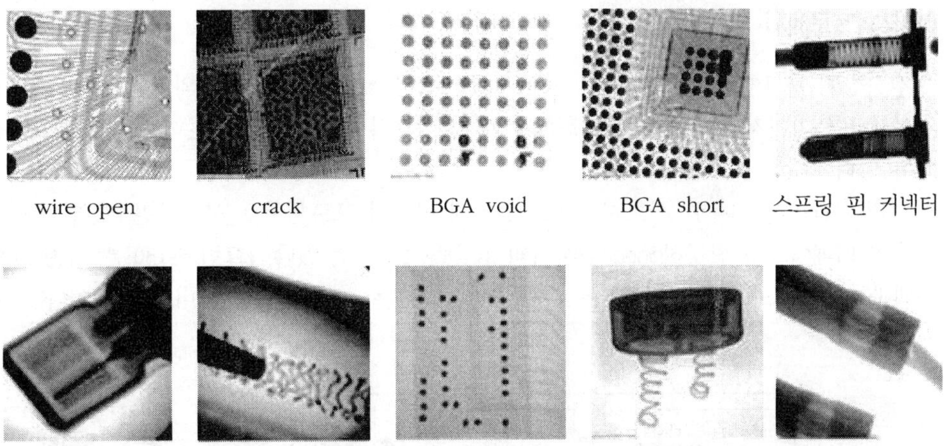

wire open　crack　BGA void　BGA short　스프링 핀 커넥터

콘덴서(ϕ5)　heating tube　flip chip　휴대폰용 마이크　케이블 단선

[그림 5-129]

3. 기술자료[1]

AOI 검사기의 주요 기능 한얼주식회사

투자이익을 높이는 AOI 검사장비의 주요 기능으로 오프라인 프로그래밍, 부품종류에 따라 자동으로 알고리즘을 선택하는 프로그램 기능, 손쉬운 디버깅(debugging) 등이 있다.

■ PCB 품질관리와 검사장비

PCB 산업은 전자제품의 소형화로 IMC(insertion mount component)에서 SMD(surface mount device)로 급속히 변화해왔으며, SMD를 장착하는 표면실장기술 역시 빠르게 발전하였다. 전자제품 및 산업기기의 소형화·경량화에 따른 PCB의 부품(SMD)도 미세피치화·소형화되어 PCB의 고밀도화를 촉진하고 있다.

칩부품의 경우 현재 1608, 1005가 주로 사용되고 있으나, 0603 칩이 일부 분야에서 쓰이고 있으며 QFP 역시 0.3피치를 사용하고 있다. 이러한 PCB 산업 추세에 발맞추어 발전되어야 할 공정이 있다면 무엇보다 PCB 품질관리공정일 것이다.

사람의 목시검사는 부품의 소형화와 PCB의 고밀도화로 검사시 눈의 피로 가중과 집중력 저하, 작업자에 따른 판단기준의 상이, 품질의 신뢰도, 인건비 상승 등의 문제를 낳고 있다. 또 품질관리를 통해 생산성을 향상시킬 수 없다는 문제도 있다. 따라서 PCB의 품질을 향상시키려면 자동화된 검사장비가 필요하다. SMT 라인의 각 단계별 공정 후에 검사기를 도입하면 사전에 불량을 검출해 라인의 수율을 개선하고, 전체 라인의 가동률을 높이는 효과를 얻을 수 있다.

■ 이미지 프로세서

검사장비는 크게 광원을 이용한 AOI(Automated Optical Inspector)와 X-선을 이용한 X-선 검사기로를 이미지 프로세서로 이용하기 때문에 PC의 하드웨어에 의존하는 시스템으로 구축되어 있다.

그러나 DSP를 채용한 서브시스템을 설계해 이미지 프로세서로 사용하면 PC의 CPU는 사용자 인터페이스를 담당하므로 검사기의 효율을 높일 수 있다. [그림 5-130]은 기존 AOI 시스템과 서브시스템에서 이미지 프로세스를 담당하는 AOI 시스템을 비교한 것이다.

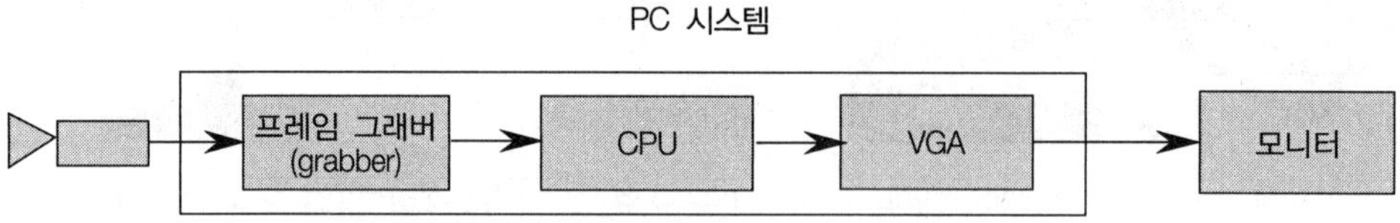

(a) 기존의 AOI 시스템

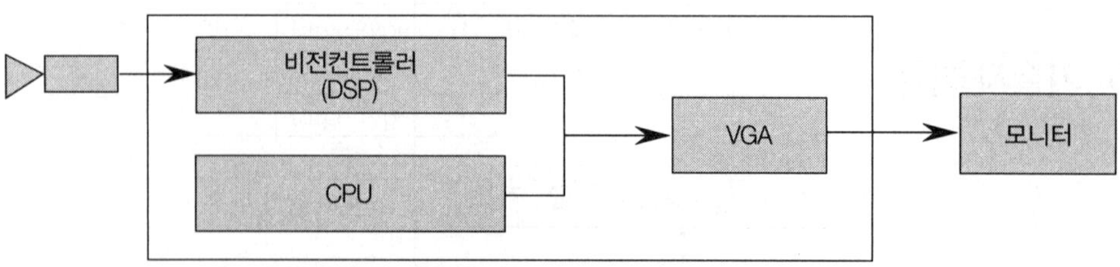

(b) 이미지 프로세스를 서브시스템으로 설계한 AOI 시스템

[그림 5-130] AOI 시스템 비교

■ AOI 시스템 운영상의 문제들

AOI 시스템은 목적하는 이미지를 얻게 해주는 광학계와 얻은 이미지를 분석・처리・판단하는 이미지 프로세싱 부분으로 나눌 수 있다. AOI는 다른 공정설비(스크린 프린터, 마운터, 리플로우 등)에서 관리하는 데이터 외에 광학계와 이미지 데이터(라이브러리)를 함께 관리해야 한다.

따라서 AOI 시스템 운영은 이미지 프로세스에 대한 약간의 전문적인 기술이 필요하고, 광학계의 의존도가 높아 관리 또한 까다롭다. 검사해야 할 부품에 대해 어떤 알고리즘을 적용해 프로그래밍할 것인지, 또 프로그래밍을 끝냈다 해도 실제 부품과 프로그램된 부품과의 형상적 차이에 대해 에러(false alarm)가 발생하지 않도록 디버깅 작업을 해야 하는 등의 문제가 있다. 그러나 생산현장의 사정은 그리 녹녹하지 않다. 작업자는 이미지 프로세스에 대한 전문지식을 갖추기 힘들 뿐 아니라 작업환경 및 작업조건의 변화에 대응하는 능력이 부족해 숙련되기까지 많은 투자와 시간이 필요하다.

검사자가 부품에 대해 프로그래밍할 때 어느 알고리즘과 어떤 검사방법을 사용할 것인지 고민할 필요가 없는 AOI 검사장비도 시중에 나와 있다. 이런 장비는 검사할 부품이 어떤 종류인가를 입력하면 그 부품에 알맞은 검사 알고리즘을 자동으로 만들어준다. 덧붙여 AOI 검사기를 선택・구매할 때는 투자이익(ROI : Return On Investment)을 중요하게 고려해야 한다. 같은 성능과 기능을 가진 AOI가 있다면 투자가치가 중요한 선택기준이 될 것이다.

■ 레벨 오토트랙킹

사람은 빛의 반사에 따라 물체를 인식・판단한다. 반사량이 많을 때는 밝다고 느끼고, 반사량이 적을 때는 어둡다고 판단할 것이다. AOI도 사람이 물체를 판단하는 것과 동일한 구조를 갖는다. 즉, 빛 대신 인위적인 광원(여기서는 LED 조명)을 사용하고 사람의 눈 대신 광학 렌즈와 CCD가 그 역할을 하는 것이다. 그러나 AOI는 사람처럼 판단할 수 있는 능력이 없다.

AOI는 광원으로부터 반사된 광원의 양을 프로그램된 기준과 비교・분석해 판단한다. 따라서 AOI의 광원은 영상인식에 결정적인 요소로 작용하는 가장 중요한 요소라 할 수 있다. 그러나 광원은 다음과 같은 원인으로 변화하게 된다. 온도변화에 따른 LED의 루미너스 인텐서티(luminous intensity)의 변화, 작업현장의 환경주변의 온도변화(PCB는 리플로우 등으로 온도가 올라간다)와 AOI 설비에서의 온도상승 등의 요인 때문에 항상 일정한 광원을 유지할 수는 없다.

그러나 이러한 변화에도 영상인식에는 영향을 끼치지 않아야 하며, 일정한 패스율(pass-rate)을 유지해야 한다. [그림 5-131]에서 프로그래밍할 때의 카메라 입력신호 ⓐ와 사용자의 판단기준 ⓔ로 검사할 부품에 대해 프로그래밍하여 ⓒ의 정보를 얻었다고 가정하자.

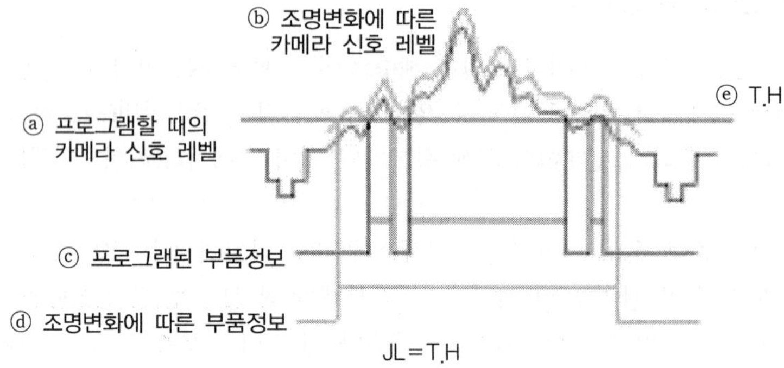

[그림 5-131] 조명변화에 따른 부품정보의 변화

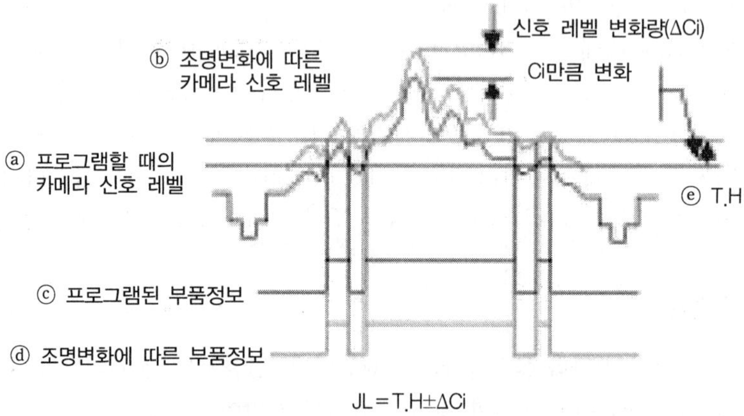

[그림 5-132] 레벨 오토트랙킹의 원리

그런데 PCB를 검사할 때 외부요인으로 조명이 변화해 카메라 입력신호가 ⓑ로 변하게 되면 판단기준 ⓔ로 인해 ⓓ의 정보를 얻게 된다.

[그림 5-132]에서 보듯이 ⓒ의 정보와 ⓓ의 정보는 전혀 다르고 이는 AOI 오검출의 원인이 된다. 하지만 ⓐ와 ⓑ의 실제 신호모양은 동일하며, 단지 ⓑ의 신호가 ⓐ의 신호보다 ΔCi만큼 레벨이 올라갔을 뿐이다. 따라서 조명이 변화한 신호량 ΔCi만큼 사용자의 판단기준 ⓔ를 적용한다면 동일한 결과를 얻을 수 있다. 이러한 방식을 레벨 오토트랙킹(level auto tracking)이라 한다.

■ 솔더 검사원리

AOI 시스템은 X-Y평면(2D)에서 검사를 진행한다. 솔더의 형태는 부피를 갖는 체적(3D)이며, 따라서 AOI가 솔더를 검사할 때에도 3D 체크를 해야 한다.

그러나 AOI는 Area CCD를 이용한 검사장비이므로 현실적으로 3D는 불가능하다. 솔더를 가장 정확하게 검사하기 위해서는 XY뿐 아니라 높이 Z까지 측정해야 한다. Z를 측정하는 데는 여러 가지 방법이 있지만, 현실성과 경제성을 고려할 때 레이저를 이용하는 것이 효과적이다. 하지만 레이저를 이용할 경우 솔더가 형성되어 있는 부분을 모두 스캔해야 하므로 시간이 많이 걸려 현실적으로 인라인 시스템에는 적용할 수 없다.

솔더가 형성된 칩부품에 [그림 5-133]과 같이 탑(top) 조명을 비추었을 때 부품부분은 조명에 반사되어 카메라로 입력되지만(ⓐ) 솔더 부분은 빛이 달아나게 된다(ⓑ). 이와 반대로 솔더를 이루는 각도의 수직으로 조명을 비추었을 때 부품 부분의 조명은 달아나고(ⓒ) 솔더 부분의 조명은 카메라 방향으로 입력된다(ⓓ).

즉 바텀(bottom) 조명에서는 솔더 부분의 영상을 얻게 된다. 이처럼 동일한 부품이라도 조명의 조사각에 따라 카메라에 입력되는 영상이 달라진다. 수직조명(탑 조명)에서 얻은 영상과 수평조명(바텀 조명)에서 얻은 영상의 함수관계를 정립한다면 부품과 솔더를 분리할 수 있으며, 이 원리를 이용해 솔더를 검사할 수 있다.

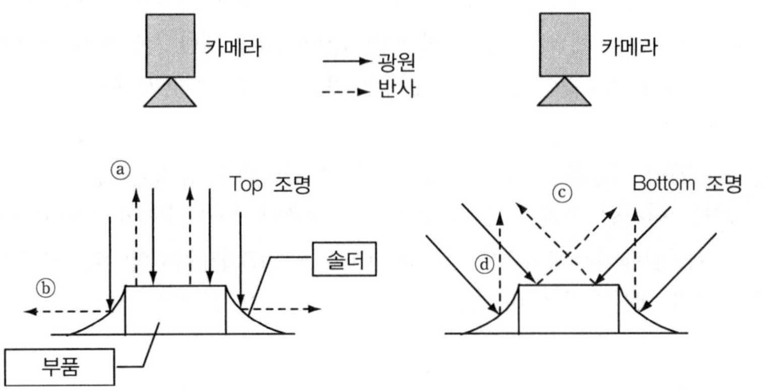

[그림 5-133] 2D에서의 솔더 검사원리(조명각도를 달리해 부품과 솔더의 영상을 얻는다)

■ 프로그램

AOI가 PCB에 있는 부품을 검사하려면 부품이 어느 곳에 위치하는지, 부품의 종류는 무엇인지 등의 정보를 입력해야 하는데 이러한 절차를 프로그램이라 한다. 프로그램을 AOI 본체에서 만들 경우 온라인 프로그램이라 한다.

온라인 프로그램을 할 때 AOI는 검사를 중지해야 하므로 전체적인 라인 가동률이 떨어지는 단점이 있다. 이러한 문제를 해결하기 위해 AOI는 라인에서 검사를 하고 AOI와 네트워크로 연결된 다른 PC를 이용해 프로그래밍을 하는데 이를 오프라인 프로그램이라 한다.

부품을 검사하려면 온라인 또는 오프라인 프로그램을 이용하여 부품에 대한 정보(위치, 부품의 종류, 검사방법 등)를 입력해야 한다. 부품에 대한 정보 중 가장 중요한 것이 바로 검사방법인데 이 검사방법에는 어떤 이미지 프로세싱 알고리즘을 사용할 것인지, 정보의 판단기준 값(threshold)을 얼마로 설정할 것인지, 상한과 하한 값 등 기타 정보를 어느 정도로 할 것인지 등의 정보가 포함된다.

그러나 앞서 밝혔듯이 이미지 프로세스에 대한 전문지식 없이도 부품종류만 알려주는 것으로 프로그래밍을 끝낼 수 있는 검사장비가 시판되고 있다. 한편, 장비에 따라 사용자가 임의의 라이브러리를 만들어 적용할 수도 있다. 이 기능은 이전에 사용하지 않았던 새로운 부품을 검사하기 위해 만들 수도 있고, 동일한 부품에 대해 프로그램을 쉽게 하기 위해 사용하기도 한다.

■ **리페어 기능**

AOI의 궁극적인 목적은 PCB의 부품을 검사해 불량을 줄임으로써 PCB의 품질을 향상하는 것이다. 따라서 불량이 발생했을 때 이 불량을 작업자에게 정확하게, 그리고 신속하게 전달해야 하며, 이 리페어 정보를 이용해 PCB를 리워크할 수 있게 해야 한다.

온라인 리페어 기능은 AOI가 인라인 상태에서 검사를 계속 진행하면서 불량 PCB에 대해 불량정보를 작업자에게 알려주는 방식이다. 이 방식은 AOI가 현재의 PCB에 대해 검사를 계속 진행하는 상태에서 이전에 불량이 발생한 PCB에 대해 모니터에 PCB 이미지와 함께 불량의 위치를 나타낸다. 따라서 리페어 정보를 온라인 상태에서 즉시 얻을 수 있으므로 시스템의 효율을 높일 수 있다.

오프라인 리페어 기능은 온라인 리페어 기능과 반대의 개념이다. 인라인 상태에서 PCB를 검사하는 AOI는 검사한 결과를 데이터베이스로 구축한 후에 리페어 스테이션에서 불량 PCB를 리페어할 때 이 데이터베이스를 참조해 PCB를 리워크하는 방식이다. 오프라인 리페어 기능을 적용하려면 생산라인에 바코드 시스템이 구축되어 있어야 한다.

■ **검사시간의 단축**

실제 생산에서 부품과 프로그램된 부품과의 형상적 상이점에 대해 에러가 발생하지 않도록 하는 절차를 디버깅(debugging) 작업이라 한다. 이 작업은 부품의 메이커 변경, 로트 변경 등으로 발생된 문제를 없애는 작업이므로 AOI에서는 없어서는 안 될 절차다.

따라서 이러한 작업을 쉽게, 빨리 할 수 있도록 작업자 위주로 운영 시스템이 설계되어야 한다. 크기가 서로 다른 부품이 PCB 위에 탑재돼 있다면 미세피치나 작은 부품들은 고배율 FOV(small Field Of View)로 검사하고, 큰 부품들은 저배율 FOV(large Field Of View)로 검사하는 멀티 카메라 시스템이 있다면 PCB 검사시간은 더욱 단축될 것이다.

이제까지 AOI는 품질을 관리하는 설비로 인식되어 왔다. 그러나 부품의 소형화로 인해 PCB가 고밀도화하면서 목시검사는 한계에 부딪치고, SMT의 빠른 변화는 MVI(Manual Vision Inspector)를 불가능하게 한다. 따라서 AOI는 품질관리에 목적을 둔 설비가 아니라 생산의 공정설비로서 그 역할을 수행해야 하며, 또한 AOI 검사에 대한 투자이익을 극대화시킬 수 있는 설비가 되어야 할 것이다.

4. 기술자료[2]

비전검사기 최신기술 동향

(주)미르기술

■ 카메라 적용기술

비전검사기에 사용되는 카메라는 관점에 따라 여러 가지로 나눌 수 있지만, 여기에서는 카메라의 해상도와 비전검사기에 탑재된 카메라의 사용개수, 컬러 또는 흑백 카메라의 사용 여부에 중점을 두고 기술한다.

과거 비전검사기에 사용되는 카메라는 대부분 해상도가 가로 640픽셀, 세로 480픽셀의 VGA급 해상도였는데, 부품의 소형화와 PCB의 고집적화가 진행됨에 따라 이러한 VGA급 카메라로는 SMT 생산라인의 생산속도를 검사기가 만족시키지 못하게 되어 해상도가 좀더 높은 고해상도 카메라를 탑재하기 시작하였다. 일반적으로 고해상도 카메라는 가로 1024픽셀, 세로 768픽셀 이상의 해상도를 갖는 카메라를 일컫는데, 최근 1년 사이에는 많은 검사기에서 가로 1280픽셀, 세로 960픽셀 이상의 해상도를 갖는 카메라를 채택하기 시작하였다.

같은 면적을 볼 경우 고해상도 카메라가 표준 해상도의 카메라보다 훨씬 세밀하게 볼 수 있다는 장점이 있고, 하나의 픽셀이 같은 크기의 실제 영역을 본다고 가정하면 위 경우 고해상도 카메라가 표준 카메라보다 한번에 약 4배의 면적을 볼 수 있으므로 검사속도에서 우위를 점할 수 있다. 카메라에 있어서 또 하나의 큰 변화는 컬러 카메라의 탑재이다.

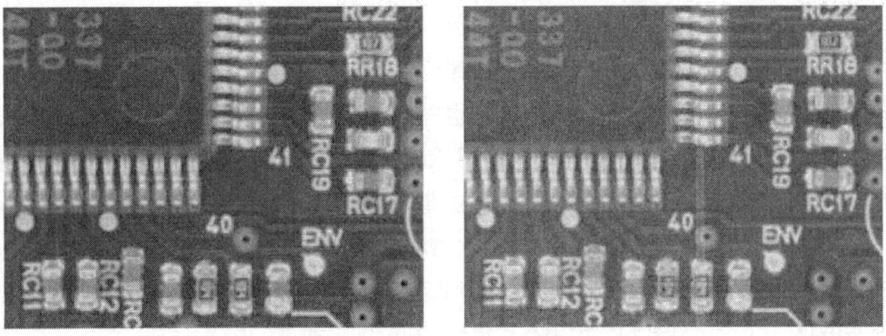

[그림 5-134] 흑백 영상과 컬러 영상의 비교

컬러 카메라를 탑재함으로써 부품의 색상구분에 의한 새로운 검사가 가능해지고, 사용자도 흑백 카메라보다는 훨씬 편리하게 작업할 수 있게 되었다. 또한 다양한 색상의 조명을 적용함으로써 컬러 카메라에 입력된 다양한 영상정보를 이용해 검사를 수행하는 검사기도 등장하였다(그림 5-134).

그러나 컬러 카메라의 사용은 PCB상의 부품검사 실효성 측면에서는 분명히 많은 장점이 있으나, 납땜검사에 있어서는 흑백 카메라와 비교하여 얻어지는 정보가 크게 다르지 않다. 또한 현장에서 사용되는 부품의 색상이 제조사와 생산 로트에 따라 너무나 다양하기 때문에 이에 대응하는 완벽한 검사는 기대하기 힘들다. 그럼에도 불구하고 흑백 카메라 시대의 검사기에서 컬러 카메라 검사기 시대로 접어들었다는 것은 비전 검사기술의 큰 줄기가 변화하고 있다는 것은 보여주는 것임에는 틀림없다.

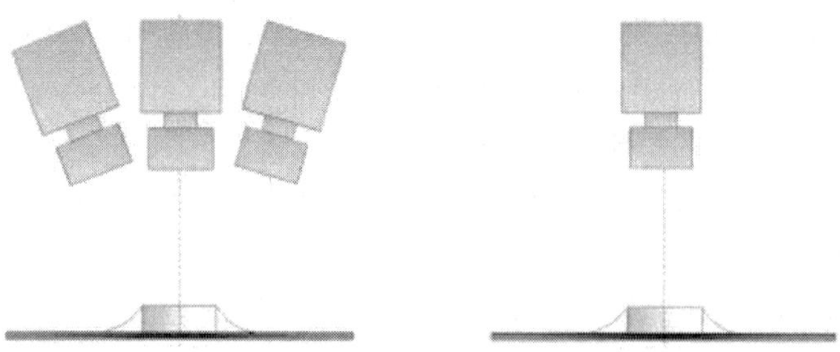

[그림 5-135] 멀티 카메라와 싱글 카메라의 구조 비교

다음으로 꼽을 수 있는 카메라의 변화는 하나의 검사기에 여러 개의 카메라를 사용하는 것이다. 흔히 멀티 카메라라고 하기도 하는데, 위에서 아래로 보는 카메라 외에 4개의 카메라를 사방으로 기울게 탑재해 부품의 측면을 보면서 검사하는 기술이다. 이 시스템의 구조는 일반적으로 [그림 5-135]와 같은데 경우에 따라서는 여러 개의 카메라와 조명을 조합하여 사용하기도 한다.

멀티 카메라 구조의 장점은 사이드 카메라를 사용해 부품의 측면을 볼 수 있어서 싱글 카메라 구조보다 리드의 들뜸 또는 납량을 정확하게 볼 수 있다는 점인데, 이와 같은 구조도 아직까지는 기술적으로 많은 제약을 가지고 있다. 멀티 카메라의 경우 사이드 카메라가 수직 방향으로부터 일정한 각도를 유지하고 있는데, 이에 따라서 부품간의 거리가 가까이 근접해 있거나 높은 부품이 주변에 인접해 있으면 서로 간섭이 발생할 수 있어서, 휴대폰과 같이 작은 PCB상에 많은 부품이 실장된 경우 멀티 카메라를 적용해 얻을 수 있는 효과는 그다지 크지 못하다.

한편 2개의 카메라를 가지고 FOV를 2가지로 설계해서 큰 부품과 작은 부품을 각기 다른 카메라로 검사하는 시스템도 있다(그림 5-136).

일반적으로 이 구조는 VGA급 해상도의 카메라를 사용하는데 근래에는 고해상도 카메라를 탑재하여 넓은 영역을 높은 해상도로 빨리 검사할 수 있게 됨에 따라 시장에서 거의 사라지는 추세이다.

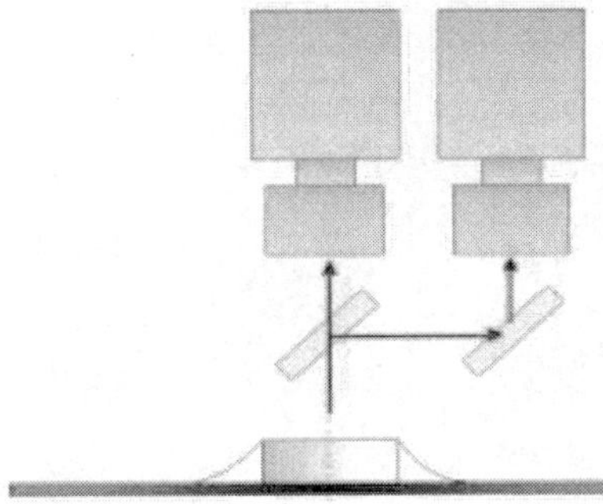

[그림 5-136] FOV 카메라

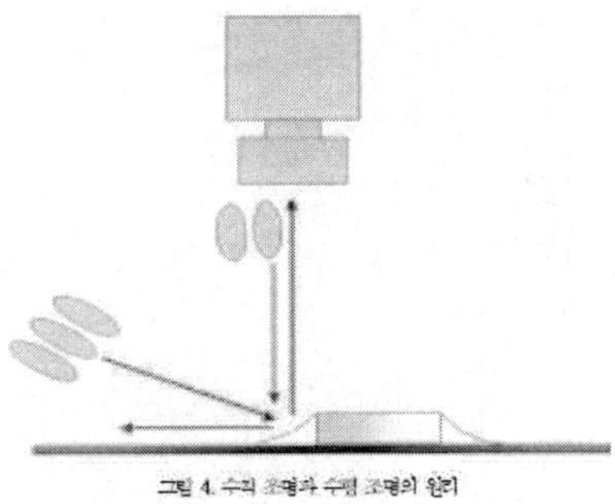

[그림 5-137] 수직조명과 수평조명의 원리

■ **조명 적용기술**

조명 적용기술은 조명소자의 발전과 깊은 연관이 있다. 과거 비전검사기는 비용이 저렴하고 유지보수가 간편한 형광조명을 대부분 사용했으나, 요즘은 응답성과 밝기, 수명 등에서 훨씬 우수한 LED 조명을 주로 사용한다. 또한 컬러 카메라를 탑재하면서부터는 적색 LED에서 백색 LED로 변하고 있는 추세인데, 이것은 앞에서도 언급했듯이 부품의 색상을 검사에 활용하기 위하여 정보가 왜곡될 수 있는 소지를 줄이기 위한 것이다.

LED를 사용함으로써 다양한 밝기와 각도로 조명을 조사하여 영상을 취득할 수 있게 됨에 따라 더욱 다양한 검사가 가능해졌다. 일반적으로 많이 사용되는 것이 수직영상과 수평영상을 취득하고 이를 조합하는 방법이다. 보다 다양한 각도에서 조명을 조사하여 영상을 얻는 경우도 있으나 기본적으로 같은 맥락이라 할 수 있다.

수직조명은 LED를 PCB면으로부터 수직방향에서 조사하는 경우를 말하는데, [그림 5-137]과 같이 조명을 수직으로 조사하게 되면 필렛 부분의 경사에 의하여 납부위는 어두워지고 부품면과 PCB면은 밝게 보인다. 수직조명에서 납부분이 밝은 경우 납의 필렛이 정상적으로 형성되지 않은 경우이다. 수평 조명은 LED를 수평 쪽으로 최대한 기울여서 조사하는 경우를 말한다. 이 경우 IC의 문자나 부품 몸체의 색상이 사람이 보는 것과 같은 영상을 얻을 수 있다. 따라서 문자판독이나 부품의 형상을 검사할 때 주로 수평조명을 사용한다.

수평조명 영상과 수직조명 영상의 조합을 통해 원하는 영상을 얻는 기술도 있다. 주로 납땜검사를 하는 데 있어서 PCB상의 실크인쇄가 납의 형상을 판별하는 데 방해가 되는 경우가 있는데 이럴 때 유용하게 사용할 수 있는 방법이다. 그밖에 형광조명과 LED를 조합하여 사용하는 경우도 있으나, 특별한 조명효과를 노리고 사용한다기보다는 비용 측면에서 접근한 방식이라고 볼 수 있다.

■ **검사 알고리즘의 기술적 변화**

검사 알고리즘의 개발은 하드웨어의 성능에 종속적인 부분이 많다. 현재 비전검사기에서

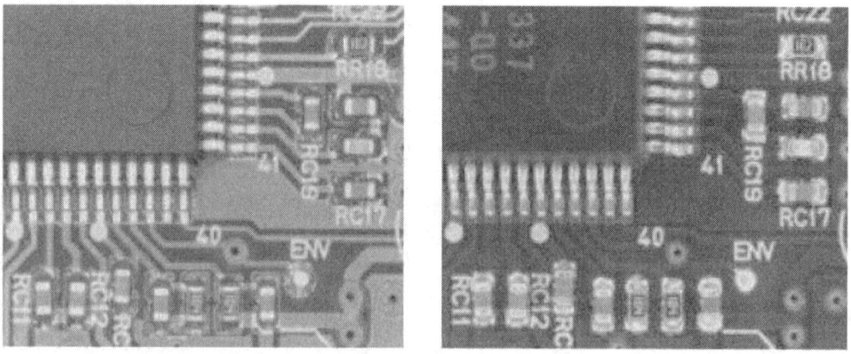

[그림 5-138] 수직 조명영상과 수평조명 영상의 비교

사용되는 검사 알고리즘은 과거에 비하여 연산량이 훨씬 많은데 이는 컴퓨터 CPU의 발전이 없었다면 불가능한 것이었다. 종래의 검사 알고리즘은 취득한 영상을 이치화 처리후 ROI(region of interest)의 흑 또는 백 픽셀의 개수를 검사의 기준으로 삼는 단순한 절차만으로 검사를 수행하는 것이었다.

그러나 컴퓨터 CPU의 처리능력 향상으로 이전에는 생각지도 못했던 대량 연산이 필요한 검사 알고리즘을 적용할 수 있게 되었고, 이에 따라 비전검사기의 성능은 눈에 띄게 향상될 수 있었다. 검사 알고리즘의 기술적 변화를 간단하게 설명하면 단순 불량 검사방법부터 시작해서 패턴 매칭으로 대변되는 영상 비교방식으로 발전하였다.

영상 비교방식이란 서로 비교되는 영상의 밝기나 분포 데이터로 서로의 영상이 얼마나 유사한가를 비교하는 방식이다. 이 방식을 채택한 비전검사기는 사용자가 검사를 위해 프로그래밍해야 하는 절차가 매우 간단하다.

다음으로 조명에 의한 인공적인 영상으로부터 특징을 추출하여 검사 파라미터로 사용하는 특징 추출 데이터 비교방식(feature extraction data compare)이 있다. 이 방식은 정해진 ROI에서 원하는 특징(밝은 픽셀의 면적, 길이 등)을 추출하여 양품의 경우와 비교 후 양부 판정을 하는 방법이다. 이 방식을 사용하는 비전검사기는 특정부품 혹은 부품의 특정위치에 대해 원하는 파라미터로 프로그램할 수 있는 것이 장점이나 사용자가 비전검사기에 대한 지식과 경험이 풍부해야 효율적으로 사용할 수 있다는 단점이 있다.

한편 최근에 많이 사용되는 통계적 형상(statistical appearance) 데이터 비교방식은 부품의 형상을 여러 범위로 나누어 해당 부분의 밝기 · 크기 등을 통계적으로 비교하는 방식이며, 기하학적(geometry) 데이터 비교방식은 영상의 에지(edge) 등의 기하학적 데이터를 판정의 근거로 삼는 방법으로서 최근 들어 장착전용 검사기에 탑재되어 많은 각광을 받고 있는데 [그림 5-139]와 같이 부품의 회전상태 정도를 측정하여 검사에 활용하는 방법이다.

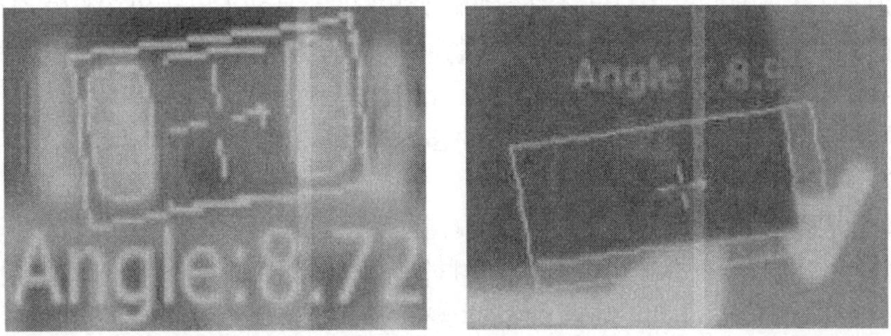

[그림 5-139] 기하학적 데이터를 이용한 장착상태 검사

그밖에 지식기반(knowledge base) 데이터베이스를 구축해서 검사에 적용하려는 시도도 이루어지고 있으며, 앞으로 더욱 다양한 기술적 발전이 있을 것으로 예상된다. 검사 알고리즘의 기술적 발달은 비전검사기의 성능을 높이는 데 크게 기여하고 있으나, 사용이 복잡하고 이해하기 어려운 알고리즘을 적용한 비전검사기가 얼마나 실용적인가는 개발자로서 의문이 있는 것이 사실이다.

왜냐하면 알고리즘이 복잡하다는 것은 사용자가 검사를 위해 비전검사기에 입력해야 하는 절차가 많다는 의미이므로 전문지식이 없는 사용자가 비전검사기를 다룰 때 부담스러움을 느낄 것이기 때문이다. 특히 비전검사기를 위해 전문인력을 배치할 수 없는 상황이라면 이 문제가 더욱 심각하게 다가올 것이다. 이것은 현장의 실질적인 고민이기도 하다. 따라서 검사기의 검사성능과 검사 알고리즘의 상관관계에 사용자의 편의성 등이 꼭 고려되어야 실용적인 비전검사기 검사 알고리즘이라 할 수 있다.

■ 공정관리지원 시스템

과거 비전검사기의 성능은 직행률과 검출률로만 평가되었다. 그러나 궁극적으로 비전검사기를 사용하는 목적은 생산공정의 효율적 기여를 통해 생산성을 향상시키는 것이다. 따라서 훌륭한 검사성능을 가진 검사기라 하더라도 공정관리에 대한 지원이 허술하다면 그 존재가치는 반감하게 된다.

가장 대표적인 공정관리지원 시스템으로서는 SPC(Statistical Process Control)를 들 수 있는데, SPC는 비전검사기에서 검사한 결과를 통계적으로 분석하여 전단의 장비에 피드백함으로써 불량의 원인을 효과적으로 제거토록 지원하고, 기간별 생산량과 관련한 여러 가지 정보를 사용자에게 제공한다. SPC는 이제 검사기능과 더불어 비전검사기의 기본적인 기능으로 인식되고 있다.

그 다음으로 리페어 시스템은 불량발생시 불량정보를 저장하고 사용자로 하여금 불량을 쉽게 찾아볼 수 있도록 저장된 정보를 체계적으로 제공하는 방법으로 작업효율을 제고한다.

한편 요즘 들어 원격 모니터링 시스템에 대하여 많은 관심이 일고 있는데 이 시스템은 현장에 설치된 장비의 상태를 원격에서 파악할 수 있도록 지원해주는 것이 주된 임무로서, 생산성이 저하되는 라인을 자동으로 감지해 작업자 또는 감독자에게 보고하여 문제의 원인에 신속하게 접근하도록 해주며, 각 장비의 수율과 직행률, 불량률을 실시간으로 보고하는 것도 중요한 기능 중 하나이다.

또한 원격관리 시스템은 원격에서 검사기를 제어할 수 있는 기능으로서, 이것을 이용하여 작업자는 원격에서 다수의 비전검사기에 대하여 생산모델을 교체하거나 프로그램할 수 있으며, 디버깅도 가능하고 비전검사기에서 발생되는 불량정보를 실시간으로 처리할 수도 있다. 이제 공정관리지원 시스템은 비전검사기의 목적을 달성하기 위한 또 하나의 필수 요건으로서 자리잡아가고 있다.

■ 에필로그

비전검사기의 기술은 카메라, 조명, 광학, 검사 소프트웨어, 공정관리지원 소프트웨어 등이 기구적 정밀도, 안정성 등과 효율적으로 조화되어 구성되었을 때 최고의 성능을 발휘한다. 특히 컴퓨터 기술의 발달로 인해 비전검사기술은 더욱 더 신속하고 세밀하며 정확한 방향으로 진화하게 될 것으로 예상된다. 한편 향후 수년간 비전검사기술의 주된 이슈는 사용자를 고려한 완성도 있는 알고리즘의 개발과 무연 솔더링에 대한 대응이 될 것이다.

무연 솔더링 기술은 그자체로서 국내뿐만 아니라 세계적으로 초미의 관심사이기도 하지만 무연 솔더를 사용한다는 대원칙만 있지 아직까지 이렇다 할 표준이 규정되어 있지도 않다. 그러나 무연 솔더로 제조된 PCB는 플럭스의 영향으로 부품면의 반사특성이 다르게 나타나고, 필렛의 구조와 색상이 재료에 따라 큰 차이를 보이기 때문에 비전검사기에 있어서도 절대로 자유로운 문제가 아니다. 현재 무연 솔더링에 대응한 비전검사기가 일부 출시되고는 있지만 아직까지 전문성이나 유연성을 확보했다고 볼 수는 없으므로 해결을 위한 많은 노력이 기대되는 시점이다.

결론적으로 검사기술의 발달은 비전검사기의 자체 성능과 공정관리지원기술, 그리고 변화하는 외부 여건과 밀접한 관계가 있고, 결국 이 모든 면을 고려한 방향으로 비전검사기가 발전할 때 더욱 더 가치 있는 장비로서 존재의 가치를 인정받을 수 있을 것이다.

연습문제

1. 다음의 칩마운터에서 헤드가 12~16개, 헤드당 노즐이 2~5로 된 고속용 모델은 어느 것인가?

   ① 모듈러(moduler) 방식　　② 터릿(turret) 방식
   ③ 로터리(rotary) 방식　　④ 갠트리(gantry) 방식

2. 마운터 헤드와 노즐과 생산량의 관계 설명 중 틀린 것은?

   ① 헤드수가 많으면 부품 이동시간을 줄일 수 있다.
   ② 노즐의 부품흡착시간은 장착시간보다 짧다.
   ③ 마운터 헤드를 2개로 하면 장착률을 2배 이상 높힐 수 있다.
   ④ 한 개의 헤드에 4개의 노즐을 가지면 약 2배로 생산량을 높힌다.

3. 칩마운터에 사용되는 노즐의 설명 중 틀린 사항은?

   ① 적합한 노즐은 자동 선택된다.　　② 부품을 흡착하고 장착한다.
   ③ 노즐은 부품손상과 무관하다.　　④ 노즐은 헤드 끝부분에 있다.

4. 다음 기구부품 중 마운터 헤드의 노즐과 관련되는 부품이 아닌 것은?

   ① 진공 chuck　　② 노즐선택 notch lever
   ③ 회전 roller　　④ 부품 cassete

5. 노즐은 부품흡착한 후 두께를 검출하고 장착방향을 선택한다. 다음 중 방향설정이 맞지 않는 것은?

   ① 0°　　② 45°　　③ 90°　　④ 270°

6. 마운터에서 부품인식장치로 가장 많이 사용되는 방식은?

   ① 비전(vision)　　② 레이저(laser)　　③ 프리즘(prizm)　　④ 초음파(ultrasonic)

정답 | 1. ③　2. ③　3. ③　4. ④　5. ②　6. ①

7. 마운터가 한 시간에 18000점의 칩을 장착할 때 택타임(tact time)은 얼마인가?

① 0.2sec/chip ② 0.3sec/chip ③ 0.4sec/chip ④ 0.5sec/chip

8. 마운터 세팅(mounter setting)시 입력정보 사항과 거리가 먼 것은?

① 부품정보 ② 노즐 선택 ③ 부품카셋 ④ 컨베이어 속도

9. 노즐의 부품흡착에 불량이 생겼을 때 점검할 사항이 아닌 것은?

① 흡착높이 ② 노즐 구멍 ③ 비전카메라 ④ 부품형상

10. 다음 중 부품장착 불량(error)의 요인이 될 수 없는 것은?

① 기판크기 ② 헤드 속도 ③ 부품인식 ④ 최적 노즐

11. 마운터에 부품을 공급하는 기구 중 Stick Feeder 종류가 아닌 것은?

① Belt feeder ② Vibration feeder ③ Bulk feeder ④ Stack feeder

12. 헤드가 직접 트레이에서 부품을 흡착할 수 있도록 트레이를 서버(sever)하여 connector, BGA, CSP 부품을 안정되게 공급하는 장비는?

① Trolley ② MTS ③ TSU ④ TFU

13. 마운터 사양(specification)에서 알 수 없는 것은?

① 질소압력 ② 장착속도(tack time)
③ 장착정도 ④ 기판크기(최대, 최소)

14. 일반적으로 말하는 고속 마운터의 속도는?

① 5000CPH 이상 ② 20,000CPH 이상
③ 35,000CPH 이상 ④ 42,000CPH 이상

15. 다음은 마운터 동작설명에서 잘못된 것은?

① 갠트리(gantry) 방식에서 진동을 감소시키기 위해 트윈서보(twin servo)를 쓴다.
② Z측 헤드노즐에 부품충격을 주지 않도록 서보모터(servo motor)를 사용한다.
③ 로터리(rotary) 방식에서 소음을 줄이기 위해 유선형 캠(cam)을 사용한다.
④ 장비 좌표계에서 X, Y측은 헤드가 센터링하는 각도를 나타낸다.

정답 | 7. ① 8. ④ 9. ③ 10. ① 11. ③ 12. ② 13. ① 14. ③ 15. ④

16. ANC(auto nozzle changer)에서 노즐 선택이 잘못된 것은?

① QFP-특수(이형) nozzle ② Socket-특수(이형) nozzle
③ 대형 Connector-Gripper nozzle ④ SOJ-일반 nozzle

17. 부품을 보정하는 센터링(centering) 방식의 설명 중 틀린 것은?

① 메커니컬(mechanical) 방식은 부품손상이 있었다.
② 레이저 방식은 진동에 민감하다.
③ BGA 아래면 인식은 레이저 방식이 좋다.
④ 비전방식은 투과형과 반사형이 있다.

18. 리플로우(reflow) 납땜에서 불리한 특징을 찾아라.

① 자기위치보정(self alignment) ② 부품열충격
③ Solder 불순물혼입 ④ Soldering 불량률

19. 다음 Reflow Oven 중 큰 부품의 경우 그림자로 인하여 가열이 어려운 방식은?

① VPS 방식 ② 적외선 방식 ③ 열풍 방식 ④ 적외선 열풍복합식

20. 리플로우 공정시 온도 프로파일을 적용할 때 유의사항이 잘못된 것은?

① 충분한 예열이 될 것
② 기판내 온도오차가 적을 것
③ 온도가 과열되지 않을 것
④ 온도 프로파일은 제품에 관계없이 일정할 것

21. 리플로우 공정시 기판온도의 변화요소가 아닌 것은?

① Solder의 종류 ② 컨베이어 속도
③ 리플로우존 수와 길이 ④ 실내온도변화

22. 모재의 좁은 장소에 용융한 솔더가 모세관현상으로 끌려가서 접합 솔더량이 부족해지는 현상은?

① Dewetting ② Wicking ③ Bridge ④ Void

23. 맨하탄(manhattan/tombstone)이 발생되는 원인이 될 수 없는 것은?

① 리플로우 상승기류 ② 칩단자 온도차
③ 기판랜드 형상, 간격 ④ 무거운 부품

정답 | 16. ① 17. ③ 18. ② 19. ② 20. ④ 21. ① 22. ② 23. ④

24. 리플로우 온도측정에 쓰이는 열전대(thermocouple)의 재질로 쓸 수 없는 것은?

① 크로멜 – 알루멜 ② 구리 – 콘스탄탄
③ 백금로듐 – 백금 ④ 수정 – 알루미늄

25. 질소이용과 발생장치 설명에서 틀린 것은? (PSA : Pressure Swing Absorption)

① 액화질소나 PSA방식에는 옥외탱크가 필요하다.
② PSA 방식은 대규모 대용량 사용시 경제적이다.
③ Membrane 방식은 발생용량이 적어 소용량에 적합하다.
④ 액화질소 방식은 순도가 높다.

26. 질소가스 성질 중 틀린 사항은?

① 무색, 무미, 무취 ② 산소보다 가볍다
③ 공기 중 부피로 78% 차지한다 ④ 인체무해, 질식가능없다

27. 기판을 양면작업하기 위하여 180° 회전시키는 장비명칭은?

① TC(Tuning Conveyor) ② 인버터(inverter)
③ 버퍼(buffer) ④ 워크테이블(work table)

28. ICT(In Circuit Test)로 검사할 수 있는 항목이 아닌 것은?

① 과납(excessive solder) ② 다이오드 정수
③ 회로쇼트, 오픈 ④ 저항 코일 커패시터 값

정답 | 24. ④ 25. ② 26. ④ 27. ② 28. ①

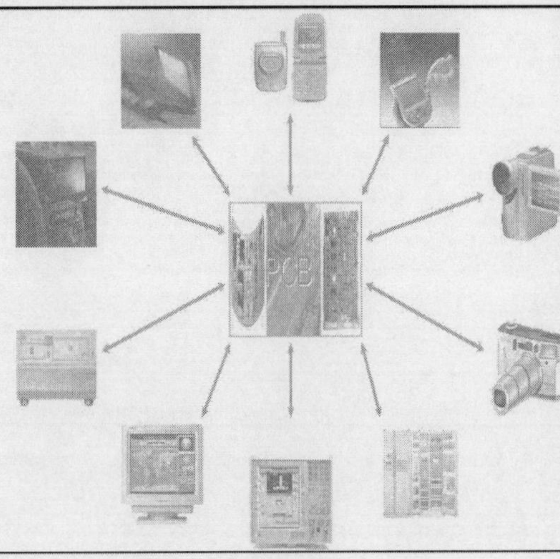

제 6 장

솔더링

6.1 솔더링 개요

납땜은 금속 모재(피접합재) 사이에 녹은 납(solder, 溶加材)이 들어가 합금층을 만들어 접합하는 것이다. 납땜할 때 용가재(filler metal)의 융점이 450℃ 미만이면 솔더링(soldering, 연납땜)이라 하고 융점이 450℃ 이상이면 브레이징(brazing, 경납땜)이라 한다. 연납재는 주석(Sn)과 납(Pb)의 합금이 사용되며, 경납재는 은(Ag), 구리(Cu), 아연(Zn)의 합금이 많이 사용된다.

용접(鎔接 : welding)은 서로 분리된 금속재료를 열이나 압력 또는 동시에 가해서 접합하는 기술을 총칭하는데 융접(融接 : fusion, welding), 압접(壓接 : pressure welding) 및 납땜(soldering, brazing)으로 분류한다.

융접(fusion, welding)은 금속부재 접합부를 국부 가열하여 녹여서 접합하는데 아크용접, 가스용접이 널리 이용되며 저항용접이 있고, 전자빔용접, 레이저용접, 로봇용접 등의 특수용접도 있다. 압접은 접합하려는 부재를 맞대고 강압하여 알맞게 가열해서 붙인다.

솔더링의 역사는 기원전 약 4000년경 이집트, 그리스 등의 유적에서 접합원리가 동일한 브레이징에서 그 기원을 찾을 수 있고 국내에서는 서기 약 400년경 백제와 신라시대의 부장품에서 흔적을 볼 수 있다.

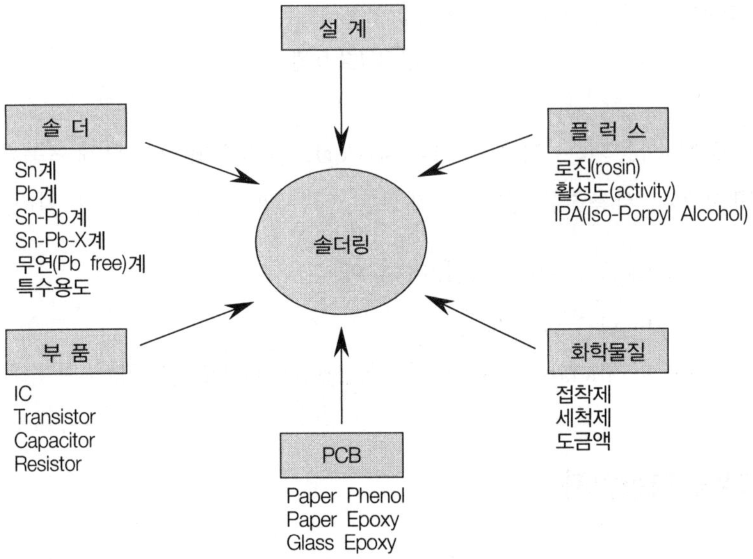

[그림 6-1] 솔더링 관련 재료

1. 솔더링 과정

솔더링은 용융된 솔더가 기판과 모재(전자부품, 기판 등 피접합물)사이의 틈새에 침투하여 솔더와 모재 사이에 금속간 화합물이 형성되면서 다음의 순서와 같이 접합이 이루어진다.

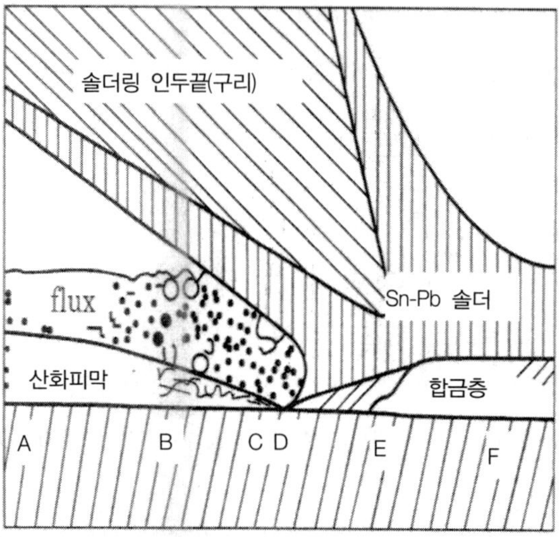

A : 플럭스(flux)는 산화피막 위에 덮인다.
B : 활성된 플럭스는 산화피막을 환원시킨다.
C : 산화물이 제거된 모재표면이 용융된 flux와 접촉한다.
D : 용융된 솔더는 플럭스를 밀어내고 모재표면과 접촉된다.
E : 솔더는 확산에 의해 모재표면과 반응한다.
F : 응고된 솔더

▶▶▶ 납땜(soldering)진행

① 모재금속 표면에 산화막이 덮여 있다(A~B) → ② 플럭스를 도포하여 가열하면 산화막이 제거된다(B~C~D) → ③ 모재금속에 솔더가 퍼지면서(wetting) 모재와 솔더 사이에 원자간 이동이 발생한다(D~E) → ④ 이동한 원자간의 결합으로 금속간 화합물(합금층)이 생성되고 응고가 진행되면서 납땜(솔더링)이 완료된다(E~F).

[그림 6-2]

솔더링에 사용되는 재료는 솔더(solder), 플럭스(flux), 모재 3종류이다.
일반적으로 사용하는 솔더링 재료는 다음과 같이 구성되어 있다.

① 솔더(solder) : Sn-Pb계열(Sn63 Pb37)

② 플럭스(flux) : 송진계열

③ 모재(base metal) : Cu, Cu합금, Fe-Ni계열(도금포함)

2. 솔더링 영향인자

솔더링에 영향을 미치는 인자는 크게 나누면 재료인자와 공정인자로 나눌 수 있다. 재료인자는 flux, solder, 모재, 기판 등이 있다. 모재는 솔더링시에 접합될 피접합물인 부품, 배선, 기판 등을 말한다. 전자실장에서는 통상적으로 솔더링이 용이하게 되도록 모재표면에 도금을 하거나 금속층(metallizing)을 만든다. 솔더는 지금까지 SnPb가 일반적으로 사용되었으나, 최근 무연솔더(Pb free)를 적용하고 있다. 공정인자로는 솔더링시 직접 관계가 있는 작업인자와 솔더링 이전의 설계, 전처리 등과 관련된 것으로 나눌 수 있다.

작업인자 중 가장 중요한 것은 솔더링 가열곡선과 솔더링 공법으로, 예열과정을 포함한 가열온도와 시간의 프로파일, 즉 가열곡선이 필요하다.

또한, 솔더링시 발생하는 결함의 약 60%를 유발하는 설계부분을 비롯하여 재료의 청결문제도 유의하여야 한다.

자동 솔더링 공정 중의 결함 발생원인은 대략 ①설계 : 60% ②모재 : 13% ③재료 : 2% ④공정 : 25%이다.

솔더링 재료와 공정에 관련되는 주요 인자는 다음과 같다.

[재료인자]

〈플럭스〉
조성, 농도, 활성도, 융점
〈솔더〉
조성, 조직, 불순물, 융점
〈모재〉
조성, 조직, 전열성
〈기판〉
재료, 금속도금층 종류

[공정인자]

〈솔더링부 전처리〉
도금, 탈지, 절단, 가공방법
〈솔더링부 설계〉
랜드, 도체, 피접합물(부품리드)
크기, 간격, 이음부틈새, 솔더링 방향
- 기판(양면, 단면, 쓰루홀, 적층)
〈솔더링의 조건〉
솔더링 온도와 시간
예열조건
솔더링 공법

6.2 솔더링 기초

1. 젖 음

젖음(wetting)이란 고체의 표면에 액체가 부착되었을 때 고체와 액체원자 간의 상호작용에 의해 액체가 퍼지는 현상을 말한다. 이때에 액체면과 고체면이 이루는 각을 접촉각(contact angle)이라 한다. 접촉각은 젖음성을 수치화한 것이다.

용융된 solder가 금속모재(metal base) 표면에 젖지 않으면 솔더링이 불가능하다. 즉, 모재표면이 부식되거나, 오염되지 않아야 하고, 적절한 플럭스와 솔더, 가열온도가 필요하다. 이외에도 젖음성은 모재금속의 종류, 표면상태, 분위기 등 여러 가지 요인에 의해 바뀌며, 솔더링의 양, 불량을 결정하는 가장 중요한 것 중의 하나이다.

플로우 솔더링시 기판상의 부품과 용융된 솔더가 접촉되는 시간은 보통 2~4초이다. 이보다 접촉시간이 길어지면 전자부품이 열손상을 받기 쉽고, 짧아지면 접합시간이 불충분하다. 2~4초의 짧은 접촉시간 동안 용융된 솔더는 리드(lead/pin)와 기판상의 패턴(pattern)을 적시고, 모세관현상으로 기판의 홀(hole)로 완전히 빨려 올라가야 하며, 불필요한 솔더는 브리지나 고드름(icicle)을 일으키지 않게 납조로 되돌아 와야 한다. 따라서, 짧은 시간에 솔더가 접합부에 적셔져야 하는데, 일반적으로 약 0.6~0.8초 이내의 젖음시간이 가장 적절하다.

젖어있는 상태의 필렛(fillet) 접촉각(θ)범위는 20~60°이다. 일반적인 솔더링의 젖음은 20~60°정도이다. 접촉각이 20°이하면 잘 젖어 있고, 60~90°은 잘 젖지 않은 상태이며, 90° 이상이면 젖지 않은 것이다(그림 6-3).

접촉각도가 15° 이하면 솔더량이 부족하고 45° 이상이면 솔더량이 과대하다(그림 6-4).

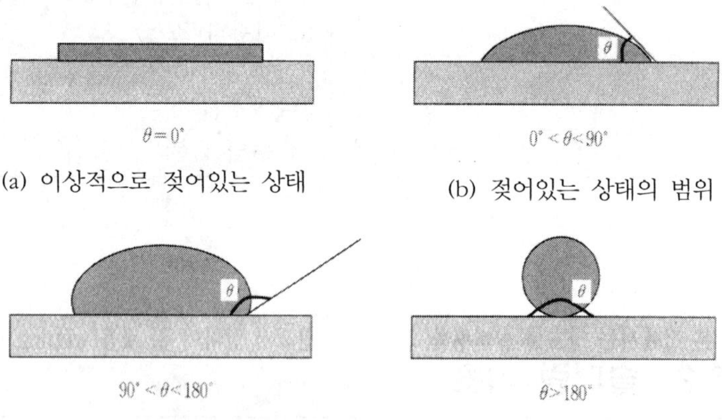

(a) 이상적으로 젖어있는 상태 (b) 젖어있는 상태의 범위

(c) 젖어있지 않은 상태의 범위 (d) 전혀 젖지 않은 상태

[그림 6-3] 젖음 정도

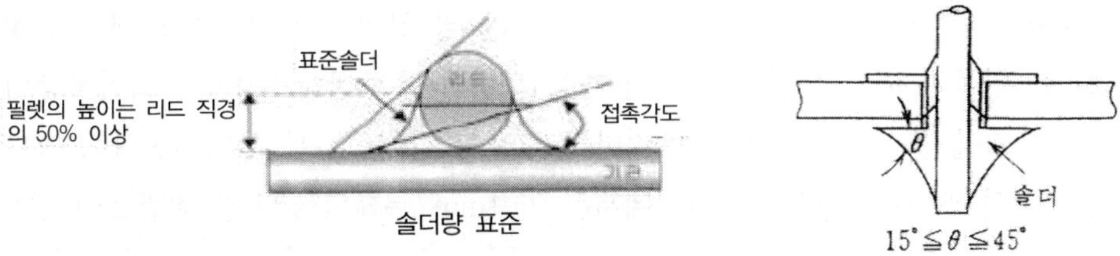

[그림 6-4] 솔더량과 접촉각

2. 모세관현상

깨끗한 고체 금속의 좁은 틈 사이에 용융된 솔더를 두면 솔더는 틈사이로 빨려들어간다. 이 현상을 모세관현상이라고 한다. 일반적으로 모세관현상은 단 시간에 일어나며 틈새가 약 0.2mm일 경우 용융된 솔더는 2초에 약 3~4㎝정도 침투할 수 있다. 모세관현상이 잘 일어나기 위해서는 틈새 간격이 중요하며, 보통 0.1~0.3mm가 적당하다.

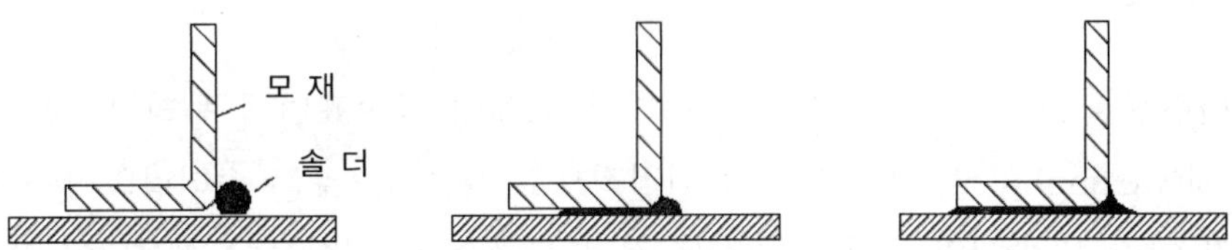

[그림 6-5] 젖음현상과 모세관현상에 의한 솔더링 진행모습

[그림 6-5]는 젖음현상과 모세관현상이 함께 작용하며, 기판과 부품의 리드 사이로 용융된 솔더가 빨려 들어가는 현상을 보인 것이다.

3. 확산과 합금층의 형성

용융된 솔더가 리드나 기판의 패드(pad) 등 고체금속의 표면을 적시며 퍼질 때 액체금속의 원자와 고체금속의 원자는 서로 이동하면서 섞이게 된다. 이것을 확산이라고 한다.

확산에 의해 솔더와 모재금속(리드나 기판의 패드 등)간에는 이들 성분 금속들의 원자수 비율로 결합하는 금속간 화합물(합금층)을 만든다. 일반적으로 금속간 화합물층은 단단하고 취약하기 때문에 솔더링부의 강도를 저하시키고 전도성과 내식성을 저하시킨다.

또한, 금속간 화합물층은 융점이 높고, 금속적 성질이 떨어지며 표면에 안정한 산화물을 만들기 쉽기 때문에 솔더의 젖음 불량을 유도한다. 금속간 화합물층의 두께는 온도가 높을수록 고온에서 유지하는 시간이 길어질수록 두꺼워진다. 250℃ 정도의 보통의 웨이브 솔더링 조건하에서는 약 1mm 두께의 금속간 화합물이 생성된다.

4. 모재의 용해

소금을 가열하여 녹이려면 많은 열을 필요로 하지만 물 속에 넣으면 상온에서 쉽게 녹는다. 마찬가지로 250℃에서 솔더링을 할 때 고체상태인 리드나 패턴의 동(Cu) 금속이 융점은 높지만(동의 융점 1083℃) 용융된 솔더 중에 녹아 나오게 된다. 이러한 현상을 용해라고 한다. 63%Sn-37%Pb 솔더 중에 동(Cu)의 용해속도는 250℃에서 0.1μm/초, 350℃에서 1.0μm/초이다.

5. 솔더링성

솔더링성(solderability)은 용융된 솔더가 고체의 금속표면에 물리적 · 화학적으로 젖는 것(wetting)을 말한다. 그러나 실질적으로 젖음만으로는 솔더링의 양 · 부를 판단하기 어렵고, 솔더와 소재 금속간에 적절한 금속간 화합물이 형성되어 양호한 접합강도를 얻는 것을 포함하여 말하고 있다. 즉 솔더링성이란 젖음성과 접합성을 포함하는 것으로 솔더링 작업의 척도로 사용된다.

솔더링성(solderability) = 젖음성(wettability) + 접합성(bondability) + [신뢰성(reliability)]

솔더링성에서 본 솔더링 공정의 최적 가열조건은 접합 금속면을 적시는 데 필요한 열량과 심하게 산화시키지 않는 온도 및 시간으로 솔더링하는 것이 절대조건이다. 마이크로 접합에 있어서 솔더링성은 솔더링 결과를 판정하는 척도로 다음 사항을 포함시킨다.

① 이음부의 양호성 : 젖음정도, 각종 결함

② 작업성 : 온도, 시간, 플럭스 등이 부품소자의 내열성 및 기기의 신뢰성 관점으로부터 엄격하게 설정된다. 즉 저온, 단시간, 약활성 플럭스를 이용한 솔더링 조건하에서 양호한 이음부가 형성된다.

③ 열적 조건 : 위의 조건하에서 이음부의 온도가 솔더링이 가능한 온도로 상승되어야 한다. 한편, 전자기기의 솔더링에 있어서는 작업조건하에서 부품성능이 떨어지지 않도록 하는 것이 요구조건에 부가된다.

여기서 양호한 솔더링 결과라는 것은 다음 조건을 만족하는 것이다.

- 미접합부 및 젖음이 불량한 부위가 없다.
- 솔더의 유동이 균일하고, 광택이 나며, 표면결함이 없다.
- 솔더의 여분 등으로 인한 유동이 없다.
- 기공 등의 내부 결함이 없다.
- 조직이 건전(금속간 화합물층, 균열, 편석, 도금의 용해 등을 일으키지 않는 상태)하다.
- 전기전도도가 양호하다.
- 부품, 제품의 기능 · 성능 등이 열화하지 않는다.
- 이음부의 파단하중이 충분하다.

솔더링성에 영향을 미치는 인자들로서는 솔더, 모재, 플럭스 가열조건 등이 있다.

① 솔 더

솔더의 주성분인 주석(Sn)은 여러 금속과 친화력이 우수하고 금속모재의 표면에 잘 젖는다. 또한, 솔더 중에 함유된 납(Pb)은 솔더의 융점을 저하시켜 낮은 온도에서 솔더링이 가능하게 하는 역할을 한다.

② 모 재

모재의 표면은 오염이나 부식되지 않고, 플럭스에 의해 표면의 산화막이 쉽게 제거되는 것이 좋다. 솔더링 중에 모재가 솔더로 용해되면서 금속간 화합물이 형성되는데 이 금속간 화합물의 성질이나 두께의 적정성이 솔더링성의 척도가 된다. 공업적으로는 금(Au), 은(Ag), 주석(Sn) 등 솔더링성이 좋은 금속을 모재 표면에 도금하여 사용한다.

③ 플럭스

금속의 표면에는 산화막이 존재하며 젖음성을 저하시키는데, 플럭스는 이 산화막을 제거시킴으로써 솔더와 금속의 청정한 면을 직접 접촉하게 하여 솔더링성을 향상시킨다.

④ 가열조건

용융된 솔더가 양호한 솔더링성을 갖기 위해서는 솔더가 모재표면을 잘 적시고 퍼질 수 있도록 충분한 온도로 가열되어야 하며, 가열시간이 너무 늦거나 빠르지 않도록 한다. 웨이브 솔더링의 경우 용융 솔더 납조에 리드가 잠기는 시간은 250℃ 기준으로 보통 2~5초 정도이다.

6. 열전달

솔더링되는 대상물의 가열온도는 너무 높거나, 낮아도 양호한 솔더링을 얻을 수 없다. 가열을 위한 열원은 저항발열, 적외선(IR), 레이저 등이 사용된다. 이들 열원으로부터 받은 열이 전해져서 솔더 재료 및 솔더링되는 재료가 가열된다. 열은 기본적으로는 온도가 높은 쪽에서부터 낮은 쪽으로 전달된다. 열용량이 크고, 열전달계수, 열원과 대상물의 온도차가 클 때 열전달이 빨라지고 단시간에 온도가 높아지게 된다.

7. 표면처리

기판(PCB)의 주된 표면처리방법은 솔더코팅, 프리플럭스(pre-flux), 화학방청처리, 무전해 니켈도금, 금도금, 솔더도금 등이 있다. 리드삽입실장의 경우는 솔더도금이나 솔더코팅이 주로 사용되며, 표면실장은 표면부품을 탑재하기 위해 평탄도를 얻기 쉬운 화학방청처리, 내열 플럭스가 주류를 이룬다. 고신뢰성이 요구되는 곳에는 고가의 무전해 니켈도금, 금도금 처리가 실용화되고 있다.

6.3 솔 더

솔더(solder)는 주석(Sn)을 주성분으로 하는 연납(융점 450℃ 이하)이 주종을 이루며, Sn 이외에 Pb, Au, In을 주성분으로 하는 솔더도 있으나, Sn(60~63)% Pb(37~40)% 성분 범위의 합금 및 유연 솔더가 주로 사용되어 왔다. 솔더는 일반적으로 융점이 낮고, 용융솔더의 표면장력, 점성, 유동성이 적절하여 모재와 잘 젖어야 한다.

또 솔더링 후에는 접합부의 강도나 전기전도도 등이 사용목적에 부합되어야 한다.

Sn-Pb계 솔더는 전기, 전자제품, 일반공작용 등으로 가장 많이 사용되어 왔으나, Sn-Pb 솔더에 포함된 Pb가 환경오염물질이기 때문에 규제대상이 되어 무연 솔더의 사용이 보편화 되었다.

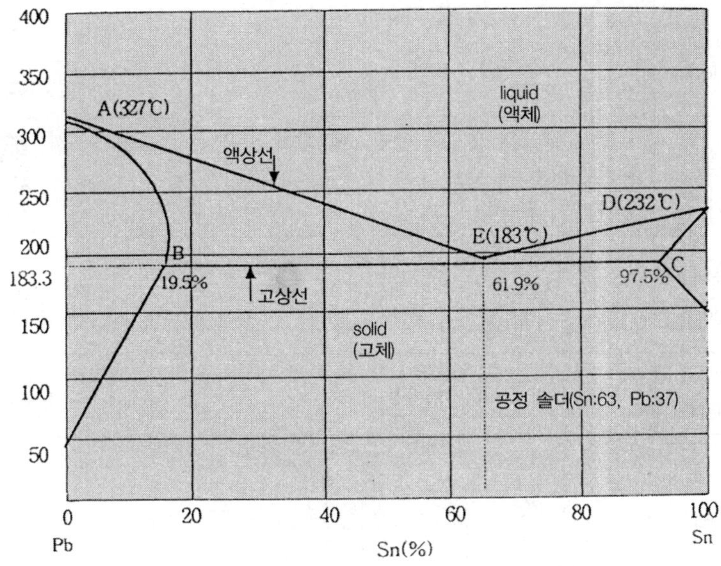

[그림 6-6] Sn-Pb 2원 합금상태도

Sn-Pb의 2원 합금상태도는 Sn-Pb의 배합비와 온도에 의해 액상・고상 등 그 금속의 상태가 어떻게 변하는가를 표시한다. 일반적으로 순수금속보다 합금 쪽이 융점이 낮다.

Sn-Pb계 솔더 경우도 Sn(융점 : 232℃), Pb(융점 : 327℃)의 융점보다 낮고, Sn 63wt%와 Pb 37wt%의 합금은 융점 183℃에서 녹는다. 이것은 가장 낮은 융점으로, 공정솔더라고 한다.

Sn-Pb계 상태도에서 공정점 b의 조성은 Sn61.9%-Pb38.1%이지만 조성적으로 Sn63%-Pb37%를 공정솔더라 한다. 적절한 솔더링 접합온도는 솔더의 융점보다 40~60°C 정도 높은 범위가 좋다.

1. 솔더의 종류

솔더의 모양은 바(bar), 와이어(wire), 페이스트(paste, cream), 볼(ball), 테이프 (tape) 등 여러 가지가 있다.

〈표 6-1〉 솔더의 모양과 용도

구 분	용 도	모양(포장)
바 솔더 (bar solder)	• 납조(solder pot)용 • 웨이브(wave) 솔더링용	
와이어 솔더 (wire solder)	• 플럭스가 함유되어 사용이 편리 • 전자기기 조립 배선용 • 인두 솔더링	
페이스트 솔더 (paste solder)	• 솔더 분말을 용제나 플럭스에 섞어 사용 • 기판(PCB)에 도포 • 리플로 솔더링	
테이프 솔더 (tape solder)	• 자동기기에 공급되는 솔더링 (웨이브 솔더링 납조에 자동보충) • 특수용도의 솔더링	
볼 솔더 (ball solder)	• BGA(Ball Grid Array)용	

(1) 바 솔더

바 솔더(bar solder)의 형상이나 크기에 대해서는 특별히 규정되어 있지 않지만, 납조에 공급되는 것은 보통 한 개의 무게가 약 400~500g, 길이 400mm, 폭 18~20mm, 두께 6~7mm 정도가 가장 흔하다.

(2) 와이어 솔더

와이어(wire) 형상의 솔더 중심에 수지계 플럭스를 작은 구멍 속에 충전시킨 것이다. 심의 수는 1개에서 3개, 5개 등 여러 종이 있고 플럭스를 별도로 사용할 필요가 없다는 장점이 있다. 주로 전자부품의 리드, 단자접합, PCB의 수정용으로 사용된다.

(3) 페이스트 솔더

솔더페이스트(혹은 크림솔더)는 크기 20~40μm 정도의 솔더 분말 80~90wt%, 플스 10~20wt%가 균일하게 혼합된 것으로, 플럭스는 수지(로진), 활성제, 왁스류 용제 등으로 이루어져 있다. 솔드페이스트를 가열하면 플럭스가 활성화되고, 솔더 분말이 용융되어 피접합금속(리드나 기판의 랜드 등)에 퍼지면서 솔더링된다. 인쇄성, 솔더링성, 신뢰성의 조건을 갖추어야 한다. 일반적으로 합금재료는 Ag(은)을 선호한다.

(4) 볼 솔더

볼 솔더(ball solder)란 원형의 솔더로 크기는 0.3~0.76mm가 많이 사용되며 0.2mm, 0.1mm도 있다. BGA(ball grid array), CSP(chip size package)용으로 쓰인다.

2. 솔더 중의 불순물

솔더 중의 불순물은 솔더를 정제하는 과정에서 불순물이 제거되지 않고 섞여 들어간 것과 솔더링 과정에서 다른 금속의 용해에 의해 섞여 들어가는 것 등 두 가지 원인이 있다. 불순물은 솔더의 젖음성 저하, 표면광택 저하, 브리지 발생, 산화물(dross)증가 등의 악영향을 줄 수 있다. 솔더 중의 불순물의 함량에도 추천되는 허용치가있는데, 이것은 솔더링 공법에 따라 달라진다. 이들 불순물 중에서 솔더링성이나 작업성에 해가 없이, 첨가 함량에 따라서 솔더의 물리적 특성을 개선하는 것이 있다. 은(Ag)을 첨가하면 전도성이 좋아지고, 비스무트(Bi)는 납융점이 낮아지고, 인듐(In)은 융점이 낮고 습윤성과 연성이 좋아지는 효과가 있어 은 첨가량을 줄 일수 있다.

전자는 이들 불순물 중에서 솔더링성이나 작업성에 해가 없는 것이나, 또한 함량에 따라서 솔더의 특성을 유리하게 개선하는 것이 있다. 솔더 중의 불순물은 솔더의 젖음성 저하, 표면광택 저하, 브리지 발생, 솔더 산화물(dross) 증가 등의 악영향을 미치는 경우가 있다. 솔더 중의 불순물의 함량에도 추천되는 허용치가 있는데, 이것은 솔더링 공법에 따라 달라진다.

〈표 6-2〉 웨이브 솔더링시 솔더 중 불순물의 함유량

불순물 원소	허용량(%)	불순물 원소	허용량(%)
Al(알루미늄)	0.006	Fe(철)	0.02
Bi(비스무트)	0.25	As(비소)	0.03
Cu(구리)	0.3	Sb(안티몬)	0.5
Ni(니켈)	0.01	P(인)	0.002
Cd(카드뮴)	0.005	Zn(아연)	0.005

3. 드로스

용융된 솔더의 표면에 생성되는 산화물이나 황화물과 같은 비금속 혼합물을 말하는데, 웨이브 솔더링시 용융된 솔더 표면이 공기와 접촉하면 산화되어 드로스(dross)

를 형성한다. 드로스 성분의 90%가 금속이며, 1% 정도가 산소인데, Sn-Pb계 솔더 드로스의 주된 산화물은 SnO이다. 드로스의 외관은 회색이며, 광택이 없는 산화막으로 둘러싸인 작은 입자덩어리들이다. 드로스를 최소화하기 위해서는 다음과 같이 솔더 포트(pot)의 관리를 철저하게 해야 한다.

- 솔더 포트의 솔더량을 일정하게 유지시킨다.
- 솔더 포트의 히터를 점검한다.
- 웨이브의 높이를 최소화 하여 솔더의 유속을 느리게 한다.
- 공기 중의 산소와의 접촉을 최소화한다.
- N_2가스 분위기를 사용한다.

6.4 플럭스

플럭스(flux)는 수지계 · 유기계 · 무기계로 분류되는데 전자제품에 주로 사용하는 수지계의 주요 재료는 로진(rosin), 변성로진, 합성수지(resin) 등이 있으며, 로진은 소나무 등 침엽수의 천연수지(송진)를 정제하여 만든다.

플럭스는 자체 부식성은 없으며 PCB에 따라 세척과 무세척을 선택하여 사용할 수 있는 로진계 플럭스와 부식성이 있어 세척공정이 필요한 수용성계 플럭스가 있다. 플럭스는 여러 가지의 성질을 갖는데 먼저 솔더 랜드(land) 표면의 더러움을 제거하는 성질이 있다. 또한 웨팅(wetting)성을 촉진시키며, 리플로우 가열시 재산화를 방지한다.

플럭스는 솔더의 표면장력보다 작아야 하며, 솔더의 퍼짐 이상 충분히 퍼져야 한다. 플럭스는 솔더가 완전한 접합이 되도록 작용하며, 납땜 후 납땜면에 남아 백색 혹은 짙노랑색의 빛깔을 나타내며, 칩장착시 점착성을 부여한다.

활성제(activator)는 일반적으로 amine-halogen계의 원소로 구성되며, Br 100%를 주로 사용하나 Cl(염소) + Br(브롬) 각 50% 비율로 사용하기도 한다. 활성제는 랜드(land) 및 부품의 전극표면 청정작용과 wetting성을 증가시키는 납땜성에 있어 중요한 요소이다.

칙소제(thixotropic)는 왁스(wax)류가 사용되며, 표면실장에 있어서 인쇄 후의 납의 성형성을 부여한다(slump방지). 용제는 점도조정용으로 사용되며, 점착성 유지

효과가 있고 비점에 따라 저비점, 중비점, 고비점 용제가 있다. rosin계 플럭스를 활성도(activity)에 따라 분류하면 다음과 같은 4가지로 구분할 수 있다.

- R(Rosin type) : 가장 활성도가 낮은 플럭스
- RMA(Rosin Mildly Activated) : 중간에서 낮은 활성도를 지닌 플럭스
- RA(Rosin Activated) : 중간 정도의 활성도를 지닌 플럭스
- OA(Organic Acid) : 물에 용해되는 활성도가 가장 높은 플럭스(군용장비 제조에는 사용 못함).

RA형은 활성력이 강해서 전자산업에는 잘 사용하지 않고, RMA형의 플럭스를 가장 많이 사용하고 있다. 플럭스는 로진, IPA(isopropyl alcohol) 또는 물(水), 활성제(할로겐 원소 0.2% 이하), 기타 미량 첨가물로 구성되어 있다. 플럭스를 선택할 때에는 솔더와 모재의 종류, 솔더링 온도와 시간, 솔더링 후 플럭스 잔사(殘渣)의 부식성, 전기적 특성을 고려하여야 한다.

솔더링에 사용되는 플럭스는 수용성과 비수용성으로 크게 나눌 수 있는데, 최근 환경관련으로 사용이 증대되는 수용성 플럭스는 부식성이 있기 때문에 솔더링 후에 수세(水洗), 중화 온풍건조 등의 세정공정이 필요하다. 수용성 플럭스는 플럭스의 작용을 최대한 높인 강활성의 플럭스를 사용하기 때문에 솔더링성이 아주 좋고 솔더링 결함이 적다.

수용성 플럭스를 사용함으로써 인화성 및 독성에 대한 안전성은 확보되는 장점이 있지만 표면장력의 저하로 인한 젖음성 및 건조성이 나쁘다는 단점이 있다. 무세정 플럭스는 솔더링 후 잔사문제로 활성제 양을 줄여야 하므로 이를 보완하기 위하여 질소분위기를 이용한다. 무세정 플럭스는 잔사의 신뢰성, 솔더볼의 발생, 잔사의 내충격성, 코팅 밀착성, 외관, 기판 운반시의 단점이 있다.

1. 플럭스 역할

① 청정화 : 금속표면의 산화물 등을 용해 제거한다.

② 산화방지 : 고온의 금속표면 및 용융 상태의 솔더는 상온에 비해서 훨씬 산화되기 쉽기 때문에 플럭스는 청정한 금속표면을 즉시 덮어 산화를 방지한다.

③ 솔더의 표면장력 저하 : 용융된 솔더는 큰 표면장력을 갖고 있으나, 플럭스는 이 솔더의 표면장력을 저하시켜 금속표면에 솔더가 잘 퍼지게 한다.

④ 재산화 방지 : 솔더링이 된 후 금속의 재산화를 방지하는 작용을 한다.

플럭스는 용융 솔더재의 산화피막을 제거하고, 재산화를 방지하여 모재를 청정화함으로써 표면장력을 감소시켜 젖음(wetting)이 잘 일어나게 하는 특성을 가지고 있다. 따라서, 고품질의 접합강도를 가지기 위해서는 리드와 PCB에 활성이 강한 플럭스를 공급해주어야 한다.

플럭스의 잔사는 전압이 인가된 상태에서는 부식이나 마이그레이션(migration), 솔더볼(solder ball)이 발생하여 PCB에 포스트 플럭스(post flux), 솔더페이스트(solder paste) 등이 흡습되어 전기적 불량의 원인이 되기도 한다.

전장품의 신뢰성 확보를 위해 CFC(chloro fluoro carbon, 프레온가스) 세정이 필요하지만 1987년 몬트리올 의정서(montreal protocol)에서 성층권의 오존층 감소와 같이 환경에 나쁜 영향을 미치므로 프레온 가스를 1995년부터 사용 금지시켰다.

무세정화는 대기 분위기 중에서 고형분 함유량이 아주 작은 저잔사 플럭스를 사용하거나(예 : rate solid by wt 3±0.3%), 질소분위기를 무세정에 적용하고 있다.

2. 플럭스의 열화

플럭스(flux)는 대기중의 산소를 흡수하여 그 성능이 저하되므로 주기적으로 교체하여야 한다. 발포식 플럭서(fluxer) 경우에는 발포관을 통해 컴프레서의 압축공기로 기포를 발생시키기 때문에 플럭스는 공기와 접촉되어 산화된다.

또 압축공기의 중의 습기나 컴프레서의 오일도 유입되므로 플럭스가 열화되고 솔더링성이 저하된다. 따라서 가급적 압축공기는 수분제거를 위해 에어필터(air filter)를 통과시키고, 플럭스로의 기타 불순물 유입도 차단시켜야 한다.

플럭스는 솔더링을 돕은 역할을 하지만 그 반면에 부식, 절연저항 저하, 접촉불량 등의 부작용도 있기 때문에 반드시 지정된 것을 사용해야 한다.

6.5 솔더 접합부 불량

솔더링의 결함을 분류하면 〈표 6-3〉에 나타낸 바와 같다. 마이크로 솔더링에서는 표면실장기술이 주종을 이루고 있기 때문에 육안검사를 할 수 없는 부위가 있다. 또한 내부결함을 포함하여 계면부근에서의 조직상태 및 종류와 더불어 기계적 강도의 요구도 있기 때문에 공공과 같은 내부결함이 중요시된다. 내부결함 검사방법으로는 레이저를 조사하여 온도상승을 측정하는 방법, X-선, 적외선 및 초음파에 의한 방법 등이 있다. 또 부품의 위치결정 정밀도, 필렛양의 적합성 등은 비전(vision)으로 자동검사하고 있다. 내부결함은 비전검사를 할 수 없다.

〈표 6-3〉 솔더링의 결함 분류

결함분류	검사 및 시험		결함의 예
표면 및 외부결함	육안검사, TV카메라 (vision검사)		표면거칠기, 무광택, pin hole, bridge, 솔더 절단, 위치어긋남, 튐(dewetting), non-wetting, fillet, solder ball.
내부결함	파괴검사	단면연마 및 관찰분석 Peel시험	Void, Micro crack, Intermetallic compound
	비파괴검사	초음파 적외선 레이저 X-선	Cavity, Blow hole, Void, Tunnel
기능적 결함	작동시험		Bridge, 솔더 절단, 솔더 부족, non-Wetting, 위치어긋남, 솔더볼에 의한 단락
	전기시험		
	누설시험		
	강도시험	내압시험 인장시험	

1. 브리지

브리지(bridge)는 인접하는 리드 또는 전극 패턴이 솔더로 연결되어 쇼트(short)를 일으키는 현상을 말한다. 최근에는 패키지의 리드 형태가 다핀(multi-lead), 미세피치(fine pitch)로 되어 있어 서로 이웃한 도체끼리 단락하는 브리지 현상의 결함발생이 많아지고 있다.

근래 무납 솔더(Pb-free solder)의 사용으로 종래의 주석-납(Sn-Pb)계 솔더와 같은 납 함유 솔더에 비해 젖음성이 떨어지고, 플럭스의 무세정을 위한 저잔사 플럭스의 사용도 젖음성이 저하의 원인이 되어 브리지와 같은 솔더링 결함증대를 가져온다.

브리지의 발생원인을 리플로우(reflow)에서 보면 전극 패턴상에 공급되는 솔더 페이스트(solder paste)의 과대공급 및 물성치(점도・퍼짐성)와 상관성에 있다. 플로우(flow)는 컨베이어의 각도와 납조의 드로스(dross), 즉 용융 솔더의 산화 또한 솔더의 젖음성이 있으나 가장 중요한 원인은 솔더의 표면장력이다.

2. 고드름

리드의 끝부분에 솔더가 원뿔이나 고드름(icicle)처럼 형성된 것을 말한다. 발생원인은 주로 용융 솔더의 산화에 있다. 용융 솔더가 실제로 액체·고체인 산화물이 형성된 결과, 액체로서 거동할 수 없어 발생하는 것이다. 또 플럭스가 과열될 때 플럭스의 고유기능을 발휘 못하고 솔더 접합부를 형성할 때 재산화 방지가 되지 않아 접합부의 솔더 산화물 생성의 원인이 된다.

고드름과 브리지는 비례해서 발생하는 경향이 있는데 둘 다 용융 솔더의 산화가 원인이다. 솔더링에 N_2 분위기 적용하면 산화를 억제할 수 있다.

3. 솔더 볼

예비가열시 솔더의 퍼짐이 생겨 회로의 패턴부터 솔더 입자가 이탈함으로써 발생하게 된다. 따라서 전극패턴 마스크 설계단계에서 극단적으로 솔더의 퍼짐을 막을 수 있도록 한다.

또한 솔더의 퍼짐이 없어도 솔더 볼이 발생하는 경우가 있으므로 솔더페이스트의 선정과 공정관리가 중요하다. IPC A610에서 솔더 볼은 랜드나 트랙의 0.13mm 내에 있거나 직경이 0.13mm를 넘거나 혹은 0.13mm 이하의 솔더 볼들이 600mm^{2}당 5개 이상 모여 있을 경우에 공정결함으로 규정하고 있다.

4. 공 공

솔더 접합부의 내부에 형성되는 구멍(空孔)이다. 솔더와 모재(리드) 계면 근방에서 확산반응으로 발생되는 커켄달 공공(kirkendall void)은 보관시간 사용환경(온도)에 따라 성장을 예측할 수 있으나, 솔더페이스트 내부의 잔류 가스에 의한 공공(void)의 생성을 억제하기 위해서는 플럭스 성분의 선택 및 가열냉각의 온도 프로파일의 관리가 중요하다.

5. 젖음성 불량

젖음성(wettability) 불량의 원인은 재료표면의 오염 및 산화피막, 리플로우의 가열부족으로 열용량이 큰 부품의 온도상승이 불충분하여 발생하게 된다.

따라서 열원의 선정을 포함해서 균일한 가열을 확보하는 것이 중요하다. 또한 활성력이 좋은 플럭스는 산화피막을 포함한 오염층을 제거할 수 있으나 무세척화의 추세에 맞지 않다.

6. 소 납

소납(poor solder)이란 리드(lead)선에 솔더가 적게 묻는 것이다. 외관 관찰시 필렛(fillet)이 아주 작고 솔더가 올라간 높이도 낮으며, 예열온도가 높아서 플럭스가 열화되어 산화피막을 제대로 제거해주지 못할 경우에 주로 발생된다. 필렛 각도가 대략 45° 이상일 경우는 과납, 15° 이하는 소납으로 구분한다.

7. 과 납

미납과는 반대로 솔더가 리드선에 많이 묻는 것으로 원인은 미납과 같이 예열온도가 충분하지 않을 때 또는 플럭스가 열화하였을 때 발생한다. 과납(excess solder)이 형성되었을 경우 응력집중의 요인이 된다.

8. 리프트오프(lift-off)

플로우 솔더링한 뒤 솔더 부품 기판랜드의 접합면에 나타나는 박리현상이다. 필렛박리, 랜드박리, 모재박리 단자와 솔더간 박리가 있다.

6.6 솔더 접합부 파괴검사

솔더 파괴검사는 솔더링에 의한 접합부를 기계적으로 파괴하여 파단하중 측정을 행함으로써 솔더링의 양·불량을 판정하는 것이다. 〈표 6-4〉는 정적 파단하중 검사방법이다. 이외에 동적 파단하중 검사, 실가동 검사 등이 있다. 적용대상에 따라 그 방법을 선택하는 것이 필요하다.

〈표 6-4〉 Evaluation methods of mechanical strength for solder joint

	평가방법	약 도	적용(접합강도)	특 징
정적강도	인장 (tensile)		일반적인 lead 접합, wire bonding	일반적으로 많이 쓰임 솔더재료 강도의 기본
	전단 (shear)		solder bump ball bonding	볼 본딩 강도가 위주
	인장 －전단	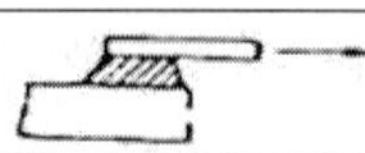	표면실장 lead solder bump	외력에 인장, 접합부로 볼 때 전단경우 표면실장에서 많이 사용
	횡압력 －전단	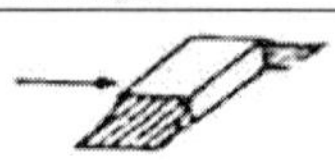	SMD	외력을 가하는 방향이 횡압력이고 메커니즘은 인장-전단과 같음
	굽힘 (creep)	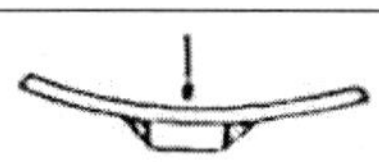	SMD (전극강도)	일반부품 SMD 특유의 접합강도, 테이프의 전극을 평가하는데 유효
	벤딩(휨) (bending)	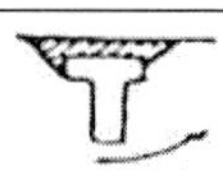	conector lead	통상 리드자체의 강도를 봄
	박리(peel)	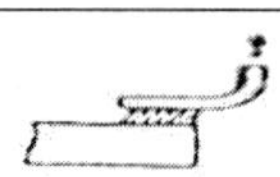	chip joint 후박, 박막도체	QFP 등의 경우에 적용 각종 메탈라이즈의 신뢰성평가

6.7 질소분위기 솔더링

금속표면에 존재하는 원자는 내부의 원자와는 내부의 원자와는 달리 불완전한 결합의 활성화 상태로 되어 있다. 이것은 표면에너지로 작용하여 타 원자를 끌어들일 수 있는 구동력인 동시에 액체금속을 젖게 하는 원인이 된다. 대기에서의 접합은 작업환경 내에 존재하는 가스를 흡착해서 산화물이나 다른 화합물들을 형성하게 된다.

불활성 분위기 하에서의 접합은 용융 솔더의 계면에서의 산화에 따른 계면 에너지의 감소를 막아 젖음성이 향상되게 한다. 질소 플로우 솔더링 머신에서는 예열부분, 납조, 냉각부, 출구에 질소를 다르게 주입하여 산소농도를 감소하게 한다.

1. 질소가스 적용목적

- 솔더링 기술의 개선
  - 납땜기술 개발필요

• 환경오염 대응 PCB 제조기술 필요

－저잔사 플럭스 사용에 의한 납땜성 저하 및 납산화물 등의 환경오염물 규제

〈표 6-5〉 납땜의 질소사용

구분	내용	효과
품질 · 신뢰성	• 납땜산화방지(불활성 분위기) • 납 젖음성향상 및 불량방지	제품경쟁력 향상
생산비절감	• 납산화물(dross) 감소(사용납량 감소) • 불량감소에 따른 수리비절감	
환경규제 대응	• 환경오염물(산화납) 감소 • 저잔사 플럭스 사용 • Pb-free 공정대응(Zn계 납산화억제)	

2. 질소가스 적용시 효과

• 솔더 웨팅(wolder wetting) 향상－젖음성 향상(장기 신뢰성 향상)

－필렛 높이 향상(110～120%)

• 품질 향상－브리지, 핀홀 불량감소

• 페납 발생량 감소－유효 납땜 부착량 향상－Maintenance 감소

• 납땜가격 감소－수정가격, 관리가격, 페납 발생감소

3. 질소가스 적용방식

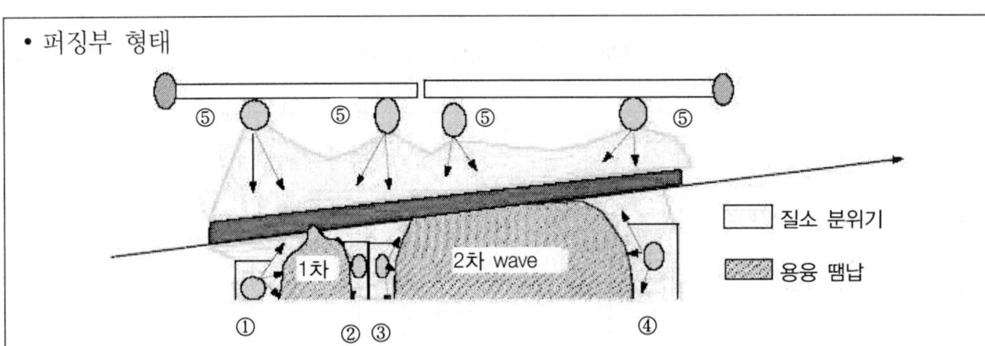

[그림 6-7] tunnel식 질소공급(wave soldering)

〈표 6-6〉 질소적용 납땜방식

방 식	장 점	단 점	구 조
국부공급 (일부공급)	• 기존설비에 적용불가 • 장치비 저렴 • 필요 부위만 집중공급 • 소량의 질소공급	• 질소의 순도를 제한적으로 유지	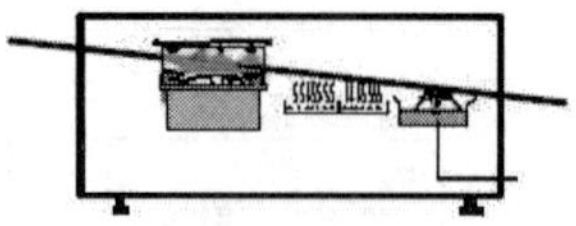
터널공급 (전체공급)	• 질소 분위기 유지	• 기존설비에 적용 불가 • 장비가격 고가 • 질소사용량 증대 ($10\sim20m^2/HR$)	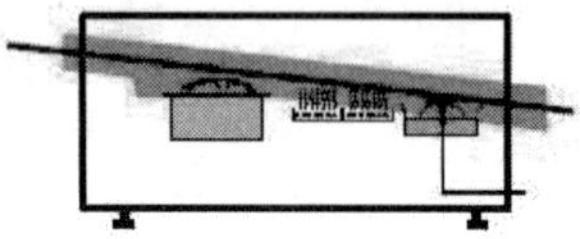

구 분	폐납 발생현상	비 고
질소적용 전		24시간 경과
질소적용 후		24시간 경과

[그림 6-8] 질소적용 제품비교

• 질소에 의한 산화납 감소
– 납사용량 절감(유효 납사용 증대)

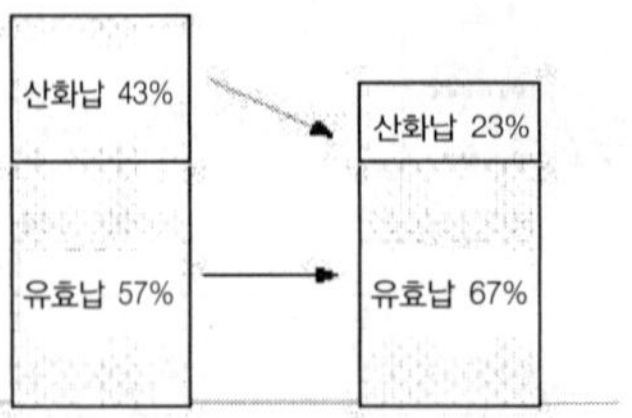

• 질소에 의한 품질향상

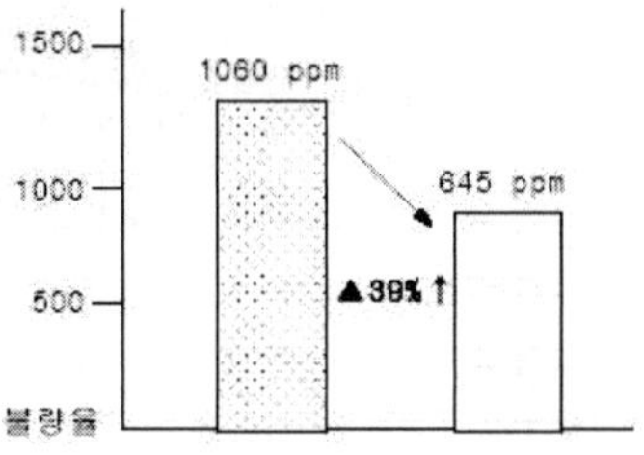

[그림 6-9] 질소적용 결과비교(a)

• 납땜 비용절감

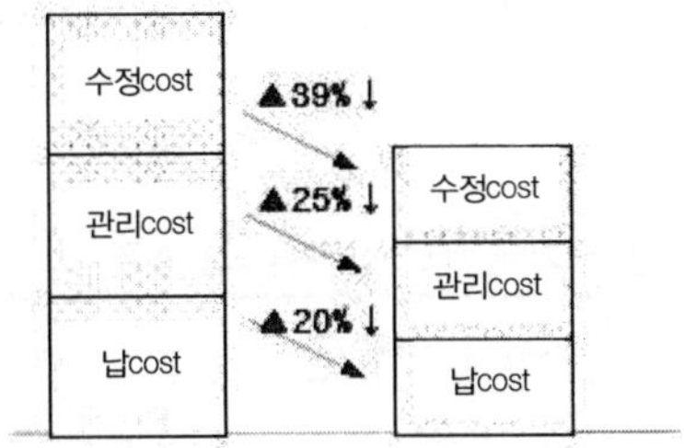

• 질소에 의한 품질향상

평가항목	대기중	질소분위기
Bridge	100	60
Pin Hole	100	66
Fillet 높이	100	110~120
산화납 량	100	53
메인트런스	100 (청소 : 4회/1일)	25 (청소 : 1회/1일)

[그림 6-9] 질소적용 결과비교(b)

6.8 무연 솔더

무연(Pb-free, lead free)은 인체 무해한 납(Pb) 대체물질을 납땜재료로 사용하는 것을 말한다. 지금까지 사용해오고 있는 납의 특성에 맞게 전자·전기 관련 부품의 특성 한계를 넘지 않은 범위에서 각종 합금 금속물질로 만든 대체물질(무연 솔더)이 연구되고 있으며 많은 결과들이 발표되고 있다.

* RoHS(restricting of hazardus substances) : 유해(위험)물질사용제한지침

1. 추진배경

추진배경 (1)

폐기된 전기/전자제품이 산성비에 노출되어 Pb가 용출되며, 이는 지하수 및 토양을 오염시켜 인체에 악영향을 미침. 이에 따라 Pb free 솔더에 대한 요구가 증대함

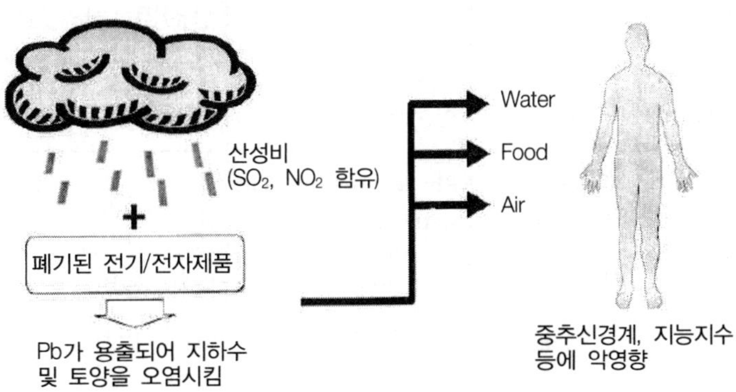

$PbO + H_2SO_4 \longrightarrow PbSO_4 + H_2O$ $PbO + HNO_3 \longrightarrow Pb[NO_3]_2 + H_2O$

추진배경 (2)
향후 유럽을 중심으로 납(Lead/Pb)가 함유된 Sn/Pb solder에 대한 사용규제가 실시됨에 따라 Pb free 솔더로 대체 및 Pb free 솔더링 공정기술의 확보가 요구됨

- 전자/전기기기 폐기[WEEE]에 관한 EU 제3차 draft

대상제품	대형 가전, 소형 가전, IT기기, TV, 음향재생품 관련
유해화학물질 사용규제 (2006년 7월 1일부터)	중금속 : Pb, 수은, Cu, 6가Cr 등 브롬계난연제 : PBB, PBDE 적용예외 : 브라운관, 형광등의 납과 수은, 방사선 차폐용 납, 세라믹스 부품의 납, 산화물 Fe중0.3%, Al중0.4%, Cu중4%
Recycle율 (2006년 1월 1일부터)	80% : 대형 가전, gas 방전램프 75% : IT기기, 브라운관 60% : 상기제품 이외

- 2006년 EU지역 규제발효를 위한 각국내 심의 및 법제화가 2004년까지 전개
- 일본의 경우 2001년 4월 1일로 가전(가전 Recycle법)이 시행되어 전기/전자제품 제조업체의 환경개선비용부담이 증대됨
- 국내의 경우 Pb free회에 따른 종합적 신뢰성(데이터베이스)가 미비한 상태이며, Set-maker를 중심으로 한 활발한 연구활동이 요구됨

〈표 6-7〉 환경문제와 규제

오염물질	Freon	Pb	VOC(Volatile Organic Compounds)
지구환경	오존층 파괴 지구온난화 다이옥신	지하수 오염 (산성비에 의함)	광화학 옥시던트 산성비 산림파괴 호수늪의 오염
생체로의 영향	피부암(자외선) 생태계 이변	Pb중독 뇌신경 성장 저해	발암성
규제물질	특정 Freon 111TCe 사염화탄소	Pb	유기용제전반 탄소수12 이하
규제정보	~2005 몬트리올의정서	~2003 일본메이커	~2020CAA 33/50 Program 1992/ 1995(1998)
대체제품	수소세정제 N_2계 냉매 HCFC	PB les solder Wire solder Bar solder	수용성 Flux
대책방안	탈 Freon화	Pb free화	VOC 규제

2. 무연 솔더링

무연 솔더(Pb-free Solder)는 기존의 솔더와 비교하면 높은 융점, 퍼짐성 저하, 젖음성 저하, 유동성 저하가 있다. 그러나 접합강도는 개선된다.

무연장비는 270℃ 이상의 고온상태에서 내열성 및 열팽창에 대응할 수 있고, 보다 긴 예열구간(preheater zone)과 솔더포트(solder pot), 냉각기(cooling unit)의 개선이 필요하다.

3. 무연 솔더 재료

종래의 Sn-Pb계와 비슷한 융점을 갖는 무연 솔더로는 Sn-88zn(199℃), Sn-3.5Ag(221℃), Sn-0.75Cu(227℃), Sn-3.5Ag-0.7Cu(217℃) 등이 있다.

이들 합금 중 젖음성과 신뢰성이 높은 Cu-3.5Ag와 Sn-0.75Cu합금은 융점이 다소 높기 때문에 융점 강화를 위해 Bi(비스무트), In(인듐)을 첨가한 것이 무연 솔더의 대표적인 후보 합금으로 검토되어 있다.

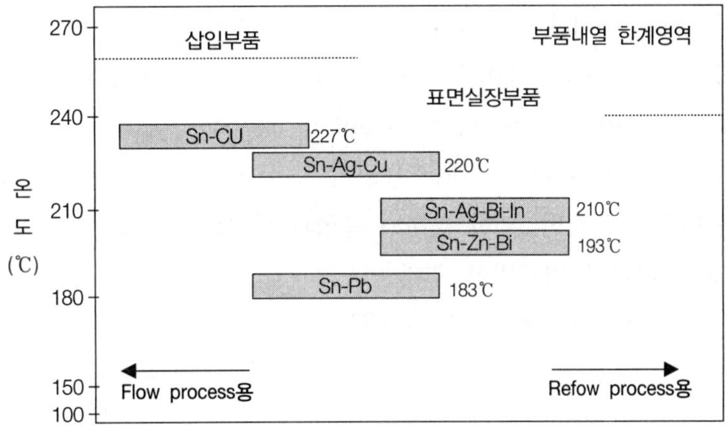

[그림 6-10] 무연재료 융점

웨이브(wave) 솔더링용으로 적절한 무연 솔더는 Sn-Cu-Ni계와 Sn-Ag-Cu계가 있으며, 리플로우(Reflow)용으로는 Sn-Ag-Cu계, Sn-Ag-Bi-In, Sn-Zn-Bi Sn-Zn-In계가 있다. Sn-Zn은 융점이 기존 솔더와 비슷하고 기계적 성질도 비교적 양호하며 가격이 싸다는 장점이 있다.

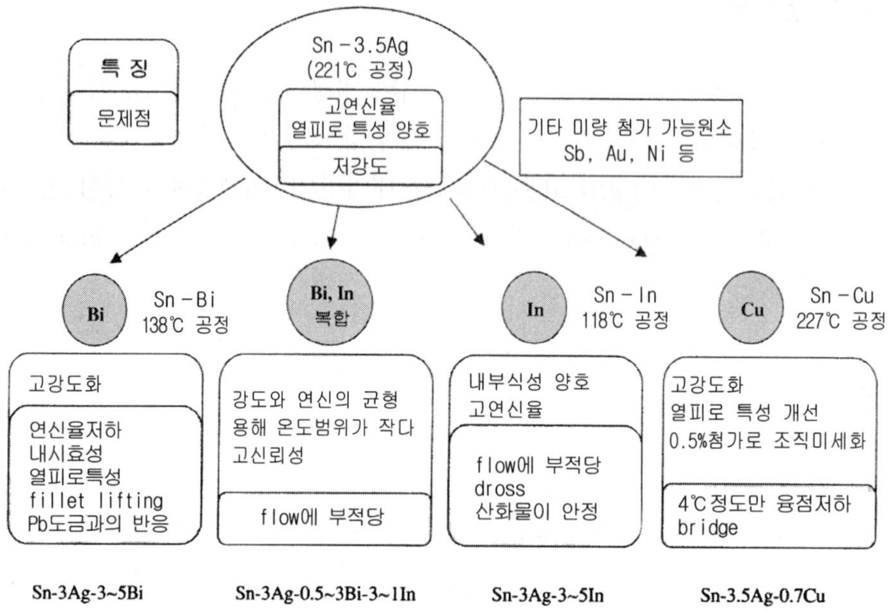

[그림 6-11] Sn계 합금특징

그러나 젖음성이 아주 나쁘기 때문에 웨이브 솔더링에 부적합하며, 리플로우 솔더링에 사용되는 솔더페이스트(크림솔더)에서는 솔더 분말과 플럭스의 반응속도가 빠른 단점이 있다. 또한, 페이스트의 보존성과 성능의 안정성이 나쁜데다 구리(Cu)와의 반응성이 높아서 실용화에 어려움이 있다.

한편 Cu가 첨가된 Sn-Ag-Cu계는 융점이 약간 높고 솔더링이 브리지가 다소 발생하기 쉬운 단점도 있지만, 제반 솔더링 특성과 신뢰도가 양호하므로 가장 유력한 무연 솔더 중의 하나로 평가받고 있다.

* Sn96.5-Ag3.0-Cu0.5(융점 217~218℃)

6.9 솔더링 시험과 검사

솔더링에서는 솔더링 전과 검사와 솔더링 후의 각종 시험과 검사가 필요하다.

1. 솔더링 전의 검사

솔더, 플럭스, PCB 등의 재료시험을 행하며 이는 솔더링부의 신뢰성에 영향을 미친다. 〈표 6-8〉은 각국의 솔더링 시험규격이다.

〈표 6-8〉 각국의 솔더링 시험규격

구분 / 나라명	솔 더	플럭스
한 국	KSC 2508, KDS 1980	KSC 2509
일 본	JISZ 3282	JISZ 3282
미 국	QQ-S-571 D	QQ-S-571E, MIL-F-14256
독 일	DIN 1707	DIN 8516
영 국	BS 219	BS 441, DTD81, DTD 599
소 련	GOST 1499	

2. 수지입 솔더링의 시험항목 및 기준

(1) 화학성분

이 규격은 주로 전자, 전기, 통신기기 등의 배선접속 및 부품의 제조 등에 사용되는 플럭스가 심지로 들어간 선재 솔더(resin flux cored solder)에 대해 규정한 것이다.

〈표 6-9〉 솔더의 기호, 성분의 일례

규격	등급 및 기호 (Grade)	화학성분(%) Max										
		Sn	Pb	Sb	Cu	Bi	Zn	Fe	Al	As	Ag	Cd
KS (D6704)	S 60 S	59-61	잔량	0.10	0.03	0.03	0.002	0.02	0.002	0.03	-	0.002
	S 60 A	59-61	잔량	0.03	0.05	0.05	0.003	0.03	0.005	0.03	-	0.005
JS	H 60 S	KS의 60 S와 동일										
	H 60 A	KS의 60 A와 동일										
ASTM (B32)	Sn 60	59.5-61.5	잔량	0.5	0.08	0.05	0.005	0.02	0.005	0.03	0.015	0.001
BS	Kb (Tin-Lead)	59-60	잔량	0.2	0.08	0.1	0.003	0.02	0.001	0.03		0.005
MIL (CQ-S-517)	Sn 60	59.5-61.5	잔량	0.2-0.5	0.08	0.25	0.05	0.02	0.005	0.03		

(2) 플럭스의 함량

수지입 솔더에 사용하는 솔더는 KSD 6704에 규정된 A급으로 하고, 플럭스는 수지 또는 활성화된 수지로서 그 함량은 1～3wt%로 한다.

(3) 플럭스 중 염소함유량(chloride 및 bromides)

수지입 솔더의 솔더링 성능을 향상시키기 위하여 플럭스 중에 혼합 또는 화학적 방법으로 첨가된 활성제의 양을 염소량으로 구한 것으로서 브롬, 요오드도 포함한다.

〈표 6-10〉 플럭스의 염소함유량

규 격	기 호	Flux Percentage	분석방법
KS	AA급	0.1% 이하	KSC 250G
	A급	0.1～0.5%	
	B급	0.5～1.0%	
MIL	Sn 60	0	QQ-S-517E(4.5. 3.3. 3.2. 2.3.)

(4) 동경 또는 동도금판 부식시험(copper mirror test)

수지입 솔더(또는 솔더페이스트, 액상 플럭스, 고형 플럭스 및 로진 플럭스)의 부식성을 조사하기 위한 방법으로 시험방법은 KSC 2509의 6.6.2항에 규정되어 있다.

〈표 6-11〉 플럭스의 동경 부식시험

규 격	기준치	검사방법
KS		KSC 2509g
MIL	Silver Chromate Test paper Color 변화	QQ-5-571E(3.2. 2.3)

(5) 퍼짐 시험

수지입솔더(또는 솔더페이스트, 액상 플럭스, 고형 플럭스 및 로진 플럭스)에 의한 솔더 퍼짐성을 조사하기 위한 시험이다. 퍼짐률은 다음과 같이 계산한다.

$$\text{퍼짐률}(\%) = \frac{(D-H)}{D} \times 100$$

D : 시험솔더가 구일 경우 지름(mm), $D=1.24V^{-1.3}$

V : 솔더무게 / 비중 (무게=비중×부피), H : 퍼진솔더의 높이(mm)

3. 솔더링 후의 검사

솔더링 후 솔더링부의 검사는 비파괴검사, 파괴검사, 환경검사로 크게 나눌 수 있다. 솔더링부의 검사는 주로 외관에 대해 이루어지나, 통상은 솔더링부 외관만 관찰하는 것이 아니라 솔더링 주변의 상태, 즉 솔더링에 의해 파생적으로 일어나는 것까지를 포함한다. 예를 들면 회로의 파손이나 흠, 오염 등이 있다.

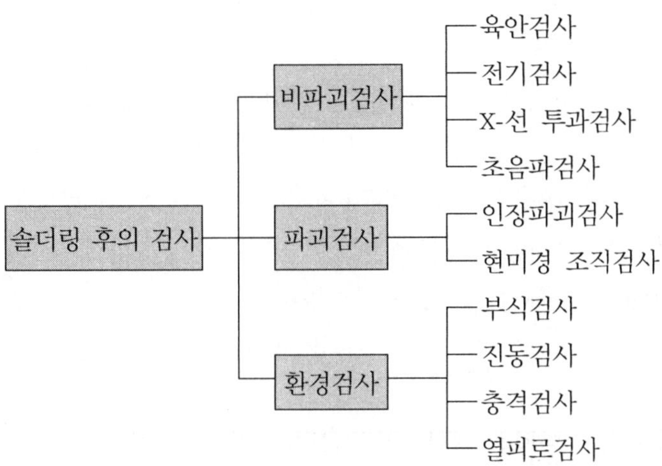

[그림 6-12] 솔더링 후의 솔더링부 검사방법

(1) 육안검사

일반적으로 가장 많이 사용하며, PCB 솔더링 부위의 결함을 검사한다. 육안검사의 단점으로는 정량적인 평가가 곤란하고, 기공(void) 등의 솔더링 내부결함의 확인이 곤란하다.

1) 검사항목

① 솔더링부의 외관상태
② 배선의 이상
③ 부품의 열화

2) 판정기준

① 솔더의 젖음(wetting)상태 : 솔더의 접촉각 θ가 작을 것, 표면의 광택상태가 양호할 것

② 솔더의 양, 리드선의 솔더링 : 솔더 필렛(fillet)이 얇은 것, 리드선의 선경이 명료하게 확인될 것
③ 외관 : 핀 홀(pin hole), 브리지(bridge) 등이 없을 것

3) 검사장비

① 만능투영기
② 확대경(X10)

(2) 전기검사

솔더링 후 회로에 전기를 통하여 작동조건에 만족하는지를 검사한다.

1) 검사항목

① 미소균열
② 미소 Bridge

2) 불량내용

① 통전불량 : 미소 bridge, 리드선의 솔더, 플럭스 부착
② 장부품의 열적 손상(thermal shock) : 파열에 의한 부품의 특성노화, 플럭스의 분해가스에 의한 부품의 부식 및 변질

(3) X-선 투과검사

대표적인 비파괴검사법으로, 솔더링부에 X-선을 조사하여 그 투과사진에 의해 내부결함을 조사하는 방법이다. 주로 솔더링 면적이 비교적 큰 부분의 검사에 사용한다.

1) 검사항목

① 기포(void)
② 젖음 불량

2) X-선 투과검사의 원리 및 투과사진

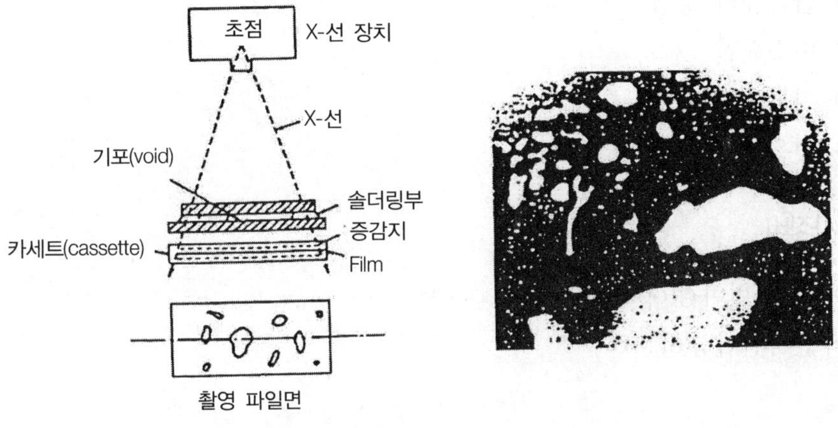

(a) X-선 투과검사 원리도　　(b) 솔더링 내부에 형성된 기포의 X-선 투과사진

[그림 6-13] X-선 검사원리 및 기포투과사진

(4) 기계적인 파괴검사

기계적인 파괴검사(mechanical destructive inspection)란 솔더링부를 기계적으로 파괴하여 기계적 강도 또는 파단면의 결함을 검사한다.

1) 검사항목(mechanical strength test)

① 인장강도(tensile)
② 전단강도(shear)
③ 크립강도(creep)
④ 박리강도(peel)

2) 검사장비

만능시험기(univesal testing machine)

(5) 현미경 조직검사

솔더링부를 절단, 연마하여 그 솔더링 접합부를 현미경으로 관찰한다.

1) 검사항목

① 솔더의 불순물 혼입

② 솔더에 의한 용식

③ 합금층의 형성

④ 미소균열

⑤ 기공(void)

⑥ 젖음(wetting)불량

2) 검사장비

① 광학 현미경(optical microscope)

② 전자현미경(SEM)

6.10 실장공정 검사

1. 칩 실장공정 검사

① 검사목적의 명확화

② 각 공정검사 역할분담

③ 검사 : 검사공정 검사방법 검사기기

2. 전자기기 조립공정에서의 검사사항

① 부품수입검사

일반전자부품 국내생산품인 경우 불량률은 문제가 되지 않는 수준으로 생략하는 경우가 많다.

② Bare Board Test

PCB 기판의 오픈, 쇼트를 검사한다.

③ PCB 외관검사

PCB의 패턴 결함 등을 외관 검사한다.

④ 실장검사

기판에 부품을 부착, 땜납공정 전에 부품이 바르게 부착되어 있는지를 검사한다.

⑤ In-circuit test

납땜 후에 포인트 사이에 저항치를 측정하여 부품접합 상태를 검사한다.

⑥ Aging Test

습도·온도·압력 등이 변화하는 환경에서 일정시간에 걸친 제품특성의 변화, 항온조(oven)에서 가열·냉각을 촉진시켜 노화성능 및 열화고장을 예측한다.

⑦ 기판기능검사

마운트된 PCB(기판) 단위에서의 기능(성능)검사이다.

⑧ 종합검사

제품단위의 경우와 기계장치 등에 조립한 종합검사가 있다.

3. 솔더링 결함 발생비율의 예

(1) SMD의 전형적인 불량점유율

① 장착불량(미삽, 역삽, 오삽, 틀어짐) 15∼30%
② 솔더링불량(과납, 미납, 오픈, 쇼트) 50∼65%
③ 기타 불량(리드뜸, 부품파손 등) 5∼10%

(2) 솔더불량의 전형적인 점유율과 발생원인

솔더불량 점유율	솔더도포의 발생원인
쇼트(bridge) 17%	과납, 틀어짐, 형성불량
오픈(open) 20%	소납, 틀어짐
소납(open) 24%	소납, 틀어짐
기타 3%	틀어짐, 형성불량

(3) 공정에서 결함발생비율 예

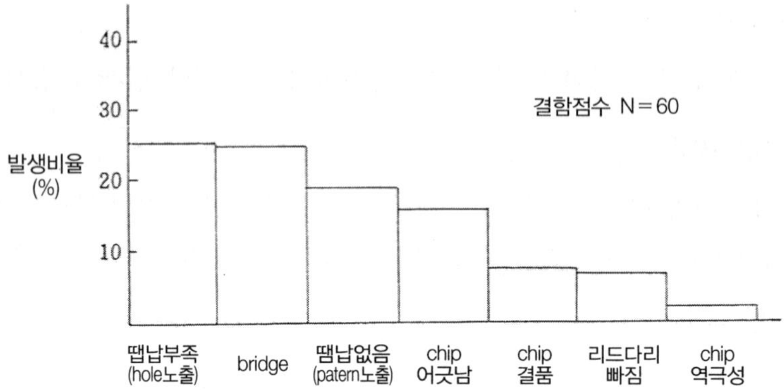

[그림 6-14]

솔더 불량원인의 대부분은 솔더 도포불량에 기인한다. 인쇄된 솔더페이스트 도포의 위치와 높이 · 면적 · 체적을 정밀검사하여 솔더 인쇄불량을 제거하면 솔더링 제품의 불량을 최소화할 수 있다.

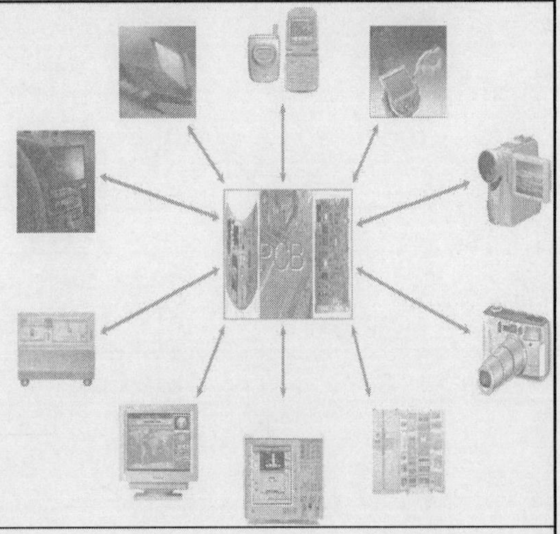

부　록

- Ⅰ. SMT 기술용어
- Ⅱ. 전자부품장착 실기연습
- Ⅲ. SMT 기술자격 출제기준
- Ⅳ. 기능사 필기문제(기출문제)
- Ⅴ. 산업기사 필기문제(기출문제)

Ⅰ. SMT 기술용어

A

- **Active Device** : 능동부품. 반도체소자. TR IC Diode 등 정류증폭 스위칭 연산 및 신호와 전력을 제어하는 소자.
  ☞ Passive Device- R(저항) 인덕터(L) 콘덴서(C) 등 전기에너지를 소비하는 소자.
- **Adesive 방식** : Flow 방식. 접착제를 이용하여 PCB 납땜 면에 표면실장 부품을 부착한 후 Wave Soldering으로 납땜하는 방식.
  Adhesive : 표면에 물체를 고정시킬 수 있는 물질. Chip Bond. Glue.
- **Aging** : 습도·온도·압력 등이 변화하는 환경에서 일정시간에 걸친 제품의 특성변화.
- **Alloy** : 두 개 이상의 금속으로 이루어진 합금.
- **Angle of Attack** : 스크린 프린터의 스퀴지(squeegee)와 스크린의 각도.
- **ANSI** : American National Standards Institute.
  ☞소재지 : 1430 Broadway, NewYork, NY 10018 USA.
- **AOI(Automation Optical Inspection)** : 자동광학검사. 표면실장 상태를 광학적으로 검사하는 방법.
- **Array** : 유사한 제품을 여러 개로 배열한 소자나 기판. 다수의 소형 기판을 한 장의 기판(board)으로 합쳐 작업하므로 생산성을 높이는 방법.
- **Art Work** : 회로도를 보고 기구도면에 맞게 PCB 패턴을 형성하는 작업.
- **ASIC(Application Specific Integrated Circuit)** : 에이식. 주문형 집적회로, 특정 용도의 대규모 집적회로(LSI) 사용자 LSI의 규격을 정하여 제조하게 하는 주문제품(ASCP)과 반도체 제조업체가 설계 제조하여 판매하는 기성제품(ASSP)이 있다.
- **Assembly** : Ass'y. 부품을 조립하여 제품을 완성하는 것 또는 부분품들을 특정한 기능을 가지게 결합하는 것.
- **ATE** : Automated Test Equipment.
- **Axial** : 저항(R), 콘덴서(capacitor), 코일(inductor), 점퍼(jumper), 다이오드 등. 부품(부품몸체가 수평으로된 형태)을 자동 삽입하는 공정에서 구별. axial insert M/C
  ☞[Radial-TR. 전해 condenser 등, 부품이 수직형태].

B

- **Back Panel(Back Plane)** : 한 면에는 단자(커넥터)를 가지고 다른 면에는 일반적인 리셉터를 가져 서로 연결되는 장치로 전기적으로 서로 연결시킨다.
- **Ball Grid Array** : BGA. 입출력 단자(point)가 솔더볼(solder balls), 그리드(grid) 형상으로 배열된 집적회로 소자(IC). 리드가 없는 표면실장형 패키지로 리플로우를 사용하여 기판에 솔더링된다.
- **Balls(Solder Ball)** : 작은 공모양의 납이 기판 및 도체표면에 부착된 것. 납땜시 비산하여 고착.
- **Bare Chip** : 패키징이 이루어지기 전 상태의 실리콘 칩.
- **Bit** : 정보량의 단위. 디지털 신호(2진수) 0 또는 1 이 각각 하나의 비트(bit)이다.
- **Blade Attack Angle** : 스퀴지 이동중에 스퀴지와 스텐실 사이의 각도(입력각).

- **BQFP** : Bumpered Quad Flat Package.
- **BQFPH** : Bumpered Quad Flat Package with Heat spreader
- **Bridge** : 솔더링 결함으로 두 도전체사이가 납으로 연결된 것으로 회로 단락(short)의 원인이 된다.
- **Bump** : 플립 칩을 실장기판에 전기적으로 연결시키기 위해 골드 또는 솔더를 도금 혹은 인쇄 방식으로 칩 위에 형성시킨 형태.

C

- **CAD(Computer Aided Design)** : 설계작업에 컴퓨터를 이용하는 것.
- **CAE(Computer Aided Engineering)** : 컴퓨터를 이용하여 공학적인 설계와 열해석 임피던스 시뮬레이션(impedance simulation) 등 작업을 하는 것.
- **CAM(Computer Aided Manufacturing)** : 공업생산, 제조통합 시스템 공정에서 컴퓨터를 이용하는 것. 제조시스템, Gerber 데이터, NC 데이터, Mount용 데이터 등을 작성하는 데 이용된다.
- **Capillary Action** : 모세관현상.
- **CAT(Computer Aided Testing)** : 제품외관 · 치수 · 기능 · 성능 등을 자동적으로 검사하기 위해서 컴퓨터를 이용하는 것. PCB 외관검사, 전기적 단선 체크 등의 검사에 이용된다.
- **CBGA** : Ceramic Ball Grid Array.
- **CCC** : Ceramic (leadless) Chip Carrier.
- **CCD(Couple Charged Device)** : 영상신호를 전기신호로 바꾸는 소자. CCD에는 많은 픽셀(pixel)이 배치되어 있는데 각각의 픽셀에 렌즈를 통해 들어온 이미지 정보가 기록된다.
- **CCL(Copper Clad Laminate)** : 적층판(원판), 기판(PCB)의 원재료라고 부르는 것으로 내부는 페놀, 에폭시 등의 절연수지판으로 되어 있고 기판표면에 단면 또는 양면(상하)에 동박(copper)이 덮여 있다.
- **Chip** : ①웨이퍼(wafer)조각. 집적회로는 웨이퍼 위에 동일하게 다수가 만들어지고 웨이퍼에서 절단한 집적회로 조각(IC)을 칩(bare chip)이라 한다. ②표면실장에 사용하는 리드가 없는 소형 전자부품을 통칭.
- **Chip Carrier** : 플립 패키지 표면실장용으로 LSI 패키지로는 가장 소형화를 목표로 한다. SOJ, PLCC, LCC, TAB 등이 있고, 모두 외형 패키지 형태를 줄이려는 시도에서 리드의 인출방법을 실장면적이 가급적 작도록 고안되어 있다.
- **Chip Land** : 부품의 접착에 사용되는 도체 패턴의 일부분으로 특히 표면실장 부품(칩)단자 납땜에 사용되는 기판의 도전패턴 부분을 가리킨다.
- **Chip-on-Board** : COB. 인쇄회로 기판위에 반도체 베어 칩을 직접 FPC(연성인쇄회로기판) 위에 실장하여 배선하는 방식.
- **CIM** : Computer Integrated Manufacturing
- **Clad** : 얇은 금속박층이 기자재(base material)의 한쪽 면 또는 양쪽 면에 결합되어 있는 상태.
- **CLCC** : Ceramic leaded Chip Carrier.
- **CLDCC** : Ceramic Leaded Chip Carrier.
- **Cleaning** : 세정. 기관의 표면에서 그리스, 산화물, 기타 이물질 등을 제거하는 것.
- **Clinching** : 랜드가 있는 부품실장 홀의 외곽 밖으로 나온 리드선의 일부를 구부려서 솔더링 전에 부품을 기계적으로 보호하는 방법.
- **CLLCC** : Ceramic Leadless Chip Carrier.
- **COC(Chip On Ceramic Substrate)** : 반도체 베어 칩을 직접 세라믹 기판 위에 실장하여 배선하는 방식.

- **COF(Chip On Flexible Board)** : 패킹되지 않은 반도체 베어 칩을 직접 FPC 위에 실장하여 배선하는 방식.
- **COG(Chip On Glass)** : 박막패턴이 형성된 글라스 위에 IC를 탑재하여 박막패턴과 IC를 접속하는 것. TCP(TAB)의 다음 세대의 실장방식.
- **Cold Solder Joint** : 납땜시 열부족으로 생기는 냉납. 납땜 표면이 거칠고 희게 변색되는 것으로, 납땜하기 전에 불충분한 세척 또는 용융납에 지나친 불순물이 있을 때 발생한다.
- **Component** : 한 부품(part) 또는 어떤 기능을 수행할 수 있게 조립된 여러 부품의 조합.
- **Component Density** : 단위면적당 PCB 위에 조립되는 부품의 수량.
- **Componet Side** : 부품면. PCB 양쪽 표면 중에서 주로 부품이 실장되는 면.
- **Connection** : 접속. 도체회로 패턴과 전기적으로 접촉시키는 수단.
- **Coplanarity** : 평탄도. IC 리드 또는 핫 솔더면의 평탄도를 말하며, 패드에 대해 갖는 수직축 최저, 최고 높이의 분포. 솔더링면에 대한 평탄도가 없으면 납땜 불량을 일으킨다.
- **Copper Foil** : 동박. 절연판의 한쪽 면 또는 양쪽 면에 접착시켜서 도체회로를 형성하는 얇은 동판. PCB 상의 도체로 사용되는 전해 동박으로서 중량 또는 두께 단위를 기준으로 만들어진다.
- **COS(Chip On Si)** : 반도체 베어 칩을 직접 실리콘 사파이어 기판 위에 실장 배선하는 방식.
- **CPGA** : Ceramic Pin Grid Array.
- **CQFP** : Ceramic Quad Flat Pack.
- **CPH** : Chip per Hour. 시간당 부품탑재 수량.
- **Cream Solder(Solder Paste)** : 솔더 분말(powder)과 플럭스(flux)를 혼합하여 만든 크림형태의 납. 스크린 프린터로 인쇄하기 위하여 만든 크림납.
- **CSP** : Chip Scale Package
- **CTE** : Coefficient of Thermal Expansion.
- **Curing** : 경화. 일정시간, 열(온도)을 가하여 기판(PCB)위에 도포된 접착제(bond)가 접착력을 갖게 하는 것.
- **Curing Cycle** : 본딩 접착제와 같은 열경화성 물질을 경화시키기 위해 필요한 시간과 온도의 프로파일.

D

- **D/S PCB** : Double Sided PCB, 양면에 도체 패턴이 있는 배선판.
- **Delamination** : 층간박리. 글래스 에폭시의 층과 층 사이가 분리되고 부풀린 상태, 동박과 수지가 들뜨는 현상.
- **Desmear** : 디스미어. 드릴 가공시 드릴 비트와의 마찰열로 발생한 홀 내벽의 스미어(smear)를 화학적 약품으로 제거하고 수지표면을 에칭(etching)해서 동도금의 밀착성을 향상시키는 공정.
- **Device** : 각각의 전자요소. 소자 · 부품 · 기구 · 설계 등 총칭.
- **Dewetting** : 납이 표면을 에워쌀 때 결정되는 조건에 의해 퓨징 솔더(fusing solder)가 균일하지 못한 상태, 불규칙적으로 생긴 솔더의 덩어리를 남기며 얇은 솔더 필름으로 덮힌 영역에 의해서 갈라진다.
- **DFP** : Dual Flat Package.
- **Die** : 웨이퍼에서 잘라낸 집적회로 칩조각.
- **Dielectric** : 인쇄회로 등에서 회로를 보호하기 위해서 사용되는 비전도성 물질.
- **Diffusion** : 금속에서 발생하는 물질이 확산되는 현상으로 원자의 지속적인 움직임으로 발생한다. 밀도가 높은 지역에서 낮은 지역으로 물질의 흐름이 발생한다.

- **Digitizing** : X, Y좌표를 2진수 표기로 평면상의 특정위치를 나타내는 방법.
- **DIL** : Dual In-Line(8, 14, 16, 18, 20, 22, 24, 28, 32, 40, 48핀).
- **DIMM** : Dual In-line Memory Module.
- **DIP(Dual In-line Package)** : 2열 리드 형태로 만들어진 IC를 통칭한다.
- **Dip Soldering** : 딥 솔더링. 솔더링 작업의 일종으로 노출된 도체회로의 전부를 용융 솔더 표면에 PCB를 담가서 납땜 작업하는 공정, 조립된 PCB를 일정한 시간 동안 납땜조에 정지하면서 납땜을 행하는 납땜방식의 일종.
- **Dispenser** : 납땜이 이루어지기 전에 장착된 칩(chip)부품이 이탈되는 것을 방지하기 위해 부품이 놓일 위치에 접착제(adhesives)를 도포하는 장비.
- **Double Sided Board** : 양면에 도체 패턴을 가진 PCB.
- **DPAK** : Deca-Watt Package(Hitachi Transistor) 고전력 TR, 고속 스위칭용으로 개발된 정류소자.
- **Drag soldering** : 조립된 PCB를 납땜조를 통과하면서 납땜을 행하는 납땜방식.
- **DRAM** : Dynamic RAM.
- **Dross** : 녹은 납표면에 공기 중 산소로 생성되는 금속부산물. 솔더 성능저하의 원인이 된다.
- **DSO** : Dual Small Outline package.
- **Dual In-line Package (DIP)** : 리드가 양측면에 일정한 간격으로 배열되어 있는 IC 소자.
- **Dummy** : 외형이나 크기는 같지만 장착장비의 성능을 검증하기 위해 사용되는 기능을 하지 않는 부품.

E

- **EBGA** : Enhanced Ball Grid Array.
- **EIA** : Electronics Industries Association / 2001 Eye Street, Washington, DC20006 USA.
- **EMI(Electro Magnetic Interference)** : 전자파 장애. 전자기기로부터 부수적으로 발생된 전자파가 그 자체의 기기 또는 타 기기의 동작에 영향을 미치는 것.
- **EMS(Electronics Manufacturing Service)** : 특정기업이 마케팅이나 연구개발 없이 원청기업이 맡긴 설계도면에 맞추어 제품을 생산·납품하는 일만 하는 것을 말한다. 주로 컴퓨터·휴대전화기·모뎀 등 전자제품이어서 '전자제품 제조서비스'라고 한다.
  ☞OEM-주문자 상표부착 생산
- **Epoxy Resins** : 에폭시 화합물에 기반을 둔 합성레진으로 표면코팅, 접착 및 전기부품 등의 봉합포장에 사용된다.
- **Etching** : 부식. 동박적층판(원판, CCL)에 접착되어 있는 전도성물질의 불필요한 부분을 화학약품으로 제거함으로써 원하는 인쇄회로를 형성하는 작업. 일반적으로 염화구리 또는 암모니아 계통의 부식액을 사용한다.
- **Eutectic Solder(공정 솔더)** : Sn/Pb 솔더 합금 중에서 가장 낮은 183°의 융점을 가지며 그 조성이 Sn61.9 Pb38.1%의 솔더를 공정 솔더라고 한다.

F

- **FC** : Flip Chip.
- **FCIP** : Flip Chip In Package.
- **FCOB** : Flip Chip On Board.
- **Feeder** : 부품탑재기(chip mounter)에 표면실장 부품을 공급하는 기구.
- **Fiducial Mark** : 기준 마크. 비전 시스템을 이용할 때 부품을 올려놓을 위치를 찾기 위해 만들

어놓는 인식용 마크.

- Fillet : 필렛. 부품 리드와 패드(pad)간에 솔더에 의해서 형성된 연결부.
- Fine Pitch : 최소 50mil, 보통 25mil(0.025") 이하의 소자 리드간격을 가진 표면실장부품.
- Flat Back : 부품의 몸체에 리드(lead)가 2열로 된 부품.
- Flat Package : 얇고 평편한 구조이며 양방향 또는 4방향으로 리드가 있는 IC 소자. 다리는 갈매기 날개 형태나 평평한 형태로 표준간격을 가진다.
- Flex Rigid Printed Circuit Board : 플렉시블 기판과 리지드 기판을 함께 적층하여 만든 복합 기판.
- Flexible Printed Circuit Board : 연성회로기판. 폴리미드(polyimide) 또는 폴리에스터(polyester) 등의 연성재료로 만든 기판(PCB).
- Flip Chip(FC) : 반도체 베어 칩(bare chip)의 입출력 단자에 미소금속 볼(bump)을 설치하여 기판(PCB)에 일괄 접합하는 실장방법.
- Flip Chip Bump : 반도체 칩의 입출력 단자에 부착된 미소 사이즈의 금속 볼, 반도체 칩과 기판을 전기적으로 접속한다. 일반적으로 솔더를 이용한다.
- Flow Soldering : 용해된 납이 탱크에서 상하 순환하면서 용해된 납의 표면이 회로판에 납땜되는 방법. 표면실장 이전의 리드를 삽입하여 솔더링하는 장치나 공법을 지칭.
- Flux : 플럭스. 납땜작업이 잘 되도록 금속표면에 발생한 산화막을 제거하고 활성화시키는 화학적 활성제. 플럭스는 송진(주성분)과 할로겐 활성제(염소, 불소, 브롬 등)로 되어 있다.
- FPAK : Flat Package (Hitachi diode).
- FPBGA : Fine Pitch Ball Grid Array.
- FPC : Flexible Printed Circuit.
- FPCB(Flexible PCB) : 유연성 있는 절연기판을 사용한 배선판.
- FPQFP : Fine Pitch Quad Flat Package.
- FPT(Find Pitch Technology) : 0.5mm피치 이하의 QFP 실장기술. COB 실장의 전개로 이어진 기술임.
- FQFP : Fine Pitch Quad Flat Package.

G

- Gerber Data : 거버 데이터. 데이터 형식의 필름 작업용 데이터(photodata)를 말한다. 개구부의 형상과 위치를 XY 좌표로 표현한 표로 된 정보형태.
- Ground Plate : 접지판. MLB의 경우 주로 층과 층 사이에 묻혀 있으며 접지역할을 하는 연속된 금속판.
- Grid : 격자. PCB 상의 접속부분의 위치를 결정하기 위해 직교하는 같은 간격의 평행선 군에 의해 생기는 격자.
- Guide Hole : 부품 자동삽입기에 기판을 장착할 때 가로(X), 세로(Y)의 좌표의 기준(0점)이 되는 홀(hole)과 기판 제작시에 패턴 랜드(pattern land)의 중심에 홀이 뚫릴 수 있도록 금형의 기준을 잡아주는 홀을 말한다.
- Gull Wing Lead : 소형 부품의 리드 끝단이 비행하는 갈매기 날개를 닮은 형태.

H

- HASL(Hot Air Solder Levelling) : 인쇄회로기판(PCB) 표면처리의 한 방법. 땜납(solder)을 녹여서 컨베이어에 지나가는 기판에 묻혀 다음 공정에서 뜨거운 바람(hot air)으로 솔더의 두께

를 평탄화시킨다.

- **HDPAK** : Huge Deca-watt Package(Hitachi Transistor).
- **Heat Sink Plane** : 방열판. 기판표면이나 내층 열을 제거해주는 판. 열에 약한 부품들이 가열되는 것을 방지하기 위해 PCB에 장착하는 넓은 금속판.
- **Heat Sink Tool** : 솔더링의 열로부터 부품을 보호하기 위해 리드를 부착한 구리나 Al과 같은 도체로 만들어져 있는 장치.
- **Hole** : 기판(PCB)에 회로 부품의 단자를 삽입하기 위하여 뚫은 구멍.
- **Hot Air Reflow** : 히터로 가열된 공기를 팬(fan)에 의해 강제적으로 순환시켜 그 분위기에서 열풍으로부터 열전달에 의한 접합방식. 리플로우 방식으로 사용됨.
- **Hot Air Solder Leveling** : HASL. 인쇄회로기판(PCB) 표면처리의 종류.
- **Hot Bar Soldering** : 기판 위 패드에 부품의 모든 리드를 동시에 가열된 막대로 솔더링하는 공정.
- **HQFI** : Heat-sinked QFI.
- **HQFP** : Heat-sinked QFP.
- **HQSOP** : Hermetic QSOP
- **HSOJ** : Heat-sinked SOJ.
- **Hybride IC** : 기판상에 스크린인쇄 기술을 이용하여 도체·절연체·저항체 등을 형성, 그 위에 IC L.C.R. 칩부품 등을 고밀도 실장하고, 기능을 블록화한 것. 전자회로의 소형화·저가격화의 수단으로서 이용되는 집적회로이다.

I

- **Icicle** : 고드름. 기판(PCB) 납땜(soldering)시 발생하는 것으로 솔더가 고드름 모양으로 돌출되는 것을 말한다. 원인은 프린트 기판의 상승각도, 납조내 불순물의 증가 등에 의해 생긴다.
- **ICT(In Circuit Tester)** : 인쇄회로기판의 동작을 탐침(test point)으로 측정 분석하여 납땜, 부품 불량을 검사하는 장치. 실장공정에서 발생하는 부품누락, 리드휨, 역삽, 브리지 등을 측정 검출하며, 저항, 코일, 커패시터, 다이오드 등의 정수측정 및 쇼트, 오픈 테스트 등의 검사를 한다.
- **IEEE** : Institute of Electrical and Electronics Engineers/345 E.41th Street, New York, NY 10017 USA.
- **ILB(Inner Lead Bonding)** : 패턴의 IC 접속단자에 본딩(bonding)하는 것. 다 핀(pin) 협 피치(pitch) IC 접합에 적당하고 TAB 제조에 필요한 공정이다.
- **Immersion Plating** : 이머전도금. 기저금속의 부분적 치환법을 이용하여 베이스 메탈 표면에 얇은 금속막을 화학적으로 석출시켜 코팅하는 방법. PCB에서는 무전해 금, 주석, 은이 사용되고 있다.
- **Impedance** : 임피던스. 교류신호의 전압과 전류비. 전기회로에 교류저항성분인 저항 R과 리액턴스 X가 복합된 것으로 기호는 Z, 단위는 옴(Ω)을 쓴다.
- **Inner Via Hole** : 다층기판의 2층 이상의 도전층간을 접속하고 PTH로 배선을 관통하지 않는 홀(hole) 내층간의 매립되어 외층에서는 보이지 않는 hole이다.
- **Integrated Circuit(IC)** : 집적회로. 직접회로로 만들어진 소자 부품.
- **Internal Layer** : 내층. 다층(MLB) PCB 내에 포함된 도체 패턴.
- **Inverter** : 인버터. PCB 후면실장 및 검사를 위해 PCB를 180°반전시켜 주는 장치.
- **IPA(Isopropyl Alcohol)** : 프로필 알코올의 이성체 2개 중의 1종. 비등점 82.7℃. 비중(20℃에서) 0.7887 아세톤의 환원시 얻고, 산화되면 아세톤으로 환원한다. 납땜용 포스트 플럭스의

희석이나 세정 등에 쓰인다.

- IPC(Institute for Interconnection and Packaging Electronic Circuit) : 세계인쇄회로기판협회. PCB 산업에 관련된 규격이나 기준 등을 국제적으로 통일하기 위해 1957년 미국에 설립된 비영리 국제교류협회.
- IR(Infra-Red) : 적외선.
- IR Reflow : 납땜부위 형성과 리플로우에 열원으로 장파장 광원이 사용되는 기술. 적외선 복사열에 의한 가열방식 부품의 재질·색상·그림자 등에 의하여 접합면의 열흡수 차이가 있으므로 균일하게 가열되지 못함.
- ISO(International Standards Organization) : 국제표준화기구. 또는 이 기구가 1987년에 제정한 품질관리 및 품질보증에 관한 국제규격에 따라 제품 또는 서비스를 제공하는 공급자의 품질 시스템을 평가하여 품질보증 능력과 신뢰성을 인정해주는 제도.
- Isotropic Conductive Adhesive : 모든 방향에서 전기가 흐르는 등방성 전도접착제. 전기회로가 요구되는 패드 영역에만 디스펜싱되는 접착제.
- IVH(Interstitial Via Hole) : 다층 PWB에 있어서 외층에만 형성된 브라인드 비아 홀(blind via hole)과 내층에만 형성된 이너 비아 홀(inner via hole)의 총칭.

J

- J Lead : 플라스틱 칩 캐리어 패키지에 만들어진 J형 모양의 리드 형상.
- Jumper Wire : 점퍼를 하기 위하여 사용된 도선.

L

- Laminate : 적층판. ① 도체패턴을 형성한 내층재. 적층재. 동장적층재 및 동박을 여러 겹 쌓아 적층 형성. ② PCB 제조에 사용되는 동박과 페이퍼(paper) 또는 유리섬유를 레진과 함께 적층 성형. ③ 에폭시 유리섬유 대신 세라믹 페이퍼, Coated Steel Molded Plastic, Steel Glass 등의 다른 베이스 재료를 사용한 경우는 적층(laminate) 대신 서브스트레이트(substrate)라 칭한다.
- LAN : Local Area Network.
- Land : 패드(pad). 부품간의 연결이나 테스트나 식별(감지)용으로도 사용되는 비아(via) 주변 도전체 패턴 부분, SMD(표면실장 부품)의 리드가 납땜될 기판 위의 금속전도체 면.
- Landless Hole : 랜드(land)가 없는 트루 홀(PTH).
- Laser Soldering : 레이저(YAG 혹은 CO_2)로 리플로우하는 솔더링 방법. 솔더 연결부는 연속적으로 가열되고 빠르게 냉각된다.
- Layer : 레이어, 층. 인쇄회로기판(PCB)을 구성하는 각종 층의 총칭. 기능적으로 도체층·절연층으로 나누고, 구성상으로 내층·외층·커버(cover) 등으로 분류한다.
- LB : Lead Bonding.
- LCBGA : Low Cost Ball Grid Array.
- LCC : Leadless Chip Carrer. 리드(lead)와 IC 보디(body)가 일체가 되어 리드가 보디 밖으로 돌출이 되지 않은 형태.
- LCCC : Leadless Ceramic Chip Carrier.
- LDPAK : Large Deca-watt Package(Hitachi Diode)
- Lead : ① 납(Pb[led]). ② 리드, 기판에서 두 지점을 연결하는 도선(wire).
- Lead Configuration : 전기·기구적 기능을 하는 부품에서 나온 전도체. gull wing이나 J형, L형 등이 있다.

- **Lead Frame.** : 리드프레임. 전자부품단자재료, 반도체 칩을 올려 부착하는 금속기판.
- **Lead-Free** : 리드프리. 유럽의 환경규제로서 2006년 이후 솔더에 납(Pb)을 사용하지 못하도록 규제하는 방침에 따라 Sn-Ag-Cu 등 리드프리 대체 재료가 개발 사용되고 있다.
- **Lead Pitch** : 리드간 간격과 리드폭의 합계. 보통 리드의 중심에서 인접한 리드의 중심간의 거리를 말한다.
- **Lead Plating** : 부품리드 위의 금속코팅. 보통의 리드 코팅물질은 주석, 은, 공정 솔더(63% Sn/37% Pb)이다.
- **Lead Spacing** : 정의된 부품에서 인접한 리드간의 거리.
- **Lead Width** : 부품에서 리드의 폭.
- **Leadless Device** : 패키지 몸체에서 전기적인 리드가 나오지 않은 전자부품. 이러한 패키지는 패키지 위에 솔더 범프나 랜드를 가진다.
- **Lettering(부품인쇄도)** : 기판의 부품면 또는 납땜면 측에 부품의 기호나 번호 등을 인쇄하기 위한 도면.
- **LF** : Lead Frame. 리드프레임. 반도체 칩을 올려 부착하는 금속기판.
- **LGA** : Land Grid Array.
- **Liquidus** : 솔더페이스트가 최대 액화점이 도달하는 온도, 최상의 젖음을 얻는 온도로 보통 녹는점보다 15~20°위이다.
- **LLCC** : Lead Less Chip Carrier.
- **LLD** : Lead Less Diode(Hitachi Diode).
- **Loader(로더)** : 작업할 PCB를 담고 있는 매거진(magazine)을 위로 이동시켜 PCB를 스크린 프린터나 디스펜서(dispenser)로 공급하는 장치.
  ☞**언로더(Un-Loader)** : PCB를 내려 매거진에 담는 장치.
- **LPGA** : Leadless Pad Grid Array.
- **LQFP** : Low-profile QFP. QFP의 PKG 두께를 1.4mm로 줄인 패키지로서 고신뢰성의 재료.

M

- **Magazine(Rack)** : 매거진. PCB를 적재하는 데 사용되는 PCB 보관 랙(rack), PCB Size(높이 · 폭)별로 조절 가능.
- **Manhattan(Tombstone) 현상** : 미소 칩부품이 리플로우 솔더링시에 리드의 한쪽 방향에 대한 솔더의 표면장력에 의해 부품이 일어서는 현상.
- **Marking(Lettering)** : 마킹, PCB에 부품번호(part number)나 부품위치(좌표), 기호(symbol)나 식자(lettering)의 표기 또는 그 형식(legend).
- **MCM(Multi Chip Module)** : 고밀도 회로기판 위에 복수의 베어 칩을 실장하여 패킹된 구조로서 외형 구조는 하나의 LSI와 같은 형태를 말한다. 각기 다른 기능을 갖는 여러 개의 반도체 와이어 본드(wire bond), TAB, 플립 칩(flip chip), 베어 칩(bare chip)을 하나의 배선기판 위에 표면실장한 것.
- **MELF(Metallized Electrical Face)** : 저항, 콘덴서, 코일 등에 주로 사용되는 원동형의 칩. 표면실장용으로 끝부분을 금속캡 실린더형으로 단자를 만든 수동부품.
- **Metal Mask** : 메탈 마스크. 크림솔더(cream solder)를 기판(PCB) 랜드에 인쇄도포하기 위하여 랜드부를 뚫리게 만든 스크린.
- **Micro-BGA(μBGA)** : 테세라(Tessera)에서 개발한 폴리이미드 필름을 사용하고 와이어 본딩 대신 리드 갱 본딩(lead gang bonding)을 사용하여 제작된 CSP의 일종.
- **Microstrip(마이크로스트립)** : 유전체로 분리시키거나 그라운드 라인(ground-line)과 평행이 되

어 도체와 접촉하지 않도록 설계된 도체회로. 데이터 전송로(transmission lane)에 의한 형태이다.

- Migration : 마이그레이션. 절연물질의 표면과 접촉되어 있는 금속이 습한 환경조건 하에서 전기적인 전위변화를 일으켜 금속의 일부가 이온화되고 그 초기 위치에서 이탈하여 다른 새로운 곳에서 금속으로 재석출되는 과정. Ag가 대표적인 것으로 Cu, 솔더에서도 비교적 쉽게 일어난다.
- MLB(Multi Layer Board) : PCB 내부 도체 패턴층의 복수(3층 이상)로 형성한 것. 특히, 전원층, 그라운드 층을 내층에 배치한 4층 MLB는 마이크로스트립 라인 구조, 노이즈 대책 등에서 우수하다.
- Module : 모듈. 완제품을 구성하고 있는 단위 부품 또는 시스템의 구성단위로서 그 기능은 전체 시스템의 목적에 준하여 완전하게 규정된다.
- Mother Board : 마더 보드. 전자 모듈의 플러그를 연결하기 위해 배열된 기판. PC사용 주기판(PCB). 프린트 기판 조립품을 부착하고 접속할 수 있는 대형 배선판.
- Mounter(Chip Mounter) : 표면실장용 부품(칩)을 기판(PCB)에 장착(탑재)하는 장비. 사용부품을 구별하여 칩을 사용하는 표준형 (칩)마운터와 IC류, 커넥터 등을 사용하는 이형(다용도) 마운터로 구별한다.
- Multi Chip Module : 컴퓨터 등의 메인 코드(main board) 내에 고속동작 고밀도 배선이 요구되는 부분을 독립시켜 복수의 IC 칩을 실장한 모듈 보드(module board)를 말함. 일반적인 형태로 복수의 CPU가 베어 칩(bare chip)이 실장된 보드로서 제공된다.
- Multilayer Printed Board : 요구하는 회로에 따라 2층 이상의 층상으로 절연재료와 도체를 번갈아 가면서 접착시킨 회로기판의 형상이며 유연하면서 단단해야 한다.
- Multi-Layer Printed Circuit Board : MLB. 다층 인쇄회로기판. 회로설계로 생성된 2층 이상 기판을 접착시켜 한 개의 PCB 기판으로 만든 것.

N

- N_2 Reflow : 질소분위기 중에서의 열전달에 의한 접합방식. 특징은 ① 저잔사 솔더페이스트 사용에 따른 무세정화가 가능하다(플럭스(Flux) 성분 열화 산화방지). ② 고밀도 양면실장 기판의 품질향상을 위한 솔더링이 가능(솔더, 플럭스, 기판의 산화방지로 수회의 리플로우 작업 가능).
- No-Clean Soldering : 클리닝이 없는 정도의 잔사가 생기는 저잔사 솔더페이스트를 이용하는 공정.
- Node : 측정위치를 보강하는 두 개 이상의 터미널을 연결하는 전기적인 연결부.
- Nonactivated : 활성제가 없는 합성 혹은 천연 레진 플럭스.
- Nonconductive Epoxy : 열전도성을 향상시키기 위해서 첨가될 수 있는 에폭시 레진.
- Non-Through Hole : 논(비)드루홀. 도금되지 않은 홀.
- Non-Wetting : 용융납이 기판과 접촉할 때 표면에 완전히 접착되지 않고 모재금속이 들어나 보이는 상태. 솔더가 녹아서 노출된 표면에 완전히 접착하지 못하는 조건은 접착하려는 두 부분간에 이물질이 있을 때 발생한다.

O

- OEM(Original Equipment Manufacturing) : 주문자가 요구하는 상표명으로 부품이나 완제품을 생산하는 방식. '주문자 상표부착 생산'이라고 한다.

- Off-Contact : 스텐실이나 스크린이 기판표면으로부터 일정한 거리를 두고 위치하는 인쇄조건.
- Open Circuit : 전기적 신호나 전류가 흐를 수 있도록 설계된 끊어지거나 불완전하게 연결된 결함상태. 그 원인은 주로 설계실수나 가공 품질불량이다.
- OSP(Organic Solderability Preservative) : PCB 마감의 일종으로 동 표면 위에 벤지미다졸레와 같은 방청막을 코팅시켜 세트업체에서 솔더링을 할 수 있게 만든 HASL 대치품이다.
- Over-Etching : 에칭 과잉으로 지시된 도체폭보다 좁아진 상태.

P

- Package : 반도체 등의 소자를 밀봉 포장한 것. 소자를 외부환경(습기 · 산화 · 충격)에 보호하고 그 사용목적에 따라 보다 쉽게 사용할 수 있는 외형을 만든 것.
- Pad : 랜드(land). 기판의 납땜개소 단자접합부 홀 등을 감싸는 원형모양의 패턴. 부품접착 혹은 전기도통을 위해서 일반적으로 사용되는 도전 패턴. 완성된 PCB 상에서 랜드가 될 부분을 필름상에서 부르는 용어.
- Pattern/Chip Land : 부품을 장착하기 위해 사용하는 도체 패턴의 일부분. 칩단자와 같은 크기로 만든다.
- Pattern : 패턴. 전기회로를 형성하기 위하여 절연기판 위에 형성된 동박 또는 동박선. 회로배치의 전체 모양을 말한다. 인쇄회로기판 전도체 패턴이나 비전도체 패턴 현상이나 회로도면 또는 필름(아트워크) 상에 나타난 모든 회로 형상을 표현하는 용어.
- PBGA: Plastic Ball Grid Array. lead frame을 대신 PCB 기판을 base로 사용하며 외부 연결단자로서 lead 대신 solder ball을 PCB기판 뒤면에 array형태로 접착해 놓은 사용하는 surface mount type 패키지이며 pin수가 많은 집적회로에 주로 사용된다. ball pitch는 1.0mm~1.50mm이다.
- PGA(Pin Grid Array) : 고집적회로(LSI)의 고집적. 고기능. 고속화에 대응한 단자(pin)수 증대의 필요성에 따라 패키지의 뒷면 등에 단자를 2.54mm피치로 평면 레이아웃할 수 있는 다단자 패키지를 말한다. 제일계층인 패키지 레벨에는 반도체 등의 집적회로가 수용되며, 양 모서리에는 외부접속을 위한 리드핀(lead pin : 단자)을 갖는다. 패키지 바닥면에 수직 리드선을 갖는 패키지로 다핀용에 적합하지만 대형화되기 쉽다.
- PCB(Printed Circuit Board) : PWB. 인쇄회로기판. Phenol수지 적층기판에 도전성 동박을 부착하고, 불필요한 부분을 부식 제거하여 만든다. 회로도의 부품을 완전하게 연결할 수 있도록 만들어진 인쇄회로기판을 말한다.
- PCBA(Printed Circuit Board Assembly) : 인쇄된 기판 위에 전자부품을 실장 납땜하여 원하는 용도의 전자회로 특성을 발휘할 수 있도록 만든 전자제품.
- Peel Strength : 박리강도. 기자재층으로부터 도체(동박)를 벗겨내기 위해 도체의 단위폭당 가한 힘(인장력)의 세기. 즉, 회로의 접착강도.
- Permanent Mask : 공정 후 부착물을 고정하는 절연도료.
- PFP(Plastic Flat Pack) : 반도체 칩의 입출력단자와 금속성의 리드프레임을 와이어 본드로 접속하고 수지로 몰드한 저단가의 제1차 실장부품.
- Pin Density : 단위면적당 PCB위의 핀 수.
- Pin Hole : 재료의 층을 통하여 불완전하게 생긴 작은 홀(구멍).
- Pitch : 피치. 인접한 도체회로의 센터에서 센터까지의 거리. 도체회로의 크기가 같고 회로간격 등이 일정할 때 피치는 주로 도체회로의 외곽 모서리로부터 인접 도체회로의 외곽 모서리까지의 거리를 측정한다.
- Pixel : 픽셀. 화소(畵素), AOI 검사시 회상 시스템에서 읽을 수 있는 최소한의 화소(화상소

자)를 말하며 이 픽셀을 조절하여 검사의 정밀도를 조정한다.

- **PL(Product Liability)** : 제조물(생산물) 배상책임.
- **Placement Machine** : Pick & Place Machine. Chip Mounter. 표면실장용 부품을 PCB에 장착하는 장비.
- **Plating** : 도금. 화학적 혹은 전기화학적 반응으로 절연판, 쓰루홀, 도체 패턴에 금속을 도금한다.
- **PLCC(Plastic Leaded Chip Carrier)** : 플라스틱 패키지의 네 측면으로부터 J자형의 리드핀이 나와 있는 표면실장형 패키지의 일종.
- **Polarization** : 전기적인 오동작 및 기구적인 손상을 최소로 줄이기 위하여 부품의 방향을 표시한 기술이다.
- **PPM** : Parts Per Million.
- **PQFP** : Plastic Quad Flat Package.
- **Preheating** : 예열 플럭스 처리 후 PCB 탑재품을 가열기 위로 통과시키는 것. 플럭스 활성화와 고온땜납과 접촉시 열충격으로 기판이 변형되는 것을 방지한다.
- **Prepreg** : 프리프레그. 기판 층과 층간의 절연을 유지시켜 주며 접착력을 도와주는 Resin이 내재해 있다가 Hot Press 공정에서 열과 압력이 가해지면 Resin이 녹으면서 양면을 접착시켜 준다.
- **Profile** : 프로파일. 부품(Chip)이 실장된 PCB를 Reflow Oven에서 가열하여 납땜할 때 시간에 따른 온도경향.
- **P-SO** : Plastic Small Outline.
- **PTH(Plated Through Hole)** : 양면 PCB나 MLB의 경우 층 사이의 패턴 연결이나 부품을 삽입하기 위해서 사용하는 도금된 도통홀.
- **P-TSOP** : Plastic Thin Small Outline Package
- **Pull-off Strength** : 랜드이탈강도. 절연기판에서 랜드를 떼는 데 필요한 힘.
- **PWA** : Printed Wiring Assembly.
- **PWB(Printed Wiring Board)** : 완전한 회로기능을 하도록 배선을 인쇄한 기판.

Q

- **QFI** : Quad Flat I-leaded package.
- **QFJ** : Quad Flat J-leaded package.
- **QFN** : Quad Flat Non-leaded package.
- **QFP** : Quad Flat Package. 사각 패키지 4곳의 옆면에서 Gull-wing 형태의 리드가 나와 있어 Dual type의 패키지보다 리드수를 현저하게 늘릴 수 있는 사방형 패키지로서 Rectanglar, Square 의 두 가지 Type이 있으며 리드피치는 0.5~1.0mm로 리드 수에 따라 다양하다.
- **QIP** : Quad In-line Package.
- **QSOP** : Quarter Size Outline Package(16, 20, 24, 28) or Quality Small Outline Package.
- **QTCP** : Quad Tape Carrier Package.
- **Quad Flat Pack** : QFP. 갈매기 날개형상을 한 리드를 네 방향으로 가진 표면실장 부품.

R

- **R(Rosin)** : 송진(rosin)의 약자를 따서 송진을 R이라고 한다. 합성 송진이라고 해도 완전히 화학합성품이 아니고 천연 송진을 주 원료로 해서 정제한다.
- **Radial** : Condenser, Transistor 등의 부품(직립부품형태) 및 자동 삽입하는 공정.

☞[Axial-Resistor, Jumper, Diode 등의 가로부품형태]

- **Radial lead component** : 방사상 리드부품. 리드면이 디스크나 캔모양을 하고 있는 부품.
- **RAM** : Random Access Memory.
- **RCC** : Resin Coated Copper.
- **Rectangular Chip** : 저항, 콘덴서, 코일 등에 주로 사용되는 직육면체형의 각형 칩 사이즈는 보편적으로 1005, 1608, 2125, 3216, 3225 Type이 있다.
- **Reflow Soldering** : 메탈 마스크를 이용하여 솔더페이스트를 인쇄한 후 부품을 올려놓고 솔더 페이스트를 경화시키는 납땜방식.
- **Reflow(방식)** : 저융점 금속이나 합금이 포함된 면에 열을 가하여 솔더링하는 공정. PCB부품면에 Solder Paste를 도포한 후 부품(Chip)을 그 위에 얹고 가열납땜(Reflow Soldering)하는 방식.
- **Register Mark** : 단락 또는 회로선을 보호하기 위하여 절연성 있는 물체로 코팅한 것.
- **Repair** : 정상동작 및 사용이 가능하도록 부품, 기판이나 제품을 수리하는 공정.
- **Resin** : 수지. PCB 제조에 필요한 원판의 유리섬유를 결합시키기 위해 사용되는 강화재료. 열경화성 플라스틱과 관련된 유기성 폴리머로 경화제와 혼합된다.
- **Resin Flux** : 유기성 솔벤터인 소량의 유기성 활성제와 레진.
- **Resin Smear** : 스미어, 수지스미어. 다층기판 구멍 가공시 마찰열이 발생되어 도체회로 패턴의 모서리나 표면상에 기자재 층으로부터 묻어나와 눌어붙어 있는 수지.
- **Resist** : 특정한 지역 즉, 부식, 납땜, 도금이 되지 않게 하기 위해서 사용되는 피복재료.
- **Resistance** : 저항. 전류의 흐름을 방해하는 물질의 성질.
- **Resistance Soldering** : 납땜할 부위에 한개 이상의 전극을 접촉시켜서 전류가 통해서 열이 발생되어 납땜하는 방법.
- **Reworking** : 수정, 개선할 목적으로 한번 이상 재작업하는 것. PCB 중 불량이 발생되어 그 부분을 재처리하는 작업. Repair의 의미로 사용됨.
- **Roadmap** : 부도체 기판위에 회로나 소자를 수정, 서비스 목적으로 윤곽을 그려 놓은 것.
- **Rosin Flux** : 가장 유연한 솔더 플럭스로 보통 유기성 활성제를 첨가한다. RMA 타입은 가장 일반적으로 사용되는 플럭스이다.
- **Routing** : 절단공구를 사용하여 PCB의 외형을 주어진 모양과 치수대로 자르는 작업.

S

- **S/M** : Solder Mask.
- **S/R** : Solder Resist.
- **S/S PCB** : Single Sided PCB, 단면에만 도체패턴이 있는 배선판.
- **Schematic Diagram** : 그래프화 문자, 전기적 연결, 소자, 특수회로 기능을 사용해서 나타낸 제도.
- **Scratch** : ① 도체나 기자재 위에 나타나는 긁힌 선. ② Nick이 길게 이어진 긁힘 상태.
- **Screen Gab** : 크림 솔더 인쇄기에서 메탈 마스크와 인쇄 페이지상의 가판과의 틈을 말한다.
- **Screen Printer** : PCB의 Land Pattern에 Solder Cream을 인쇄 도포하는 장치.
- **SDIP** : Shrink DIP(Shrink Dual In-line Package) DIP의 실장면적을 줄이기 위하여 Lead간 간격(Lead Pitch)을 70mil(1.78mm)로 줄인 Type이다.
- **Self-Alignment** : 리플로우 공정 동안 랜드 패턴에 약간 빗나간 부품이 스스로 정렬되는 경향으로 녹은 솔더의 표면장력에 의해서 발생된다.
- **Setup-Time** : PCB생산시 공정라인을 가동하기 전에 완료해야 할 준비작업에 소요되는 시간.

- **SGA** : Solder Grid Array.
- **Shelf Life** : 보관수명. 약품이나 자재의 유효 보존기간으로 PCB에서는 드라이필름, 프리프레그, 잉크 등이 특정한 보존기간을 갖는다(동의어 : Life time).
- **SHRDIL** : Shrink Dual In-Line.
- **SIL** : Single In-Line.
- **SIMM** : Single In-line Memory Module.
- **Single In-line Package(SIP)** : 입출력 핀을 한 면에 일렬로 배열한 저항이나 IC소자.
- **Single-Sided Board** : 단면회로기판. 한쪽 면에만 도체회로가 구성되는 인쇄회로기판.
- **SIP(System In Package)** : MCM의 일종으로 하나의 패키지 내에 RF, Logic chip, Discrete component가 함께 실장되도록 개발된 Package 형태.
- **SIR(Surface Insulation Resistance)** : 표면절연 저항치를 말하며 PCB 도체회로에 관한 가장 기본적인 전기적 특성치이다.
- **SMA(Surface Mount Assembly)** : 표면실장방식으로 완성기판을 제작하는 공정을 총칭.
- **SMC(Surface Mount Component)** : 표면실장에 사용하는 부품. PCB에 SMD로 장착되는 부품을 SMC라 하고 표면실장을 할 수 있는 형태를 하고 있다.
- **SMD(Surface Mounted Device)** : 표면실장(SMT)용 장치 장비 또는 부품. PCB에 사용하는 SMD 부품은 SOP, FPP, QFP, LCC, PLCC, SOJ 등이 있다.
- **Smear** : 기판 Hole 가공 후에 노출되는 도체랜드 표면에 수지가 덮고 있는 현상. Hole가공시 열에 의해 절연기재의 수지가 녹아 도체표면에 부착되는 것이다(→ Resin Smear).
- **SMT(Surface Mount Technology)** : Bare PCB 표면에 칩 부품을 장착하고 납땜하는 기술.
- **SO** : Small Outline.
- **SOD** : Small Outline Diode.
- **SOI** : Small Outline I-leaded package.
- **SOIC** : Small Outline Integrated Circuit(same as SO).
- **SOJ** : Small Outline J-Lead.
- **Solder** : 주석과 납의 합금으로 된 땜납. 여러가지 금속합금으로 된 접합재료.
- **Solder Ball** : 땜납이 가열되어 넓게 퍼질 때 발생하는 땜납의 작은 덩어리들로서 솔더크림이 너무 급격하게 가열될 때 많이 발생된다. 세정으로 제거하지 않으면 불량의 원인이 된다.
- **Solder Bridge** : 기판위의 회로나 소자 리드사이에 납이 연결되어 합선된 상태.
- **Solder Bumps** : 부품의 패드에 붙어 있는 원형의 솔더볼이다. 볼을 밑으로(face down)하여 납땜(접합)한다.
- **Solder Cream(Solder Paste)** : 부품의 표면실장에 사용되는 땜납과 플럭스 용제 등을 포함하고 있는 크림형태의 납.
- **Solder Dewetting** : 금속표면에 납의 분포가 고르지 못하여 납 표면에 요철이 심한 상태.
- **Solder Fillet** : 두 개 이상의 금속 부품이 전기적 기계적 수단으로 연결되는 것.
- **Solder Flux** : 납이 금속에 납땜이 잘 되도록 사용하는 화학적 활성제.
- **Solder Paste(Solder Cream)** : 땜납을 기판에 인쇄하기 위하여 납을 크림 상태로 만든 것.
- **Solder Powder** : 분말(Powder)형태로 솔더페이스터에 존재하는 솔더합금.
- **Solder Resist(S/R)** : 납땜이 필요없는 기판(PCB)부분에 도포하는 내열성 절연수지 잉크이다. 웨이브 솔더링 도중에 솔더레지스트가 있는 부분에는 납이 붙지 않는다. 근접 회로간에 Bridge를 방지하고 회로의 산화를 방지한다.
- **Solderability** : 납땜성. 땜납이 금속 표면을 잘 덮을 수 있는 능력. 용융 땜납막이 파손되지 않고 얼마나 잘 유지되고 있는가의 능력. 솔더링성의 시험방법은 모판침투시험, 확산시험, 최소 젖음시간의 측정법이 있다.
- **Soldering** : 납땜. 접합하고자 하는 금속(동)보다 녹는 온도가 낮은 금속(땜납)을 이용하여 금

속과 금속을 접합시키는 방법이며, 금속과 금속(땜납) 사이에 합금층이 형성되어 접합되는 것을 말한다.

- Solder Side : 납땜 면. 기판에서 부품이 조립된 소자면의 반대 면.
- Solder Slump : 리플로우, 경화 전에 스텐실 프린팅 후에 솔더페이스트가 번지는 것으로 너무 많으면 브리지를 유발할 수 있다.
- Solder Whiskers : 랜드와 회로사이에 가늘고 긴 바늘모양으로 성장된 금속적 현상.
- Solvent : 용매를 녹일 수 있는 솔루션.
- SONB : Small Outline Narrow-Body IC with gull-wing leads.
- SOP : Small Outline Package.
- SOS : Silicon On Silicon. 기판재료로 실리콘을 사용한 MCM.
- SOT(Small Outline Transistor) : Transistor, Diode 등에 사용되는 3Lead형태의 칩.
- SPAK : Small Package(Hitachi transistor).
- SQFP : Shrink Quad Flat Pack.
- Squeegee : 스퀴지. PCB에 크림솔더를 Metal Mask로 인쇄할 때 필요한 밀대장치. 고무나 금속판으로 마스크 위에서 솔더페이스트를 개구부에 밀어 넣어 기판위에 인쇄함과 동시에 마스크를 위의 솔더를 긁어내는 것이 목적이다.
- SRAM : Static RAM.
- SSO : Single Small Outline package.
- SSOP : Shrink Small Outline Package. SOIC의 PKG에서 리드피치를 0.65~1mm로 줄인 형태의 패키지.
- SSP : Super Small resin Package(Hitachi diode).
- Stack Via : 빌드업 기판에 사용되는 마이크로 비아의 일종으로 한 개의 홀로 2층 이상의 회로를 연결시키는 비아와 비아가 겹쳐 제작된 홀을 말한다.
- Stencil : 인쇄형판. 스크린 프린터로 Solder Paste를 스퀴지로 인쇄도포하기 위해 스테인리스로 만든 메탈 마스크판.
- Strip : 박리. 회로를 형성하기 위해 사용되었던 드라이 필름이 필요없어짐에 따라 제거되는 것.
- Substrate : 패키지 용어로서 반도체 칩이 실장되는 얇은 기판을 말한다. 종전에는 리드프레임을 사용했으나 근래에는 Organic 기판이 BGA나 CSP에 사용된다.
- Swaged Leads : 생산도중에 기판위에서 소자가 빠지지 않게 하기 위해 기판을 통과한 Lead를 굽혀 놓은 소자의 Lead Wire.

T

- TAB(Tape Automatic Bonding) : 테이프상에 리드배선을 형성하여 IC 칩과 회로기판을 접속하는 방식. TAB은 와이어 본딩과는 대조적으로 범 본딩 등의 실리콘을 연결하는 기술이다. 액정 Display의 Drive IC용 등, TAB 이용은 급속히 확장되고 있다.
- Tack Time : 부품(chip) 실장시간(sec).
- Tape Ball Grid Array(TBGA) : TAB처럼 구리와 폴리아미드가 베이스가 된 BGA 패키지로 TAB의 리드는 일련의 볼로 대체된다.
- Tape Bonding : 본딩 공정에서 부품의 캐리어를 지지하는 금속이나 플라스틱 테이프 물질을 활용하는 것.
- TCP(Tape Carrier Package) : Chip 위에 Metal Bonding을 한 후, Polyimide Film을 열압착방식으로 Bonding 하는 기술로 TAB(Tape Automated Bonding)이라고도 한다. TCP 기술은 한 장의 기판(Tape)상에 복수의 집적회로 소자를 고밀도로 탑재, 소자 상호간의 배선길이를 극단

화하기 위해 멀티칩 패키징에서 많이 사용한다.

- **Temperature Profile** : 리플로우에 기판이 통과할 때 나타나는 시간 대 온도의 그래프.
- **Tensile Strength** : 인장강도. 동박이나 도금된 금속의 인장강도.
- **Termination** : 단자. 패키지에서 나온 리드의 끝부분이 솔더에 의해서 기판에 접합되는데 이 때 접합되는 리드의 끝부분을 말함.
- **Test Point** : 전기회로에 부착한 시험점. 동작시험 측정용으로 사용한다.
- **Thermo-couple** : 열전쌍. 서로 다른 두 종류의 금속으로 이루어졌으며 두 접합점의 온도차로 인해 열기전력이 발생되도록 하는 금속의 쌍.
- **Thixotropy** : 응력이 크면 클수록 점도가 낮게 되고, 응력이 적을수록 점도가 커지는 성질.
- **THT** : Through Hole Technology.
- **TO** : Transistor Outline.
- **Tombstone(Manhattan) 현상** : 소형 칩부품이 Reflow Soldering시 용해된 Solder의 표면장력에 의해 Chip부품 한쪽 전극이 일어서는 솔더링 결함.
- **TQFP** : Thin Quad Flat Package.
- **TSOP(Thin Small Outline Package)** : 실장면적을 보다 줄이기 위하여 높이를 최대 1.27mm로 극히 낮게 하여 포장수지를 최소로 줄였고 종래의 SOJ 체적의 1/4로 되어 있다.
- **TSQFP** : Thin Shrink Quad Flat Pack.
- **TSSOP** : Thin Shrink Small Outline Package.
- **Tube Feeder** : 정전방지 튜브나 스틱에 부품을 넣어서 부품을 공급하는 방법으로 중력이나 진동, 스프링 등을 이용하여 Mounter(장착기)에 공급한다.

U

- **UL규격** : UL(Underwriters Laboratories Inc)은 미국의 화재보험업자들이 1894년에 설립한 비영리의 시험기관으로서 화재, 도난 기타의 사고로부터 인명, 재산을 지키는 것을 목적으로 재료 및 제품의 안전규격의 작성, 검사, 인정, 등록 등의 업무를 하고 있다. UL규격은 약 400으로 분류되고 있다(796 : 인쇄회로기판의 안전규격).
- **Ultra Fine Pitch(ULFP)** : 리드 간격이 0.4mm이하인 표면실장소자.
- **Ultrasonic Cleaning** : 솔벤트에 기판이나 부품을 담고 초음파를 사용하여 기계적인 진동으로 세척하는 것.
- **Under Fill** : 언더필. BGA, CSP, Flip Chip 등의 Package 밑면을 절연 수지를 이용하여 메우는 공법, 휴대용 기기나 열적 충격을 많이 받는 초고속 통신기기 등에 많이 사용하여 신뢰성을 높인다.
- **Un-Loader** : 언로더. PCB 위에 Chip 실장 및 Reflow Soldering 후 Magazine에 PCB를 적재하는 장치(장비).
- **UTSOP** : Ultra Thin Small Outline Package.

V

- **Vapor Phase Soldering** : 기상납땜. 증기가 응축할 때 방출되는 에너지로 땜납을 녹이는 리플로우 솔더링 공정.
- **V-Cut** : 기판의 양면에 V자홈을 파내어 절단할 수 있도록 한 것을 말한다.
- **Via Hole** : 부품을 삽입하지 않고 다른 층간의 접속을 위한 도통홀.
- **Viscosity** : 점도. 점성, 점성계수. 잉크의 점도를 말하는 단위는 Centi Poise.

• **Void** : 보이드. 공동, 있어야 할 물질이 없는 공동 또는 서로 다른 물질 사이에 생기는 공동 현상.

W

• **Warp** : 휨. 보드의 4면이 동일 평면상에 있을 때 원형적인 뒤틀림이 생긴 것을 말한다. 판이 평형을 유지 못하고 구부러진 상태.
• **Wave Soldering** : 순환하는 땜납표면에 인쇄회로기판을 접촉시켜 납땜하는 공정(동의어. Flow Soldering)
• **Wettability** : 젖음성. 솔더링에는 반드시 젖음이 수반된다. 젖음의 대소는 부착장력으로 대표되지만 일반적으로는 직관적 척도로서 접촉각이 사용된다. 접촉각이 0°이면 젖음성은 100%이다.
• **Wetting** : 젖음. 고체표면에 액체가 번져 부착, 침투하는 현상. 젖음은 원래 땜납과 기타 금속과의 물성에 위한 것이지만, 외적조건으로서 납땜표면이 오염되어 있거나 납땜온도 부족, 플럭스량 부족 등의 다양한 인자로 인해 영향을 받는다.
• **Whisker** : 위스커. 기판위에 가늘고 긴 바늘모양의 금속적 성장. 전기석출도금 시에 생성되거나 또는 가공처리를 종료하고 저장이나 사용 단계에서도 자생적으로 발생한다.
• **Wicking** : 위킹. 좁은 단자간 장소에 Solder가 모세관현상으로 빨려가는 것을 말함. PTH를 도금할 때 드릴시 충격을 받아 들뜬 유리섬유를 따라 도금이 침투해 들어간 현상.
• **Wire Bonding** : 와이어 본딩. 반도체 칩의 본딩 패드와 리드프레임 혹은 BGA, CSP 기판 위의 패드를 금 또는 알루미늄 와이어로 연결하는 작업. 주로 초음파 열압착방법에 의해 수행된다.

Z

• **ZIP** : Zigzag Inline Package.

II. 전자부품장착 실기연습

▶ SMT 기능사 실기연습

1. 작업시간 : 표준시간 2시간 (준비작업 40분, 실장 1시간, 정리 20분), 연장시간 30분

2. 요구사항

1) 준비작업

① 부품을 피더에 세팅한다.

② 부품 종류를 식별한다.(작업기준서의 품명확인)

③ 부품 종류별로 작품기준서와 일치하게 장비에 장착한다.

④ 장비에 부품이 장착된 피더가 정확히 장착되었는지 확인한다.

2) 실장작업

2-1) 장비에 장착 프로그램을 입력 및 작품기준서대로 정확한 위치에 부품을 실장한다.

① 준비 프로그램을 장비에 입력한다.

② 장비가 장착 가능토록 준비한다.(기판세팅)

③ 초도품 장착을 시행한다.

2-2) 장착한 부품에 대하여 위치확인 후 수정할 사항이 발생시 수정한다.

① 부품위치에 대한 좌표 수정 발생시 수정한다.

② 장착품에 대한 양품/불량을 확인한다.(기판, 작품기준서)

③ 작품기준서대로 장착여부 확인 후 작품을 배출한다.

3) 정리작업

① 작품 및 작업 완료된 장비 프로그램을 디스켓에 저장 후 제출한다.

② 피더를 마운터에서 분리하여 작업대 위에 올려둔다.

* 실기작업자 유의사항

① 작업자는 표준시간 이내에 작품을 완성한다. 연장시간을 사용한 경우에는 매 10분마다 각 5점씩 감점한다.

② 작업 중에는 반드시 조교의 지시에 따라야 하며 자리를 이석할 수 없다.

③ 작업하기 전에 작업시설의 동작유무를 확인한 후 작업을 시작한다.

④ 지급된 재료 중 불량품 이외에는 추가 지급되지 않는다.

⑤ 모든 안전수칙에 유의하고, 작업장소의 공구, 시설장비의 사용은 익숙하여야 한다.

⑥ 장비사용 미숙으로 인하여 장비가 파손될 우려가 있다고 판단될 때에는 작업을 중지시키고, 실기연습 대상에서 제외시킨다.

⑦ 다음 사항에 해당되는 작품은 미완성품 또는 오작품은 작품평가 대상에서 제외된다.

가) 시험시간(표준시간+연장시간)을 초과한 작품

나) 장비 및 공구 등의 사용 미숙자 작품

다) 실장 프로그램 저장용 디스켓을 제출하지 않은 작품

3. 작업도면(PCB)

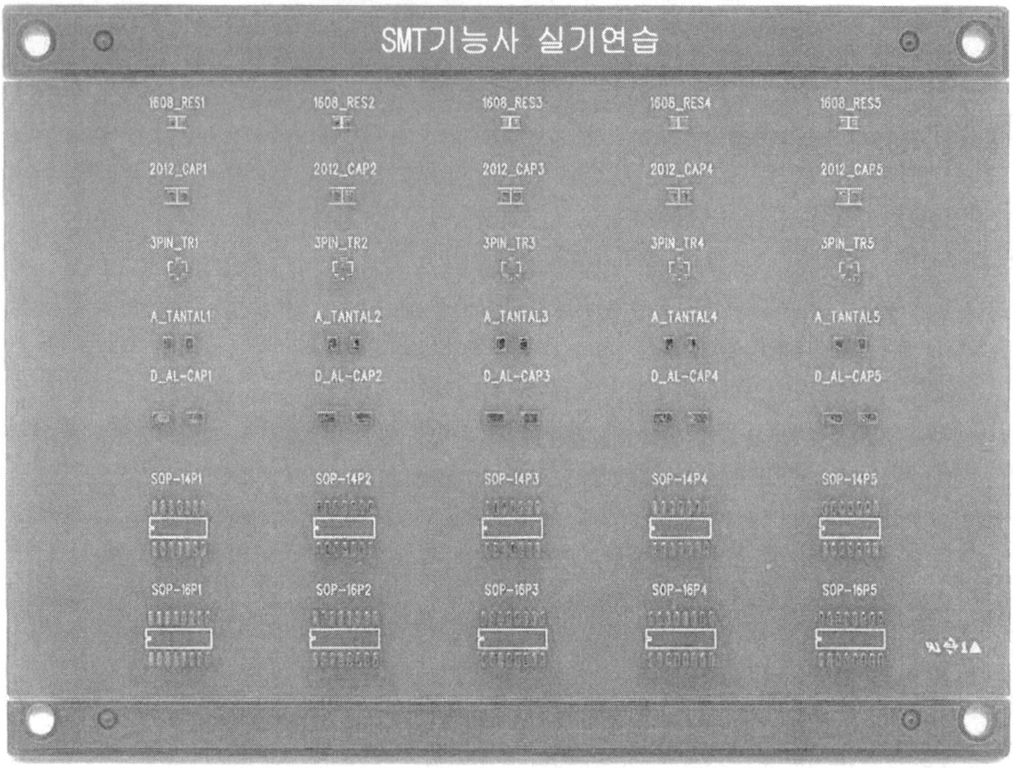

4. 작품지도서

NO.	part NO.	형태	크기	maker NO.	수량	location(위치)FD	
2F23	1608_RES	RES	1608	WR06X1071FT	2	1608_RES1, 1608_RES4	8*P*4
2F24	2012_CAP	CAP	2012	CL21B333KBNC	2	2012_CAP2, 2012_CAP4	8*P*4
2F25	3PIN_TR	TR	3P	MMBD4148-7	2	3PIN_TR3, 3PIN_TR5	8*P*4
2F26	A_TANTAL	T/T	A	22UF 4V	2	A_TATNAL1, A_TANTAL5	8*P*4
2F27	D_AL-CAP	A/L	D	100UF 16V	2	D_AL-CAP1, D_AL-CAP2	8*P*4
2F29	SOP-14P	SOP	14P	ISL6529CB-T	2	SOP-14P1, SOP-14P5	8*P*4

5. 지급재료목록

일련번호	재 료 명	규 격	단위	수량	비 고
1	PCB	150mm×100mm	개	1	양면Tape 부착품
2	Program Diskette	3.5inch	개	1	장비변환용
3	Sop 16pin	1종	롤		실기작업장 당
4	Al Capacitor	1종	롤		실기작업장 당
5	3Pin TR	1종	롤		실기작업장 당
6	3216 Tantal	1종	롤		실기작업장 당
7	1608 Resister	1종	롤		실기작업장 당
8	2012 Capacitor	1종	롤		실기작업장 당

6. 실기작업장 시설목록

구 분	일련번호	장비 및 시설명	규 격	단위	수량	비 고
	1	Mounter(장착기)	MSH-3	EA	1	PANASERT
	2	NC-master	3.5ver	SET	1	SMT KOREA
	3	Feeder Paper	8mm×4pitch	EA	1	장비기종
	4	Feeder Emoss	8mm×4pitch	EA	3	장비기종
	5	Feeder Emoss	12mm×8pitch	EA	1	pitch변환용
	6	Feeder Emoss	16mm×8pitch	EA	1	pitch변환용
	7	Feeder거치 table	Table	EA	1	

▶ SMT 산업기사 실기연습

1. 작업시간 : 표준시간 : 4시간, 연장시간 : 30분

2. 요구사항

* 기판(PCB)에 솔더크림(solder cream)을 인쇄(print)하고 부품을 장착하여 가열기(reflow)로 가열하여 기판에 전자부품을 납땜 실장하는 작업을 한다.

1) 납인쇄기(screen printer) 작업

이송벨트(conveyor) 위에 실장할 기판을 장치(setting)한다. 기판 패턴(pattern)에 메탈 마스크(metal mask) 개구면이 일치하도록 조정하고 밀대(squeeze)를 장치하고 난 뒤 솔더크림을 교반하고 투입하여 기판에 솔더크림을 인쇄한다. 납 인쇄작업 과정(기판투입, 스텐실 스퀴지세팅, 솔더크림취급)과 결과를 검사받는다.

2) 마운터(mounter) 작업

마운터에 기판을 투입하여 기계원점을 조정하고 좌표정보(placement data) 부품정보(component data)를 입력하여 실장프로그램(pick & place data)을 작성하고 피더(feeder)를 마운터에 장착하여, 실장프로그램을 최적화(optimize)한 후 부품이 기판에 자동으로 탑재되도록 마운터를 작동시킨다.

가) 실장프로그램작성 : 실장할 기판과 부품은 다음(실장도면(PCB) 부품실장위치 지급재료목록) 같으며 이들 부품을 장착할 실장프로그램을 마운터에 입력한다. 실장프로그램은 사전에 오프라인 PC, Gerber File, NC Master를 사용 작성하여 디스켓에 저장하고 보관하고 부품장착 작업시 개별적으로 마운터에 입력한다. NC Master 실장프로그램의 작성순서는 다음과 같다.

① 주어진 Gerber Data를 읽는다.
② 지급한 기판의 실장부품을 확인하고 Gerber Data와 비교하여 필요시 수정한다.
③ 인식마크 위치를 설정한다.
④ 주어진 Gerber Data에서 해당 부품의 좌표를 추출하고 LOC명을 입력한다.
⑤ BOM Read한 후 부품 각도를 수정한다.
⑥ 입력된 LOC명의 부품 LIB명 및 Reel Number를 입력한다.
⑦ 해당 설비 데이터로 저장한다.
⑧ 작업결과를 Job Sheet (*.gbz) file로 디스켓(DSK)에 저장한다.
⑨ 부품정보를 저장한 디스켓을 제출한다.

나) 장비조정(mounter set-up) : 마운터의 컨베이어폭을 조정하고 기판을 투입하여 지지대(back-up pin)를 고정시킨 후, 기계원점을 조정하고 피듀셜마크(fiducial mark)인식, 위치(Placement)티칭, 부품정보를 입력하고, 피더를 선택하여 장착하고, 프로그램의 최적화를 실시한다.

다) 장비가동(production) : 마운터를 가동시켜서 기판에 부품이 자동 탑재되도록 한다.

부품탑재가 완료된 실장기판은 검사하여 부품실장 불량(오삽, 역삽, 미삽)이 있을 경우 프로그램 수정 또는 장비를 조정하는 재작업을 한다.

라) 부품장착이 완료된 기판은 부품장착 프로그램 파일이 저장된 디스켓과 함께 검사를 받는다.

3) 리플로우(reflow) 작업

리플로우 컨베이어를 조정한 뒤 기판을 이송한다. 리플로우 각 존의 온도를 입력시킨다. 리플로우의 온도 프로파일을 확인하여 자동생산에 적용할 프로파일이 구현되도록 필요시 수정하여 기판납땜 작업을 한다. 작업완료 후 기판과 온도 프로파일 사항을 기록한 표를 제출한다.

3. 작업도면(PCB)

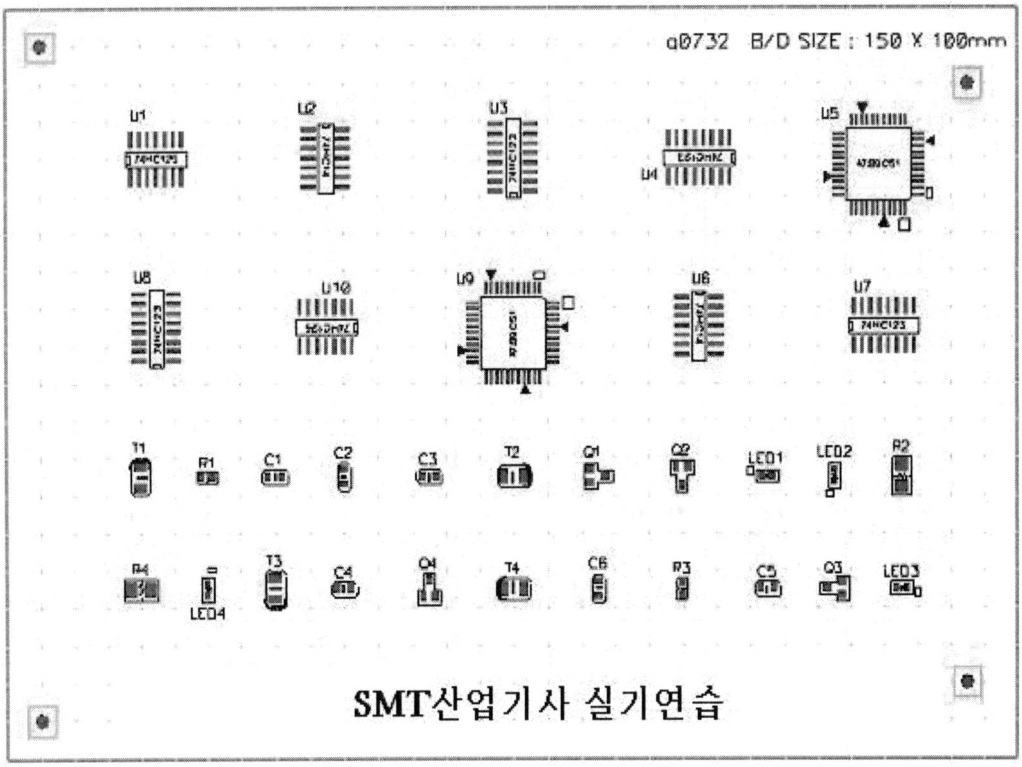

4. 부품실장위치

부품실장위치(component locations) [Q823A]					
Report Origin = (40.000, 100.000) Units used = mm					parts
Ref. Des.	Layer	Location X	Location Y	Rotation	
R1	Top	30	37.5	270	R1608/50K
R2	Top	132.5	37.5	0	R3216/(470Ω 1/4W)
R4	Top	20	22.5	270	"
C1	Top	40	37.5	0	C2012/0.1uF
C3	Top	62.5	37.5	180	"
C4	Top	50	22.5	0	"
C6	Top	87.5	22.5	270	"
T1	Top	20	37.5	270	T3216/(106/16V)
T2	Top	75	37.5	180	"
T4	Top	75	22.5	0	"
LED1	Top	112.5	37.5	0	LED1608
LED2	Top	122.5	37.5	90	"
LED4	Top	30	22.5	270	"
Q1	Top	87.5	37.5	270	SOT23/2N3094
Q3	Top	122.5	22.5	90	"
Q4	Top	62.5	22.5	0	"
U1	Top	22.5	80	0	SOIC-14/74HC125
U2	Top	47.5	80	270	SOIC-14/74HC14
U3	Top	75	80	90	SOIC-16/74HC123
U4	Top	102.5	80	180	SOIC-16/74HC123
U5	Top	135	75	0	TQF44/AT89C51
U8	Top	22.5	57.5	90	SOIC-16/74HC123
U9	Top	79	62.5	90	TQF44/AT89C51
Qty = 23					

5. 지급재료목록

일련번호	재료명	규격(reel size)	단위	수량	비고(부품번호)
1	디스켓(FDK)	3.5"	개	1	실장프로그램 작성용
2	기판(PCB)	Q823(검정용)	장	1	Q722(동일)
3	R1608	50kl(8mm)	"	1	R1
4	R3216_0	470Ω 1/4W(8mm)	"	2	R2 R4
5	C2012	0,1μF(8mm)	"	4	C1 C3 C4 C6
6	T3216	106/16V(8mm)	"	3	T1 T2 T4
7	LED1608	RED(8mm)	"	3	LED1 LED2 LED4
8	SOT23	2N3904(8mm)	"	3	Q1 Q3 Q4
9	SOIC-14	74HC14(16mm)	"	1	U2
10	SOIC-14	74HC125(16mm)	"	1	U1
11	SOIC-16	74HC123(16mm)	"	3	U3 U4 U8
12	TQF-44	AT89C51(tray)	"	2	U5 U9
유의사항	1. 지급재료목록(비고)과 도면의 기판에 표시된 부품번호를 대조하여 실장부품 위치를 파악하라. 2. Reel, Tray로 공급되는 부품은 피더 규격(Reel Size)이 표시되어 있다. 3. 도면(PCB(Q823)에 표시된 부품 32점 중 지급재료 목록의 23점 부품을 지정하는 위치에 실장한다. 4. 도면에 PCB(기판)에 실장할 재료 23점의 부품번호(part. no.)는 다음과 같다. R1 R2 R4 C1 C3 C4 C6 T1 T2 T4 LED1 LED2 LED4 Q1 Q3 Q4 U1 U2 U3 U4 U5 U8 U9 5. 도면(PCB)과 부품실장위치(Component Locations)가 상이할 경우 지급기판의 부품과 위치를 측정 또는 검사하여 정정한다.				

6. 실기작업장 시설목록

구분	일련번호	장비 및 시설명	규격(feeder)	단위	수량	비 고 (지급재료번호)
	1	프린터(Printer)	JUKI-1710/DSSP-3300V	대	1	
	2	Metal Mask	검정용(Q722)		1	GB
	3	Solder Cream	SE5-M951X-9		1	KOKI
	4	Squeegee	M350		1	JUKI
	5	교반기(Mixer)	UMIX (UM102)	대	1	
	6	마운터(Mounter)	JUKI-2020	대	1	R1608/R3216/C2012/ T3216/LED1608/SOT23
	7	PSM(피더)	8mm	대	6	
	8	PSM(피더)	16mm	대	3	74HC14/74HC123/74H C125
	9	PSM(tray)	트레이	대	1	AT89C51
	10	리플로우(Reflow)	SS-1000-N(JT)	대	1	
	11	리플로우체크	UI-302	대	1	Profiler
	12	비전검사기(AOI)	HV-5000C	대	1	채점용
	13	PC(오프라인용)	실장프로그램 작성용	대	1	S/W(NC-MATER)
	14					
	15					
	16					
	17					

Ⅲ. SMT 기술자격 출제기준

▶ SMT 기능사(필기)

직무 분야	기계	중직무 분야	기계장비설비 · 설치	자격종목	전자부품장착(SMT) 기능사
○ 직무내용 : 전자부품을 PCB 표면에 실장하는 SMT In-line 장비를 이용한 제품생산 및 고장수리, 안전점검과 생산에 필요한 품질관리, 생산성 관리, 생산에 필요한 자재관리 등 기초업무 수행					
필기검정방법	객관식	문제수	60문제	시험시간	1시간

필기과목명	문제수	주요항목	세부항목	세세항목
SMT 개론 공압기초 전자기초	60	1. SMT 개론	1. SMT 개요	1. SMT 발전과정 및 장단점 2. 실장형태 구분 및 실장방식 3. 안전개념
			2. SMT 장비개요	1. 로더, 언로더 및 부대설비 2. 스크린 프린터, 디스펜서 3. 칩마운터 기초 4. 솔더링 장비 및 경화장비 기초 5. 검사기 및 기타 후공정 장비기초
			3. 표면실장부품 개요	1. 표면실장부품의 발전과정 및 장단점 2. 표면실장부품의 종류 3. 포장형태 및 관리
			4. SMT 공정개요	1. 인쇄공정 2. 장착공정 3. 리플로우 및 경화공정 4. 실장검사 및 불량 유형
			5. 솔더링 개요	1. 솔더크림 특성 및 관리 2. 온도 프로파일 개요 및 관리 3. 유연 및 무연납 이해 4. 불량의 유형 및 현상
		2. 공압기초	1. 공압의 개요	1. 공압의 기초이론 2. 공압의 특성
			2. 공압기기	1. 공기압 발생장치 2. 제어밸브 3. 부속기기
			3. 공압기호	1. 공압기호 및 회로 표시법
		3. 전자기초	1. PCB 개요	1. PCB의 기초 2. PCB 제작공정의 이해 3. PCB 회로의 점검
			2. 전자실장 부품의 이해	1. 전자부품의 개요 2. 전자부품 종류 및 특성 3. 전자부품의 기능 4. 전자부품의 검사 및 관리

▶ SMT 기능사(실기)

직무 분야	기계	중직무 분야	기계장비설비 · 설치	자격종목	전자부품장착(SMT) 기능사
○ 직무내용 : 전자부품을 PCB 표면에 실장하는 SMT In-line 장비를 이용한 제품생산 및 고장수리, 안전 점검과 생산에 필요한 품질관리, 생산성 관리, 생산에 필요한 자재관리 등 기초업무 수행 ○ 수행준거 : 1. SMT In-line 장비에 대하여 생산에 필요한 기초업무를 수행할 수 있다. 2. 주어진 Data를 이용하여 최적화된 장착프로그램을 작성할 수 있다. 3. SMT In-line에서 부품장착 마운터에 필요한 피더를 설정하고 장비를 운영할 수 있다.					

실기검정방법	작업형	시험시간	2시간 30분 정도
실기과목명	주요항목	세부항목	세세항목
SMD 장비 프로그램 작성 및 SMT 실무	1. SMT Off-Line 작업	1. 프로그램 작성	1. CAD Data를 작성하여 PCB data를 만들 수 있다. 2. 각종 부품, 피더, 노즐 정보를 작성할 수 있다. 3. 마운터의 최적화 프로그램을 활용할 수 있다. 4. 커버파일 변환, 라인밸런스, 프로그램 파일을 사용할 수 있다.
	2. SMT 실장작업	1. 마운터 작업	1. 마운터 장비의 부품 및 부품공급기 등을 준비할 수 있다 2. 마운터 장비의 노즐, 피더 등을 셋팅할 수 있다. 3. 장비 및 라인 설정, 피더 설정 및 최적화 작업을 할 수 있다. 4. 기판에 대하여 생산을 위한 원점 등을 셋팅할 수 있다.
	3. 품질검사	1. 비전검사	1. 비전검사기를 이용하여 불량이 파악되면 이를 검출할 수 있다. 2. 최종 작업이 완료되면 작업기준서를 기준으로 육안검사를 통하여 최종 검사를 실시하여 불량 제품을 검출할 수 있다. 3. 생산된 제품을 검사하여 품질을 판단할 수 있다.

▶ SMT 산업기사(필기)

직무 분야	기계	중직무 분야	기계장비설비 · 설치	자격종목	전자부품장착(SMT) 기능사
○ 직무내용 : 전자부품을 PCB 표면에 실장하는 SMT In-line 장비 전체에 대한 생산활동, 생산장비, 유지보수, 고장수리, 예방정비, 안전점검 및 신규 도입기기에 대한 사양검토, 설치, 시운전과 장비설치 등 관리업무 수행					
필기검정방법	객관식	문제수	80문제	시험시간	2시간

필기과목명	문제수	주요항목	세부항목	세세항목
SMT 공학	20	1. SMT 개론	1. SMT 개요	1. SMT 발전과정 및 장단점 2. SMT 주변 요소기술 3. 실장형태 구분 및 실장방식
			2. SMT 장비	1. 로더, 언로더 및 부대설비 2. 스크린 프린터, 디스펜서 개요 3. 칩마운터 개요 4. 플로 및 리플로우 장비개요 5. 검사기, 언더필 및 기타 후공정 장비개요
		2. 마운터	1. 마운터의 구조 및 기능	1. 마운터의 모듈별 기능과 성능 2. 실장부품 종류 및 작업방법 3. 마운터 조정(Set-up) 4. 실장장비 유지 보수
		3. SMT 공정	1. SMT 공정개론	1. 실장현장의 환경 및 대책 2. 부품종류 및 작업방법 3. 안전관리 4. 트러블 종류 및 대응방법 5. 불량의 유형 및 대책 6. 검사방법 및 데이터 관리방법 7. 작업 프로그램 작성 및 운용방법 8. 장착 프로그램의 최적화
솔더링 공학	20	1. 솔더링	1. 솔더링 개요	1. 솔더링 기초 2. 솔더링 종류 및 특성 3. 솔더 및 부자재 4. 환경과 안전관리 개념
			2. PCB 개요	1. PCB 발전과정 2. 종류 및 특성 3. PCB 제조공정의 이해 4. 표면처리 종류와 특징
			3. Packaging 개요 및 공정	1. 반도체 Packaging 개요 2. 발전과정 및 추세 3. Packaging 종류 및 공정이해
		2. 인쇄공정	1. 인쇄공정의 특성	1. 인쇄공정의 개요 2. 인쇄공정의 재료 3. 장비의 구조 및 기능성능

필기과목명	문제수	주요항목	세부항목	세세항목
				4. 인쇄공정시 직업특성 종류 및 셋딩 방법 5. 불량의 종류 및 조치방법
		3. 경화공정	1. Reflow 공정	1. 리플로우 공정의 이해 2. 장비의 구조 및 기능 3. 가열방식 및 발전추세 4. 온도프로파일 개념 및 온도 센서 5. 불량의 종류 및 조치 방법
			2. Flow 공정	1. 플로우공정 이해 2. 불량의 종류 및 조치 방법
메카트로닉스	20	1. 기계제작	1. 기계의 제작공정	1. 기계의 제작공정 개요
		2. 전기/전자/ 전력의 기초	1. 직류 및 교류	1. 직류 및 교류
			2. 전자력 전자유도	1. 전자력 전자유도
			3. 연산증폭 회로	1. 연산증폭 회로
		3. 전기구동의 기초	1. 서보, 스테핑 모터의 기초	1. 서보모터의 기초와 특성 2. 스테핑 모터의 기초와 특성
		4. 반도체 및 센서	1. 반도체 및 센서의 기초	1. 반도체 개요 2. 반도체의 종류 및 특성 3. 센서의 개요 4. 센서의 종류 및 특성
		5. 논리회로의 기초	1. 수의 진법과 코드화	1. 수의 진법과 코드화 등
			2. 논리회로 및 기억장치	1. 논리회로 및 기억장치
			3. A/D, D/A 변환기	1. A/D, D/A 변환기
		6. 마이크로 프로세서	1. 마이크로 프로세서 기초	1. 마이크로프로세서의 기초 2. 마이크로프로세서의 특성
공유압	20	1. 공유압	1. 공유압의 개요	1. 기초이론 2. 공유압의 원리 3. 공유압의 특성
			2. 유압기기	1. 유압펌프 2. 유압제어밸브 3. 유압 액추에이터 4. 유압부속장치
			3. 공압기기	1. 공기압 발생장치 2. 압축공기 조정장치 3. 제어밸브 4. 공기압 작업요소 5. 부속기기
			4. 공유압기호	1. 공기압회로의 표시법 2. 유압회로의 표시법
			5. 공유압회로	1. 기본회로 2. 실제회로

▶ SMT 산업기사(실기)

직무 분야	기계	중직무 분야	기계장비설비 · 설치	자격종목	전자부품장착(SMT) 기능사

○ 직무내용 : 전자부품을 PCB 표면에 실장하는 SMT In-line 장비 전체에 대한 생산활동, 생산장비, 유지보수, 고장수리, 예방정비, 안전점검 및 신규 도입기기에 대한 사양검토, 설치, 시운전과 장비설치 등 관리업무 수행

○ 수행준거 : 1. SMT In-line 장비를 설치하고 유지관리와 생산에 필요한 업무를 수행할 수 있다.
2. SMT 장비 프로그램을 활용하여 효율적인 생산활동을 할 수 있다.
3. SMT In-line 생산 공정에 대한 기술지원 업무를 수행할 수 있다.

실기검정방법	작업형	시험시간	4시간 정도
실기과목명	주요항목	세부항목	세세항목
SMD장비 프로그램 작성 및 SMT 실무	1. Off-line 작업	1. 프로그램 작성	1. 주어진 조건에 맞는 CAD 작업을하여 PCB Data를 만들 수 있다. 2. 각종 부품, 피더, 노즐정보를 작성할 수 있다. 3. 마운터의 최적화 프로그램을 작성할 수 있다. 4. 생산계획에 의한 생산성 분석을 할 수 있다. 5. 작업조건에 의하여 거버파일을 활용할 수 있다.
	2. SMT In-line 작업	1. 스크린 프린터 작업	1. 솔더크림 준비 및 교반 작업을 할 수 있다. 2. 메탈 마스크, 스퀴지 등을 셋팅할 수 있다. 3. 주요 파라미터를 셋팅할 수 있다. 4. 스크린 프린터 작업에 필요한 부자재를 관리할 수 있다.
		2. 마운터 작업	1. 마운터 실장부품 및 부품 공급장치 등을 준비할 수 있다. 2. 마운터 장비의 노즐, 피더 등을 셋팅할 수 있다. 3. 생산을 위한 PCB 원점을 셋팅할 수 있다. 4. 시제품을 생산하여 오류를 확인할 수 있다. 5. 시제품의 오류 수정 후 완제품을 만들 수 있다.
		3. Reflow 작업	1. 리플로우 장비에 대하여 온도 및 컨베이어를 셋팅할 수 있다. 2. 장비의 온도 프로파일을 측정 및 분석할 수 있다. 3. 실장 트러블 종류에 따른 대책을 수립할 수 있다.
	3. 검사 및 평가	1. 검사 및 분석	1. 생산된 제품의 육안, 비전검사(AOI) 등을 하여 불량유무를 판별할 수 있다. 2. 생산된 제품에 대하여 불량유형별로 파악하여 분석 및 불량대책을 수립할 수 있다.

Ⅳ. 기능사 필기문제

▶ SMT 기능사(연습문제)

1. 장비 초기 Setup시 반드시 확인해야 하는 사항이 아닌 것은? 6
   가. 공장 주전원
   나. Air 입력상태 및 공기압
   다. 온·습도 확인
   라. 정전기 발생여부

2. 장비를 공장 라인으로 옮긴 후 Mounter 전후 장비들과 연결되어 설치되어야 한다. 이때 고려해야 할 사항이 아닌 것은?
   가. Foot Size
   나. Foot 높이
   다. Conveyor 폭
   라. 전 후 장비와 통신 Cable 연결

3. 전원에 있어서의 접지는 중요한 역할을 한다. 이 중요한 역할이 아닌 것은?
   가. 누전시 감전 및 화재사고 예방
   나. 정전기 장해방지
   다. 장비성능 증대
   라. 전자파 노이즈 저감

4. 장비가 갑자기 멈추었다. 이때 점검해야 할 사항이 아닌 것은?
   가. 장비 Run S/W를 off로 둔다.
   나. 장비 내부를 점검하기 위하여 Cover를 분해한다.
   다. 화면의 Error Message를 확인 후 안전하게 장비를 정지한 후 확인한다.
   라. Motor 구동 및 Solenoid 동작과 관련된 모든 I/O를 확인한다.

5. 장비점검 주기상 일일 점검항목이 아닌 것은?
   가. 공압의 상태
   나. Motor의 움직임 상태
   다. Belt의 Tension 정도
   라. 이상소음 발생유무

6. 점검주기를 일일, 주간, 월간으로 구분하는 가장 큰 이유?
   가. 그냥 편의상 구분한다.
   나. 점검 시간의 단축을 위하여 구분한다.
   다. 각 부품의 Life Cycle을 고려하며 중요 항목별 구분하여 선정한다.
   라. 점검해야 할 항목이 많아 배분하여 구분한다.

7. 다음 중 소모성 자재가 아닌 것은?
   가. Solenoid Valve의 Filter
   나. Nozzle
   다. Air Tube
   라. Camera

8. 장비를 Maintenance하려고 한다. 각 모듈별로 확인해야 할 사항이 아닌 것은?
   가. Gantry : LM의 동작상태, grease의 유무, 소음의 정도
   나. Head Ass'y : LM의 동작상태, grease의 유무, feeder 상태
   다. Camera : lens의 이물질 제거, 부품 영상 capture 상태
   라. Conveyor : belt의 움직임 상태, Motor의 구동상태, sensor의 동작 유무

9. Camera Module을 Maintenance하려고 한다. 이때 올바른 방법이 아닌 것은?
   가. Lens를 마른 헝겊으로 조심스럽게 닦는다.
   나. Camera Module의 상단 Bracket류는 분해 후 그냥 부착하여도 된다.
   다. Camera Module을 Mainframe과 분해 후 그냥 부착하여도 된다.
   라. Camera Module을 분해 후 장비에 부착시 Align을 맞도록 부착하여야 한다.

10. Head부 Solenoid Valve의 Filter에 관한 사항이다. 설명이 잘못된 것은?
    가. Filter는 반영구품으로 교체할 필요 없다.

나. Filter에 이물질이 끼면 부품 장착시 오삽 또는 미삽이 발생된다.
다. Solenoid Valve를 분해 후 Manifold에 부착시 압력샘 방지용 고무 유무에 주의한다.
라. Solenoid Valve는 Suction 및 Blow 동작을 통하여 부품장착을 할 수 있도록 하는 기능을 제공한다.

11. 장비점검 주기상 주간 점검항목이 아닌 것은?
가. Conveyor의 Belt 소음정도
나. Head의 Nozzle Spring 움직임 상태
다. Camera Vision의 LED 점등상태
라. Cover Fan Filter의 오염정도

12. Nozzle을 세척할 경우 세척제는 무엇인가?
가. 경유 나. 휘발유 다. 알코올 라. 물

13. SMT 인라인 설비에서 장비와 관련 없는 기자재 종류가 포함된 것은 어느 것인가?
가. Screen Printer : Metal mask, Squeegee, Mixer
나. Mounter : Gantry, Rotary, Mouduler
다. Dispenser : Glue, Nozzle(needle), Flux
라. Reflow : VPS, IR, Hot-air

14. SMT 장비를 구성하기 위한 공압 구성품 중 주요 구성품에 해당하지 않는 것은?
가. Regulator 나. Speed Controller
다. Air Gun 라. Fitting

15. SMT 장비에서 사용되고 있는 Camera의 종류가 아닌 것은 다음 중 어느 것인가?
가. CSP Camera 나. PDP Camera
다. QFP Camera 라. Offset Camera

16. 다음 Soldering 관련 설명 중 틀린 것은 어느 것인가?
가. 공정솔더는 Sn63%-Pb37%이며 융점은 183℃이다.
나. 납땜불량은 Tombstone, Bridge, Void, Wicking Icicle 등이 있다.
다. 무연 솔더재료는 Sn-Ag-Cu계가 많이 사용된다.
라. 플럭스는 납땜시 청정화, 산화방지와 용융납의 표면장력을 크게 한다.

17. 다음 중 SMT 장비에서 사용되고 있는 공압단위가 잘 짝지어진 것은 어느 것인가?
가. Mpa, Psi 나. Mpa, kg/cm
다. Psi, kg/cm 라. Psi, N/m

18. 칩 장착기(Mounter) 기구와 부속물의 주요기능 설명이 잘 된 것은 어느 것인가?
가. Head : 부품의 실장을 위한 PCB의 이송기능
나. LSM : gantry & head의 이송기능
다. Nozzle : 부품의 이송기능
라. Feeder : 부품의 error 인식

19. 표면실장용 접착제를 도포하는 장비의 방식으로 사용할 수 없는 것은?
가. Spray방식 나. Screen전사방식
다. Dispense방식 라. Pin전사방식

20. Gantry Ass'y를 구성하는 주요 구성품이 아닌 것은 다음 중 어느 것인가?
가. Mover 나. Stator
다. X-Frame 라. Conveyor

21. SMT 장비를 구동하기 위해서는 공기압이 필수적이다. 다음 중에서 SMT 장비를 구동하기 위한 적절한 공기압 설정값은 어느 것인가?
가. 0.5Mpa 나. 1Mpa
다. 5Mpa 라. 10Mpa

22. PCB 후면실장(양면 실장시) 및 검사를 위해 PCB를 180°반전시켜 주는 장치는?
가. 로더(loader)
나. 언로더(unloader)
다. 스크린 프린터(screen printer)
라. 인버터(inverter)

23. SMD 생산 Line의 일반적 형태가 아닌 것은?
가. 보급형 나. 염가형 다. 표준형 라. 고속형

24. 일반적인 PLCC나 QFP 부품을 공급하는 장치가 아닌 것은?
가. Tray Feeder Unit 나. Manual Tray
다. Tray Supply Unit 라. Trolley

25. PCB의 Land Pattern에 Solder Cream을 바르는 장치를 무엇이라 하는가?
가. 진공 로더(Vacuum Loader)
나. 스크린 프린터(Screen Printer)
다. 디스펜서(Dispenser)
라. 메탈 마스크(Metal Mask)

26. SMD in-Line System의 Option 부품이 아닌 것은?
가. SMD　　나. Working Table
다. Buffer Conveyor　　라. Trolley

27. 실장기의 3가지 방식분류에 속하지 않는 것은?
가. 1 by 1 방식　　나. In-Line 방식
다. Multi 방식　　라. Full Vision 방식

28. 작업 중 갑작스런 정전으로 인한 Data의 망실을 방지하기 위하여 짧은 시간 동안 Main PC의 전원을 유지하는 장치는?
가. UPS　　나. Manual Tray
다. Trolley　　라. Bar Code System

29. 실장 가능한 대응 PCB Size가 아닌 것은?
가. 50 × 50 × 0.4t　　나. 410 × 360 × 5t
다. 530 × 460 × 5t　　라. 600 × 600 × 5t

30. 헤드 청소 및 급유 부위가 아닌 것은?
가. Z축 가이드 베어링 검사 및 급유
나. Nozzle축 급유
다. Z축 랙과 피니언 급유
라. LM Guide 급유

31. Conveyor 장치에서 소모성에 해당하는 것은?
가. Main Stopper　　나. Edge Clamp
다. Backup Pin　　라. Ring Belt

32. Option 사양에 해당되지 않는 것은?
가. Tray Feeder 사용　　나. Conveyor 방향
다. Head 수　　라. 장비높이

33. Nozzle 청소방법으로 부적합한 것은?
가. 초음파 세척기 사용
나. 알코올을 이용한 이물질 제거
다. 화학약품을 이용한 세척
라. 부드러운 헝겊 사용

34. Vacuum 형성과 파괴를 제어하는 장치는?
가. VSC Board　　나. Grabber Board
다. Vision Processor　　라. M/C Board

35. Head 실장시 PCB의 출렁거림을 방지하기 위한 장치는?
가. Back Pusher　　나. Edge Clamp
다. Bakcup-Pin　　라. Stopper

36. 다음 중 일반적으로 사용되는 QFP(Quad Flat Packs) Device가 아닌 것은?
가. TQFP　　나. LQFP
다. MQFP　　라. BQFP

37. 다음 중 Capacitor의 종류가 아닌 것은?
가. Ceramic Chip　　나. Molded Tantalum
다. Rectangular　　라. Aluminium

38. PGA가 의미하는 것으로 맞는 것은?
가. Pin Grid Array
나. Plastic Grid Array
다. Package Grid Array
라. Profile Grid Array

39. 아래 그림은 어떤 종류의 Device를 나타낸 것인가?

가. BGA　　나. SOP　　다. SOJ　　라. QFP

40. 다음 중 Resistor Array Device의 Individual Chip Size에 해당하지 않는 것은?
가. 0603×4　　나. 0805×8
다. 1206×4　　라. 1210×8

41. 다음 중 일반적으로 사용되는 BGA(ball grid array) Device가 아닌 것은?
가. PBGA　　나. CBGA
다. uBGA　　라. QBGA

42. 다음 중 Resistor의 종류가 아닌 것은?
가. Resistor Chip　　나. MELF
다. Resistor Array　　라. Passive

43. 다음 중 그림과 Device 명칭이 서로 일치하는 않는 것은?

가. Chip Capacitor

나. Tantalum Capacitors

다. Transistor

라. Dpak Power Transistor

44. 아래 그림은 어떤 종류의 Device를 나타낸 것인가?

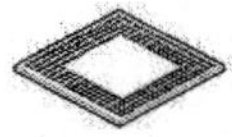

가. SSOP　나. PBGA　다. SOJ　라. QFP

45. 아래 그림은 Resistor Array(SRA0603×4)를 나타낸 것이다. Device의 Lead Pitch를 의미하는 것은 무엇인가?

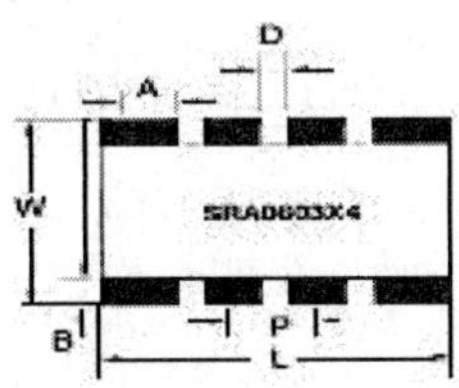

가. D　나. P　다. A　라. L

46. 상온의 진성반도체에 전압을 인가하면?

가. 전자는 양(+)전극으로 이동하고, 정공은 (−)전극으로 이동한다.
나. 정공은 양(+)전극으로 이동하고, 전자는 (−)전극으로 이동한다.
다. 전자와 정공은 모두 양(+)전극으로 이동한다.
라. 전자와 정공은 모두 음(−)전극으로 이동한다.

47. 직렬전압 궤한증폭기의 특징 중 옳지 않은 것은?

가. 전압이득의 안정성
나. 주파수 대역폭의 증가
다. 비직선 일그러짐의 감소
라. 입·출력 임피던스의 증가

48. 8진수 246을 10진수로 옳게 나타낸 것은?

가. 128　나. 160　다. 166　라. 182

49. 전송 파라미터에서 어드미턴스의 성질을 갖는 상수는?

가. A　나. B　다. C　라. D

50. 프린트 기판(PCB) 제작순서가 올바른 것은?

가. 에칭 레지스트 → 포토 마스크 → 노광 → 현상 → 에칭
나. 에칭 레지스트 → 노광 → 포토 마스트 → 현상 → 에칭
다. 에칭 → 포토 마스트 → 현상 → 노광 → 에칭 레지스트
라. 에칭 → 현상 → 포토 마스크 → 노광 → 에칭 레지스트

51. 공압제어 시스템에 속하지 않는 것은?

가. 동력원　나. 제어요소
다. 작업요소　라. 공기 필터

52. 드레인 배출방법이 아닌 것은?

가. 파일럿 및 수동식
나. 부구식(플로식)
다. 차압식(전동기 구동시)
라. 건조식

53. 압력제어 밸브에 해당되는 것은 어느 것인가?

가. 릴리프 밸브　나. 셔틀 밸브
다. 체크 밸브　라. 교축 밸브

54. 기호요소 중 주 관로를 나타내는 선은?

가. 실선　나. 1점쇄선
다. 복선　라. 파선

55. 압축공기의 저장탱크에 구성되는 기기가 아닌 것은?

가. 차단 밸브　나. 압축계
다. 압력 릴리프 밸브　라. 유량계

56. 베인 펌프의 구조가 아닌 것은?

가. 베인　나. 로터
다. 캠링　라. 리테이너

57. 공기압 발생장치 중 1.0kg/cm^2 이상의 압력을 발생시키는 장치는?

가. 공기 압축기　나. 송풍기
다. 팬　라. 공기 필터

58. 다음 중 액추에이터(actuator)의 속도를 조절하는 밸브는?

가. 감압 밸브　나. 유량제어 밸브
다. 방향제어 밸브　라. 압력제어 밸브

59. 필터(filter)의 대별 방법이 아닌 것은?

가. 표면식　나. 적층식
다. 적하식　라. 자기식

60. 다음 중 제어부에서 할 수 없는 것은 어느 것인가?

가. 방향　나. 속도
다. 압축　라. 힘

▌연습문제 해답 ▌

1. 라. 장비를 처음 공장에 설치 시 반드시 확인해야 하는 사항으로는 공장의 주 전원 Voltage가 장비설정 전압과 동일한가? 공장 main air 압력이 장비사용에 부족하지 않는가? 온습도는 적당한가?,
2. 가. Mounter를 공장 Inline에 설치 시 기본적으로 Foot의 높이(타 장비들과 높이를 맞춤), conveyor의 폭(PCB를 이송할 수 있도록), SMEMA(Surface Mounter Equipment Manufacturers Association) 규격에 맞는 통신 cable 연결과 같은 작업을 해야 한다.
3. 다. 접지의 필요성 : 모든 전기기기는 인명안전과 기기보호 장애를 방지하기 위해 접지가 필요하다. ① 누전시 감전 및 화재사고 예방 ② 이상전압의 억제 ③ 정전기 장해방지 ④ 통신 장해 방지 ⑤ 천둥번개로 인한 재해방지 ⑥ 보호 계전기류의 확실한 동작
4. 나. 장비가 갑자기 멈추면 항상 우선적으로 안전에 주의하여야 하며 motor 구동과 관련된 전원 계통은 off 후 확인하는 것이 좋다. 장비가 멈추었다고 안전조치 없이 cover를 분해하는 것은 상해의 위험이 있다.
5. 다. belt의 tension은 일일점검 항목이 아니다.
6. 다.
7. 라.
8. 나. 각 모듈의 동작과 관련된 부품이 무엇인지를 확인한다. feeder는 head의 부속품이 아니므로 PSM(부품공급장비) 점검사항으로 check한다. LM(Linear Motion system)은 head나 gantry가 정밀 직선이동을 할 때 guide하는 기구물이다.
9. 다. camera module을 장비에 재 부착할 시에는 정밀도에 영향을 미치므로 반드시 align을 맞춘 후 부착하여야 한다.
10. 가.
11. 가.
12. 다.
13. 다. Dispenser(접착제도포기)는 접착제(bond/glue)를 nozzle(needle)로 기판에 도포한다. 플럭스(flux)는 납땜(soldering)재료이다.
14. 다. regulator는 공압을 일정하게 공급하는 제어부품이고, speed controller은 공압의 양을 조정하여 cylinder나 기타 공압 부품의 속도나 힘을 조정하는 부품이다. fitting은 air horse를 연결하는 연결구이다. 단, air gun은 공압장비 구성에는 관련이 없다.
15. 나. PDP(plasma display panel)는 SMT 구성물이나 camera 용도와 관계없다.
    ① CSP camera : 정밀 camera로 해상도나 FOV가 큰 이형부품의 camera의 일종, 주로 CSP 부품들을 측정하기 위한 camera 이형장비만 장착.
    ② QFP camera : 정밀 camera로 해상도나 FOV가 큰 이형부품의 camera의 일종, 주로 QFP 부품들을 측정하기 위한 camera, 이형장비만 장착.
    ③ Offset camera : head에 장착되어 board 면에 있는 각종 fiducial mark나 teaching 좌표를 보기 위한 camera.
16. 라. 플럭스는 금속표면의 산화물을 제거하고 산화를 방지하며 용융솔더의 표면장력을 저하시켜 솔더가 잘 퍼지게 한다.
17. 나.
18. 나. 부품의 실장을 위한 PCB의 이송기능은 conveyor가 한다. 부품의 이송기능은 head나 gantry하고 nozzle은 head에서 부품을 흡착하거나 장착한다. 부품의 error 인식은 vision system이 한다. LSM(linear scale motor)은 ball screw 등의 메카니즘을 사용하여 motor의 회전운동을 직선운동으로 변환하여 gantry나 head를 이송한다.
19. 가.
20. 라.
21. 가.
22. 라.
23. 나. 일반적으로 보급형, 표준형, 고속형이 있다.
24. 라. trolley는 feeder 교체 및 setting을 용이하도록 한 장치임.
25. 나.
26. 가.
27. 라.
28. 가.
29. 라.
30. 나. 부품(chip)을 흡착하는 nozzle은 주유가 필요 없다. 주유시 vision error가 발생하므로 항상 cleaning해서 사용한다.
31. 라.
32. 다.
33. 다.
34. 가. ① VSC board (vaccum sensing control board)는 head에 부착되어, 부품을 pick & placing하는 진공발생, 소멸을 sensor로 감지 측정하여 동작상태를 제어하는 board이다.
    ② Grabber board는 vision으로 영상을 capture하는 board이다.
    ③ Vision processor board는 vision장치로 감지하고 capture한 아날로그 영상신호를 디지털 신호화하여 정보를 분석하는 board이다.
    ④ M/C board(main connector board)는 많은 harness에 Interface Board로 connecting하여 사용한다. head module

에도 그러한 역할을 하는 H/C board (head connector baord)가 있다.

35. 다.

36. 다. BGA-Ball Grid Array

37. 다. Capacitor의 종류 - ceramic chip, aluminium, molded tantalum

38. 가.

39. 가. BGA - Ball Grid Array

40. 라. Resistor array device의 individual chip size의 종류는 0603×4, 0603×8 0805×4, 0805×8 1206×4, 1206×8이다.

41. 라. BGA Device의 종류 - CBGA, BGA, uBGA, SBGA, PBGA, MBGA, TBGA, C_2BGA, LBGA

42. 라. Resistor의 종류 - Resistor chip, Melf, Resistor array

43. 나.

44. 나.

45. 나. L : 3.20 W : 1.5 P : 0.8 A : 0.48 B : 0.30 C : 0.20간격이다.

46. 가.

47. 나. 직렬전압 궤환증폭기는 궤환회로가 입력에 직렬(S)로 출력에 병렬(P)연결되어 있다.

48. 다. 246_8을 10진수로 고치면 $(2\times8^2)+(4\times8^1)+(6\times8^0)=166_{10}$

49. 다.

50. 가.

51. 라. 공압장치의 구성요소 중 제어부는 압력제어, 방향제어, 유량제어

52. 라.

53. 가.

54. 가.

55. 라.

56. 라.

57. 가.

58. 나.

59. 라.

60. 다. 압축은 압축기나 펌프에서 얻는다.

기출문제 SMT 기능사(1)

1. 다음 중 에스엠티 장점에 대한 서술로 틀린 것은?
   가. 제품의 신뢰성 및 성능향상
   나. 기판 조립의 자동화 용이
   다. 요구불량 수정 및 재작업의 용이
   라. 생산성 향상

2. 실장기(장착기)의 방식의 아닌 것은?
   가. in-line 방식
   나. one by one 방식
   다. off-line 방식
   라. multiI 방식

3. PCB 내 부품점수가 100점이 장착되어진다면 0.1초/1점을 장착할 수 있는 설비로 1시간 동안 생산 가능한 PCB 수량으로 맞는 것은?
   가. 60개 나. 180개 다. 360개 라. 720개

4. CREAM SOLDER 중 가장 일반적으로 사용되어지는 합금으로 맞는 것은?
   가. Sn+Pb+Ag
   나. Sn+Pb+Ag+Bi
   다. Sn+Pb+Ag+Bi+Cd
   라. Sn+Pb+Zn

5. 표면실장장치에서 부품을 흡착하는 도구를 무엇이라 하는가?
   가. 노즐 나. 카세트
   다. 헤드 라. 헤드 유니트

6. 다음 중 표면실장 인라인 구성설비가 아닌 것은?
   가. 스크린 프린터 나. 마운터
   다. 리플로우 라. 솔더 교반기

7. 다음 그림 중 일반적으로 마운터에서 실장하지 않는 부품은 어느 것인가?

   가. ① 나. ② 다. ③ 라. ④

8. 칩 부품(각진 형태의 부품) 중 크기 표기가 올바른 것은?
   가. 3216(3.0mm×2.16mm)
   나. 2012(2.0mm×1.25mm)
   다. 1608(1.0mm×6.08mm)
   라. 1005(1.0mm×0.05mm)

9. 다음 중 스크린 프린터의 솔더 인쇄품질과 관계없는 것은?
   가. 스퀴지 속도
   나. 솔더크림 점도
   다. 기판재질
   라. 메탈 마스크 개구부 크기

10. 부품 카세트 종류 중 맞지 않는 것은?
   가. 폭 8mm×이송피치 2mm
   나. 폭 8mm×이송피치 4mm
   다. 폭 8mm×이송피치 8mm
   라. 폭 12mm×이송피치 4mm

11. 에스엠티 신뢰성의 3대 요소가 아닌 것은?
   가. 내구성 나. 보전성
   다. 설계 신뢰성 라. 소모성

12. 마운터 공정에서 발생되는 불량 항목이 아닌 것은?
   가. 부품 틀어짐 불량
   나. 오장착 불량
   다. 일어섬(맨하탄) 불량
   라. 뒤집힘 불량

13. 다음 중 에스엠티 공정 작업환경에 대한 설명으로 옳은 것은?
   가. 이온아이져(Ionizer)는 유효거리와 이격거리를 확인하여 설치한다.
   나. 제전용 매트는 도전층이 표면으로 오도록 설치한다.
   다. 작업장의 습도를 가능한 상대습도 30%이하로 낮춰 정전기발생을 줄인다.
   라. 어스링은 손목착용이 발목착용보다 접지효과가 있다.

14. 표면실장장치에서 부품을 공급하는 장치를 무엇이라 하는가?
   가. 노즐 나. 카세트 다. 헤드 라. 인덱스

15. 다음 솔더 종류 중 무연 솔더가 아닌 것은?
   가. Sn+Pb+Ag 나. Sn+Ag+Cu
   다. Sn+Zn+Bi 라. Sn+Ag+Bi+Cu

16. 부품의 뒤집힘 및 모로섬 불량 발생요인이 아닌 것은?
   가. 노즐의 흡착 불량
   나. 부품공급장치 불량
   다. 부품공급장치 pickup offset값 틀어짐
   라 부품장착위치에 과납으로 인한 불량

17. 에스엠티 부품의 동작 특성상 가장 큰 장점은?
   가. 열에 약하다.
   나. 고주파(RF) 특성이 좋다.
   다. 진동과 충격에 강하다.
   라. 소형부품으로 취급이 쉽다.

18. 전자부품실장 및 납땜 후 랜드 또는 부품주변에 납볼이 있는 불량을 무엇이라 하는가?
   가. solder ball　　나. solder 과다
   다. solder 과소　　라. 맨하탄

19. 납땜시 예열의 목적이 아닌 것은?
   가. 납땜 대상물의 예비가열
   나. 수분과 IPA(이소프로필 알코올)의 증발
   다. 작은 납 입자 형성
   라. 플럭스(Flux)의 청정화 작용

20. 전자부품실장 후 부품 전극면 중 한쪽 면이 일어서 있는 납땜 상태불량을 무엇이라 하는가?
   가. 부품 틀어짐　　나. 맨하탄
   다. Solder Ball　　라. 부품비산

21. 불량현상 중 솔더링 불량요인에 의해서 발생하는 현상은?
   가. 미삽　　나. 틀어짐
   다. 리드 뜸　　라. 오픈

22. 인쇄불량의 요인이 아닌 것은?
   가. 스퀴지 속도
   나. 판 분리 우선순위 및 속도
   다. 열 가열 시간
   라. 솔더페이스트 열화

23. 다음 중 실장 형태에 대한 설명 중 틀린 것은?
   가. IMT는 인쇄회로 기판의 스루홀에 부품리드를 삽입 납땜하는 형태이다.
   나. IMT는 주로 단면실장의 형태이다.
   다. IMT는 SMT의 발전기술이다.
   라. SMT는 양면실장 형태이다.

24. 다음 중에서 표면실장부품의 공급형태로 틀린 것은?
   가. Taping(reel)　　나. Tray
   다. Stick　　라. Paper

25. 다음 설명 중 괄호 안에 들어갈 알맞은 용어로 조합된 것은? "리플로우 내부로 이송되는 기판과 부품에는 히터와 가열된 공기에 의해 전도, ( ), ( )의 형태로 열에너지가 전달된다."
   가. 대류, 복사　　나. 대류, 반사
   다. 반사, 집광　　라. 복사, 집광

26. 플럭스의 역할이 아닌 것은?
   가. 청정화　　나. 산화방지
   다. 재산화 방지　　라. 세척방지

27. 아래 그림과 같은 이상적 온도 Profile 중 A-B 구간의 시간설정으로 알맞은 것은?

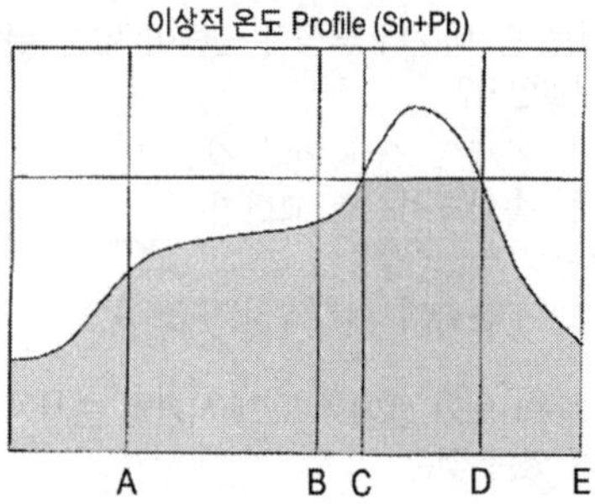

   가. 60～120초　　나. 120～180초
   다. 180～240초　　라. 240～300초

28 Cream Solder의 종류가 아닌 것은?
   가. 고온 Solder　　나. 은-주석 Solder
   다. 저온 Solder　　라. Wave Solder

29. 다음 중 양호한 인쇄성을 위한 조건으로 옳지 않은 것은?
   가. 메탈 마스크(Metal Mask)의 프레임(Frame)에 휨이 없어야 한다.
   나. 메탈 마스크(Metal Mask)는 가능한 저장력(低張力)이 있어야 한다.
   다. 작업 중 크림솔더(Cream Solder)의 점도 변화가 적어야 한다.
   라. 인쇄 후에도 점착성을 유지하여 부품의 탑재가 가능해야 한다.

30. 칩부품 실장시 틀어짐이 발생하였다. 그 해결방법으로 틀린 것은?
가. 장착높이 재설정
나. 부품높이 재설정
다. 장착시 지연시간 재설정
라. 부품인식높이 재설정

31. 주요 무연 솔더(Pb-free solder) 불량 유형이 아닌 것은?
가. 리프트 오프
나. 휘스커
다. 솔더포트(Pot) 내부 침식
라. 접합 강도 저하

32. 마운터에서 발생하는 불량이 아닌 것은?
가. 미장착　　나. 틀어짐
다. 솔더 부족　　라. 부품 일어섬

33. 다음 중 마운터 공정과 관련이 없는 부속장치는 무엇인가?
가. 카세트 검사 및 교정장치
나. 솔더페이스트 교반기
다. 부품 연결장치
라. 부품습기 제거장치(제습함)

34. 다음의 보기 중에서 도입 시기별 순서가 맞게 되어 있는 것은?
㉮ axial 삽입　　㉯ radial 삽입
㉰ 표면실장　　㉱ 입체실장
가. ㉯ → ㉰ → ㉱ → ㉮
나. ㉮ → ㉯ → ㉰ → ㉱
다. ㉯ → ㉮ → ㉰ → ㉱
라. ㉰ → ㉱ → ㉮ → ㉯

35. 오장착을 방지하기 위한 대응방법과 거리가 먼 것은?
가. 바코드 부착관리
나. 부품교환시 용량확인
다. 부품리스트 부착
라. 카세트 검사 및 교정

36. 다음 집적회로(IC)의 분류 중 집적소자의 개수가 가장 많은 것은?
가. VLSI　　나. LSI
다. MSI　　라. SSI

37. GTO를 턴－오프하기 위해서 가장 올바른 것은?
가. 게이트에 (+)의 신호를 준다.
나. 게이트에 (－)의 신호를 준다.
다. 게이트의 전류를 작게 한다.
라. 그대로 두면 일정 시간 후 오프된다.

38. PCB의 제조공정 중에 부식액, 도금액, 납땜 등으로부터 특정 영역을 보호하기 위하여 사용하는 피복재료를 통칭하는 것으로 맞는 것은?
가. 랜드　　나. 레지스트
다. 레진　　라. 디스미어

39. 다음 그림의 반도체 소자 기호 명칭은?

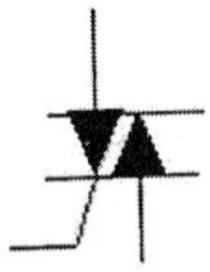

가. 전계효과 트랜지스터(FET)
나. 트라이액(TRIAC)
다. 단일접합 트랜지스터(UJT)
라. 다이액(DIAC)

40. 다음 중 회로의 층수에 의해서 PCB를 분류할 경우 그 종류가 아닌 것은?
가. 단면 PCB　　나. 양면 PCB
다. 다층면 PCB　　라. 플렉시블 PCB

41. P형 불순물 반도체를 만들기 위해 진성반도체에 첨가하는 3가의 분순물을 무엇이라고 하는가?
가. 정공　　나. 전자
다. 도우너　　라. 억셉터

42. 다음 보기 중 콘덴서의 종류가 아닌 것은?
가. 전해 콘덴서　　나. 탄탈 콘덴서
다. 세라믹 콘덴서　　라. 유전체 콘덴서

43. 다음 중 PCB 패턴(Pattern) 설계시 유의사항이 아닌 것은?
가. 소신호의 패턴과 대전류 패턴은 근접하지 않도록 한다.
나. 패턴과 패턴 간에 가능한 한 GND패턴을 통과 시킨다.
다. 패턴은 최단거리를 유지하고 패턴이 길면 루프(Loop)형상이 되도록 한다.
라. 패턴 간의 전위차에 따라 패턴 간격을 유지한다.

44. 다음 중 양호한 다이오드를 테스트했을 때 나타나는 현상이 아닌 것은?

가. 순방향 시 매우 낮은 저항값을 나타낸다.
나. 역방향 시 매우 높은 저항값을 나타낸다.
다. 순방향이나 역방향 모두 낮은 저항값을 나타낸다.
라. 실리콘 다이오드의 순방향 전압은 약 0.7V이다.

45. 전자부품 관리요령으로 가장 바람직한 것은?

가. 모든 부품들은 항상 습한 곳에 보관해야 한다.
나. 전자부품들은 종류별로 분류하고 동종품명은 크기별로 분류하는 것이 좋다.
다. IC는 IC소켓에 고정하여 항상 보관한다.
라. 슬라이드 스위치와 DIP스위치는 구분하여 관리할 필요가 없다.

46. PCB의 가공이 완료된 시점에서 PCB상의 모든 랜드에 검사용 핀 혹은 프로브를 접촉시켜 이상의 유무를 검사하는 방법을 무엇이라고 하는가?

가. BBT(Bare Board Test)
나. 회로시험(In-Circuit Test)
다. 동작시험(Function Test)
라. 비아홀 검사(Via-Hole Test)

47. 다음 기호(심벌)가 의미하는 전자부품은?

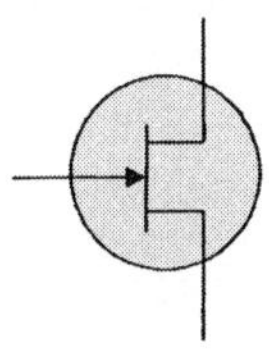

가. DIODE　　나. TR
다. FND　　라. FET

48. 금속 중의 전자가 열이나 빛 등의 에너지를 가하면 전자가 공간에 방출된다. 다음 중 이러한 전자방출의 종류에 해당되지 않는 것은?

가. 1차 전자 방출
나. 열전자 방출
다. 전기장 방출
라. 광전자 방출

49. 다음 중 반도체 소자가 아닌 것은?

가. 다이오드　　나. 트랜지스터
다. 커패시터　　라. 광전자 방출

50. 다음 중 PCB 설계시 패턴 방향 간격 표준지침이 아닌 것은?

가. 양면 이상의 PCB 패턴은 솔더면과 부품면의 패턴이 90도 교차하도록 한다.
나. PCB 바깥쪽에서 패턴까지 일정한 간격을 유지한다.
다. 솔더면의 패턴 방향은 투입방향(납땜방향)과 나란하게 한다.
라. 양면 이상의 PCB 패턴은 솔더면과 부품면의 패턴이 나란하게 한다.

51. 두 개의 복동실린더가 1개의 실린더 형태로 조립되어 출력을 거의 2배 큰 힘을 낼 수 있는 실린더는?

가. 양로드형 실린더
나. 단동 실린더
다. 롤링 격판 실린더
라. 탠덤 실린더

52. 공기의 흐름이 한 2방향으로만 허용되는 밸브는?

가. 릴리프 밸브
나. 체크 밸브
다. 감압 밸브
라. 시퀀스 밸브

53. 다음은 압력에 대한 설명이다. 맞는 것은?

가. 절대압력 = 대기압력 + 진공압력
나. 절대압력 = 게이지압력 − 대기압력
다. 게이지압력 = 절대압력 − 대기압력
라. 진공압력 = 대기압력 + 게이지압력

54. 공기압의 장점이 아닌 것은?

가. 보수관리가 용이하다.
나. 동력원의 발생이 용이하다.
다. 외부누설시 감전, 인화의 위험이 없다.
라. 배수대책이 불필요하다.

55. 다음 중 밸브의 조작력 분류기호 중 기계적 방법이 아닌 것은?

가. 　　나. 

다. 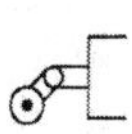　　라. 

56. 다음 보기는 방향제어 밸브 기호이다. 포트와 방향수로 맞는 것은?

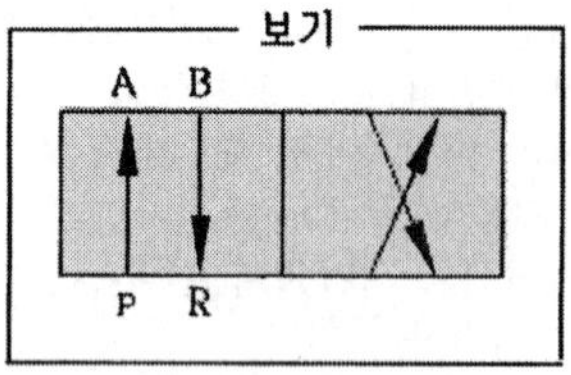

가. 2/2way　　나. 3/2way
다. 4/2way　　라. 4/3way

57. 압축공기 에너지를 기계적인 회전운동으로 바꾸어 주는 기기는?

가. 공압 단동실린더
나. 공기 압축기
다. 공압 복동실린더
라. 공압 모터

58. 국제단위계는 SI 단위계를 쓴다. 다음 기본 단위를 나타내는 것 중 잘못 표기한 것은?

가. 길이 – 미터(m)
나. 질량 – 킬로그램(kg)
다. 열역학온도 – 켈빈(K)
라. 시간 – 초(s)

59. 다음 중에서 압력의 단위가 아닌 것은?

가. kgf/cm^2　　나. bar
다. 파스칼(Pa)　　라. 뉴턴(N)

60. 디스크 시트형 포핏 밸브의 특징이 아닌 것은?

가. 응답시간이 길다.
나. 내구성이 좋다.
다. 밀봉이 우수하다.
라. 가동부의 이동거리가 짧다.

☞ **해답**

1	2	3	4	5	6	7	8	9	10	11	12	13	14	15	16	17	18	19	20
다	다	다	가	가	라	다	나	다	다	라	다	가	나	가	라	나	가	다	나
21	22	23	24	25	26	27	28	29	30	31	32	33	34	35	36	37	38	39	40
다	다	다	라	가	라	가	라	나	라	라	다	나	나	라	가	나	나	나	라
41	42	43	44	45	46	47	48	49	50	51	52	53	54	55	56	57	58	59	60
라	라	다	다	나	나	라	가	다	라	라	나	다	라	라	다	라	다	라	가

▶ 기출문제 SMT 기능사(2)

1. 다음 중 스크린 프린터의 솔더 인쇄품질과 관계없는 것은?
   가. 스퀴지 속도
   나. 솔더크림 정도
   다. 기판 재질
   라. 메탈 마스크 개구부 크기

2. 다음 중 솔더 볼 불량과 관계없는 것은?
   가. 솔더를 인쇄한 후 방치시간 과다함
   나. 솔더크림 인쇄시 솔더크림의 인쇄가 무너지거나 번짐
   다. 솔더크림이 수분을 흡수했을 때
   라. 유효기간 이내의 솔더크림을 5~10℃로 냉장 보관했을 때

3. 칩부품을 장착할 때 장착 높이가 너무 높았을 때 발생하는 문제점은?
   가. 칩부품에 솔더크림이 눌려 브리지 불량이 생긴다.
   나. 장착부품이 틀어지거나 이탈, 솔더볼, 쇼트 등의 불량이 나타난다.
   다. 솔더크림이 산화되어 불량이 발생한다.
   라. 온도가 올라가 부품특성 불량이 생긴다.

4. 다음 그림과 같은 이상적 온도 Profile 중 C-D 구간 내 P점의 온도관리로 알맞은 것은?

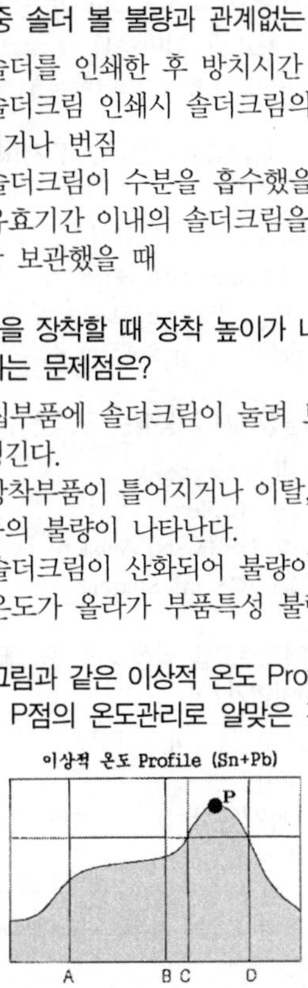

   가. (120~150)℃ 나. (150~190)℃
   다. (210~230)℃ 라. (250~280)℃

5. 전자부품실장 후 솔더 양이 많아 전극부위 이상으로 덮인 상태의 불량을 무엇이라 하는가?
   가. 솔더 쇼트 나. 솔더 과다
   다. 솔더 볼 라. 솔더 과소

6. 표면실장기 중 회전하는 핸드 유닛를 12~16개 사용하여 고속실장용에 사용하는 방식은 무엇인가?
   가. 갠트리(Gantry) Type
   나. 모듈러(Moduler) Type
   다. 로봇(Robot) Type
   라. 로터리(Rotary) Type

7. 플럭스의 역할이 아닌 것은?
   가. 청정화 나. 산화방지
   다. 재산화방지 라. 세척방지

8. 재작업(수리 Part)이 곤란하다는 게 SMT 단점 중에 하나인데 다음 중 재작업 난이도가 가장 높은 반도체 부품은?
   가. TR 나. BGA
   다. TSOP 라. QFP

9. 다음 중 크림솔더가 가져야 할 특성이 아닌 것은?
   가. 점착성 나. 인쇄성
   다. 신뢰성 라. 발포성

10. PCB 기판에 있어서 무연화 대책에 해당하는 것은?
    가. PCB 두께 감소 나. 전자파 설계
    다. 내열성 확보 라. 수동 칩 내장

11. 장착공정에서 흡착 에러에 대한 대책 중 잘못된 것은?
    가. 정기적으로 노즐 관리를 한다.
    나. 흡착높이의 정도(精度)를 관리한다.
    다. 헤드 속도를 빠르게 한다.
    라. 부품에 맞는 흡착 노즐을 사용한다.

12. 다음 중 가장 고밀도화된 SMT의 실장형태는?
    가. 단면표면실장
    나. 양면표면실장
    다. 단면 IMT 부품 혼재
    라. 양면 IMT 부품 혼재

13. 다음 중 부품의 장착순서가 올바르게 나열된 것은?
    가. 40mmQFP → 1005저항 → 2012커패시터 → BGA(Ball Grid Array)
    나. 1005저항 → 2012커패시터 → 40mmQFP → BGA(Ball Grid Array)
    다. 2012커패시터 → 40mmQFP → BGA(Ball Grid Array) → 1005저항
    라. BGA(Ball Grid Array) → 40mmQFP → 1005저항 → 2012커패시터

14. 소형 부품에서 많이 발생되며 리플로우 공정에서 부품의 한쪽 전극이 일어서는 현상은?

가. 역삽 나. 맨하탄
다. 크랙 라. 과납

15. 다음 중 SMT 공정 작업환경에 대한 설명으로 옳은 것은?

가. 이온아이저(Ionizer)는 유효거리와 이격거리를 확인하여 설치한다.
나. 제전용 매트는 도전층이 표면으로 오도록 설치한다.
다. 작업장의 습도를 가능한 상대습도를 30% 이하로 낮춰 정전기 발생을 줄인다.
라. 어스링은 손목착용이 발목착용보다 접지효과가 있다.

16. 기판의 인식마크에 대한 설명으로 잘못된 것은?

가. 기판마크 위치를 카메라로 인식하여 정착위치를 보정하기 위한 것이다.
나. 인식마크의 형상은 원형(圓形)의 1가지로만 제작이 가능하다.
다. 인식마크의 재질은 동박, Solder 도금 등 다양화 할 수 있다.
라. 기판의 재질에 따라 인식마크를 선명하게 식별할 수 있는 밝기가 달라진다.

17. 이형 Mounter에서 작업할 경우이다. 옳지 않은 것은?

가. PCB 피디셜 마크(Fiducial Mark)를 인식하여 장착 Error를 방지한다.
나. 큰 Size의 이형부품을 작업하므로 PCB의 평탄도를 맞추지 않아도 된다.
다. 부품의 Size에 맞게 Nozzle를 선택하여 Pickup Error를 최소화 한다.
라. Fine Pitch 작업시에는 부품의 Pickup 위치, 이송시간, 부품의 높이 등을 확인하여야 한다.

18. 마운터에서 실장부품을 인식할 때 관련이 없는 것은?

가. 반사판 나. 부품 두께
다. 노즐 형상 라. 노즐 필터

19. 솔더는 접합 모재와 성질이 비슷한 것을 선택하여 사용하는 것이 좋다. 솔더를 선택할 때 고려할 사항이 아닌 것은?

가. 모재와의 친화력이 좋을 것
나. 적당한 용융온도와 유동성을 가질 것
다. 납땜할 때 용융상태에서 가능한 한 비산을 일으키지 않을 것
라. 모재와의 전위차가 가능한 한 클 것

20. 일반적인 SMT LINE을 구성한 것으로 옳은 것은?

가. 로더 → 스크린 프린트 → 이형 칩마운트 → 표준 칩마운트 → 리플로우 → 언로더
나. 로더 → 스크린 프린트 → 표준 칩마운트 → 이형 칩마운트 → 리플로우 → 언로더
다. 로더 → 스크린 프린트 → 표준 칩마운트 → 리플로우 → 이형 칩마운트 → 언로더
라. 로더 → 표준 칩마운트 → 스크린 프린트 → 이형 칩마운트 → 리플로우 → 언로더

21. 다음 중 인쇄납량을 결정하는 인자로 그 영향이 가장 작은 것은?

가. 스퀴지(Squeegee) 압력
나. 스퀴지(Squeegee) 속도
다. 메탈 마스크(Metal Mask) 두께
라. 크림솔더(Cream Solder) 성분

22. SMT 인쇄공정에서 사용되는 구성품이 아닌 것은?

가. 스퀴지(Squeegee)
나. 액상플럭스(Flux)
다. 메탈 마스크(Metal Mask)
라. 크림솔더(Cream Solder)

23. 고속 마운터프로그램 작성 기능 중 해당되지 않는 사항은 무엇인가?

가. 인쇄회로기판 마크인식
나. 장착순서결정
다. 부품 동시흡착
라. 장착위치

24. 온도 프로파일 측정주기 및 관리에 대한 설명 중 틀린 것은?

가. 온도 프로파일의 측정주기는 1회/일 및 생산모델 변경시 측정한다.
나. 측정된 온도 프로파일은 표준 온도 프로파일과의 적합성을 비교한다.
다. 온도 프로파일 측정용 샘플(열전쌍이 접속된 기판)은 재사용하면 안된다.
라. 온도 프로파일 측정용 샘플(열전쌍이 접속된 기판)은 모델별로 관리 보관한다.

25. 표면실장 인라인 검사공정 구성 중 관련이 가장 적은 것은?

가. 인쇄 검사 나. 장착 검사
다. ICT 검사 라. 납땜 검사

26. Solder Paste 및 칩 Bond가 도포된 PCB에 Chip 부품을 납땜 또는 경화시키는 장치는?
가. 리플로우(Reflow)
나. 언로더(Unloader)
다. 스크린 프린트(Screen Printer)
라. 이형 칩 마운트(Multi Chip Mounter)

27. 장착 공정에서 장착 에러를 일으킬 수 있는 원인으로 보기 어려운 것은?
가. 부적절한 장착높이
나. 부품인식 에러(Error)
다. 기판의 휨
라. 느린 흡착속도

28. SMT를 이용하여 생산할 경우 단점이 아닌 것은?
가. 고밀도로 total cost를 절감한다.
나. 공정의 system화로 집중적인 투자경비가 필요하다.
다. 부품의 소형화, IC lead의 협소 등으로 불량수정 및 재작업이 어렵다.
라. 새로운 부품의 개발 및 설비의 향상으로 변화에 대응하여야 한다.

29. 스크린 프린터(Screen Printer)를 설명한 것이다. 틀린 것은?
가. 스크린 프린트에서 Backup Pin은 필요가 없다.
나. 스크린 프린트의 종류에는 전자동, 반자동, 수동이 있다.
다. 납(Solder Paste), 칩 Bond 등 스크린 마스크(Screen Mask)를 이용하여 프린트한다.
라. 스퀴지(Squeegee)로 일정한 압력을 가하면서 크림솔더를 이동시킨다.

30. Mounter setting시 유의사항이 아닌 것은?
가. Back Pin의 setting 불량
나. 장착 speed의 setting 불량
다. 장착 부품의 color 불량
라. 노즐(nozzle)의 선택오류

31. 솔더 분말을 용제나 플럭스에 섞어 사용하는 솔더로서 기판(PCB)에 도포하여 리플로우 솔더링 하는 솔더는?
가. 테이프 솔더(Tape Solder)
나. 페이스트 솔더(Paste Solder)
다. 바 솔더(Bar Solder)
라. 볼 솔더(Ball Solder)

32. 실장형태의 변천 순서가 바르게 되어 있는 것은?
가. axial lead 부품 → radial lead 부품 → 복합 표면실장부품 → 표면실장부품
나. axial lead 부품 → radial lead 부품 → 표면실장부품 → 복합 표면실장부품
다. radial lead 부품 → axial lead 부품 → 복합 표면실장부품 → 표면실장부품
라. axial lead 부품 → 복합 표면실장부품 → 표면실장부품 → radial lead 부품

33. 리플로우 장비의 가열방식으로 옳지 않은 것은?
가. 적외선법　　나. 전기저항법
다. 열풍법　　라. 침적법

34. 전자기기 조립공정에서의 검사사항으로 틀린 것은?
가. In circuit test　　나. aging test
다. 부품 수입검사　　라. 파괴검사

35. 리플로우 공정에서 온도측정시 필요하지 않는 도구는?
가. 비전　　나. 열전대
다. 고온 솔더　　라. 열강화형 본드

36.저항기의 색띠가 "갈흑적금"이면 저항값으로 맞는 것은?
가. 1kΩ±5%　　나. 2kΩ±10%
다. 1kΩ±10%　　라. 2kΩ±5%

37. 200V, 600W 정격의 커피포트에 200V의 전압을 1시간동안 공급할 때의 전력량으로 맞는 것은?
가. 600[Wh]　　나. 1200[Wh]
다. 600[kWh]　　라. 1200[kWh]

38. PCB의 배선밀도를 높이기 위한 방법으로 옳은 것은?
가. 노이즈 방지를 위해 배선과 배선사이를 넉넉하게 한다.
나. 비아 홀을 크게 한다.
다. 부품 홀을 크게 한다.
라. PCB를 고다층화 한다.

39. 반도체 소자의 형명 표시에서 다음 중 2SC2458에 해당하는 트랜지스터는 어느 것인가?
가. P-N-P형의 고주파용
나. P-N-P형의 저주파용
다. N-P-N형의 고주파용
라. N-P-N형의 저주파용

40. 다음 중 PCB 패턴 설계시 유의사항이 아닌 것은?
가. 소신호의 패턴과 대전류 패턴은 근접하지 않도록 한다.
나. 패턴과 패턴 간에 가능한 그라운드 패턴을 통과시킨다.
다. 패턴은 최단거리를 유지하고 패턴이 길면 루프 형상이 되도록 한다.
라. 패턴간의 전위차에 따라 패턴 간격을 유지한다.

41. 정현파 교류의 피크 투 피크 값을 측정하였더니 28.28[V_{p-p}]이였다면 이 파형의 실효값으로 맞는 것은?
가. 5[V] 나. 10[V]
다. 14.14[V] 라. 28.28[V]

42. 부품의 간격, 결선, 금지영역의 배치 등의 여부를 검사하는 CAD의 기능으로 맞는 것은?
가. 배선 패턴의 설계기능
나. 도형 처리기능
다. 설계규칙 검사기능
라. PCB 외형, 드릴데이터 등의 작성기능

43. PCB CAD의 주요 기능으로 틀린 것은?
가. 3D 모델링을 위한 편리한 디자인 기능
나. 아날로그, 디지털, SMD 등의 제약없는 설계기능
다. 자동결선, 자동차 부품배치 등의 자동화된 제반기능
라. 스케메틱 및 PCB의 즉각적이고 간단한 디버깅 기능

44. 키르히호프의 제1법칙인 전류법칙을 바르게 설명한 것은?
가. 임의의 폐회로망에서 기전력 합은 폐회로망의 저항에 의한 전압강하의 합은 서로 같다.
나. 회로망의 임의의 접속점에 유입되는 전류와 유출되는 전류의 합은 서로 같다.
다. 임의의 폐회로망에서 기전력 합은 폐회로망의 저항에 의한 전압강하의 합은 서로 다르다.
라. 회로망의 임의의 접속점에 유입되는 전류와 유출되는 전류의 합은 서로 다르다.

45. 트랜지스터는 작은 전기신호를 큰 전기신호로 변환하는 ( )기능을 한다. ( )에 들어갈 말은?
가. 정류 나. 증폭
다. 반전 라. 평활

46. 다음 중 전계효과 트랜지스터(FET)의 특징이 아닌 것은?
가. 입력 임피던스가 매우 높다.
나. 전류제어용 소자이다.
다. 잡음이 적다.
라. 구조가 간단하고 제조가 용이하다.

47. 금속 중의 전자에 열이나 빛 등의 에너지를 가하면 전자가 공간에 방출된다. 다음 중 이러한 전자 방출의 종류에 해당되지 않는 것은?
가. 1차 전자 방출
나. 열전자 방출
다. 전기장 방출
라. 광전자 방출

48. PCB 제조에 사용되는 동박적 층판의 종류 중 정보처리 분야인 휴대전화, 무선통신용으로 사용되는 것은?
가. 복합 동박적 층판
나. 내열수지 동박적 층판
다. 고주파용 동박적 층판
라. 플렉시블 동박적 층판

49. PCB 조립 후 제거되는 조립 덧살 활용방법으로 부적절한 것은?
가. V 컷트 작업으로 인접 PCB와 결합하여 사용할 수 있다.
나. PCB 도번이나 이슈 관리를 한다.
다. PCB 덧살 부위에 더미 패드를 형성하여 PCB 웨이브 솔더링시 PCB 휨을 방지할 수 있다.
라. 각종 테스트용 패드를 만들 수 있다.

50. 인쇄회로기판(PCB) 제작시 고려해야 할 특성 중 전기적 특성에 해당되지 않는 것은?
가. 내전압
나. 납땜 내열성
다. 절연저항
라. 절연율

51. 액추에이터의 공급쪽 관로에 바이패스 관로를 설치하여 속도를 제어하는 회로는?
가. 미터 인 회로
나. 미터 아웃 회로
다. 레지스터 회로
라. 블리드 오프 회로

52. 공기가 왕복운동을 하는 피스톤 부분과 직접 접촉하지 않기 때문에 공기에 기름이 섞이지 않게 되어 압축공기 중에 기름이 혼입되는 것을 방지하여 깨끗한 공기를 필요로 하는 식료품가공, 제약회사 등에 많이 사용되는 압축기는?

가. 격판 압축기　　나. 피스톤 압축기
다. 스크루 압축기　　라. 베인 압축기

53. 공압 기기의 특성을 나타낸 것 중에서 서로 맞지 않은 것은?

가. 회전운동 – 공압 모터를 이용하여 빠른 회전운동을 얻으며 효율이 좋고 운전비용이 적게 든다.
나. 조절성 – 힘은 압력조절 밸브를 이용하고 속도는 유량제어 밸브, 급속배기 밸브로 쉽게 조절할 수 있다.
다. 취급성 – 구조가 간단하여 간단한 조작으로도 취급할 수 있으며 잘못 배관해도 부품 자체의 손상이 없다.
라. 주변 환경의 영향 – 주위의 온도가 낮을 경우 압축공기 중의 수분이 응축되어 얼기 쉽다.

54. 다음 중 표준대기압(atm)으로 잘못 표시된 것은?

가. 760mmHg　　나. 10.33mAq
다. 1.033kgf/cm^2　　라. 733.5mmHg

55. "정지된 유체 내에서 압력을 가하면 이 압력은 유체를 통하여 모든 방향으로 일정하게 전달된다." 이 이론은 유체의 성질을 이해하고 회로에 적용할 수 있다. 어떤 이론인가?

가. 연속의 법칙　　나. 파스칼의 원리
다. 달톤의 법칙　　라. 베르누이의 정리

56. 다음 중 증압기의 사용목적으로 옳은 것은?

가. 압력 증폭　　나. 속도제어
다. 달튼의 법칙　　라. 베르누이의 정리

57. 방향제어 밸브의 구조 중에서 스풀형에 대한 장점으로 맞는 것은?

가. 이물질이 혼입되어도 고장이 적다.
나. 압력이 축방향으로 작용하여 작은 힘으로 밸브 전환이 가능하다.
다. 정밀도에 관계없이 밀봉효과가 아주 좋다.
라. 급유가 필요 없다.

58. 다음 중 압력의 단위는?

가. Pa　　나. N
다. m/s　　라. mol

59. 공기압조정 유닛(서비스 유닛)의 구성 부품이 아닌 것은?

가. 윤활기　　나. 체크밸브
다. 공압 필터　　라. 압력조절 밸브

60. 다음 유압장치의 특징 설명 중 틀린 것은?

가. 장치를 소형화할 수 있다.
나. 무단 변속이 가능하다.
다. 속도조정이 용이하고 중간 정지도 양호하다.
라. 에너지 축적이 불가능하다.

☞ 해답

1	2	3	4	5	6	7	8	9	10	11	12	13	14	15	16	17	18	19	20
다	라	나	다	나	라	라	나	라	다	다	나	나	나	가	나	나	라	라	나
21	22	23	24	25	26	27	28	29	30	31	32	33	34	35	36	37	38	39	40
라	나	다	다	다	가	라	가	가	다	나	나	라	라	가	가	가	라	다	다
41	42	43	44	45	46	47	48	49	50	51	52	53	54	55	56	57	58	59	60
나	가	가	나	나	나	가	다	가	나	라	가	가	라	나	가	나	가	나	라

▶ 기출문제 SMT 기능사(3)

1. 실장기술의 변천에 대한 설명으로 잘못된 것은?
   가. 삽입실장기술(IMT)은 스프레이 플럭스(Spray Flux)도 사용한다.
   나. 표면실장기술(SMT)은 주로 웨이브 솔더링을 사용한다.
   다. 환경규제 정책에 따라 무연(Pb-free) 솔더를 사용하고 있다.
   라. 근래에 와서 bare IC 및 입체 실장기술로 발전하고 있다.

2. 다음 중 SMT(Surface Mount Technology)와 IMT(Insert Mount Technology)를 비교 설명한 것으로 틀린 것은?
   가. 실장밀도는 SMT가 IMT보다 더 높다.
   나. 신호전송은 SMT가 IMT보다 빠르다.
   다. 부품중량은 SMT가 IMT보다 가볍다.
   라. 인쇄회로기판은 SMT가 IMT보다 박형, 경량화시키기 어렵다.

3. 다음 중 기판에 휨을 발생시켜 실장되어 있는 부품의 변형률 및 단락 여부들을 측정하는 시험 방법은?
   가. 열충격 시험
   나. 벤딩 시험
   다. 고온·고습 시험
   라. PCT(Pressure Cooker Test)

4. 다음 중 Bare chip 실장 방식이 아닌 것은?
   가. Wire Bonding
   나. Flip Chip Bonding
   다. Dispensing
   라. Tape Automated Bonding

5. 표면실장기(표준품)에서 기판(PWB)의 휨 정도에 따른 생산 가능한 범위를 설명한 것이다. 올바른 것은?
   가. 평면기 중에서 위 방향으로 최대 0.5mm, 아래 방향으로 최대 0.5mm이다.
   나. 평면기 중에서 위 방향으로 최대 1mm, 아래 방향으로 최대 1mm이다.
   다. 평면기 중에서 위 방향으로 최대 3mm, 아래 방향으로 최대 3mm이다.
   라. 평면기 중에서 위 방향으로 최대 5mm, 아래 방향으로 최대 5mm이다.

6. 크림솔더(cream solder)의 종류가 아닌 것은?
   가. 고온 Solder　　나. 은주석 Solder
   다. 저온 Solder　　라. Wave Solder

7. Solder Paste의 성분 중 플럭스(Flux)의 역할이 아닌 것은?
   가. 산화물 제거　　나. 접착력 감소
   다. 표면장력 감소　　라. 재산화 방지

8. 다음 중 솔더크림 또는 칩 본드를 공급하는 방식이 아닌 것은?
   가. 스크린 인쇄
   나. 디스펜싱(도포 방식)
   다. 핀 전사방식
   라. 칩 마운터

9. 일반적인 표면실장부품의 공급형태가 아닌 것은?
   가. Taping(Reel)　　나. Tray
   다. Stick　　라. Pipe

10. 표면실장기술의 차세대 기술로서 Bare IC Chip을 직접 기판에 탑재하여 회로접속을 행하는 기법은?
    가. DIP　　나. SOP
    다. QFP　　라. COB

11. 솔더링 후의 검사방법으로 환경검사에 해당하는 것은?
    가. X-선 투과검사　　나. 인장 파괴검사
    다. 초음파 검사　　라. 열피로 검사

12. 리플로우 가열방식 중 대류작용을 이용한 것은?
    가. 열풍방식　　나. IR가열방식
    다. 레이저 가열방식　　라. 증기 가열방식

13. 실장공정 환경 중 온도관리 조건으로 알맞은 것은?
    가. 10~30℃　　나. 15~22℃
    다. 22~27℃　　라. 27~ 32℃

14. 다음 중 열전달 방식과 솔더링 방법이 맞게 연결된 것은?
가. 전도열-침척 솔더링
나. 복사열-침척 솔더링
다. 대류열-인두 솔더링
라. 전도열-리플로우 솔더링

15. 부품장착 에러를 방지하기 위한 대책으로 거리가 먼 것은?
가. 바코드 부착관리
나. 부품 교환시 규격 확인
다. 부품 리스트 부착
라. 카세트 검사 및 교정

16. 부품실장 후 검사하는 방법으로서 육안검사로 확인이 가장 어려운 것은?
가. 부품미삽 및 오삽
나. 솔더링
다. 냉납
라. 부품 외부 결함

17. 그림에서 일반적으로 SMT 마운터 공정에서 실장하지 않는 부품은?

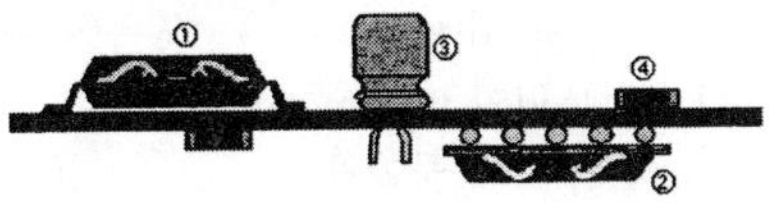

가. ① 나. ②
다. ③ 라. ④

18. 부품의 미세화, 고밀도화에 따라 발생정도가 많은 결함 중의 하나로 인접 랜드(land) 간에 납이 연결된 불량유형은?
가. 솔더볼 나. 맨하탄
다. 브리지 라. 휘스커

19. 다음 중 솔더페이스트 인쇄량을 결정하는 인자가 아닌 것은?
가. 스퀴지 압력
나. 스퀴지 속도
다. 크리닝 페이퍼
라. 장착 노즐

20. 다음 중 스크린 프린터에서 사용되지 않는 것은?
가. 메탈 마스크
나. 솔더페이스트
다. 크리닝 페이퍼
라. 장착 노즐

21. 표면실장기술에 대한 설명으로 올바른 것은?
가. 저밀도 소형화 제품을 생산할 수 없다.
나. 전기적 성능과 신뢰성이 떨어진다.
다. 전체적이 제조원가를 줄일 수 있다.
라. 부품이 작아서 고속 자동생산이 불가능하다.

22. 표준 칩 마운터(Chip Mounter)의 설명으로 맞는 것은?
가. 표준화되지 않은 여러 가지 부품을 실장하는 장치이다.
나. 표준화된 부품과 이형부품을 실장하는 다기능 장치이다.
다. 표준화되지 않은 이형 type의 부품과 lead 부품을 실장하는 장치이다.
라. 표준화된 부품을 실장하는 장치를 말하며 고속 마운트라고도 한다.

23. 다음 중 칩마운터를 구분하는 방식이 아닌 것은?
가. In-line
나. One by One 방식
다. Multi 방식
라. Pin 전사 방식

24. 다중 줄 장착공정에서 발행할 수 있는 불량에 속하지 않는 것은?
가. 과납 나. 틀어짐
다. 역삽 라. 부품 깨짐

25. 인쇄공정에 관한 설명으로 틀린 것은?
가. 메탈 마스크와 솔더의 점착력이 강해야 한다.
나. PCB와 솔더의 점착력이 강해야 한다.
다. PCB와 메탈 마스크 사이에 부압이 형성되어야 한다.
라. 메탈 마스크 표면에 대기압력이 작용한다.

26. 다음 중 실장 라인 구성설비에 대한 설명으로 틀린 것은?
가. X-ray 검사장치는 QFP, SOP 등 리드 납땜 외관을 검사하는 설비이다.
나. 스크린 프린터는 솔더페이스트를 인쇄하는 설비이다.
다. 마운터는 실장부품을 기판 위에 장착하는 설비이다.
라. 리플로우는 기판 위의 솔더페이스트와 실장부품에 열을 가해 납땜이 되도록 하는 설비이다.

27. 스크린 프린터 작업에 필요한 주요 3요소가 아닌 것은?

가. 메탈 마스크　　나. 스퀴지
다. 플럭스　　라. 솔더페이스트

28. 온도 프로파일에 대한 다음 설명 중 잘못된 것은?

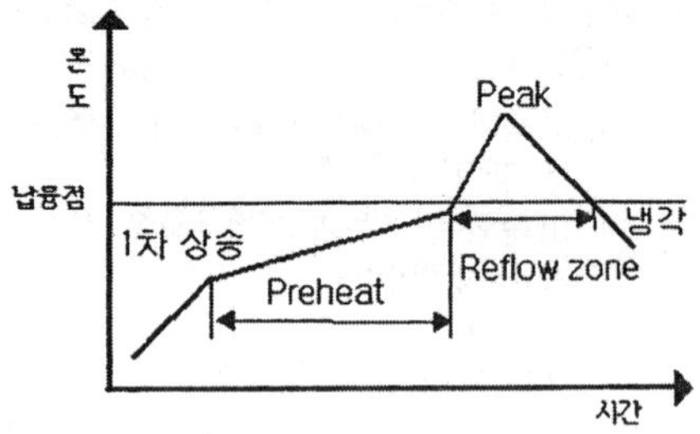

가. 1차 상승은 휘발성분을 없앤다.
나. Preheat 구간은 일정한 온도(150℃) 전후를 유지하면 Flux를 활성화시킨다.
다. Peak 온도는 부품의 사양을 고려하여 설정하되 일반적으로 210~220℃(무연 : 230~250℃) 이내에서 설정한다.
라. 접합강도를 높이기 위해서는 빠른(급격)냉각보다는 늦은(완만) 냉각이 유리하다.

29. 솔더 접합부 불량 중 젖음성 불량의 원인이 아닌 것은?

가. 재료표면의 산화
나. Fulx 활성력 저하
다. 가열부족
라. 솔더량의 부족

30. 리플로우 공정순서로 가장 적합한 것은?

가. 솔더용융 → 냉각 → 예열 → 승온
나. 승온 → 예열 → 솔더 용융 → 냉각
다. 예열 → 승온 → 냉각 → 솔더 용융
라. 냉각 → 예열 → 솔더 용융 → 승온

31. 다음 중 리플로우 납땜시 발생되는 불량이 아닌 것은?

가. 솔더 크랙　　나. 브리지
다. 오픈　　라. 솔더 레지스트

32. 메탈 마스크 중 Additive 마스크에 대한 설명으로 옳은 것은?

가. 브리지 발생이 높다.
나. 피치폭이 0.3mm 이하의 초정밀 부품에는 사용이 곤란하다.
다. 제작기간이 길어 단기 납기 대응이 어렵고, 가격이 비싸다.
라. 빠짐성이 좋지 않아 패턴 폭을 줄일 수 없다.

33. 솔더를 수성하는 성분 중에서 유연 솔더와 무연(Pb-free) 솔더를 구분하는 기준이 되는 금속은?

가. 구리　　나. 주석
다. 은　　라. 납

34. 스크린 프린터(Screen Print)의 불량 발생원인으로 틀린 것은?

가. 메탈 마스크를 세척하지 않아도 납빠짐성 등 기타 품질에 영향이 없다.
나. 크림 솔더는 인쇄 후 장시간(8시간 정도) 방치한 후 사용할 경우 솔더 볼이 다량 발생 할 수 있다.
다. 크림 솔더는 냉장보관(5℃정도)후 상온에서 2시간정도 방치한 후 교반시켜 사용하여야 한다.
라. 스퀴지의 진행속도를 빠르게 할 경우 미세 피치 부분의 납빠짐성에 영향을 주며 미납이 발생한다.

35. 실장기술에서 실장부품의 발전방향으로 틀린 것은?

가. 소형화, 미소화
나. IC lead의 fine pitch화
다. lead 이형 부품화
라. 복합 부품화

36. 단일접합트랜지스터(UJT)의 구성에 대한 설명으로 옳은 것은?

가. 2개의 이미터로 구성
나. 1개 컬렉터와 2개의 이미터로 구성
다. 1개의 이미터와 2개의 베이스로 구성
라. 1개의 이미터, 베이스 및 컬렉터로 구성

37. 다음 중 프린터 배선판상의 납땜을 요구하는 부분만 남기고 절연체로서 인쇄하여 납땜 시 근접패턴간에 브리지(Bridge)를 방지하고 패턴의 산화를 막기 위한 절연 잉크피막을 무엇이라 하는가?

가. 패턴　　나. 솔더 랜드
다. 솔더 레지스트　　라. 마킹

38. 일반적인 인쇄회로기판(PCB)에서 인가전압 1V당 최소한도의 패턴(배선)간격으로 적절한 것은?

가. 0.005~0.007mm　　나. 0.05~0.07mm
다. 0.5~0.7mm　　라. 5~7mm

39. 진성반도체에 3가 혹은 5가인 불순물 원자를 첨가하는 과정을 무엇이라고 하는가?

가. 결합　　나. 도핑
다. 재결합　　라. 결정체화

40. CAD 프로그램의 주요 기능으로 거리가 먼 것은?

가. 부품의 등록기능
나. 부품의 배치기능
다. 작성된 회로의 설계규칙검사
라. PCB 가공기능

41. 0.25W, 200kΩ의 부하에 최대로 직접 가할 수 있는 전압은 약 몇 V인가?

가. 200　　나. 223
다. 423　　라. 600

42. 다층 인쇄회로기판(MLB)의 제조공정에서 외층의 형성을 위해 사용되는 표면의 얇은 구리막으로 다층 회로기판에서 회로의 전류를 전달하는 도체는?

가. 동박　　나. 빌드업
다. 프리플래그　　라. 에폭시

43. PCB의 여러 가지 검사방법 중 BBT(Bare Board Test)에 속하지 않는 것은?

가. 핀 접촉 방식
나. 프로브(Probe) 이동 방식
다. 도전고무 접촉 방식
라. 형광검출 방식

44. 다음 중 실리콘 제어정류기(SCR)의 응용범위가 아닌 것은?

가. 계전기 제어
나. 모터 제어
다. 발진기
라. 초퍼 변환기

45. 쌍극성 트랜지스터의 단자가 아닌 것은?

가. 이미터　　나. 컬렉터
다. 게이트　　라. 베이스

46. PCB의 외형과 부품 홀의 가공방법에서 라우터에 의한 가공방법과 비교한 프레스에 의한 가공 방법의 특성으로 옳지 않은 것은?

가. 다품종 소량 생산에 적합하다.
나. 생산성이 높다.
다. 외형 변경시의 대응이 어렵다.
라. 제품별로 별도의 금형이 필요하다.

47. 스크린 인쇄법에 의한 배선패턴의 전사과정이 올바른 것은?

가. 건조 → 패널 → 정면처리 → 스크린 인쇄
나. 패널 → 스크린 인쇄 → 건조 → 정면처리
다. 건조 → 정면처리 → 스크린 인쇄 → 패널
라. 패널 → 정면처리 → 스크린 인쇄 → 건조

48. GTO(Gate Turn Off thyristor)를 OFF시키기 위해서 가장 올바른 것은?

가. (+)게이트 전압을 준다.
나. (−)게이트 전압을 준다.
다. 게이트의 전류를 작게 한다.
라. 그대로 두면 일정 시간 후 OFF된다.

49. 시간과 함께 변화하는 전기신호의 파형을 관측하는 측정장비의 이름은 무엇인가?

가. UV 미터
나. 오실로스코프
다. 회로시험기
라. 주파수 카운터

50. 다음 중 저항에 대한 일반적인 설명은?

가. 전류의 흐름을 방해한다.
나. 전류의 흐름을 도와준다.
다. 전압과 전류에 반비례한다.
라. 전압과 전류에 비례한다.

51. 압축공기 중에 기름이 혼입되는 것이 방지되는 관계로 깨끗한 공기를 필요로 하는 식품공업, 제약회사, 화학공업들에 많이 사용되는 압축기는?

가. 베인 압축기
나. 스크류 압축기
다. 피스톤 압축기
라. 격판 압축기

52. 압력제어 밸브의 기능에 대한 설명이 틀린 것은?

가. 공압회로 내의 압력에 따라 액추에이터의 동작순서를 제어할 수 있다.
나. 저압의 압축공기를 일정한 압력으로 상승시켜 공압기기에 공급한다.
다. 규정 이상으로 압력이 상승하면 대기 중으로 방출한다.
라. 부하의 변동에 따라 변화하는 압력을 일정하게 유지한다.

53. 다음 중 공압장치의 장점에 해당하지 않는 것은?
가. 동력전달방법이 간단하고 용이하다.
나. 인화의 위험이 없다.
다. 균일한 속도조절이 가능하다.
라. 제어가 간단하고 취급이 용이하다.

54. 다음 중 표준 대기압에 해당하지 않는 것은?
가. 760mmHg 나. 1013bar
다. 1.033kgf/cm^2 라. 101293N/m^2

55. 다음 중 압축공기 조정 유닛의 구성요소가 아닌 것은?
가. 압축공기 필터
나. 압축공기 윤활기
다. 압축공기 조절기
라. 압축공기 냉각기

56. 미리 결정된 순서대로 제어신호가 출력되어 순차적으로 작업이 수행되는 제어방법으로 자동화에 이용되는 제어방법은?
가. 공압 제어 나. 논리 제어
다. 시퀀스 제어 라. 캐스케이드 제어

57. 다음 그림 기호의 명칭으로 옳은 것은?

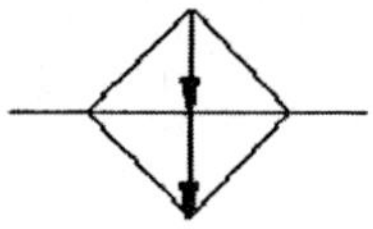

가. 온도조절기 나. 압력계측기
다. 가열기 라. 냉각기

58. 공기 저장탱크에 부속도니 구성요소가 아닌 것은?
가. 압력계 나. 온도계
다. 안전밸브 라. 냉각기

59. 공기압축기의 설치장소로 적합하지 않은 곳은?
가. 가능한 온도 및 습도가 높은 장소
나. 유해 가스 및 우해 물질이 적은 장소
다. 빗물, 직사광선을 받지 않는 장소
라. 소음의 차단을 위해 방음벽을 설치한 장소

60. 공압 호스의 단면적이 4cm^2일 때 0.5m/s의 속도로 공기가 흐르고 있다. 이때의 유량은 몇 L/s 인가?
가. 20 나. 2
다. 0.2 라. 0.02

☞ 해답

1	2	3	4	5	6	7	8	9	10	11	12	13	14	15	16	17	18	19	20
나	라	나	다	가	라	나	라	라	라	라	가	다	가	라	다	다	다	라	라
21	22	23	24	25	26	27	28	29	30	31	32	33	34	35	36	37	38	39	40
다	라	라	가	가	가	다	라	라	나	라	다	라	가	다	다	다	가	나	라
41	42	43	44	45	46	47	48	49	50	51	52	53	54	55	56	57	58	59	60
나	가	라	다	다	가	라	나	나	가	라	나	다	나	라	다	가	나	가	다

기출문제 SMT 기능사(4)

1. 솔더링(Soldering) 불량을 줄이기 위한 솔더크림 관리기준에 대해 서술한 것 중 틀린 것은?
   가. 제조일로부터 3~5개월 이내의 생산제품을 사용한다.
   나. 5~10℃ 유지가 가능한 냉장 보관한다.
   다. 선입선출에 원칙에 따라 반드시 입고된 순서대로 사용한다.
   라. 상온(25℃)에서 수분흡수를 촉진하기 위해 10분 이내 개봉한다.

2. 납땜할 필요가 없는 곳에 도포하여 땜납에 젖지 않도록 하는 것은?
   가. 랜드(Land)
   나. 비아홀(Via Hole)
   다. 패드(Pad)
   라. 솔더 레지스트(Solder Resist)

3. 다음 중 비파괴검사 방법이 아닌 것은?
   가. 외관검사　　나. X-ray 검사
   다. 초음파 검사　　라. 단면 조직검사

4. 크림솔더(Cream Solder)의 인쇄불량 요인이 아닌 것은?
   가. 예열
   나. 마스크 클리어런스(Mask Clearance)
   다. 스퀴지(Squeegee)
   라. 판분리 속도

5. PCB 랜드(land)에 크림솔더 인쇄 후 부품을 장착하여 납땜하는 가열장비는?
   가. 스크린 프린터
   나. 리플로우 솔더링 장비
   다. 칩마운터
   라. 웨이브솔더링 장비

6. 다음 중에서 플럭스의 역할이 아닌 것은?
   가. 모재 금속 청정화
   나. 재산화 방지
   다. 솔더와 모재의 젖음성을 촉진
   라. 산화막 형성

7. 칩부품의 흡착불량과 거리가 먼 것은?
   가. 노즐 형상, 상태　　나. 부품, 피더 정도
   다. 노즐 흡착력　　라. 장착 높이

8. 표면실장기술(SMT)에 대한 장점으로 옳은 것은?
   가. 제품의 소형화, 고밀도화가 가능하다.
   나. 공정이 복잡하다.
   다. 설비가 고가이다.
   라. 수리가 어렵다.

9. 다음 중 SMT In-line 설비가 아닌 것은?
   가. 칩마운터　　나. 스크린 프린터
   다. 솔더크림　　라. 디스펜서

10. 다음 중 칩 본드의 선택기준이 아닌 것은?
   가. 도포성능이 좋을 것
   나. 기포가 없을 것
   다. 경화시간이 길 것
   라. 납땜온도에 충분히 강도를 가질 것

11. 일반적으로 사용되는 솔더크림의 합금으로 옳은 것은?
   가. Sn+Pb+Ag
   나. Sn+Pb+Au+Bi
   다. Sn+Pb+Au+Bi+Cd
   라. Sn+Pb+Zn

12. 실장공정 환경 중 습도관리 조건으로 가장 알맞은 것은?
   가. 20~40%　　나. 40~60%
   다. 60~80%　　라. 80~100%

13. 표면실장(표준 MOUNTER) 설비에서 작업 가능한 기판의 치수로 적합한 것은?
   가. 최소 : 10mm×10mm,　최대 : 100mm×100mm
   나. 최소 : 20mm×20mm,　최대 : 200mm×200mm
   다. 최소 : 30mm×30mm,　최대 : 300mm×300mm
   라. 최소 : 50mm×50mm,　최대 : 330mm×250mm

14. SMT 공정작업에서 부품에 따른 노즐 변경시 자동적으로 노즐을 분리하거나 부착시켜 주는 기능을 수행하는 모듈을 무엇이라 하는가?
   가. Moving Camera Module
   나. Fix Camera Module

다. Auto Nozzle Changer Module
라. Fiducial Module

15. 표면실장장치에서 기판의 정확한 위치를 파악하기 위한 인식표시로 사용하고 있는 것은?
가. 기판 랜드 나. 기판 패턴
다. 기판 홀 라. 기판 마크

16. SMT 부품실장 시 PCB Size 오차에 의한 불량을 해결하기 위해 PCB 상·하단에 만든 [PCB 제작 시] 특정 Mark를 표시한 것을 무엇이라 하는가?
가. Clamp Mark 나. Side Mark
다. Pattern Mark 라. Fiducial Mark

17. 다음 중 리플로우 솔더링 기계에 대한 설명으로 잘못된 것은?
가. 솔더크림 인쇄 후 부품이 실장된 PCB에 열을 가해 납땜 작업을 위한 설비이다.
나. 방식으로는 대류(열풍), 적외선, 대류+적외선, VPS 등이 있다.
다. 납땜부 기판 온도는 최대 250℃ 이하로 한다.
라. Flux 도포방식에는 발포식, Wave식, Spray식 등이 있다.

18. 소형 부품에서 많이 발생되며 리플로우 공정에서 부품의 한쪽 전극이 일어서는 현상은?
가. 역삽 나. 맨하탄
다. 크랙 라. 과납

19. 칩부품 실장시 틀어짐이 발생하였다. 그 해결방법으로 틀린 것은?
가. 장착높이 재설정
나. 부품높이 재설정
다. 장착시 지연시간 재설정
라. 부품 인식높이 재설정

20. 솔더페이스트 인쇄 작업시 지켜야 할 사항에 대한 설명이 틀린 것은?
가. 냉장고에서 꺼낸 솔더페이스트는 뚜껑을 개봉하지 않고 라인의 실내온도와 일치하는 시간까지 상온 방치한다.
나. 생산해야 할 기판의 인쇄할 면과 메탈 마스크가 맞는지 확인한다.
다. 실내환경에 적응하도록 항상 스크린 프린터 커버를 오픈시켜 놓고 작업해야 한다.
라. 주기적으로 메탈 마스크 위의 납량을 확인하여 보충해 주어야 하며 스퀴지 양쪽으로 밀려난 솔더페이스트를 안쪽으로 밀어 넣는다.

21. 플럭스(Flux)가 구비해야 할 조건으로 틀린 것은?
가. 모재 금속과 솔더의 표면 산화막이 제거될 것
나. 모재에 대한 플럭스 자신의 젖음성과 유동성이 좋을 것
다. 플럭스 잔사 제거가 쉬울 것
라. 플럭스 반응이 빠르고 솔더보다 융점이 높을 것

22. 다음 중 실장형태에 대한 설명 중 틀린 것은?
가. IMT는 인쇄회로기판의 스루홀에 부품 리드를 삽입 납땜하는 형태이다.
나. IMT는 주로 단면실장의 형태이다.
다. IMT는 SMT가 발전한 기술이다.
라. SMT는 양면실장이 가능한 형태이다.

23. 표준 마운터(또는 고속마운터)의 구성요소가 아닌 것은?
가. 부품장착용 헤드(Head)
나. 부품 픽업 노즐(Nozzle)의 세척장치
다. 부품 픽업용 사이즈별 노즐(Nozzle)
라. 부품 공급장치 피더(또는 Cassette)

24. 온도 프로파일을 설정할 때 고려해야 하는 항목과 관계가 먼 것은?
가. 인쇄회로기판 종류
나. 부품 특성
다. 세척제
라. 솔더페이스트 조성

25. 표준 마운트에서 장착 불량의 유형이 아닌 것은?
가. Feeder의 Setting이 맞지 않을 경우
나. 두께가 얇은 PCB의 Backup Pin의 Setting이 맞지 않을 경우
다. 부품 크기에 맞는 노즐 선택의 오류 및 노즐이 맞지 않을 경우
라. PCB의 로딩(loding) 이송속도를 빠르게 할 경우

26. 비전검사장비(AOI : Automated Optical Inspector)에 불량 판정기준에 대한 설명으로 옳은 것은?
가. Vision 카메라에 검사하고자 하는 부품의 Image를 manual(수동)로 판단하여 양품과 불량을 판정한다.
나. Vision 카메라에 의해서 인식되는 실제의 부품 화상을 눈으로 보고 양품과 불량을 판정한다.
다. 검사하고자 하는 부품의 Image와 Memory

에 저장된 Sample Image를 비교 검사하여 양품과 불량을 판정한다.
라. 동종 부품의 미세 형태변화 및 숙련자에 의한 부품 크기 조정, Light 조건 조정 등 미세조정할 필요가 없다.

27. 리플로우(Reflow) 가열방식 중 표면실장용으로 잘 사용하지 않는 방식은?

가. 적외선(IR) 가열방식
나. 열풍(Hot Air) 가열방식
다. 적외선(IR) + 열풍(Hot Air) 가열방식
라. 증기(VPS) 가열방식

28. 칩부품에 따라 노즐 사이즈와 토출시간, 온도, 압력을 변화시켜 접착제를 도포하는 방식은?

가. 핀 전사방식
나. 스크린 인쇄방식
다. 디스펜서 방식
라. 메쉬(Mesh) 인쇄방식

29. 표면실장용 부품 사용이 점차 확대된 이유로 틀린 것은?

가. 표면실장용 부품이 점차 이형화가 되었다.
나. 표면실장기술과 장비의 성능이 발전되어 생산성이 향상되었다.
다. 생산제품의 성능과 가치를 높일 수 있었다.
라. 소요 부품이 저가로 대량 생산되어 공급된다.

30. 스크린 프린터에서 사용하는 스퀴지 중에서 마스크에 공급하는 크림솔더량을 많게 할 수 있고, 스퀴지 탄성에 의한 인압조정이 용이한 스퀴지 종류는?

가. 평스퀴지　　나. 검스퀴지
다. 각스퀴지　　라. 라운드 스퀴지

31. 솔더페이스트(Solder Paste)에 의한 불량 요인이 아닌 것은?

가. 고드름(사슴뿔) 현상
나. 브리지(Short) 현상
다. 부품의 뒤집힘 현상
라. 일어섬(Manhattan) 현상

32. 실장 공정에서 비전(vision)을 이용하여 검사하는 방법이 아닌 것은?

가. 부품 성능의 검사
나. 납땜 상태의 검사
다. 인쇄 상태의 검사
라. 장착 상태의 검사

33. 다음 괄호 안에 들어갈 알맞은 용어로 조합된 것은? "리플로우 내부로 이송되는 기판과 부품에는 히터와 가열된 공기에 의해 전도, (　), (　)의 형태로 열에너지가 전달된다."

가. 대류, 복사　　나. 대류, 반사
다. 반사, 집광　　라. 복사, 집광

34. 리플로우의 특징을 설명한 것으로 틀린 것은?

가. 부품의 열충격이 크다.
나. 솔더(solder)를 적정량 공급할 수 있다.
다. 자기보정 효과가 있다.
라. 솔더(solder)의 불순물 혼입이 많다.

35. IPC-CM-770 "Printed Board Component Mounting"에서 대표적인 실장형태를 조립 타입(type)과 클래스(class)로 구분하여 설명한 것 중 틀린 것은?

가. Type 1 : 기판의 단면에 부품장착, Class A : 표면실장부품만 장착
나. Type 2 : 기판의 단면에 부품장착, Class B : 표면실장부품만 장착
다. Type 1 : 기판의 단면에 부품장착, Class C : 삽입실장부품과 표면실장부품이 혼재 장착
라. Type 2 : 기판의 양면에 부품정착, Class C : 삽입실장부품과 표면실장부품이 혼재 장착

36. 이상적인 연산증폭기(OP-Amp, operational amplifier)가 갖추어야 할 조건 중 옳지 않은 것은?

가. 주파수 대역폭이 무한대일 것
나. 입력 임피던스가 무한대일 것
다. 오픈 루프 전압 이득이 무한대일 것
라. 오프셋 전압이 1 이어야 할 것

37. PCB의 가공이 완료된 시점에서 PCB 상의 모든 랜드 검사용 핀 혹은 프로브를 접촉시켜 이상의 유무를 검사하는 방법을 무엇이라 하는가?

가. BBT(Bare Board Test)
나. 회로시험(Circuit Test)
다. 동작시험(Function Test)
라. 비아 홀 검사(Via-Hole Test)

38. 2층 이상의 PCB에서 층간을 접속하기 위하여 기판에 도통 가공한 후 그 내부를 도금한 것으로 부품이 삽입되지 않는 홀(Hole)을 무엇이라 하는가?

가. 부품 홀　　나. 블로우 홀
다. 비아 홀　　라. 버블 홀

39. 2개의 SCR을 역병렬로 접속한 3단자의 교류 스위치로 양 방향성 소자이며 교류 전력제어에서 무접점 스위치 소자로 주로 사용되는 것은?

가. TRIAC　　나. GTO
다. SCS　　라. UJT

40. PCB로 구현하기 위한 기구 설계단계에 해당하지 않는 것은?

가. 케이스 디자인
나. PCB의 크기 결정
다. 부품의 조립방법 결정
라. 부품간의 배선패턴 설계

41. 회로도 작성을 위한 CAD 프로그램 사용으로 기대되는 특징이 아닌 것은?

가. 배선패턴의 미세화에 대응
나. 배선패턴 변경시 데이터 활용용이
다. 단순작업에 걸리는 시간단축 불가능
라. 잘못 설계된 내용 수정용이

42. 회로의 층수에 의해서 PCB를 분류할 경우 그 종류가 아닌 것은?

가. 단면 PCB　　나. 양면 PCB
다. 다층 PCB　　라. 플렉시블 PCB

43. PN 접합 다이오드 반도체 소자의 순방향 바이어스에서 캐리어의 이동으로 인한 전류는?

가. 확산전류
나. 이차전자 방출전류
다. 이온전류
라. 드리프트 전류

44. 많은 전자회로소자가 하나의 기판 위 또는 기판 자체의 분리가 불가능한 상태로 결합되어 있는 초소형 구조의 기능적인 복합적 전자부품은?

가. 콘덴서　　나. 집적회로
다. 다이오드　　라. 트랜지스터

45. 회로시험기를 사용하여 측정할 수 없는 항목은?

가. 직류전압　　나. 직류전류
다. 위상차　　라. 저항

46. 전자 하나가 1V의 전위차를 거슬러 올라갈 때 필요한 일에 해당하는 것은?

가. 1[V]　　나. 1[J]
다. 1[eV]　　라. 1 [A]

47. 제어회로구성에서 트랜지스터(TR)의 주요 기능 2가지는?

가. 증폭기능, 스위칭 기능
나. 스위칭 기능, 발진기능
다. 증폭기능, 발진기능
라. 점멸기능, 스위칭 기능

48. 코일에 전류를 흘리면 자석이 되는 성질을 이용한 것으로 전자석으로 되었을 때 철판을 끌어당겨 그 철판에 붙어 있는 스위치부의 접점을 닫거나 여는 것은?

가. 릴레이　　나. 저항
다. 콘덴서　　라. 스피커

49. CAD 기술에서 다루는 자동설계와 대화형 설계를 비교할 때 자동설계에 대한 설명으로 거리가 먼 것은?

가. 설계 전에 작성할 데이터가 많다.
나. 자동배선 기능을 이용하여 배선작업을 수행한다.
다. 사전에 필요한 데이터가 준비되어 있으면 설계 후의 검사작업이 적어진다.
라. 작업자에 의해 데이러 수정이 즉시 이루어진다.

50. 땜납이 금속에 잘 부착되도록 화학적으로 활성화 시키는 물질로 맞는 것은?

가. 포토비아　　나. 폴리이미드
다. 플럭스　　라. 아라미드

51. 공압의 특성에 대한 설명 중 틀린 것은?

가. 힘의 증폭이 용이하다.
나. 제어가 간단하다.
다. 신호의 응답속도가 늦다.
라. 인화 위험이 있다.

52. 압축공기를 생산하기 위해서는 공기 압축기나 송출기가 필요한데 일반적으로 송출압력이 얼마 이상이면 압축기라 하는가?

가. $1kgf/cm^2$　　나. $1.5kgf/cm^2$
다. $2kgf/cm^2$　　라. $2.5kgf/cm^2$

53. 공압장치의 주요 구성요소에 대한 명칭과 기능이 잘못 연결된 것은?

가. 공압 발생장치 : 압축공기 생산
나. 공기 청정화장치 : 압축공기의 정화

다. 제어장치 : 액추에이터로 공급되는 압력제어
라. 구동장치 : 전동기나 엔진을 이용하여 공기압축기 회전

54. 피스톤의 면적이 $8cm^2$인 실린더에 100kgf의 힘을 가할 때 이 실린더에 작용하는 압력은 약 몇 kgf/cm^2인가?

가. 0.125　　나. 1.25
다. 12.5　　라. 125

55. 다음 중 밸브의 작동방법에서 수동 작동방법을 표시한 것으로 틀린 것은?

가. 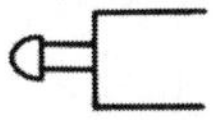 (누름스위치)

나. 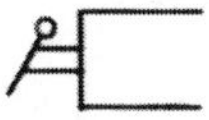 (레버)

다. 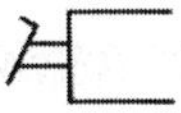 (페달)

라. 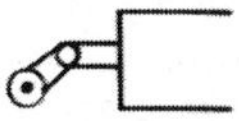 (방향성 롤러 레버)

56. 다음 중 1표준기압이 아닌 것은?

가. 9.8mAq　　나. $1.0332kgf/cm^2$
다. 760mmHg　　라. 1atm

57. 공기온도 31℃, 상대습도 70%, 압축기가 흡입하는 공기유량 $12m^3$일 때 수증기량은 약 몇 kg/cm^3인가?(단 : 31℃에서의 포화수증기량은 $0.32kg/cm^2$이다.)

가. 0.182　　나. 0.224
다. 1.421　　라. 2.673

58. 다음 중 유압장치의 특징을 잘못 설명한 것은?

가. 작동유로 인한 화재의 위험이 있다.
나. 속도를 무단으로 변속할 수 있다.
다. 작은 장치로 큰 힘을 얻을 수 있다.
라. 특별히 냉각장치가 필요없다.

59. 방향제어 밸브의 구조 중에서 스풀형에 대한 장점으로 옳은 것은?

가. 이물질이 혼입되어도 고장이 적다.
나. 압력이 축방향으로 작용하여 작은 힘으로 밸브 전환이 가능하다.
다. 정밀도에 관계없이 밀봉효과가 아주 좋다.
라. 급유가 필요 없다.

60. 다음 중 압력의 단위로 적합하지 않은 것은?

가. N/m^2　　나. Pa
다. J/s　　라. $kg/m \cdot s^2$

☞ 해답

1	2	3	4	5	6	7	8	9	10	11	12	13	14	15	16	17	18	19	20
라	라	라	가	나	라	라	가	다	다	가	나	라	다	라	라	라	나	라	다
21	22	23	24	25	26	27	28	29	30	31	32	33	34	35	36	37	38	39	40
라	다	나	다	라	다	라	다	가	가	다	가	가	라	가	라	가	다	가	라
41	42	43	44	45	46	47	48	49	50	51	52	53	54	55	56	57	58	59	60
다	라	라	나	다	다	가	가	라	다	라	가	라	다	라	가	나	라	나	다

▶ 기출문제 SMT 기능사(5)

1. 크림솔더(Cream Solder)의 인쇄불량의 요인이 틀린 것은?
   가. 예열시간
   나. 마스크 클리어런스
   다. 스퀴지 속도
   라. 판분리 속도

2. 아래 보기의 솔더링 과정을 순서에 맞게 나열된 것은?
   [보기] ① 솔더의 용융
   ② 모재 금속의 용해, 솔더가 모재로 확산
   ③ 합금 층 형성
   ④ 냉각에 따른 응고조직
   가. ① → ② → ③ → ④
   나. ① → ③ → ② → ④
   다. ② → ③ → ① → ④
   라. ① → ④ → ② → ③

3. 스크린 프린터(Screen Printer)의 장비를 구성하는 부품이 아닌 것은?
   가. 스퀴지(Squeegee)
   나. 스크린마스크(Screen Mask)
   다. 시각인식 카메라(Visual Camera)
   라. 솔더 페이스트(Solder Paste)

4. 디스펜서로 칩 본드를 도포할 때 도포량과 관계가 없는 것은?
   가. 경화온도
   나. 도포압력
   다. 도포 노즐 내경
   라. 칩 본드 점도

5. 다음 중 SMT 장점에 대한 설명으로 틀린 것은?
   가. 제품의 신뢰성 및 성능 향상
   나. 기판 조립의 자동화 용이
   다. 제품불량의 수정 및 재작업의 용이
   라. 생산성 향상

6. 온도 프로파일 측정주기 및 관리에 대한 설명 중 틀린 것은?
   가. 온도 프로파일의 측정 주기는 1회/일 및 생산모델 변경시 측정한다.
   나. 측정된 온도 프로파일은 표준 온도 프로파일과의 적합성을 비교한다.
   다. 온도 프로파일 측정용 샘플(열전쌍이 접속된 기판)은 재사용하면 안된다.
   라. 온도 프로파일 측정용 샘플(열전쌍이 접속된 기판)은 모델별로 관리 보관한다.

7. 실장기술에서 실장부품의 발전방향으로 틀린 것은?
   가. 소형화, 미소화
   나. IC lead의 fine pitch화
   다. lead 이형 부품화
   라. 복합 부품화

8. 질소 가스 성질 중 틀린 것은?
   가. 산화를 방지
   나. 무색, 무미, 무취
   다. 공기 중 부피로 약 79% 차지한다.
   라. 인체무해, 질식가능 없다.

9. 리플로우 공정 후에 위치하는 장치는?
   가. 언로더 나. 이형부품 장착기
   다. 외관검사기 라. 표준부품 장착기

10. 온도 프로파일에 대한 다음 설명 중 잘못된 것은?

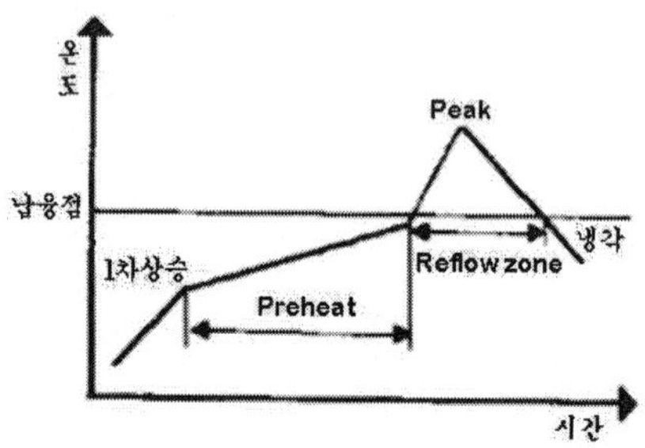

   가. 1차 상승은 휘발 성분을 없앤다.
   나. Preheat 구간은 일정한 온도(150℃ 전후)를 유지하며, Flux를 활성화시킨다.
   다. Peak 온도는 부품의 사양을 고려하여 설정하되 일반적으로 210～220℃[무연납 : 230～250℃] 이내에서 설정한다.
   라. 접합강도를 높이기 위해서는 빠른(급격) 냉각보다는 늦은(완만) 냉각이 유리하다.

11. 다음 중 솔더링 불량유형의 용어가 아닌 것은?
   가. 브리지(Bridge)
   나. 미납
   다. 솔더 크랙(Crack)
   라. 솔더 레지스트(Resist)

12. 다음 중 플럭스의 역할이 아닌 것은?

가. 청정화　　나. 산화 방지
다. 재산화 방지　　라. 세척 방지

13. SMT 실장시 칩 날림(결품) 불량이 자주 발생하고 있는 상황에서 조치 프로세서로 적절하지 못한 경우는? (단, Vision 설비기준이다)

가. A씨는 1/0 체크 메뉴 상에서 수동으로 버큠을 On한 후 Nozzle 끝단 진공상태를 확인 하였다.
나. B씨는 부품형태 DB에서 T(두께) 값을 실 두께보다 1.5배로 설장하였다.
다. C씨는 Program Editor 상에서 Place Z Offset 값을 약간 내렸다.
라. D씨는 부품 DB에서[일부설비 : Parameter] 설비사가 추천하는 Air Blow 값으로 되어 있는지 확인하였다.

14. 인쇄공정의 불량유형으로 틀린 것은?

가. 솔더(Solder)번짐　　나. 미납
다. 무너짐　　라. 위치 틀어짐

15. 다음 불량현상 중 솔더링 인쇄공정 불량요인에 의해서 발생하는 현상은?

가. 미삽　　나. 틀어짐
다. 리드 뜸　　라. 미납

16. 마운터에서 실장부품을 인식할 때 관련이 없는 것은?

가. 반사판　　나. 부품 두께
다. 노즐 현상　　다. 노즐 필터

17. 크림솔더(cream solder) 종류가 아닌 것은?

가. 고온 solder　　나. 은-주석 solder
다. 저온 solder　　라. Wave solder

18. SMT 신뢰성의 기준이 되는 요소로 적합하지 않은 것은?

가. 내구성　　나. 보전성
다. 설계 신뢰성　　라. 소모성

19. 스크린 프린터(Screen printer)의 작업조건을 설명한 것으로 틀린 것은?

가. 인쇄작업 환경조건은 온도 24～26℃, 습도 45～65% 정도가 적당하다.
나. 스퀴지의 진행속도는 미세피치일수록 천천히(20~25mm/s) 진행한다.
다. 스퀴지의 셋팅 각도는 메탈 마스크(Matal Mask)와 직각(90°)으로 셋팅하는 것이 적당하다.
라. 메탈마스크의 두께는 미세피치일 경우 얇게 0.12t~0.15t정도, 보통의 경우 0.15～0.2t 정도가 적당하다.

20. 리플로우 가열방식 중 대류작용을 이용한 것은?

가. 열풍방식
나. IR 가열방식
다. 레이저 가열방식
라. 증기 가열방식

21. 표면실장기술에 대한 설명으로 올바른 것은?

가. 저밀도 소형화 제품을 생산할 수 없다.
나. 전기적 성능과 신뢰성이 떨어진다.
다. 전체적인 제조원가를 줄일 수 있다.
라. 부품이 작아서 고속 자동생산이 불가능하다.

22. 다음 중 부품의 장착순서가 올바르게 나열된 것은?

가. 40mm QFP → 1005저항 → 2012 커패시터 → BGA(Ball Grid Array)
나. 1005저항 → 2012 커패시터 → 40mm QFP → BGA(Ball Grid Array)
다. 2012 커패시터 → 40mm QFP → BGA(Ball Grid Array) → 1005저항
라. BGA(Ball Grid Array) → 40mm QFP → 1005저항 → 2012 커패시터

23. 다음 중 가장 고밀도화된 SMT의 실장형태는?

가. 단면표면실장
나. 양면표면실장
다. 단면 IMT 부품 혼재
라. 양면 IMT 부품 혼재

24. 다음 중 SMT(Surface Mount Technology)와 IMT(Insert Mount Technology)를 비교 설명한 것으로 틀린 것은?

가. 실장 밀도는 SMT가 IMT보다 더 높다.
나. 신호 전송은 SMT가 IMT보다 빠르다.
다. 부품 중량은 SMT가 IMT보다 가볍다.
라. 인쇄회로기판은 SMT가 IMT보다 박형, 경량화가 어렵다.

25. 고속마운터 프로그램 작성기능 중 해당되지 않는 사항은 무엇인가?

가. 인쇄회로기판 마크 인식
나. 장착순서 결정
다. 부품 동시 흡착
라. 장착위치

26. 솔더는 접합 모재와 성질이 비슷한 것을 선택하여 사용하는 것이 좋다. 솔더를 선택할 때 고려할 사항이 아닌 것은?

가. 모재와의 친화력이 좋을 것
나. 적당한 용융온도와 유동성을 가질 것
다. 납땜할 때 용융상태에서 가능한 한 비산을 일으키지 않을 것
라. 모재와의 전위차가 가능한 한 클 것

27. 장착 공정에서 장착 에러를 일으킬 수 있는 원인으로 보기 어려운 것은?

가. 부적절한 장착높이
나. 부품인식 에러(Error)
다. 기판의 휨
라. 느린 흡착속도

28. 납땜 시 예열의 목적이 아닌 것은?

가. 납땜 대상물의 예비가열
나. 수분과 IPA(이소프로필 알콜)의 증발
다. 작은 납 입자(솔더볼) 형성
라. 플럭스(Flux)의 청정화 작용

29. 부품의 미세화, 고밀도화에 따라 발생 정도가 많은 결함 중의 하나로 인접 랜드(Land) 간에 납이 연결된 불량유형은?

가. 솔더볼　　나. 맨하탄
다. 브리지　　라. 휘스커

30. 크림솔더나 칩 본드를 인쇄 도포한 기판에 각종 칩부품을 장착하는 장비는?

가. 솔더 인쇄기(스크린 프린터)
나. 칩마운터
다. 디스펜서
라. 리플로우 경화로

31. 1005 칩부품 흡착불량과 관련이 없는 사항은?

가. 노즐 막힘　　나. 카세트 정도
다. 흡착위치　　라. 부품인식

32. IC 사용 및 보관방법 중 잘못된 것은?

가. 개봉된 IC는 드라이(Dry) 함에 보관한다.
나. 보장 개봉 후 48시간 이내에 사용한다.
다. 습도를 60~80%로 유지한다.
라. 보관소는 접지를 한다.

33. 다음 중 칩마운터를 구분하는 방식이 아닌 것은?

가. In-line 방식
나. One by one 방식
다. Multi 방식
라. Pin 전사 방식

34. 다음의 SMT공정에 사용되는 기자재에 대한 설명 중 틀린 것은?

가. 칩카운터 – 칩부품과 Axial radial 부품을 카운트하는 디지털 계수기
나. 테이프 커터기 – 부품 Reel의 폐테이프를 자동 절단하여 모으는 장치
다. 인버터 – PCB 양면 작업을 위해 180° 반전하는 장비
라. 터닝 컨베이어(TC) – 작업자의 편의를 위해 자동으로 PCB의 전후를 돌려주는 장비

35. 부품실장 후 검사하는 방법으로서 육안검사로 확인이 가장 어려운 것은?

가. 부품 미삽 및 오삽
나. 솔더량
다. 냉납
라. 부품 외부 결함

36. 인쇄회로기판(PCB) 제작 시 고려해야 할 특성 중 전기적 특성에 해당되지 않는 것은?

가. 내전압　　나. 납땜 내열성
다. 절연저항　　라. 절연율

37. PCB는 무엇의 약자인가?

가. Printed Circuit Board
나. Panel Circuit Board
다. Pattern Circuit Board
라. Plating Circuit Board

38. GaAsP, GaP 등을 재료로 하는 PN 접합 다이오드에 순방향 전류를 흘리면 접합면 부근에서 빛을 방출한다. 이러한 현상을 이용한 소자는?

가. Transistor　　나. Zener Diode
다. Resistor　　라. LED

39. 1개의 전자를 금속체로부터 공간으로 방출하는데 필요한 일의 양을 무엇이라고 하는가?

가. 에너지　　나. 일함수
다. 자유전자　　라. 속박전자

40. 다음 중 PCB CAD용 프로그램이 아닌 것은?

가. P-CAD　　나. Or CAD
다. Auto CAD　　라. CAD Star

41. 아래 회로에서 제너다이오드에 흐르는 전류값은? (단, 제너다이오드의 항복전압은 8[V]이다)

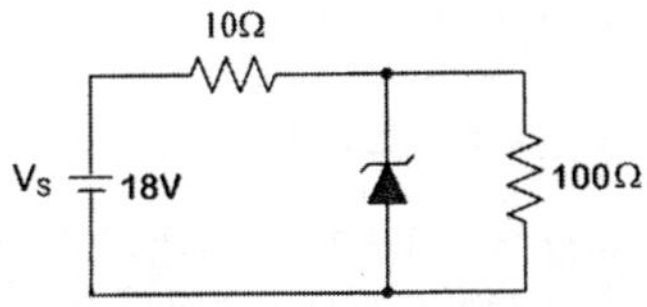

가. 0.52[A] 나. 0.72[A]
다. 0.92[A] 라. 9.2[A]

42. 홀 가공 작업 시 회전하는 드릴 비트와 기판(특히 내층) 간의 마찰열에 의하여 내층의 수지가 녹아 나와 홀의 내벽에 부착된다. 이 불순물은 후속 공정인 도금 작업 시 도금막의 밀착도를 떨어뜨리고, 내층의 접착을 방해하므로 화학적인 방법으로 제거하는데 이 작업을 무엇이라고 하는가?

가. Deburring 나. Desmear
다. 고압 수세 라. 중간검사

43. 다이오드의 주요 기능으로 거리가 먼 것은?

가. 증폭작용 나. 검파작용
라. 스위칭 작용

44. CdS는 무슨 소자인가?

가. 광전도 소자 나. 발광 다이오드
다. 자기 소자 라. 자기 저항 소자

45. PCB상에 배선패턴을 형성하기 위해서 사진법에 의한 배선패턴의 전사방법으로써 액상 감광재법와 D/F 법을 사용한다. 이 중 액상 감광재법의 하나로 액상 감광재에 기판을 담가서 도포하는 방법은?

가. 롤 코팅 방식
나. 딥 코팅 방식
다. 스크린 코팅 방식
라. ED 방식

46. 220V, 600W 정격의 커피포트에 220V의 전압을 1시간 동안 공급할 때의 전력량으로 맞는 것은?

가. 600[Wh] 나. 1200[Wh]
다. 600[kWh] 라. 1200[kWh]

47. 설계규칙검사(DRC) 기능 중 결선상태의 검사 항목이 아닌 것은?

가. 배선금지 영역 나. 핀의 미연결
다. 전원의 단락 라. 신호의 2중 접속

48. 다음 중 접촉식 온도 센서로서 사용되지 않는 것은?

가. 서미스터 나. 열전대
다. 적외선 센서 라. 저항온도계

49. 다음 기호(심벌)가 의미하는 전자부품은?

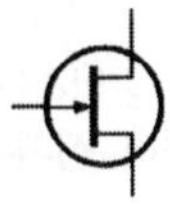

가. DIODE 나. TR
다. FND 라. FET

50. 다음 중 실리콘 제어정류기(SCR)의 응용범위가 아닌 것은?

가. 계전기 제어 나. 모터 제어
다. 발진기 라. 초퍼 변환기

51. "기체의 온도를 일정하게 유지하면서 압력 및 체적이 변화할 때 압력과 체적은 서로 반비례한다."는 무슨 법칙인가?

가. 사르의 법칙
나. 보일의 법칙
다. 보일-샤르의 법칙
라. 파스칼의 법칙

52. 아래 그림의 제어밸브 기호는 몇 포트 몇 위치인가?

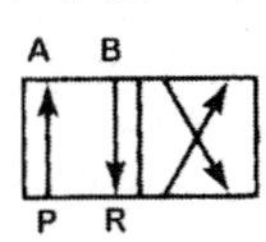

가. 2포트 2위치 나. 2포트 4위치
다. 4포트 2위치 라. 4포트 4위치

53. 공압 실린더의 피스톤 지름이 25mm이면 피스톤의 면적은 약 몇 cm^2인가?

가. 4.91 나. 6.3
다. 19.6 라. 49

54. 방향제어 밸브에서 인력조작 방식이 아닌 것은?

가. 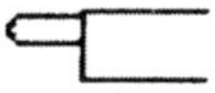 나. 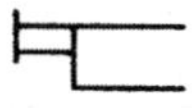

다. 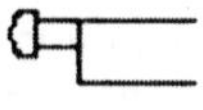 라. 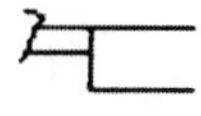

55. 공압장치의 구성요소 중 공기청정화 장치에 속하는 것은?

가. 방향제어밸브 나. 공기 압축기
다. 필터 라. 공압 실린더

56. 압축공기 중에 기름이 혼입되는 것이 방지되는 관계로 깨끗한 공기를 필요로 하는 식품공업, 제약회사, 화학공업 등에 많이 사용되는 압축기는?

가. 베인 압축기
나. 스크류 압축기
다. 피스톤 압축기
라. 격판 압축기

57. 대기압보다 낮은 압력으로 감압하는 장치로 관로 끝에 흡입 패드를 사용하여 전자부품을 반송할 수 있는 것은?

가. 소음기
나. 공-유압 변환기
다. 증압기
라. 진공 펌프

58. 표준대기압(1atm), 4℃에서의 물의 밀도는 약 몇 kg/m^3인가?

가. 1
나. 10
다. 100
라. 1000

59. 압력에 대한 단위의 표시가 틀린 것은?

가. 1bar는 10^5Pa이다.
나. 1bar는 1.01972kgf/cm^2이다.
다. 1atm은 1.01325bar이다.
라. 1mmHg는 1.03323kgf/cm^2이다.

60. 공압은 압축성 유체이므로 공압 실린더의 스틱-슬립(Stick-Slip) 현상이 발생될 수 있다. 방지할 수 있는 기기는?

가. 증압기
나. 증폭기
다. 하이드로릭 체크유니트
라. 니들밸브

☞ 해답

1	2	3	4	5	6	7	8	9	10	11	12	13	14	15	16	17	18	19	20
가	가	라	가	다	다	다	라	가	라	라	라	나	라	라	다	라	라	다	가
21	22	23	24	25	26	27	28	29	30	31	32	33	34	35	36	37	38	39	40
다	나	나	라	다	라	라	다	다	나	라	다	라	라	다	나	가	라	나	다
41	42	43	44	45	46	47	48	49	50	51	52	53	54	55	56	57	58	59	60
다	나	가	가	나	가	가	다	라	다	나	다	가	나	다	라	라	라	라	다

▶ 기출문제 SMT 기능사(6)

1. 일반적으로 사용되는 솔더크림의 합금으로 옳은 것은?
   가. Sn + Pb + Ag
   나. Sn + Pb + Au + Bi
   다. Sn + Pb + Au + Bi + Cd
   라. Sn + Pb + Zn

2. 다음 중 리플로우 온도 프로파일에 영향을 미치는 요소 및 설명으로 틀린 것은?
   가. 기판의 종류 : 재질, 크기, 두께에 따라 열용량을 다르게 받음
   나. 탑재부품 및 실장밀도 : 탑재부품의 크고 작음, 실장 밀도의 높고 낮음
   다. 리플로우 내의 배기풍속 : 배기풍속의 빠르고 느림
   라. 선 공정 구성장비 : 리플로우 전의 구성장비 종류

3. 다음 중 인쇄 납량을 결정하는 인자로 그 영향이 가장 적은 것은?
   가. 스퀴지(Squeegee) 압력
   나. 스퀴지(Squeegee) 속도
   다. 메탈 마스크(Metal Mask) 두께
   라. 크림솔더(Cream Solder) 성분

4. COB(Chip On Boards) 실장의 단점으로 올바른 것은?
   가. 열방출
   나. 고밀도, 고기능성
   다. 신호전송거리
   라. 재작업

5. PCB 1장당 부품이 100점 장착된다면 0.1초/1점을 장착할 수 있는 설비로 1시간 동안 생산 가능한 PCB 수량으로 맞는 것은?
   가. 60개　　나. 180개
   다. 360개　　라. 720개

6. 다음 중 SMT 주변 기술로서 틀린 것은?
   가. 접속/평가 기술　　나. 배선기판 기술
   다. 생산/공정 기술　　라. 화공 기술

7. SMT 실장부품의 명칭과 거리가 먼 것은?
   가. BGA : Ball Grid Array
   나. QFP : Quad Flat Package
   다. COF : Chip On Flat-Package
   라. CSP : Chip Scale(Size) Package

8. IMT에서 SMT로 발전하면서 얻어진 장점에 대한 설명 중 틀린 것은?
   가. 부품의 소형화와 미세 피치화로 고밀도실장이 가능하게 되었다.
   나. 인쇄회로기판 면적의 축소와 중량이 가벼워졌다.
   다. 생산라인을 구성하는 비용이 줄어들었다.
   라. 전기적 성능과 신뢰성이 향상되었다.

9. 다음 stack stick feeder 종류 중에서 사용과 조정이 간편하며 경제적이나 조정을 자주해야 하고, 헤드에 무리를 유발할 수 있는 형태는 어느 방식인가?
   가. 기계식　　나. 전동식
   다. 공압식　　라. 전자식

10. 기판의 인식마크(fiducial mark)에 대한 설명으로 틀린 것은?
    가. 기판마크 위치를 카메라로 인식하여 장착위치를 보정하기 위한 것이다.
    나. 인식마크의 형상은 원형의 1가지로만 제작이 가능하다.
    다. 인식마크의 재질은 동박, Solder 도금 등 다양화 할 수 있다.
    라. 기판의 재질에 따라 인식마크를 선명하게 식별할 수 있는 밝기가 달라진다.

11. 납땜시 모재의 좁은 장소에 용융한 솔더가 모세관 현상으로 끌려가서 접합 솔더량이 부족하게 되는 현상을 무엇이라 하는가?
    가. 냉납　　나. void
    다. 위킹　　라. 미납

12. 솔더 분말을 용제나 플럭스에 섞어 사용하는 솔더로서 기판(PCB)에 도포하여 리플로우 솔더링하는 것은?
    가. 테이프 솔더(Tape Solder)
    나. 페이스트 솔더(Paste Solder)
    다. 바 솔더(Bar Solder)
    라. 볼 솔더(Ball Solder)

13. 리플로우 가열방식 중 표면실장용으로 잘 사용하지 않는 방식은?
   가. 적외선(IR) 가열방식
   나. 열풍(Hot Air) 가열방식
   다. 적외선(IR)+열풍(Hot Air) 가열방식
   라. 증기(VPS) 가열방식

14. SMT 프로그램 작성시 필요사항이 아닌 것은?
   가. 드릴 데이터 나. 거버 데이터
   다. BOM 데이터 라. 좌표 데이터

15. 솔더 볼(solder ball) 불량대책에 대한 내용으로 올바른 것은?
   가. 예열온도를 낮추고, 리플로우존의 온도를 높인다.
   나. 예열시간을 길게 한다.
   다. 예열온도를 높이고, 리플로우존 온도를 낮춘다.
   라. 온도 프로파일을 조정하여 온도격차를 줄인다.

16. 인쇄공정에 관한 설명으로 틀린 것은?
   가. 메탈 마스크와 솔더의 점착력이 강해야 한다.
   나. PCB와 솔더의 점착력이 강해야 한다.
   다. PCB와 메탈 마스크 사이에 부압이 형성되어야 한다.
   라. 메탈 마스크 표면에 대기압력이 작용한다.

17. 솔더링(Soldering) 불량을 줄이기 위한 솔더크림 관리 기준에 대해 서술한 것 중 틀린 것은?
   가. 제조일로부터 3~6개월 이내의 생산제품을 사용한다.
   나. 5~10℃ 유지가 가능한 냉장 보관한다.
   다. 선입선출에 원칙에 따라 반드시 입고된 순서대로 사용한다.
   라. 상온(25℃)에서 수분흡수를 촉진하기 위해 10분 이내 개봉한다.

18. 다음 IC 부품 중 리드간 피치가 가장 미세한 부품은?
   가. BGA 나. CSP
   다. QFP 라. TCP(TAB)

19. 다음 중 솔더크림 또는 칩 본드를 공급하는 방식이 아닌 것은?
   가. 스크린 인쇄
   나. 디스펜싱(도포 방식)
   다. 핀 전사방식
   라. 칩마운터

20. 마운터에 공급하는 IC(QFP, BGA)는 어떠한 형태로 공급하는가?
   가. 릴(reel) 나. 스틱(stick)
   다. 트레이(tray) 라. 벌크(bulk)

21. 리플로우의 특징을 설명한 것으로 틀린 것은?
   가. 부품의 열충격이 크다.
   나. 솔더를 적정량 공급할 수 있다.
   다. 자기보정 효과가 있다.
   라. 솔더의 불순물 혼입이 많다.

22. SMT 단점에 대한 내용으로 틀린 것은?
   가. 고가의 설비가 필요하다.
   나. 비전검사와 정밀한 수리작업이 요구된다.
   다. 새로운 공정체계가 필요하다.
   라. 부품자재의 저장 공간을 크게 차지한다.

23. 표면실장 인라인 검사공정 구성과 관련이 없는 것은?
   가. 인쇄검사 나. 정착검사
   다. ICT검사 라. 납땜검사

24. 스크린 프린터에서 사용하는 스퀴지 중에서 마스크에 공급하는 크림솔더량을 많게 할 수 있고, 스퀴지 탄성에 의한 인압조정이 용이한 스퀴즈 종류는?
   가. 평스퀴지 나. 검스퀴지
   다. 각스퀴지 라. 라운드 스퀴지

25. 납땜되어 있는 부품의 전극과 Land 사이에 크랙이 발생된 원인은?
   가. Reflow 온도 Profile의 냉각구간에서 충격을 받을 경우
   나. Reflow 온도 Profile에서 예열구간이 길 경우
   다. Reflow 온도 Profile에서 Peak 온도가 낮을 경우
   라. Reflow 온도 Profile에서 예열구간이 짧을 경우

26. 플럭스(Flux)가 구비해야 할 조건으로 틀린 것은?
   가. 모재 금속과 솔더의 표면산화막이 제거될 것
   나. 모재에 대한 플럭스 자신의 젖음성과 유동성이 좋을 것
   다. 플럭스 잔사 제거가 쉬울 것
   라. 플럭스 반응이 빠르고 솔더보다 융점이 높을 것

27. 멀티실장기의 특징이 아닌 것은?
가. 모든 부품을 장착할 수 있다.
나. 다수의 노즐을 사용한다.
다. 중속, 다품종 생산에 알맞다.
라. 칩 부품을 동시에 일괄 장착한다.

28. 실장기술의 발전에 따라 나타나는 현상에 대한 설명 중 틀린 것은?
가. 각형 칩부품의 크기는 2012 → 1005 → 0603 → 0402 등으로 소형화되고 있다.
나. QFP, SOP 등 부품은 0.65mm피치 → 0.5mm피치 → 0.4mm피치 → 0.3mm피치 등으로 미세 피치화 되고 있다.
다. 전자기기의 소형화, 경박단소화로 실장 밀도가 높아지고 있다.
라. BGA CSP 적용이 증가할 경우 X-ray 검사기보다 납땜자동 외관검사기가 필요하다.

29. 리플로우 공정시 기판온도 변화 요소가 아닌 것은?
가. 컨베이어 속도　　나. 리플로우존 수
다. 솔더의 종류　　라. 히터의 열량

30. 박형 QFP가 수분을 흡수한 상태로 리플로우 솔더링을 했을 때 발생하는 불량은?
가. 브리지
나. IC Package 크랙
다. 기판 크랙
라. 톰스톤(맨하탄) 불량

31. 크림솔더의 인쇄불량 요인이 아닌 것은?
가. 예열
나. 마스크 클리어런스
다. 스퀴지 속도
라. 판분리 속도

32. 다음 중 부품을 흡착한 후 인식 과정에 있어 인식 오류가 발생하였다. 그 원인을 파악하는 것이 아닌 것은?
가. 공압량 확인
나. 카메라 조정설정 확인
다. 부품데이터 확인
라. 인식높이 확인

33. 마운터에서 정착불량이 발생될 수 있는 중요한 요인에 해당되는 것은?
가. 실내온도　　나. 실내습도
다. 사용공기압　　라. 전원 노이즈

34. 실장기술의 변천에 대한 설명으로 잘못된 것은?
가. 삽입기술(IMT)은 스프레이 플럭스도 사용한다.
나. 표면실장기술은 주로 웨이브 솔더링을 사용한다.
다. 환경규제 정책에 따라 무연 솔더를 사용하고 있다.
라. 근래에 와서 Bare IC 및 입체 실장기술로 발전하고 있다.

35. Cream Solder 인쇄공정에서 사용되는 기자재 품목이 아닌 것은?
가. 스퀴지　　나. 노즐
다. 크림솔더　　라. 메탈 마스크

36. 다층 인쇄회로기판(MLB)의 제조 공정에서 외층의 형성을 위해 사용되는 표면의 얇은 구리막으로 다층회로 기판에서 회로의 전류를 전달하는 도체는?
가. 동박　　나. 빌드업
다. 프리플래그　　라. 에폭시

37. 땜납이 금속에 잘 부착되도록 화학적으로 활성화 시키는 물질로 맞는 것은?
가. 포토비아　　나. 폴리이미드
다. 플럭스　　라. 아라미드

38. PCB의 외형과 부품 홀의 가공방법에서 라우터에 의한 가공방법과 비교한 프레스에 의한 가공 방법의 특징으로 옳지 않은 것은?
가. 다품종 소량생산에 적합하다.
나. 생산성이 높다.
다. 외형변경시의 대응이 어렵다.
라. 제품별로 별도의 금형이 필요하다.

39. 많은 전자회로소자가 하나의 기판 위 또는 기판 자체의 분리가 불가능한 상태로 결합되어 있는 초소형 구조의 기능적인 복합적 전자부품은?
가. 콘덴서　　나. 집적회로
다. 다이오드　　라. 트랜지스터

40. PCB로 구현하기 위한 기구 설계 단계에 해당하지 않는 것은?
가. 케이스 디자인
나. PCB의 크기 결정
다. 부품의 조립방법 결정
라. 부품간의 배선패턴 설계

41. GTO(Gate Turn Off thyristor)에 대한 설명으로 틀린 것은?
   가. SCR과 같이 3단자 소자이다.
   나. ON-OFF 동작시간이 빠르고 역내 전압이 높아 보호회로가 필요하지 않다.
   다. 인버터, 펄스 발생기, 초퍼, 전압 조정기에 이용된다.
   라. 음극의 게이트에 적절한 펄스를 가해 줌으로써 on, off상태를 만들 수 있다.

42. 2개의 SCR을 역병렬로 접속한 3단자의 교류 스위치로서 양방향성 소자이며 교류 전력 제어에서 무접점 스위치 소자로 주로 사용되는 것은?
   가. TRIAC　　나. GTO
   다. SCS　　라. UJT

43. DRY FILM을 녹여서 동박면으로 노출된 부분을 부식하면 납도금된 패턴 부분만 남게 되는 공정은 무엇인가?
   가. Scrubbing　　나. Etching
   다. Bevelling　　라. Marking

44. 회로도 작성을 위한 CAD 프로그램 사용으로 기대되는 효과로 거리가 먼 것은?
   가. 배선패턴의 미세화에 대응
   나. 배선패턴 변경시 데이터 활용용이
   다. 수동설계를 통한 회로도 정밀도 향상
   라. 잘못 설계된 내용 수정용이

45. 어떤 단면적을 1초 동안에 1.25×10^{15} 개의 전자가 통과했다면 전류는 대략 얼마가 되겠는가?
   가. 0.2[mA]　　나. 2[mA]
   다. 20[mA]　　라. 0.2[A]

46. 다음 중 에사끼 다이오드라고도 하며, 스위칭 시간이 매우 빨라 고속 컴퓨터 등에 응용되고 초고주파의 발진 및 특수 파형발생 등에 사용되는 다이오드는?
   가. 역 다이오드
   나. 제너 다이오드
   다. 터널 다이오드
   라. 건 다이오드

47. 실리콘 제어정류기(SCR)의 용도로 거리가 먼 것은?
   가. R-C 결합 증폭기
   나. 모터 제어
   다. 변환기(Inverter)
   라. 시간 지연 회로

48. P형 반도체를 만들기 위해 진성 반도체에 첨가하는 3가의 원자에 해당하는 것은?
   가. As　　나. Sb
   다. B　　라. P

49. 시간과 함께 변화하는 전기신호의 파형을 관측하는 측정장비의 이름은 무엇인가?
   가. UV 미터　　나. 오실로스코프
   다. 회로시험기　　라. 주파수 카운터

50. SCR 검사에 대한 설명에서 괄호 안에 들어갈 내용으로 바르게 짝지어진 것은?

> 아날로그 멀티테스터의 레인지를 R×1에 위치하고 0Ω을 조정한 후 각 단자의 저항값을 측정해 보면 순방향 저항값을 지시하는 단자가 있다. 순방향 저항값을 지시하고 있는 상태에서 흑색 리드봉이 닿은 곳이 (A), 적색 리드봉이 닿은 곳이 (B)이며 남은 전극이 (C)이다.

   가. A : 게이트　B : 캐소드　C : 애노드
   나. A : 캐소드　B : 게이트　C : 애노드
   다. A : 게이트　B : 애노드　C : 캐소드
   라. A : 애노드　B : 캐소드　C : 게이트

51. A와 B의 입력이 동시에 존재할 때 출력 C가 나타나는 공압 회로의 명칭은?

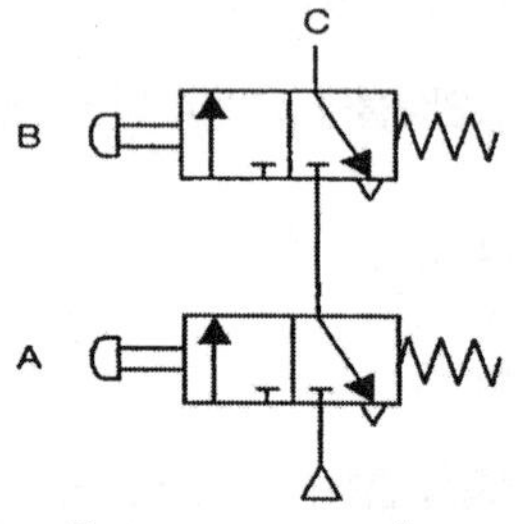

   가. OR 회로　　나. AND 회로
   다. NOT 회로　　라. NAND 회로

52. 유압과 비교할 때 공압의 특징으로 틀린 것은?
   가. 동력원이 간단하다.
   나. 중간 정지가 쉽다.
   다. 소음이 크다.
   라. 10m/s 정도에서 사용한다.

53. 다음 중 합성수지 튜브의 장점이 아닌 것은?
   가. 내전성이 우수하다.
   나. 열 및 외력에 의한 소성변형성이 우수하다.

다. 작업성이 우수하다.
라. 설치 및 보수가 용이하다.

54. 다음 중에서 압력의 단위가 아닌 것은?
가. kgf/cm^2　　나. bar
다. 파스칼(pa)　　라. 뉴턴(N)

55. 다음 중 공압장치의 구성 요소에 속하지 않은 것은?
가. 공압 발생장치　　나. 제어밸브
다. 액추에이터　　라. 어큐뮬레이터

56. 공기압원에서 보내진 압축공기의 압력을 낮추고, 공기압력의 변동을 최저로 억제하여 공기압력을 일정하게 유지시키는 밸브는?
가. 릴리프 밸브　　나. 시퀀스 밸브
다. 무부하 밸브　　라. 압력조절 밸브

57. 공압호스의 단면적이 $4cm^2$일 때 0.5m/s의 속도로 공기가 흐르고 있다. 이때의 유량은 몇 L/s 인가?
가. 20　　나. 2
다. 0.2　　라. 0.02

58. 절대압력에 대한 설명 중 틀린 것은?
가. 절대압력 = 대기압 + 게이지 압력
나. 절대압력은 완전한 진공 "0"을 기준으로 표시한 값
다. 절대압력은 대기압을 "0"으로 하여 측정한 값
라. 절대압력 = 대기압 - 진공압력

59. 다음 중 스크류(screw) 압축기의 특징이 아닌 것은?
가. 공기의 유동원리를 이용한다.
나. 고속회전이 가능하고 진동이 적다.
다. 소음대책을 세우지 않아도 된다.
라. 맥동이 적다.

60. 유압유가 교축부를 통과할 때 발생하는 현상이 아닌 것은?
가. 압력 에너지가 증가한다.
나. 유체의 속도가 증가한다.
다. 열 에너지가 증가한다.
라. 운동 에너지가 증가한다.

☞ 해답

1	2	3	4	5	6	7	8	9	10	11	12	13	14	15	16	17	18	19	20
가	라	라	라	다	라	다	다	가	나	다	나	라	가	나	가	라	라	라	다
21	22	23	24	25	26	27	28	29	30	31	32	33	34	35	36	37	38	39	40
라	라	다	가	가	라	가	라	다	나	가	가	다	나	나	가	다	가	나	라
41	42	43	44	45	46	47	48	49	50	51	52	53	54	55	56	57	58	59	60
나	가	나	다	가	다	가	다	나	가	나	나	나	라	라	라	다	다	가	가

▶기출문제 SMT 기능사(7)

1. Solder Paste가 Reflow 진행 후에도 특정부분이 전극에 젖지 않고 Solder Paste 그 자체의 상태로 존재하고 있을 때의 원인은?
   가. Reflow 온도분포의 Peak 온도가 기준치보다 높다.
   나. Reflow 온도분포가 불균일하거나 또는 Solder Paste 열화
   다. Reflow 내부 열풍에 의하여 Solder Paste가 전극에 젖지 않음
   라. Reflow 내부에서 Solder Paste에 포함되어 있던 Flux Gas에 의한 경우

2. 다음 중 표면실장 인라인 구성설비가 아닌 것은?
   가. 스크린 프린터　나. 마운터
   다. 리플로우　라. 솔더 교반기

3. 열풍방식 리플로우의 경우 납땜 불량요인과 관계가 가장 먼 것은?
   가. 구간별 온도　나. 컨베이어 진동
   다. 풍속　라. UV 램프

4. 솔더의 국내 시험규격은 어떤 것인가?
   가. KSC 2508　나. KSC 2509
   다. BS 219　라. JISZ 3282

5. 고속 마운터에서 미삽 불량원인으로 보기 어려운 것은?
   가. 백업 핀(Backup Pin) 위치불량
   나. 버큠 센서 불량
   다. 인식마크 불량
   라. 노즐 막힘

6. 칩 라벨 표시 R3216G1R2J1-8W150V를 설명한 것으로 틀린 것은?
   가. R : 저항소자이다.
   나. 3216 : 크기는 가로 3.2mm × 세로 1.6mm 이다.
   다. 1R2j1 : 저항값과 오차는 1.2Ω±5%이다.
   라. 8W150V : 정격은 8W 150V이다.

7. 리플로우 납땜시 솔더균열(solder crack) 원인이 아닌 것은?
   가. 기계적 진동이나 충격
   나. 기판(PCB)의 휨
   다. 플럭스(flux)의 과소
   라. 납(solder paste)의 과소

8. 다음 중 표면실장용 크림솔더가 가져야 할 특성이 아닌 것은?
   가. 점착성　나. 인쇄성
   다. 신뢰성　라. 발포성

9. 다음 중에서 표면실장용 부품으로만 되어 있는 것은?
   가. PLCC, SOJ, Radial 리드부품
   나. 각형 CHIP, 원통 CHIP, SOP, QFP
   다. Axial 리드부품, Radial 리드부품, DIP부품
   라. CSP, BGA, MLCC, DIP부품

10. 다음 중 솔더링 불량과 관계없는 것은?
    가. 솔더를 인쇄한 후 방치시간이 과다함
    나. 솔더크림 인쇄시 솔더크림의 인쇄가 무너지거나 번짐
    다. 솔더크림이 수분을 흡수했을 때
    라. 유효기간 이내 솔더크림을 5~10℃로 냉장 보관했을 때

11. 스크린 프린터에서 사용하는 메탈 마스크 사용 시 유의사항이 아닌 것은?
    가. 사용 전 개구부의 cleaning 상태를 확인하여 사용한다.
    나. 사용중 스퀴지나 솔더 공급용 주걱에 의하여 손상되지 않도록 한다.
    다. 생산 종료된 메탈 마스크는 작업 완료된 상태 그대로 놓아두어야 한다.
    라. 사용하지 않는 메탈 마스크는 개수부의 전, 후면에 보호비닐 테이프를 붙여 보관한다.

12. 전자기기 조립공정에서 비파괴 검사사항으로 틀린 것은?
    가. In circuit test　나. Aging test
    다. Bare board test　라. 인장강도 검사

13. 리플로우 공정순서로 가장 적합한 것은?
    가. 솔더용융 → 냉각 → 예열 → 승온
    나. 승온 → 예열 → 솔더용융 → 냉각
    다. 예열 → 승온 → 냉각 → 솔더용융
    라. 냉각 → 예열 → 솔더용융 → 승온

14. 비전검사기(AOI)를 통해 검사할 수 없는 것은?
가. 인쇄 후 인쇄상태의 검사
나. 칩 이형부품의 장착상태 검사
다. 부품장착후 전기적 동작상태 검사
라. 리플로우(Reflow) 후 납땜상태 검사

15. 표면실장기술의 장점이 아닌 것은?
가. 전자기기의 고밀도 실장화를 실현할 수 있다.
나. 발열밀도가 상승된다.
다. 전기적 성능이 향상된다.
라. 제조원가를 절감한다.

16. 다음 솔더 종류 중 무연 솔더가 아닌 것은?
가. Sn-Pb-Ag 나. Sn-Ag-Cu
다. Sn-Zn-Bi 라. Sn-Ag-Cu

17. 온도 프로파일을 설정할 때 고려해야 하는 항목과 관계가 먼 것은?
가. 인쇄회로기판 종류
나. 부품 특성
다. 세척제
라. 솔더페이스트 조성

18. 실장기(장착기)의 구동방식이 아닌 것은?
가. IN-LINE 방식
나. ONE BY ONE 방식
다. OFF-LINE 방식
라. MULTI 방식

19. 메탈 마스크 개구부(구멍)의 최소 Size는 스텐실 두께의 몇 배인가?
가. 1.0 나. 1.5
다. 2.5 라. 3.5

20. 다음 중 가장 먼저 개발된 표면실장 IC형태는 어느 것인가?
가. CSP 나. QFP
다. BGA 라. Flip Chip

21. 리플로우 공정 중 소형부품에서 많이 발생되는 불량으로 부품의 한쪽 전극이 일어나는 현상은?
가. 역삽 나. 맨하탄
다. 크랙 라. 과납

22. 다음 중 테이프 릴(tape reel) 피더의 설명으로 틀린 것은?
가. tape reel의 폭에 따라 구분된다.
나. 비교적 대용량 공급장치이다.
다. 비교적 높은 신뢰성을 갖고 있다.
라. 타 공급장치에 비해 고가이다.

23. 부품의 뒤집힘 및 모로섬 불량발생 요인이 아닌 것은?
가. Nozzle의 흡착불량
나. 부품공급장치 불량
다. 부품공급장치 Pickup Offset값 틀어짐
라. 부품장착위치에 과납으로 인한 불량

24. 장비에서 한 시간에 12000점의 칩을 장착할 때 택 타임(tack time)은?
가. 0.2sec/chip 나. 0.3sec/chip
다. 0.4sec/chip 라. 0.5sec/chip

25. 표면실장에 사용하는 프린터의 반복 인쇄정밀도는 대략 어느 정도인가?
가. ±2.0mm 나. ±0.2mm
다. ±0.02mm 라. ±0.002mm

26. 다음 칩마운터 피더 종류 중 50000개 이상의 Chip을 공급할 수 있는 종류는?
가. 8mm 더블피더
나. Tray 피더
다. Bulk 피더
라. 스틱 피더

27. 장착공정에서 장착 에러를 일으킬 수 있는 원인으로 틀린 것은?
가. 부적절한 장착높이
나. 부품인식 에러(Error)
다. 기판의 휨
라. 느린 흡착속도

28. 칩부품 실장시 틀어짐이 발생하였다. 그 해결방법으로 틀린 것은?
가. 장착높이 재설정
나. 부품높이 재설정
다. 장착시 지연시간 재설정
라. 부품인식높이 재설정

29. 다음 전자부품 실장기술 관련용어 중 틀린 것은?
가. SMT→Surface Mount Technology
나. SMC→Surface Mount Capacitor
다. SMD→Surface Mount Device
라. SMA→Surface Mount Assembly

30. 다음 칩마운터 중 다수 장착헤드와 노즐로 칩부품을 동시에 일괄로 기판에 장착하는 방식은?
가. 갠트리 방식 나. 로터리 방식
다. 모듈러 방식 라. 랜덤액세스 방식

31. 다음 중 양호한 납(solder)의 특성이 아닌 것은?
가. 융점이 낮다.
나. 표면장력이 크다.
다. 모재와 잘 젖어야 한다.
라. 접합강도가 크다.

32. 실장공정에서 피듀셜(fiducial) 마크를 인식하는 이유는?
가. 장착위치 보정
나. 부품측정 검사
다. 기판크기 측정
라. 제품정보 판독

33. 다음 중 공정 프로세스로 가장 적합한 형태는?
가. 인쇄기→리플로우(Reflow)→이형마운터→칩(Chip)마운터
나. 인쇄기→이형마운터→칩(Chip)마운터→리플로우(Reflow)
다. 리플로우(Reflow)→이형마운터→칩(Chip)마운터→인쇄기
라. 인쇄기→칩(Chip)마운터→이형마운터→리플로우(Reflow)

34. 비전 검사장비 사용을 검사기능과 위치에 따라 나눌 때 옳지 않은 것은?
가. PCB 상태를 검사하기 위하여 투입공정에서 Bare Board 검사기
나. 리플로우 뒤에서 장착검사와 솔더링 검사를 동시에 하는 납땜 검사기
다. 마운터 뒤에 위치하여 부품의 장착유무 및 각종 결함을 검사하는 장착상태 검사기
라. 스크린 프린터 뒤에서 솔더크림의 양과 위치를 검사하는 솔더페이스트 검사기

35. 솔더링 불량유형 중 브리지(bridge)의 설명으로 올바른 것은?
가. 리드의 끝 부분에 솔더가 원뿔이나 고드름처럼 형성된 것
나. 예비가열시 솔더의 퍼짐이 생겨 회로의 패턴부터 솔더입자가 산화함으로써 발생
다. 인접하는 리드 또는 전극패턴이 솔더로 연결되어 쇼트(short)를 일으키는 현상
라. 리드선에 솔더가 적게 묻는 것

36. 일반적인 인쇄회로기판(PCB)에서 인가전압 1V당 최소한도의 패턴(배선)간격으로 적절한 것은?
가. 0.005～0.007mm
나. 0.05～0.07mm
다. 0.5～0.7mm
라. 5～7mm

37. 금속 중의 전자에 열이나 빛 등의 에너지를 가하면 전자가 공간에 방출된다. 다음 중 이러한 전자 방출의 종류에 해당되지 않는 것은?
가. 1차전자 방출
나. 열전자 방출
다. 전계 방출
라. 광전자 방출

38. CAD 프로그램의 주요 기능 중에 부품의 이동, 패턴변형, 패턴복사, 패턴삭제, 블록이동과 같은 기능은?
가. 배선패턴의 설계기능
나. 도형처리 기능
다. 설계규칙 검사기능
라. PCB외형, 드릴데이터 등의 작성기능

39. 가변용량 다이오드가 주로 사용되는 용도로 거리가 먼 것은?
가. TV나 FM수신기의 AFC회로
나. 동조회로
다. 정전압회로
라. 주파수변조 회로

40. 광원이 검사하고자 하는 대상물의 밑에서 광을 조사시켜 동이 있는 부분은 투과하지 못하고 동이 없는 부분에서만 투과된 광을 검출하는 방식으로 플렉시블 PCB의 검사에 주로 사용되는 PCB검사 방식은?
가. 반사광 방식
나. Metal-non metal(형광검출) 방식
다. Substrate Illumination 방식
라. Via-Hole Test 방식

41. 단일접합트랜지스터(UJT)의 구성에 대한 설명으로 옳은 것은?
가. 2개의 이미터로 구성
나. 1개의 컬렉터와 2개의 이미터로 구성
다. 1개의 이미터와 2개의 베이스로 구성
라. 1개의 이미터, 베이스 및 컬렉터로 구성

42. 다음 중 장벽(surface-barrier), 핫-캐리어 다이오드라 하는 쇼트키 장벽(Schottky-barrier) 다이오드의 응용분야로 거리가 먼 것은?

가. 레이더 시스템
나. 통신장비에서 혼합기와 검파기
다. A/D 변환기
라. FM 수신기의 AFC회로

43. 스크린 인쇄법에 의한 배선패턴의 전사과정이 올바른 것은?

가. 건조→패널→정면처리→스크린 인쇄
나. 패널→스크린 인쇄→건조→정면처리
다. 건조→정면처리→스크린 인쇄→패널
라. 패널→정면처리→스크린 인쇄→건조

44. 인쇄회로기판(PCB)의 장점에 해당하지 않는 것은?

가. 대량생산으로 생산성이 향상된다.
나. 제조의 표준화와 자동화가 이루어진다.
다. 다른 회로에 사용하기 쉽다.
라. 제품의 소형, 경량화에 기여한다.

45. 전자신호의 주파수를 디지털 신호로 바꾸어 숫자 표시기에 표시해 주는 측정기로 맞는 것은?

가. 오실로스코프
나. 싱크로스코프
다. 디지털 LCR 미터
라. 주파수 계수기

46. PCB CAD의 주요 기능으로 거리가 먼 것은?

가. 3D 모델링을 위한 디자인기능
나. 부품의 배치기능
다. 배선패턴의 설계기능
라. 설계규칙 검사기능

47. PCB 제조에 사용되는 동박적층판의 종류 중 정보처리 분야인 휴대전화, 무선통신용으로 사용되는 것은?

가. 복합 동박적층판
나. 내열수지 동박적층판
다. 고주파용 동박적층판
라. 플렉시블 동박적층판

48. 0.25W, 200kΩ의 부하에 최대로 직접 가할 수 있는 전압은 약 몇 V인가?

가. 200　　나. 223
다. 423　　라. 600

49. 솔더페이스트와 같이 열처리가 필요한 땜납재료를 필요한 부위에 도포한 다음 가열 용융시켜 납땜이 되도록 하는 공정으로 맞는 것은?

가. 마이크레이션
나. 딥 솔더링
다. 리플로우 솔더링
라. 레진 리세션

50. PCB의 배선밀도를 높이기 위한 방법으로 옳은 것은?

가. 배선과 배선사이를 넉넉하게 한다.
나. 비아 홀을 크게 한다.
다. 부품 홀을 크게 한다.
라. PCB를 고다층화 한다.

51. 밀폐된 용기 속에 정지유체의 일부에 가해지는 압력은 모든 방향으로 일정하게 전달된다는 법칙은?

가. 보일의 법칙
나. 샤를 법칙
다. 파스칼의 법칙
라. 에너지 보존의 법칙

52. 다음 그림 기호의 명칭으로 옳은 것은?

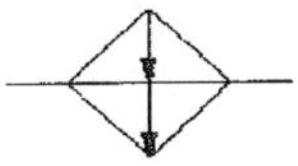

가. 온도조절기　　나. 압력계측기
다. 가열기　　라. 냉각기

53. 압력제어 밸브의 기능에 대한 설명으로 틀린 것은?

가. 공압회로 내의 압력에 따라 액추에이터의 동작순서를 제어할 수 있다.
나. 저압의 압축공기를 일정한 압력으로 상승시켜 공압기기에 공급한다.
다. 규정 이상의 압력이 상승하면 대기 중으로 방출한다.
라. 부하의 변동에 따라 변화하는 압력을 일정하게 유지한다.

54. 2개의 복동 실린더를 직렬로 연결한 형태이며, 큰 힘을 얻을 수 있는 실린더는?

가. 충격 실린더
나. 탠덤 실린더
다. 다위치제어 실린더
라. 서보 실린더

55. 다음 중 공압장치의 장점이 아닌 것은?
가. 에너지 축적이 용이하다.
나. 제어방법이 간단하다.
다. 동력전달 방법이 복잡하다.
라. 인화의 위험이 없다.

56. 다음 중 압력의 단위는?
가. Pa　　나. N
다. m/s　　라. mol

57. 피스톤의 면적이 0.01m2인 실린더에 공급되는 공기의 압력이 5bar이면 실린더 피스톤이 내는 힘의 크기는 몇 N/m2인가?
가. 0.05　　나. 5
다. 500　　라. 5000

58. 압축공기의 건조방식 중에서 가장 경제성이 높은 방법은?
가. 냉각 건조식
나. 흡수 건조식
다. 흡착 건조식
라. 가열 건조식

59. 다음은 무슨 기호인가?

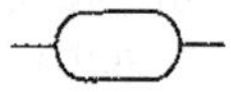

가. 필터
나. 공기탱크
다. 공압발생기
라. 공기압 조정유닛

60. 공기압축기 중 회전식 압축기의 종류가 아닌 것은?
가. 스크류 압축기
나. 피스톤 압축기
다. 루트 블로어
라. 베인 압축기

☞ 해답

1	2	3	4	5	6	7	8	9	10	11	12	13	14	15	16	17	18	19	20
나	라	라	가	다	라	다	라	나	라	다	라	나	다	나	가	다	다	나	나
21	22	23	24	25	26	27	28	29	30	31	32	33	34	35	36	37	38	39	40
나	라	라	나	다	다	라	라	나	다	나	가	라	가	다	가	가	나	다	다
41	42	43	44	45	46	47	48	49	50	51	52	53	54	55	56	57	58	59	60
다	라	라	다	라	가	다	나	다	라	다	가	나	나	다	가	라	가	나	나

기출문제 SMT 기능사(8)

1. 리플로우 장비의 가열방식으로 틀린 것은?
   가. 적외선 법　　나. 전기 저항법
   다. 열풍 법　　라. 침적 법

2. 표면실장공정에 사용할 수 있는 기판(PCB)의 최소 크기 L(㎜)×W(㎜)×T(㎜)는 대략 얼마인가?
   가. 30㎜×30㎜×0.2㎜
   나. 40㎜×40㎜×0.3㎜
   다. 50㎜×50㎜×0.4㎜
   라. 60㎜×60㎜×0.5㎜

3. 다음 중 자동형 스크린프린터의 내부기능이 아닌 것은?
   가. 기판 및 메탈 마스크를 자동 보정한다.
   나. 스퀴지의 압력을 자동으로 조절한다.
   다. 인쇄 구간별로 속도조절이 가능하다.
   라. 초음파 세척을 할 수 있다.

4. 다음 중 Solder 선택 시 적용할 사항이 잘못된 것은?
   가. 표면세정 작용 및 재산화 방지작용을 위해서 Flux성분 함유량이 아주 작은 제품군을 적용한다.
   나. 납의 전도성이 나쁠 경우 Ag(은) 함유량이 있는 제품군을 적용한다.
   다. 납의 응용점을 낮추기 위해 Bi(비스무트) 함유량이 있는 제품군을 적용한다.
   라. 환경규제 작용 Solder Paste[Pb-free] 선택 시 이에 적합한 Reflow[경화 Device] 장비를 적용한다.

5. Screen Printer 인쇄공정 중 Metal Mask와 PWB의 GAP이 Fine-Pitch일 경우 가장 알맞은 간격은?
   가. 0.0~0.5㎜　　나. 0.5~1.0㎜
   다. 1.0~1.5㎜　　라. 1.5~2.0㎜

6. 기판의 인식마크에 대한 설명으로 잘못된 것은?
   가. 기판마크 위치를 카메라로 인식하여, 장착위치를 보정하기 위한 것이다.
   나. 인식마크의 형상은 원형의 1가지로만 제작이 가능하다.
   다. 인식마크의 재질은 동박, Solder 도금 등 다양화할 수 있다.
   라. 기판의 재질에 따라 인식마크를 선명하게 식별할 수 있는 밝기가 달라진다.

7. Mounter setting 시 유의사항이 아닌 것은?
   가. Back Pin의 setting 불량
   나. 장착 Speed의 setting 불량
   다. 장착부품의 color 불량
   라. 노즐(Nozzle)의 선택 오류

8. 이형 Mounter에서 작업할 경우 옳지 않은 것은?
   가. PCB의 피디셜 마크(Fiducial Mark)를 인식하여 장착 error를 방지한다.
   나. 큰 size의 이형부품을 작업할 시에는 PCB의 평탄도를 맞추지 않아도 된다.
   다. 부품의 size에 맞게 Nozzle를 선택하여 Pickup error를 최소화 한다.
   라. Fine Pitch 작업 시에는 부품의 Pickup 위치, 이송시간, 부품의 높이 등을 확인하여야 한다.

9. 메탈 마스크 중 Additive 마스크에 대한 설명으로 옳은 것은?
   가. 브리지 발생이 높다.
   나. 피치 폭이 0.3㎜ 이하의 초정밀 부품에는 사용이 곤란하다.
   다. 제작기간이 길어 단납기 대응이 어렵고, 가격이 비싸다.
   라. 빠짐성이 좋지 않아 패턴 폭을 줄일 수 없다.

10. 솔더링 후의 검사 방법으로 환경검사에 해당하는 것은?
   가. X-선 투과검사　　나. 인장 파괴검사
   다. 초음파 검사　　라. 열피로 검사

11. 표면실장용 Melf(Metal Electrode Leadless Faced)소자의 설명으로 틀린 것은?
   가. 금속전기표면 소자이다.
   나. 표면실장용 실린더(cylinder)형 부품이다.
   다. 수동소자에 사용되는 부품형태이다.
   라. 몸체 양끝에는 절연물로 만들어진 캡(cap)이 있다.

12. 비젼검사장비(AOI : Automated Optical Inspector)에 대한 설명으로 틀린 것은?
   가. PLCC, SOJ, BGA 등의 냉땜, 미납의 검출이 가능하다.

나. QFP IC의 납땜 Short, 장착 틀어짐 검출이 가능하다.
다. 문자인식이 가능함으로 오삽, 역삽 검출이 가능하다.
라. QFP IC, 트랜지스트(SOT), Fine Pitch 콘넥터 등 Lead 들뜸 검출이 어렵다.

13. 다음 중 솔더 크림 선택 시 고려 사항이 아닌 것은?
가. 용융점 및 온도 프로파일(profile)
나. 솔더의 점도 및 칙소성
다. 부품 균열
라. 플럭스(Flux)의 무게 비

14. 일반적인 표면실장 부품의 공급 형태가 아닌 것은?
가. Taping(Reel)
나. Tray
다. Stick
라. Pipe

15. 다음 중 기판에 휨을 발생시켜, 실장되어 있는 부품의 변형률 및 단락 여부 등을 측정하는 시험 방법은?
가. 열 충격 시험
나. 벤딩 시험
다. 고온 고습 시험
라. PCT(Pressure Cooker Test)

16. 스퀴지가 인쇄성에 미치는 요소가 아닌 것은?
가. 평행도 나. 경도
다. 재질 라. 갭(GAP)

17. Chip 0603을 EIA(inch) size로 표시한 것은?
가. 1005 나. 0402
다. 0201 라. 01005

18. 표면 실장기(표준품)에서 기판(PWB)의 휨 정도에 따른 생산 가능한 범위를 설명한 것이다. 올바른 것은?
가. 평면기준에서 위 방향으로 최대 0.5㎜, 아래 방향으로 최대 0.5㎜이다.
나. 평면기준에서 위 방향으로 최대 1㎜, 아래 방향으로 최대 1㎜이다.
다. 평면기준에서 위 방향으로 최대 3㎜, 아래 방향으로 최대 3㎜이다.
라. 평면기준에서 위 방향으로 최대 5㎜, 아래 방향으로 최대 5㎜이다.

19. 다음 중 비젼 검사기에서 검출이 안 되는 것은?
가. 오삽 불량
나. BGA 브릿지 불량
다. QFP 냉납불량
라. IC 뒤집힘 불량

20. 장착 공정에서 부품이 장착한 후 솔더가 눌려 부품 밖으로 빠져나오는 현상이 발생했다. 이때 장착 장비에서 행하는 조치로 가장 적절한 것은?
가. 부품의 흡착 위치 재조정
나. 부품의 장착 위치 재조정
다. 부품의 흡착 높이 재조정
라. 부품의 장착 높이 재조정

21. SMT 부품의 동작 특성의 장점으로 옳은 것은?
가. 열에 약하다.
나. 고주파(RF) 특성이 좋다.
다. 진동과 충격에 강하다.
라. 소형부품으로 취급이 쉽다.

22. 다음 중 SMT 공정 작업 환경에 대한 설명으로 옳은 것은?
가. 이온아이져(Ionizer)는 유효거리와 이격거리를 확인하여 설치한다.
나. 제전용 매트는 도전 층이 표면으로 오도록 설치한다.
다. 작업장의 습도를 가능한 상대습도를 30% 이하로 낮춰 정전기 발생을 줄인다.
라. 어스링은 손목착용이 발목착용보다 접지효과가 있다.

23. 솔더링 연납땜의 납을 녹이는 용점 온도는?
가. 300℃ 미만 나. 450℃ 미만
다. 600℃ 미만 라. 750℃ 미만

24. 다음 중에서 솔더링 재료로 적합하지 않은 것은?
가. 솔더
나. 플럭스
다. 고무
라. 모재 금속(기판, 부품전극)

25. 표면실장 장치(mounter)에서 부품을 흡착하는 부분의 도구를 무엇이라 하는가?
가. 노즐 나. 카셋트
다. 헤드 라. 헤드 유니트

26. 아래 그림과 같은 이상적 온도 Profile 중 A-B 예열구간의 대략 시간 설정으로 알맞은 것은?

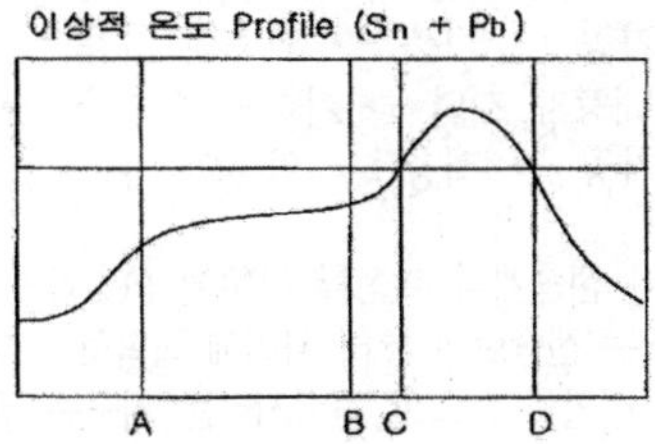

가. 60~120초　　나. 120~180초
다. 180~240초　　라. 240~300초

27. 솔더 크림을 인쇄하고 칩 부품을 장착한 후 리플로 솔더링 될 때까지 부품 탈락을 고정시켜주는 힘은?

가. 크림 솔더의 점착력
나. 크림 솔더의 인장강도
다. 크림 솔더의 칙소성
라. 크림 솔더의 무게

28. 그림과 같이 인쇄회로기판에 부품을 표면실장하는 경우 반드시 인라인으로 구성되어야만 하는 설비가 아닌 것은?

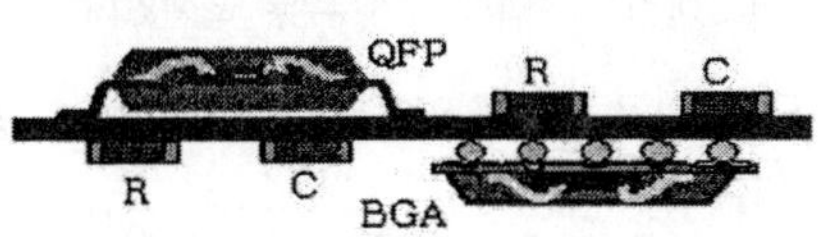

가. 스크린 프린터　　나. 마운터
다. 리플로우　　라. X-Ray 검사장치

29. Solder Cream 종류, 인쇄사양, 실장공정 및 Reflow 시간, 냉각속도 등이 발생요인이며, X-ray 촬영을 하면 접합된 내부에 작은 공기방울이 보인다. 해당하는 불량명칭은 무엇인가?

가. Manhattan[Tombstone]
나. Solder Ball
다. Void
라. Short

30. 칩 부품을 장착할 때 장착 높이설정 불량으로 발생하는 문제점은?

가. 칩 부품에 솔더 크림이 눌려 브릿지 불량이 생긴다.
나. 장착부품이 틀어지거나 이탈, 솔더볼, 쇼트 등의 불량이 나타난다.
다. 솔더크림이 산화되어 불량이 발생한다.
라. 온도가 올라가 부품 특성 불량이 생긴다.

31. 무연솔더(Pb-free Solder)의 주요 불량 유형이 아닌 것은?

가. 리프트 오프(Lift-off)
나. 휘스커(Whisker)
다. 솔더 포트(pot) 내부 침식
라. 접합 강도 저하

32. 다음 중 표면실장기술의 부품관련 특징을 설명한 것으로 틀린 것은?

가. 칩(chip) 부품은 리드를 포함하며 소형이다.
나. 부품실장은 표면을 사용하기 때문에 양면을 실장할 수 있다.
다. 칩 부품은 리드선이 없어 인덕턴스가 감소하고 고주파 특성이 향상된다.
라. 부품실장 밀도가 향상된다.

33. 솔더 페이스트 인쇄 불량의 요인이 아닌 것은?

가. 스퀴지 속도
나. 판 분리 우선순위 및 속도
다. 가열시간
라. 솔더 페이스트 열화

34. PCB 기판에 있어서 무연화(Pb-free) 대책에 해당하는 것은?

가. PCB 두께 감소　　나. 전자파 설계
다. 내열성 확보　　라. 수동 칩 내장

35. 프린트공정에서 스퀴지 스트로크 압력과대, 스퀴지 경도 부족으로 인한 불량 유형은?

가. 인쇄된 납량이 많음
나. 솔더페이스터 안 빠짐
다. 메탈마스크 판구멍 막힘
라. 메탈마스크 밑면 오염

36. PCB는 무엇의 약자인가?

가. Printed Circuit Board
나. Panel Circuit Board
다. Pattern Circuit Board
라. Plating Circuit Board

37. A/D 변환기 중 많은 수의 비교기가 사용되므로 변환기 중에서 속도가 매우 빠른 반면 값이 비싼 변환기는?

가. 디지털-램프 A/D 변환기
나. 병렬형 A/D 변환기
다. 선형 램프 A/D 변환기
라. 연속근사 A/D 변환기

38. LC 발진 회로에서 LC회로의 C 값을 4배로 하면 그 주파수는 원래 주파수에 비해 어떻게 바뀌는가?
   가. 2배로 커진다.
   나. 4배로 커진다.
   다. 1/2로 작아진다.
   라. 1/4로 작아진다.

39. 다음 중 직류(DC)를 교류(AC)로 변환하는 장치는?
   가. 인버터　　나. 변압기
   다. 컨버터　　라. 조상기

40. 전계 효과 트랜지스터(FET)의 특징에 관한 설명으로 틀린 것은?
   가. 전자와 정공 2개의 반송자에 의하여 동작하는 양극성 소자이다.
   나. 전압제어소자로 다수 캐리어에 의해 동작하며, 게이트의 역전압에 의해 드레인 전류가 제어된다.
   다. 일반 트랜지스터에 비하여 입력 임피던스가 높아 전압 증폭기로 사용된다.
   라. 전력소비가 적고 소형화에 유리하여 대규모 IC에 적합하다.

41. 다음 전자기기 기호가 의미하는 것은?

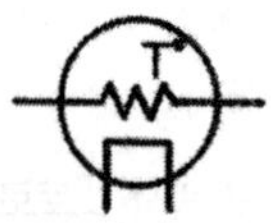

   가. 포토 트랜지스터
   나. 서미스터
   다. 정전압 다이오드
   라. 전계 효과 트랜지스터

42. CAD 프로그램의 주요기능으로 거리가 먼 것은?
   가. 부품의 등록기능
   나. 부품의 배치기능
   다. 작성된 회로의 설계규칙검사
   라. PCB 가공기능

43. 오실로스코프를 사용하여 바로 측정할 수 없는 것은?
   가. 저항　　나. 전압
   다. 위상　　라. 주파수

44. 다음 중 일반적인 다층 PCB 제조공정 순서로 옳은 것은?
   가. 내층재 재단 → 내층의 가공 → 적층 → 외층의 가공 → 가이드 홀 가공
   나. 내층재 재단 → 내층의 가공 → 적층 → 가이드 홀 가공 → 외층의 가공
   다. 내층재 재단 → 내층의 가공 → 가이드 홀 가공 → 적층 → 외층의 가공
   라. 내층재 재단 → 가이드 홀 가공 → 내층의 가공 → 적층 → 외층의 가공

45. 회로나 전송계를 측정할 경우에 신호원과 부하 사이 또는 전송로와 부하 사이에 접속하여 부하에 걸리는 전압을 임의로 감쇠시키는 기구는 무엇인가?
   가. 어테뉴에이터(attenuator)
   나. 인덕터(inductor)
   다. 커패시터(capacitor)
   라. 트랜지스터(transistor)

46. 실리콘 제어 정류기(SCR)에 관한 설명으로 틀린 것은?
   가. pnpn 소자 중 하나로서 계전기 제어, 모터 제어 등 광범위하게 이용된다.
   나. 다이오드와 같이 역 바이어스 때는 차단상태가 된다.
   다. 게이트에 전류를 흐르게 해서 ON 상태가 되면 게이트 전류를 0으로 하여도 계속 전류가 흐른다.
   라. 게이트 2개가 쌍방으로 존재한다.

47. PCB 가공 공정에 있어서 면취(Bevelling) 가공을 하는 주된 이유는?
   가. 도금 두께를 일정하게 하기 위해
   나. 균일한 노광 효과를 가지기 위해
   다. 부스러기 등에 의한 배선 패턴의 단락을 방지하기 위해
   라. 동박적층판에 남은 약품이나 연마제 등을 제거하기 위해

48. 다음 중 n형 반도체를 만드는 불순물이 아닌 것은?
   가. As(비소)　　나. Sb(안티몬)
   다. P(인)　　라. In(인듐)

49. 다음 포토다이오드의 종류 중 광전류 증폭작용이 있고, 양전류가 작으며, 응답속도가 빠르고 파장 감도가 넓어서 광섬유에 의한 광통신 등에 사용되는 것은?
   가. PN 포토다이오드
   나. PIN 포토다이오드
   다. 애벌런치 포토다이오드
   라. 포토센서모듈(포토 IC)

50. PCB의 제조공정 중에 부식액, 도금액, 납땜 등으로부터 특정 영역을 보호하기 위하여 사용하는 피복 재료를 통칭하는 것으로 맞는 것은?

가. 랜드　　나. 레지스트
다. 레진　　라. 디스미어

51. 미리 결정된 순서대로 제어 신호가 출력되어 순차적으로 작업이 수행되는 제어 방법으로 자동화에 이용되는 제어 방법은?

가. 공압 제어　　나. 논리 제어
다. 시퀀스 제어　　라. 서보 제어

52. 액추에이터의 공급 쪽 관로에 바이패스 관로를 설치하여 불필요한 압유를 탱크로 배출시켜 속도를 제어하는 회로는?

가. 미터 인 회로
나. 미터 아웃 회로
다. 레지스터 회로
라. 블리드 오프 회로

53. 두 개의 복동 실린더를 조합시킨 것으로 직경에 비하여 출력이 큰 실린더는?

가. 차동 실린더
나. 텔레스코프 실린더
다. 탠덤 실린더
라. 충격 실린더

54. 실린더에 공급되는 공기의 압력이 5 bar이다. 이 압력은 몇 Pa인가?

가. 50000　　나. 500000
다. 10000　　라. 100000

55. 압축공기 저장탱크에 부착해야 할 요소 중 관계없는 것은?

가. 배수기　　나. 안전밸브
다. 압력스위치　　라. 유량제어밸브

56. 다음 공압장치의 장점에 해당하지 않는 것은?

가. 동력전달방법이 간단하고 용이하다.
나. 인화의 위험이 없다.
다. 부하변동에도 균일한 속도를 얻을 수 있다.
라. 제어가 간단하고 취급이 용이하다.

57. 공기의 흐름이 한 방향으로만 허용되도록 할 목적으로 사용되는 밸브는?

가. 릴리프 밸브　　나. 체크 밸브
다. 감압 밸브　　라. 시퀀스 밸브

58. 다음 중 압력의 단위로 적합하지 않은 것은?

가. N/㎡　　나. Pa
다. J/s　　라. bar

59. 다음 공기탱크의 역할과 거리가 먼것은?

가. 공기 압력의 맥동을 평준화한다.
나. 공기 중의 수분을 드레인으로 배출시킨다.
다. 압력 변화를 최소화시킨다.
라. 압축 공기의 공급을 불안정하게 한다.

60. 다음 증압기의 사용 목적으로 옳은 것은?

가. 압력 증폭
나. 속도 제어
다. 스틱-슬립현상 방지
라. 에너지 저장

☞ **해답**

1	2	3	4	5	6	7	8	9	10	11	12	13	14	15	16	17	18	19	20
다	나	가	라	다	가	가	다	다	라	나	다	다	라	나	가	다	다	라	라
21	22	23	24	25	26	27	28	29	30	31	32	33	34	35	36	37	38	39	40
가	나	라	나	나	가	가	나	라	라	가	라	라	다	가	라	다	라	가	다
41	42	43	44	45	46	47	48	49	50	51	52	53	54	55	56	57	58	59	60
나	라	라	가	나	가	가	나	가	다	다	다	라	다	가	다	라	나	나	라

▶ 기출문제 SMT 기능사(9)

1. 다음 중 장착 공정에서 발생할 수 있는 불량에 속하지 않는 것은?
   ① 과납 ② 역삽
   ③ 틀어짐 ④ 부품 깨짐

2. 표면실장 인라인 검사공정 구성과 관련이 없는 것은?
   ① 인쇄 검사 ② 장착 검사
   ③ ICT 검사 ④ 납땜 검사

3. 인쇄공정의 불량 유형으로 옳지 않은 것은?
   ① 미납 ② 무너짐
   ③ 솔더(Solder)번짐 ④ 위치 틀어짐

4. 다음 중 가장 발전된 전자부품 실장방식은?
   ① COB(Chip On Board)
   ② MCM(Multi Chip Module)
   ③ MMT(Mixed Mount Tech.)
   ④ SMT(Surface Mount Tech.)

5. 리플로우 솔더링 기계에 대한 설명이 아닌 것은?
   ① 솔더 크림 인쇄 후 부품이 실장 된 PCB에 열을 가해 납땜 작업을 위한 설비이다.
   ② 방식으로는 대류(열풍), 적외선, 대류+적외선, VPS 등이 있다.
   ③ 납땜부 기판 온도는 최대 250℃ 이하로 한다.
   ④ Flux 도포 방식에는 발포식, Wave식, Spray식 등이 있다.

6. 리플로우(Reflow) 가열방식 중 표면실장용으로 잘 사용하지 않는 방식은?
   ① 증기(VPS) 가열방식
   ② 적외선(IR) 가열방식
   ③ 열풍(Hot Air) 가열방식
   ④ 적외선(IR)+열풍(Hot Air) 가열방식

7. 스퀴지의 작업조건에 대한 내용으로 옳은 것은?
   ① 스피드를 높이면 롤링이 좋아진다.
   ② 인쇄 속도가 느릴 경우 충진이 나빠진다.
   ③ 스퀴지의 각도는 일반적으로 45~70도가 사용되고 있다.
   ④ 스퀴지의 스피드가 빨라지면 크림 솔더를 기판위에 누르는 힘이 적어진다.

8. 다음 표면실장공정에서 자기보정(self alignment)의 효과를 기대할 수 있는 공정은?
   ① 프린터 공정 ② 리플로우 공정
   ③ 마운터 공정 ④ 검사 공정

9. 전자 부품 실장 후 솔더 양이 많아 전극부위 이상으로 덮인 상태의 불량을 무엇이라 하는가?
   ① 솔더 쇼트 ② 솔더 과다
   ③ 솔더 볼 ④ 솔더 과소

10. 표면 실장기 중 회전하는 핸드 유닛을 12~16개 사용하여 고속실장용에 사용하는 방식은 무엇인가?
    ① 로봇(Robot) Type
    ② 로타리(Rotary) Type
    ③ 갠트리(Gantry) Type
    ④ 모듈러(Moduler) Type

11. 부품의 미세화, 고밀도화에 따라 발생 정도가 많은 결함 중의 하나로 인접 랜드(Land) 간에 납이 연결된 불량 유형은?
    ① 솔더볼 ② 맨하탄
    ③ 브리지 ④ 휘스커

12. 부품 실장 후 검사하는 방법으로서 육안 검사로 확인이 가장 어려운 것은?
    ① 솔더량 ② 부품 미삽 및 오삽
    ③ 냉납 ④ 부품 외부 결함

13. 스크린 프린터 작업에 필요한 주요 3요소가 아닌 것은?
    ① 스퀴지 ② 메탈 마스크
    ③ 플럭스 ④ 솔더 페이스트

14. 실장 부품이 인쇄 회로 기판에 삽입 될 때에 실장 부품의 핀이 삽입되는 홀 주위에 입혀지는 얇은 구리박막을 무엇이라고 하는가?
    ① 리드 ② 랜드
    ③ 비아 ④ 배선

15. 인쇄공정에 관한 설명으로 옳지 않은 것은?
    ① 메탈 마스크와 솔더의 점착력이 강해야 한다.
    ② PCB와 솔더의 점착력이 강해야 한다.

③ PCB와 메탈 마스크 사이에 부압이 형성되어야 한다.
④ 메탈 마스크 표면에 대기압력이 작용한다.

16. Bare chip 실장 방식으로 옳지 않은 것은?

① Wire Bonding
② Flip Chip Bonding
③ Dispensing
④ Tape Automated Bonding

17. 표면실장용 부품변천과정 중 부품크기 표기가 옳지 않은 것은?

① 3.2㎜×1.6㎜ ② 2.0㎜×1.2㎜
③ 1.6㎜×0.8㎜ ④ 1.2㎜×0.8㎜

18. SMT 실장 시 칩 날림(결품) 불량이 자주 발생하고 있는 상황에서 조치 프로세서로 적절하지 못한 경우는? (단, Vision 설비 기준이다.)

① A씨는 I/0 체크 메뉴 상에서 수동으로 버큠을 On 한 후 Nozzle 끝단 진공상태를 확인하였다.
② B씨는 부품형태 DB에서 T(두께) 값을 실 두께보다 1.5배로 재설정하였다.
③ C씨는 Program Editor 상에서 Place Z Offset 값을 약간 내렸다.
④ D씨는 부품 DB에서(일부설비 : Parameter) 설비사가 추천하는 Air Blow 값으로 되어있는지 확인하였다.

19. 그림과 같은 이상적 온도 Profile 중 C-D 구간 내 P점의 온도로 알맞은 것은?

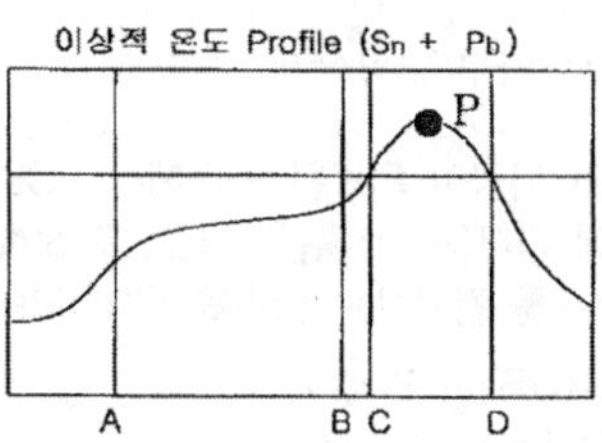

① 120~150℃ ② 150~190℃
③ 210~230℃ ④ 250~280℃

20. 리플로 납땜시 부품 내부에서 침투된 수분에 의해 발생하는 현상에 해당하는 것은?

① Lift-off 현상
② Popcorn 현상
③ Solder Ball 현상
④ Manhattan 현상

21. 괄호 안에 들어갈 용어로 옳은 것은?

"리플로우 내부로 이송되는 기판과 부품에는 히터와 가열된 공기에 의해 전도, ( ), ( )의 형태로 열에너지가 전달된다"

① 대류, 복사 ② 대류, 반사
③ 반사, 집광 ④ 복사, 집광

22. 박형 QFP가 수분을 흡수한 상태로 리플로우 솔더링을 했을 때 발생하는 불량은?

① 브릿지
② IC Package 크랙
③ 기판 크랙
④ 톰스톤(맨하탄) 불량

23. 장착 공정에서 흡착 에러대책 중 옳지 않은 것은?

① 헤드 속도를 빠르게 한다.
② 정기적으로 노즐 관리를 한다.
③ 흡착높이의 정도(精度)를 관리한다.
④ 부품에 맞는 흡착 노즐을 사용한다.

24. 솔더에 포함되는 불순물에 의한 나쁜 영향을 설명한 것으로 옳지 않은 것은?

① 브릿지 발생
② 표면광택 저하
③ 솔더의 젖음성 저하
④ 솔더산화물(dross)감소

25. 디스펜서로 칩 본드를 도포할 때 도포량과 관계가 없는 것은?

① 경화온도 ② 도포압력
③ 도포 노즐 내경 ④ 칩 본드 점도

26. IMT[자삽] CHIP[SMT] 부품을 혼재 실장하는 공정에서 접착제 도포를 위한 장치를 무엇이라 하는가?

① Vision inspection
② Screen Printer
③ Dispenser
④ Multi Mounter

27. 부품 오장착을 방지하기 위한 대책으로 거리가 먼 것은?

① 바코드 부착 관리
② 부품 교환 시 규격 확인
③ 부품 리스트 부착
④ 카세트 검사 및 교정

28. 표면실장기술의 차세대 기술로서 Bare IC Chip을 직접 기판에 탑재하여 회로접속을 행하는 기법은?

① DIP ② SOP
③ QFP ④ COB

29. 장착 장비에서 부품을 지속적으로 공급해 주는 장치는 무엇인가?

① 노즐(Nozzle)
② 컨베이어(Conveyor)
③ 로더(Loader)
④ 피더(Feeder)

30. Solder Paste 및 칩 Bond가 도포된 PCB에 Chip 부품을 납땜 또는 경화시키는 장치는?

① 리플로우(Reflow)
② 언로더(Unloader)
③ 스크린 프린트(Screen Printer)
④ 이형 칩 마운트(Multi Chip Mounter)

31. 인쇄 불량 현상과 원인의 연결이 옳지 않은 것은?

① 납량 과다 인쇄 - 스퀴지 인가 압력 과다
② 크림솔더 칙소성 불량 - 인쇄 형상 퍼짐(늘어짐) 변형
③ 마스크 충진 불량 - 인쇄 로링성 부족
④ 솔더 볼 발생 - 메탈 마스크 세척 미실시

32. 기판의 인식마크(Fiducial mark)에 대한 설명으로 옳지 않은 것은?

① 기판마크 위치를 카메라로 인식하여, 장착 위치를 보정하기 위한 것이다.
② 인식마크의 형상은 원형의 1가지로만 제작이 가능하다.
③ 인식마크의 재질은 동박, Solder 도금 등 다양화 할 수 있다.
④ 기판의 재질에 따라 인식마크를 선명하게 식별할 수 있는 밝기가 달라진다.

33. 플럭스의 역할로 옳지 않은 것은?

① 청정화 ② 산화 방지
③ 재산화 방지 ④ 세척 방지

34. SMT 실장부품 CHIP_R1005의 정확한 수치 해석으로 옳은 것은?

① 가로 : 10.0㎜, 세로 : 5㎜
② 가로 : 1.0inch, 세로 : 5.0inch
③ 가로 : 1.0㎜, 세로 : 0.5㎜
④ 가로 : 0.5inch, 세로 : 1.0inch

35. SMT공정에 사용되는 기자재에 대한 설명으로 옳지 않은 것은?

① 칩 카운터 - 칩 부품과 Axial Radial 부품을 카운트 하는 디지털 계수기
② 테이프 커터기 - 부품 Reel의 폐 테이프를 자동 절단하여 모으는 장치
③ 인버터 - PCB 양면 작업을 위해 180°반전 하는 장비
④ 터닝 컨베이어(TC) - 작업자의 편의를 위해 자동으로 PCB의 전후를 돌려주는 장비

36. 저항값 R인 회로에 I의 전류가 흐르고 있다. 이 회로의 저항이 "0.8×R" 로 변경되었을 경우 흐르는 전류는 얼마로 변하는가? (단, 전압을 일정하다고 가정한다.)

① 0.8×i ② 8×i
③ 0.125×i ④ 1.25×i

37. 전자기기 제작 시 PCB 사용의 장점이 아닌 것은?

① 오배선의 우려가 적다.
② 제품의 균일성과 신뢰성이 높다.
③ 잡음, 온도 등이 안정 상태를 유지한다.
④ 소량 다품종 생산의 경우 제조단가가 낮아진다.

38. PCB 제조용으로 사용되는 부식액의 종류 중 부식속도가 비교적 빠르고 가격도 싸기 때문에 널리 이용되고 있는 것은?

① 알칼리 부식액
② 염화철 부식액
③ 염화동 부식액
④ 과산화수소/황산계 부식액

39. PCB의 가공이 완료된 시점에서 PCB상의 모든 랜드에 검사용 핀 혹은 프로브를 접촉시켜 이상의 유무를 검사하는 방법을 무엇이라 하는가?

① BBT(Bare Board Test)
② 회로시험(Circuit Test)
③ 동작시험(Function Test)
④ 비아 홀 검사(Via-Hole Test)

40. 다음 중 p형 반도체를 만드는 불순물은?

① B(붕소) ② As(비소)
③ P(인) ④ Sb(안티몬)

41. 다음 중 다이오드의 규격을 결정하는 대표적인 데이터로 거리가 먼 것은?
① 최대 인덕턴스
② 최대 역방향 전류
③ 최대 순방향 전압
④ 최대 순방향 전류

42. 다음 기호가 나타내는 것은?

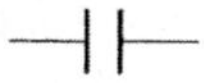

① 저항 ② 코일
③ 콘덴서 ④ 건전지

43. 제어회로구성에서 트랜지스터(TR)의 주요 기능 2가지는?
① 증폭기능, 스위칭기능
② 스위칭기능, 발진기능
③ 증폭기능, 발진기능
④ 점멸기능, 스위칭기능

44. 다음 중 정전압 특성을 이용하여 전압의 안정화에 사용되는 다이오드는?
① 정류 다이오드 ② 제너 다이오드
③ 터널 다이오드 ④ 스위칭 다이오드

45. 일반 쌍극성 트랜지스터의 단자가 아닌 것은?
① 이미터 ② 컬렉터
③ 게이트 ④ 베이스

46. PCB 기술에 관한 설명으로 옳지 않은 것은?
① PCB는 Printed Circuit Board의 약자이다.
② 초기에는 감광성 필름을 이용하여 패턴을 형성하였으나 요즘에는 스크린 인쇄법을 이용하여 제작하는 추세이다.
③ PCB는 일정 수준의 기계적인 강도와 제조 공정 중 개해지는 고온에 견딜 수 있는 내열성도 가지고 있어야 한다.
④ PCB는 전자부품을 전기적으로 연결해 주는 역할과 전자부품과 기계적인 부품들을 고정시키는 지지대의 역할을 가진다.

47. 회로의 층수에 의해서 PCB를 분류할 경우 그 종류가 아닌 것은?
① 단면 PCB
② 양면 PCB
③ 다층 PCB
④ 플렉시블 PCB

48. 오실로스코프를 이용하여 2개의 주파수의 위상각을 측정하기 위한 방법으로 맞는 것은?
① 리사쥬 도형 ② 사이클 도형
③ 싱크로 도형 ④ 리모델로 도형

49. 4층의 PCB와 같이 정교한 정합이 필요하지 않은 경우에 여러 개의 PCB를 동시에 적층하여 생산성을 높이는 방법을 말하는 것은?
① Deburring
② Dry Film 박리
③ Mass Lamination
④ Backup Board

50. PCB 설계 시 회로도를 그릴 때 고려사항에 대한 설명으로 틀린 것은?
① 대각선과 곡선은 가급적 사용하지 않는다.
② 대칭으로 동작하는 회로는 전원 회로를 기준으로 대칭되게 그린다.
③ 기호와 접속선의 굵기는 같게 한다.
④ 신호의 흐름은 가급적 왼쪽에서 오른쪽으로, 위에서 아래로 한다.

51. 공기가 왕복운동을 하는 피스톤 부분과 직접 접촉하지 않기 때문에 공기에 기름이 섞이지 않게 되어, 압축 공기 중에 기름이 혼입되는 것을 방지하여 깨끗한 공기를 필요로 하는 식료품가공, 제약회사 등에 많이 사용되는 압축기는?
① 격판 압축기
② 베인 압축기
③ 스크루 압축기
④ 피스톤 압축기

52. 대기 압력이 0.9 kgf/㎠일 때 공기 저장탱크의 압력계가 5 kgf/㎠이다. 탱크의 절대압력은 몇 kgf/㎠인가?
① 5 kgf/㎠
② 4.1 kgf/㎠
③ 5.9 kgf/㎠
④ 4.5 kgf/㎠

53. 압력에 대한 단위의 표시가 옳지 않은 것은?
① 1 bar는 10^5 Pa 이다.
② 1 atm은 1.01325 bar 이다.
③ 1 bar는 1.01972 kgf/㎠ 이다.
④ 1 ㎜Hg는 1.03323 kgf/㎠ 이다.

54. 맥동 현상(stick slip)에 대한 설명으로 옳지 않은 것은?
① 유압 실린더 운동에서 흔히 나타난다.
② 공압 실린더에서 3㎜/s 이하의 저속에서 발생한다.
③ 피스톤과 실린더의 접촉면 마찰과 공기의 압축성 때문에 발생한다.
④ 실린더가 조금 움직였다가 정지하고, 또 조금 움직이는 현상이 반복되는 현상이다.

55. 그림은 무슨 밸브를 나타내는 기호인가?

① 체크밸브 ② 교축밸브
③ 셔틀밸브 ④ 릴리프밸브

56. 방향제어 밸브에서 4/3-way 라 표시할 때 숫자의 의미로 옳은 것은?
① 3은 연결구의 수이다.
② 3은 제어 위치 수이다.
③ 4는 변환 위치 수이다.
④ 4는 작업 라인 수이다.

57. PCB 기판을 흡착하여 이송하고자 한다. 이때 진공압에 의하여 기판을 흡착하는 역할을 하는 것을 무엇이라 하는가?
① 패드 ② 소음기
③ 완충기 ④ 브레이크

58. 터보형 공기압축기의 설명으로 옳지 않은 것은?
① 무급유 설계가 가능하다.
② 축류식과 베인식이 있다.
③ 공기 유동의 원리를 이용한다.
④ 토출공기의 맥동 및 소음이 적다.

59. 솔레노이드 밸브의 특징에 대한 설명으로 옳지 않은 것은?
① 내구 수명이 길다.
② 전력 소모가 낮다.
③ 스위칭 시간이 길다.
④ 접점 완성률이 높다.

60. 다음 중 피스톤식 요동형 액추에이터 종류가 아닌 것은?
① 요크식 ② 나사식
③ 크랭크식 ④ 베인식

☞ 해답

1	2	3	4	5	6	7	8	9	10	11	12	13	14	15	16	17	18	19	20
①	③	④	②	④	①	③	②	②	②	③	③	③	②	①	③	④	②	③	②
21	22	23	24	25	26	27	28	29	30	31	32	33	34	35	36	37	38	39	40
①	②	①	④	①	③	④	④	④	①	①	②	④	③	④	④	④	②	①	①
41	42	43	44	45	46	47	48	49	50	51	52	53	54	55	56	57	58	59	60
①	③	①	②	③	②	④	①	③	②	①	③	④	①	②	②	①	②	③	④

기출문제 SMT 기능사(10)

1. 다음 중 리플로우 온도 프로파일에 영향을 미치는 요소 및 설명으로 틀린 것은?
   ① 선 공정 구성장비 : 리플로우 전의 구성장비 종류
   ② 리플로우 내의 배기 풍속 : 배기풍속의 빠르고 느림
   ③ 기판의 종류 : 재질, 크기, 두께에 따라 열용량을 다르게 받음
   ④ 탑재 부품 및 실장 밀도 : 탑재부품의 크고 작음, 실장밀도의 높고 낮음

2. 다음 중 리플로우 납땜 시 발생되는 불량이 아닌 것은?
   ① 오픈　　② 브리지
   ③ 솔더 크랙　　④ 솔더 레지스트

3. 다음 중 SMT(Surface Mount Technology)와 IMT(Insert Mount Technology)를 비교 설명한 것으로 틀린 것은?
   ① 부품 중량은 SMT가 IMT보다 가볍다.
   ② 신호 전송은 SMT가 IMT보다 빠르다.
   ③ 실장 밀도는 SMT가 IMT보다 더 높다.
   ④ 인쇄회로기판은 SMT가 IMT보다 박형, 경량화가 어렵다.

4. 리플로우 가열방식 중 대류 작용을 이용한 것은?
   ① 열풍방식　　② IR 가열방식
   ③ 증기 가열방식　　④ 레이저 가열방식

5. SMT 부품실장 시 장착점을 보정하기 위해 PCB 기판에 만든 인식표시는?
   ① side mark　　② clamp mark
   ③ pattern mark　　④ fiducial mark

6. 생산관리에서 누적되어 있는 데이터항목의 내용 중에 가동률을 나타내는 식은?
   ① $\frac{\text{흡착시간}}{\text{흡착횟수}} \times 100$　　② $\frac{\text{흡착정지시간}}{\text{흡착횟수}} \times 100$
   ③ $\frac{\text{운전시간}}{\text{전원}on\text{시간}} \times 100$　　④ $\frac{\text{운전정지시간}}{\text{전원}on\text{시간}} \times 100$

7. SMT를 이용하여 생산할 경우 단점이 아닌 것은?
   ① 고밀도로 total cost를 절감한다.
   ② 공정의 system 화로 집중적인 투자 경비가 필요하다.
   ③ 새로운 부품의 재발 및 설비의 향상으로 변화에 대응하여야 한다.
   ④ 부품의 소형화, IC lead의 협소 등으로 불량 수정 및 재작업이 어렵다.

8. 솔더 페이스트 인쇄 작업 시 지켜야 할 사항에 대한 설명으로 틀린 것은?
   ① 생산해야 할 기판의 앤쇄할 면과 메탈 마스크가 맞는지 확인한다.
   ② 실내 환경에 적응하도록 항상 스크린프린터 커버를 오픈시켜 놓고 작업해야 한다.
   ③ 냉장고에서 꺼낸 솔저 페이스트는 뚜껑을 개봉하지 않고 라인의 실내온도와 일치하는 시간까지 상온 방치한다.
   ④ 주기적으로 메탈마스크 위의 납량을 확인하여 보충해 주어야 하며, 스퀴지 양쪽으로 밀려난 솔더 페이스트를 안쪽으로 밀어 넣는다.

9. 리플로우(reflow) 장비 사용 시 가장 중요한 공정 조건으로 솔더 조성, PCB 크기, 실장면적 등에 따라서 최적의 온도 변화 곡선을 설정하여 관리하는 것은?
   ① 가열(heating)
   ② 온도 프로파일(profile)
   ③ 열전대(thermo couple)
   ④ 리플로우 체커(reflow checker)

10. 실장기(mounter)의 노즐(nozzle)에 관한 설명으로 틀린 것은?
   ① 헤드(head) 끝 부분에 장착되어 있다.
   ② 부품의 종류에 맞도록 선택하여 사용한다.
   ③ 부품을 피더(feeder)에서 흡착하여 기판에 탑재한다.
   ④ 미소 칩(chip)은 집게(gripper)로 된 노즐을 사용한다.

11. 다음 중 SMT의 구성장비가 아닌 것은?
   ① 로더　　② 노광기
   ③ 칩 마운터　　④ 스크린프린터

12. IC 사용 및 보관 방법 중 틀린 것은?
① 보관소는 접지를 한다.
② 습도를 60~100%로 유지한다.
③ 포장 개봉 후 가급적 48시간 이내에 사용한다.
④ 개봉된 IC는 드라이(dry) 함에 보관한다.

13. 전자 부품 실장 및 납땜 후 랜드 또는 부품 주변에 납볼이 있는 불량은?
① solder ball ② solder 과다
③ solder 과소 ④ 맨하탄

14. 다음 중 인쇄기 항목이 아닌 것은?
① 에칭(etching)
② 스퀴지(squeeze)
③ 메탈마스크(metal mask)
④ 석션 블록(suction block)

15. 플럭스의 역할이 아닌 것은?
① 청정화 ② 산화방지
③ 세척방지 ④ 재산화방지

16. 다음 중 SMT 재작업 난이도가 가장 높은 반도체 부품은?
① TR ② BGA
③ QFP ④ TSOP

17. 표준 칩(chip mounter)의 설명으로 옳은 것은?
① 표준화되지 않은 여러 가지 부품을 실장하는 장치이다.
② 표준화된 부품과 이형부품을 실장하는 다기능 장치이다.
③ 표준화되지 않은 이형 type의 부품과 lead 부품을 실장하는 장치이다.
④ 표준화된 부품을 실장하는 장치를 말하며 고속 마운트라고도 한다.

18. 실장공정 환경 중 온도관리 조건으로 알맞은 것은?
① 10~15℃ ② 15~22℃
③ 22~27℃ ④ 27~32℃

19. 일반적인 SMT LINE을 구성한 것으로 옳은 것은?
① 로더→스크린 프린트→이형 칩 마운트→표준 칩 마운트→리플로우→언로더
② 로더→스크린 프린트→표준 칩 마운트→이형 칩 마운트→리플로우→언로더
③ 로더→스크린 프린트→표준 칩 마운트→리플로우→이형 칩 마운트→언로더
④ 로더→표준 칩 마운트→스크린 프린트→이형 칩 마운트→리플로우→언로더

20. 다음 중 부품의 장착 순서가 올바르게 나열된 것은?
① 2012 캐패시터→40㎜ QFP→BGA(Ball Grid Array)→1005 저항
② 1005 저항→2012 캐패시터→40㎜ QFP→BGA(Ball Grid Array)
③ 40㎜ QFP→1005 저항→2012 캐패시터→BGA(Ball Grid Array)
④ BGA(Ball Grid Array)→40㎜ QFP→1005 저항→2012 캐패시터

21. 납땜 되어있는 부품의 전극과 land사이에 크랙이 발생되는 원인은?
① reflow 온도 profile에서 예열구간이 길 경우
② reflow 온도 profile에서 예열구간이 짧을 경우
③ reflow 온도 profile에서 peak 온도가 낮을 경우
④ reflow 온도 profile에서 냉각구간에서 충격을 받을 경우

22. 리플로우 공정에서 솔더볼(solder ball) 불량과 밀접한 온도 프로파일 구간은?
① 냉각구간 ② 승온구간
③ 예열구간 ④ 융용구간

23. 마운터에서 발생하는 불량이 아닌 것은?
① 미장착 ② 틀어짐
③ 솔더 부족 ④ 부품 일어섬

24. 온도프로파일 측정 주기 및 관리에 대한 설명으로 틀린 것은?
① 온도 프로파일의 측정주기는 1회/일 및 생산모델 변경 시 측정한다.
② 측정된 온도 프로파일은 표준 온도 프로파일과의 적합성을 비교한다.
③ 온도 프로파일 측정용 샘플(열전쌍이 접속된 기판)은 재사용하면 안된다.
④ 온도 프로파일 측정용 샘플(열전쌍이 접속된 기판)은 모델별로 관리 보관한다.

25. 다음 중 스크린 프린터 공정에서 필요없는 요소는?
① 플럭스 ② 스퀴지
③ 메탈 마스크 ④ 솔더페이스트

26. 스크린 프린터(screen printer)의 설명 중 틀린 것은?
① 스크린 프린터 backup pin은 필요가 없다.
② 스크린 프린터의 종류에는 전자동, 반자동,

수동이 있다.

③ 스퀴지(squeeze)로 일정한 압력을 가하면서 크림솔더를 이동시킨다.

④ 납(solder paste), 칩 Bond 등 스크린 마스크(screen mask)를 이용하여 프린트한다.

27. 아래 온도 프로파일에 대한 설명 중 틀린 것은?

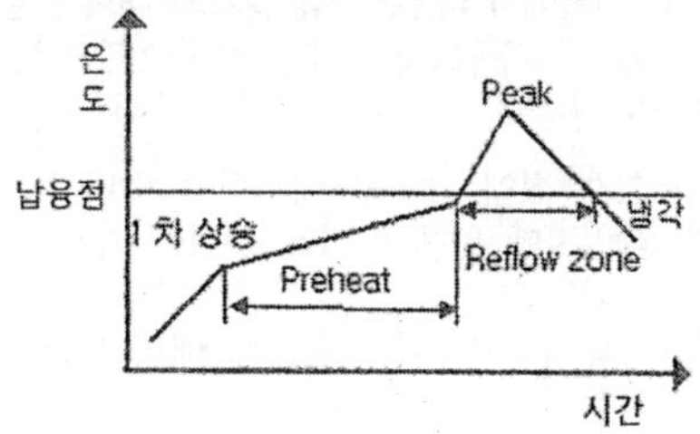

① 1차 상승은 휘발 성분을 없앤다.

② Preheat 구간은 일정한 온도(150℃ 전후)를 유지하며, Flux를 활성화시킨다.

③ 접합강도를 높이기 위해서는 빠른(급격) 냉각보다는 늦은(완만) 냉각이 유리하다.

④ Peak 온도는 부품의 사양을 고려하여 설정하되 일반적으로 210~220℃[무연 납 : 230~250℃] 이내에서 설정한다.

28. 크림 솔더나 칩 본드를 인쇄하거나 도포한 기판에 각종 칩 부품을 장착하는 장비는?

① 디스펜서
② 칩 마운터
③ 리플로우 경화로
④ 솔더 인쇄기(스크린 프린터)

29. 장착 공정에서 장착 에러를 일으킬 수 있는 원인으로 보기 어려운 것은?

① 기판의 휨
② 느린 흡착 속도
③ 부적절한 장착 높이
④ 부품인식 에러(error)

30. SMT In-line 설비 중 접착제 도포가 필요없을 경우 생략가능한 장비는?

① 디스펜서　② 리플로우
③ 칩 마운터　④ 스크린 프린터

31. 실장기술에서 실장부품의 발전방향으로 틀린 것은?

① 복합 부품화
② 소형화, 미소화
③ lead 이형 부품화
④ IC lead의 fine pitch화

32. 스크린 프린터(screen printer)의 작업조건에 따른 결과가 틀린 것은?

① 메탈마스크를 세척하지 않아도 납 빠짐성 등 기타 품질에 영향이 없다.

② 크림 솔더는 냉장보관(5℃ 정도) 후 상온에서 2시간 정도 방치한 후 교반시켜 사용하여야 한다.

③ 크림 솔더는 인쇄 후 장시간(8시간 정도) 방치한 후 사용할 경우 솔더볼이 다량 발생할 수 있다.

④ 스퀴지의 진행속도를 빠르게 할 경우 미세 pitch부분의 납 빠짐성에 영향을 주며 미납이 발생한다.

33. 다음 중 부품을 자동 삽입하는 공정용어는?

① loader　② radial
③ reflow　④ routing

34. 외부 환경으로부터 반도체 칩을 보호하고, PCB와 전기적으로 접속, 반도체 칩에서 발생하는 열 방출, PCB에 실장하기 쉬운 형태를 제공하는 것은?

① 패키지　② 펠리클
③ 리드프레임　④ 본딩와이어

35. 일반적인 메탈마스크의 스텐실 두께로 옳은 것은?

① 0.05~0.1㎜　② 0.12~0.2㎜
③ 0.25~0.33㎜　④ 0.4~0.48㎜

36. 어떤 단면적에 1초 동안 1.24×10^{15}개의 전자가 통과하였다면 전류는 약 얼마인가?

① 0.2 mA　② 2 mA
③ 20 mA　④ 200 mA

37. 다음 중 2단자 전자 소자는?

① SCR　② SCS
③ GTO　④ DIAC

38. 회로도 작성을 위한 CAD 프로그램 사용으로 기대되는 효과로 가장 거리가 먼 것은?

① 배선패턴의 미세화에 대응
② 잘못 설계된 내용 수정 용이
③ 배선패턴 변경시 데이터 활용 용이
④ 수동 설계를 통한 회로도 정밀도 향상

39. 12V 제너 다이오드를 사용한 그림과 같은 정전압 회로에서 a점의 전압이 30V라면 저항 R은 얼마인가(단, 제너 다이오드에 흐르는 전류는 30mA 이다)?

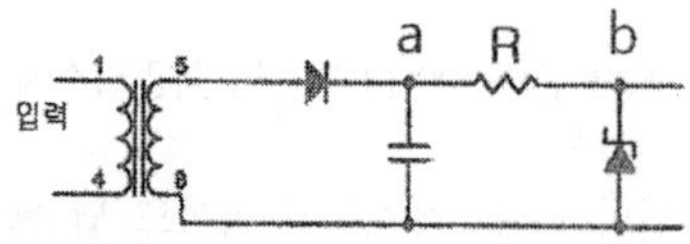

① 200Ω ② 400Ω
③ 600Ω ④ 800Ω

40. 공유결합으로 인하여 전기적으로 중성이 된 자리에 외부의 열에너지를 가하면 가전자는 공유결합에서 이탈되어 자유전자가 되는데 가전자가 이탈한 빈자리를 무엇이라 하는가?
① 정공 ② 도너
③ 캐리어 ④ 억셉터

41. PCB로 구현하기 위한 기구 설계 단계에 해당하지 않는 것은?
① 케이스 디자인
② PCB의 크기 결정
③ 부품간 배선패턴 설계
④ 부품의 조립방법 결정

42. 다음 중 집적소자의 개수가 가장 많은 것은?
① LSI ② MSI ③ SSI ④ VLSI

43. 반도체 p-n 접합 다이오드의 하나로서 부하의 변동 등에 의해 전류가 변화하여도 일정한 전압을 유지할 수 있는 정전압 다이오드는?
① 건 다이오드
② 제어 다이오드
③ 터널 다이오드
④ 가변용량 다이오드

44. 버랙터 다이오드의 역할은?
① 가변저항 ② 가변전류원
③ 가변인덕터 ④ 가변콘덴서

45. 200V, 600W 정격의 커피포트에 200V의 전압을 1시간 동아나 공급할 때 전력량은 얼마인가?
① 600 Wh ② 1200 Wh
③ 600kWh ④ 1200kWh

46. DRY FILM을 녹여서 동박면으로 노출된 부분을 부식하면 납 도금된 페턴부분만 남게 되는 공정은 무엇인가?
① Etching ② Bevelling
③ Marking ④ Scrubbing

47. PCB 조립 후 제거되는 조립 덧살 활용방법으로 부적합한 것은?
① PCB 도번이나 이슈 관리를 한다.
② 각종 테스트용 패드를 만들 수 있다.
③ V-컷트 작업으로 인접 PCB와 결합하여 사용할 수 있다.
④ PCB 덧 살 부위에 더미 패드를 형성하여 PCB 웨이브 솔더링시 PCB 휨을 방지할 수 있다.

48. CAD 기술에서 다루는 자동설계와 대화형 설계를 비교할 때 자동설계에 대한 설명으로 가장 거리가 먼 것은?
① 설계 전에 작성할 데이터가 많다.
② 작업자에 의해 데이터 수정이 즉시 이루어진다.
③ 자동배선기능을 이용하여 배선작업을 수행한다.
④ 사전에 필요한 데이터가 준비되어 있으면 설계 후의 검사작업이 적어진다.

49. 저항의 컬러 코드 표시에서 4번째 색은 오차 허용값을 나타낸다. 다음 중 오차 허용 값의 범위가 가장 큰 색은?
① 금색 ② 은색 ③ 적색 ④ 갈색

50. 비안정 멀티 바이브레이터 회로를 구성하고 주기를 측정하였더니 0.05초로 계측되었다면 이 회로의 주파수는 얼마인가?
① 10Hz ② 20Hz ③ 30Hz ④ 50Hz

51. 밸브의 복귀방식 중 밸브 본체 내에 내장되어 있는 스프링력으로 정상상태로 복귀시키는 방식은?
① 디텐드 방식
② 메모리 방식
③ 스프링 복귀방식
④ 공압 신호 복귀방식

52. 아래 그림의 공압 제어 회로는?

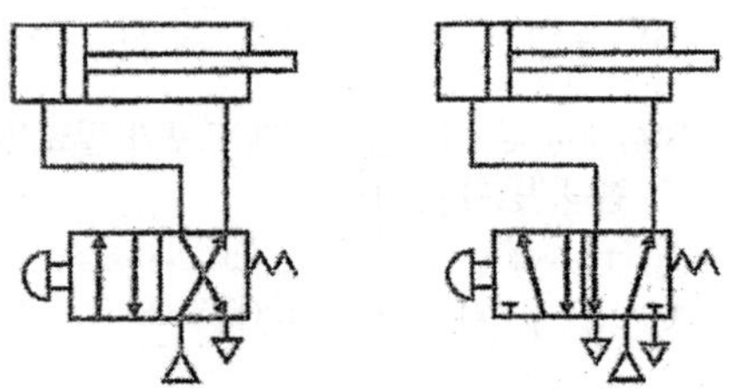

① 급속 배기 밸브 제어 회로
② 단동 실린더의 간접 제어 회로
③ 복동 실린더의 방향 제어 회로
④ 복동 실린더의 속도 제어 회로

53. 각종 플랜트 및 고로와 같은 대용량에 적합한 공기압축기는?
① 베인형 압축기 ② 터보형 압축기
③ 스크루식 압축기 ④ 피스톤식 압축기

54. 공압제어 밸브와 공압 액추에이터 등을 조작하기 위하여 기기에 직접 연결되는 라인은?
① 배기 라인 ② 이송 라인
③ 제어 라인 ④ 토출 라인

55. 공압 장치의 특징으로 틀린 것은?
① 위치제어성이 좋다.
② 균일한 속도를 얻기 힘들다.
③ 사용에너지를 쉽게 구할 수 있다.
④ 전기나 유압에 비해 큰 힘을 낼 수 없다.

56. 방향제어밸브 기호에 대한 설명으로 틀린 것은?
① 제어 위치는 사각형으로 나타낸다.
② 사각형의 개수는 제어위치의 개수를 나타낸다.
③ 유로는 직선으로 나타내고 화살표는 흐르는 방향을 나타낸다.
④ 밸브의 입구, 출구의 연결구는 사각형 안에 직선으로 표시한다.

57. 공기온도 32℃, 상대습도 70%, 압축기가 흡입하는 공기유량이 12㎥/min일 때, 수증기량은 약 몇 g/㎥ 인가(단, 32℃에서의 포화수증기량은 33.8 g/㎥ 이다)?
① 20.43 ② 23.66 ③ 24.55 ④ 25.83

58. 다음 공압 밸브에 대한 설명 중 틀린 것은?
① 감압 밸브 : 고압의 압축공기를 낮은 일정의 적정한 공기압력으로 감압해서 안정한 압축공기를 공압기기에 공급하는 밸브
② 릴리프 밸브 : 공압회로 내의 공기압력이 규정 이상의 공기압력으로 될 때에 공기압력이 상승하지 않도록 대기와 다른 공압회로 내로 빼내주는 밸브
③ 시퀀스 밸브 : 공압회로 내의 공기압력에 따라 다른 회로의 작동 순서를 제어하는 밸브
④ 무 부하 밸브 : 공기압력을 검출해서 설정치와 비교하여 전기접점을 개폐함으로써 전기신호를 내는 밸브

59. 수증기가 응축되어 생긴 물로, 공기압축기로부터 새어 나온 윤활유나 산화 생성물로 된 윤활유 등 여러 가지 불순물이 섞인 액체 생태의 것은?
① 드레인 ② 물기둥 ③ 수은주 ④ 이슬점

60. 유압유가 교축부를 통과할 때 발생하는 현상이 아닌 것은?
① 열 에너지가 증가한다.
② 압력 에너지가 증가한다.
③ 유체의 속도가 증가한다.
④ 운동 에너지가 증가한다.

☞ 해답

1	2	3	4	5	6	7	8	9	10	11	12	13	14	15	16	17	18	19	20
①	④	④	①	④	③	①	②	②	④	②	②	①	①	③	②	④	③	②	②
21	22	23	24	25	26	27	28	29	30	31	32	33	34	35	36	37	38	39	40
④	③	③	③	①	①	③	②	②	①	③	①	②	①	②	①	④	④	③	①
41	42	43	44	45	46	47	48	49	50	51	52	53	54	55	56	57	58	59	60
③	④	②	④	①	①	③	②	②	②	③	③	②	③	①	④	②	④	①	②

▸기출문제 SMT 기능사(11)

1. 솔더 접합부 불량에서 재료표면의 오염 및 산화피막, 리플로우의 가열부족으로 열용량이 큰 부품의 온도 상승이 불충분하여 발생하게 되는 것은?
   ① 고드름 ② 브리지
   ③ 솔더 볼 ④ 젖음성 불량

2. 비전 검사장비(AOI : Automated Optical Inspector)에 불량 판정 기준에 대한 설명으로 옳은 것은?
   ① vision 카메라에 의해서 인식되는 실제의 부품 화상을 눈으로 보고 양품과 불량을 판정한다.
   ② vision 카메라에 검사하고자 하는 부품의 image를 mamual(수동)로 판단하여 양품과 불량을 판정한다.
   ③ 검사하고자 하는 부품의 image와 memory에 저장된 sample image를 비교 검사하여 양품과 불량을 판정한다.
   ④ 동종 부품의 미세 형태변화 및 숙련자에 의한 부품 크기 조정, light 조건 조정 등 미세조정 할 필요가 있다.

3. 리플로우의 특징으로 틀린 것은?
   ① 자기보정 효과가 있다.
   ② 부품의 열 충격이 크다.
   ③ 솔더(solder)의 불순물 혼입이 많다.
   ④ 솔더(solder)를 적정량 공급할 수 있다.

4. 전자부품을 전기적으로 연결하고 전원 등을 공급하고 이들을 물리적으로 고정시키는 역할을 담당하는 것은?
   ① 솔더 크림 ② 리드프레임
   ③ 본딩와이어 ④ 인쇄회로기판(PCB)

5. 다음 중 인쇄 납량을 결정하는 인자로 그 영향이 가장 작은 것은?
   ① 스퀴지(squeegee) 압력
   ② 스퀴지(squeegee) 속도
   ③ 메탈 마스크(metal mask) 두께
   ④ 크림 솔더(cream solder) 성분

6. 실장형태의 변천 순서가 옳은 것은?
   ① axial lead 부품 → radial lead 부품 → 복합표 면실장 부품 → 표면실장 부품
   ② axial lead 부품 → radial lead 부품 → 표면실장 부품 → 복합표면실장 부품
   ③ radial lead 부품 → axial lead 부품 → 복합표면실장 부품 → 표면실장 부품
   ④ axial lead 부품 → 복합표면실장 부품 → 표면실장 부품 → radial lead 부품

7. 리플로우에서 IC 크랙불량과 주로 관련되는 요인은?
   ① 온도 ② 습도 ③ 시간 ④ 충격

8. 크림 솔더(cream solder)의 인쇄불량 요인이 아닌 것은?
   ① 예열
   ② 판분리 속도
   ③ 스퀴지(squeegee) 속도
   ④ 마스크 클리어런스(mask clearance)

9. 스크린 프린터(screen printer)의 작업조건을 설명한 것으로 틀린 것은?
   ① 인쇄 작업 환경조건은 온도 24~26℃, 습도 45~65% 정도가 적당하다.
   ② 스퀴지의 진행속도는 미세피치 일수록 천천히(20~25㎜/s) 진행한다.
   ③ 스퀴지의 셋팅 각도는 메탈마스크(metal mask)와 직각(90°)으로 세팅하는 것이 적당하다.
   ④ 메탈마스크의 두께는 미세피치일 경우 얇게 0.12~0.15t 정도, 보통의 경우 0.15~0.2t 정도가 적당하다.

10. 전자회로의 설계 및 배선패턴의 설계작업에서 불량과 오류의 발생을 최소화하기 위하여 정해놓은 설계규칙(배선의 폭, 배선간의 간격 등)은?
    ① 인식 마크(fiducial mark)
    ② 거버 데이터(gerber data)
    ③ 네트 리스트(net list)
    ④ 디자인 룰(design rule)

11. 테이프피더의 폭 넓이가 아닌 것은?
    ① 8㎜ ② 12㎜ ③ 16㎜ ④ 26㎜

12. 표면실장 장치에서 부품을 공급하는 장치는?
    ① 노즐 ② 헤드
    ③ 인덱스 ④ 카세트(피더)

13. 비파괴검사 방법이 아닌 것은?
① 외관검사
② X-ray 검사
③ 초음파 검사
④ 현미경 조직검사

14. 솔더에 의한 불량 현상이 아닌 것은?
① 고드름(사슴뿔) 현상
② 브릿지(short) 현상
③ 부품의 뒤집힘 현상
④ 일어섬(manhattan) 현상

15. 양호한 인쇄성을 위한 조건으로 틀린 것은?
① 메탈 마스크(matal mask)의 프레임(frame)에 휨이 없어야 한다.
② 메탈 마스크(matal mask)는 가능한 낮은 장력을 유지해야 한다.
③ 작업 중 크림 솔더(cream solder)의 점도 변화가 적어야 한다.
④ 인쇄 후에도 점착성을 유지하여 부품의 탑재가 가능해야 한다.

16. 리플로우 공정에 대해서 설명으로 틀린 것은?
① 무연 솔더는 공정 솔더보다 융점이 낮다.
② 맨하탄이 발생하면 profile 온도 격차를 줄여준다.
③ 질소를 사용하면 산화방지 및 젖음성이 좋아진다.
④ 냉납이 발생하면 예열온도를 낮추고 피크 온도를 높인다.

17. 수동부품이 아닌 것은?
① 칩 저항
② 칩 인덕터
③ 트랜지스터
④ 적층세라믹콘덴서

18. 다음 중 CAD 데이터를 사용한 NC프로그래밍 자동화로 작업능률을 극대화 시킨 제품은?
① SMP ② 거버 마운터
③ easy SMT ④ NC 마스터

19. 고속마운터 프로그램 작성기능 중 해당되지 않는 사항은?
① 장착위치
② 부품 동시흡착
③ 정착순서 결정
④ 인쇄회로기판 마크 인식

20. 다음 중 트레이 피더(tray feeder)가 필요한 부품은?
① 알루미늄 콘덴서
② 1608 크기의 저항
③ 1608 크기의 콘덴서
④ 32㎜×32㎜ 크기의 QFP IC

21. 실장라인 구성설비에 대한 설명으로 틀린 것은?
① 스크린 프린터는 솔더 페이스트를 인쇄하는 설비이다.
② 마운터는 실장부품을 기판 위에 장착하는 설비이다.
③ X-ray 검사 장치는 QFP, SOP 등 리드 납땜 외관을 검사하는 설비이다.
④ 리플로우는 기판 위의 솔더 페이스트와 실장부품에 열을 가해 납땜이 되도록 하는 설비이다.

22. 마운터 공정에서 발생되는 불량 항목이 아닌 것은?
① 뒤집힘 불량
② 오장착 불량
③ 부품 틀어짐 불량
④ 일어섬(manhattan) 불량

23. 리플로우 공정 시 나타나는 불량인 tombstone의 설명으로 옳은 것은?
① 솔더 접합부에 생성이 되는 빈 구멍
② 용융 솔더가 금속표면에 퍼지지 않는 현상
③ 칩 부품의 양단자의 납이 용융 시간차에 의해 칩이 일어서는 현상
④ 납땜 과정에서 급격한 가열의 원인으로 용융 솔더의 작은 알맹이가 납땜 주변에 응고 부착된 것

24. 다음 불량현상 중 솔더링 인쇄공정 불량요인에 의해서 발생하는 현상은?
① 미납 ② 미삽
③ 틀어짐 ④ 리드 뜸

25. 다음 중 스크린 프린터의 솔더 인쇄 품질과 관계없는 것은?
① 기판 재질
② 스퀴지 속도
③ 솔더 크림 점도
④ 메탈 마스크 개구부 크기

26. 칩 부품에 따라 노즐 사이즈와 토출 시간, 온도, 압력을 변화시켜 접착제를 도포하는 방식은?
① 핀 전사방식

② 디스펜서 방식
③ 스크린 인쇄방식
④ 메쉬(mesh) 인쇄방식

27. 다음 중 FLOW 솔더링 시 납조에 용해되는 불순물로 가장 취약한 것은?
① 은(Ag) ② 구리(Cu)
③ 안티몬(Sb) ④ 알루미늄(Al)

28. 부품의 장착 방식 중, 다수 노즐을 사용하여 칩 부품을 동시에 일괄적으로 기판에 장착하는 방식은?
① 로터리(rotary) 방식
② 모듈러(moduler) 방식
③ 시퀀스(sequence) 방식
④ 랜덤 엑세스(random Access) 방식

29. 부품을 흡착한 후 인식 과정에 있어 인식 오류의 발생원인으로 적합하지 않은 것은?
① 공압량 확인
② 인식 높이 확인
③ 부품 데이터 확인
④ 카메라 조명 설정 확인

30. screen printer의 종류가 아닌 것은?
① 수동 인쇄기 ② 인쇄 검사기
③ 반자동 인쇄기 ④ 전자동 인쇄기

31. 다음 중 reflow soldering M/C 가열방식에 따른 설비종류 및 특성에 대한 설명으로 틀린 것은?
① hot air : heater에 의해 뜨거워진 열풍으로 가열하는 방식이다.
② IR+hot air : 적외선 복사열과 열풍을 병용한 가열방식이다.
③ VPS : 불소계 불활성 액체의 기화 잠열에 의한 가열이며 불활성 액체의 가격이 저렴한 장점이 있다.
④ IR(적외선) : 적외선의 복사열에 의한 가열이며 큰 부품에 의한 그림자가 생긴 곳은 가열이 어려운 단점이 있다.

32. 통계적 공정관리에서 6시그마 불량률은?
① 3.4(PPM) ② 34(PPM)
③ 233(PPM) ④ 2330(PPM)

33. 표면실장 장치에서 기판의 정확한 위치를 파악하기 위한 인식 표시로 사용하고 있는 것은?
① 기판 홀 ② 기판 랜드
③ 기판 마크 ④ 기판 패턴

34. 다음 중 마운터 공정과 관련이 없는 부속장치는?
① 부품 공급장치
② 솔더 페이스트 교반기
③ 카세트 검사 및 교정장치
④ 부품 습기 제거장치(제습함)

35. SMT를 사용하여 제품을 생산할 경우 장점이 아닌 것은?
① 고밀도실장으로 제품을 소형화 할 수 있다.
② 생산 공정의 자동화로 생산성이 향상된다.
③ 제품의 신뢰성 및 성능과 기능이 향상된다.
④ 각 요소기술이 총합된 제조기술을 요구한다.

36. 실리콘 제어 정류기(SCR)에 관한 설명으로 틀린 것은?
① PNPN 소자 중 하나로서 계전기 제어, 모터 제어 등 광범위하게 이용된다.
② 다이오드와 같이 역 바이어스 때는 차단상태가 된다.
③ 게이트 전류를 흐르게 해서 ON 상태가 되면 게이트 전류를 0으로 하여도 계속 전류가 흐른다.
④ 게이트 2개가 쌍방으로 존재한다.

37. 키르히호프의 제1법칙인 전류법칙을 바르게 설명한 것은?
① 임의의 폐 회로망에서 기전력 합은 폐 회로망의 저항에 의한 전합 강하의 합은 서로 같다.
② 회로망의 임의의 접속점에 유입되는 전류와 유출되는 전류의 합은 서로 같다.
③ 임의의 폐 회로망에서 기전력 합은 폐 회로망의 저항에 의한 전합 강하의 합은 서로 다르다.
④ 회로망의 임의의 접속점에 유입되는 전류와 유출되는 전류의 합은 서로 다르다.

38. CAD 프로그램의 주요기능으로 거리가 먼 것은?
① 부품의 등록기능
② 부품의 배치기능
③ 작성된 회로의 설계규칙검사
④ PCB 가공기능

39. 땜납이 금속에 잘 부착되도록 화학적으로 활성화 시키는 물질로 맞는 것은?
① 포토비아 ② 폴리이미드
③ 플럭스 ④ 아라미드

40. 다음 중 PCB 설계 시 패턴 방향 간격의 표준지침이 아닌 것은?
① 양면 이상의 PCB 패턴은 솔더 면과 부품면의 패턴이 90°교차 하도록 한다.
② 양면 이상의 PCB 패턴은 솔더 면과 부품면의 패턴이 나란하게 한다.
③ 솔더 면의 패턴 방향은 투입 방향(납땜 방향)과 나란하게 한다.
④ PCB 바깥쪽에서 패턴까지 일정한 간격을 유지한다.

41. 광다이오드의 종류 중 광전류 증폭작용이 있고 암전류(dark current)가 작으며 응답속도가 빠르고 파장 감도가 넓어서 광섬유에 의한 광통신 등에 사용되는 것은?
① 애벌런치 광다이오드
② PN 광다이오드
③ 버랙터 다이오드
④ 쇼트키 다이오드

42. 전자부품의 소자명과 기능이 틀리게 연결된 것은?
① TR - 증폭기능
② LED - 정류기능
③ SCR - 스위칭 기능
④ Cds cell - 빛 검출용 기능

43. 보통 5~1000㎌의 커패시턴스 값을 가지는 것에 사용 되는데 이것의 구조는 대게 알루미늄으로 된 두 개의 금속전극이 붕사나 인산염 또는 탄삼염의 유전체를 넣은 것은?
① 종이(paper) 커패시터
② 자기(ceramic) 커패시터
③ 탄탈륨(tantalum) 커패시터
④ 전해(electrolytic) 커패시터

44. LC 발진 회로에서 LC회로의 C 값을 4배로 하면 그 주파수는 원래 주파수에 비해 어떻게 바뀌는가?
① 2배로 커진다.
② 4배로 커진다.
③ 0.5배로 작아진다.
④ 0.25배로 작아진다.

45. 다이오드 고장 시 회로시험기를 이용한 검사에 대한 설명으로 틀린 것은?
① 회로시험기의 저항 측정 모드를 선택하여 검사를 하여야 한다.
② 정상인 다이오드는 순방향에서 거의 단락 상태로 표시된다.
③ 정상인 다이오드는 역방향에서 거의 개방 상태로 표시된다.
④ 발광다이오드는 회로시험기의 순방향 측정에서 소등되고, 역방향 측정에서 점등된다.

46. 많은 전자회로소자가 하나의 기판 위 또는 기판 자체의 분리가 불가능한 상태로 결합되어 있는 초소형 구조의 기능적인 복합적 전자부품은?
① 커패시터 ② 집적회로
③ 다이오드 ④ 트랜지스터

47. 2층 이상의 PCB에서 층간을 접속하기 위하여 기판에 홀을 가공한 후 그 내부를 도금한 것으로 부품이 삽입되지 않은 홀(hole)은?
① 부품(component) ② 블로우(blow)
③ 비아(via) ④ 버(burr)

48. PN 접합에서 역방향 바이어스를 가한 경우에 나타나는 현상이 아닌 것은?
① 전위 장벽이 좁아진다.
② 공핍 층이 넓어진다.
③ 캐리어의 이동이 어려워 전류가 거의 흐르지 않는다.
④ 전장이 강해진다.

49. PCB는 무엇의 약자인가?
① Printed Circuit Board
② Panel Circuit Board
③ Pattern Circuit Board
④ Plating Circuit Board

50. 회로시험기를 사용하여 측정할 수 없는 항목은?
① 직류전압 ② 직류전류
③ 위상차 ④ 저항

51. "기체의 온도를 일정하게 유지하면서 압력 및 체적이 변화할 때, 압력과 체적은 서로 반비례한다."는 무슨 법칙인가?
① 보일의 법칙 ② 샤를의 법칙
③ 파스칼의 법칙 ④ 보일-샤를의 법칙

52. 압축 공기내의 오염물질 영향이 아닌 것은?
① 슬라이딩 부분의 마찰력 감소
② 필터 엘리먼트의 눈 막힘 발생
③ 필터 및 윤활기의 합성수지파손
④ 녹의 발생에 의한 작동불량 및 스프링 절손

53. 다음 밸브의 조작 방법 중 기계방식이 아닌 것은?

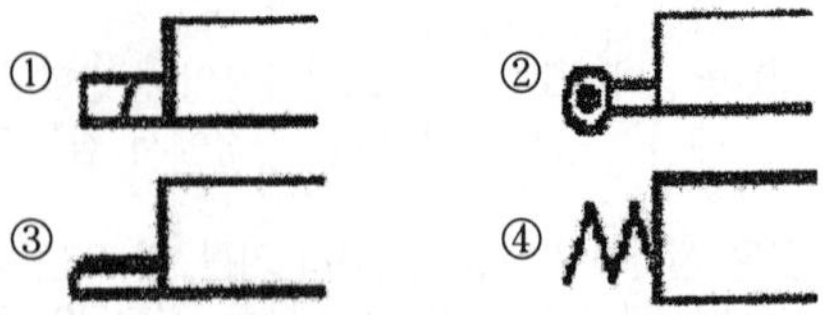

54. 게이지 압력으로 옳은 것은?

① 게이지 압력 = 절대 압력 + 대기압
② 게이지 압력 = 절대 압력 − 대기압
③ 게이지 압력 = 절대 압력×대기압
④ 게이지 압력 = 절대 압력÷대기압

55. 공압 실린더에서 맥동현상(스틱슬립)을 해소하기 위해 사용하는 밸브는?

① 탠덤 실린더
② 유량 제어 밸브
③ 공유 변환실린더
④ 압력 시퀀스 밸브

56. 다음 중 압력제어 밸브는?

① 셔틀 밸브
② 차단 밸브
③ 시퀀스 밸브
④ 속도 제어 밸브

57. AND 회로의 공기압 기호로 옳은 것은?

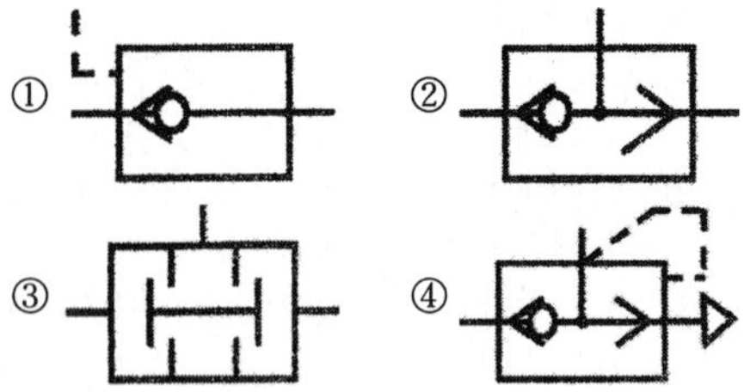

58. 다음 중 표준 대기압에 해당하지 않는 것은?

① 760㎜Hg　　② 1013bar
③ 1.033kgf/㎠　　④ 101293N/㎡

59. 공압 속도제어 밸브 사용상 주의사항으로 틀린 것은?

① 공기 청정화에 주의해야 한다.
② 밸브의 크기 선택에 주의해야 한다.
③ 속도제어 밸브는 가능한 제어 대상과 멀리 설치하여야 한다.
④ 속도제어 또는 유량 조절 시에 설정 값에 도달해 조정이 끝난 후에 고정용 나사를 고정하여 일정 유량이 제어되도록 한다.

60. 다음 중 용적형 압축기가 아닌 것은?

① 나사식　　② 베인식
③ 원심식　　④ 피스톤식

☞ 해답

1	2	3	4	5	6	7	8	9	10	11	12	13	14	15	16	17	18	19	20
④	③	③	④	④	②	②	①	③	④	④	④	④	③	②	①	③	④	②	④
21	22	23	24	25	26	27	28	29	30	31	32	33	34	35	36	37	38	39	40
③	④	③	①	①	②	②	②	①	②	③	①	③	②	④	④	②	④	③	②
41	42	43	44	45	46	47	48	49	50	51	52	53	54	55	56	57	58	59	60
①	②	④	③	④	②	③	①	①	③	①	①	①	②	③	③	③	②	③	③

V. 산업기사 필기문제

SMT 산업기사(연습문제)

■ 제1과목 : SMT공학

1. SMT 장비의 성능을 표현하는 것에서 최대 실장 능력을 의미하는 것은?
   가. CPH
   나. Optimal Tack Time
   다. CPK
   라. Index Time

2. SMT 장비의 성능을 표현하는 것에서 1시간 동안 실장한 Chip 개수를 나타내는 말은?
   가. CPH 나. Optimal
   다. Tack Time 라. Index Time

3. 다음 중에서 가장 신속하고 정확한 가공을 하여 납품할 수 있는 Metal Mask는 어느 것인가?
   가. Laser Mask 나. Photo Ething
   다. Screen Mask 라. Additive Mask

4. 장비 특성을 표현하는 것으로 Transport Height (또는 Conveyor Height)의 의미는?
   가. 장비를 이동할 수 있는 높이를 의미한다.
   나. 장비 속 컨베이어 벨트에서 Board가 통과할 수 있는 높이
   다. 바닥에서 실장 Board의 밑면까지 높이를 의미한다.
   라. 장비와 장비 사이에 기판을 이송할 수 있는 높이를 말한다.

5. IPC-9850 설명으로 잘못된 것은?
   가. SMT 장비의 성능을 파악할 수 있는 공통적인 방법을 제시
   나. 2002년 3월 발표
   다. 사용부품으로는 1608 커패시터, SOIC-16, QFP_100, QFP-208, BGA-228
   라. QFP와 BGA는 유리 슬러그를 사용한다.

6. Vision Camera로 볼 수 있는 영역의 크기를 나타내는 말은?
   가. CSP 나. FOV 다. QFP 라. CKP

7. 다음 중 일반적으로 사용되는 QFP(Quad Flat Package) Device가 아닌 것은?
   가. TQFP 나. LQFP
   다. PQFP 라. BQFP

8. 다음 중 Capacitor의 종류가 아닌 것은?
   가. Ceramic Chip 나. Molded Tantalum
   다. Rectangular 라. Alumminum

9. PLCC가 의미하는 것으로 맞는 것은?
   가. Plastic Leaded Chip Carrie
   나. Plasma Leaded Chip Carrie
   다. Package Leaded Chip Carrie
   라. Profile Leaded Chip Carrie

10. 아래 그림은 어떤 종류의 Device를 나타낸 것인가?

   가. BGA 나. PBGA
   다. SOJ 라. QFP

11. 다음 중 BGA(Ball Grid Array)의 단점에 관련되는 것은?
   가. 리드손상 나. 열방출
   다. 저임피던스 라. 팝콘(popcorn)

12. 다음 중 Resistor의 종류가 아닌 것은?
   가. Resistor Chip 나. Melf
   다. Resistor Array 라. Passive

13. 다음 중 그림과 Device 명칭이 서로 일치하지 않는 것은?
   가. Ceramic Chip Capacitor 
   나. Tantalum Capacitors 

다. Transistor 

라. Dpak Power Transistor 

14. 다음 중 Stick Feeder가 필요한 경우는?
   가. 부품을 소량 Tube로 공급될 경우
   나. Tray로 부품이 담아져 공급될 경우
   다. Reel에 부품이 담아져 공급될 경우
   라. Flip Chip과 같은 Micro Chip을 실장할 경우

15. 다음 중 Tray Feeder가 필요한 부품은?
   가. 1608Size의 저항
   나. 1608Size의 콘덴서
   다. 32mm × 32mm Size의 QFP IC
   라. Flip Chip

16. 8mm Tape Feeder를 장기간 사용하여 Pick up 위치가 수시로 변하여 Error 발생시 교정부위는?
   가. 비닐회수부　　나. Feeding Gear부
   다. 구동부　　라. Locking부

17. 다음 중 Tape Feeder의 종류를 뜻하는 8mm, 12mm, 16mm 등의 의미는?
   가. Reel 두께
   나. Reel 폭
   다. 부품의 가로방향 Size
   라. Reel Case 외경 Size

18. 다음 중 PSM(부품공급기)이라고 볼 수 없는 것은?
   가. Reflow　　나. Tray Feeder
   다. Manual Tray　　라. Trolley

19. Trolley가 하는 역할은?
   가. Tray Feeder와 같은 IC류만 부품을 공급할 경우
   나. Job Change 시간을 줄이기 위하여 별도 Feeder를 Setting할 경우
   다. 부품 Pick up 위치를 Teaching할 경우
   라. Nozzle 홀이 납 등으로 막혀 청소가 필요할 경우

20. 일반적으로 가장 많이 사용하는 칩부품을 공급하는 방식은?
   가. Stic　　나. Tray
   다. Tape　　라. Bulk

■ 제2과목 : 솔더링 공학

1. 다음 솔더접합부(solder joint)의 내부결함 검사방법이 아닌 것은?
   가. 초음파를 이용한 검사방법
   나. X-선을 통한 검사방법
   다. 적외선을 통한 검사방법
   라. 자외선을 통한 검사방법

2. 다음 솔더접합부(solder joint)의 기능직 결함 검사방법이 아닌 것은?
   가. 작동시험　　나. 전기시험
   다. 초음파시험　　라. 누설시험

3. 다음 브리지(bridge)의 설명 중 맞는 것은?
   가. 부품의 열용량과 흡수력을 말한다.
   나. 솔더링 시간 부족(과잉)을 말한다.
   다. 인접하는 리드나 전극 패턴이 솔더로 연결되어 쇼트(short)를 일으키는 현상을 말한다.
   라. 부품의 위치결정을 말한다.

4. 고드름(icicle)의 설명 중 맞는 것은?
   가. 리드 끝부분에 솔더가 원뿔처럼 형성된 것을 말한다.
   나. 가열에 의해 리드의 솔더가 퍼지는 것을 말한다.
   다. 부품의 전극(pad)을 말한다.
   라. 플럭스의 종류를 말한다.

5. 다음 중 젖음성(wettability)의 불량원인이 아닌 것은?
   가. 재료표면의 오염
   나. 재료표면의 산화
   다. 일괄 리플로우시 가열부족
   라. 솔더량의 부족

6. 솔더 접합부의 정적 파단하중 검사방법이 아닌 것은?
   가. 인장시험　　나. 전단시험
   다. 횡압력 전단시험　　라. 온도시험

7. 다음 중 가장 널리 쓰이는 정적 파단하중 검사방법은?
   가. 인장시험　　나. 전단시험
   다. 굽힘시험　　라. 필(peel)시험

8. 다음 중 볼 본딩의 강도가 주를 이루는 정적 파단하중 검사방법은?
   가. 휨시험　　나. 전단시험
   다. 굽힘시험　　라. 필(peel)시험

9. 다음 중 전자제품에 가장 많이 사용하는 Rosin Flux type는 어느 것인가?
가. RMA 나. RA 다. OA 라. R

10. 플로 솔더링시 기판상의 부품과 용융된 솔더가 접촉되는 시간은?
가. 2~4초 나. 3~5초
다. 4~6초 라. 5~7초

11. 다음 중 납땜작업의 척도인 솔더링성(solderability)과 거리가 먼 것은?
가. Wettability(젖음성)
나. Actibity(활성도)
다. Bondability(접합성)
라. Relability(신뢰성)

12. 솔더링된 리드선의 필렛 접촉각도가 몇 도 이상일 때 과납으로 판단하는가?
가. 15도 나. 20도 다. 30도 라. 45도

13. 다음 중 Solder Paste의 구성요소가 아닌 것은?
가. Dimple 나. Powder
다. Alloys 라. Flux

14. Hard Solder Alloys의 온도 사용범위는?
가. 150℃ 이상일 때
나. 250℃ 이상일 때
다. 350℃ 이상일 때
라. 450℃ 이상일 때

15. Solder Paste에 적합한 Alloy 요건이 아닌 것은?
가. Powder로 제조가 용이하다.
나. 모재와 금속결합이 일어나야 한다.
다. 저산화
라. 저순도

16. 다음 중 Lead의 구성요소의 역할이 아닌 것은?
가. 공정비율의 잔여분
나. 높은 경도
다. 납땜성의 촉진
라. 유동성을 양호하게 함

17. 가장 보편적인 Mechanical 제조방법은?
가. 분쇄법 나. 분사법 다. 경도법 라. 산화법

18. 다음 분쇄법(milling method) 중 재질을 사용할 수 없는 것은?
가. Su 나. Sn 다. Bi 라. Etc

19. 다음 중 Alloys의 장점이 아닌 것은?
가. 가격이 싸다.
나. 낮은 온도에서도 결합이 가능하다.
다. 기계적 강도가 강하다.
라. 온도에 따라 구분이 용이하다.

20. 다음 중 Solder Paste에 적합한 Alloy의 요건이 아닌 것은?
가. Power로 제조가 용이하다.
나. 결합되어지는 모재와 금속결합이 일어나야 한다.
다. 용융상태에서 모세관작용(capillary action)이 있어야 한다.
라. 유동성(flow properties)이 없어야 한다.

■ 제3과목 : 메카트로닉스

1. 저항 R1과 R2를 직렬로 접속하고, V의 전압을 가할 때 저항 R1 양단의 전압은?
가. [R1/(R1+R2)]V
나. [R2/(R1+R2)]V
다. [(R1×R2)/(R1+R2)]V
라. [(R1+R2)/(R1×R2)]V

2. A/D 변환기에 대한 설명 중 틀린 것은?
가. 아날로그 데이터를 디지털 데이터로 변환시키는 장치이다.
나. 카운터 비교방식, 2중 적분방식, 순차근이 방식 등이 있다.
다. n변환기에서 아날로그 입력전압은 2^n레벨로 되어 양자화된다.
라. 보통 저항회로 또는 래더(ladder) 회로로 구성되어 있다.

3. 센서의 이용시 고려하여야 할 사항으로 틀린 것은?
가. 선명도
나. 내산성
다. 감지거리
라. 단위시간당 스위칭 사이클

4. 산술 및 논리 연산의 결과를 일시적으로 기억하는 레지스터는?
가. Instruction 레지스터
나. Storage 레지스터
다. Accumulator 레지스터
라. Address 레지스터

5. 위치, 길이, 각도, 변형 등을 측정할 때의 양을 어떤 기준 상태의 양과 비교하여 생긴 차이를 검출하는 센서는?
   가. 변위 검출용 센서
   나. 속도 센서
   다. 레벨 검출용 센서
   라. 근접 센서

6. 다음의 설명에 적합한 것은? "힘은 두 전하량 크기의 곱에 비례하고 두 전하 사이의 거리의 제곱에 반비례한다."
   가. 임피던스　　　나. 자기작용
   다. 쿨롱의 법칙　　라. 옴의 법칙

7. 어셈블리에 관한 설명 중 맞는 것은?
   가. 기계어와 1 : 1로 대응시켜 기호화한 언어이다.
   나. 컴퓨터의 기종과 관계없이 명령어가 길다.
   다. 컴파일러에 의하여 기계어로 번역된다.
   라. 직접 컴퓨터가 처리할 수 있는 언어이다.

8. 변위 센서 절대형으로 고려되어야 할 사항 중 틀린 것은?
   가. RAM　　　나. PLA
   다. ROM　　　라. Static RAM

9. 마이크로프로세서의 레지스터 중 프로그램 카운터(PC)의 역할에 대하여 바르게 설명한 것은?
   가. 동작시작 때 최초의 어드레스를 기억하고 있다가 한 명령 수행시마다 어드레스값을 증가시켜 어드레스 버스에 공급시켜준다.
   나. 프로그램이나 데이터가 차지하고 있는 어드레스의 전체수를 카운터하여 어큐뮬레이터에 제공한다.
   다. 외부에서 인터럽트 요구가 있을 때마다 인터럽트의 요구회수를 카운터하여 어드레스 버스에 공급한다.
   라. 프로그램 중 입력되는 전체 데이터스를 카운트하여 어큐뮬레이터에 제공한다.

10. 메카트로닉스 기술의 구성요건이 아닌 것은?
   가. 센서　　　나. 컴퓨터
   다. 액추에이터　　라. FMS

11. 다음 연산증폭기에 대한 설명 중 틀린 것은?
   가. 적분기에 일정한 입력전압을 공급하면 선형적으로 증가 또는 감소하는 출력전압을 얻는다.
   나. 전압 플로어는 이득이 무한대에 가까운 비반전 증이다.
   다. 접지되어 있지 않는 두 입력단 사이의 전압차를 증폭하는 것을 차동증폭기라고 한다.
   라. 전압비교기는 전압신호를 감시하는 레벨 검출 등에 응용된다.

12. 인터럽트 발생요인이 아닌 것은?
   가. 정전
   나. 서브루틴 콜
   다. 오버플로어
   라. 입출력장치의 작업완료

13. 다음 그래픽 터미널에 대한 설명으로 틀린 것은?
   가. 스토리지 디스플레이는 컬러 사용이 불가능하다.
   나. 레스터 스캔 디스플레이는 가정용 TV수신기를 기본으로 하여 전자빔을 수평방향으로 주사하여 영상을 형성시키는 방식이다.
   다. 랜덤 스캔 디스플레이는 벡터스캔 디스플레이라고도 한다.
   라. 스토리지 디스플레이는 밝기와 선명도가 높다.

14. 다음 센서의 구비조건 중 틀린 것은?
   가. 내환경성과 보수성이 좋을 것
   나. 내식성과 내열성이 우수할 것
   다. 감도, 정도, 선형성 및 응답성이 좋을 것
   라. 측정대상의 특성이 외부환경의 영향을 작게 받을 것

15. D/A 컨버터 출력단에 OP 앰프를 사용하는 이유는?
   가. OP 앰프는 출력 임피던스가 0이기 때문에
   나. OP 앰프는 주파수 특성이 좋기 때문에
   다. OP 앰프는 전압이득이 무한대이기 때문에
   라. OP 앰프는 전류를 전압으로 변환시킬 수 있기 때문에

16. 일반모터의 제어와 비교한 서보모터의 제어의 차이점은?
   가. 열린 루프(open loop) 회로이다.
   나. 회전오차의 누적이 많다.
   다. 응답속도를 빠르게 한다.
   라. 입력과 출력을 비교한다.

17. 다음 중 데이터 이동에 관한 영향이 아닌 것은?
   가. Load　　　나. Push
   다. Out　　　라. Increment

18. 프로그램 수행을 시작할 때 첫번째 명령의 동작 코드는 CPU의 어느 부분에 넣어지는가?
가. 누산기(accumulator)
나. 프로그램 카운터(program counter)
다. 스택 포인터(stack pointer)
라. 명령 레지스터(instruction register)

19. 데이터의 전송시 ASCII 코드에서 에러 검출을 위하여 사용하는 비트를 무엇이라 하는가?
가. 존 비트　　나. 디지트 비트
다. 기수 비트　　라. 패리티 비트

20. Z-80 기계어 명령에 관한 다음 설명 중 틀린 것은?
가. 명령어는 크게 동작 코드부와 오퍼랜드부로 구성된다.
나. 레지스터명에 관한 정보는 일반적으로 오퍼랜드부에 기술한다.
다. 오퍼랜드부에는 데이터 자체뿐 아니라 데이터의 주소 와 주소관련 정보 등이 포함된다.
라. 반드시 1바이트로 구성된다.

■ 제4과목 : 공유압

1. 유압의 특징이 아닌 것은?
가. 소형의 장치로 큰 힘이 발생한다.
나. 자동제어가 가능하다.
다. 대량의 에너지 전달이 용이하다.
라. 상당한 설비와 장치가 필요 없다.

2. 유압에 비하여 공기압을 사용했을 때의 설명 중 틀린 것은?
가. 사용압력은 6～7kg/cm^2 정도
나. 유압에 비하여 큰 출력을 발생
다. 수분 탈착기와 빙결 방지기 설치
라. 자동속도는 빠르나 압축성으로 속도가 일정하지 않다.

3. 파스칼의 원리를 옳게 설명한 것은?
가. 정지유체 내에 가해진 압력은 깊이에 비례하여 전달된다.
나. 정지유체 내에 가해진 압력은 깊이에 반비례하여 전달된다.
다. 정지유체 내에 가해진 압력은 깊이의 제곱에 비례하여 전달된다.
라. 밀폐된 용기 내에 가해진 압력은 모든 방향으로 균일하게 전달된다.

4. 유압기기는 다음 중 어느 것을 이용한 것인가?
가. 아르키메데스의 원리
나. 보일 샤르의 법칙
다. 베르누이의 정리
라. 파스칼의 원리

5. P-V 선도상의 왕복형 공기 압축기의 플리트로픽 변화가 실제 제일 가까운 압축형태는 어느 것인가?
가. 단열압축　　나. 단열팽창
다. 등압가열　　라. 등압방열

6. 한 방향의 유동은 허용되고 역방향의 유동을 저지하는 밸브는?
가. 체크 밸브　　나. 릴리프 밸브
다. 스로틀 밸브　　라. 니들 밸브

7. 시간-동작 다이어그램은 무엇을 나타내는가?
가. 시간의 변화량에 대한 증폭
나. 시간의 변화량에 대한 속도
다. 시간의 변화량에 대한 행정거리
라. 시간의 변화량에 대한 압력

8. 미속 급송에 영향을 미치는 것 중 틀린 것은?
가. 유압유의 점성저항
나. 온도, 점도특성
다. 유압유의 양
라. 기름 속의 먼지

9. 편심 로터가 흡입과 배출구멍이 있는 실린더 형태의 하우징 내에서 회전하는 형태의 압축기는 어느 것인가?
가. 피스톤 압축기
나. 격판 압축기
다. 미끄럼 날개 회전 압축기
라. 축류 압축기

10. 미터 아웃 회로의 설치목적 중 틀린 것은 어느 것인가?
가. 피스톤의 폭주를 제거한다.
나. 실린더에 배압이 용이하다.
다. 실린더의 용량을 변화시킨다.
라. 피스톤의 속도를 일정하게 한다.

11. 다음 중에서 유압의 단점이 아닌 것은?
가. 가연성 기름을 사용할 경우 화재의 위험이 따른다.
나. 전동기에 비하여 저속 큰 토크기동이 우월하다.

다. 어떤 형태라도 냉각장치가 요구된다.
라. 기계장치마다 동력원(펌프, 탱크)이 필요하다.

12. 파스칼의 원리를 식으로 나타내면? (단, P : 피스톤의 압력 A : 피스톤의 단면적)

가. $P_1 \cdot P_2 = A_1 \cdot A_2$
나. $P_1 \cdot A_2 = P_2 \cdot A_1$
다. $P_1 + P_2 = A_1 + A_2$
라. $A_1 + P_1 = A_2 + P_2$

13. 다음 중 베르누이 정리에서 전수두는 어느 것인가?

가. 압력수두+위치수두+속도수두
나. 압력수두+속도수두+용적수두
다. 압력수두+용적수두+양적수두
라. 속도수두+위치수두+양적수두

14. 단면적이 $10cm^2$의 피스톤에 15kg의 힘을 주어 연결된 피스톤에서 50kg의 힘을 얻으려면 피스톤의 지름은?

가. 5cm 나. 6cm
다. 7cm 라. 8cm

15. 회전 피스톤의 압축기의 종류가 아닌 것은 어느 것인가?

가. 미끄럼 날개 압축기
나. 2축 스크루 압축기
다. 루트 블로어
라. 피스톤 압축기

16. 압축공기 윤활기의 원리는 어느 원리를 이용한 것인가?

가. 벤추리 원리 나. 트리첼리 원리
다. 파스칼의 원리 라. 연속의 법칙

17. 방향제어 밸브의 분류방법이 아닌 것은 어느 것인가?

가. 기능에 의한 분류
나. 구조에 의한 분류
다. 조작방식에 의한 분류
라. 배선방식에 의한 분류

18. 펌프 속에 일어나는 이상현상이 아닌 것은 어느 것인가?

가. 공동현상(cavitation)
나. 수격현상(water hammer)
다. 맥동현상(surging)
라. 채터링현상(chattering)

19. 유압 계통에는 주로 용적식 펌프가 사용되는데 다음 중 용적식 펌프에 해당하지 않은 것은?

가. 기어펌프 나. 베인펌프
다. 피스톤펌프 라. 원심펌프

20. 무부하 회로의 장점이 아닌 것은?

가. 펌프수명의 단축
나. 장치의 가열방지
다. 유온 상승방지
라. 압유의 노화방지

▌연습문제 해답▐

〈제1과목 : SMT 공학〉

1. 나. optimal tack time : 실장기(mounter)가 부품을 장착할 수 있는 가장 빠른 시간, 실제 생산공정에서 시간과 많은 차이가 있다.

2. 가. CPH(Chip Per Hour)는 시간당 실장한 칩수량이다. tack time은 칩부품 한개를 장착하는데 걸리는 시간을 말하며 CPH와 역수이며 sec로 나타낸다.
tact time=(3600/CPH)sec. CPK는 공정능력지수(process capability index)이다.

3. 가. Laser Mask의 특징은 신속성, 정확성 고품질이다.

4. 다. transport height (conveyor height) : smt in-line 장비연결은 실장기판이 통과하는 높이가 같도록 설치하여야 한다.

5. 나. IPC : Association Connecting Electronics Industries.(Institute of Interconnecting and Packaging Electronic Circuit)

6. 나. FOV(Field of View) 전방시야각. 광학기기(vision camera)를 통하여 볼 수 있는 물체면의 넓이를 말한다.

7. 다. QFP family : LQFP, TQFP, BQFP, MF HQFP, GQFP 등이 있다.

8. 다. rectangular type은 trimmable chip 등에 사용되는 형태이다.

9. 가. PLCC : Plastic Leaded Chip Carrie

10. 라. QFP : Quard Flat Package

11. 라. BGA Family : CBGA, CCGA, CMBGA, EPBGA, ezBGA, PBGA, SBGA, TBGA,
VBGA, ViperBGA, uBGA.

12. 라. resistor(저항) 콘덴서 코일은 전기에너지를 소비하는 수동소자이다. active는 능동, 증폭작용을 하는 반도체소자의 작용을 뜻한다.

13. 나. tantalum capacitors는 chip형태로 되어 있다.

14. 가. stick feeder는 실장점수가 작고 수십개 단위로 stick tube로 부품이 공급된다. 대량부품은 tape(reel) feeder로 공급된다.

15. 다. tray feeder는 tape reel과 같은 roll로 공급되지 못하는 IC류를 tray에 담아서 공급하는 장치이다.

16. 라. 8mm tape feeder의 경우 장기간 사용시 feeding gear 마모에 의하여 pick up 위치가 변할 수 있어 정기적으로 위치를 교정(adjuster)한다.

17. 나. 8mm, 12mm, 16mm 등의 tape feeder는 reel폭 size이다.

18. 가. PSM(part supply machine)
- tray feeder : IC류 부품공급장치
- manual tray : 소량의 IC류 부품을 tray feeder 대용으로 공급하는 장치
- trolley : job change 시간을 줄이는 부품공급장치

19. 나. trolley는 생산품목 변경전에 별도의 feeder를 일괄 setting하여 job change 시간을 줄이기 위한 장치이다.

20. 나. 일반적으로 테이프피더 방식이 가장 많은 부품을 안정되게 공급하는 방식이다.

〈제2과목 : 솔더링 공학〉

1. 라. 마이크로 솔더링에서는 육안검사를 할 수 없는 부분이 있기 때문에 내부결함이 매우 중요시 된다.

2. 다. 초음파 시험은 내부결함 검사방법에 속한다.

3. 다. 브리지(bridge)의 발생원인은 전극 패턴상에 공급되는 솔더페이스트(solder paster)의 과대 공급에서 나타난다.

4. 가. 브리지(bridge)의 발생원인은 용융 솔더의 산화에 있다.

5. 라. 솔더량의 부족은 미납(poor solder)에 속한다.

6. 라. 정적 파단하중 검사란 기계적 파괴검사를 말한다.

7. 가. 인장시험이란 일반 리드선의 집합강도를 시험하는 것이다.

8. 나. 전단시험이란 볼 bonding의 접합강도를 시험하는 것이다.

9. 가. Rosin계 플럭스를 활성도에 따라 분류

하면 R, RMA, RA, OA 4가지로 분류하고 전자산업에는 중간에서 낮은 활성도를 갖는 RMA형을 가장 많이 사용한다.

10. 가. 플로우 솔더링시 용융된 시간이 빠를수록 좋다.

11. 나. 솔더링 작업의 척도인 솔더링성(solderability)은 wettability(젖음성), bondability(접합성) 및 relability(신뢰성)을 포함한다. Actibity(활성도)는 플럭스 작용에 관계된다.

12. 라. 15도 이하일 때는 미납으로 판단한다.

13. 가. dimple은 파면조직에 속한다.

14. 라. 450℃ 이하일 때는 soft solder alloys를 사용한다.

15. 라. solder paste(cream)은 solder powder와 flux를 혼합한 것이다.
요구요건은 빠짐성, 퍼짐성, 납땜성, 점성, 롤링성 및 보존안정성과 미세 solderball 발생이 없어야 한다. solder powder(ball)는 고순도, 진구도, size 및 산화, 오염, 외관 등 불량을 검사하여 사용한다.

16. 다. 납땜성의 촉진은 Sn(주석, tin)의 구성요소에 속한다.

17. 가. 분쇄법(milling method)은 가장 보편적인 방법이나 표면이 일정하지 않으므로 쉽게 오염이 될 수 있다.

18. 가. 분쇄법은 충분한 경도(brittleness)를 가지는 재질에만 사용이 가능하다.

19. 다. Alloys는 기계적인 강도가 약하고 외부 충격에 약한 단점이 있다.

20. 라. rosin-based fluxes와 친화력이 있어야 한다.

〈제3과목 : 매카트로닉스〉

1. 가. **2.** 라. **3.** 다. **4.** 다. **5.** 가.
6. 다. **7.** 가. **8.** 라. **9.** 다. **10.** 라.
11. 가. **12.** 가. **13.** 라. **14.** 가. **15.** 라.
16. 다. **17.** 다. **18.** 라. **19.** 라. **20.** 라.

〈제4과목 : 유공압〉

1. 라. 유압의 특징
① 압력에 대한 출력응답이 빠르다. ② 일의 방향을 용이하게 변환시킬 수 있다.
③ 무단변속이 가능하다. ④전기, 전자의 조합으로 자동제어가 가능하다.

2. 나. 공압의 특성
①무단변속이 가능하고, ② 배관이 간단하며, ③ 작업속도가 빠르고 ④ 힘의 전달이 쉽고,
⑤ 증폭이 가능하다.

3. 라. 밀폐된 용기 내의 압력을 전달하는 것을 증명한 법칙을 파스칼의 원리라 한다.

4. 라. **5.** 라. **6.** 가. **7.** 가. **8.** 다.
9. 가. **10.** 다.

11. 나. 온도영향을 많이 받으나, 윤활성 및 방청성이 양호하고 소음이 적다.

12. 나. “액체에 전해지는 압력은 모든 방향에 동일하며 그 압력은 용기의 각 면에 직각으로 작용한다.”는 유체의 성질을 발견한 사람은 파스칼이다.

13. 가. **14.** 다. **15.** 라. **16.** 가. **17.** 라.
18. 라. **19.** 라. **20.** 가.

▶ 기출문제 SMT 산업기사(1)

■ 제1과목 : SMT 공학

1. 표면실장기술의 단점으로 맞는 것은?
   가. 제조원가를 절감한다.
   나. 조립을 자동화할 수 있다.
   다. 상품의 저장공간을 절약할 수 있다.
   라. 부품 실장밀도에 따른 과열이 발생할 수 있다.

2. 다음 중 가장 고밀도화된 SMT의 실장형태는?
   가. 단면표면실장　　나. 양면표면실장
   다. 단면 IMT 부품혼재　　라. 양면 IMT 부품혼재

3. 전자부품실장 작업장에 자동습도조절기를 장치하는 주된 이유로 가장 적합한 것은?
   가. 생산효율개선　　나. 정전기방지
   다. 작업환경개선　　라. 발화방지

4. SMT 공정에 사용되는 기자재에 대한 설명 중 잘못된 것은?
   가. 칩카운터 – 칩부품과 Axial Radial 부품을 카운트하는 디지털 계수기
   나. 테이프 커터기 – 부품 Reel의 폐테이프를 자동 절단하여 모으는 장치
   다. 인버터 – 작업자의 편의를 위해 자동으로 PCB의 좌, 우를 돌려주는 장비
   라. 터닝 컨베어(TC) – 협소한 라인을 90도 전환하여 생산라인을 연결해주는 장비

5. 표면실장기 부품 중 포장(폭 12mm × 부품간격 8mm) 부품을 장착시 피더(Feeder) 선택으로 맞는 것은?
   가. 12mm × 4pitch　　나. 12mm × 8pitch
   다. 12mm × 12pitch　　라. 16mm × 8pitch

6. 다음 중 표면실장 공정의 순서가 바르게 나열된 것은?
   가. 로더(Loader) – 마운터 – 스크린 프린터 – 리플로우 – 언로더(Unloader)
   나. 언로더(Unloader) – 스크린 프린터 – 마운터 – 리플로우 – 로더(Loader)
   다. 로더(Loader) – 스크린 프린터 – 마운터 – 리플로우 – 언로더(Unloader)
   라. 언로더(Unloader) – 마운터 – 스크린 프린터 – 리플로우 – 로더(Loader)

7. 위치 틀어짐 불량의 원인이 아닌 것은?
   가. Mounter 공정에서 장착불량
   나. 리플로우 공정에서 열풍에 의한 위치 틀어짐
   다. 솔더 인쇄공정에서 납량과다
   라. 솔더 랜드의 면적이 서로 다름

8. 다음과 같은 조건에서의 가동률은 몇 %인가?

   > 조건 : 장비 ON 시각 – 08시 30분
   > 장비 OFF 시각 – 17시 30분
   > 운전시간 – 5.4시간일 경우이다.

   가. 가동률 60%　　나. 가동률 55%
   다. 가동률 50%　　라. 가동률 65%

9. 리플로우 공정에서 온도 프로파일을 적용할 때 중요사항으로 잘못된 것은?
   가. 기판 내 온도 오차가 적을 것
   나. 제품에 관계없이 일정할 것
   다. 충분한 예열이 될 것
   라. 부품의 온도과열이 되지 않을 것

10. 메탈 마스크 방식 및 관리에 대한 설명 중 맞는 것은?
    가. 동일 부품이고 동일 두께 마스크에서의 연속 인쇄성은 에칭(Etching) 방식이 전주도금(Additive) 방식보다 더 좋다.
    나. 가격과 납기에서는 전주도금(Additive) 방식이 레이저 방식과 에칭(Etching) 방식보다 더 유리하다.
    다. 주기적으로 텐션(Tension)과 프레임(Frame)의 뒤틀림 여부를 검사해야 한다.
    라. BGA, CSP, 플립칩 실장에 대비하여 에칭(Etching) 방식의 사용이 증가할 것이다.

11. 칩 마운팅 장비에서 칩부품 미장착이 발생했다면 조치해야 할 항목 중 관련이 가장 적은 것은?
    가. 노즐　　나. 진공압
    다. 인식카메라　　라. 백업핀

12. 다음 중 마운터를 셋팅할 때 최종으로 하는 작업은?
    가. 최적화 작업　　나. 부품좌표입력
    다. 피듀셜마크 인식　　라. 부품형태입력

13. 노즐의 특성에 관한 설명 중 틀린 것은?
가. 노즐에 이상이 발생하면 부품흡착, 누락에러가 발생한다.
나. 노즐의 하사점이 낮으면 노즐만 파손될 우려가 있다.
다. 노즐 표면이 평탄하지 못하면 부품 흡착력이 저하된다.
라. 노즐의 하사점이 높으면 부품 흡착력이 저하된다.

14. Chip Mounter에서 부품 인식장치로 가장 많이 사용되는 방식은?
가. 레이저 나. 프리즘
다. 초음파 라. 비전

15. 실장 라인의 환경에 대한 설명 중 틀린 것은?
가. 정전기방지를 위해 습도는 40~60% 정도로 유지되어야 한다.
나. 스크린 프린터 커버는 크림솔더의 열화방지를 위해 에어컨이나 히터의 바람이 직접 오지 않도록 닫아야 한다.
다. 현장에 공급된 BGA나 CSP 등 수분영향을 받는 부품은 정해진 시간이 지나면 회수하여 베이킹하여 사용된다.
라. 작업 후 시간이 지난 크림솔더 잔량은 재사용할 수 있다.

16. 마운터가 한 시간에 9000점의 칩(Chip)을 장착할 때 이 마운터의 택타임(Tack Time)은 얼마인가?
가. 0.2sec/chip 나. 0.3sec/chip
다. 0.4sec/chip 라. 0.5sec/chip

17. 다음 실장기술 관련 용어 중 틀린 것은?
가. SIP : System In Package
나. COB : Chip On Board
다. CSP : Chip Small Package
라. SOC : System On Chip

18. BARE PCB를 자동으로 공급하는 장치를 무엇이라 하는가?
가. 컨베이어 나. 로더
다. 언로더 라. 엘리베이터

19. 전자부품장착(SMT)장비에 공급하는 공기압의 일반적인 압력은 얼마인가?
가. 0.1MPa 나. 0.5MPa
다. 1MPa 라. 2MPa

20. 표면실장 인라인 구성 중 반드시 있어야 할 설비와 거리가 가장 먼 것은?
가. 스크린 프린터 나. 마운터
다. 리플로우 라. 비전검사기

■ 제2과목 : 솔더링 공학

21. 솔더링은 접합하려는 모재를 용융시키지 않고 접합부에 모재금속 보다 저용점의 금속이나 합금을 용융시켜 젖음을 통해 접합하는 방법으로, 국제표준화기구(ISO)에서는 ( )도를 기준으로 솔더링과 브레이징으로 구분한다. ( )에 알맞은 것은?
가. 232 나. 450 다. 327 라. 1,083

22. 다음 접합법 중 접합온도가 높은 것부터 순서대로 나열된 것은?
가. (高)브레이징 - 솔더링 - 용접(低)
나. (高)용접 - 솔더링 - 브레이징(低)
다. (高)솔더링 - 용접 - 브레이징(低)
라. (高)용접 - 브레이징 - 솔더링(低)

23. 다음 중 기판(PCB)을 제조하기 위해 사용되는 주요 재료에 해당하지 않는 것은?
가. 동박(Copper foil) 나. 기재(Base material)
다. 수지(Resin) 라. 플럭스(Flux)

24. 다음 중 기판에서 발생할 수 있는 불량유형 중 먼지나 이물질 등이 원인이 되어 발생할 수 있는 불량은?
가. 슬릿(Slit) 나. 오픈(Open)
다. 회로폭 감소 라. 찍힘

25. 스크린 프린터(Screen Printer) 주요 요구 기능으로서 맞지 않는 것은?
가. 메탈 마스크와 기판과의 간극 조정이 가능할 것
나. 메탈 마스크와 기판 패턴 위치맞추기가 용이할 것
다. 스퀴지 속도는 변동이 없고 조정할 수 없을 것
라. 스퀴지 설치각도를 조정할 수 있을 것

26. 기판에서 납땜할 필요가 없는 곳에 솔더링이 되지 않도록 하는 것을 일컫는 용어는?
가. 랜드 나. 비아 홀
다. 솔더 레지스트 라. 패드

27. 표면실장용 크림솔더 내 플럭스의 역할이 아닌 것은?

가. 세척방지 나. 청정화
다. 산화방지 라. 재산화방지

28. 일반적으로 솔더링성이 우수하다고 판단하는 기준에 해당하지 않는 것은?

가. 솔더의 젖음과 퍼짐 속도가 빠를 것
나. 용융 솔더와 모재 표면과의 접촉각이 클 것
다. 솔더링 후 솔더 표면이 매끈할 것
라. 솔더링 후 솔더 표면이 금속광택이 있을 것

29. 솔더 중 유해물질 사용제한에 따른 물질 중 아닌 것은?

가. 납 나. 수은 다. 카드뮴 라. 은

30. 리플로우에 설치되어 있는 장치는?

가. 비전 카메라 나. 컨베이어
다. 헤드(head) 라. 스텐실(metal mask)

31. 다음 중 맨하탄(Manhattan) 불량발생의 원인과 거리가 가장 먼 것은?

가. 솔더 인쇄량의 불균형
나. 기판 랜드의 형상 및 간격
다. 사용하는 솔더의 종류
라. 칩부품의 장착정도

32. 리플로우 솔더링 작업시 기판의 온도를 변화시키는 요인에 해당되지 않는 것은?

가. 기판의 종류
나. 실내온도의 변화
다. 탑재부품 및 실장밀도
라. 크림솔더의 종류

33. 일반적으로 가장 많이 사용하는 스퀴지(squeegee) 형태는 어느 것인가?

가. 각스퀴지 나. 평스퀴지
다. 검스퀴지 라. S-cut 스퀴지

34. 스크린 프린터 공정에서 과납 발생시 조치방법으로 맞는 것은?

가. 스퀴지 이동속도를 줄인다.
나. PCB와 메탈 마스크 간격(gap)을 늘린다.
다. 스퀴지 인쇄각도를 낮춘다.
라. 크림 솔도에 플럭스를 추가한다.

35. 솔더링 불량으로 발생되는 브리지(bridge)의 설명으로 맞는 것은?

가. 솔더가 용융방울로 분산 응집하는 현상
나. 솔더가 모세관현상으로 끌려가는 현상
다. 솔더가 회로를 단락한 상태
라. 솔더 내부에 생성된 빈 구멍

36. 다음 중 일반적으로 사용되는 기판의 표면처리에 해당하지 않는 것은?

가. PR 나. OSP 다. Ni/Au 라. HASL

37. PCB 기판의 온도 프로파일에 영향을 미치는 주요 요소가 아닌 것은?

가. 장착부품과 밀집도
나. 노내의 배기풍속
다. PCB 투입조건
라. 동일한 컨베이어 속도

38. 솔더링 작업을 할 때 모재의 산화막을 제거하며, 용융 솔더의 표면장력을 저하시켜 솔더링이 용이하게 되기 위해 사용되는 것은?

가. 솔더 나. 척소제 다. 플럭스 라. 페인트

39. 다음 중 연성기판(Flexible PCB) 제조시 사용하는 전도성 재료로 가장 적합한 것은?

가. 전해동박 나. 압연동박
다. 인청동 라. 알루미늄

40. 일반적으로 스크린 프린터 장비의 반복정도는?

가. ±0.2mm 나. ±0.02mm
다. ±0.5mm 라. ±0.05mm

■ 제3과목 : 메카트로닉스

41. 데이터의 전송시 ASCII 코드에서 에러검출을 위하여 사용하는 비트를 무엇이라 하는가?

가. 존비트 나. 디지트 비트
다. 기수비트 라. 패리티 비트

42. 기계제작 공정 중 가공된 표면을 스크레이핑(scraping)을 하는 주된 이유는?

가. 기름 홈을 파서 기름의 습동이 잘 되게 하기 위해
나. 표면에 무늬를 넣어 아름답게 하기 위해
다. 정밀하게 하여 미끄럼운동 등이 잘 되도록 하기 위해
라. 다른 부품과 접합시키기 위해

43. 다음 중 선반작업에서 4개의 죠오(jaw)가 각각 별도로 움직여 불규칙한 공작물을 고정할 때 쓰이는 척은?

가. 단동 척　　나. 연동 척
다. 마그네틱 척　　라. 콜릿 척

44. 스테핑 모터에서 입력신호 1 펄스의 스텝각이 s이고, 입력 펄스 수를 n이라 하면 출력 축의 회전각 θ는?

가. $\theta = s - n$　　나. $\theta = s / n$
다. $\theta = s + n$　　라. $\theta = s \times n$

45. 전극판에 고주파 전계를 발생시켜 물체의 접근에 따라 물체표면과 검출 전극판 표면에 분극현상이 일어나 정전용량이 증가되어 발전조건이 향상되면 이로 인하여 발진증폭이 증가되어 출력이 나오도록 되어 있는 센서는?

가. 유도형 센서　　나. 광 센서
다. 용량형 센서　　라. 압력 센서

46. 어떤 코일에 흐르는 전류가 0.01초 사이에 일정하게 30[A]에서 10[A]로 변할 때 20[V]의 유도기전력이 발생한다면 이때 코일의 자기 인덕턴스는 몇 [mH]인가?

가. 1　　나. 10　　다. 100　　라. 50

47. 기계절삭가공 공정에 속하지 않는 것은?

가. 인발　　나. 선삭　　다. 평삭　　라. 드릴링

48. 다음 중 접합공정에 해당되지 않는 것은?

가. 용접　　나. 호빙　　다. 경납땜　　라. 리벳팅

49. 다음 플립플롭의 명칭으로 쓸 수 없는 것은?

가. 쌍안정 멀티바이브레이터 회로
나. 래치 회로
다. 단안정 멀티바이브레이터 회로
라. 1비트 기억장치

50. 비접촉식 센서로 금속, 비금속 물질의 분극현상을 이용하여 검출하는 센서는?

가. 유도형 센서　　나. 광 센서
다. 용량형 센서　　라. 리드 스위치

51. 서브루틴을 호출하는 마이크로프로세서의 명령은?

가. ADD　　나. CMP　　다. CALL　　라. RET

52. 100[V], 60[Hz]의 교류회로에서 용량 리액턴스 Xc=5[Ω]일 때 이 회로에 흐르는 전류는 얼마인가?

가. 10[A]　　나. 20[A]　　다. 30[A]　　라. 40[A]

53. 저항값이 5[Ω]과 10[Ω]의 저항이 직렬로 접속되었을 때 100[V]의 전압을 인가했을 경우 전체 회로에 흐르는 전류[A]는?

가. 6.7　　나. 10　　다. 20　　라. 30

54. 다음 기계가공법 중 가장 치수 정밀도가 높은 제품을 만들 수 있는 것은?

가. 주조작업　　나. 연삭작업
다. 줄작업　　라. 선반작업

55. 금속체를 잡아당기면 길이는 늘어나고 지름이 가늘어져서 전기저항이 증가하며, 압축하면 전기저항이 감소하는 원리를 이용하여 만든 센서는?

가. 적외선 센서　　나. 스트레인 게이지
다. 로드 셀　　라. 차동변압기

56. 서보모터에 대한 설명 중 틀린 것은?

가. 서보 기구용으로 설계된 모터이다.
나. 동작의 급변에 정확히 충족하기 위해 설계된 모터이다.
다. 기구의 추종 운동을 전기에너지, 전기정보로 변환하는 모터이다.
라. 민첩성이 뛰어나야 한다.

57. 다음 중 비접촉 가공법은?

가. 선반가공　　나. 밀링가공
다. 방전가공　　라. 연삭가공

58. 센서의 신호변환에서 8개의 2진신호를 가지고 0~10[V]의 아날로그 신호를 변환할 때 아날로그 신호의 최소 범위는 얼마인가?

가. 0.027[V]　　나. 0.039[V]
다. 0.042[V]　　라. 0.048[V]

59. 다음 중 원통의 바깥 면을 연삭하며 센터, 척 등을 사용하지 않고 연삭용 숫돌바퀴와 조정 숫돌바퀴로 공작물의 이송과 회전을 해주는 연삭기는?

가. 평면 연삭기　　나. 센터리스 연삭기
다. 만능 연삭기　　라. 원통 연삭기

60. 다음 스테핑 모터(Stepping motor)의 장점을 설명한 것 중 옳지 않은 것은?

가. 디지털 신호로 직접 오픈루프제어를 할 수 있고, 시스템 전체가 간단하다.
나. 펄스신호의 주파수에 비례한 회전속도를 얻을 수 있으므로 속도제어가 광범위하다.
다. 특정 주파수에서 진동, 공진현상이 없으며 관성이 있는 부하에 강하다.
라. 회전각의 검출을 위한 별도의 센서가 필요 없어 제어계가 간단하며, 가격이 상대적으로 저렴하다.

■ 제4과목 : 공유압

61. 다음 기호의 설명으로 적합한 것은?

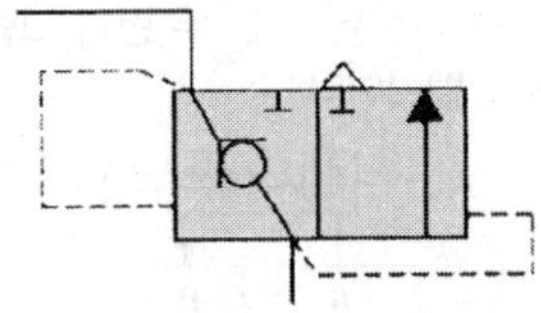

가. 공압장치의 배기시 저항을 줄여 액추에이터의 속도를 어느 정도 빠르게 한다.
나. 공압장치의 벤트포트를 열어 무부하운전이 용이하도록 한다.
다. 공압장치의 맥동현상을 방지하는 특수 밸브이다.
라. 공압장치의 파일럿 작동에 의한 작은 힘으로 작동하여 작동압력을 줄일 수 있다.

62. 절대압력이 7kgf/cm^{2}이고 게이지 압력이 6.15kgf/cm^{2}일 때 국소 대기압은 몇 mmHg인가?

가. 525　나. 625　다. 725　라. 735

63. 공기압력을 검출해서 설정치와 비교하여 전기접점을 개폐함으로써 전기신호로 내는 기능을 하는 것은?

가. 감압 밸브　나. 릴리프 밸브
다. 압력 스위치　라. 교축 밸브

64. 순수한 공압으로 시퀀스 제어회로를 구성할 때 신호의 간섭을 제거할 수 있는 방법을 열거한 것 중 틀린 것은?

가. 방향성 룰러레버 밸브의 설치
나. 상시 닫힘형의 공압타이머 설치
다. 캐스케이드 회로의 사용
라. 순간 충격 밸브의 사용

65. 대기압보다 낮은 압력을 이용하여 부품을 흡착해 이동시키는데 사용하는 공압기기는?

가. 공기 배리어(air barrier)
나. 진공 패드(pad)
다. 배압 감지기(back pressure sensor)
라. 요크형 액추에이터(yoke type actuactor)

66. 펌프 중 다른 펌프와 비교하여 비교적 높은 압력까지 형성할 수 있는 펌프는?

가. 베인 펌프　다. 내접기어 펌프
다. 외접기어 펌프　라. 피스톤 펌프

67. 공기압 조정 유닛에서 공급되는 공기압이 6bar이고 실린더의 단면적이 10cm^{2}라고 하면 작용할 수 있는 하중은 몇 kgf까지인가?

가. 6kgf　나. 60kgf
다. 600kgf　라. 6000kgf

68. 다음 중 공기압축기에서 공급되는 공기압을 보다 낮은 일정의 적정한 압력으로 감압하여 안정된 공기압으로 하여 공압기기에 공급하는 기능을 하는 밸브는?

가. 감압 밸브　나. 릴리프 밸브
다. 교축 밸브　라. 시퀀스 밸브

69. 다음 밸브의 명칭은?

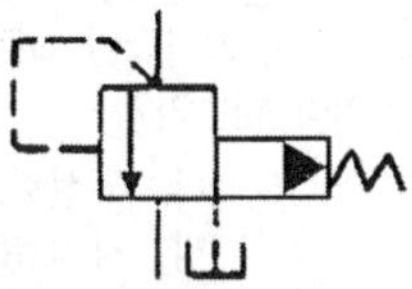

가. 파일럿 작동형 시퀀스 밸브
나. 릴리프 밸브
다. 시퀀스 밸브
라. 파일럿 작동형 릴리프 밸브

70. 유압 실린더의 지지, 조립형식에 의한 분류에 속하지 않은 것은 무엇인가?

가. 슬라이딩 방식　나. 일체형 방식
다. 플랜지 방식　라. 볼트 삽입 방식

71. 다음 중 조작력이 작용하지 않았을 때 밸브 몸체의 위치를 무엇이라 하는가?

가. 중앙위치　나. 초기위치
다. 노멀위치　라. 중간위치

72. 다음 중 유압·공압 기호의 표시방법과 해석으로 적당하지 않은 것은?

가. 기호는 기능, 조작방법 및 외부 접속구를 표시한다.
나. 기호는 기기의 실제구조를 나타낸다.
다. 기호는 원칙적으로 통상의 운휴상태 또는 기능적인 중립상태를 나타낸다.
라. 복잡한 기호의 경우 기능상 사용되는 접속구만을 나타내면 된다.

73. 유압장치의 장점이 아닌 것은?

가. 자동제어가 용이하다.
나. 힘의 무단변환이 가능하다.
다. 속도의 무단변속이 가능하다.
라. 냉각장치가 따로 필요하지 않다.

74. 유압펌프인 가변용량 베인 펌프의 토출량을 변화시키는 방법 중 가장 바람직한 것은?

가. 로터의 회전 중심을 움직이든가 캠링을 움직여야 한다.
나. 로터의 회전 중심만 움직이고 캠링은 고정한다.
다. 로터의 중심과 캠링을 고정하고 작동시키면 된다.
라. 로터의 중심과 캠링을 고정하고 회전축을 움직인다.

75. 공유압 시퀀스 회로에서 시퀀스가 차질이 일어나지 않도록 또 차질이 일어날 경우 절대로 다음 공정에 들어가지 않도록 전기적인 회로로서 방지하는 방법을 무엇이라 하는가?

가. 인터록 회로　　　나. 우선회로
다. 기억회로　　　　라. 자기유지회로

76. 유압 실린더의 중간 정지에 사용되는 4/3 방향제어 밸브는?

가. 세미오픈센터　　나. 펌프 클로즈드 센터
다. 오프 센터　　　라. 탱크 클로즈드 센터

77. 다음 중 공압회로 내의 설정 공기압력에 따라 액추에이터의 작동순서를 제어하는 기능을 가진 밸브는?

가. 감압 밸브　　　나. 릴리프 밸브
다. 압력 스위치　　라. 시퀀스 밸브

78. KS B 0054의 기호 요소에서 중간원의 용도는?

가. 체크 밸브　　　　나. 계측기
다. 에너지 변환기기　라. 관로의 접속

79. 다음 중 속도제어회로에서 전진과 후진속도를 미터 아웃방식으로 설치하여 제어하고자 한다. A와 B에 알맞게 설치된 제어 밸브는? (단, 각 답항에서 첫 번째 그림은 A에, 두 번째 그림은 B에 설치될 제어 밸브이다.)

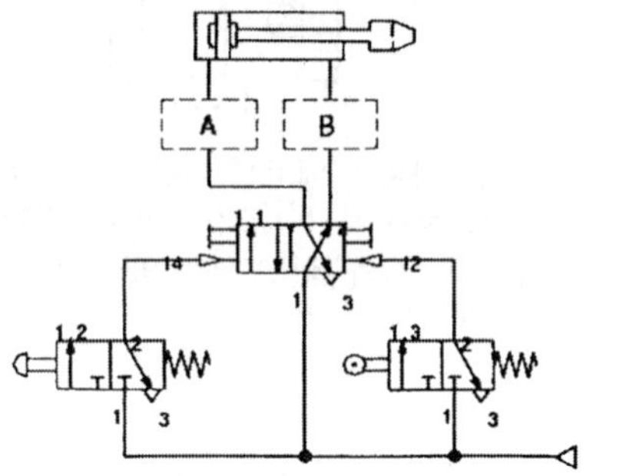

가. 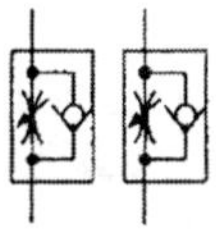　나. 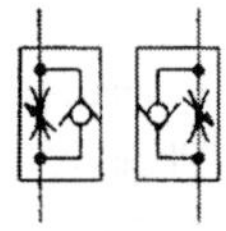

다. 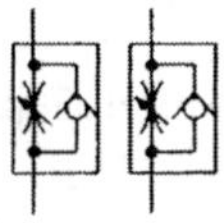　라. 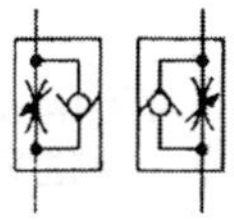

80. 압력 릴리프 밸브에서 설정압력과 크래킹 압력의 차이를 무엇이라 하는가?

가. 전량 압력　　나. 압력 오버라이드
다. 정격 압력　　라. 서지 압력

☞ 해답

1	2	3	4	5	6	7	8	9	10	11	12	13	14	15	16	17	18	19	20
라	나	나	다	나	다	다	가	나	다	다	가	나	라	라	다	다	나	나	라
21	22	23	24	25	26	27	28	29	30	31	32	33	34	35	36	37	38	39	40
나	라	라	가	다	다	가	나	라	나	다	라	나	가	다	가	라	다	나	나
41	42	43	44	45	46	47	48	49	50	51	52	53	54	55	56	57	58	59	60
라	다	가	라	다	나	가	나	다	다	다	나	가	나	나	다	다	나	나	다
61	62	63	64	65	66	67	68	69	70	71	72	73	74	75	76	77	78	79	80
가	나	다	나	나	라	나	가	가	가	다	나	라	가	가	나	라	나	가	나

▶기출문제 SMT 산업기사(2)

■ 제1과목 : SMT 공학

1. 크림솔더(Cream Solder)를 인쇄 도포하는 방식이 아닌 것은?
   가. 핀(Pin)전사 방식
   나. 스크린(Screen) 프린팅 방식
   다. 솔더젯팅(Jetting) 방식
   라. 디스펜싱(Dispensing) 방식

2. 리플로우(Reflow) 온도 프로파일(Profile)에 영향을 주는 요소가 아닌 것은?
   가. 컨베이어 속도
   나. 리플로우존(Zone) 수와 길이
   다. 기판의 크기 및 두께
   라. 솔더의 제조일

3. 8mm 테이프 피더를 장기간 사용하여 픽업 위치가 수시로 변하는 에러가 발생할 경우 교정해야 하는 부위는?
   가. 구동부　　나. 피딩 기어부
   다. 록킹부　　라. 비닐 회수부

4. 다음 중 MTBF(Mean Time Between Failure)를 계산하는 식으로 맞는 것은?
   가. 정지회수 ÷ 부하시간
   나. 고장률
   다. 정지시간합계 ÷ 정지회수
   라. 가동시간합계 ÷ 정지회수

5. SMT를 이용하여 생산할 경우 장점이 아닌 것은?
   가. 생산공정의 자동화로 생산성이 향상된다.
   나. 가볍고(경), 얇게(박), 짧고(단), 작게(소) 만들 수 있다.
   다. 제품의 신뢰성 및 성능과 기능이 향상된다.
   라. 각 요소기술이 총합된 제조기술을 요구한다.

6. 칩마운터(Mounter)에서 헤드가 12~16개, 헤드당 노즐이 2~5개로 구성된 모델은?
   가. 로터리 방식
   나. 갠트리 방식
   다. 모듈러 방식
   라. 원 바이 원(One by One) 방식

7. bare PCB를 자동으로 공급하는 장치를 무엇이라 하는가?
   가. 컨베이어　　나. 로더
   다. 언로더　　라. 엘리베이터

8. 스크린 프린터(Screen Printer) 작업에 중요한 요소가 아닌 것은?
   가. 스퀴지(Squeegee)
   나. 메탈 마스크(Metal Mask)
   다. Vacuum Plate
   라. Dispenser

9. Chip Mounter에서 부품 인식장치로 가장 많이 사용되는 방식은?
   가. 레이저　　나. 프리즘
   다. 초음파　　라. 비전

10. Chip Mounter에서 노즐의 부품흡착에 불량이 발생할 경우 조치사항이 아닌 것은?
    가. 비전 카메라　　나. 부품형상
    다. 흡착압력　　라. Pick 높이

11. 전자부품실장의 차세대 핵심 실장기술과 해당 없는 것은?
    가. 통합설계　　나. 박형 PCB
    다. 부품복합화　　라. 고온솔더

12. 다음의 칩 저항부품의 저항값은?(RC1005J472CS)
    가. 47Ω　　나. 470Ω
    다. 4.7kΩ　　라. 47kΩ

13. MLCC는 어떤 종류의 칩(Chip) 소자인가?
    가. chip inductor　　나. chip resistor
    다. chip capacitor　　라. ferrite inductor

14. 실장기술의 발전방향으로 잘못 설명된 것은?
    가. IC Lead의 Fine Pitch화
    나. Chip 부품의 Lead 이형화
    다. 복합부품화(R-R, C-C, C-R, L-C-R)
    라. 소형, 미소화

15. 표면실장기 실장방식 중 JIG를 활용하여 한 번에 100점 이상 장착 가능한 방식으로 맞는 것은?
    가. Multi　　나. In-Line
    다. Rotary　　라. One by One

16. PCB를 자동으로 적재하는 장치를 무엇이라 하는가?

가. Unloader　　나. Magazine
다. Loader　　라. Bridge Conveyor

17. 다음 실장기술 관련 용어를 설명한 것 중 틀린 것은?

가. SIP : System In Package
나. COB : Chip On Board
다. CSP : Chip Small Package
라. SOC : System On Chip

18. 삽입실장과 비교한 표면실장의 장점을 설명한 내용 중 틀린 것은?

가. 부품의 소형화, 미세피치화로 고밀도실장이 향상된다.
나. 생산라인을 구성하는 비용이 줄어들었다.
다. 열신뢰성이 우수하고 내진성이 높다.
라. 결선회로의 단축으로 전기적 성능과 신뢰성이 향상된다.

19. 고속 마운터 프로그램 작성 기능 중 해당되지 않는 사항은 무엇인가?

가. 인쇄회로기판 마크 인식
나. 장착순서 결정
다. 부품 동시흡착
라. 장착위치

■ 제2과목 : 솔더링 공학

20. 장착 프로그램의 최적화를 위한 고려사항 중 관련이 적은 것은?

가. PCB 사이즈　　나. 부품 간 거리
다. 부품 사이즈　　라. 피더의 종류

21. 다음 접합법 중 접합온도가 높은 것부터 순서대로 나열된 것은?

가. (高)브레이징 - 솔더링 - 용접(低)
나. (高)용접 - 솔더링 - 브레이징(低)
다. (高)솔더링 - 용접 - 브레이징(低)
라. (高)용접 - 브레이징 - 솔더링(低)

22. 스퀴지(Squeegee) 경도가 낮은 연질의 스퀴지를 사용할 경우 인쇄특성으로 잘못된 것은?

가. 솔더 소모량이 많다.
나. 요철이나 휨이 있는 기판에서 인쇄상태가 양호하다.
다. 솔더의 번짐이 발생하지 않는다.
라. 스퀴지 마모속도가 빠르다.

23. 리플로우(Reflow) 공정에서 기판온도의 변화에 영향을 주는 요소가 아닌 것은?

가. 기판 종류　　나. 실내외 습도
다. 컨베이어 속도　　라. 실장 밀도

24. 솔더페이스트(Solder Paste)의 성분 중 플럭스(Flux)의 작용이 아닌 것은?

가. 산화물 제거　　나. 재산화방지
다. 표면장력 감소　　라. 접착력 감소

25. JIS C5603에 의한 PCB의 정의에 대한 설명으로 옳은 것은?

가. 회로부품을 접속하는 전기배선을 회로설계에 입각하여 배선도형을 표현한 것이다.
나. 수동부품이며 그 자체로는 아무런 작용도 할 수 없다.
다. 인쇄 배선판 위에 전자부품을 장치하고 납땜하여 회로기능을 완성시킨 것이다.
라. 절연기판 표면에 전기설계에 근거 도체 패턴을 도전성 재료로 형성 및 고착한 것이다.

26. 리플로우의 솔더링 과정을 설명한 것으로 옳지 않은 것은?

가. 솔더페이스트에 솔벤트를 증발시킨다.
나. 플럭스를 비활성화 하고 플럭스의 작용을 중지한다.
다. PCB와 부품을 예열하여 납땜이 잘 되도록 한다.
라. 납이 녹고 PCB의 Land 위로 퍼진다.

27. 맨하탄(manhattan/tombstone)이 발생되는 원인이 될 수 없는 것은?

가. 리드가 큰 부품
나. Chip전극의 온도 차
다. Reflow 상승기류
라. PCB Land 형상 및 간격

28. 솔더링에 사용하는 솔더 합금은 ( )℃ 이하의 융점을 가지는 재료를 총칭한다. ( )안의 온도로 맞는 것은?

가. 250　　나. 350　　다. 450　　라. 550

29. PCB 제작 후 동박 표면의 보존이나 산화 및 부식 방지를 위한 처리로 알맞은 것은?

가. 전해 동도금　　나. 무전해 동도금
다. HASL　　라. S/R

30. 스크린 프린터 공정에서 일반적인 메탈 마스크 교환주기로 올바른 것은?
가. 1회/(PCB 100매 생산시)
나. 1회/(PCB 1000매 생산시)
다. 1회/(PCB 10000매 생산시)
라. 1회/(PCB 100000매 생산시)

31. 다음 중 양호한 솔더링 접합부를 얻기 위한 3가지 조건에 해당하지 않는 것은?
가. 젖음성　　나. 모세관현상
다. 점성　　라. 확산

32. 솔더링 작업은 (①)로 가능한 한 (②)시간으로 작업을 하는 것이다. ( )안에 알맞은 것은?
가. ① 적당한 온도 ② 긴 시간
나. ① 높은 온도 ② 짧은 시간
다. ① 낮은 온도 ② 짧은 시간
라. ① 적당한 온도 ② 짧은 시간

33. PCB를 구성하는 재료는 크게 동박, 수지, 베이스재로 구성되어 있으며, 역할은 통전기능, 절연기능, 고정기능을 한다. 다음 중에서 재료의 역할이 맞지 않게 구성되어 있는 것은?
가. 절연기능 - 수지(페놀, 에폭시 등)
나. 통전기능 - 동박(銅箔, CCL)
다. 고정기능 - 베이스재(종이, 유리섬유)
라. 통전기능 - 수지(페놀, 에폭시 등)

34. Solder Paste(솔더페이스트)의 특성요인 중 옳지 않은 것은?
가. 플럭스(Flux)함유량이 많아지면 점도는 낮아진다.
나. 점도는 온도가 내려가면 낮아지고 올라가면 높아진다.
다. 입자 크기가 작을수록 점착력이 좋다.
라. 구형의 입자가 빠짐성이 좋고 인쇄 후 무너짐이 적다.

35. 폴리머 계열의 필름 위에 미세회로 선이 형성된 테이프(Tape)를 Inner bump와 outer bump로 연결하는 접합기술은?
가. wire bonding　　나. flip chip
다. TAB　　라. underfill

36. 저항, 코일, 커패시터와 같은 수동부품을 PCB 내부에 내장하는 임베디드 PCB의 장점이 아닌 것은?
가. 기판크기 확대　　나. 고속화
다. 초소형화　　라. 다기능화

37. PCB 기판의 온도 프로파일에 영향을 미치는 주요 요소가 아닌 것은?
가. 장착부품과 밀집도
나. 노내의 배기풍속
다. PCB 투입조건
라. 동일한 컨베이어 속도

38. 가접착된 부품이 자동 납땜기에서 납의 흐름으로 인해 떨어지지 않으려면 적어도 유지해야 되는 접착강도는 얼마 이상이어야 하는가?
가. 2kgf 이상　　나. 10kgf 이상
다. 20kgf 이상　　라. 30kgf 이상

39. 납땜 결과를 판정하는 척도인 솔더링성과 관계없는 것은?
가. 접합성　나. 활성도　다. 젖음성　라. 신뢰성

40. 전자제품에 많이 사용하는 플럭스(rosin flux) 타입은 어느 것인가?
가. R(Rosin type)
나. RA(Rosin Activated)
다. OA(Organic Activated)
라. RMA(Rosin Mildly Activated)

■ 제3과목 : 메카트로닉스

41. 주기가 20[ms]의 교류 파형이 있다. 주파수는 몇 [Hz]인가?
가. 60[Hz]　　나. 50[Hz]
다. 40[Hz]　　라. 30[Hz]

42. 교류 서보기구와 비교할 때 직류 서보기구의 특징으로 맞는 것은?
가. 출력이 클 때에 유리하다.
나. 구조가 간단하다.
다. 소형 서보기구에 적합하다.
라. 발열이 크다.

43. A/D 변환기에 대한 설명 중 틀린 것은?
가. 계측된 아날로그 신호를 디지털 신호로 변환시켜주는 장치이다.
나. A/D 변환기의 입력신호는 시간에 따라 연속적으로 변환할 때 컴퓨터에 데이터를 저장하기 위해서 사용될 수 있다.
다. A/D 변환기를 사용하면 출력값은 0, 1이 아닌 연속적인 신호로 표시된다.
라. 아날로그 신호를 디지털 신호로 변환하려면 양자화를 시켜야 한다.

44. 마이크로프로세서의 내부처리에 의한 인터럽트 중 가장 높은 우선순위를 갖는 하드웨어 인터럽트는?

가. NMI　　나. 싱글 스텝
다. 나누기 에러　　라. 1바이트 인터럽트

45. 데이터를 송수신할 때 발생하는 에러를 쉽게 검출하기 위해 사용되는 비트는?

가. 스타트　나. 스톱　다. 패리티　라. 플래그

46. 소성변형을 이용한 가공이 아닌 것은?

가. 단조　　나. 인발
다. 브로우칭　　라. 전조

47. "전자유도에 의하여 회로에 유기되는 기전력은 이 회로와 쇄교하는 자속이 증가 또는 감소하는 정도에 비례한다"를 의미하는 것으로 맞는 것은?

가. 자석의 성질　　나. 쿨롱의 법칙
다. 자기 모멘트　　라. 패러데이 법칙

48. 반도체의 종류가 아닌 것은?

가. P형 반도체　　나. N형 반도체
다. 진성 반도체　　라. T형 반도체

49. 고주파 발진형 근접스위치의 장점이 아닌 것은?

가. 비접촉으로 응답속도가 빠르다.
나. 수명이 반영구적이다.
다. 내부가 밀봉되어 내환경성이 좋다.
라. 1000mm 이상의 먼 거리의 물체도 감지할 수 있다.

50. 10진수 55를 2진수로 나타내면 어떻게 되는가?

가. 110111　　나. 110011
다. 100111　　라. 111000

51. 어드레스 핀이 10개, 데이터 핀이 8개인 메모리가 있다. 이 메모리의 용량을 계산하면 몇 bit인가?

가. 1024　　나. 8
다. 8192　　라. 256

52. 전동기에서 출력 P[W], 회전각속도 ω[rad/sec] 및 토크 T[N.m]의 관계식은?

가. $P = \omega \cdot T$　　나. $T = \omega \cdot P$
다. $P = (\omega / T)$　　라. $T = \omega^2 \cdot P$

53. 빛 또는 색을 검출할 수 없는 센서는?

가. 포토다이오드　　나. 광도전 셀
다. 홀(Hall) 소자　　라. 포토인터럽터

54. 다음 그림과 같이 콘덴서가 접속되어 있다면 a-b 양단의 합성 정전용량은 몇 [μF]인가?

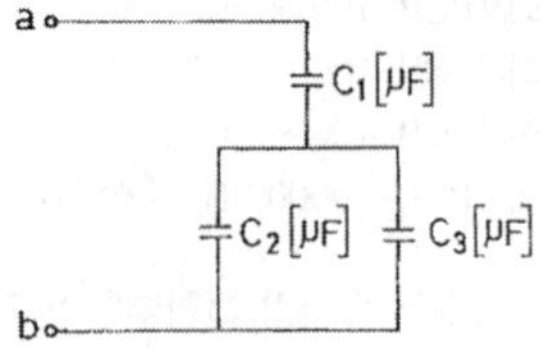

가. $C_1 + \left(\frac{1}{C_2} + \frac{1}{C_3}\right)$
나. $C_1(C_2 + C_3)/(C_1 + C_2 + C_3)$
다. $(C_1 + C_2 + C_3)/(C_1C_2C_3)$
라. $C_1 + C_2C_3/(C_2 + C_3)$

55. 제어기기 중 입력용 기기로만 구성된 것은?

가. 습도센서, 토글스위치, 릴레이
나. 타이머, 카운터, 인코더
다. 릴레이, 타이머, 카운터
라. 푸시버튼, 캠스위치, 토글스위치

56. 반도체에 대한 설명 중 틀린 것은?

가. 물질의 저항률에 따라 도체, 반도체, 부도체로 구분
나. 반도체는 공유결합을 한다.
다. 진성반도체는 불순물이 거의 포함되지 않는 반도체
라. 반도체는 정(+)의 온도계수를 갖는다.

57. 서보기구의 일반적인 특징으로 보기 어려운 것은?

가. 입력의 큰 에너지를 증폭하여 액추에이터가 작은 기계력을 발생시킨다.
나. 제어되는 것은 기계적 변위이다.
다. 폐회로 제어이다.
라. 목표치는 광범위하게 변화한다.

58. 직경 16mm인 고속도강 드릴로 절삭속도 25m/min로 공작물에 구멍을 뚫을 때 드릴링머신의 스핀들 회전수는 얼마인가?

가. 약 300rpm　　나. 약 400rpm
다. 약 500rpm　　라. 약 600rpm

59. 센서는 일반적으로 비선형 신호를 출력하며 같은 센서라도 그 측정값의 변화량에 따라 변형되는 출력의 크기가 범위에 따라 다르므로 이것을 그대로 이용하기는 매우 어렵다. 이를 해결하기 위한 방법은 무엇인가?

가. 디지털 변환　　나. 신호의 증폭
다. 신호의 선형화　　라. 신호의 정렬

60. 스테핑 모터에서 펄스 한 개당 1.8°를 회전할 때 한바퀴를 회전하려면 몇 개의 펄스를 인가해야 하는가?

가. 180개　　나. 200개
다. 270개　　라. 360개

■ 제4과목 : 공유압

61. 내경 32mm의 실린더가 10mm/sec의 속도로 움직일 때 필요한 최소 펌프 토출량은 약 몇 l /min인가?

가. 0　　나. 1　　다. 1.5　　라. 2

62. 공유압 변환기의 사용상 주의점과 거리가 먼 것은?

가. 수평방향으로 설치한다.
나. 액추에이터 및 배관 내의 공기를 충분히 뺀다.
다. 액추에이터보다 높은 위치에 설치한다.
라. 열원 가까이에서 사용하지 않는다.

63. 다음 도면의 기호에 대한 설명으로 맞는 것은?

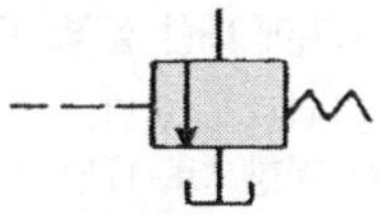

가. 무부하 밸브이다.
나. 외부 드레인형이다.
다. 전자 작동형이다.
라. 감압비는 1:3이다.

64. 다음 그림의 방향제어 밸브 명칭 형식은?

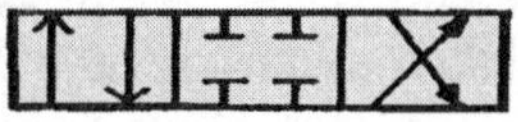

가. 펌프 클로즈 센터형　　나. 탠덤 센터형
다. 클로즈 센터형　　라. 오픈 센터형

65. 공기압 조정 유닛에서 공급되는 공기압이 6bar이고 실린더의 단면적이 $10cm^2$라고 하면 작용할 수 있는 하중은 몇 kgf까지인가?

가.6kgf　　나. 60kgf
다.600kgf　　라. 6000kgf

66. 식품공장에서 사용시 공압장치가 유압장치에 비해 특히 좋은 점은?

가. 온도에 둔감하다.
나. 저압이기에 안전하다.
다. 공기를 사용하기 때문에 깨끗하다.
라. 작동요소의 구조가 간단하다.

67. 다음 기호의 명칭으로 옳은 것은?

가. 냉각기　　나. 가열기
다. 온도조절기　　라. 압력계측기

68. 작은 지름의 파이프에서 유량을 미세하게 조정하기에 적합한 밸브는?

가. 니들 밸브　　나. 체크 밸브
다. 셔틀 밸브　　라. 소켓 밸브

69. 다음 중 한 방향의 유동은 허용하나 역방향의 유동은 완전히 저지하는 밸브는?

가. 체크 밸브　　나. 교축 밸브
다. 릴리프 밸브　　라. 감압 밸브

70. 다음 기호는 방향제어 밸브의 조작방식을 KS기호로 표시한 것이다. 조작방법과 종류의 설명으로 옳은 것은?

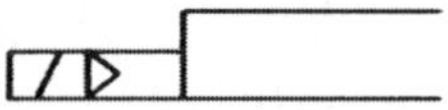

가. 기계방식 - 플런저 방식
나. 전자방식 - 직접 작동 방식
다. 유압방식 - 간접 파일럿 방식
라. 전자방식 - 간접 작동 방식

71. 다음은 강관 배관시 주의사항이다. 틀린 것은?

가. 나사전용기로 정확하게 나사를 가공하고 내부청소를 깨끗이 한다.
나. 실링 테이프는 1~2산 정도 남기고 감는다.
다. 액체 실을 사용할 경우 암나사부에 바른다.
라. 기기의 점검과 보수를 위하여 부분적으로 플랜지, 유니언 등을 사용한다.

72. 유압회로내의 압력의 변화에도 동일한 유량을 유지할 수 있도록 해주는 밸브는?

가. 바이패스 유량제어 밸브
나. 압력보상 유량제어 밸브
다. 유량분류 밸브
라. 교축 밸브

73. 유압 펌프에서 소음과 진동이 심할 경우에 예상되는 원인은 무엇인가?

가. 펌프의 회전방향이 반대이다.
나. 캐비테이션이 발생한다.
다. 작동유 점도가 높다.
라. 펌프의 회전속도가 늦다.

74. 다음 기호의 설명으로 적합한 것은?

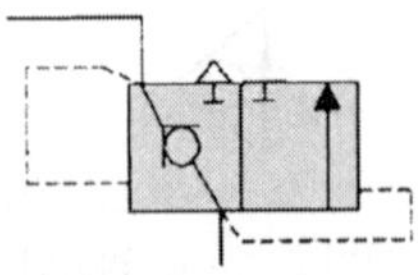

가. 공압장치의 배기시 저항을 줄여 액추에이터의 속도를 어느 정도 빠르게 한다.
나. 공압장치의 벤트포트를 열어 무부하운전이 용이하도록 한다.
다. 공압장치의 맥동현상을 방지하는 특수 밸브이다.
라. 공압장치의 파일럿 작동에 의한 작은 힘으로 작동하여 작동압력을 줄일 수 있다.

75. 다음의 기호를 설명한 것 중 옳지 않은 것은?

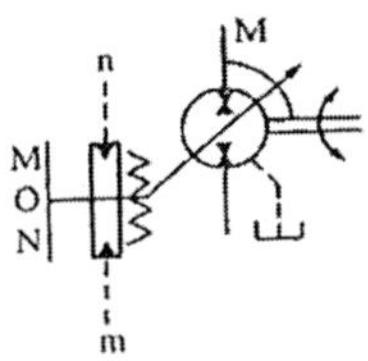

가. 2방향 유동형이다.
나. 스프링의 힘에 의해 중앙위치로 되돌아오는 방식이다.
다. 파일럿 조작방식에 외부 드레인이다.
라. 한방향 회전형이다.

76. 조작력이 작용하고 있을 때의 밸브 몸체 최종 위치는?

가. 초기 위치　　나. 노멀 위치
다. 작동 위치　　라. 닫는 위치

77. 어큐뮬레이터(accumulator)의 용도로서 적합하지 않은 것은?

가. 에너지 축적　　나. 충격압력의 완충
다. 펌프의 맥동흡수　　라. 역방향 이송차단

78. 다음 중 속도제어회로에서 전진과 후진속도를 미터 아웃방식으로 설치하여 제어하고자 한다. A와 B에 알맞게 설치된 속도제어 밸브는?

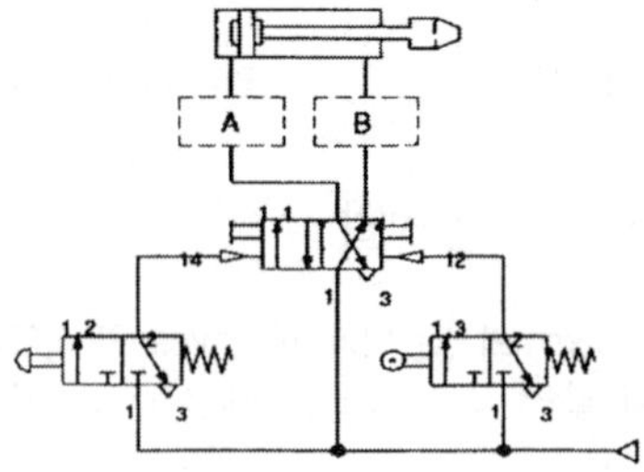

가. 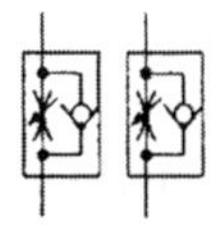
나. 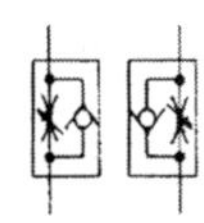
다. 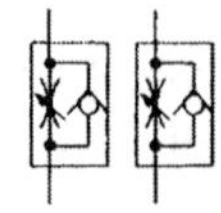
라. 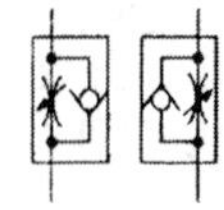

79. 공압기기 중 소음기에 대한 설명으로 맞는 것은?

가. 배기속도를 빠르게 한다.
나. 공기흐름에 저항으로 배압이 생긴다.
다. 공압기기의 효율이 좋다.
라. 공압 작동부의 출력이 커진다.

80. 기체의 온도를 내리면 기체의 체적은 줄어든다. 체적이 0 이 될 때 기체의 온도는 −273.15℃이다. 이 온도를 무엇이라고 하는가?

가. 영하영도　　나. 섭씨영도
다. 상대영도　　라. 절대영도

☞ 해답

1	2	3	4	5	6	7	8	9	10	11	12	13	14	15	16	17	18	19	20
다	라	다	라	라	가	나	라	라	가	라	다	다	나	가	가	다	나	다	가
21	22	23	24	25	26	27	28	29	30	31	32	33	34	35	36	37	38	39	40
라	다	나	라	다	나	가	다	다	나	다	라	라	나	다	가	라	다	나	라
41	42	43	44	45	46	47	48	49	50	51	52	53	54	55	56	57	58	59	60
나	가	다	가	다	다	라	라	라	가	다	가	다	나	라	라	가	다	다	나
61	62	63	64	65	66	67	68	69	70	71	72	73	74	75	76	77	78	79	80
가	가	가	다	나	다	나	가	가	라	다	나	나	가	라	다	라	가	나	라

▶기출문제 SMT 산업기사(3)

■ 제1과목 : SMT 공학

1. 표면실장기에서 부품 인식장치로 가장 많이 사용되는 것은?

가. 비전방식 나. X-ray 방식
다. In-line 방식 라. Multi 방식

2. 다음 중 가장 고밀도화된 SMT의 실장형태는?

가. 단면표면실장
나. 양면표면실장
다. 단면 IMT 부품혼재
라. 양면 IMT 부품혼재

3. 리플로우 공정에서 소형 부품에 많이 발생되는 현상으로 부품의 한쪽 전극이 일어서는 현상은 무엇인가?

가. 역삽 나. 맨하탄 다. 크랙 라. 브리지

4. SMT 생산라인 앞단에서 기판을 자동 공급하여 주는 장비는?

가. 로더(loader) 나. 언로더(unloader)
다. 버퍼(buffer) 라. TC(turning conveyor)

5. SMT 공정에서 작업 프로그램 작성시 필요한 데이터가 아닌 것은?

가. 실장 좌표 나. Greber Data
다. Part List 라. PCB 재질

6. 다음 중 리플로우 솔더링시 기판의 온도변화에 영향을 미치는 요인에 해당되지 않는 것은?

가. 기판의 정류 나. 탑재부품 및 실장밀도
다. 컨베이어 속도 라. 플럭스의 종류

7. 표면실장기술의 장점이 아닌 것은?

가. 전자기기의 소형화를 실현할 수 있다.
나. 전기적 성능이 향상된다.
다. 발열밀도가 상승된다.
라. 제조원가를 절감할 수 있다.

8. 표면실장기의 안전용 스위치 종류가 아닌 것은?

가. 비상정지 스위치
나. 메인 스위치
다. 인터록 정지 스위치
라. 오버런 정지 스위치

9. 칩 마운터의 노즐(Nozzle)은 부품을 흡착한 후 두께를 검출하고 장착방향을 선택한다. 다음 중 방향설정 각도로 적절하지 않는 것은?

가. 0° 나. 45° 다. 90° 라. 180°

10. SMT 공정에서 본드 접착제 도포방식 중 가장 우수한 방식은?

가. 볼 전사방식 나. 스크린 인쇄방식
다. 디스펜스 방식 라. 핀 전사방식

11. 표면실장장치 중 디스펜서 접착제 도포온도 관리로 가장 적합한 범위는?

가. 0~10℃ 나. 10~20℃
다. 30~35℃ 라. 40~50℃

12. 리플로우에 사용하는 N(질소)가스의 특성을 맞게 설명한 것은?

가. 무색, 무미, 무취로 공기 중에 22% 부피를 차지한다.
나. 산소보다 가볍다.
다. 솔더와 화학적 결합으로 납땜성을 향상시킨다.
라. 인체에 독성이 있다.

13. 노즐 청소에 사용할 수 있는 세척제로 가장 적합한 것은?

가. 물 나. 벤젠
다. 이소프로필알콜 라. 식염수

14. 리플로우 납땜 후 비전 외관검사 항목이 아닌 것은?

가. 납량 부족 나. 결품
다. 역장착 라. 기판패턴 끊어짐

15. IC칩을 패키지 하지 않은 상태인 bare IC chip을 직접 기판 위에 탑재하여 휴대폰, 카메라, 메모리 카드, 자동차 제어장치 등에 적용되고 있는 표면 실장기술은?

가. HMT 나. COB
다. SMT 라. IMT

16. 마운터 프로그래밍을 할 때 기본 규칙으로 틀린

것은?

가. 재고 수량이 많은 부품에서 적은 부품으로
나. 작은 부품에서 큰 부품으로
다. 가까운 곳에서 먼 곳으로
라. 빠른 것에서 늦은 것으로

17. 다음 중 무연 솔더에 대한 설명으로 잘못된 것은?

가. 기존 Sn-Pb 솔더의 환경오염 문제에 대한 대체 재료로 등장하였다.
나. 대체적으로 기존 Sn-Pb 솔더보다 융점이 낮아 신뢰성에 문제가 없다.
다. 대표적인 합금으로 Sn-Ag-Cu계 조성이 있다.
라. 기존 Sn-Pb 솔더보다 젖음성이 미흡하다.

18. 표면실장 납땜 과정 후 양품 및 불량품에 대한 외관 정밀검사 방법으로 가장 적합한 것은?

가. 3차원 측정기 검사 나. X-ray 검사
다. 초음파 검사 라. 비전 검사

19. SMT 작업현장의 온도와 습도관리를 위한 일반적인 조건으로 가장 적당한 것은?

가. 온도 : 10～12℃, 습도 : 10～20%
나. 온도 : 12～15℃, 습도 : 20～30%
다. 온도 : 15～22℃, 습도 : 30～50%
라. 온도 : 22～27℃, 습도 : 40～60%

20. SMT 공정 중 이형마운트에서 작업이 되어야 할 부품으로 가장 적절한 것은?

가. Array 저항 나. Chip저항
다. SOT 라. BGA

■ 제2과목 : 솔더링 공학

21. 다음 중 솔더크림 보관 및 사용 전에 대한 설명으로 틀린 것은?

가. 냉장보관은 5～10℃로 한다.
나. 개봉 후 상온에서 30분 방치 후 사용한다.
다. 교반은 상온에서 교반기로 1000rpm에서는 5～10분 동안 한다.
라. 인쇄기 습도는 45～55%로 유지 관리한다.

22. 모재의 좁은 틈새로 융용 솔더가 모세관현상으로 끌려가서 접합 솔더의 양이 부족해지는 현상은?

가. 브리지(bridge) 나. 위킹(wicking)
다. 디웨팅(dewetting) 라. 크랙(crack)

23. 리플로우 온도측정에 쓰이는 열전대(thermocouple)의 재질로 쓸 수 없는 것은?

가. 구리－콘스탄탄
나. 백금－백금·로듐
다. 게르마늄－실리콘
라. 크로멜－알루멜

24. 다음 중 기판(PCB)을 제조하기 위해 사용되는 주요 재료에 해당하지 않는 것은?

가. 동박(Copper foil)
나. 기재(Base material)
다. 수지(Resin)
라. 플럭스(Flux)

25. 다음 중 스텐실 구멍이 막히는 것을 방지하기 위하여 마스크 판의 두께가 0.25mm일 때 마스크 구멍의 최소 크기로 가장 적합한 것은?

가. 0.1mm 나. 0.2mm
다. 0.4mm 라. 0.6mm

26. 다음 중 거버데이터(gerber date)로 직접 가공함으로써 치수가 정밀·정확하며 우수한 인쇄품질, 단기납기 대응이 가능한 메탈 마스크는?

가. laser mask
나. photo etching mask
다. screen mask
라. additive mask

27. 다음 중 양면 다층 PCB에서 주로 사용되는 재료는?

가. FR-1 나. FR-5
다. CL(Cover Lay) 라. CEM-1

28. 스크린 프린터 작업에 필요한 중요 3요소가 아닌 것은?

가. 메탈 마스크(metal mask)
나. 스퀴지(squeegee)
다. 매거진(magazine)
라. 솔더페이스트(solder paste)

29. 무연(Pb-free)용 Sn-Ag3-Cu0.5계 합급의 융점으로 가장 적당한 온도는?

가. 153℃ 나. 217℃
다. 297℃ 라. 335℃

30. 다음 중 SMT In-line 시스템에서 생산성을 높이기 위해 장비간의 간격을 메우거나, 대기를 위하여 사용되는 컨베이어 장비는?

가. 인버터(invert flip station)
나. TC(turning conveyor)
다. 버퍼(buffer)
라. 워크 테이블(work table)

31. PCB 제조공정 중 정면 처리된 패널상에 드라이 필름(감광성 사진 인쇄막)을 정해진 열과 압력으로 압착 도포하는 공정을 무엇이라고 하는가?

가. 스크러빙 나. 라미네이션
다. 노광 라. 현상

32. 국제표준화기구(ISO)에서는 몇 ℃를 기준으로 하여 솔더링과 브레이징으로 구분하는가?

가. 200 나. 350
다. 450 라. 600

33. 스크린 프린터(인쇄기)의 기본성능이 아닌 것은?

가. 판분리 성능 나. 충진 성능
다. 전사 성능 라. 크리닝 성능

34. 다음 무연납 합급 중 융점이 가장 낮은 합금계열은?

가. Sn-Cu 나. Sn-Ag-Cu
다. Sn-Ag-Bi-In 라. Sn-Zn-Bi

35. 맨하탄 현상 억제를 위한 조치방법 중 적절치 않은 것은?

가. Land 형상을 둥글게 설계한다.
나. 리플로우 내 진동을 억제한다.
다. 부품장착 정도를 향상한다.
라. 냉각 존 길이를 연장한다.

36. 리플로우 공정에서 솔더 볼(solder ball) 불량원인으로 가장 적당한 것은?

가. 예열이 충분히 이루어지지 못한 경우 발생한다.
나. 예열온도가 너무 높고, 길 때 발생한다.
다. 리플로우시 용용 납의 점도가 높을 때 발생한다.
라. 예열과 리플로우존의 피크 온도와의 격차가 심할 때 발생한다.

37. 전자부품의 리드, 단자접합, PCB의 수정용으로 주로 사용되는 솔더(solder)는?

가. 청정작용
나. 산화방지
다. 솔더링 후 재산화방지
라. 솔더의 표면장력 상승

38. 메탈 마스크의 구조에 포함되지 않는 것은?

가. mesh 나. frame
다. mask 라. tension

39. 다음 중 플럭스(flux)의 역할에 해당하지 않는 것은?

가. 청정작용
나. 산화방지
다. 솔더링 후 재산화방지
라. 솔더의 표면장력 상승

40. 다음 중 리플로우(Reflow) 방식의 납땜방법이 아닌 것은?

가. 적외선법 나. 열풍법
다. 전기저항법 라. 침적법

■ 제3과목 : 메카트로닉스

41. 선반으로 작업이 가능하지 않는 것은?

가. 외경절삭 작업
나. 구멍뚫기 작업
다. 기어절삭 작업
라. 나사절삭 작업

42. 기계제작에 이용되는 금속의 기계적 성질 중 금속재료에 압력이나 타격을 가할 때 종이처럼 얇게 잘 펴지는 성질은?

가. 접합성 나. 전성
다. 절삭성 라. 융해성

43. CPU 내부의 레지스터로 CPU가 연산을 행하는 경우 연산의 중심이 되는 레지스터는?

가. 인덱스 레지스터
나. 프로그램 카운터
다. 스택
라. 어큐뮬레이터

44. 다음 회로도가 나타내는 기능을 어느 것인가?

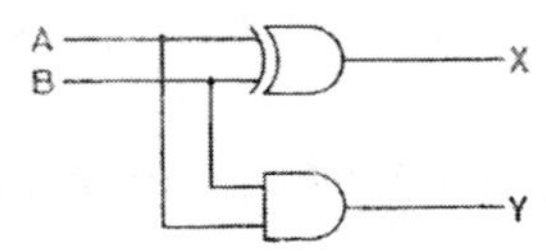

가. 반가산기 나. 전가산기
다. 반감산기 라. 해독기

45. 일반적으로 요구되는 절삭공구의 구비조건이 아닌 것은?

가. 고온경도 나. 내마모성
다. 취성 라. 강인성

46. 다음 그림에서 연산증폭기(OP-AMP)의 이득으로 맞는 것은?

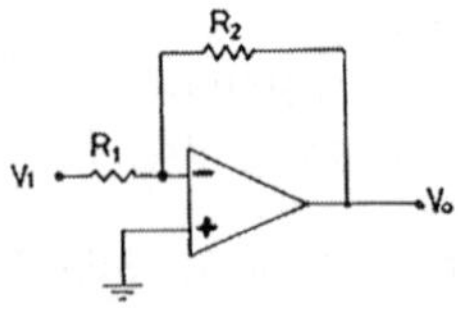

가. $\frac{V_o}{V_i} = -\frac{R_2}{R_1}$　　나. $\frac{V_o}{V_1} = -\frac{R_1}{R_2}$

다. $\frac{V_i}{V_o} = -\frac{R_2 \times R_1}{2}$　　라. $\frac{V_1}{V_o} = \frac{R_2 + R_1}{R_1}$

47. 스테핑 모터의 분류에 포함되지 않는 것은?

가. VR(Variable Reluctance)형
나. 철심형
다. PM(Permanent Magnet)형
라. 하이브리드형

48. 사이리스터가 쌍극트랜지스터나 FET와 다른 점은?

가. 선형 증폭기로만 동작한다.
나. 스위치로만 동작한다.
다. 선형 증폭기와 스위치로서 모두 동작한다.
라. 3층 구조의 반도체 소자이다.

49. 도체에 3[A]의 전류가 1분 동안 흘렀을 때 도체를 통과한 전기량은?

가. 180[C]　　나. 300[C]
다. 500[C]　　라. 900[C]

50. 단면적을 S[m²], 길이를 l [m], 고유저항을 ρ [Ω · m]라고 할 때 도체의 전기저항 R은?

가. $R = \rho\frac{S}{\ell}$　　나. $R = \rho\frac{\ell}{S}$

다. $R = \rho \ell S$　　라. $R = S\frac{\ell}{\rho}$

51. 다음 그림과 같은 논리회로에서 출력 X는?

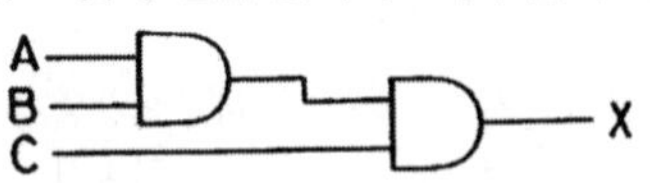

가. $\overline{(A \cdot B)} + C$　　나. $A \cdot B \cdot C$
나. $\overline{A \cdot B \cdot C}$　　라. $A \cdot B + \overline{C}$

52. 포토커플러의 조합이 아닌 것은?

가. 발광다이오드와 포토사이리스터
나. 발광다이오드와 CdS셀
다. 발광다이오드와 포토트랜지스터
라. 포토트랜지스터와 CdS셀

53. 다음 중 되먹임 제어계의 제어장치에 속하지 않는 것은?

가. 기준입력요소　　나. 조작부
다. 검출부　　라. 제어대상

54. 다음 중 에너지와 같은 단위를 사용하는 물리량은?

가. 전압　나. 전류　다. 전력　라. 전력량

55. Cds 소자의 설명으로 적합한 것은?

가. 빛에 의해 전기저항이 변화한다.
나. 온도에 의해 전기저항이 변화한다.
다. 전압에 의해 전기저항이 변화한다.
라. 전류에 의해 전기저항이 변화한다.

56. $(101101.11)_2$ 을 10진수로 변환한 것은?

가. 40.75　　나. 40.55
다. 45.75　　라. 45.55

57. 유도형 센서에서 감지가 어려운 것은?

가. 알루미늄　　나. 철
다. 플라스틱　　라. 구리

58. 5개의 T-FF(플립플롭)으로 구성된 카운터 회로에 입력 주파수가 8[MHz]일 경우 마지막 플립플롭의 출력 주파수는 몇 kHz인가?

가. 150　　나. 250
다. 300　　라. 350

59. 다음 중 10진수 12를 BCD 코드로 옳게 표시한 것은?

가. 0001 0010　　나. 0000 1100
다. 0001 1100　　라. 0011 0010

60. 연산증폭기의 응용회로가 아닌 것은?

가. 디지털 반가산 증폭기
나. 아날로그 가산증폭기
다. 적분기
라. 미분기

■ 제4과목 : 공유압

61. 유압 실린더의 유입 관로측에 유압유를 교축하여 실린더의 작동속도를 제어하는 회로는?

가. 블리드 오프 회로
나. 블리드 온 회로
다. 미터-아웃 회로
라. 미터-인 회로

62. 로킹회로에서 큰 외력에 대항해서 정지위치를 확실히 유지하기 위해 사용되는 밸브는?

가. 셔틀밸브
나. 시퀀스 밸브
다. 감압 밸브
라. 파일럿조작 체크밸브

63. 다음 중 유압펌프의 이론 토출량에 대한 실제 토출량의 비를 무엇이라고 하는가?

가. 용적효율　　나. 기계효율
다. 전효율　　라. 동력효율

64. 유압장치의 기본 시스템을 구성하는 구성요소 중 제어부에 속하지 않는 기계는?

가. 릴리프 밸브　　나. 유압 모터
다. 교축밸브　　라. 감압 밸브

65. 유압에서 사용되는 어큐뮬레이터의 설명 중 틀린 것은?

가. 어큐뮬레이터를 사용하면 에너지를 절약할 수 있다.
나. 어큐뮬레이터를 사용하면 유압 에너지를 축적할 수 있다.
다. 어큐뮬레이터를 사용해도 맥동, 충격은 제어할 수 있다.
라. 어큐뮬레이터를 사용하면 주회로가 정지하여도 2차 회로를 동작시킬 수 있다.

66. 다음 중 유압 실린더의 구성부품이 아닌 것은?

가. 스풀　　나. 패킹
다. 피스톤 로드　　라. 실린더 튜브

67. 공기저장 탱크의 기능 중 잘못된 것은?

가. 저장기능
나. 냉각효과에 의한 수분공급
다. 공기압력의 맥동을 없앰
라. 압력변화를 최소화

68. 절대습도에 대한 표현 중 맞는 것은?

가. $\text{절대습도} = \dfrac{\text{습공기 중의 증기의 중량}(g)}{\text{습공기 중의 건공기의 중량}(g)} \times 100(\%)$

나. $\text{절대습도} = \dfrac{\text{습공기 중의 건공기의 중량}(g)}{\text{습공기 중의 증기의 중량}(g)} \times 100(\%)$

다. $\text{절대습도} = \dfrac{\text{습공기 중의 건공기의 중량}(g)}{\text{포화수증기량}(g)} \times 100(\%)$

라. $\text{절대습도} = \dfrac{\text{포화수증기량}(g)}{\text{습공기 중의 건공기의 중량}(g)} \times 100(\%)$

69. 유압기기 중 불필요한 오일을 탱크로 방출시켜 펌프에 부하가 걸리지 않도록 하는 밸브를 무엇이라 하는가?

가. 감압 밸브(pressure reducing valve)
나. 교축 밸브(flow metering valve)
다. 카운터 밸런스 밸브(counter balance valve)
라. 무부하 밸브(unloading valve)

70. 오일 탱크에 설치되어 있는 방해판(Baffle)의 일반적 기능이 아닌 것은?

가. 오일 중에 함유된 기포 등 부유입자를 제거하는데 도움이 된다.
나. 오일의 냉각을 양호하게 한다.
다. 오일에 포함된 오염입자의 침전을 돕는다.
라. 오일 탱크로 이물질이 흡입되는 것을 방지한다.

71. 공기압 신호로 제어위치를 변환 조작하는 방식은?

가. 파일럿 방식　　나. 수동방식
다. 기계방식　　라. 전자방식

72. 다음의 회로를 설명한 것 중 거리가 먼 것은?

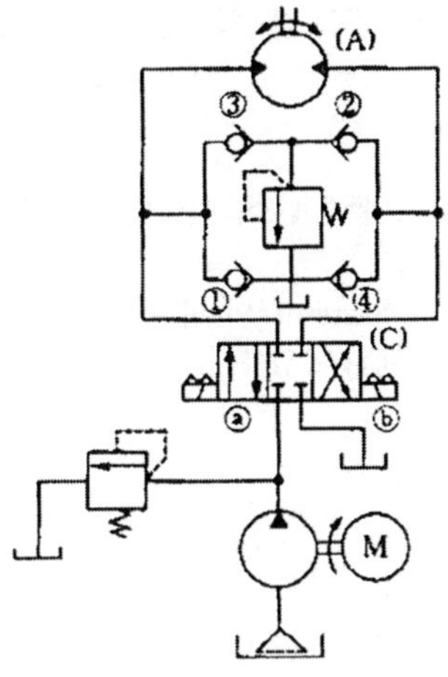

가. 유압 모터를 급정지하고자 할 때 관성으로 인한 과부하를 방지하는 회로이다.
나. 브레이크 회로라고 한다.
다. 유압 모터가 펌프작용을 하게 될 때 공기가 흡입하는 것을 방지한다.
라. 릴리프 밸브를 사용하지 않을 때에는 압력보상형 유량조절 밸브를 사용한다.

73. 압축공기를 생산하는 공기압축기의 형식에는 여러 가지의 형태가 있다. 다음 중 용적형 압축기에 속하지 않는 것은?

가. 왕복식 압축기　　나. 원심식 압축기
다. 스크류 압축기　　라. 루츠 블로어

74. 다음 밸브의 설명으로 틀린 것은?

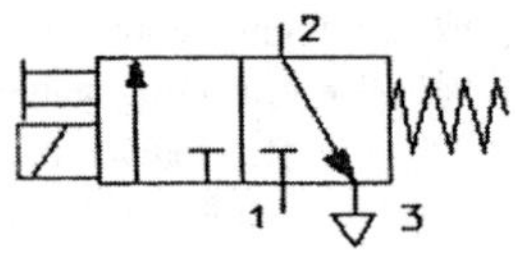

가. 솔레노이드 작동　　나. 스프링 귀환형
다. 정상상태 열림　　라. 수동조작 가능

75. 다음 중 유압 실린더의 호칭법에 속하지 않는 것은?

가. 지지형식의 기호　　나. 로드 무게
다. 최고 사용압력　　라. 행정길이

76. 유압기계에서 사용되는 다음의 밸브가 뜻하는 것과 거리가 먼 것은?

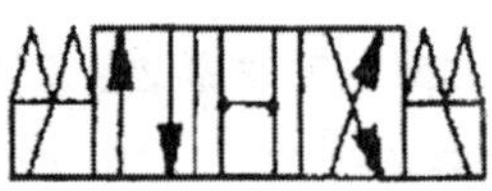

가. 4포트　　나. 오픈센터
다. 가스켓　　라. 3위치

77. 다음 중 서보 유압 밸브의 구성요소가 아닌 것은?

가. 토크 모터　　나. 솔레노이드
다. 유압 증폭부　　라. 안내밸브

78. 유압 펌프 가동중에 소음이 커졌다. 소음의 원인이 아닌 것은?

가. 흡입 스트레이너의 막힘
나. 탱크 내의 유압유에 기포발생
다. 탱크 내의 유면 상승
라. 전동기 축과 펌프 축의 불일치

79. 다음은 건설기계에서 사용되고 있는 유압 모터 회로이다. 이 회로의 명칭은?

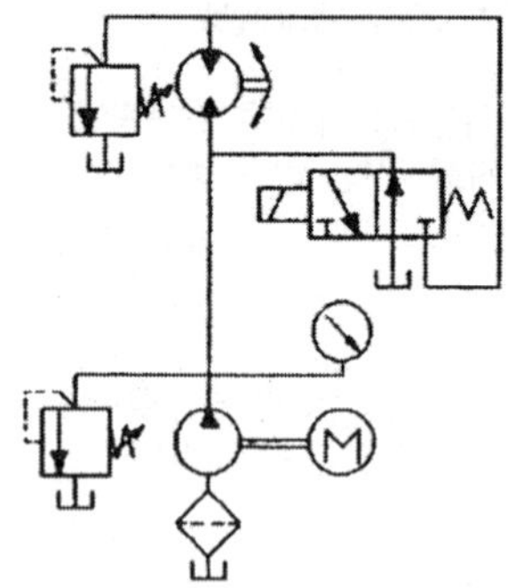

가. 랜덤형 배치회로　　나. 직렬 배치회로
다. 병렬 배치회로　　라. 일정마력 구동회로

80. 서보 유압 밸브의 구성요소 중 전기신호를 기계적 변위로 바꿔주는 요소는 무엇인가?

가. 인코더　　나. 토크모터
다. 노즐 플래퍼　　라. 스풀

☞ **해답**

1	2	3	4	5	6	7	8	9	10	11	12	13	14	15	16	17	18	19	20
가	나	나	가	라	라	다	나	나	다	다	나	다	라	나	가	나	라	라	라
21	22	23	24	25	26	27	28	29	30	31	32	33	34	35	36	37	38	39	40
나	나	다	라	라	가	나	다	나	다	나	다	다	라	라	가	다	라	라	라
41	42	43	44	45	46	47	48	49	50	51	52	53	54	55	56	57	58	59	60
다	나	라	가	다	가	나	나	가	나	나	라	라	라	가	다	다	나	가	가
61	62	63	64	65	66	67	68	69	70	71	72	73	74	75	76	77	78	79	80
라	라	가	나	다	가	나	가	라	라	가	라	나	다	나	다	나	다	라	나

▶ 기출문제 SMT 산업기사(4)

■ 제1과목 : SMT 공학

1. 실장 프로그램의 최적화를 위해 가장 중요한 항목은?
   가. 부품의 크기　　나. 부품의 형상
   다. 부품의 장착 압력　　라. 부품장착 순서

2. Chip Mounter에서 부품인식장치로 가장 많이 사용되는 방식은?
   가. 레이저　　나. 프리즘
   다. 초음파　　라. 비전

3. 표면실장기 노즐 청소주기로 가장 좋은 것은?
   가. 1회/1일　　나. 1회/3일
   다. 1회/5일　　라. 1회/1주

4. SMT 현장작업에서 온도와 습도의 조건으로 적당한 것은?
   가. 온도 16～26℃, 습도 20～40%
   나. 온도 27～30℃, 습도 10～30%
   다. 온도 14～24℃, 습도 70～80%
   라. 온도 22～27℃, 습도 40～60%

5. 일반적으로 고속 마운터에서 장착하지 않는 부품은 어느 것인가?
   가. 1.0×0.5mm 각형 저항
   나. 트랜지스터(SOT)
   다. 탄탈콘덴서
   라. 0.15mm피치의 플립칩

6. 표면실장기술의 장점이 아닌 것은?
   가. 전자기기의 고밀도실장을 실현할 수 있다.
   나. 전기적 성능이 향상된다.
   다. 발열밀도가 상승된다.
   라. 제품의 품질을 향상시킬 수 있다.

7. 삽입실장과 비교한 표면실장의 장점을 설명한 내용 중 틀린 것은?
   가. 부품의 소형화, 미세피치화로 고밀도실장이 향상된다.
   나. 생산라인을 구성하는 비용이 줄어들었다.
   다. 열신뢰성이 우수하고 내진성이 높다.
   라. 결선회로의 단축으로 전기적 성능이 향상된다.

8. 마운터가 한 시간에 9000점의 칩(Chip)을 장착할 때 이 마운터가 택타임(Tack Time)은 몇 sec/ship인가?
   가. 0.2　　나. 0.3
   다. 0.4　　라. 0.5

9. 다음 실장기술 관련 용어를 설명한 것 중 틀린 것은?
   가. SIP : System In Package
   나. COB : Chip On Board
   다. CSP : Chip Small Package
   라. SOC : System On Chip

10. 표면실장기의 전자파 발생위치가 아닌 것은?
    가. 조작판　　나. 모터드라이브
    다. 배저반　　라. 피터 거치대 (FEEDER TACK)

11. 스크린 프린터 인쇄시 평형 스퀴지로 Fine-Pitch를 인쇄할 각도로 알맞은 것은?
    가. 20～25°　　나. 30～35°
    다. 40～45°　　라. 60～65°

12. 다음 IC 패키지 중에 SMT용으로 만든 것은?
    가. PGA　　나. SIP
    다. SOJ　　라. ZIP

13. 리플로우(reflow)가 웨이브 솔더링(wave soldering) 납땜 방식보다 불리한 점은?
    가. 자기위치보정(self alignment)효과
    나. 부품의 열충격
    다. 솔더(Solder) 불순물 혼입
    라. 솔더링(Soldering) 불량률

14. 크림솔더를 공급하는 스크인 프린터에 대한 설명 중 틀린 것은?
    가. 메탈 마스크와 인쇄회로기판 간의 간격(gap)클리어런스를 조정할 수 있어야 한다.
    나. 스퀴지 압력을 조정할 수 있어야 한다.
    다. 스퀴지 압력을 고정방식으로 하고 또한 변동이 없어야 한다.
    라. 스퀴지 설치각도를 조정할 수 있어야 한다.

15. 부품의 장착방식 중 다수 노즐을 사용하여 칩부품을 동시에 일괄적으로 기판에 장착하는 방식은?
가. 모듈러 방식 나. 랜덤 어세스 방식
다. 로터리 방식 라. 시퀀스 방식

16. 다음 불량 중 X-ray 검사기를 통해 검사할 수 없는 것은?
가. 쇼트(Short) 나. 부품 뒤집힘
다. 브리지(Bridge) 라. 보이드(Void)

17. 방사 노이즈를 밖으로 나오지 않게 하기 위한 대책이 아닌 것은?
가. 신호선 차폐, 접지 강화
나. 신호와 노이즈 분리
다. 노이즈 필터에 의한 소멸
라. 신호선과 전원선을 혼합

18. 표면실장 장치운영 중 부품의 PICK-UP-MISS ERROR 발생시 대응방법이 아닌 것은?
가. 해당 부품 공급장치의 전·후진 확인
나. 실자기 노즐 막힘 점검
다. 인쇄기 솔더 도포검사 카메라 점검
라. 공급용 부품 두께 변화여부 점검

19. BARE PCB를 매거진에서 인쇄기에 자동으로 공급하는 장치를 무엇이라 하는가?
가. 컨베이어 나. 언로더(unloader)
다. 로더(loader) 라. 엘리베이터

20. 온도 프로파일 작성주기 및 관리에 대한 설명 중 틀린 것은?
가. 온도 프로파일의 1회/1일 및 생산모델 변경 시 측정한다.
나. 측정된 온도 프로파일은 표준 온도 프로파일과의 적합성을 비교한다.
다. 온도 프로파일 측정용 샘플(열전쌍이 접속된 기판)은 재사용할 수 없다.
라. 온도 프로파일은 생산할 모델 전체에 대하여 각각 측정하고 관리해야 한다.

■ 제2과목 : 솔더링 공학

21. 양호한 인쇄성을 위한 크림솔더의 보관방법에 대한 설명 중 잘못된 것은?
가. 유효기간이 경과한 제품은 반드시 폐기한다.
나. 사용 전 상온에서 2시간 이상 방치한다.
다. 반드시 냉동보관을 한다.
라. 선입·선출을 준수한다.

22. 리플로우에 설치되어 있는 장치는?
가. 비전 카메라 나. 컨베이어
다. 마운터 헤드 라. 메탈 마스크

23. 솔더링 과정에서 발생하는 현상에 해당하지 않는 것은?
가. 젖음현상 나. 확산현상
다. 부식현상 라. 모세관현상

24. 크림솔더(Cream Solder)의 점도에 영향을 주는 요소에 해당하지 않는 것은?
가. 온도 나. 메탈 마스크 두께
다. 금속입자 크기 라. 플럭스 함유량

25. 리플로우 공정시 기판온도의 변화 요소가 아닌 것은?
가. Solder의 종류
나. 컨베이어 속도
다. 리플로우 존수와 길이
라. 실내온도변화

26. 주석(Sn)도금으로 된 부품이나 기판의 표면에서 도금층의 압축응력으로 인해 표면에 주석(Sn)단결정이 수염처럼 길게 성장하는 불량을 무엇이라고 하는가?
가. 드로스 나. 리드
다. Lift-off 라. 위스커

27. 리플로우 오븐(reflow oven)에서 큰 부품의 경우 그림자로 인하여 가열이 어려운 방식은?
가. 열풍 방식 나. 적외선 방식
다. VPS 방식 라. 적외선 열풍복합 방식

28. 맨하탄(manhattan)의 불량대책에 속하지 않는 것은?
가. LAND형상을 둥글게 한다.
나. 온도 프로파일을 최적화한다.
다. Reflow 내의 진동을 억제한다.
라. 부품장착 정도를 낮춘다.

29. 다음 중 Solder Paste에 적합한 합금 재료의 요건이 아닌 것은?
가. 유동성(flow properties)이 없어야 한다.
나. 용융상태에서 모세관작용(capillary action)이 있어야 한다.
다. Powder로 제조가 용이하며 가공이 쉬워야 한다.
라. 결합되어지는 모재와 금속결합이 일어나야 한다.

30. 금속 스퀴지(metal squeegee)가 우레탄(urethane) 스퀴지보다 불리한 것은?

가. 스텐실 마모　　나. 미세피치 적용
다. 스퀴지 마모　　라. 인쇄번짐

31. 다음 중 드로스(dross)에 대한 설명으로 잘못된 것은?

가. 솔더의 강도를 저하시킨다.
나. 용융 솔더의 표면에 생성되는 산화물이다.
다. 성분의 90%가 금속이며, 1% 정도가 산소이다.
라. 광택이 없는 산화막으로 둘러싸인 작은 입자덩어리들이다.

32. 메탈 마스크의 홀(hole)가공법에 해당하지 않는 것은?

가. 에디티브 방식　　나. 레이저 방식
다. 스퍼터링 방식　　라. 에칭 방식

33. 다음 중 연성기판(Flexible PCB) 제조시 사용하는 전도성 재료로 가장 적합한 것은?

가. 전해동박　　나. 압연동박
다. 인청동　　라. 알루미늄

34. 다음 중 기판(PCB) 제조시 수지(resin)의 재료로 적합하지 않는 것은?

가. 페놀(Phenol)
나. 에폭시(Epoxy)
다. 폴리이미드(Polyimide)
라. 그라스(Glass)

35. 불변성 잉크를 도금된 동박 회로상에 코팅함으로서 회로를 보호하고 동시에 회로간 솔더 브리지 현상을 방지하기 위해 실시하는 공정은?

가. 전해동 도금　　나. PSR인쇄
다. 부식(etching)　　라. 마킹인쇄

36. 스크린 프린터(Screen Printer)의 주요 기능으로 틀린 것은?

가. 메탈 마스크와 기판과의 간극조정이 가능할 것
나. 메탈 마스크와 기판 패턴위치를 맞추기가 용이할 것
다. 인쇄속도는 일정하여 조정할 수 없을 것
라. 스퀴지 설치각도를 조정할 수 있을 것

37. 일반적으로 웨이브(플로) 솔더링시 기판의 부품과 용융된 솔더가 접촉되는 시간으로 적당한 것은?

가. 2~4초　　나. 7~10초
다. 11~15초　　라. 16~20초

38. 다음은 무엇에 대한 설명인가?

"로진, 변성로진, 합성수지 등의 조성재료가 있으며, 용융 솔더재의 산화피막을 제거하고, 재산화를 방지하여 모재를 청정화하는 역할을 한다"

가. 솔더　　나. 칩 본드
다. 플러스　　라. 기판

39. 다음 중 솔더 볼(solder ball) 불량 발생원인과 관계가 없는 것은?

가. 솔더 도포 후 장시간 방치한 경우
나. 스퀴지의 압력이 과다한 경우
다. 메탈 마스크 세척을 하지 않는 경우
라. 인쇄작업 시 번짐이 발생할 경우

40. 리플로우 가열특성과 관련하여 요구되는 특성으로 잘못된 것은?

가. 기판 내 부품 사이에 온도편차가 클 것
나. 충분한 가열능력이 있을 것
다. 설비가격이 싸고 유지비가 저렴할 것
라. 적정 온도 프로파일이 유지될 것

■ 제3과목 : 메카트로닉스

41. 버스 구조를 하드웨어적으로 구현이 가능하게 해주는 핵심 디지털 논리소자는?

가. 쇼트키 TLL　　나. 디코더
다. 멀티플렉서　　라. 3상태 버퍼

42. JK 플립플롭(Flip-Flop)의 입력과 상태전화조건을 설명한 것 중 틀린 것은?

가. J=1, K=0일 때 반전
나. J=1, K=0일 때 1
다. J=1, K=0일 때 현상태 유지
라. J=1, K=0일 때 0

43. X=ABCD+ABCD+ABCD+ABCD를 간단화시킨 후 논리회로를 그렸을 때 옳은 것은?

가. 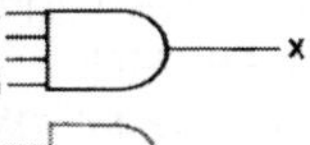

나. 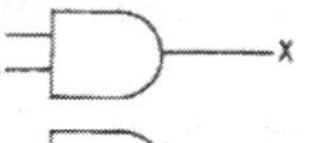

다. 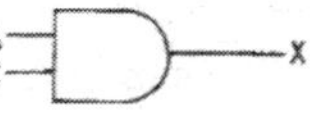

라.

44. 디지털 시스템에서 음수의 표현방법이 아닌 것은?
가. BCD 코드에 의한 표현
나. 1의 보수에 의한 표현
다. 2의 보수에 의한 표현
라. 부호와 절대값에 의한 표현

45. 다음 중 비접촉 가공법은?
가. 선반가공　　나. 밀링가공
다. 방전가공　　라. 연삭가공

46. 10진수 5.5를 BCD 코드로 옳게 표현한 것은?
가. 0101.1000　　나. 1010.0101
다. 0101.0101　　라. 1010.1010

47. 위치검출용 센서로 사용되지 않는 것은?
가. 퍼텐쇼미터(potentiometer)
나. 차동트랜스(LVDT)
다. 리졸버(resolver)
라. 피에조미터(piezometer)

48. 아래 회로에서 저항 R[Ω]의 전압강하 V_2[V]는 몇 볼트[V]인가?

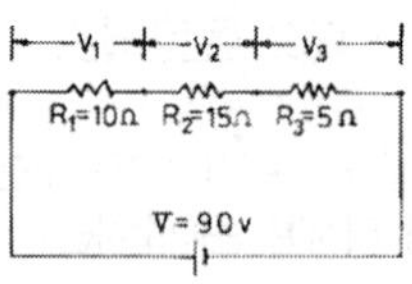

가. 15　　나. 30
다. 45　　라. 60

49. 연삭숫돌의 결합도에 따른 숫돌의 선택 기준으로 바르게 연결된 것은?
가. 결합도가 높은 숫돌 – 연질 가공물의 연삭
나. 결합도가 높은 숫돌 – 연삭 깊이가 클 때
다. 결합도가 낮은 숫돌 – 숫돌 차의 원주속도가 느릴 때
라. 결합도가 낮은 숫돌 – 접촉면적이 적을 때

50. 연산증폭기(OP-AMP)에 대한 설명 중 틀린 것은?
가. 아날로그(analog) 계산회로에 이용된다.
나. 입력 임피던스는 무한대에 가깝다.
다. 차동증폭기가 주축이 된다.
라. 주파수 대역폭은 1kHz에서 1MHz까지 사용된다.

51. A/D 변환기에 대한 설명 중 틀린 것은?
가. 계측된 아날로그 신호를 디지털 신호로 변환시켜 주는 장치이다.
나. A/D 변환기의 입력신호는 시간에 따라 연속적으로 변화할 때 컴퓨터에 데이터를 저장하기 위해서 사용될 수 있다.
다. A/D 변환기를 사용하면 출력값은 0, 1이 아닌 연속적인 신호로 표시된다.
라. 아날로그 신호를 디지털 신호로 변환하려면 양자화를 시켜야 한다.

52. 기계장치의 시동, 정지, 운전 상태의 변경 등을 미리 정해진 순서에 따라 행하는 것을 무엇이라고 하는가?
가. 시퀀스 제어　　나. 서보기구
다. 자동조정　　라. 공정제어

53. 캠을 종동절과 원동절의 접촉부의 움직임에 의해 분류할 때 평면캠에 속하지 않는 것은?
가. 판캠　　나. 직동캠
다. 정면캠　　라. 원통캠

54. $V=100\sin 100\pi t$[V]의 교류에서 실효치의 대략적인 전압 V와 주파수 f를 옳게 표시한 것은?
가. $V=70.7$[V], $f=60$[Hz]
나. $V=70.7$[V], $f=50$[Hz]
다. $V=100$[V], $f=60$[Hz]
라. $V=100$[V], $f=50$[Hz]

55. 다음 중 체결용 나사로 적합한 것은?
가. 삼각나사　　나. 볼나사
다. 사다리꼴나사　　라. 사각나사

56. 자체 인덕턴스 10[mH]의 코일에 10[A]를 흘렸을 때 코일에 저축되는 에너지[J]는 얼마인가?
가. 0.1　　나. 0.5
다. 10　　라. 50

57. DC 서보모터에 요구되는 특징과 거리가 먼 것은?
가. 전기자 관성이 클 것
나. 최대 토크가 클 것
다. 시정수가 작을 것
라. 토크의 직선성이 양호할 것

58. 주프로그램(main program)에서 부프로그램(subroutine)을 호출할 경우 호출 당시의 명령포인터(1P)값을 일시저장하는 장소는?
가. 플래그 레지스터(flag register)
나. 스택(stack)

다. 어큐뮬레이터(accumulator)
라. 코드 세그먼트(code segment)

59. PLC 프로그램 언어의 종류에 해당되지 않는 것은?

가. Ladder Diagram
나. Function Block Diagram
다. Sequential Function Chart
라. Relay State Diagram

60. 아날로그 출력전압 범위가 0~7[V]인 3비트의 D/A 변환기의 입력으로 "100"의 2진 값이 입력된다면 아날로그 출력전압[V]은 얼마인가?

가. 2　　나. 3
다. 4　　라. 5

■ 제4과목 : 공유압

61. 아래 그림의 방향제어 밸브 명칭 형식은?

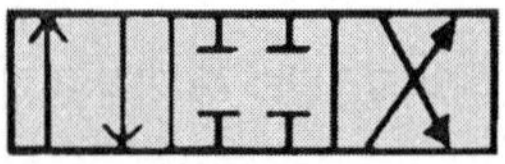

가. 펌프 클로즈 센터형
나. 탠덤 센터형
다. 클로즈 센터형
라. 오픈 센터형

62. 방향제어 밸브의 분류방법이 아닌 것은?

가. 기능에 의한 분류
나. 구조에 의한 분류
다. 조작방식에 의한 분류
라. 배선방식에 의한 분류

63. 2개 이상의 분기회로에서 유압 실린더의 작동순서를 부여해 주는 밸브는?

가. 카운터 밸런스 밸브
나. 시퀀스 밸브
다. 파일럿 작동 체크 벨브
라. 일방향 유량제어 밸브

64. 면적이 $1m^2$인 곳을 50N의 무게로 누를 때 면적에 작용하는 압력은?

가. 50Pa　　나. 100Pa
다. 500Pa　　라. 1000Pa

65. 보통 공압회로에서는 얻을 수 없는 고압을 발생시키는 경우에 사용되는 것으로 기기의 입구측 압력을 그것에 비례한 높은 출구측 압력으로 변환하는 기기를 무엇이라 하는가?

가. 공유압 변환기(Pneumatic-hydraulic converter)
나. 인덕터(Inductor)
다. 하이드로릭 체크유닛(hydraulic check unit)
라. 증압기(Intensifier)

66. 압축공기 저장탱크에 구성되는 기기가 아닌 것은?

가. 안전 밸브　　나. 압력계
다. 유량계　　라. 차단 밸브

67. 실린더에 인장하중이 걸리거나 부하의 관성에 의한 인장하중 효과가 발생되면 피스톤 로드가 끌리게 되는데 이를 방지하기 위하여 인장하중이 걸리는 측에 압력 릴리프 밸브를 설치하여 배압을 주는 회로는?

가. 언로딩 회로
나. 카운터 밸런스 회로
다. 압력 시퀀스 회로
라. 감압 회로

68. 유압 압력 스위치의 구조에 대한 종류 중 틀린 것은?

가. 판의 재료강도를 이용하는 것
나. 벨로즈(Bellows)를 사용하는 것
다. 부르동관(Bourdon Tube)을 사용하는 것
라. 소형 피스톤과 스프링과의 평형을 이용하는 것

69. 유압 펌프에서 압력이 상승하지 않는 경우 그 대책(점검)에 대한 설명으로 틀린 것은?

가. 릴리프 밸브의 압력설정 점검
나. 언로드 회로의 점검
다. 펌프 축, 카트리지 등의 파손 점검
라. 유량조절밸브의 조절상태 점검

70. 윤활유에 사용되는 소포제로 가장 적당한 것은?

가. 파라핀유　　나. 실리콘유
다. 중화수　　라. 나프테인계유

71. KS B 0054의 기호요소에서 파선의 용도가 아닌 것은?

가. 필터　　나. 드레인관
다. 전기신호선　　라. 파일럿 조작관로

72. 그림과 같은 밸브의 명칭은?

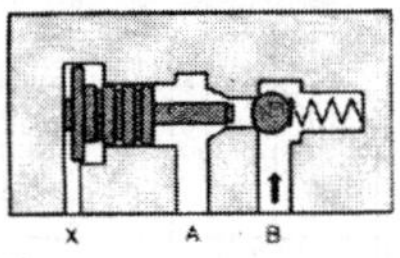

가. 릴리프 밸브
나. 셔틀 밸브

다. 압력보상형 유량조정 밸브
라. 파일럿 조작 체크 밸브

73. 압력이 일정하면 일정량의 공기의 체적은 절대온도에 정비례한다는 법칙은?

가. 보일의 법칙 나. 샤를의 법칙
다. 샤를리에의 법칙 라. 돌턴의 법칙

74. 실린더의 지지방식 중 부하의 운동방향과 실린더의 요동방향을 일치시켜 피스톤 로드에 가로 방향의 하중이 걸리지 않도록 하며, 요동운동하므로 실린더가 닿지 않도록 하는 설치형식은?

가. 풋형 나. 용접형
다. 플랜지형 라. 트러니언형

75. 직류 솔레노이드 밸브의 특징을 올바르게 설명한 것은?

가. 반 사이클마다 자속이 변화하기 때문에 가동철심의 작동속도가 빠르다.
나. 흡수 시 전력은 커지지만 흡입 후에는 작아져 소비전력이 절감된다.
다. 흡입력에 맥동이 없고 울리는 소리가 나지 않는다.
라. 전원회로 구성부품을 쉽게 구할 수 있고 가격도 유리한 경우가 많다.

76. 내경 32mm 실린더가 10mm/sec의 속도로 움직이려 할 때 필요한 최소 펌프 토출량은 약 몇 l/min인가?

가. 0.5 나. 1
다. 1.5 라. 2

77. 공압기기 중 루브리케이터(윤활기)의 적당한 윤활유는?

가. 터빈유 1종, 2종(1SO VG 32)
나. 기계유 1종, 2종(1SO VG 32)
다. 그리스유 3종, 4종(1SO VG 32)
라. 스핀들유 3종, 4종(1SO VG 32)

78. KS기호 중 유압기기에서 유량제어 밸브에 속하지 않는 것은?

가. 교축밸브 나. 분류밸브
다. 집류밸브 라. 브레이크밸브

79. 단조기계나 압연기계들과 같이 외력에 대항해서 정지위치를 확실히 할 필요가 있을 경우에 사용하는 회로는?

가. 로킹회로 나. 미터-인 회로
다. 미터-아웃 회로
라. 블리드 오프 회로

80. 공기압 실린더의 고정방법 중 가장 강력한 부착이 가능한 형식은?

가. 풋형 나. 플랜지형
다. 클래비스형 라. 트러니언형

☞ 해답

1	2	3	4	5	6	7	8	9	10	11	12	13	14	15	16	17	18	19	20
라	라	가	라	라	다	나	다	다	라	라	다	나	다	가	나	라	다	다	다
21	22	23	24	25	26	27	28	29	30	31	32	33	34	35	36	37	38	39	40
다	나	다	나	가	라	나	라	가	가	가	다	나	라	나	다	가	다	나	가
41	42	43	44	45	46	47	48	49	50	51	52	53	54	55	56	57	58	59	60
라	가	다	가	다	다	라	다	가	라	다	가	라	나	가	나	가	나	라	다
61	62	63	64	65	66	67	68	69	70	71	72	73	74	75	76	77	78	79	80
다	라	나	가	라	다	나	가	라	나	다	라	나	라	다	가	가	라	가	나

▸기출문제 SMT 산업기사(5)

■ 제1과목 : SMT 공학

1. 한 시간에 12,000개 칩부품을 장착하는 마운터의 택타임(tact time)은 얼마인가?

가. 0.1sec/chip　　나. 0.2sec/chip
다. 0.3sec/chip　　라. 0.4sec/chip

2. 표면실장 현장의 정전기 방지대책 방안과 맞지 않는 것은?

가. 제전화착용－무접지로 청결만 확인
나. 제전복착용－무접지로 청결만 확인
다. 제전팔찌(어스링)착용－접지로 매일 점검
라. 제전 매트 설치－무접지로 청결만 확인

3. CSP에 대한 다음 설명 중 틀린 것은?

가. 부품 실장면적이 반도체 칩 크기와 거의 동일하다.
나. 패키지를 하지 않는 베어 칩(Bare Chip)형태를 갖는다.
다. 베어칩 기술보다 신뢰성이 우수하다.
라. 반도체 IC 중에서 신장율이 크다.

4. 마운터 장비의 실장 작업시 필요한 Data와 관계 없는 것은?

가. NC date(Mount Data)
나. 부품 Data(Library, D/B)
다. Operate Data(PCB정보 및 작업관련 Data)
라. Device Data(설비 Parameter Data)

5. SMT 적용시 장점이 아닌 것은?

가. 고밀도화　　나. 경박단소화
다. 제품의 다기능화　　라. 시설비용 저렴

6. 스크린 프린터에서 필요한 작업요소가 아닌 것은?

가. 스텐실　　나. 매거진
다. 스퀴지　　라. 크림솔더

7. 다음 중 부품을 보정하는 센터링(부품인식 또는 align) 방법이 아닌 것은?

가. Mechnical 센터링　　나. X-ray 인식
다. Laser align　　라. Vision 인식

8. 생산공정의 효율화를 위한 활동으로 맞지 않은 것은?

가. 각 라인별 생산계획을 세워 실행
나. 비숙련자들은 야간에 장비를 작동하도록 함
다. 작업자가 사용하기 용이한 실장 프로그램을 사용
라. 카세트에 내장된 정보를 설비가 읽어 카세트 조합 불량을 검출

9. 아래의 칩 저항부품의 저항값은?

RC1005J472CS

가. 47Ω　　나. 470Ω
다. 4.7Ω　　라. 47kΩ

10. 다음의 칩 부품장착 불량 중에서 마운터의 작동과 관련 없는 것은?

가. 미장착　　나. 틀어짐
다. 부품일어섬　　라. 공공(void)

11. 다음 중 QFP는 마운터에 어떠한 형태로 공급되는가?

가. tray　　나. bulk feeder
다. stick feeder　　라. 12mm taping

12. 다음 Reflow Oven 중 간편한 방식이나 큰 부품의 경우 그림자로 인하여 가열이 어려운 방식은?

가. 적외선 방식　　나. VPS 방식
다. 열풍방식　　라. 적외선, 열풍복합식

13. 장비가 가동이 갑자기 정지될 때 우선적으로 조치해야 할 사항이 아닌 것은?

가. 모니터 화면의 Error Message를 확인한다.
나. 장비 Run S/W를 Off로 둔다.
다. 장비 내부를 점검하기 위하여 뚜껑을 연다(cover open).
라. Motor 구동 및 Solenoid 동작과 관련된 모든 I/O를 확인한다.

14. SMT 장비의 시간당 최대장착 능력을 의미하는 것은?

가. CPK　　나. CPH
다. Tack Time　　라. CSP

15. 가로×세로 크기가 16mm×8mm인 chip을 EIA 크기로 환산하여 표시하면 얼마인가?

가. 0805　　나. 0603
다. 0402　　라. 0201

16. 실장기술의 발전에 따라 요구되는 현상에 대한 설명 중 틀린 것은?
    가. BGA, CSP 실장할 경우는 X-ray 검사기가 필요하다.
    나. 부품의 소형화, 미세피치화 등으로 솔더페이스트 입자크기는 150미크론 정도가 많이 적용된다.
    다. 전자기기의 경박단소화로 실장밀도가 높아지고 있다.
    라. QFP, SOP에 비해 BGA CSP의 불량확인이 더 어렵다.

17. 표면실장 장착기의 부품장착 방식이 아닌 것은?
    가. ROTARY HEAD 방식
    나. LASER 방식
    다. IN-LINE 방식
    라. MULTI 방식

18. 열풍(hot air) 가열방식의 리플로우(reflow) 특징에 해당하는 것은?
    가. 간편한 방식이다.
    나. 부품의 재질에 따라 이상가열이 발생한다.
    다. 큰 부품의 그림자 부분은 가열이 어렵다.
    라. 부품이동이나 탈락이 있을 수 있다.

19. SMT LOADER 설비에서 BARE PCB 자동으로 공급시 조달공급 높이간격으로 알맞은 것은?
    가. 1pitch 나. 2pitch
    다. 3pitch 라. 4pitch

20. 리플로우(Reflow) 온도 프로파일(Profile)에 영향을 주는 요소가 아닌 것은?
    가. 컨베이어 속도
    나. 리플로우존 수와 길이
    다. 기판의 크기 및 두께
    라. 솔더의 제조일

■ 제2과목 : 솔더링 공학

21. 다음 중 거버데이터(gerber data)로 직접가공함으로써 치수가 정밀·정확하며 우수한 인쇄품질, 단기납기 대응이 가능한 메탈 마스크는?
    가. laser mask 나. photo etching mask
    다. screen mask 라. additive mask

22. PCB 제작 후 동박 표면의 보존이나 산화 및 부식 방지를 위한 처리로 알맞은 것은?
    가. 전해 동도금 나. 무전해 동도금
    다. HASL 라. S/R

23. 맨하탄 현상이 발생되는 원인이 될 수 없는 것은?
    가. 리플로우 상승기류
    나. 칩단자 온도차
    다. 기판랜드 형상, 간격
    라. 무거운 부품

24. 다음 중 솔더크림 보관 및 사용 전에 조치할 사항으로 틀린 것은?
    가. 냉장보관은 5~10℃로 한다.
    나. 밀봉상태로 상온에서 30분 방치 후 사용한다.
    다. 교반은 실온에서 교반기로 1000rpm에서 5~10분 동안 한다.
    라. 인쇄기 습도는 45~55%로 유지 관리한다.

25. 납이 젖은(wetting)상태는 필렛(fillet) 접촉각(θ)이 어떤 각도일 때인가?
    가. $0° < \theta < 90°$ 나. $45° < \theta < 180°$
    다. $90° < \theta < 180°$ 라. $\theta > 180°$

26. 다음 접합기술의 분류 중 기계적 결합방식이 아닌 것은?
    가. 나사결합 나. 솔더링
    다. 리벳결합 라. 핀결합

27. 스크린 프린터 공정에서 품질에 영향을 미치지 않는 것은?
    가. 메탈 마스크 두께
    나. 크림솔더 공급용 주걱
    다. 인쇄속도
    라. 메탈 마스크 세척주기

28. 최근 모바일 제품의 발전으로 FPCB(Flexible Printed Circuit Board)의 사용이 점점 증가하고 있다. 다음 중에서 FPCB의 재료가 아닌 것은?
    가. PI(폴리아미드)
    나. PET(폴리에스테르)
    다. 알루미늄
    라. GE(Glass Epoxy)

29. 메탈 마스크에 크림솔더를 스퀴지로 밀어갈 때 솔더 충전을 잘 되게 하는 작용은?
    가. 점착력 나. 칙소성
    다. 롤링성 라. 인압

30. 솔더페이스트를 인쇄할 때 인쇄압력은 메탈 마스크 위에 솔더 잔사가 남지 않는 상태에서 가능한 한 낮은 압력으로 인쇄하는 것이 좋다. 우레탄 스퀴지를 사용하여 너무 높은 인쇄압력으로 작업을 하면 어떤 문제가 발생하는가?

가. 메탈 마스크 수명이 길어진다.
나. 솔더 인쇄량이 많아지게 되어 브리지 불량이 발생한다.
다. 점도가 높아져 브리지 불량이 발생한다.
라. 솔더 부족으로 인한 젖음성 불량이 발생할 수 있다.

31. 리플로우 납땜방법의 종류가 아닌 것은?

가. 적외선법 나. 열풍법
다. 초음파법 라. 침적법

32. 솔더페이스트의 점도(viscosity)와 점착성(adhesion)에 관한 설명이 잘못된 것은?

가. 점도가 낮으면 롤링성은 양호하나 인쇄 후 무너짐이 쉽다.
나. 점도가 높으면 개부구에 충분히 충진되지 않는다.
다. 플럭스 함유량이 많아지면 점도는 커진다.
라. 솔더파우더(solder powder) 입자가 작을수록 점착력은 커진다.

33. 리플로우 공정에서 납땜불량 중 Solder Ball 발생 시 조치방법으로 올바른 것은?

가. 납땜구간 조정
나. Pick 온도구간 조정
다. 예열구간 조절
라. 냉각구간 조정

34. 다음 중 리플로우 특징을 잘못 기술한 것은?

가. Flow Soldering에 비해 부품에 대한 열충격이 적다.
나. 브리지(Bridge) 등 솔더링 불량이 적다.
다. 용융한 솔더의 표면장력에 의해 부품이 정위치하는 Alignment효과가 있다.
라. 동일한 기판에서 다른 조건으로 솔더링이 가능하다.

35. 리플로우 공정에서 온도 프로파일 적용시 유의사항이 아닌 것은?

가. 예열온도 및 예열시간이 충분할 것
나. 기판 내 온도차가 적을 것
다. 제품에 관계없이 항상 일정한 온도 프로파일이 형성될 것
라. 온도가 과열되지 않을 것

36. 리플로우 냉각조건이 잘못 설정되어 발생하는 불량은?

가. 솔더 크랙 나. 솔더 산화
다. 솔더 볼 라. 젖음 불량

37. 솔더 접합부 불량검사 시 내부결합 검사방법으로 알맞지 않은 것은?

가. 레이저 나. X-ray
다. TV카메라 라. 초음파

38. 단일 소자에서 정보처리능력이 향상됨과 함께 기하급수적으로 증가하는 정보량을 전송하고 처리하기 위하여 정보 전송능력을 향상시킨 PCB는?

가. RIGID PCB 나. 광 PCB
다. GREEN PCB 라. FLEXIBLE PCB

39. 스크린 프린터기 내부 온도관리 기준으로 적당한 것은?

가. 0～10℃ 나. 10～20℃
다. 22～27℃ 라. 27～32℃

40. Metal Mask 0.15t를 laser cutting 작업을 하였는데 부분적으로 1Point 낮게 한다면 어떤 방식의 Metal Mask 가공을 하여야 하는가?

가. COB Mask 나. Screen Mask
다. Half Etching Mask 라. PH Mask

■ 제3과목 : 메카트로닉스

41. 다음 중 스택 메모리의 특성을 나타낸 것은?

가. LIFO 기억장치 나. FIFO 기억장치
다. LILO 레지스터 라. PC 레지스터

42. 다음 중 제너다이오드의 주 용도로 옳은 것은?

가. 전파정류용 나. 전압안정화 회로
다. 검파용 라. 고전압 정류용

43. 4극 AC 유도형 모터가 60Hz 교류 전원에서 운전될 때 미끄럼률이 0.1이라고 한다. 이 모터의 회전속도는?

가. 1620RPM 나. 1800RPM
다. 3240PRM 라. 3600RPM

44. 디지털 시스템이 아날로그 시스템으로부터 입력을 인가받을 때 반드시 필요한 것은?

가. 카운터　　　　나. 레지스터
다. A/D 변환기　　　　라. D/A 변환기

45. 다음 중 슬로터의 구성요소가 아닌 것은?
가. 회전 테이블　　　　나. 램
다. 베드　　　　라. 호브

46. 전기적으로 절연되어 있지만 광학적으로는 결합되어 있는 발광부와 수광부를 갖추고 있는 광센서는?
가. 포토다이오드　　　　나. CdS
다. 포토커플러　　　　라. 포토트랜지스터

47. 전동기의 자장 내에 있는 도체의 전류가 그림과 같이 흘러나올 경우 도체가 받는 힘의 방향으로 옳은 것은?

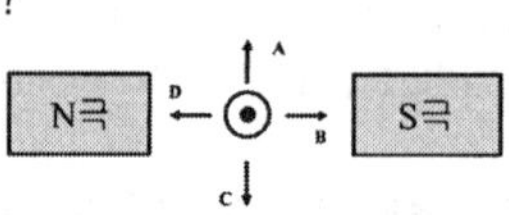

가. A　　　　나. B
다. C　　　　라. D

48. 8비트 어드레스 시스템인 경우, 다음 그림에서 PA의 신호에 의해 사용되는 장치가 활성화되기 위한 어드레스로 맞는 것은?

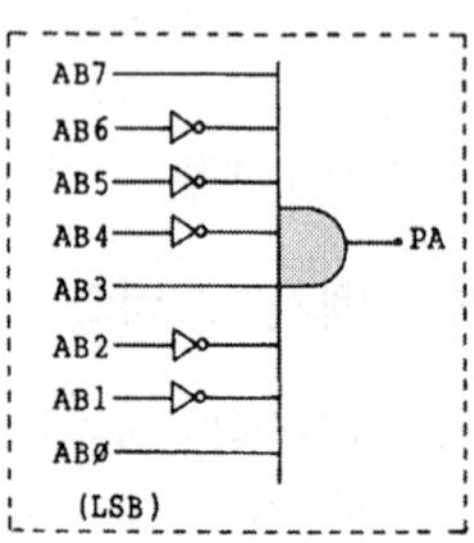

가. 98H　　　　나. 89H
다. 76H　　　　라. 67H

49. 다음 중 머시닝 센터(Machining Center)에 대한 설명으로 틀린 것은?
가. 자동 공구 교환장치(ATC)가 있다.
나. 방전을 이용한 가공작업이다.
다. 테이블은 가공물을 절삭에 필요한 위치에 오게 한다.
라. 드릴링 작업을 할 수 있다.

50. A(A+B+C)를 간략화하여 나타낸 것은?
가. A+B　　　　나. A
다. B　　　　라. C

51. 주기가 0.001[s]일 때 주파수[Hz]는?
가. 50　　　　나. 100
다. 500　　　　라. 1000

52. 2진수 11011110101을 16진수로 변환하면 얼마인가?
가. 6F5　　　　나. 6F2
다. B75　　　　라. B72

53. 다음 중 되먹임 제어의 장점이 아닌 것은?
가. 외부 조건의 변화에 대한 영향을 줄일 수 있다.
나. 제어계의 특성을 향상시킬 수 있다.
다. 제어계가 간단해지고 제어기의 값이 경제적이다.
라. 목표값에 정확히 도달할 수 있다.

54. 센서가 자동화 시스템에 사용되는 이유로 볼 수 없는 것은?
가. 고장여부 진단
나. 공구의 수명계측 및 검출
다. 자재 관리 및 물류작업
라. 자동화 장비구축할 때 가격절감

55. 다음 설명으로 맞는 것은?
"힘은 두 전하 사이의 크기의 곱에 비례하고, 두 전하 사이의 거리의 제곱에 반비례한다."
가. 임피던스　　　　나. 자기작용
다. 쿨롱의 법칙　　　　라. 옴의 법칙

56. 한쪽 코일에 전류를 흘려 이것을 변화시킬 때 다른 쪽 코일에 전압이 유도되는 현상을 무엇이라 하는가?
가. 자기유도　　　　나. 상호유도
다. 히스테리시스　　　　라. 홀 효과

57. 보통 선반작업에서 절삭할 수 없는 가공은?
가. 홈절삭　　　　나. 테이퍼 절삭
다. 기어절삭　　　　라. 나사절삭

58. 전기자 코일과 계자코일이 직렬로 연결되어 있으며, 기동토크가 가장 높으며, 무부하시 속도가 높고 코일에 공급되는 전류의 극을 바꾸더라도 모터의 회전방향은 변하지 않는 모터는?
가. 직권형　　　　나. 분권형
다. 복권형　　　　라. 타려형

59. CPU와 외부 장치 간에 데이터를 전송하는데 사용되는 데이터의 입·출력 창구는?

가. I/O port 나. RAM
다. Memory 라. ROM

60. 다음의 OP 앰프를 이용한 증폭회로에 대한 설명 중 잘못된 것은?

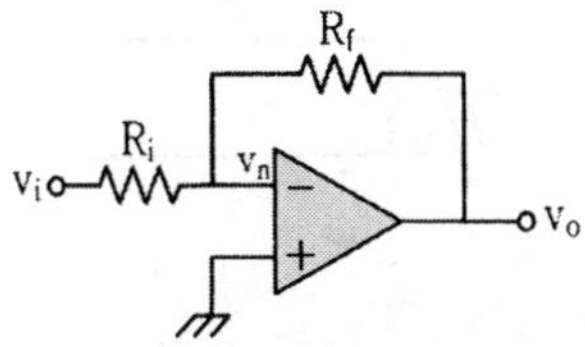

가. 비반전 증폭회로이다.
나. 전압증폭도는 $A_v = -R_f/R_i$이다.
다. 전압 V_n은 접지(GND) 전위와 거의 같다.
라. OP 앰프로 전류가 거의 흐르지 않는다.

■ 제4과목 : 공유압

61. 일반적으로 토출압력이 가장 높은 유압 펌프는?

가. 피스톤 펌프 나. 베인형 펌프
다. 기어 펌프 라. 나사 펌프

62. 공기압축기의 용량제어 방식으로 사용하지 않는 것은?

가. 차단제어 나. 배기제어
다. ON-OFF제어 라. 고속제어

63. 루트 블로어(Roots Blower)에 대한 설명으로 맞는 것은?

가. 소음이 적다.
나. 토크 변동이 적다.
다. 대형이고 고압 송풍을 할 수 없다.
라. 비접촉형으로 무급유식이다.

64. 유압 실린더를 구성하는 기본적인 부품이 아닌 것은?

가. 실린더 튜브 나. 커버
다. 피스톤 라. 스풀

65. 다음 중 유압 펌프의 전 효율을 구하는 식은?

가. 체적효율×기계효율
나. 체적효율+기계효율
다. (체적효율×기계효율)/100
라. (체적효율+기계효율)/100

66. 다음 유압회로의 명칭으로 맞는 것은?

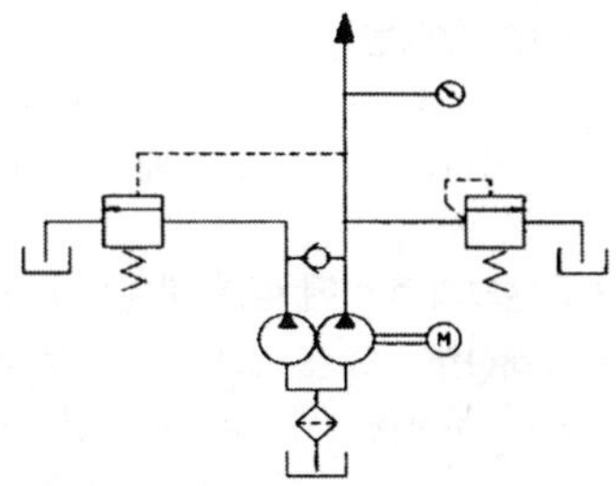

가. 시퀀스 회로
나. 2펌프 무부하회로
다. Hi-Lo에 의한 무부하회로
라. 압력스위치에 의한 무부하회로

67. 다음 중 날개의 회전운동에 따라 공기의 흐름이 회전축과 평행으로 흐르는 압축기는?

가. 원심식 압축기 나. 축류식 압축기
다. 혼류식 압축기 라. 사류식 압축기

68. 릴리프 밸브를 이용한 유압 브레이크 회로에서 유압 모터를 정지시키고자 오일의 공급을 중단했을 때 유압 모터의 현상은 어떻게 나타나는가?

가. 급정지했다가 관성에 의해 다시 회전한다.
나. 바로 정지한다.
다. 잠시동안 고정된다.
라. 얼마간 회전을 지속하다가 정지한다.

69. 비교적 큰 먼지를 제거할 목적으로 사용되는 기기로 유압회로에서 펌프의 흡입관로에 사용되는 것은?

가. 어큐뮬레이터 나. 스트레이너
다. 필터 라. 탱크

70. 유압 펌프가 기름을 토출하지 않고 있다. 확인검사 방법 중 거리가 먼 것은?

가. 펌프의 회전 방향을 확인한다.
나. 펌프의 진동을 검사한다.
다. 펌프의 흡입쪽을 검사한다.
라. 펌프는 정상적인가 검사한다.

71. 절대압력이 7kgf/cm2이고, 게이지 압력이 6.15kgf/cm2일 때 국소 대기압은 약 몇 mmHg인가?

가. 525 나. 625 다. 725 라. 735

72. 유압 시스템에서 사용되는 어큐뮬레이터의 사용목적과 거리가 먼 것은?

가. 불순물의 제거 나. 충격압력의 완충
다. 펌프 맥동 흡수 라. 에너지의 축적

73. 실린더의 종류 중 전진과 후진 시 추력이 동일하게 발생되는 형식은?

가. 탠덤 실린더　　나. 양 로드형 실린더
다. 격판 실린더　　라. 케이블 실린더

74. 유압 체크밸브의 형식에 따른 분류로 틀린 것은?

가. 유량제한형　　나. 압력제어형
다. 스프링 부하형　　라. 파일럿 조작형

75. 방향전환 밸브는 다음의 3가지 형식으로 구별할 수 있다. 이 중 방향전환 밸브의 형식이 아닌 것은?

가. 포핏 형식　　나. 로터리 형식
다. 스풀 형식　　라. 베인 형식

76. 공압장치의 단점으로 볼 수 없는 것은?

가. 응답성이 나쁘다.
나. 힘의 증폭 및 속도조절이 어렵다.
다. 이물질에 약하다.
라. 윤활성이 없으므로 윤활이 필요한 경우에는 급유가 필요하다.

77. 공압 모터에 관한 설명으로 적절치 못한 것은?

가. 배관 및 밸브는 될 수 있는 한 유효단면적이 큰 것을 사용한다.
나. 밸브는 될 수 있는 한 공압 모터에서 멀리 떨어지도록 설치한다.
다. 윤활기를 반드시 설치하여야 한다.
라. 고속회전이나 저온에서 사용할 경우 빙결(氷結)에 주의한다.

78. 내경 10cm, 추력 3140kgf, 피스톤 속도 40m/min인 유압 실린더에서 필요로 하는 유압은 최소 몇 kgf/cm2인가?

가. 40　　나. 60
다. 80　　라. 160

79. 다음 기호가 표시하는 조작방식은?

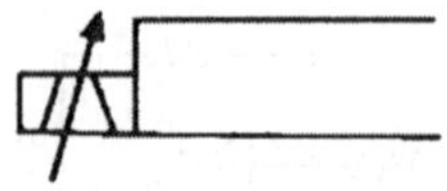

가. 직접 파일럿 조작
나. 복동 솔레노이드
다. 복동 가변식 전자 액추에이터
라. 회전 전기 액추에이터

80. 오일 탱크의 용도로 적합하지 않은 것은?

가. 기름내의 기포분리
나. 유온 상승의 완화
다. 기름내의 불순물 제거
라. 일정 압력의 유지

☞ 해답

1	2	3	4	5	6	7	8	9	10	11	12	13	14	15	16	17	18	19	20
다	라	나	라	라	나	나	나	다	라	가	가	다	나	나	나	나	라	가	라
21	22	23	24	25	26	27	28	29	30	31	32	33	34	35	36	37	38	39	40
가	다	라	나	가	나	나	다	다	라	라	다	다	가	다	가	다	나	다	다
41	42	43	44	45	46	47	48	49	50	51	52	53	54	55	56	57	58	59	60
가	나	가	다	라	다	가	나	나	나	라	가	다	라	다	나	다	가	가	가
61	62	63	64	65	66	67	68	69	70	71	72	73	74	75	76	77	78	79	80
가	라	라	라	가	다	나	라	나	나	나	가	나	나	라	나	나	가	다	라

기출문제 SMT 산업기사(6)

■ 제1과목 : SMT 공학

1. 칩마운터의 노즐(Nozzle)은 부품을 흡착한 후 두께를 검출하고 장착방향을 선택한다. 다음 방향 설정 각도로 적절하지 않는 것은?
   가. 0° 나. 45° 다. 90° 라. 180°

2. 8mm 테이프 피더를 장기간 사용하여 픽업위치가 수시로 변하는 에러가 발생할 경우 교정해야 하는 부위는?
   가. 구동부 나. 피딩 기어부
   다. 록킹부 라. 비닐 회수부

3. TRAY로 공급되는 이형부품 및 QFP, BGA, CSP 등을 안정되게 공급하는 장비는?
   가. TPS 나. MTO 다. TSM 라. MTU

4. 칩마운터를 조정(setting)할 때 관련이 없는 사항은?
   가. 부품정보(part data) 나. 부품공급기
   다. 노즐 라. 피더 보정기

5. 다음 고속마운터 프로그램 작성 기능에 해당되지 않는 사항은?
   가. 인쇄회로기판 마크 인식
   나. 장착순서 결정
   다. 부품 동시흡착, 일괄장착
   라. 장착부위

6. 리플로우 공정에서 소형 부품에 많이 발생되는 현상으로 부품의 한쪽 전극이 일어서는 현상은 무엇인가?
   가. 역삽 나. 맨하탄 다. 크랙 라. 브리지

7. 노즐의 특수사양 제작 시 필요 없는 것은?
   가. 부품 성능 나. 부품 두께
   다. 부품 형상 라. 부품 무게

8. 다음 중 마운터를 셋팅할 때 최종적으로 하는 작업은?
   가. 최적화 작업 나. 부품좌표입력
   다. 피듀셜마크 인식 라. 부품형태 입력

9. 표면실장기의 전자파 발생위치가 아닌 것은?
   가. 조작판 나. 모터드라이브
   다. 배전판 라. 피더 거치대

10. 기판 양면을 실장하거나 리드부품과 칩부품을 혼재실장할 때 부품을 기판에 임시 고정하기 위해 접착제를 도포하는 장비는?
    가. 스크린 프린터 나. 디스펜서
    다. 마운터 라. 리플로우

11. 다음 중 칩 본드 보관에 가장 적합한 온도는?
    가. −10℃ 이하 나. −5~0℃
    다. 0~5℃ 라. 5~10℃

12. 다음 메탈 스퀴지 종류 중에서 가장 많이 사용하는 형태는 어느 것인가?
    가. 평스퀴지 나. 검스퀴지
    다. D-cut 스퀴지 라. 각스퀴지

13. 열풍(hot air) 가열방식의 리플로우(reflow) 특징에 해당하는 것은?
    가. 간편한 방식이다.
    나. 부품의 재질에 따라 이상가열이 발생한다.
    다. 큰 부품의 그림자 부분은 가열이 어렵다.
    라. 부품이동이나 탈락이 있을 수 있다.

14. 부품의 장착방식 중 다수 노즐을 사용하여 칩부품을 동시에 일괄적으로 기판에 장착하는 방식은?
    가. 모듈러 방식 나. 랜덤어세스 방식
    다. 로터리 방식 라. 시퀀스 방식

15. 메탈 마스크 방식 및 관리에 대한 설명 중 맞는 것은?
    가. 동일부품이고 동일 두께 마스크에서의 연속 인쇄성은 에칭(Etching) 방식이 전주도금(Additive) 방식보다 더 좋다.
    나. 가격과 납기에서는 전주도금 방식이 레이저 방식과 에칭 방식보다 더 유리하다.
    다. 주기적으로 텐션(Tension)과 프레임(Frame)의 뒤틀림 여부를 검사해야 한다.
    라. BGA, CSP, 플립칩 실장에 대비하여 에칭 방식의 사용이 증가할 것이다.

16. 스크린 프린터(Screen Printer)를 구성하는 기자재에 해당하지 않는 것은?
    가. 메탈 마스크(Metal Mask)
    나. 카세트(Cassette)
    다. 스퀴지(Squeegee)

라. 백업 핀(Backup Pin)

17. SMT 생산라인 앞단에서 기판을 자동 공급하여 주는 장비는?

가. 로더 나. 언로더
다. 버퍼 라. TC(Turning Conveyor)

18. SMT 공정에서 본드 접착제 도포방식 중 가장 우수한 방식은?

가. 볼 전사방식 나. 스크린 인쇄방식
다. 디스펜스 방식 라. 핀 전사방식

19. 다음의 부품을 공급하는 피더(feeder) 중 BGA와 같은 종류의 부품을 공급하는데 사용하는 것은?

가. 진동(Vibration) 피더
나. 테이프(Tape) 피더
다. 튜브(Tube) 피더
라. 트레이(Tray) 피더

20. 정전으로 인한 저장된 정보(Data)의 망실을 방지하기 위하여 비상전원을 유지하는 장치는?

가. UPS 나. Trolley
다. Manual Tray 라. Bar Code System

■ 제2과목 : 솔더링 공학

21. 양호한 인쇄성을 위한 크림솔더의 보관방법에 대한 설명 중 잘못된 것은?

가. 유효기간이 경과한 제품은 반드시 폐기한다.
나. 사용 전 상온에서 2시간 이상 방치한다.
다. 반드시 냉동보관을 한다.
라. 선입 · 선출을 준수한다.

22. 다음 중 리플로우 솔더링의 가열방식에 해당되지 않는 것은?

가. 증기응축(VPS) 방식 나. 적외선(IR) 방식
다. 열풍(Hot Air) 방식 라. 아크(Ark) 방식

23. 스크린 프린터(인쇄기)의 기본 성능이 아닌 것은?

가. 판분리 성능 나. 충진 성능
다. 전사성능 라. 크리닝 성능

24. 다음 중 플럭스(flux)의 역할에 해당하지 않는 것은?

가. 청정작용
나. 산화방지
다. 솔더링 후 재산화방지
라. 솔더의 표면장력 상승

25. 다음의 설명 중 인쇄 후 납 빠짐성 불량의 원인과 거리가 먼 것은?

가. 스퀴지 속도느림
나. 스퀴지 압력부족
다. 스퀴지 스트로크 부족
라. 메탈 마스크 구멍불량

26. PCB의 도체에 사용되는 동박의 요구조건이 아닌 것은?

가. 녹쓸음이 없어야 함
나. 오염이 없어야 함
다. 외관 상태가 깨끗해야 함
라. Pin hole이 있어야 함

27. 온도 Profile을 측정하기 위한 방법 중 잘못된 것은?

가. 현재 작업하는 PCB와 동일 PCB의 측정 Jig로 사용하여 측정한다.
나. 열전대선의 피복을 벗기어 꼬아 3회 부분에서 자른다.
다. 동일 Solder를 사용해서 열전대선 안쪽 첫마디를 측정부품의 리드사이를 납땜한다.
라. 열량이 큰 부품, 열량이 작은 부품(또는 PCB 표면), 열에 취약한 부품에 측정부위를 정한다.

28. 맨하탄(manhattan)의 불량대책에 속하지 않는 것은?

가. Land 형상을 둥글게 한다.
나. 온도 프로파일을 최적화한다.
다. Reflow 내의 진동을 억제한다.
라. 부품장착 정도를 낮춘다.

29. 다음 중 온도 프로파일 사용 시 적절치 못한 것은?

가. 온도 프로파일의 측정주기는 1회/일 이상 또는 생산모델 변경 시 측정한다.
나. 측정된 온도 프로파일은 설비전면에 부착 사용한다.
다. 설정된 온도 프로파일은 모든 제품에 대해 동일하게 작용한다.
라. 온도 프로파일 측정용 샘플은 모델별로 관리 보관한다.

30. 금속 스퀴지(metal squeegee)가 우레탄(urethane) 스퀴지 보다 불리한 것은?

가. 스텐실 마모 나. 미세피치 작용
다. 스퀴지 마모 라. 인쇄 번짐

31. 리플로우 솔더링, 작업 시 기판의 온도를 변화시키는 요인에 해당되지 않는 것은?

가. 기판의 종류

나. 실내온도의 변화
다. 탑재부품 및 실장밀도
라. 크림솔더의 종류

32. 다음 무연납 합금 중 융점이 가장 낮은 합금계열은?

가. Sn-Cu　　나. Sn-Ag-Cu
다. Sn-Ag-Bi-In　　라. Sn-Zn Bi

33. 다음 중 크림솔더(Cream Solder)의 구성요소에 해당하지 않는 것은?

가. 솔더 파우더(Solder Powder)
나. 플럭스(Flux)
다. 용제(Solvent)
라. 실리카(Silica)

34. 메탈 마스크의 홀 가공법에 해당하지 않는 것은?

가. 에디티브 방식　　나. 레이저 방식
다. 스퍼터링 방식　　라. 에칭 방식

35. 일반적으로 스크린 프린터 스퀴지 형상에 따른 분류로 맞지 않는 것은?

가. 각형　나. 검형　다. 평형　라. 이형

36. 일반적으로 사용되는 PCB 표면처리 방식이 아닌 것은?

가. HASL(땜납도포)　　나. 금도금
다. PREFLUX　　라. ROUTING

37. 리플로우의 솔더링 과정을 설명한 것으로 틀린 것은?

가. 솔더페이스트에 솔벤트를 증발시킨다.
나. 플럭스를 비활성화 하고 플럭스의 작용을 중지한다.
다. PCB와 부품을 예열하여 납땜이 잘 되도록 한다.
라. 납이 녹고 PCB의 Land 위로 퍼진다.

38. 스크린 프린터 작업에 필요한 중요 3요소가 아닌 것은?

가. 메탈 마스크(metal mask)
나. 스퀴지(squeegee)
다. 매거진(magazine)
라. 솔더페이스트(solder paste)

39. 리플로우 온도 프로파일 측정작성과 사용기준 설명으로 부적합한 것은?

가. 측정주기는 1회/일 또는 생산모델 변경시 측정한다.
나. 측정된 온도 프로파일은 설비의 전면에 부착 게시한다.
다. 온도 프로파일은 전 모델에 대하여 각각 측정 및 관리한다.
라. 온도 프로파일 측정에 사용한 열전대는 폐기한다.

40. 다음 중 스퀴지 속도가 느려서 발생되는 인쇄불량 형태는?

가. 땜납적음　　나. 긁힘
다. 도려낸 듯해짐　　라. 퍼짐

■ 제3과목 : 메카트로닉스

41. 다음 중 리밍 작업시 떨림을 막기 위한 작업으로 가장 적절한 방법은?

가. 자루를 길게 한다.
나. 이송속도를 빠르게 한다.
다. 리머의 날 간격을 같지 않게 한다.
라. 절삭속도를 되도록 빨리 한다.

42. 데이터 전송로와 입·출력 장치 사이를 접속하는 회로를 무엇이라 하는가?

가. 인터페이스 회로　　나. 전원 회로
다. 제어 회로　　라. 직렬 회로

43. 디지털 시스템에서 음수의 표현방법이 아닌 것은?

가. BCD 코드에 의한 표현
나. 1의 보수에 의한 표현
다. 2의 보수에 의한 표현
라. 부호와 절대값에 의한 표현

44. 다음 스테핑 모터에 대한 설명 중 잘못된 것은?

가. 유니폴라 구동방식은 여자 전류가 한 방향만인 방식이다(+ 또는 0).
나. 바이폴라 구동방식은 유니폴라 구동방식에 비해 2배의 토크를 얻을 수 있다.
다. 스텝각을 θs, 1분간에 가해진 펄스 수를 n이라 하면 회전수 $N = n \times \theta s \times 360$[rpm]이다.
라. 영구자석 스텝 모터의 경우 무여자 정지일 때도 유지 토크를 갖는다.

45. 다음 회로에서 논리식은?

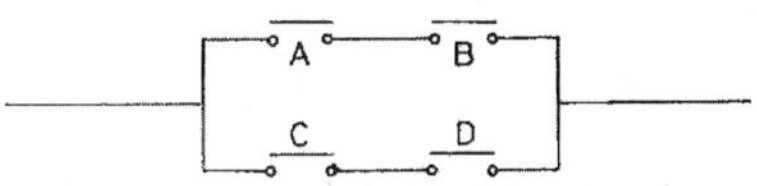

가. A+B　　나. C+D
다. AC+BD　　라. AB+CD

46. 다음 중에서 압력의 변화를 위치의 변화로 변환하는 장치는?

가. 회전증폭기 나. 서미스터
다. 벨로즈 라. 전위차계

47. 반도체 소자의 제조는 진성반도체와 불순물을 혼합하여 제조한다. 여기서 진성반도체만을 모아 놓은 것은?

가. Al, As 나. As, P
다. In, Sb 라. Ge, Si

48. 메카트로닉스 기기는 하드웨어와 소프트웨어로 구성된다. 다음 중 하드웨어인 것은?

가. 연산 프로그램 나. 전자회로와 기구부
다. 제어 프로그램 라. 통신 프로그램

49. 연산증폭기의 특성에서 출력 옵셋(offset) 전압을 측정하기 위한 조건은?

가. 2개의 입력단자 접지
나. 2개의 입력단자 개방
다. 출력단자 접지
라. 출력단자 개방

50. 평행으로 놓여 있는 두 도선에 전류의 방향이 같은 방향으로 흐르고 있을 때 이 도선 사이에는 어떠한 현상이 발생하는가?

가. 아무런 현상도 발생하지 않는다.
나. 서로 간에 미는 힘이 발생한다.
다. 가운데 지점을 중상으로 회전하려는 힘이 발생한다.
라. 인력이 발생한다.

51. 서버모터가 보통의 전동기와 다른 점을 나열한 것 중 틀린 것은?

가. 시동, 정지 및 역전의 동작을 자주 반복 한다.
나. 정확한 제동 특성을 가져야 한다.
다. 회전방향에 따라 특성의 차이가 많아야 한다.
라. 높은 신뢰도가 필요하다.

52. CPU 내부의 레지스터로 CPU가 연산을 행하는 경우 연산의 중심이 되는 레지스터는?

가. 인텍스 레지스터 나. 프로그램 카운터
다. 스택 라. 어큐물레이터

53. 다음 중 접합공정 작업에 해당하는 것은?

가. 호닝 작업 나. 용접 작업
다. 연삭 작업 라. 선반 작업

54. 프로그래밍 언어 중에서 가장 인간이 사용하기에 편리하도록 인간 중심으로 만든 언어로서 인간이 문제를 기술하는 언어와 가장 유사하게 만든 언어를 무엇이라고 하는가?

가. 기계어 나. 어셈블리어
다. 컴파일러 라. 제너레이터

55. 패리티 비트는 몇 개의 착오까지 검출이 가능한가?

가. 5개 나. 3개 다. 2개 라. 1개

56. 스테핑 모터에서 펄스 한 개당 1.8°를 회전할 때 한 바퀴를 회전하려면 몇 개의 펄스를 인가해야 하는가?

가. 100개 나. 180개 다. 200개 라. 360개

57. 직렬 RL 회로에 인가되는 전압의 주파수가 증가하면 위상각은?

가. 감소한다
나. 증가한다
다. 변함없다
라. 일정시간 증가 후 감소한다

58. 가공 공정을 줄이기 위해 선삭, 밀링가공, 드릴링 등을 할 수 있는 기계는?

가. 고속 가공 머신 나. 복합 가공기
다. 호빙 머신 라. 다축 드릴머신

59. 보통 다이오드와는 다른 독특한 역방향 바이어스 전류·전압특성을 가지고 있으며 아래 그림의 기호와 같이 표시되는 다이오드는?

가. 반도체 접합 다이오드
나. 제너 다이오드
다. 포토 다이오드
라. 바렉터 다이오드

60. 교류의 주파수가 증가함에 따라 코일과 콘덴서의 리액턴스 값은 어떻게 변화하는가?

가. 코일 리액턴스, 콘덴서 리액턴스 값은 모두 증가한다.
나. 코일 리액턴스 값은 증가하나 콘덴서 리액턴스 값은 감소한다.
다. 코일 리액턴스, 콘덴서 리액턴스 값은 모두 감소한다.
라. 코일 리액턴스 값은 감소하나 콘덴서 리액턴스 값은 증가한다.

■ 제4과목 : 공유압

61. 유압장치의 특징이 아닌 것은?
   가. 진동이 많고 일의 방향전환을 쉽게 할 수 없다.
   나. 힘의 증폭을 용이하게 할 수 있다.
   다. 전기의 조합으로 자동제어가 가능하다.
   라. 마찰손실이 적고 효율이 좋다.

62. 공압장치의 구성요소 중 잘못된 것은?
   가. 동력원 : 전동기, 엔진
   나. 공압발생장치 : 압축기, 공기탱크
   다. 공기청정화장치 : 필터, 냉각기
   라. 제어부 : 압력제어 밸브, 유량제어 밸브

63. 윤활기(Lubricator)의 목적으로 적합하지 않은 것은?
   가. 실(seal)을 고착　　나. 내구성 향상
   다. 마찰력 감소　　라. 기기효율 상승

64. 공기압 조정 유닛에 대한 설명 중 틀린 것은?
   가. 윤활기에 공급되는 기름은 스핀들 오일이 적당하다.
   나. 에어 서비스 유닛이라고도 한다.
   다. 공압 필터→압력조절 밸브→윤활기 순서로 조립한다.
   라. 기구세척 시 가정용 중성세제로 한다.

65. 공기압축기에서 표준 대기압 상태의 공기를 시간당 $10m^3$씩 흡입한다. 이 공기를 700kpa로 압축하면 압축된 공기의 체적은 약 m^3인가? (단, 압축 시 온도의 변화는 무시한다.)
   가. 0.43　나. 1.26　다. 2.43　라. 3.25

66. 다음의 회로를 설명한 것 중 거리가 먼 것은?

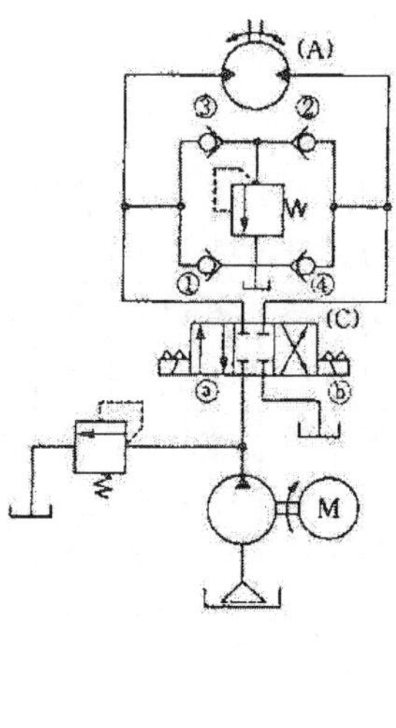

   가. 유압 모터를 급정지하고자 할 때 관성으로 인한 과부하를 방지하는 회로이다.
   나. 브레이크 회로라고 한다.
   다. 유압 모터가 펌프 작용을 하게 될 때 공기가 흡입하는 것을 방지한다.
   라. 릴리프 밸브를 사용하지 않을 때에는 압력 보상형 유량조절 밸브를 사용한다.

67. 다음 회로에서 유압 모터들의 역할은?

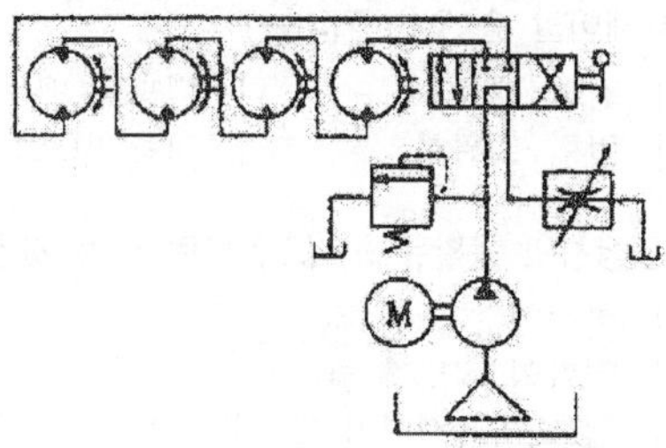

   가. 펌프의 용량을 작게 하고 유량분배장치를 생략할 수 있다.
   나. 유압 모터에 걸리는 부하가 같은 경우에 유리하며 부하가 작은 모터 쪽으로 유압유가 흐르도록 한다.
   다. 펌프에 저속 저압이 걸리도록 한다.
   라. 유압유의 압력을 높여 구동 토크를 증대시킨다.

68. 2개 이상의 분기회로에서 유압 실린더의 작동순서를 부여해 주는 밸브는?
   가. 카운터 밸런스 밸브
   나. 시퀀스 밸브
   다. 파일럿 작동 체크밸브
   라. 일방향 유량제어 밸브

69. 교축밸브의 종류가 아닌 것은?
   가. 스톱밸브　　나. 체크밸브
   다. 스로틀밸브　　라. 스로틀 체크밸브

70. 공압기기에 영향을 주는 물질 중 코일의 절연불량, 동 및 녹을 유발하여 밸브 몸체에 스풀의 고착 및 수명단축을 가져오는 이물질의 종류는 무엇인가?
   가. 수분　나. 유분　다. 카본　라. 녹

71. 2개 이상의 조작방식 중 어느 하나에 의하여 조작하는 방식은?
   가. 1차 조작　　나. 순차 조작
   다. 선택 조작　　라. 파일럿 조작

72. 유체의 물리적 성질을 설명한 것이다. 맞는 것은?
가. 밀도는 비중을 무게로 나눈 것이다.
나. 비중량은 단위체적당 무게이다.
다. 무게밀도는 비중을 중력가속도로 나눈 값이다.
라. 비중은 물체의 비중량을 물의 밀도로 나눈 값이다.

73. 공기압력을 검출해서 설정치에 도달하면 전기접점을 개폐하여 전기적인 신호를 발생시켜 압력을 제어할 수 있는 기기는?
가. 감압 밸브　　나. 릴리프 밸브
다. 압력 스위치　　라. 교축 밸브

74. 공압장치의 윤활유 구비조건으로 맞는 것은?
가. 마찰계수가 클 것
나. 열화의 정도가 클 것
다. 열을 방출시키지 말 것
라. 마멸, 발열 등을 방지할 수 있을 것

75. 유압 실린더의 쿠션 장치에 대한 설명으로 틀린 것은?
가. 쿠션링 : 로드 엔드축에 흐르는 오일을 차단한다.
나. 쿠션플런저 : 헤드 엔드축에 흐르는 오일을 차단한다.
다. 쿠션밸브 : 완충장치로 서지압은 발생하지 않는다.
라. 체크밸브 : 복귀하기 위한 동속도를 촉진한다.

76. 유압 펌프의 캐비테이션을 방지하기 위하여 주의하여야 할 사항으로 틀린 것은?
가. 오일 탱크 내 오일은 적정 정도를 유지하여야 한다.
나. 흡입구의 양정을 1m 이하로 한다.
다. 펌프의 운전속도를 규정속도 이상으로 하지 않는다.
라. 유압유의 질을 확보하기 위하여 미세한 스트레이너를 사용한다.

77. 다음 유공압 기호의 명칭으로 옳은 것은?

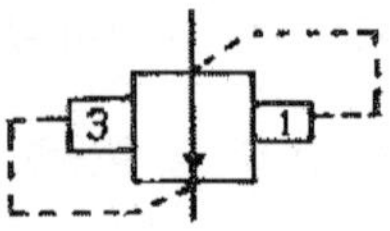

가. 시퀀스 밸브　　나. 일정비율 감압 밸브
다. 무부하 밸브　　라. 카운터 밸런스 밸브

78. 오일 탱크에 설치되어 있는 방해판의 일반적 기능이 아닌 것은?
가. 오일 중에 함유된 기포를 방출하는데 도움이 된다.
나. 오일의 냉각을 양호하게 한다.
다. 오일 탱크로 이물질이 흡입되는 것을 방지한다.
라. 오일에 포함된 오염입자의 침전을 돕는다.

79. 12kW의 전동기로 구동되는 유압 펌프가 토출압이 70kgf/cm^2 토출량은 80L/min, 회전수가 1200rpm일 때 전 효율은 약 몇 %인가?
가. 59　　나. 68
다. 76　　라. 87

80. 기어펌프의 폐입현상을 방지하기 위한 방법으로 적당한 것은?
가. 기어 이수를 최대한 많게 한다.
나. 페루프 기어를 사용한다.
다. 기어 측판에 릴리프(도출) 홈을 판다.
라. 탱크의 방해판을 사용하여 기포를 증가시킨다.

☞ 해답

1	2	3	4	5	6	7	8	9	10	11	12	13	14	15	16	17	18	19	20
나	다	라	라	다	나	가	가	라	나	라	가	라	가	다	나	가	다	라	가
21	22	23	24	25	26	27	28	29	30	31	32	33	34	35	36	37	38	39	40
다	라	다	라	가	라	다	라	다	가	라	라	라	다	라	라	나	다	라	라
41	42	43	44	45	46	47	48	49	50	51	52	53	54	55	56	57	58	59	60
다	가	가	다	라	다	라	나	가	라	다	라	나	다	라	다	나	나	나	나
61	62	63	64	65	66	67	68	69	70	71	72	73	74	75	76	77	78	79	80
가	다	가	가	나	라	가	나	나	가	다	나	다	라	다	라	나	다	다	다

▶ 기출문제 SMT 산업기사(7)

■ 제1과목 : SMT 공학

1. 기판(PCB) 실장라인에서 완성된 기판을 운반함(magazine)에 자동으로 적재하는 장비는?
   가. 리플로우(reflow)
   나. 언로더(unloader)
   다. 스크린 프린터(screen printer)
   라. 로더(loader)

2. 노즐 청소에 사용할 수 있는 세척제로 가장 적합한 것은?
   가. 물 나. 벤젠 다. 알콜 라. 식염수

3. 솔더 볼(solder Ball) 발생 원인이 아닌 것은?
   가. Metal Mask 이면 오염에 의한 솔더의 번짐
   나. Land 면적기준으로 Mask 개구부 좁음
   다. Reflow 예열조건 부족
   라. Cream Solder의 열화

4. 택 타임(tact time)이 0.06sec/chip일 때, 한 시간 동안 장착 할 수 있는 부품의 점수는?
   가. 6000점 나. 60000점
   다. 600000점 라. 6000000점

5. 크림 솔더(Cream Solder)를 인쇄 도포하는 방식으로 사용하지 않는 것은?
   가. 핀(Pin) 전사 방식
   나. 스크린(Screen) 프린팅 방식
   다. 솔더 젯팅(Jetting) 방식
   라. 디스펜싱(Dispensing) 방식

6. SMT 현장 작업에서 온도와 습도의 조건으로 적당한 것은?
   가. 온도 16~22℃, 습도 20~40%
   나. 온도 27~30℃, 습도 10~30%
   다. 온도 14~24℃, 습도 70~80%
   라. 온도 22~27℃, 습도 40~60%

7. 다음 중 BGA 부품의 단점에 해당하는 것은?
   가. 소형화 기능 나. 우수한 열방출
   다. 리드손상 없음 라. 단자접합검사

8. 장비가동이 갑자기 정지될 때 우선적으로 조치해야 할 사항이 아닌것은?
   가. 모니터 화면의 Error Message를 확인한다.
   나. 장비 Run S/W를 off로 둔다.
   다. 장비내부를 점검하기 위하여 뚜껑을 연다(cover open).
   라. Motor 구동 및 Solenoid 동작과 관련된 모든 I/0를 확인한다.

9. 다음 중 부품장착 불량의 요인이 아닌 것은?
   가. 기판크기 나. 헤드속도
   다. 부품인식 라. 최적노즐

10. 다음 중 테이핑이나 스틱 또는 벌크로 포장 할 수 없는 부품의 공급 형태는?
    가. 릴(Reel)
    나. 종이 테이프(Paper Tape)
    다. 플라스틱 테이프(Plastic Tape)
    라. 트레이(Tray)

11. 리플로우 납땜 후 비젼 외관검사 항목이 아닌 것은?
    가. 납량 부족 나. 결품
    다. 역장착 라. 기판 패턴 끊어짐

12. 리플로우(reflow)가 웨이브 솔더링(wave soldering) 납땜 방식보다 불리한 점은?
    가. 자기위치보정(self alignment) 효과
    나. 부품의 열 충격
    다. 솔더(Solder) 불순물 혼입
    라. 솔더링(Soldering) 불량률

13. 표면실장에 사용되는 부품 중 단자가 LEAD PIN 형태로 된 것이 아닌 것은?
    가. SOP 나. QFP 다. SOJ 라. BGA

14. 표면실장기술(SMT)과 관련되는 기술이 아닌 것은?
    가. 부품재료 나. 기판설계
    다. 통신방법 라. 생산공정

15. 납을 인쇄하는 스크린프린터 장비에 필요한 기자재가 아닌 것은?
    가. 메탈 마스크(metal mask)
    나. 스퀴지(squeegee)
    다. 매거진(magazine)
    라. 솔더 페이스트(solder paste)

16. 다음 중 부품을 보정하는 센터링(Centering) 방식이 아닌 것은?
가. mechanical 센터링
나. 레이저 align 방식
다. 초음파 방식
라. 비전(vision)인식 방식

17. 다음 중 마운터 기판을 세팅하는 작업을 할 때 가장 먼저 하는 작업은 무엇인가?
가. 컨베이어(conveyor)폭 조정
나. 기판받침대(backup-pin)조정
다. 피듀셜마크(fiducial mark)확인
라. 부품정보(parts data)확인

18. 다음 중 [보기]와 같이 표면실장(SMT)과 삽입실장(IMT)의 특징을 비교 설명한 것으로 틀린 것은?
[보기]
① 항목 - ② 표면실장(SMT) - ③ 삽입실장(IMT)
가. ① 부품형상 - ② Lead-less형 - ③ Lead형
나. ① 실장형태 - ② 양면실장 - ③ 단면실장
다. ① 납땜방법 - ② Reflow/Wave - ③ Reflow
라. ① 신호전송 - ② 빠름 - ③ 느림

19. 다음 중 비전검사기(AOI)로 알 수 없는 불량은?
가. 극성착오 나. 위치어긋남
다. 장착누락 라. BGA short

20. BARE PCB를 자동으로 실장장비(printer)에 공급하는 장치를 무엇이라 하는가?
가. 컨베이어 나. 로더
다. 언로더 라. 엘리베이터

■ 제2과목 : 솔더링 공학

21. 스퀴지(Squeegee) 경도가 낮은 연질의 스퀴지를 사용할 경우 인쇄특성으로 잘못 된 것은?
가. 솔더 페이스트 소모량이 많다.
나. 요철이나 휨이 있는 기판에서 인쇄상태가 양호하다.
다. 솔더의 번짐이 발생하지 않는다.
라. 스퀴지 마모가 빠르다.

22. 다음 중 일반적인 접착제도포 방식이 아닌 것은?
가. 분사 방식 나. 디스펜서 방식
다. 스크린인쇄 방식 라. 핀 전사 방식

23. 맨하탄 불량을 줄이기 위한 방법 중 적절치 않은 것은?
가. LAND 형상을 둥글게 설계한다.
나. 리플로우 내 진동을 억제한다.
다. 부품장착 정도를 향상한다.
라. 냉각 존 길이를 연장한다.

24. 리플로우 오븐(Reflow oven)에서 큰 부품의 경우 그림자로 인하여 가열이 어려운 방식은?
가. 열풍방식
나. 적외선 방식
다. VPS 방식
라. 적외선 열풍복합 방식

25. 리플로우(Reflow) 온도 프로파일(Profile)설정 시 유의점으로 잘못 설명한 것은?
가. 충분한 예열이 될 수 있을 것
나. 솔더 용융온도 이상에서 유지시간을 길게 할 것
다. 기판 내 온도차이가 적을 것
라. 부품의 내열온도를 고려할 것

26. 주석(Sn) 도금으로 된 부품이나 기판의 표면에서 도금층의 압축응력으로 인해 표면에 주석(Sn)단결정이 수염처럼 길게 성장하는 불량을 무엇이라고 하는가?
가. 드로스 나. 리드
다. Lift-off 라. 휘스커

27. 저항, 코일, 커페시터와 같은 수동부품을 PCB 내부에 내장하는 임베디드 PCB의 장점이 아닌 것은?
가. 기판 크기 확대 나. 고속화
다. 초소형화 라. 다기능화

28. 리플로우 공정에서 솔더 볼(solder ball)불량 원인으로 가장 합당한 것은?
가. 예열이 충분히 이루어지지 못한 경우 발생한다.
나. 예열 온도가 너무 높고, 길 때 발생한다.
다. 리플로우시 용융 납의 점도가 높을 때 발생한다.
라. 예열과 리플로우 존의 피크 온도와의 격차가 심할 때 발생한다.

29. 솔더 페이스트(Solder Paste)의 특성요인 중 옳지 않은 것은?
가. 플럭스(Flux) 함유량이 많아지면 점도는

낮아진다.
나. 점도는 온도가 내려가면 낮아지고 올라가면 높아진다.
다. 입자 크기가 작을수록 점착력이 좋다.
라. 구형의 입자가 빠짐성이 좋고 인쇄 후 무너짐이 적다.

30. 리플로우 온도 프로파일을 측정할 포인트로 적당하지 않은 것은?
가. 열용량이 가장 작은 부품의 접합부 온도
나. 가장 일반적인 부품의 온도
다. 열스트레스에 가장 약하고 온도가 상승하기 쉬운 부품의 온도
라. 열용량이 가장 큰 부품의 접합부 온도

31. 솔더링 불량으로 발생되는 브릿지(bridge)의 설명으로 맞는 것은?
가. 솔더가 용융방울로 분산 응집하는 현상
나. 솔더가 모세관현상으로 끌려가는 현상
다. 솔더가 회로를 단락한 상태
라. 솔더 내부에 생성된 빈 구멍

32. 웨이브 솔더링 납조에 적정 납량을 자동공급 하는데 적당한 솔더 형태는?
가. 바 솔더(bar solder)
나. 테잎 솔더(tape solder)
다. 페이스트 솔더(paste solder)
라. 와이어 솔더(wire solder)

33. 다음 중 일반적으로 사용되는 기판의 표면처리와 관련이 없는 것은?
가. PR　　나. OSP
다. Ni/Au　　라. HASL

34. Solder Cream을 교반하면 점도는 낮아지고, 교반을 중지하면 점도는 원상태로 회복하려는 성질에 해당하는 용어는?
가. 칙소성　　나. 점도
다. 점착성　　라. 응집력

35. 개구부의 최소 사이즈는 마스크 두께의 몇 배인가?
가. 1.0　　나. 1.5　　다. 2.5　　라. 3.5

36. 다음 중 기판(PCB)을 제조하기 위해 사용되는 주요 재료에 해당하지 않는 것은?
가. 동박(Copper foil)
나. 기재(Base material)
다. 수지(Resin)
라. 플럭스(Flux)

37. 표면실장 공정에서 솔더링 결함 원인의 비중이 가장 큰 부분은?
가. 인쇄 공정　　나. 디스펜서 공정
다. 장착(마운팅) 공정　　라. Reflow 공정

38. 인쇄의 품질에 영향을 미치는 스퀴즈의 요인이 아닌 것은?
가. 마모상태　　나. 압력
다. 강도　　라. 길이

39. 전자제품에 많이 사용하는 플럭스(rosin flux) 활성도 타입은?
가. R(rosin type)
나. RA(rosin activated)
다. OA(organic activated)
라. RMA(rosin mildly activated)

40. 다음 중 크림솔더 선택 시 고려사항이 아닌 것은?
가. 입자크기의 균일성
나. 입자표면의 산화정도
다. 크림솔더의 중량
라. 납땜성 및 빠짐성

■ 제3과목 : 메카트로닉스

41. 전자력(electromagnetic force)을 바르게 설명한 것은?
가. 자장 내에 있는 도체에 전류를 흘리면 작용하는 힘
나. 전기에너지에 의해 일을 한 속도와 힘
다. 음, 양의 전하가 대전 되어 생기는 힘
라. 서로 같은 극 사이에서 흡인력이 작용하는 힘

42. 8개의 데이터 선과 10개의 어드레스 선을 갖는 램(RAM)이 있다. 최대 몇 바이트를 저장할 수 있는가?
가. 80　　나. 256　　다. 1024　　라. 8192

43. 다음 중 핸드 탭의 파손 원인이 아닌 것은?
가. 구멍이 너무 작다.
나. 탭이 경사지게 들어갔다.
다. 너무 빠르게 절삭하였다.
라. 가공 중 태핑 오일을 주입했다.

44. 서보모터의 회전각을 제어하기 위해 사용하는 센서가 아닌 것은?
가. 포텐쇼미터　　나. 차동변압기
다. 광학식 엔코더　　라. 타코미터

45. 그림과 같은 공압적 표현운 어떤 논리를 표현하는가?

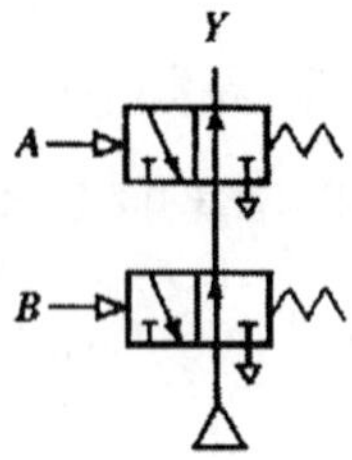

가. EX-OR　　나. AND
다. NOR　　라. NAND

46. 다음 스테핑 모터에 대한 설명 중 옳지 않은 것은?
가. 유니폴라 구동 방식은 여자 전류가 한 방향만인 방식이다(+또는 0).
나. 바이폴라 구동 방식은 유니폴라 구동 방식에 비하여 더 큰 토크를 얻을 수 있다.
다. 1분간 가해진 펄스 수를 n, 스텝각(deg)을 Θs이라하면 회전수(rpm) N=n×Θs×180이다.
라. 영구자석 스텝 모터의 경우 무여자 정지 때도 유지토크를 갖는다.

47. 십진법의 137을 2진법으로 바꾸면 어떻게 표시되는가?
가. 10010001　　나. 10011001
다. 10001011　　라. 10001001

48. 다음 중 10진수 12를 BCD코드로 옳게 표시한 것은?
가. 0001 0010　　나. 0000 1100
다. 0001 1100　　라. 0011 0010

49. 일반적인 선반가공 작업으로 적합하지 않은 것은?
가. 외경절삭 작업　　나. 내경절삭 작업
다. 기어절삭 작업　　라. 나사절삭 작업

50. 다음 중 광기전력 효과를 이용한 것이 아닌 것은?
가. 태양전지
나. 포토트랜지스터
다. 포토다이오드
라. Cds계 광도전 셀

51. 다음 중 동작 영역이 역방향 전압으로 제한되는 반도체로서 광자라는 입자의 형태로 전달되는 다이오드는?
가. 발광다이오드　　나. 터널다이오드
다. 제너다이오드　　라. 포토다이오드

52. 다음 중 연산 증폭기를 이용한 미분기에서 되먹임소자는 무엇으로 구성되는가?
가. 저항
나. 콘덴서
다. 다이오드
라. 별렬로 연결된 다이오드와 콘덴서

53. 유도형 근접센서의 특성을 잘못 설명한 것은?
가. 소모 전력이 적다.
나. 자석 효과가 있다.
다. 금속체에만 반응한다.
라. 감지 물체 안에 온도 상승이 없다.

54. 다음 중 전기량의 단위는?
가. [V]　　나. [C]　　다. [A]　　라. [W]

55. 프레스가공의 분류 중에서 전단가공 그룹에 속하지 않는 것은?
가. 엠보싱　　나. 트리밍
다. 피어싱　　라. 슬리팅

56. 프로그램 카운터를 설명한 것으로 가장 적당한 것은?
가. CPU 안에 정보가 저장되고, 처리될 장소를 제공한다.
나. 프로그램에서 타이머, 카운터의 기능을 수행한다.
다. 프로그램에서 다음에 수행될 명령어의 주소를 기억한다.
라. 입출력 신호를 제어한다.

57. 다음 논리식 A · (A+B)를 간단히 한 것은?
가. A+B　　나. A · B
다. A　　라. B

58. 연산 증폭기의 특성에서 출력 오프셋(offset) 전압을 측정하기 위한 조건은?
가. 2개의 입력단자 개방
나. 2개의 입력단자 접지
다. 출력단자 접지
라. 출력단자 개방

59. 스테핑 모터의 분류에 포함되지 않는 것은?
가. VR(Variable Reluctance)형
나. 철심형
다. PM(Permanenr Magnet)형
라. 하이브리드형

60. 중앙처리장치 또는 기억장치의 동작속도와 외부 버스로 연결된 입·출력 장치의 동작속도를 맞추는데 사용되는 레지스터는?
가. 시퀀스 레지스터
나. 버퍼 레지스터
다. 어드레스 레지스터
라. 쉬프트 레지스터

■ 제4과목 : 공유압

61. 공기 압축기를 출력에 따라 분류하였을 때 중형에 해당되는 것은?
가. 0.2~14kW　　나. 15~75kW
다. 76~100kW　　라. 101~200kW

62. 다음 동력전달방식 중 부하에 대한 특성변화가 가장 큰 제어방식은?
가. 기계식　　나. 유압식
다. 공압식　　라. 전기식

63. 유압 액추에이터의 속도조절용 밸브는?
가. 방향제어밸브　　나. 압력제어밸브
다. 유량제어밸브　　라. 축압기

64. 서비스 유닛을 구성하는 기기의 순서가 올바른 것은?
가. 압력조절기 - 필터- 윤활기
나. 필터 - 윤활기 - 압력조절기
다. 필터 - 압력조절기 - 윤활기
라. 압력조절기 - 윤활기 - 필터

65. 다음 중 유압 펌프의 구동 장치로 사용되는 것은?
가. 내연기관　　나. 슬레노이드
다. 증압기　　라. 압축기

66. 다음 그림은 어떤 실린더를 나타내는 기호인가?

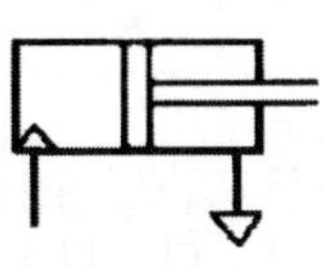

가. 다이어프램형 실린더
나. 복동 실린더
다. 쿠션 장착 실린더
라. 단동 실린더

67. 유압 실린더의 호칭법에서 표시사항이 아닌 것은?
가. 패킹 재료　　나. 허용 유량
다. 스트로크 길이　　라. 포트 위치

68. 배관, 밸브, 계기류 등을 급격한 서지압력(surge pressure)으로부터 보호하기 위해 설치하는 것은?
가. 디퓨저　　나. 액추에이터
다. 어큐뮬레이터　　라. 액셀레이터

69. 오일 중에 포함되어 있는 자성 고형물을 자석에 흡착시키는 것에 의하여 여과되는 필터는?
가. 표면식 필터　　나. 자기식 필터
다. 적층식 필터　　라. 흡착식 필터

70. 고압 우선형 셔틀 밸브의 특징이 아니니 것은?
가. 방향 제어 밸브이다.
나. OR 기능을 나타낸다.
다. AND 기능을 나타낸다.
라. 양쪽 입구에 공기가 유입되면, 저압 쪽의 공기가 폐쇄된다.

71. 다음의 유압 회로도는 무슨 회로도인가?

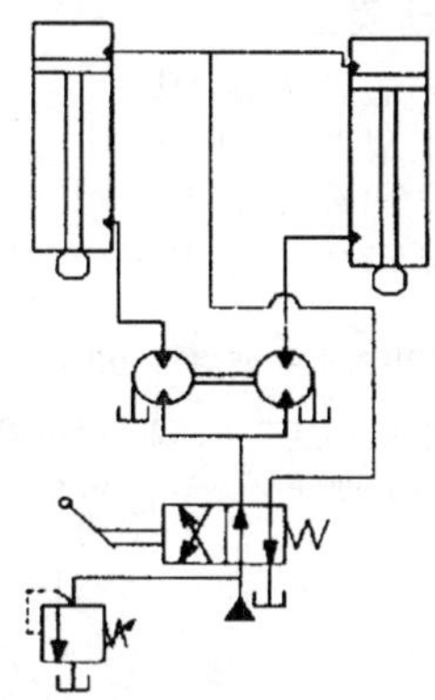

가. 유압모터에 의한 동조 회로
나. 유압 제어 밸브와 축압기를 사용한 동조 회로
다. 2개의 펌프에 의한 동조 회로
라. 자동운전 회로

72. 공압실린더를 이용하여 행정 도중에 정해진 위치에 정지시키려고 한다. 정확한 위치제어를 위하여 사용할 수 있는 적당한 실린더는?
가. 다위치형 실린더
나. 텔레스코프형 실린더
다. 탠덤 실린더
라. 충격 실린더

73. 유압펌프 축과 모터 축을 커플링으로 연결한 부분의 축중심이 일치하지 않을 때에 나타나는 현상은?

가. 유압 작동유의 점도가 변화한다.
나. 유압 작동유의 온도가 상승한다.
다. 유압 작동유의 압력이 상승한다.
라. 베어링이 파손된다.

74. 다음 중 압력 20Pa와 동일한 압력은?

가. 2×10^{-4}bar　　나. 1×10^{-4}kgf/㎠
다. 9.67841×10^{5}atm　　라. 1×10^{4}㎜Hg

75. 유압 제어밸브 중 회로의 최고압력을 제한하는 밸브를 무엇이라 하는가?

가. 시퀀스 밸브(sequence valve)
나. 감압 밸브(pressure reducing valve)
다. 릴리프 밸브(relief valve)
라. 카운터 밸런스 밸브(counter balance valve)

76. 유량 분류 밸브의 작동상의 기능에 따라 구분한 것이 아닌 것은?

가. 유량 순위 분류밸브
나. 유량 압력 보상밸브
다. 유량 비례 분류 밸브
라. 유량 조정 순위 밸브

77. 다음 중 압력제어 밸브가 아닌 것은?

가. 릴리프 밸브　　나. 미터링 밸브
다. 언로딩 밸브　　라. 카운터 밸런스 밸브

78. 다음 유압기기 그림의 기호로 옳은 것은?

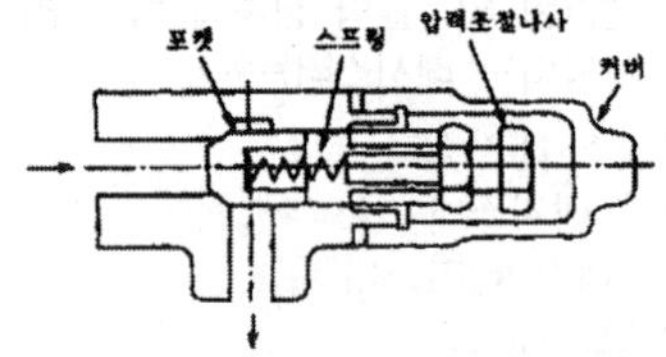

가. 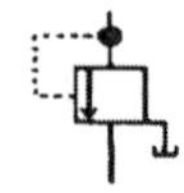　　나. 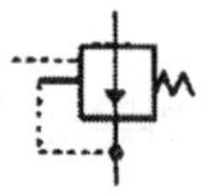

다. 　　라. 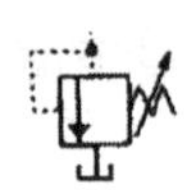

79. 유압회로에서 미터 인 회로와 미터 아웃 회로의 공통점을 설명한 것은?

가. 릴리프 밸브를 통해 여분의 기름이 탱크로 복귀하지 않는다.
나. 릴리프 밸브를 통해 여분의 기름이 탱크로 복귀하므로 유온이 떨어진다.
다. 릴리프 밸브를 통해 여분의 기름이 탱크로 복귀하므로 동력손실이 크다.
라. 릴리프 밸브를 통해 여분의 기름이 탱크로 복귀하지 않으므로 동력손실이 크다.

80. 압축공기 필터의 케이스 내부에 고인 드레인(drain) 배출방식이 아닌 것은?

가. 건조식　　나. 차압식
다. 부구식　　라. 수동식

☞ 해답

1	2	3	4	5	6	7	8	9	10	11	12	13	14	15	16	17	18	19	20
나	다	나	나	다	라	라	다	가	라	라	나	라	다	다	다	가	다	라	나
21	22	23	24	25	26	27	28	29	30	31	32	33	34	35	36	37	38	39	40
다	가	라	나	나	라	가	가	나	나	다	나	가	가	나	라	가	라	라	다
41	42	43	44	45	46	47	48	49	50	51	52	53	54	55	56	57	58	59	60
가	다	라	라	다	다	라	가	다	라	라	가	나	나	가	다	다	나	나	나
61	62	63	64	65	66	67	68	69	70	71	72	73	74	75	76	77	78	79	80
나	다	다	다	가	라	나	다	나	다	가	가	라	가	다	나	나	라	다	가

기출문제 SMT 산업기사(8)

■ 제1과목 : SMT 공학

1. Reflow Profile Checking 시 온도측정 포인트로 적합하지 않은 곳은?
① PCB 표면
② IC Lead의 접합부 AL Capacitor Lead
③ 전자 부품 표면 온도
④ 배기 열풍의 온도

2. Mount 공정에서 프로그램 작성의 기본 룰을 잘못 설명한 것은?
① 가까운 곳에서 먼 곳으로
② 빠른 것에서 늦은 것으로
③ 큰 부품에서 작은 부품으로
④ 장착 단위 수량이 적은 것에서 많은 것으로

3. SMT 작업 현장의 온도와 습도 관리를 위한 일반적인 조건으로 가장 적당한 것은?
① 온도 : 0~5℃, 습도 : 10~20%
② 온도 : 5~10℃, 습도 : 20~30%
③ 온도 : 10~18℃, 습도 : 30~50%
④ 온도 : 24~26℃, 습도 : 40~60%

4. 다음 중 설비의 로스(Loss)에 포함되지 않는 것은?
① 휴가기간 정지 로스
② 고장 정지 로스
③ 작업 준비, 조정 로스
④ 불량, 수리 로스

5. 표면실장기의 안전용 스위치 종류가 아닌 것은?
① 비상 정지 스위치
② 메인 스위치
③ 인터록 정지 스위치
④ 오버런 정지 스위치

6. 기존의 삽입실장과 비교한 표면실장의 장점을 설명한 내용 중 틀린 것은?
① 부품의 소형화, 미세피치화로 고밀도실장이 향상된다.
② 생산라인을 구성하는 비용이 줄어들었다.
③ 열 신뢰성이 우수하고 내진성이 높다.
④ 결선 회로의 단축으로 전기적 성능이 향상된다.

7. 칩 마운팅 장비에서 칩 부품 미장착이 발생했다면 조치해야 할 항목 중 가장 관련이 적은 것은?
① 노즐 ② 진공압
③ 인식카메라 ④ 백업핀

8. SMT공정 중 이형마운트에서 작업이 되어야 할 부품으로 가장 적절한 것은?
① Array 저항 ② Chip 저항
③ SOT ④ BGA

9. 메탈마스크 판 분리에 의해 발생한 솔더 페이스트 잔사에 대하여 마스크 밑면을 청소하는 용제로서 가장 적합한 것은?
① 벤젠 ② 알콜
③ 경유 ④ 휘발유

10. 표면실장 장치 운영 중 부품의 PICK-UP MISS ERROR 발생 시 대응 방법이 아닌 것은?
① 해당 부품 공급 장치의 작동 확인
② 실장기 노즐 막힘 점검
③ 인쇄기 솔더 도포검사 카메라 점검
④ 공급용 부품 두께 변화 여부 점검

11. 다음 중 부품의 종류와 사용장비가 바르게 연결된 것은?
① BGA(Ball Grid Array) - 이형 마운터
② QFP(Quad Flat Package) - 표준 마운터
③ SMD형 알루미늄 콘덴서 - 자삽기
④ 플립 칩(flip Chip) - 웨이브 솔더링 장비

12. Reflow에 의해 발생할 수 있는 불량제품 문제가 아닌 것은?
① 미납 ② 브릿지
③ 솔더 볼 ④ 맨하탄

13. 마운터를 세팅(mounter setting)할 때 입력하는 정보가 아닌 것은?
① 부품정보 ② 노즐선택
③ 부품카세트(Feeder) ④ 컨베이어속도

14. Chip Mounter에서 부품인식 장치로 가장 많이 사용되는 방식은?
① 레이저 ② 프리즘
③ 초음파 ④ 비젼

15. SMT공정에 사용되는 기자재에 대한 설명으로 틀린 것은?
   ① 칩 카운터 - 칩 부품과 Axial Radial 부품을 카운트하는 디지털 계수기
   ② 테이프 커터기 - 부품 Reel의 폐 테이프를 자동 절단하여 모으는 장치
   ③ 인버터 - 작업의 편의를 위해, 자동으로 PCB의 좌, 우를 돌려주는 장비
   ④ 터닝 컨베이어(TC) - 협소한 라인을 90°전환하여 생산라인을 연결해주는 장비

16. 다음 중 솔더링 불량수리(리페어)가 가장 어렵고 시간이 많이 소요되는 부품은?
   ① 0.5㎜ 피치 208핀 QFP
   ② 0603 각형 칩(R, C)
   ③ 0.4㎜ 피치 28핀 SOP
   ④ 1.0㎜ 피치 196핀 BGA

17. 마운터의 부품공급기(FEEDER)를 구분한 것 중 틀린 것은?
   ① 기계식　② 전동식
   ③ 유압식　④ 공압식

18. PCB를 자동으로 적재하는 장치를 무엇이라 하는가?
   ① UNLOADER　② MAGAZINE
   ③ LOADER　④ BRIDGE CONVEYOR

19. REFLOW Soldering 피크 온도는 솔더의 융점보다 몇 도 이상 높게 관리하는 것이 효율적인가?
   ① 10~20℃　② 20~30℃
   ③ 30~40℃　④ 40~50℃

20. 공압을 설비에 공급하는 순서로 맞는 것은?
   ① 콤프레서 → 에어탱크 → 에어쿨러 → 주배관필터 → 에어드라이 → 라인용
   ② 콤프레서 → 에어쿨러 → 에어탱크 → 주배관필터 → 에어드라이 → 라인용
   ③ 콤프레서 → 에어드라이 → 에어쿨러 → 주배관필터 → 에어탱크 → 라인용
   ④ 콤프레서 → 에어탱크 → 에어쿨러 → 에어드라이 → 주배관필터 → 라인용

■ 제2과목 : 솔더링공학

21. 일반적으로 웨이브(플로우)솔더링 시 기판의 부품과 용융된 솔더가 접촉되는 시간으로 적당한 것은?
   ① 2~4초　② 7~10초
   ③ 11~15초　④ 16~20초

22. 스크린프린터 공정에서 품질에 영향을 미치지 않는 것은?
   ① 메탈마스크 두께　② 메거진
   ③ 인쇄 속도　④ 메탈마스크 세척주기

23. 디스펜스(dispenser)용 접착제(chip bond)의 사용기한은 제조일로부터 대략 몇 개월인가?
   ① 1개월　② 2개월
   ③ 3개월　④ 6개월

24. 리플로우(Reflow) 온도 프로파일(Profile) 측정시 필요한 도구가 아닌 것은?
   ① 열전대　② 내열 테이프
   ③ 저온 솔더　④ 칩 본드

25. 기판에서 납땜 할 필요가 없는 곳에 솔더링이 되지 않도록 하는 것을 일컫는 용어는?
   ① 랜드　② 비아 홀
   ③ 솔더 레지스트　④ 패 드

26. PCB 제작 후 동박 표면의 보존이나 산화 및 부식 방지를 위한 처리로 알맞은 것은?
   ① 전해 동도금　② 무전해 동도금
   ③ HASL　④ S/R

27. 리플로우 납땜방법의 종류가 아닌 것은?
   ① 적외선법　② 열풍법
   ③ 초음파법　④ 침적법

28. 질소(N_2)분위기를 적용하는 리플로우(reflow)의 특징이 아닌 것은?
   ① 납(solder)산화방지
   ② 납산화물(dross)감소
   ③ 플럭스(flux)활성방지
   ④ 납볼(solder ball)감소

29. Flexible PCB의 설명 중 잘못된 것은?
   ① 양면 다층 형성이 가능하다.
   ② 기계적 강도가 낮아 보강판이 사용 된다.
   ③ 주요 재료로 폴리이미드가 사용 된다.
   ④ PCB 연속 생산성이 어렵다.

30. 리플로우의 특성을 설명한 것 중 틀린 것은?
   ① 부품의 열 충격이 적다.
   ② 적정량 공급할 수 있다.

③ Soldering 불량이 작게 된다.
④ 동일기판에서 다른 조건으로 Soldering이 가능하다.

31. 리플로우 가열방식 중 소형부품인 경우 맨하탄 불량 발생이 많은 방식은?

① VPS 방식
② 적외선 방식
③ 열풍 방식
④ 적외선과 열풍 복합식

32. 스크린 프린터기 내부 온도관리 기준으로 적당한 것은?

① 0~10℃　② 10~20℃
③ 22~27℃　④ 27~32℃

33. 스크린 프린터 공정에서 중요한 구성요소가 아닌 것은?

① 솔더 페이스트(Solder Paste)
② 메탈 마스크(Metal Mask)
③ 스퀴지(Squeegee)
④ 부품 공급 장치(Feeder)

34. 솔더 페이스트의 정도에 대한 설명 중 틀린 것은?

① 정도가 낮으면 롤링성은 양호하나 번짐 발생이 일어나기 쉽다.
② 점도가 높으면 개구부에 충분히 충진되지 않지만 인쇄 후 무너짐이 적다.
③ 온도가 상승하면 점도가 낮아지고 온도가 내려가면 점도는 높아진다.
④ 플럭스 함유량이 많아지면 점도는 높아진다.

35. 솔더링 과정에서 발생하는 현상에 해당하지 않는 것은?

① 젖음 현상　② 확산 현상
③ 부식 현상　④ 모세관 현상

36. 리플로우 공정시 기판온도의 변화 요소가 아닌 것은?

① Solder의 종류
② 컨베이어 속도
③ 리플로우 존수와 길이
④ 실내온도변화

37. 납 인쇄공정에서 메탈마스크 개구부에 크림 솔더의 빠짐성이 불량할 때 원인이 아닌 것은?

① 메탈마스크 가공(에칭)불량
② 마스크 개구부 협소
③ 스퀴지 속도늦음
④ 스퀴지 압력부족

38. 최근 모바일 제품의 발전으로 FPCB(Flexible printed circuit board)의 사용이 점점 증가하고 있다. 다음 중에서 FPCB의 재료가 아닌 것은?

① PI(폴리아미드)　② PET(폴리에스테르)
③ 알루미늄　④ GE(glass epoxy)

39. 리플로우 솔더링 과정이 옳은 것은?

① 승온 → 예열 → 냉각 → 납땜
② 예열 → 승온 → 납땜 → 냉각
③ 승온 → 예열 → 납땜 → 냉각
④ 예열 → 납땜 → 승온 → 냉각

40. 다음 솔더링부 검사방법 중 파괴검사 방법으로 맞는 것은?

① 전기 검사　② X-선 투과검사
③ 초음파 검사　④ 현미경조작 검사

■ 제3과목 : 메카트로닉스

41. 다음 중 인터럽트 요청 신호가 무시되는 경우는?

① 입출력 프로그램이 진행되는 때
② NMI 서비스루틴이 진행 중일 때
③ NOP 명령이 실행된 후
④ 자료 전송 명령이 실행된 후

42. A/D 변환기에 대한 설명으로 틀린 것은?

① 아날로그 신호를 디지털 신호로 변환한다.
② 입력신호가 시간에 따라 연속적으로 변화할 때, 데이터를 컴퓨터에 저장하기 위해서 사용될 수 있다.
③ A/D 변환기를 사용하여 출력값은 0, 1이 아닌 연속적인 신호로 표시된다.
④ 아날로그 신호를 디지털 신호로 변환하려면 양자화를 시켜야 한다.

43. 다음의 OP 앰프 증폭 회로에서 전압 증폭도 Av는?

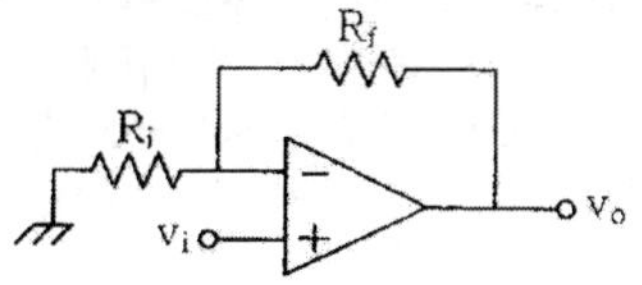

① $A_v = \frac{R_i}{R_f}$　② $A_v = 1 + \frac{R_i}{R_f}$
③ $A_v = \frac{R_f}{R_i}$　④ $A_v = 1 + \frac{R_f}{R_i}$

44. 1펄스당 스탭 각이 0.72°인 5상 모터에서 스태핑 모터가 90°까지 회전하기 위해서는 몇 펄스를 인가해야 하는가?

① 45 ② 90 ③ 125 ④ 180

45. 마이크로프로세서를 이용하여 만들어진 제품의 특징을 설명한 것으로 틀린 것은?

① 제품이 경량화 된다.
② 제품이 대형화 된다.
③ 프로그램에 의해 제어된다.
④ 제품가격이 저렴해진다.

46. 플레밍의 왼손법칙에서 자기장의 방향과 직각으로 전류가 흐를 때 이들과 직각 방향으로 발생하는 것은?

① 전압 ② 전자력
③ 가속 ④ 자화력

47. 서보기구의 일반적인 특징으로 보기 어려운 것은?

① 입력의 큰 에너지를 증폭하여 액추에이터가 작은 기계력을 발생시킨다.
② 제어되는 것은 기계적 변위이다.
③ 폐회로 제어이다.
④ 목표치는 광범위하게 변화한다.

48. 평행한 두 도선에 서로 반대방향으로 전류가 흐를 때 두 도선 사이에 작용하는 힘은?

① 밀어낸다.
② 당긴다.
③ 전류의 방향에 관계없다.
④ 힘이 작용하지 않는다.

49. CPU 내부의 레지스터로 CPU가 연산을 행하는 경우 연산의 중심이 되는 레지스터는?

① 인덱스레지스터 ② 프로그램카운터
③ 어큐뮬레이터 ④ 스택

50. 다음 중 고속가공의 특징이 올바른 것은?

① 절삭저항이 작고, 공구수명이 길어진다.
② 가공시간은 단축되나 가공변형이 발생한다.
③ 급속이송에 따른 표면조도가 거칠다.
④ 용융온도가 높은 피삭재 가공에 적합하다.

51. 가전자대와 전도대의 에너지 간극(gap)이 작아 에너지를 받으면 쉽게 가전자대의 전자가 전도대로 이동할 수 있는 것은?

① 절연체 ② 반도체
③ 도체 ④ 유전체

52. AC 서보모터와 DC 서보모터의 구조상 가장 큰 차이점은?

① 영구자석 ② 고정자코일
③ 브러시 ④ 전자기 코일

53. 다음 회로의 논리기호는?

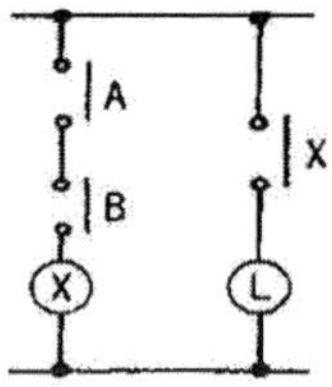

① 

② 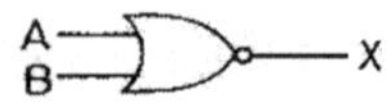

③ 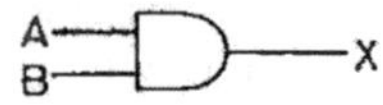

④ 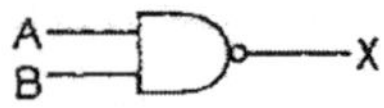

54. 다음 중 연삭숫돌을 구성하는 3요소가 아닌 것은?

① 입자 ② 결합제
③ 입도 ④ 기공

55. 인덕턴스간의 상호 전자유도작용을 고려하여 자기 인덕턴스 L1, L2, 상호 인덕턴스 M인 두 회로를 완전 결합했을 때 상관 식으로 옳은 것은?

① $M > \sqrt{L_1 L_2}$ ② $M < \sqrt{L_1 L_2}$
③ $M = \sqrt{L_1 L_2}$ ④ $M = L_1 L_2$

56. 전압에 따라 저항 값이 비직선으로 변화하는 2단자 반도체 소자는?

① 바리스터 ② 더어미스터
③ 황화 카드뮴 ④ 포토 커플러

57. 다음 스테핑 모터의 장점을 설명한 것으로 틀린 것은?

① 디지털신호로 직접 오픈루프제어를 할 수 있고, 시스템 전체가 간단하다.
② 펄스신호의 주파수에 비례한 회전속도를 얻을 수 있으므로 속도제어가 광범위하다.
③ 특정 주파수에서 진동, 공진 현상이 없으며 관성이 있는 부하에 강하다.
④ 회전각의 검출을 위한 별도의 센서가 필요 없어 제어계가 간단하며, 가격이 상대적으로 저렴하다.

58. 다음 논리식 중 잘못된 것은?

① $A+A \cdot B=A$　② $A \cdot \overline{A}=1$
③ $A+A \cdot B=A+B$　④ $A+A=A$

59. 십진수 41을 2진수로 표현하면 얼마인가?

① $101010_{(2)}$　② $101001_{(2)}$
③ $100101_{(2)}$　④ $101011_{(2)}$

60. 다음 중 반도체의 전기적 특성을 설명한 것으로 틀린 것은?

① 도전성을 도체와 절연체의 중간적인 성질을 가지고 있다.
② 온도가 증가함에 따라 저항 값은 증가한다.
③ 절대 온도 0[K]에서 절연체가 된다.
④ 불순물이 증가하면 저항 값이 감소한다.

■ 제4과목 : 공유압

61. 압력제어밸브의 조정핸들을 조작하여 압력을 설정한 후 압력을 변화시켰다가 다시 핸들을 조작하여 원래의 설정값에 복귀시켰을 때 최초의 압력값과는 오차가 발생하게 되는데, 이러한 특성을 무엇이라고 하는가?

① 유량 특성　② 압력조정 특성
③ 릴리프 특성　④ 히스테리시스 특성

62. 공압모터의 사용상 주의사항으로 가장 거리가 먼 것은?

① 고속회전 및 저온에서의 사용시 결빙에 주의한다.
② 모터의 진동 및 소음문제로 밸브는 가급적 모터에서 먼곳에 설치한다.
③ 윤활기를 반드시 사용하고 윤활유 공급이 중단되어 소손되지 않도록 한다.
④ 모터의 성능이 충분히 확보되도록 배관 및 밸브는 가능한한 유효면적이 큰 것을 사용한다.

63. 공유압 시퀀스 회로에서 복수로 작동이 이루어질 때 어떤 조건이 구비될 때까지 작동을 저지시키거나 한 작동이 이루어지면 다른 작동이 금지되는 것은?

① 우선회로　② 인터록 회로
③ 기억회로　④ 자기유지회로

64. "압력수두+속도수두+위치수두=일정하다"는 에너지 보존의 법칙이 성립되는 이론은?

① 연속방정식　② 질량보존의 법칙
③ 파스칼의 원리　④ 베르누이의 정리

65. 유압신호를 전기신호로 전환시키는 압력스위치의 구조로 적합하지 않은 것은?

① 벨로즈(bellows)를 사용하는 것
② 브르동관(Bourdon tube)을 사용한 것
③ 소형 피스톤과 스프링과의 평형을 이용하는 것
④ 막의 파열로 유압유의 탱크 귀환을 이용하는 것

66. 유압펌프의 압력이 상승하지 않을 때 점검하여야 하는 항목으로 가장 거리가 먼 것은?

① 언로드 밸브의 설정압력을 점검한다.
② 릴리프밸브의 설정압력이 올바른지 점검한다.
③ 작동유의 점도가 너무 낮지 않은지 점검한다.
④ 펌프로부터 기름이 토출되고 있는지 검사한다.

67. 윤활된 부품들이 일정시간(주말이나 공휴일 등)정지 후에 윤활유 및 기타 이물질이 고착되어 제 기능을 발휘하지 못하는 현상을 무엇이라 하는가?

① jumping 현상　② gumming 현상
③ chattering 현상　④ cavitation 현상

68. 내경 32㎜의 실린더가 10㎜/s의 속도로 움직이려 할 때 필요한 최소 펌프 토출량은 약 몇 ℓ/min인가?

① 0.48　② 1.04
③ 1.52　④ 2.17

69. 유압펌프의 동력을 직선왕복운동의 기계적 에너지로 변환하는 요소는?

① 실린더　② 축압기
③ 회전모터　④ 요동모터

70. 한쪽 방향으로의 흐름은 제어하지만 역방향의 흐름은 제어가 불가능한 밸브는?

① 체크밸브　② 감속밸브
③ 니들밸브　④ 셔틀밸브

71. 다음 공기압 장치 중 안전밸브가 필요한 것은?

① 건조기　② 후부냉각기
③ 저장탱크　④ 압축공기조정기기

72. 공기압 실린더의 고정방법 중 가장 강력한 부착이 가능한 형식은?
① 풋형 ② 플랜지형
③ 피벗형 ④ 트러니언형

73. 압축공기의 생산과 준비 단계가 올바르게 표현된 것은?
① 압축기 - 애프터 쿨러 - 건조기 - 저장탱크 - 서비스 유닛
② 압축기 - 건조기 - 애프터 쿨러 - 저장탱크 - 서비스 유닛
③ 압축기 - 애프터 쿨러 - 저장탱크 - 건조기 - 서비스 유닛
④ 압축기 - 애프터 쿨러 - 저장탱크 - 서비스 유닛 - 건조기

74. 다음 중 압력의 단위가 아닌 것은?
① Pa ② N/㎡
③ N · m/s ④ $kg/m \cdot s^2$

75. 금속관의 특징에 관한 설명으로 옳지 않은 것은?
① 강관 - 펌프의 흡입관, 토출배관 등 고압용에 사용
② 동관 - 열전도율이 크고, 내식성이 낮아서 화학적 분위기가 나쁜 곳에 사용
③ 알루미늄관 - 동관에 비해 무게가 가벼워 항공기 배관에 사용
④ 스테인리스강 - 난연성 작동오일을 사용하며 부식을 일으키기 쉬운 곳에 사용

76. 공압기기 중 윤활기(lubricator)의 적정한 윤활유는?
① 기계유 1종, 2종(ISO VG 32)
② 터빈유 1종, 2종(ISO VG 32)
③ 그리스유 3종, 4종(ISO VG 32)
④ 스핀들유 3종, 4종(ISO VG 32)

77. 그림과 같은 압력제어밸브 상세기호의 명칭은 무엇인가?

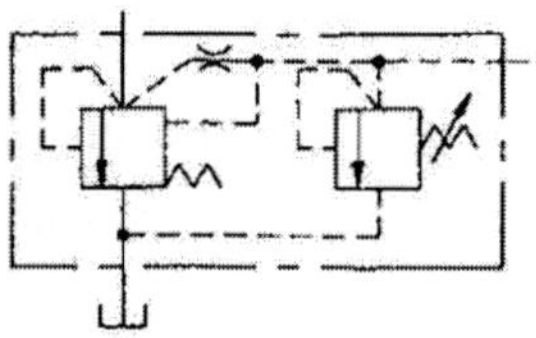

① 파일럿 작동형 감압 밸브
② 비례전자식 릴리프 밸브
③ 전자밸브 장작 릴리프 밸브
④ 파일럿 작동형 릴리프 밸브

78. 다음 중 압축기용 공기저장 탱크의 일부분에 위치하는 것은?
① 압력계 ② 압력스위치
③ 안전밸브 ④ 드레인밸브

79. 그림과 같은 밸브에 관한 내용으로 옳지 않은 것은?

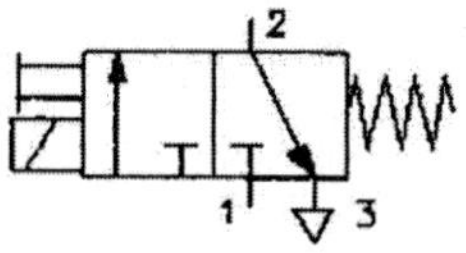

① 4 pot 3 way ② 수동동작 가능
③ 스프링 귀환형 ④ 솔레노이드 작동

80. 압력의 변동에 대하여 유량이 변동되지 않도록 회로에 흐르는 유량을 항상 일정하게 또는 자동적으로 유지시키는 밸브는?
① 언로딩 밸브
② 가변 스로틀 밸브
③ 작동형 릴리프 밸브
④ 압력보상형 유량조절밸브

☞ 해답

1	2	3	4	5	6	7	8	9	10	11	12	13	14	15	16	17	18	19	20
④	③	④	①	②	②	③	④	②	③	①	①	④	④	③	④	③	①	④	①
21	22	23	24	25	26	27	28	29	30	31	32	33	34	35	36	37	38	39	40
①	②	④	③	③	③	④	③	④	①	①	③	④	④	③	①	③	③	③	④
41	42	43	44	45	46	47	48	49	50	51	52	53	54	55	56	57	58	59	60
②	③	④	③	②	②	①	①	③	①	②	③	③	③	③	①	③	②	②	②
61	62	63	64	65	66	67	68	69	70	71	72	73	74	75	76	77	78	79	80
④	②	②	④	④	③	②	①	①	①	③	②	③	③	②	②	④	④	①	④

▶ 기출문제 SMT 산업기사(9)

■ 제1과목 : SMT 공학

1. 스텐실의 구멍이 막히는 것은 방지하기 위하여 메탈마스크의 두께(t)가 0.15t일 때 개구부(구멍)의 최소 폭(w)은?
   ① 0.1㎜이상 ② 0.25㎜이상
   ③ 0.3㎜이상 ④ 0.35㎜이상

2. 다음 중 부품과 부품공급 방법으로 적합하지 않은 것은?
   ① CHIP : TAPE REEL 형태로 공급
   ② QFP : BULK 형태로 공급
   ③ BGA : TRAY 형태로 공급
   ④ SOP : TAPE REEL 형태로 공급

3. 다음 중 부품흡착 불량 발생 시 고려해야 할 사항과 가장 거리가 먼 것은?
   ① 기판의 휨 ② 부품 흡착력
   ③ 노즐 관리 ④ 헤드 속도

4. CSP에 대한 다음 설명 중 틀린 것은?
   ① 부품 실장면적이 반도체 칩 크기와 거의 동일하다.
   ② 패키지를 하지 않는 베어 칩(Bare Chip) 형태를 갖는다.
   ③ 베어 칩(Bare Chip) 기술보다 신뢰성이 우수하다.
   ④ 반도체 IC 중에서 신장율이 크다.

5. 칩 마운트(Mounter)에서 헤드가 12~16개, 헤드 당 노즐이 2~5개로 구성된 모델은?
   ① 로타리방식 ② 갠트리방식
   ③ 모듈러방식 ④ 시퀀스방식

6. 실장기술의 발전에 따라 요구되는 현상에 대한 설명으로 틀린 것은?
   ① BGA, CSP 실장 할 경우는 X-Ray 검사기가 필요하다.
   ② QFP, SOP에 비해 BGA, CSP의 불량 확인이 더 어렵다.
   ③ 전자기기의 경박 단소화로 실장밀도가 높아지고 있다.
   ④ 부품의 소형화, 미세피치화 등으로 솔더페이스트 입자 크기는 150미크론 정도가 많이 적용된다.

7. 표면실장부품 납땜 중 맨하탄 불량유형으로 틀린 것은?
   ① 부품 단자간의 온도차이
   ② 기판랜드 형식차이
   ③ 기판랜드 간격차이
   ④ 부품 내열 차이

8. 다음 중 가장 고밀도화된 실장형태는?
   ① 단면표면실장
   ② 양면표면실장
   ③ 단면 IMT 부품 혼재
   ④ 양면 IMT 부품 혼재

9. 일반적으로 말하는 고속마운터 속도 기준은?
   ① 5000 CPH 이상 ② 15000 CPH 이상
   ③ 25000 CPH 이상 ④ 35000 CPH 이상

10. 다음의 칩 부품장착 불량 중에서 마운터의 작동과 관련 없는 것은?
    ① 미장착 ② 틀어짐
    ③ 부품일어섬 ④ 브리지(bridge)

11. 표면 실장기 노즐 청소 주기로 가장 좋은 것은?
    ① 1회/1일 ② 1회/3일
    ③ 1회/5일 ④ 1회/1주

12. IC 칩을 패키지 하지 않은 상태인 bare IC chip을 직접 기판 위에 탑재하여 휴대폰, 카메라, 메모리카드, 자동차 제어장치 등에 적용되고 있는 표면실장기술은?
    ① HMT ② SMT
    ③ COB ④ IMT

13. 표면실장 부품장착기의 프로그램 작성시 필요하지 않은 것은?
    ① PCB Gerber DATA
    ② 부품LIST
    ③ 장착 좌표 DATA
    ④ PCB 재질

14. 다음 중 접착제 선정시 고려해야 할 사항으로 틀린 것은?
    ① 접착강도가 강할 것
    ② 경화시간이 길 것
    ③ 도포 성능이 우수할 것

④ 인체에 무해할 것

15. 스크린 프린터에서 필요한 작업요소가 아닌 것은?
① 피더 ② 스퀴지
③ 메탈 마스크 ④ 솔더 페이스트

16. 다음 중 표면실장 공정의 순서가 바르게 나열된 것은?
① 스크린 프린터 → 마운터 → 리플로우 → 언로더 → 로더
② 언로더 → 스크린 프린터 → 마운터 → 리플로우 → 로더
③ 로더 → 스크린 프린터 → 마운터 → 리플로우 → 언로더
④ 언로더 → 마운터 → 스크린 프린터 → 리플로우 → 로더

17. 다음의 전자부품장착기술 중에서 고밀도실장을 할 수 있는 가장 최신 기술은?
① 입체실장(HMT)
② lead삽입실장(IMT)
③ bare IC실장(COB)
④ chip부품실장(SMT)

18. 한 시간에 18000개 칩부품을 장착하는 마운터의 택타임(tact time)은?
① 0.1sec/chip ② 0.2sec/chip
③ 0.3sec/chip ④ 0.4sec/chip

19. 다음 중 부품을 보정하는 센터링(부품인식 또는 align) 방법이 아닌 것은?
① Mechanical 센터링
② X-ray 인식
③ Laser align
④ Vision 인식

20. 정전기 발생을 줄이기 위한 방법이 아닌 것은?
① 제전복을 착용한다.
② 어스링은 손목이나 발목 피부에 직접 착용한다.
③ 제습기를 가동하여 공기 중의 습기를 제거한다.
④ 모든 설비는 접지를 한다.

■ 제2과목 : 솔더링공학

21. 통신장비와 고품질을 요하는 기기에 사용하는 PCB 원판재질의 분류명칭은?
① FR1 ② FR4
③ CEM1 ④ CEM3

22. PCB기판 제조 방법 중 절연판의 표면에 동박을 입힌 재료를 사용하여 불필요한 도체부분을 제거하는 방법은?
① 디핑 ② 에칭레지스트
③ 틴 도금 ④ 라미네이팅

23. 보편적으로 스크린 프린터에서 가장 많이 사용하는 스퀴지 형태는?
① 평 스퀴지 ② 각 스퀴지
③ 검 스퀴지 ④ 봉 스퀴지

24. 스크린 프린터 공정에서 사용되는 품목이 아닌 것은?
① 노즐 ② 주걱
③ 스퀴지 ④ 크림 솔더

25. 리플로우(Reflow) 방식의 납땜 방법이 아닌 것은?
① 열풍법 ② 침적법
③ 적외선법 ④ 전기저항법

26. FPC 특성을 설명한 것으로 틀린 것은?
① 작고 가볍다.
② 내굴곡성이 우수하다.
③ 3차원 배선이 가능하다.
④ 연속 생산방식이 불가능하다.

27. 일반적으로 스크린 프린터 장비의 반복 정도는?
① ±0.2㎜ ② ±0.02㎜
③ ±0.5㎜ ④±0.05㎜

28. 직류저항(R)을 계산하는 식으로 옳은 것은? (단, 기판(PCB)의 동박 배선 폭 : W, 두께 : t, 길이 : l, 도체고유저항 : ∂ 이다.)
① $R = l\frac{t}{\partial W}$ ② $R = W\frac{\partial}{lt}$
③ $R = t\frac{\partial l}{W}$ ④ $R = \partial\frac{l}{Wt}$

29. PCB 불량 중 과납 발생 시 스크린 프린터 공정 조치 방법으로 가장 적합한 것은?
① 스퀴지 이동 속도를 줄인다.
② 크림 솔더에 플럭스를 추가한다.
③ PCB와 메탈마스크 gap을 늘린다.
④ Metal Mask 개구부 폭을 크게 한다.

30. 전기인두의 필요조건에 해당하지 않는 것은?
① 누설전류가 많을수록 좋다.

② 온도가 올라가기 쉬워야 한다.
③ 정전기를 제거할 수 있는 어스(earth)가 있어야 한다.
④ 인두 팁의 형상은 접합부에 열을 전달하기 쉬운 형태로, 축 열량이 충분해야 한다.

31. 크림 솔더(Cream Solder)의 정도에 영향을 주는 요소에 해당하지 않는 것은?
① 온도 ② 플럭스 함유량
③ 금속입자 크기 ④ 메탈마스크 두께

32. 스크린 프린터(Screen Printer)의 주요 기능으로 틀린 것은?
① 메탈마스크와 기판과의 간극 조정이 가능할 것
② 메탈마스크와 기판 패턴위치를 맞추기가 용이할 것
③ 인쇄 속도는 일정하여 조정할 수 없을 것
④ 스퀴지 설치각도를 조정할 수 있을 것

33. PCB기판의 온도 프로파일에 영향을 미치는 주요 요소가 아닌 것은?
① 장착부품과 밀집도
② 노내의 배기풍속
③ PCB 투입조건
④ 동일한 컨베이어 속도

34. 솔더 입자의 크기가 작을수록 발생할 수 있는 현상이 아닌 것은?
① 산화가 되기 쉽다.
② 점착력이 작아진다.
③ 납볼의 발생이 증가한다.
④ 솔더의 무너짐 발생 확률이 커진다.

35. 기판(PCB) 제조 시 수지(resin)의 재료로 적합하지 않은 것은?
① 페놀 ② 에폭시
③ 그라스 ④ 폴리이미드

36. 플럭스(flux)의 역할에 대한 설명으로 틀린 것은?
① 청정한 금속표면을 덮어 산화를 방지한다.
② 금속표면의 산화물 등을 용해제거하여 청정화 한다.
③ 솔더링이 된 후 금속의 재산화를 방지하는 작용을 한다.
④ 솔더의 표면장력을 증가시켜 금속 표면에 솔더가 잘 퍼지게 한다.

37. 솔더볼이 발생되는 원인으로 옳은 것은?
① 점도가 낮은 경우
② 인쇄두께가 두꺼운 경우
③ 스퀴지 진행속도가 빠른 경우
④ 솔도를 도포한 후 방치시간이 과다인 경우

38. 다음 중 리플로우에 설치되어 있는 장치는?
① 컨베이어 ② 메탈마스크
③ 마운터 헤드 ④ 비젼 카메라

39. 리플로우 온도측정에 쓰이는 열전대(thermocouple)의 재질로 사용되지 않는 것은?
① 구리-콘스탄탄 ② 백금-백금 · 로듐
③ 게르마늄-실리콘 ④ 크로멜-알루멜

40. JIS C5603에 의한 PCB의 정의에 대한 설명으로 옳은 것은?
① 회로 부품을 접속하는 전기배선을 회로 설계에 입각하여 배선도형을 표현한 것이다.
② 절연기판에 실장한 수동부품이며 그 자체로는 아무런 작용도 할 수 없다.
③ 인쇄 배선판 위에 전자부품을 장치하고 납땜하여 회로 기능을 완성시킨 것이다.
④ 절연기판 표면에 전기 설계에 근거 도체 패턴을 도전성 재료로 형성 및 고착한 것이다.

■ 제3과목 : 메카트로닉스

41. 마이크로프로세서가 8비트 데이터 버스와 16비트의 어드레스 버스를 가지고 있다. 마이크로프로세서에 연결될 수 있는 최대 메모리 용량은?
① 64 kbyte ② 32 kbyte
③ 16 kbyte ④ 8 kbyte

42. 아래 인덕턴스 회로에 대한 설명으로 옳은 것은?

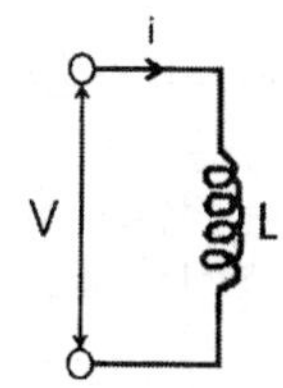

① 전류는 전압보다 위상이 90°만큼 앞선다.
② 전류와 전압은 동위상이다.
③ 전류는 전압보다 위상이 90°만큼 뒤진다.
④ 전압과 전류의 위상은 알 수 없다.

43. 다음 중 아래 인버터의 기능과 등가인 회로가 아닌 것은?

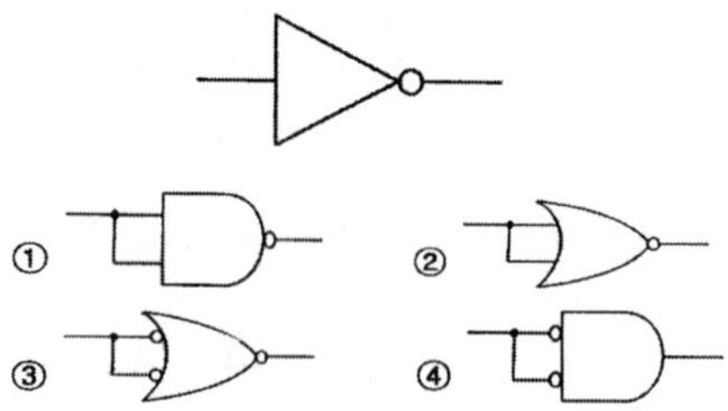

44. 4극 AC유도형 모터가 60Hz 교류 전원에서 운전될 때 미끄럼율이 0.1 이라고 한다. 이 모터의 회전 속도는?

① 810 RPM ② 1620 RPM
③ 3240 RPM ④ 4050 RPM

45. 다음 중에서 $\overline{Y}+Z$와 같은 것은?

① $X\overline{X}+YZ$ ② $(X+\overline{Y})(X+Z)$
③ $(X+\overline{X})(\overline{Y}+Z)$ ④ $XY+XZ$

46. 브로칭 가공의 특징에 속하지 않는 것은?

① 브로치의 형상에 따라 다양한 단면형상의 공작물을 가공할 수 있다.
② 1회의 통과(절삭)운동에 의하여 가공을 완료하므로 작업시간이 짧다.
③ 다듬질 가공면은 래핑으로 가공한 면보다 정밀하다.
④ 브로치의 제작이 매우 어렵고 고가이어서 대량생산에만 이용된다.

47. 50회 감은 코일에 2A의 전류가 흘렀을 때 3×10^{-3}Wb의 자속이 발생하여 코일에 전부 쇄교하였을 경우 자체 인덕턴스는?

① 0.1H ② 0.075H
③ 10H ④ 75H

48. 전기자코일과 계자코일이 직렬로 연결되어 있고, 기동토크가 가장 높으며, 무부하시 속도가 높고 코일에 공급되는 전류의 극을 바꾸더라도 모터의 회전방향은 변하지 않는 모터는?

① 복권형 ② 분권형
③ 직권형 ④ 복권타려형

49. FA시스템에서 리드타임(Lead Time)이란?

① FA 컴퓨터에 의해 데이터를 파일링하는 기술
② 생산라인의 생산 착수에서 조립, 검사를 거쳐 생산완료까지의 시간
③ FA 시스템의 증설, 개설이 용이한 형태
④ 자동생산 공정에서 생산기종, 부품 등을 재선정하여 제품을 생산하는 것

50. 리드 스위치의 특성에 대한 설명 중 가장 거리가 먼 것은?

① 동작수명이 길다.
② 사용온도 범위가 넓다.
③ 가스 및 액체와 중, 고온 다습 환경에서 안정하게 동작한다.
④ ON/OFF 동작시간은 비교적 빠르나 반복 정밀도가 불량하다.

51. PLC 제어방식의 장점과 거리가 먼 것은?

① 회로 변경이 릴레이 제어방식보다 쉽다.
② 보수나 점검이 용이하다.
③ 컴퓨터와 교신이 가능하다.
④ 제어반 크기가 커진다.

52. 전자유도 현상에 의하여 생기는 유도 기전력의 크기를 정의하는 법칙은?

① 패러데이의 법칙
② 렌츠의 법칙
③ 플래밍의 왼손의 법칙
④ 암페어의 오른나사의 법칙

53. 다음 논리기호의 명칭은?

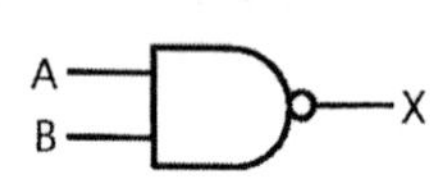

① AND ② OR
③ NAND ④ NOR

54. 반도체의 결함으로서 공유된 전자들 사이의 양자역학적 상호 작용은?

① 공유결합 ② 금속결합
③ 이온결합 ④ 수소결합

55. 디지털 제어에 적용이 용이하고, 열린루프(open loop)제어가 가능하며 압력펄스의 수에 비례한 회전각을 얻을 수 있는 것은?

① DC 모터
② 스테핑 모터
③ 브러쉬리스 모터
④ 다이렉트 드라이브 모터

56. CPU내의 데이터 버스에 관한 설명으로 가장 적합한 것은?
① 데이터가 오고 가는 길이다.
② 데이터를 임시로 기억하는 곳이다.
③ 어큐뮬레이터(accumulator)라고 부른다.
④ 레지스터에게 일을 지시하는 레지스터의 대표라 할 수 있다.

57. 사인바에 의한 테이퍼 측정시 불필요한 장치는?
① 다이얼 게이지
② 테이퍼 플러그 게이지
③ 게이지 블록
④ 측장기

58. 인덕터에서 유도 기전력의 방향을 결정하는 법칙은?
① 렌츠의 법칙 ② 패러데이의 법칙
③ 앙페르의 법칙 ④ 옴의 법칙

59. SCR의 특성이 아닌 것은?
① 4층 구조의 반도체 소자이다.
② N층에 게이트 전극이 있다.
③ 전류가 한 방향으로만 흐르는 단방향 소자이다.
④ 작은 게이트 전류로 큰 전류를 제어할 수 있다.

60. 생산 시스템을 설계하는 데에 기초가 되는 제품 설계에 관한 설명으로 틀린 것은?
① 공정설계와 제품설계를 동시에 하여야 한다.
② 제작능력이나 가격 면에서 생산이 불가능하게 설계되어서는 안 된다.
③ 이윤의 극대화 및 소비자의 요구 등을 고려하여 설계하여야 한다.
④ 경제적 제품설계를 위해 “가치공학” 과 같은 기법을 적용할 수 있다.

■ 제4과목 : 공유압

61. 실린더의 면적차를 이용하여 피스톤의 전 · 후진 속도를 일정하게 하는 회로는?
① 차동 회로 ② Hi-Lo 회로
③ 증압 회로 ④ 시퀀스 회로

62. 시퀀스도를 작성할 때의 기본원칙으로 옳지 않은 것은?
① 전원이 ON 상태를 나타낸다.
② 전원은 모두 차단한 상태로 나타낸다.
③ 기호의 상태는 동작 전의 상태로 표시한다.
④ 수동조작의 기기는 손을 뗀 상태로 나타낸다.

63. 다음 중 점성계수의 단위로 옳은 것은?
① kgf · m ② kgf/cm^2
③ $kgf \cdot s/m^2$ ④ $kgf/s^2 \cdot m^2$

64. 다음 중 직선왕복운동용 액추에이터가 아닌 것은?
① 단동 실린더 ② 요동 실린더
③ 복동 실린더 ④ 다단 실린더

65. 일정량의 공기를 일정한 압력으로 유지한 채 가열하여 매 1℃ 상승에 따른 공기의 체적변화를 바르게 표현한 것은?
① 1배씩 증가한다.
② 1/273씩 증가한다.
③ 1배씩 감소한다.
④ 1/273씩 감소한다.

66. 공압장치의 윤활기에 관한 일반적인 사항으로 옳지 않은 것은?
① 윤활기의 세척은 중성세제를 사용한다.
② 과도한 윤활은 부품의 오작동을 야기한다.
③ 윤활기는 밸브나 실린더 가까운 곳에 설치한다.
④ 윤활기의 원리는 파스칼의 법칙을 응용한 것이다.

67. 유압실린더 피스톤로드의 추력 방향이 실린더 축심을 기준으로 원주상 일정 각도로 회전할 수 있도록 하기 위한 실린더 고정법은?
① 풋 형 ② 트러니언형
③ 플랜지형 ④ 클레비스형

68. 공압 밸브의 기능에 따른 분류에 속하지 않는 것은?
① 압력 제어 밸브 ② 유량 제어 밸브
③ 축압 제어 밸브 ④ 방향 제어 밸브

69. 유압용 배관에 관한 설명으로 옳은 것은?
① 스케줄 번호가 커질수록 배관 두께가 커진다.
② 스케줄 번호에 따라 배관 재료를 구분할 수 있다.
③ 스케줄 번호가 커지면 배관의 안지름과 바깥지름이 정해진 비율로 커진다.
④ 스케줄 번호가 커지면 배관의 안지름이 고정된 상태에서 배관의 바깥지름이 커진다.

70. 오일탱크의 바닥면과 지면의 최소 유지 간격으로 가장 바람직한 것은?
① 50㎜ ② 150㎜
③ 250㎜ ④ 350㎜

71. 다음 유공압 기호의 명칭으로 옳은 것은?

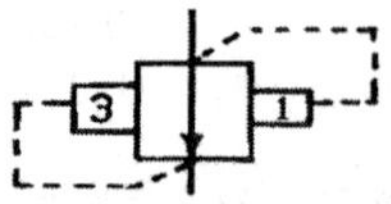

① 시퀀스 밸브　　　② 일정비율 강압 밸브
③ 무부하 밸브　　　④ 카운터 밸런스 밸브

72. 어큐뮬레이터의 용도로 적합하지 않은 것은?

① 압력 증대용　　　② 펌프 맥동 흡수용
③ 에너지 축적용　　④ 충격압력의 완충용

73. 다음 설명에서 (　　)안에 알맞은 용어는?

· 유압장치의 최적 온도는 45 ~ 55℃ 이다. · 작동유가 60℃ 이하에서는 (　　)가(이) 비교적 완만하다. · 60℃를 넘으면 (　　)가(이) 크다.

① 동력　　　　　② 산화속도
③ 마찰계수　　　④ 기계적 효율

74. 공유압 장치 중 공압장치의 특 징에 해당되는 것은?

① 압축성이 작다.
② 필터가 필요 없다.
③ 에너지 효율이 높다.
④ 복귀라인이 필요 없다.

75. 그림의 밸브에 대한 설명으로 옳은 것은?

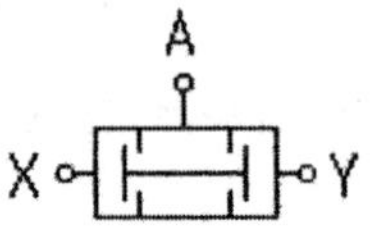

① OR 논리를 만족하는 밸브이다.
② X, Y 어느 쪽이든 신호가 입력되면 출력신호가 발생한다.
③ X와 Y에 신호가 동시에 입력되면 낮은 압력의 입력신호가 출력된다.
④ X와 Y에 같은 세기의 신호가 전달되면 먼저 전달된 입력신호가 출력된다.

76. 유압기계에서 프레스 등으로 유압 실린더의 압력을 천천히 감압시켜 기계 손상의 원인이 되는 회로의 충격을 작게 하는 것을 무엇이라 하는가?

① 디더(dither)
② 점핑(jumping)
③ 컷 오프(cut-off)
④ 디컴프레션(decompression)

77. 다음 중 공압 모터의 종류가 아닌 것은?

① 나사 모터　　　② 기어 모터
③ 베인 모터　　　④ 피스톤 모터

78. 유압모터 중 가장 간단하며 출력토크가 일정하고 정 · 역회전이 가능하며 토크 효율이 약 75~85%, 전 효율은 약 80% 정도이고 최저 회전수는 150rpm으로 정밀한 서보기구에는 적합하지 않은 모터는?

① 베인 모터　　　② 액시얼 피스톤 모터
③ 기어 모터　　　④ 레디얼 피스톤 모터

79. 공압 윤활기에서 사용되는 윤활유에 관한 설명으로 옳지 않은 것은?

① 윤활성이 좋아야 한다.
② 마찰계수가 작아야 한다.
③ 열화의 정도가 작아야 한다.
④ 일반적으로 윤활유는 ISO VG 100 이상을 사용한다.

80. 공유압 기호요소 중 회전각도가 제한을 받는 펌프 또는 액추에이터를 나타내는 기호는?

① 소원　　　② 중원
③ 반원　　　④ 대원

☞ 해답

1	2	3	4	5	6	7	8	9	10	11	12	13	14	15	16	17	18	19	20
②	②	①	②	①	④	④	②	④	④	①	③	④	②	①	③	①	②	②	③
21	22	23	24	25	26	27	28	29	30	31	32	33	34	35	36	37	38	39	40
②	②	①	①	②	④	②	④	①	①	④	③	④	②	③	④	④	①	③	③
41	42	43	44	45	46	47	48	49	50	51	52	53	54	55	56	57	58	59	60
①	③	③	②	③	③	②	③	②	④	④	①	③	①	②	①	④	①	②	①
61	62	63	64	65	66	67	68	69	70	71	72	73	74	75	76	77	78	79	80
①	①	③	②	②	④	④	③	①	②	②	①	②	④	③	④	①	③	④	③

▸ 기출문제 SMT 산업기사(10)

■ 제1과목 : SMT 공학

1. 다음 중 SMT 실장 후 납땜(과소) 문제가 발생할 경우 가장 먼저 점검해야 할 위치는?
   ① 스크린 프린터
   ② 고속 MOUNTER
   ③ 이형 MOUNTER
   ④ REFLOW CONVEYOR

2. 표면실장의 차세대 기술로 bare IC chip을 직접 기판 위에 탑재하여 접속하는 실장기술은?
   ① COB ② MMT ③ SMT ④ THT

3. 가로×세로 크기가 1.6㎜×0.8㎜인 chip을 EIA 크기로 환산하여 표시하면 얼마인가?
   ① 0201 ② 0402 ③ 0603 ④ 0805

4. 택 타임(tact time)이 0.006 sec/chip일 때, 한시간동안 장착할 수 있는 부품의 수는?
   ① 6000점 ② 60000점
   ③ 600000점 ④ 6000000점

5. 크림 솔더를 공급하는 스크린 프린터에 대한 설명 중 틀린 것은?
   ① 스퀴지 압력을 조정할 수 있어야 한다.
   ② 스퀴지 설치 각도를 조정할 수 있어야 한다.
   ③ 스퀴지 속도는 고정방식으로 하고 또한 변동이 없어야 한다.
   ④ 메탈 마스크와 인쇄회로기판 간의 간격(gap) 클리어런스를 조정할 수 있어야 한다.

6. flow 공법의 작업순서를 올바르게 나열한 것은?

ⓐ curing(경화) 공정 ⓑ dispensing(접착제 도포) 공정 ⓒ inserting(리드부품 삽입) 공정 ⓓ mounting(칩부품 탑재) 공정 ⓔ flow soldering(납조납땜) 공정

   ① ⓑ→ⓒ→ⓓ→ⓐ→ⓔ
   ② ⓑ→ⓓ→ⓐ→ⓒ→ⓔ
   ③ ⓒ→ⓑ→ⓓ→ⓐ→ⓔ
   ④ ⓒ→ⓓ→ⓑ→ⓐ→ⓔ

7. 표면실장 과정 후 냉납 발생 시 점검할 사항으로 옳은 것은?
   ① reflow 온도 점검 실시
   ② 부품 두께 변경 점검 실시
   ③ 부품 재질 변경 점검 실시
   ④ 정착기 장착 위치 점검 실시

8. 마운터의 부품인식 장치로 사용되지 않는 방식은?
   ① 비전(vision) 방식
   ② 레이저(laser) 방식
   ③ 초음파(ultrasonic) 방식
   ④ 프리즘(prism)센서 방식

9. 칩 부품의 흡착불량과 관계가 없는 것은?
   ① 진공도 ② 노즐 상태
   ③ 노즐 흡착력 ④ 부품 공급 시간

10. 인쇄회뢰기판을 자동 공급하는 장치인 로더(loader)에 대한 설명으로 틀린 것은?
    ① 실장 라인에서 로더(loader)는 스크린프린터 앞에 구성된다.
    ② reflow에서 적재된 매거진을 공급할 때, 이면 실장을 위해 로더(loader) 뒤에 반전기를 사용한다.
    ③ 인쇄회로기판의 한 면에 부품이 실장 또는 삽입되어 있을 때는 버큠 로더(vacuum loader)를 사용한다.
    ④ 일반적으로 매거진 랙을 사용하는 매거진 로더와 버큠(vacuum)을 이용하여 기판을 공급하는 버큠 로더(vacuum loader)가 있다.

11. 실장 라인의 환경에 대한 설명으로 틀린 것은?
    ① 작업 후 시간이 지난 크림 솔더 잔량은 재사용할 수 있다.
    ② 정전기 방지를 위해 습도는 40~60% 정도로 유지되어야 한다.
    ③ 스크린프린터 커버는 크림 솔더의 열화 방지를 위해 에어컨이나 히터의 바람이 직접 들어오지 않도록 닫아야 한다.
    ④ 현장에 공급된 BGA나 CSP 등 수분 영향을 받는 부품은 정해진 시간이 지나면 회수하여 베이킹하여 사용한다.

12. COB와 접합방식이 다른 것은?
    ① POB ② TAB
    ③ Flip Chip ④ Wire Bonding

13. 고속마운터 프로그램 작성 기능에 해당되지 않는 사항은?

① 장착위치
② 장착순서 결정
③ 인쇄회로기판 마크 인식
④ 부품 동시흡착, 일괄장착

14. SMD의 전형적인 장착불량에 해당되지 않는 것은?
① 미삽 ② 미납 ③ 역삽 ④ 틀어짐

15. 실장 프로그램 작성 시 화상정보(vision data)로 처리하지 않는 것은?
① IC 인식 ② bad mark
③ tray address ④ PCB fiducial mark

16. 다음 중 전면기준 중형사이즈 PCB 제작 시 언로더에서 사용하는 최적의 매거진은?
① 중형 일반 매거진
② 중형 내열 매거진
③ 대형 일반 매거진
④ 대형 내열 매거진

17. 일반적인 PLCC나 QFP 부품을 공급하는 장치가 아닌 것은?
① trolley
② manual tray
③ tray feeder 유니트
④ tray supply 유니트

18. SMT와 IMT를 비교하여 SMT의 특징이 아닌 것은?
① 밀도-높다.
② 무게- 가볍다.
③ 기판-박형, 경량화 가능하다.
④ through hole-필요하다.

19. 노즐(nozzle)의 특수사양 제작 시 고려하지 않아도 되는 것은?
① 부품 두께 ② 부품 무게
③ 부품 성능 ④ 부품 형상

20. 정전으로 인한 저장된 정보(data)의 망실을 방지하기 위하여 비상전원을 유지하는 장치는?
① USP ② trolley
③ manual tray ④ bar code system

■ 제2과목 : 솔더링공학

21. solder ball의 원인이 아닌 것은?
① solder 과다
② 인쇄 좌표 치우침
③ solder cream의 산화
④ reflow profile의 잘못된 조건

22. 스크린프린터(screen printer)에 공급하는 적절한 공기압(air pressure)은?
① 0.05MPa ② 0.5MPa
③ 5MPa ④ 50MPa

23. 필렛(fillet) 접촉각(θ)이 몇 도일 때 납이 젖은(wetting)상태인가?
① $0° < \theta < 90°$ ② $45° < \theta < 180°$
③ $90° < \theta < 180°$ ④ $\theta > 180°$

24. 프린터 작업 시 인쇄품질에 미치는 요인 중 영향력이 가장 적은 것은?
① 인쇄속도
② 인쇄압력
③ 솔더 페이스트
④ 메탈마스크 프레임 사이즈

25. 솔더 페이스트 보관 및 사용 시 유의점으로 틀린 것은?
① 0℃ 이하로 냉동보관할수록 보관 수명이 길어진다.
② 보관 중 합금분말과 플럭스의 화학반응으로 점도가 상승하여 인쇄불량을 야기하므로 냉장보관한다.
③ 솔더 페이스트는 용제가 포함되어 있어서 표면에서부터 휘발하므로 용제의 휘발을 막기 위해 밀폐하여 보관한다.
④ 상온에 도달하지 않은 상태로 솔더 페이스트를 개봉하면 외부와의 온도차로 수분이 결로하여 솔더볼이 발생한다.

26. 일반적으로 가장 많이 사용하는 스퀴지(squeegee) 형태는?
① 각스퀴지 ② 검스퀴지
③ 평스퀴지 ④ S-cut스퀴지

27. 무연 솔더가 아닌 것은?
① Sn-Ag ② Sn-Ag-Cu
③ Sn-Ag-Pb ④ Sn-Ag-Zn

28. U.V ink 사용상 주의점과 거리가 먼 것은?
① 인쇄 전 충분히 교반해야 한다.
② 스크린의 mesh와 유제 두께를 관리한다.
③ 인쇄 후 즉시 U.V 건조를 실시해야 한다.
④ 온도에 따라 점도가 변화하므로 300℃ 이상의 온도에서 사용해야 한다.

29. 리플로우 솔더링의 가열방식에 해당되지 않는 것은?
① 침적방식 ② 열풍방식

③ 적외선방식 ④ 증기응축방식

30. 리플로우(reflow soldering M/C)의 특징이 아닌 것은?

① 부품의 열충격이 적다.
② 솔더의 불순물 혼입이 적다.
③ 솔더를 적정량 공급할 수 있다.
④ 동일기판에 다른 조건으로 솔더링이 가능하다.

31. PCB(인쇄회로기판) GUIDE 절단을 위한 사전 절취 가공법으로 옳은 것은?

① 펀칭 ② PRESS
③ V-CUT ④ BEVELLOR

32. 솔더링 성(solder ability)이 우수하다고 판단하는 기준이 아닌 것은?

① 퍼짐속도가 빠를 것
② 솔더의 젖음이 늦을 것
③ 솔더링 후 솔더와 모재표면의 접촉각이 작을 것
④ 솔더의 표면이 매끈하고 백색의 금속광택이 있을 것

33. 브릿지(bridge) 불량현상의 원인이 아닌 것은?

① 리드선이 짧을 경우
② 패턴 간격이 좁을 경우
③ 기판의 솔더링 방향이 부적합한 경우
④ 리드의 직경과 홀의 직경이 부적합한 경우

34. 리플로우 공정에서 온도프로파일 적용 시 유의사항이 아닌 것은?

① 온도가 과열되지 않을 것
② 기판 내 온도차가 적을 것
③ 예열 온도 및 예열 시간이 충분할 것
④ 제품에 관계없이 항상 일정한 온도프로파일이 형성될 것

35. 접착제의 경화와 관련하여 옳은 것은?

① 응고 온도는 350℃ 부근이다.
② 열경화성 본드는 아크릴 수지이다.
③ 자외선 경화성 본드는 에폭시 수지이다.
④ 부품보호측면에서는 자외선 경화가 바람직하나 그림자가 되는 부분은 충분히 경화되지 않는 문제점이 있다.

36. 솔더 페이스트의 점도(viscosity)와 점착성(adhesion)에 관한 설명으로 틀린 것은?

① 플럭스 함유량이 많아지면 점도는 커진다.
② 점도가 높으면 개구부에 충분히 충진되지 않는다.
③ 점도가 낮으면 롤링성은 양호하나, 인쇄 후 무너짐이 쉽다.
④ 솔더 파우더(solder powder)입자가 작을수록 점착력은 커진다.

37. 표면실장(SMT)공정에서 dispenser(접착제도포기) 용도가 아닌 것은?

① 양면기판의 부품고정
② 라벨, 바코드의 부착
③ COB, 플립칩의 언더필
④ 무거운 부품 접착고정

38. 디스펜서에서 테일링(tailing) 불량현상의 원인과 관련 없는 것은?

① 에어량 ② 기판높이
③ 입력데이터 ④ 실린지 재질

39. 일반적인 스크린프린터 작업조건 중 적당하지 않은 것은?

① 스퀴지 각도 : 90℃ 이상
② 스퀴지 인가 압력 : 5㎝ 당 1kg
③ 솔더 크림량 : 스텐실에서 높이가 1.5~2.0 ㎝ 정도
④ 작업속도 : 0.5 피치 이상은 30~40㎜/s, 미세피치는 20~25㎜/s

40. 크림 솔더의 특징이 아닌 것은?

① 솔더 볼이 발생
② 장기보존이 가능함
③ 자동화, 양산화가 가능
④ 스크린 인쇄로 균일한 두께가 얻어짐

■ 제3과목 : 메카트로닉스

41. 2진수 11011.011을 10진수로 표시할 때 옳은 것은?

① 23.375 ② 23.750
③ 27.375 ④ 27.750

42. P형 반도체를 만드는 불순물이 아닌 것은?

① 갈륨 ② 붕소 ③ 비소 ④ 인듐

43. 선반에서 돌림판과 함께 긴 공작물 가공에 사용되는 부속품은?

① 척 ② 베드 ③ 심봉 ④ 방진구

44. 변압기의 원리와 관계있는 작용은?

① 표피 작용 ② 편자 작용
③ 전기자 작용 ④ 전자유도 작용

45. 선삭 작업 중 초경합금으로 만든 완성바이트가 치핑마모가 되었을 때 재연삭에 적합한 숫돌은?
① A 46 K m V
② C 150 L m B
③ GC 30 M m B
④ WA 46 K m V

46. 마이크로프로세서의 출력 포트(port)에 접속시킬 수 없는 것은?
① LED ② A/D 변환기
③ 모터(moter) ④ 부저(buzzer)

47. 다음 가산증폭기에서 출력전압[V]은?

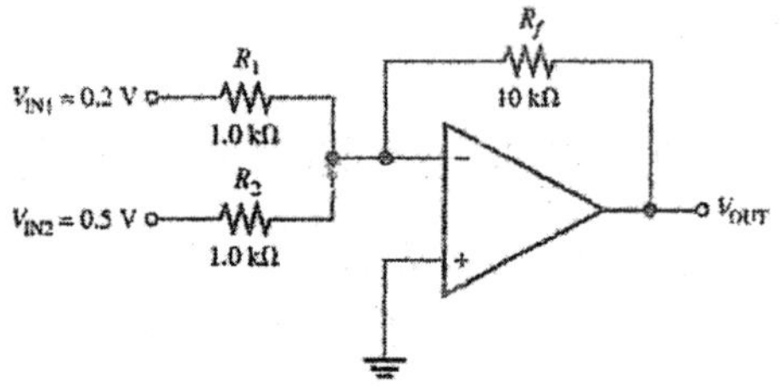

① -3 ② -7 ③ 3 ④ 7

48. A/D 변환기에 대한 설명 중 틀린 것은?
① A/D 변환기는 D/A 변환기 보다 그 구성이 복잡하다.
② 디지털량은 불연속적인 양이며, 아날로그량은 연속적인 양이다.
③ 디지털량은 숫자로 표시되는 양이고, 아날로그량은 길이, 전류 등의 물리적인 양이다.
④ 동시형 A/D 변환기란 수개의 A/D 변환기를 직렬, 병렬 접속하여 동시에 출력을 얻는 방식이다.

49. "전자 유도에 의하여 생긴 기전력의 방향은 그 유도 전류가 만든 자속이 항상 원래 자속의 증가 또는 감소를 방해하는 방향이다."와 밀접한 관련이 있는 법칙은?
① 렌츠의 법칙 ② 쿨롱의 법칙
③ 앙페르의 법칙 ④ 패러데이의 법칙

50. 중앙처리장치와 I/O 장치 간의 실행속도 차를 줄이기 위해 사용하는 것은?
① A/D ② clock
③ interrupt ④ wait state

51. 선반가공 작업으로 적합하지 않은 것은?
① 기어절삭 작업 ② 나사절삭 작업
③ 내경절삭 작업 ④ 외경절삭 작업

52. 반도체의 종류로 틀린 것은?
① P형 반도체 ② N형 반도체
③ T형 반도체 ④ 진성 반도체

53. 다음 그림과 같은 회로에서 저항 r_1, r_2에 흐르는 전류의 크기가 2 : 3의 비율이라면 r_1, r_2의 각각의 저항값[Ω]은?

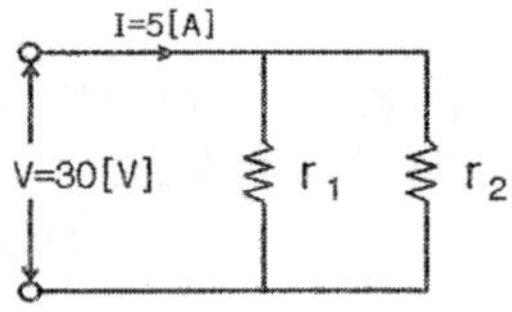

① r_1=2, r_2=3 ② r_1=3, r_2=2
③ r_1=10, r_2=15 ④ r_1=15, r_2=10

54. 불(boole)대수에서 $A+\overline{A}$는?
① 0 ② 1 ③ A ④ $\overline{A}$

55. 서보기구의 특징이 아닌 것은?
① 폐회로 제어이다.
② 기계적 변위를 제어한다.
③ 목표치는 광범위하게 변화한다.
④ 물체의 온도 및 습도를 제어한다.

56. 직류와 비교한 교류 서보모터의 특징을 설명한 것으로 옳은 것은?
① 발열이 작다.
② 구조가 복잡하다.
③ 출력이 클 때에 유리하다.
④ 브러시 유지보수가 필요하다.

57. 일반 전동기와 비교하여 서보모터에 대한 설명으로 틀린 것은?
① 높은 신뢰도가 필요하다.
② 정확한 제동 특성을 가져야 한다.
③ 시동, 정지 및 역전의 동작을 자주 반복한다.
④ 회전방향에 따라 특성의 차이가 많아야 한다.

58. 마이크로프로세서 내부의 버스 종류가 아닌 것은?
① 제어 버스 ② 데이터 버스
③ 입출력 버스 ④ 어드레스 버스

59. N형 반도체를 만들기 위해 Si 또는 Ge에 첨가하는 불순물로 맞는 것은?
① Al ② As ③ Ga ④ In

60. 쿨롱의 법칙을 설명한 것으로 틀린 것은?
① 작용하는 힘은 흡인력과 반발력이 있다.

② 힘의 크기는 두 전하량의 곱에 비례한다.
③ 힘의 방향은 두 전하를 잇는 직선상에 있다.
④ 힘의 크기는 두 전하 사이의 거리에 반비례한다.

■ 제4과목 : 공유압

61. 실린더의 부하가 급격히 감소하더라도 피스톤이 급속히 전지하는 것을 방지하기 위하여 귀환 쪽에 일정한 배압을 걸어주기 위한 회로를 구성하고자 한다. 이 때 가장 적합하게 사용할 수 있는 밸브는?

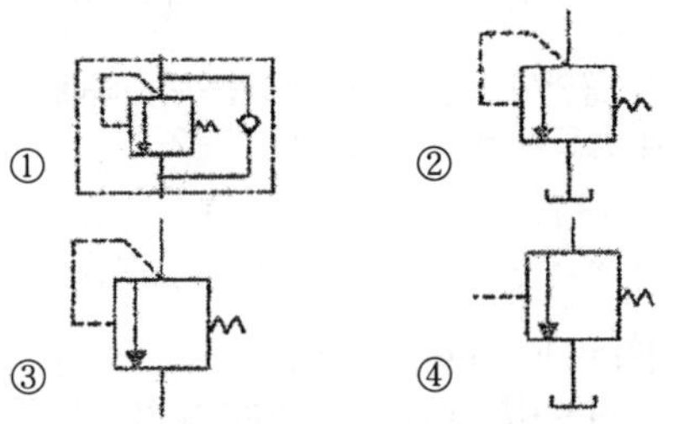

62. 실린더가 전지운동을 완료하고 실린더측에 일정한 압력이 형성된 후에 후진운동을 하는 경우처럼 스위칭 작용에 특별한 압력이 요구되는 곳에 사용되는 것은?

① 2/3way 밸브 ② 2/4way 밸브
③ 시퀀스 밸브 ④ 급속배기 밸브

63. 동관이음을 할 때 관 끝 모양을 접시모양으로 넓혀서 이음하는 방식은?

① 나사(screw) 이음
② 플랜지(flange) 이음
③ 압축(compressed) 이음
④ 플라스턴(plastan) 이음

64. 밀폐된 용기 내의 압력을 동일한 힘으로 동시에 전달하는 것을 증명한 것은?

① 뉴턴의 법칙 ② 파스칼의 정리
③ 돌턴의 법칙 ④ 베르누이 정리

65. 다음 회로에서 유압모터들의 역할은?

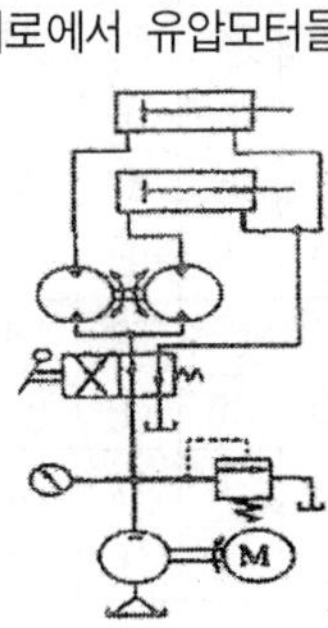

① 두 실린더의 속도를 길게 한다.
② 유압실린더의 급정지를 방지한다.
③ 실린더를 순차적으로 작동하게 한다.
④ 유압실린더의 손실압력을 보상해 준다.

66. 유압 실린더를 조작하는 도중에 부하가 급속히 제거될 경우, 배압을 발생시켜 실린더의 급속전진을 방지하려 할 때 사용되는 밸브는?

① 감압 밸브
② 무부하 밸브
③ 시퀀스 밸브
④ 카운터 밸런스 밸브

67. 공압시스템에서 사용되는 압력조절밸브의 주된 용도는?

① 실린더의 속도를 제어한다.
② 실린더를 순차적으로 작동시킨다.
③ 입력신호를 전기신호로 바꾸어 준다.
④ 회로 내의 공기압력을 감압하여 안정된 공기압을 공급한다.

68. 유압 작동유를 선택할 때 고려해야 할 사항으로 옳지 않은 것은?

① 점도지수가 클 것
② 윤활성이 우수할 것
③ 열전도율이 좋을 것
④ 체적탄성계수가 작을 것

69. 공기압축기의 작동원리에 의한 분류에서 왕복식에 해당되는 것은?

① 베인형 ② 스크루형
③ 스크롤형 ④ 다디어프램형

70. 공기건조기 중 압축공기의 이슬점 온도를 강제로 낮추는 방법으로 공기 중의 수분을 제거하는 방식은?

① 냉동식 ② 흡착식
③ 흡수식 ④ 증발식

71. 공기압축기는 변종하는 수요에 공급량을 맞추기 위하여 압력 조절이 필요하다. 조절 방법에는 여러 가지 방법이 있는데 다음 중 무부하 조절에 해당되지 않는 것은?

① 배기 조절 ② 차단 조절
③ 흡입량 조절 ④ 그립-암(grip-arm) 조절

72. 유체의 흐름이 한 방향으로만 허용되는 밸브는?

① 니들 밸브 ② 유량 밸브
③ 체크 밸브 ④ 언로드 밸브

73. 캐스케이드 회로의 특징에 관한 설명으로 옳은 것은?
① 작동 시퀀스가 복잡해질수록 회로 작성이 쉬워진다.
② 제어그룹의 수가 많아질수록 회로 작성 및 배선이 간단해 진다.
③ 간섭현상이 발생하지 않게 최소의 제어그룹으로 나누어 회로를 작성한다.
④ 실린더 순서제어에 이용 시 동작 특성이 우수하여 체크백 신호가 필요 없다.

74. 유압 실린더나 유압 모터 등 작동 요소의 운동속도를 제어하기 위한 밸브는?
① 유량 제어 밸브
② 압력 제어 밸브
③ 방향 제어 밸브
④ 솔레노이드 밸브

75. 공기압 조정 유닛에서 공급되는 공기압이 0.6MPa이고 실린더의 단면적이 10㎠라고 하면 작용할 수 있는 하중은 몇 N 인가?
① 60 ② 600 ③ 6000 ④ 60000

76. 4포트 3위치 전환밸브의 중립위치가 클로즈 센터(closed center)형의 특징으로 옳은 것은?
① 밸브전환 시 충격이 작다.
② 실린더의 완충용으로 사용한다.
③ 펌프를 무부하로 만들 수 있다.
④ 실린더를 임의의 위치에 고정이 가능하다.

77. 공기저장텡크의 기능에 대한 설명으로 옳지 않은 것은?
① 급격한 압력 강하 방지
② 공기 압력의 맥동을 평준화
③ 공기를 가열하여 수분을 증발
④ 정전의 경우 일정 시간 공기 공급

78. 유압장치의 구성요소 중 공급된 유체의 압력, 방향, 유량 등을 조절하는 기능을 하는 것은?
① 여과기 ② 유압밸브
③ 유압펌프 ④ 엑추에이터

79. 유 · 공압의 도면기호에서 기능을 나타내는 기호와 용도가 바르게 연결된 것은?
① ▷ : 유압 ② ▶ : 공압
③ W : 스프링 ④ ≍ : 교축

80. 압력용기나 파이프의 플랜지면, 그 밖의 고정면에 사용되는 실(seal)로 가장 적합한 것은?
① 패킹 ② 개스킷
③ 오일 실 ④ 매커니컬실

☞ 해답

1	2	3	4	5	6	7	8	9	10	11	12	13	14	15	16	17	18	19	20
①	①	③	③	③	②	①	③	④	③	①	①	④	②	③	②	①	④	③	①
21	22	23	24	25	26	27	28	29	30	31	32	33	34	35	36	37	38	39	40
②	②	①	④	①	③	③	④	①	①	③	②	①	④	④	①	②	④	①	②
41	42	43	44	45	46	47	48	49	50	51	52	53	54	55	56	57	58	59	60
③	③	④	④	③	②	②	④	①	④	①	③	④	②	④	③	④	③	②	④
61	62	63	64	65	66	67	68	69	70	71	72	73	74	75	76	77	78	79	80
①	③	③	②	①	④	④	④	④	①	③	③	③	①	②	④	③	②	④	②

▶기출문제 SMT 산업기사(11)

■ 제1과목 : SMT 공학

1. 리플로우 공정에서 소형부품에 많이 발생되는 현상으로 부품의 한쪽 전극이 일어서는 현상은?
   ① 역삽 ② 크랙 ③ 맨하탄 ④ 브리지

2. 다음 중 인쇄 공정의 중요 요소에 해당되지 않는 것은?
   ① 스퀴지 ② 매거진
   ③ 메탈 마스크 ④ 솔더 페이스트

3. 마운터의 노즐로 부품을 흡착하여 유사한 정착방향으로 선택 회전할 때 해당하는 각도가 아닌 것은?
   ① 0° ② 45° ③ 180° ④ 270°

4. 다음 중 MTBF(Mean Time Between Failure)를 계산하는 식으로 맞는 것은??
   ① 부하시간 ÷ 고장횟수
   ② 작업준비 시간 ÷ 고장횟수
   ③ 고장시간의 합계 ÷ 고장횟수
   ④ 시스템 가동시간 ÷ 고장횟수

5. SMT 장비의 초기 SET-UP 시 반드시 점검해야 할 사항이 아닌 것은?
   ① 주전원 점검
   ② 에어압력 점검
   ③ 온도 및 습도 확인 점검
   ④ 정전기 여부 점검

6. SMT 설비에서 인쇄(Printing)하는 공정의 설명으로 틀린 것은?
   ① 납이나 접착제는 크림 형태로 되어 있다.
   ② 부품 장착(mounter) 후에 하는 작업이다.
   ③ 금속이나 silk로 만든 stencil을 사용한다.
   ④ 납이나 접착제를 인쇄회로기판에 인쇄한다.

7. 표면 실장기에 사용되는 부품 공급방식으로 적절하지 않은 것은?
   ① Stick 방식 ② Reel 방식
   ③ Tray 방식 ④ Bulk 방식

8. 부품을 공급하는 릴 테이프 표준형 폭으로 사용하지 않는 크기는?
   ① 4㎜ ② 12㎜
   ③ 24㎜ ④ 32㎜

9. Chip-Mounter는 SMT에서 어떤 장비에 해당하는가?
   ① 검사기 ② 교반기
   ③ 자동삽입기 ④ 게이트 컨베이어

10. 표면실장기 실장 방식 중 다수노즐 JIG를 활용하여 한번에 100점 이상 장착 가능한 방식은?
   ① Milti 방식 ② Rotary 방식
   ③ IN-LINE 방식 ④ One by One 방식

11. 다음 중 디스펜서 공정에서 칩 본딩 재료인 글루(Glue)의 불량 유형별 조치사항 중 틀린 것은??
   ① 글루 내부에 기포 발생 - 글루 탈포 실시
   ② 에어 공급량 변화 - 솔레노이드 전원 및 동작 확인
   ③ 비정상적인 글루의 사용여부 - 제조일로부터 1년 이내
   ④ 니들 홀의 막힘 발생 - 드릴 팁으로 청소

12. 모재의 좁은 장소에 용융한 솔더가 모세관 현상으로 끌려가서 접합 솔더량이 부족해지는 현상은?
   ① Void ② Bridge
   ③ Wicking ④ Dewetting

13. SMT 마운터 80000 CPH 장비의 Optimal Tack Time은?
   ① 0.045초 ② 0.05초 ③ 0.056초 ④ 0.45초

14. SMT 실장 기술의 장점이 아닌 것은?
   ① 발열 밀도가 상승된다.
   ② 전기적 성능이 향상된다.
   ③ 제품의 품질을 향상시킬 수 있다.
   ④ 전자기기의 고밀도 실장화를 실현할 수 있다.

15. 다음 불량 중 X-ray 검사기를 통해 검사할 수 없는 것은?
   ① 미납 ② 솔더강도 ③ 솔더볼 ④ 개로

16. 다음 중 부품의 장착불량 요인이 아닌 것은?
   ① 기판 크기 ② 부품 인식
   ③ 장착 속도 ④ 공급 장치(feeder)

17. 마운터에 기판을 세팅하는 작업을 할 때 가장 먼저 하는 작업은?
   ① 부품 목록(parts list) 확인
   ② 부품 정보(parts data) 확인
   ③ 컨베이어(conveyor) 폭 조정

④ 기판받침대(backup-pin) 조정

18. 반도체를 패키지에 의해 구분하였을 경우 틀린 것은?
① SOIC - Dual Family
② PBGA - BGA Family
③ TQFP - QUAD Family
④ TSSOP - Chip Scale Family

19. 아래의 부품 규격의 설명으로 틀린 것은?

RC1005J101CS

① SIZE : 1005
② 오차 : ±10%
③ 저항값 : 100Ω
④ 부품의 종류 : CHIP RESISTOR

20. Fine-Pitch일 경우 스크린 프린터 인쇄성이 가장 좋은 Metal Mask와 PCB의 Gap은?
① 0.0~0.5㎜ ② 0.5~1.0㎜
③ 1.0~1.5㎜ ④ 1.5~2.0㎜

■ 제2과목 : 솔더링공학

21. 불량 유형별 온도 프로파일의 대책방법 중 예열 시간을 길게 하여 대책하는 것은?
① 솔더볼(solderball)
② 솔더크랙(solder crack)
③ 냉납(cold soldering)
④ 고드름(icicle)

22. Solder 입자크기에 따라 설명이 틀린 것은?
① 빠짐성 - 입자의 크기가 작을수록 빠짐성이 양호하다.
② 납볼 - 입자의 크기가 너무 작으면 산화량, 미세볼납의 발생이 증가할 수 있다.
③ 점착성 - 입자가 작을수록 점착력은 커진다.
④ 무너짐성 - 입자가 작을수록 무너짐이 발생하지 않는다.

23. 다음 중 일반적으로 사용되는 기판의 표면처리와 관련이 없는 것은?
① PR(Photo Resist) ② OSP
③ ENIG ④ HASL

24. 협소한 라인(line)을 90° 전환하여 생산 라인을 연결해주는 장비는?
① 인버터(Inverter)
② TC(Turning Conveyor)
③ 워크 테이블(Work Table)
④ ICT(In Circuit Test)

25. 플럭스의 설명으로 틀린 것은?
① 금속표면의 산화물 및 오염물 용해
② 금속 표면의 산화 방지
③ 솔더의 표면장력 향상으로 젖음을 촉진
④ RMA(Rosin Mildly Activator)계 경우 세척이 불필요

26. 리플로우의 솔더링 과정을 설명한 것으로 틀린 것은?
① 솔더 페이스트에 솔벤트를 증발시킨다.
② 플럭스를 비활성화하고 플럭스이 작용을 중지시킨다.
③ PCB와 부품을 예열하여 납땜이 잘 되도록 한다.
④ 납이 녹고 PCB의 Land 위로 퍼지게 한다.

27. 스크린 프린터 공정 중 설비로 인하여 품질에 영향을 미치지 않는 것은?
① 메탈마스크 개구부
② PCB 재료
③ 스퀴지 속도
④ 메탈마스크 세척주기

28. 디스펜스(dispenser)에 사용하는 접착제(glue/bond)의 특성과 관계가 없는 것은?
① 칙소성 ② 용융성 ③ 유동성 ④ 점착성

29. 다음 중 가장 일반적으로 사용되는 스퀴지(Squeegee)의 형상은?
① 평스퀴지 ② 원스퀴지
③ 각스퀴지 ④ 검스퀴지

30. 리플로우 납땜의 특성으로 틀린 것은?
① Flow Soldering에 비해 부품에 대한 열충격이 적다.
② 브리지(Bridge) 등의 솔더링 불량이 적다.
③ 자기보정(Self Alignment) 효과가 있다.
④ 동일한 기판에서 다른 조건으로 솔더링이 가능하다.

31. 온도 Profile을 측정하기 위한 방법으로 틀린 것은?
① 현재 작업하는 PCB와 동일 PCB의 측정은 Jig를 사용하여 측정한다.
② 열전대선의 피복을 벗기어 꼬아진 부분이 3회정도 되도록 끝을 자른다.
③ 동일 Solder를 사용해서 열전대선 안쪽 첫 마디와 측정부품의 리드 사이를 납땜한다.
④ 열량이 큰 부품, 열량이 작은 부품(또는 PCB표면), 열에 취약한 부품의 측정 부위를 정한다.

32. 크림솔더 선택 시 고려사항이 아닌 것은?
① 입자크기의 균일성
② 입자표면의 산화정도
③ 중량
④ 납땜성 및 빠짐성

33. HARD BOARD의 유연하지 못한 문제점을 보완하기 위해 유연성이 있는 재료로 만든 PCB는?
① FPCB ② CARBON PCB
③ TUNER PCB ④ METAL BASE PCB

34. 다음 중 스텐실 두께가 0.15㎜일 때 가장 적절한 메탈마스크 개구부(구멍)의 폭은?
① 0.15㎜ ② 0.175㎜ ③ 0.2㎜ ④ 0.225㎜

35. 스퀴지(Squeegee) 경도가 낮은 연질의 스퀴지를 사용할 경우 인쇄특성으로 틀린 것은?
① 솔더 페이스트의 소모량이 많다.
② 기판표면의 요철과 휨 기판에서 인쇄상태가 양호하다.
③ 솔더의 번짐이 발생하지 않는다.
④ 스퀴지 수명이 짧다.

36. 스퀴지를 사용하여 너무 높은 압력으로 작업을 하면 어떤 문제가 발생하는가?
① 메탈마스크 수명이 길어진다.
② 솔더 인쇄량이 많아지게 되어 브리지 불량이 발생한다.
③ 점도가 높아져 브리지 불량이 발생한다.
④ 인쇄 상태가 퍼짐 또는 긁어 냄 현상이 나타난다.

37. 리플로우 오븐(Reflow oven)에서 큰 부품의 경우 그림자로 인하여 가열이 어려운 방식은?
① 열풍 방식 ② 적외선 방식
③ VPS 방식 ④ 적외선 열풍복합 방식

38. 맨하탄 불량을 줄이기 위한 방법으로 틀린 것은?
① LAND 형상을 둥글게 설계한다.
② 리플로우 내 진동을 억제한다.
③ 부품장착 정도를 향상시킨다.
④ 2개의 전극이 동시에 용융되지 않도록 한다.

39. 다음 중 금속면의 장기적 보호를 위해 사용하는 플럭스는?
① 포스트 플럭스 ② 프리 플럭스
③ 절연 플럭스 ④ 다음 플럭스

40. 솔더페이스트 불량의 결정 조건 중 틀린 것은?
① 박리성 ② 슬럼프 방지성
③ 롤링성 ④ 기판 재질

■ 제3과목 : 메카트로닉스

41. 컴퓨터를 이용한 설계작업(CAD)의 효과라고 볼 수 없는 것은?
① 생산성이 향상된다.
② 설계해석이 어렵다.
③ 설계시간이 단축된다.
④ 설계의 신뢰성이 향상된다.

42. 2048×8비트 ROM의 경우 최소한 몇 개의 address line이 필요한가?
① 8개 ② 9개 ③ 10개 ④ 11개

43. 다음 중 증폭회로에서 R1 = R2 = R3 = Rf = 1KΩ일 때 출력전압[V_{OUT}]의 크기로 옳은 것은?

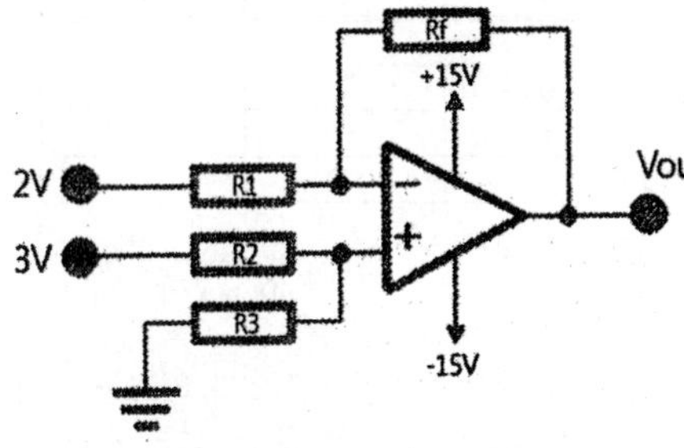

① 1V ② 2V ③ 3V ④ 5V

44. 접합하고자 하는 두 개 이상의 금속재료를 용융 또는 반용융 상태에서 접합하거나, 접합하고자 하는 부분을 적당한 온도로 가열한 후 압력을 가하여 서로 접합시키는 것은?
① 소성 ② 압연 ③ 용접 ④ 리벳팅

45. 서보모터에 대한 설명 중 틀린 것은?
① 응답성이 빠르다.
② 서보 기구용으로 설계된 모터이다.
③ 피드백 정보 없이 기구의 정확한 제어가 가능하다.
④ 동작의 급변에 정확히 추종하기 위해 설계된 모터이다.

46. RC병렬 회로에서 전압과 전류의 위상관계에 대한 설명으로 옳은 것은?
① 동상이다.
② 비교할 수 없다.
③ 전류가 전압보다 앞선다.
④ 전압이 전류보다 앞선다.

47. 다음 기호의 명칭으로 옳은 것은?

① 저항 ② 다이오드
③ 인덕턴스 ④ 커패시턴스

48. 다음 중 인벌류트 곡선을 활용한 절삭공구인 래크 커터, 피니언 커터, 호브 등을 사용하여 기어를 절삭하는 방법은?

① 모형법 ② 창성법 ③ 형판법 ④ 총형 커터법

49. N형 반도체에 첨가하는 5가 불순물이 아닌 것은?

① 인(P) ② 비소(As) ③ 붕소(B) ④ 안티몬(Sb)

50. 다음의 진리표에 해당하는 논리회로는?

입력		출력
X	Y	Z
0	0	1
0	1	0
1	0	0
1	1	0

① OR 회로 ② AND 회로
③ NOR 회로 ④ NAND 회로

51. 밀링작업에서 하향절삭 작업과 비교한 상향절삭 작업의 특징을 설명한 것 중 틀린 것은?

① 공구의 수명이 짧다.
② 가공물의 고정이 불리하다.
③ 높은 강성이 필요하지 않다.
④ 백래시(back lash) 제거장치가 필요하다.

52. 다음 문장의 (A)~(C)에 들어갈 단어가 모두 옳은 것은?

> -트랜지스터는 (A) 전자 소자이다.
> -교류 입력을 갖지 않아도 교류출력을 발생시키는 소자를 (B) 라고 부른다.
> -반도체 다이오드의 (C)는 N형 물질로 만들어진다.

① (A) 능동, (B) 발진기, (C) 캐소드
② (A) 능동, (B) 발진기, (C) 애소드
③ (A) 수동, (B) 발진기, (C) 캐소드
④ (A) 수동, (B) 증폭기, (C) 애소드

53. 다음 차동증폭기 회로에서 V0의 값은?
(단, $\frac{R1}{R2}=\frac{R3}{R4}$이다)

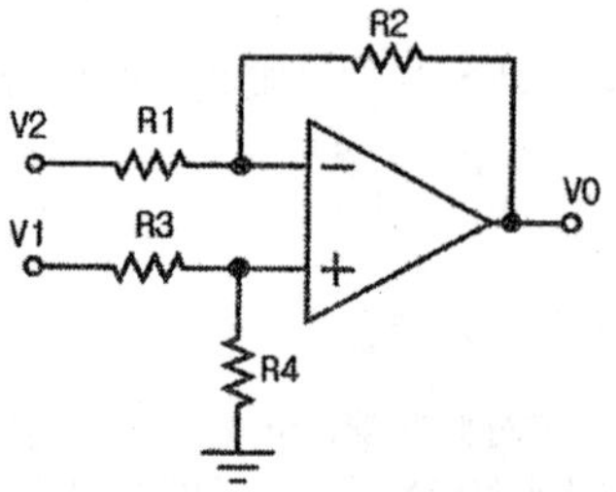

① $\frac{R2}{R1}$ ② $\frac{R1}{R2}(V1-V2)$
③ $\frac{R2}{R1}(V1-V2)$ ④ $\frac{R2}{R1}(V2-V1)$

54. 다음 중 직선운동을 하는 모터는?

① 리니어 모터 ② 세이딩 모터
③ 인덕션 모터 ④ 바이브로 모터

55. $X=\overline{A}B$의 회로로 옳은 것은?

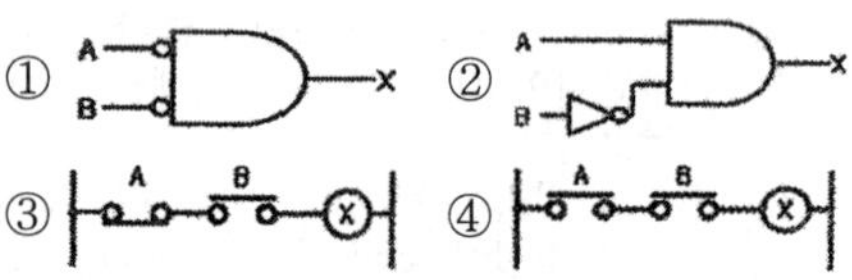

56. 다음 중 스테핑 모터의 종류에서 구조상의 분류에 해당하지 않는 것은?

① 혼합형 ② 아날로그형
③ 영구자석형 ④ 가변릴럭턴스형

57. 패리티 비트는 몇 개의 착오까지 검출이 가능한가?

① 1개 ② 2개 ③ 3개 ④ 4개

58. 다이나믹 RAM에 대한 설명으로 틀린 것은?

① 캐시기억장치에 주로 사용된다.
② 리프레시(refresh) 회로를 필요로 한다.
③ 스태틱 RAM에 비해 가격이 저렴하다.
④ 스태틱 RAM에 비해 전력 소모가 적다.

59. 트랜지스터의 전류 증폭률 α와 β와의 관계가 옳은 것은?

① $\beta=\frac{1+\alpha}{\alpha}$ ② $\beta=\frac{1-2\alpha}{\alpha}$
③ $\beta=\frac{\alpha}{1-\alpha}$ ④ $\beta=\frac{2\alpha}{1+2\alpha}$

60. 다음 설명의 프로그래밍 언어는?

> 컴퓨터가 어떤 번역 과정도 거치지 않고 직접 명령문을 이해할 수 있게 표현한 언어로서 이 언어는 0과 1로 구성된 2진수들의 나열이다.

① C언어　　② 기계어
③ 컴파일러　　④ 어셈블리어

■ 제4과목 : 공유압

61. 다음 기호의 명칭으로 옳은 것은?

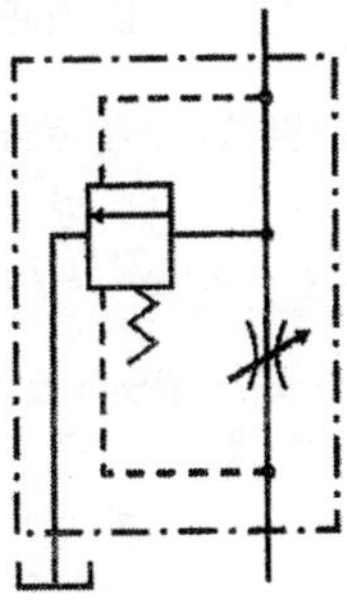

① 감압 밸브
② 직렬형 유량 조정 밸브
③ 바이패스형 유량 조정 밸브
④ 체크밸브 붙이 유량 조정 밸브

62. 헬쇼형 유압모터의 설명으로 옳은 것은??

① 오일 기어형 유압모터의 피스톤 대신에 볼 강구를 사용한 구조의 것
② 실린더 블록이 피스톤을 안은 채 편심한 축의 둘레를 회전할 수 있도록 되어 있으며 유압에너지가 피스톤을 왕·복동시켜 실린더 블록을 돌게 하고 있는 것
③ 편심축을 갖고 있는 원판 캠의 주위에 방사상으로 피스톤 실린더가 배치되고, 유압에너지에 의해 펌프 작용과 아주 반대로 캠축을 회전시키고 있는 것
④ 유압 실린더를 크랭크축의 중심에 대하여 반지름 방향으로 배열하고 커넥팅 로드와 크랭크축을 연결하고 로터리 밸브를 크랭크축과 연결하여 동시회전시켜 타이밍이 좋게 각 실린더에 압유를 보내어 크랭크축을 회전시킴

63. 다음의 조건으로 유압 펌프를 선정하고자 할 때 적합하지 않은 펌프는?

> [조건]
> - 사용 압력 : 120 bar
> - 토출량 : 250 L/min

① 나사 펌프　　② 왕복동 펌프
③ 베인2단 펌프　　④ 회전 피스톤 펌프

64. 다음 유압 회로의 명칭으로 옳은 것은?

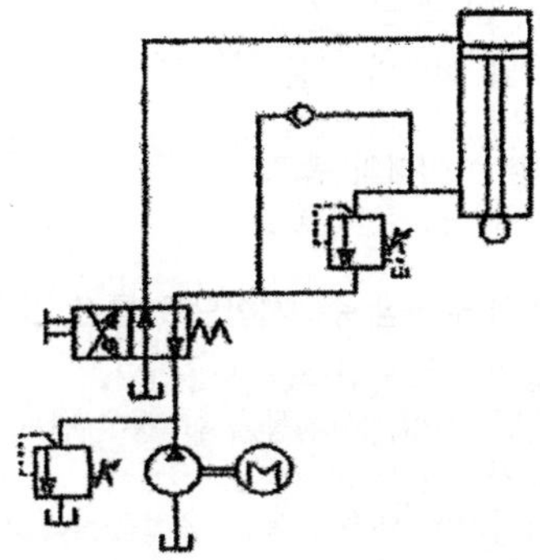

① 제동 회로　　② 감속 회로
③ 재생 회로　　④ 카운터 밸런스 회로

65. 유압장치에서 플러싱을 하는 주된 목적은?

① 유압장치의 점검
② 유압장치의 압력증대
③ 유압장치의 유량증가
④ 유압장치 내 이물질 제거

66. 터보형 공기압축기에 해당되는 것은?

① 베인식　　② 원심식
③ 스크류식　　④ 다이어프램식

67. 다음 실린더의 지지 형식 중 축심 고정형이 아닌 것은?

① 볼형　② 풋형　③ 파일럿형　④ 플랜지형

68. 공압장치의 소음기에 관한 설명으로 옳지 않은 것은?

① 공압시스템의 에너지 효율을 향상시킨다.
② 팽창형, 흡수형, 간접형 등의 종류가 있다.
③ 압축공기가 대기 중에 방출될 때 발생하는 소음을 작게 한다.
④ 공기압 회로에서 일을 마친 압축공기를 대기 중에 방출하는 장치이다.

69. 방향전환 밸브의 형식이 아닌 것은?

① 베인형　② 스풀형　③ 포핏형　④ 로터리형

70. 공압용 공기 청정장치의 구성요소들로만 짝지어진 것은?

① 실린더, 모터
② 필터, 압력조절기, 윤활기
③ 압축기, 냉각기, 공기 탱크
④ 압력제어 및 방향제어 밸브

71. 다음 중 유압 회로 설계 시 고려사항으로 가장 거리가 먼 것은?
① 유압 회로의 구분
② 유압 펌프의 가격
③ 엑추에이터의 속도
④ 유압 작동유의 종류

72. 축압기의 취급상 주의사항으로 틀린 것은?
① 봉입가스로 산소를 사용한다.
② 운반, 결합, 분리 등을 할 경우 반드시 봉입된 가스를 빼고 한다.
③ 축압기에 부속품 등을 용접하거나 가공, 구멍 뚫기 등을 해서는 안된다.
④ 가스 봉입형은 작동유를 내용적의 10% 정도 미리 넣은 다음 가스의 소정 압력으로 봉입한다.

73. 유압 모터의 특징으로 틀린 것은?
① 소형 경량으로도 큰 출력을 낼 수 있다.
② 토크 제어의 기계에 사용하면 편리하다.
③ 최대 토크를 제한하는 기계에 사용하면 편리하다.
④ 회전 속도는 쉽게 변화시킬 수 있으나 역회전을 할 수 없다.

74. 절대압력이 7kgf/㎠이고 게이지압력이 6.15kgf/㎠일 때 국소 대기압은 약 몇 mmHg인가?
① 525 ② 625 ③ 725 ④ 735

75. 공기압 조정 유닛에 대한 설명 중 틀린 것은?
① 에어 서비스 유닛이라고도 한다.
② 가정용 중성세제로 기구 세척이 가능하다.
③ 윤활기에 공급되는 오일은 주로 스핀들 오일을 사용한다.
④ 공압필터 → 압력조절 밸브 → 윤활기 순서로 조립한다.

76. 다음 설명에서 ( )에 알맞은 용어는?

· 유압장치의 최적 온도는 45~55℃이다. · 작동유가 60℃ 이하에서는 ( )가(이) 비교적 완만하다. · 60℃를 넘으면 ( )가(이) 크다.

① 동력 ② 산화속도
③ 마찰계수 ④ 기계적 효율

77. 다음 중 유압 실린더의 구성 부품이 아닌 것은?
① 스풀 ② 패킹
③ 실린더 튜브 ④ 피스톤 로드

78. 공기압 기기 중 서비스 유닛에 있는 압력 조절기에 대한 설명으로 옳은 것은?
① 입력조절기는 방향전환 밸브의 일종이다.
② 일정압력 이상이 되어야 순차적으로 동작되는 밸브이다.
③ 설정 압력보다 낮은 압력이 1차 측에 공급되면 설정압력이 출력된다.
④ 높은 압력의 1차 측 압력을 2차 측에서 설정압에 맞게 일정한 저압으로 조절한다.

79. 다음 중 유압 회로에 발생하는 서지(surge)압력을 흡수할 목적으로 사용되는 회로는??
① 동조 회로
② 압력 시퀀스 회로
③ 블리드 오프 회로
④ 어큐뮬레이터 회로

80. 유압 장치의 특징이 아닌 것은?
① 마찰손실이 적고 효율이 좋다.
② 힘의 증폭을 용이하게 할 수 있다.
③ 전기의 조합으로 자동제어가 가능하다.
④ 진동이 많고 일의 방향전환을 쉽게 할 수 없다.

☞ 해답

1	2	3	4	5	6	7	8	9	10	11	12	13	14	15	16	17	18	19	20
③	②	②	④	④	②	④	①	③	①	③	③	①	①	②	①	③	④	②	①
21	22	23	24	25	26	27	28	29	30	31	32	33	34	35	36	37	38	39	40
①	④	①	②	③	②	②	②	①	①	③	③	①	④	③	④	②	④	②	④
41	42	43	44	45	46	47	48	49	50	51	52	53	54	55	56	57	58	59	60
②	④	①	③	③	③	③	②	③	③	④	①	③	①	③	②	①	①	③	②
61	62	63	64	65	66	67	68	69	70	71	72	73	74	75	76	77	78	79	80
③	③	①	④	④	②	①	①	①	②	②	①	④	②	③	②	①	④	④	④

참고 및 인용자료

1. 표면실장 기술교육 및 세미나 자료집 : 삼성테크윈, 금성생산기술연구소, IMAPS, KMJA, 한주SLT, SIEMENS
2. 월간 표면실장기술, (주)첨단
3. 표면실장기술, TECHNO 전자
4. 솔더링기술실무, 삼성북스
5. 메카트로닉스, 문운당
6. Surface Mount Technology, Ray P.
7. 인터넷 자료 : 에스엠티코리아, 앰코코리아, 영진아스텍, SMT Share, SMT NETWORKS TopLine 등 다수

저자 소개

● **방 근 태**(湖山 方根泰)

- 공학박사(제어계측전공)
- 영진SMT 센터장(역임)
- 영진전문대학 교수(역임)
- E-mail : hosan2@naver.com

SMT 공학

2025년 7월 30일 3판 4쇄 발행

저 자 방 근 태
발행인 남 승 우

발행처 도서출판 상尙 학學 당堂
서울시 동작구 사당로9가길 6(사당동)
TEL : 02) 595-1692~4
FAX : 02) 595-1394
E-mail : shdbooks@naver.com
신고 : 2-155호 (1968. 11. 29)

정가 32,000원

ISBN 978-89-6587-162-0 93560

〈디자인〉 편집 엄해숙/ 표지 토틀컴